# Springer Studium Mathematik (Bachelor)

Die Buchreihe **Springer Studium Mathematik** orientiert sich am Aufbau der Bachelor- und Masterstudiengänge im deutschsprachigen Raum: Neben einer soliden Grundausbildung in Mathematik vermittelt sie fachübergreifende und anwendungsbezogene Kompetenzen.

Zielgruppe der Lehr- und Übungsbücher sind vor allem Studierende und Dozenten mathematischer Studiengänge, aber auch anderer Fachrichtungen.

Die Unterreihe **Springer Studium Mathematik (Bachelor)** bietet Orientierung insbesondere beim Übergang von der Schule zur Hochschule sowie zu Beginn des Studiums. Sie unterstützt durch ansprechend aufbereitete Grundlagen, Beispiele und Übungsaufgaben und möchte Studierende für die Prinzipien und Arbeitsweisen der Mathematik begeistern. Titel dieser Reihe finden Sie unter springer.com/series/16564.

Die Unterreihe **Springer Studium Mathematik (Master)** bietet studierendengerechte Darstellungen forschungsnaher Themen und unterstützt fortgeschrittene Studierende so bei der Vertiefung und Spezialisierung. Dem Wandel des Studienangebots entsprechend sind diese Bücher in deutscher oder englischer Sprache verfasst. Titel dieser Reihe finden Sie unter springer.com/series/16565.

**Die Reihe bündelt verschiedene erfolgreiche Lehrbuchreihen und führt diese systematisch fort.** Insbesondere werden hier Titel weitergeführt, die vorher veröffentlicht wurden unter:

- Springer Studium Mathematik – Bachelor (springer.com/series/13446)
- Springer Studium Mathematik – Master (springer.com/series/13893)
- Bachelorkurs Mathematik (springer.com/series/13643)
- Aufbaukurs Mathematik (springer.com/series/12357)
- Advanced Lectures in Mathematics (springer.com/series/12121)

Weitere Bände in der Reihe: http://www.springer.com/series/16564

Jörg Liesen · Volker Mehrmann

# Lineare Algebra

Ein Lehrbuch über die Theorie mit Blick
auf die Praxis

3., durchgesehene und ergänzte Auflage

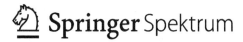 Springer Spektrum

Jörg Liesen
Institut für Mathematik
Technische Universität Berlin
Berlin, Deutschland

Volker Mehrmann
Institut für Mathematik
Technische Universität Berlin
Berlin, Deutschland

Springer Studium Mathematik (Bachelor)
ISBN 978-3-662-62741-9      ISBN 978-3-662-62742-6 (eBook)
https://doi.org/10.1007/978-3-662-62742-6

Die Deutsche Nationalbibliothek verzeichnet diese Publikation in der Deutschen Nationalbibliografie; detaillierte bibliografische Daten sind im Internet über http://dnb.d-nb.de abrufbar.

Springer Spektrum

Planung/Lektorat: Iris Ruhmann
Springer Spektrum ist ein Imprint der eingetragenen Gesellschaft Springer-Verlag GmbH, DE und ist ein Teil von Springer Nature.
Die Anschrift der Gesellschaft ist: Heidelberger Platz 3, 14197 Berlin, Germany

# Vorwort zur 3. Auflage

In der 3. Auflage haben wir erneut einige kleinere Korrekturen und Ergänzungen vorgenommen, den bewährten Aufbau des Buches und das allgemeine Konzept allerdings beibehalten. Zu den Ergänzungen gehören Abschn. 2.4 über die vollständige Induktion sowie Diskussionen der Existenz von Basen und von Adjungierten in unendlichdimensionalen Vektorräumen in Abschn. 9.2 bzw. Beispiel 13.9. Durch neue Aufgaben (insgesamt über 50) und Beispiele sind einige Begriffe und Konzepte hinzugekommen, wie z. B. Boolesche Ringe, Fibonacci-Zahlen und der Fréchet-Riesz-Isomorphismus. Ebenso hinzugefügt haben wir eine Übersicht über die im Buch hergeleiteten Matrix-Zerlegungen (Anhang B) und eine Tabelle mit dem griechischen Alphabet (Anhang C). Die Zahl der im Buch erwähnten historischen Persönlichkeiten erhöhte sich im Vergleich mit der 2. Auflage von 51 auf 64.

Allen Leserinnen und Lesern der 1. und 2. Auflage, die uns Tippfehler, mathematische Ungenauigkeiten und Verbesserungsvorschläge mitgeteilt haben, möchten wir herzlich danken. Errata-Listen für die 1. und 2. Auflage finden sich auf unseren Webseiten. Unser besonderer Dank gilt Olivier Sète und Jan Zur, die den Entwurf der 3. Auflage gründlich durchgearbeitet und uns zahlreiche nützliche Hinweise gegeben haben. Außerdem danken wir Ines Ahrens, Luigi Bianchi, Marine Froideveaux, Larisa Janko, Christian Mehl, Riccardo Mondarin, Joscha Osthoff, Fabian Polzin, Benjamin Unger, Matthias Voigt und Daniel Wachsmuth. Unser Dank gilt zudem den Mitarbeiterinnen und Mitarbeitern des Springer-Nature-Verlags, die uns bei der Fertigstellung dieser Auflage wieder ausgezeichnet unterstützt haben.

Berlin, Deutschland                                                    Jörg Liesen
im November 2020                                                  Volker Mehrmann

# Vorwort zur 2. Auflage

In der 2. Auflage haben wir einige kleinere Korrekturen und Ergänzungen vorgenommen, den Aufbau des Buches im Vergleich zur 1. Auflage jedoch nicht verändert. Allen Leserinnen und Lesern der 1. Auflage, die uns Tippfehler, mathematische Ungenauigkeiten und Verbesserungsvorschläge mitgeteilt haben, möchten wir herzlich danken. Eine Errata-Liste für die 1. Auflage findet sich auf der Webseite

http://www.tu-berlin.de/?78581

und dort werden wir auch eine Liste mit Verbesserungen der 2. Auflage zur Verfügung stellen.

Unser besonderer Dank gilt Olivier Sète, der den Entwurf der 2. Auflage gründlich durchgearbeitet und uns zahlreiche nützliche Hinweise gegeben hat. Außerdem danken wir Leonhard Batzke, Carl De Boor, Sadegh Jokar, Robert Luce, Jan-Peter Schäfermeier, Christian Mehl, Daniel Wachsmuth und Gisbert Wüstholz. Ulrike Schmickler-Hirzebruch und die Mitarbeiterinnen und Mitarbeiter des Springer-Spektrum-Verlags haben uns bei der Fertigstellung dieser Auflage unseres Buches wieder ausgezeichnet unterstützt.

Berlin, Deutschland                                                              Jörg Liesen
im November 2014                                                          Volker Mehrmann

# Vorwort zur 1. Auflage

*Das Instrument, welches die Vermittlung bewirkt zwischen Theorie und Praxis, zwischen Denken und Beobachten, ist die Mathematik; sie baut die verbindende Brücke und gestaltet sie immer tragfähiger. Daher kommt es, dass unsere ganze gegenwärtige Kultur, soweit sie auf der geistigen Durchdringung und Dienstbarmachung der Natur beruht, ihre Grundlage in der Mathematik findet.*

(David Hilbert)

Diese Einschätzung des berühmten deutschen Mathematikers David Hilbert (1862–1943) ist heute aktueller denn je. Die Mathematik hat nicht nur die klassischen Naturwissenschaften Biologie, Chemie und Physik durchdrungen, ihre Methoden sind auch unverzichtbar geworden in den Ingenieurwissenschaften, im modernen Wirtschaftsleben, in der Medizin und in vielen anderen Lebensbereichen. Die fortschreitende Mathematisierung der Welt wird ermöglicht durch die *transversale Stärke* der Mathematik: Die in der Mathematik entwickelten abstrakten Objekte und Operationen können zur Beschreibung und Lösung von Problemen in den unterschiedlichsten Situationen benutzt werden.

Während der hohe Abstraktionsgrad der modernen Mathematik ihre Einsatzmöglichkeiten ständig erweitert, stellt er für Studierende besonders in den ersten Semestern eine große Herausforderung dar. Viele neue und ungewohnte Begriffe sind zu verstehen und der sichere Umgang mit ihnen ist zu erlernen. Um die Studierenden für die Mathematik zu begeistern, ist es für uns als Lehrende einer Grundlagenvorlesung wie der Linearen Algebra besonders wichtig, die Mathematik als eine *lebendige Wissenschaft* in ihren Gesamtzusammenhängen zu vermitteln. In diesem Buch zeigen wir anhand kurzer historischer Notizen im Text und einer Liste ausgewählter historischer Arbeiten am Ende, dass der heutige Vorlesungsstoff der Linearen Algebra das Ergebnis eines von Menschen gestalteten, sich entwickelnden Prozesses ist.

Ein wesentlicher Leitgedanke dieses Buches ist das Aufzeigen der *unmittelbaren praktischen Relevanz* der entwickelten Theorie. Gleich zu Beginn des Buches illustrieren wir das Auftreten von Konzepten der Linearen Algebra in einigen Alltagssituationen. Wir diskutieren unter anderem mathematische Grundlagen der Internet Suchmaschine Google und der Prämienberechnung in der KFZ-Versicherung. Diese und weitere am Anfang vorgestellte Anwendungen untersuchen wir in späteren Kapiteln mit Hilfe der theoretischen Resultate. Dabei geht es uns nicht vorrangig um die konkreten Beispiele selbst oder um ihre Lösung, sondern um die Darstellung der oben erwähnten transversalen Stärke mathematischer Methoden im Kontext der Linearen Algebra.

Das zentrale Objekt in unserem Zugang zur Linearen Algebra ist die *Matrix*. Wir führen Matrizen sofort nach der Diskussion von unverzichtbaren mathematischen Grundlagen ein. Über mehrere Kapitel studieren wir ihre wichtigsten Eigenschaften, bevor wir den Sprung zu den abstrakten Vektorräumen und Homomorphismen machen. Unserer Erfahrung nach führt der matrizenorientierte Zugang zur Linearen Algebra zu einer besseren Anschauung und somit zum besseren Verständnis der abstrakten Konzepte.

Diesem Ziel dienen auch die über das Buch verteilten MATLAB-Minuten,[1] in denen die Leserinnen und Leser wichtige Resultate und Konzepte am Rechner nachvollziehen können. Die notwendigen Vorkenntnisse für diese kurzen Übungen werden im Anhang erläutert. Neben den MATLAB-Minuten gibt es eine Vielzahl von klassischen Übungsaufgaben, für die nur Papier und Bleistift benötigt werden.

Ein weiterer Vorteil der matrizenorientierten Darstellung in der Linearen Algebra ist die Erleichterung der späteren Anwendung theoretischer Resultate und ihrer Umsetzung in praxisrelevante Algorithmen. Matrizen trifft man heute überall dort an, wo Daten systematisch geordnet und verarbeitet werden. Dies ist in fast allen typischen Berufsfeldern der Bachelor-Studierenden mathematischer Studiengänge von Bedeutung. Hierauf ausgerichtet ist auch die Stoffauswahl zu den Themen Matrix-Funktionen, Singulärwertzerlegung und Kroneckerprodukte im hinteren Teil des Buches.

Trotz manchem Hinweis auch auf algorithmische und numerische Aspekte steht in diesem Buch die Theorie der Linearen Algebra im Vordergrund. Dem deutschen Physiker Gustav Robert Kirchhoff (1824–1887) wird der Satz zugeschrieben:

Eine gute Theorie ist das Praktischste, was es gibt.

In diesem Sinne möchten wir unseren Zugang verstanden wissen.

Dieses Buch basiert auf unseren Vorlesungen an der TU Chemnitz und der TU Berlin. Wir möchten uns bei allen Studierenden, Mitarbeiterinnen und Mitarbeitern sowie Kolleginnen und Kollegen bedanken, die uns beim Erstellen und Korrekturlesen von Skripten, Formulieren von Aufgaben und inhaltlichen Gestalten der Vorlesungen unterstützt haben. Insbesondere gilt unser Dank André Gaul, Florian Goßler, Daniel Kreßner, Robert Luce, Christian Mehl, Matthias Pester, Robert Polzin, Timo Reis, Olivier Sète, Tatjana Stykel, Elif Topcu, Wolfgang Wülling und Andreas Zeiser.

---

[1] MATLAB® ist ein eingetragenes Warenzeichen von The MathWorks Inc.

Ebenfalls bedanken möchten wir uns bei den Mitarbeiterinnen und Mitarbeitern des Vieweg+Teubner Verlags und hier insbesondere bei Frau Ulrike Schmickler-Hirzebruch, die unser Vorhaben stets freundlich unterstützt hat.

Berlin, Deutschland                                                          Jörg Liesen
im Mai 2011                                                             Volker Mehrmann

# Inhaltsverzeichnis

# Lineare Algebra im Alltag

1

> *Man muss den Lernenden mit konkreten Fragestellungen aus den Anwendungen vertraut machen, dass er lernt, konkrete Fragen zu behandeln.*
>
> Lothar Collatz (1910–1990)

## 1.1 Der PageRank-Algorithmus

Der *PageRank-Algorithmus* ist ein Verfahren zur Bewertung der „Wichtigkeit" von Dokumenten mit gegenseitigen Verweisen (*Links*), wie zum Beispiel Webseiten, anhand der Struktur der Verweise. Entwickelt wurde er von Sergei Brin und Larry Page, den beiden Gründern des Unternehmens Google Inc., an der Stanford University in den späten 1990er-Jahren. Die Idee des Algorithmus kann wie folgt beschrieben werden:

Anstatt die direkten Links zu zählen, interpretiert PageRank im Wesentlichen einen Link von Seite A auf Seite B als Votum von Seite A für Seite B. PageRank bewertet dann die Wichtigkeit einer Seite nach den erzielten Voten. PageRank berücksichtigt auch die Wichtigkeit jeder Seite, die ein Votum abgibt, da Voten von einigen Seiten einen höheren Wert aufweisen und deshalb auch der Seite, auf die der Link verweist, einen höheren Wert geben. Wichtige Seiten werden von PageRank höher eingestuft und demnach auch in den Suchergebnissen an einer vorderen Position aufgeführt[1].

---

[1]Gefunden im April 2010 auf `www.google.de/corporate/tech.html`.

© Springer-Verlag GmbH Deutschland, ein Teil von Springer Nature 2021
J. Liesen, V. Mehrmann, *Lineare Algebra*, Springer Studium Mathematik (Bachelor),
https://doi.org/10.1007/978-3-662-62742-6_1

**Abb. 1.1** Linkstruktur in
einem „4-Seiten-Internet"

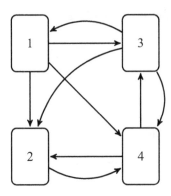

Wir wollen diese Idee nun mathematisch beschreiben (modellieren), wobei wir uns an
der Darstellung im Artikel [BryL06] orientieren. Für eine gegebene Menge von Webseiten
soll jeder Seite $k$ eine Wichtigkeit $x_k \geq 0$ zugeordnet werden. Dabei ist Seite $k$ wichtiger
als Seite $j$, wenn $x_k > x_j$ gilt. Die Verbindung einer Webseite mit anderen erfolgt über
*Links*. Die *Backlinks* einer Seite sind Links von anderen Seiten auf diese Seite. In der
obigen Beschreibung von Google sind dies die *Voten*. In Abb. 1.1 hat zum Beispiel Seite 1
Links auf die Seiten 2, 3 und 4, und einen Backlink von der Seite 3.

Der einfachste Ansatz zur Definition der Wichtigkeit von Webseiten ist die Zählung
ihrer Backlinks: je mehr Seiten auf eine gegebene Seite verweisen, d. h. je mehr Seiten
ein Votum für eine Seite abgeben, desto wichtiger ist diese Seite. Im Beispiel von Abb. 1.1
ergibt dieser Ansatz die folgenden Werte für die gesuchten Wichtigkeiten $x_1$, $x_2$, $x_3$ und $x_4$:

$$x_1 = 1, \quad x_2 = 3, \quad x_3 = 2, \quad x_4 = 3.$$

Hier sind somit die Seiten 2 und 4 die wichtigsten Seiten und beide sind gleich wichtig.

Allerdings entspricht es sowohl der Intuition als auch der Beschreibung von Google,
dass eine Seite wichtiger sein sollte, wenn wichtige Seiten auf sie verweisen. Dies wird
berücksichtigt, wenn $x_k$ als Summe der Wichtigkeiten aller Backlinks der Seite $k$ definiert
wird. Im Beispiel von Abb. 1.1 ergibt dies die folgenden vier Gleichungen, die gleichzeitig
erfüllt sein müssen:

$$x_1 = x_3, \quad x_2 = x_1 + x_3 + x_4, \quad x_3 = x_1 + x_4, \quad x_4 = x_1 + x_2 + x_3.$$

Ein wesentlicher Nachteil dieses Ansatzes ist, dass die Anzahl der Links einer
Seite unberücksichtigt bleibt. Hierdurch wäre es möglich, durch Hinzufügen von Links
die Wichtigkeit der eigenen Webseite zu erhöhen. Um dies zu vermeiden, werden im
PageRank-Algorithmus die Backlinks jeweils mit der Anzahl ihrer Links gewichtet, was
eine Art „Internet-Demokratie" verwirklicht: *Jede Seite kann andere Seiten (aber nicht
sich selbst) „wählen" und jede Seite hat insgesamt eine „Stimme" zu vergeben.* Im
Beispiel von Abb. 1.1 sehen die entsprechenden Gleichungen so aus:

$$x_1 = \frac{x_3}{3}, \quad x_2 = \frac{x_1}{3} + \frac{x_3}{3} + \frac{x_4}{2}, \quad x_3 = \frac{x_1}{3} + \frac{x_4}{2}, \quad x_4 = \frac{x_1}{3} + x_2 + \frac{x_3}{3}. \quad (1.1)$$

Wir haben es hier mit vier Gleichungen für die vier unbekannten Wichtigkeiten zu tun. Alle diese Gleichungen sind *linear*[2], d. h. die Unbekannten $x_k$ treten nur in der ersten Potenz auf. Wir werden in Kap. 6 sehen, wie die Gleichungen in (1.1) zu einem *linearen Gleichungssystem* zusammengefasst werden können. Das Studium und die Lösung solcher Systeme ist eine der wichtigsten Aufgaben der Linearen Algebra. Dieses Beispiel zeigt, dass die Lineare Algebra ein mächtiges Modellierungswerkzeug darstellt: Wir haben ein konkretes Problem, die Bestimmung der Wichtigkeit von Webseiten, auf ein Problem der Linearen Algebra überführt. Dieses Problem werden wir in Abschn. 8.3 genauer untersuchen.

Der Vollständigkeit halber sei noch kurz erwähnt, dass eine Lösung für die vier Unbekannten (berechnet mit MATLAB und gerundet auf die zweite Nachkommastelle) durch

$$x_1 = 0.14, \quad x_2 = 0.54, \quad x_3 = 0.41, \quad x_4 = 0.72,$$

gegeben ist. Die wichtigste Seite ist also Seite 4. Man kann diese Lösung noch beliebig skalieren, d. h. alle Wichtigkeiten $x_k$ mit der gleichen positiven Konstante multiplizieren. Dadurch kann z. B. die Wichtigkeit der wichtigsten Seite auf 1 oder jeden anderen positiven Wert gesetzt werden. Eine solche Skalierung ist manchmal aus rechentechnischen oder auch rein optischen Gründen vorteilhaft. Sie ist erlaubt, weil sie den wesentlichen Informationsgehalt der Lösung, nämlich die Rangfolge der Seiten entsprechend ihrer Wichtigkeit, unverändert lässt.

## 1.2  Schadensfreiheitsklassen in der Kraftfahrzeug-Versicherung

Versicherungsunternehmen berechnen die zu zahlenden Beiträge ihrer Kunden, die sogenannten Versicherungsprämien, nach dem versicherten Risiko: je höher das Risiko, desto höher die Prämie. Entscheidend für den geschäftlichen Erfolg des Versicherers auf der einen Seite und den Geldbeutel des Kunden auf der anderen ist daher die Identifikation und Bewertung von Faktoren, die zu einem erhöhten Risiko beitragen.

Im Fall einer KFZ-Versicherung sind unter den möglichen Faktoren zum Beispiel die jährliche Fahrleistung, die Entfernung zwischen Wohnung und Arbeitsplatz, der Familienstatus, das Geschlecht oder das Alter der Fahrerin oder des Fahrers, aber auch das Modell, die Motorleistung oder sogar die Farbe des Fahrzeugs. Vor Vertragsabschluss

---

[2]Das Wort *linear* stammt vom lateinischen *linea* ab, was „(gerade) Linie" bedeutet; *linearis* bedeutet „aus Linien bestehend".

muss der Kunde seiner Versicherung Informationen über einige, manchmal alle dieser Faktoren mitteilen.

Als bester Indikator für das Auftreten von Schadensfällen eines Kunden in der Zukunft gilt die Anzahl seiner Schadensfälle in der Vergangenheit. Um dies in die Prämienberechnung einzubeziehen, gibt es das System der Schadensfreiheitsklassen. In diesem System werden die Versicherten in relativ homogene Risikogruppen aufgeteilt, deren Prämien relativ zu ihrer Schadensvergangenheit bestimmt werden. Wer in der Vergangenheit wenige Schadensfälle hatte, erhält einen Nachlass auf seine Prämie.

Zur mathematischen Beschreibung eines Systems von Schadensfreiheitsklassen werden eine Menge solcher Klassen, $\{K_1, \dots, K_n\}$, und eine Übergangsregel zwischen den Klassen benötigt. Dabei sei $K_1$ die „Einsteigerklasse" mit dem höchsten Beitrag und $K_n$ die Klasse mit dem niedrigsten Beitrag, d.h. dem höchsten Nachlass. Der Nachlass wird meist in Prozent vom „Einsteigerbeitrag" angegeben. Als Beispiel betrachten wir die vier Klassen

|            | $K_1$ | $K_2$ | $K_3$ | $K_4$ |
|------------|-------|-------|-------|-------|
| % Nachlass | 0     | 10    | 20    | 40    |

und die folgenden Übergangsregeln:

- Kein Schadensfall: Im Folgejahr eine Klasse höher (oder in $K_4$ bleiben).
- Ein Schadensfall: Im Folgejahr eine Klasse zurück (oder in $K_1$ bleiben).
- Mehr als ein Schadensfall: Im Folgejahr (zurück) in Klasse $K_1$.

Nun muss der Versicherer die Wahrscheinlichkeit einschätzen, dass ein Versicherter, der sich in diesem Jahr in Klasse $K_i$ befindet, im Folgejahr in Klasse $K_j$ wechselt. Diese Wahrscheinlichkeit bezeichnen wir mit $p_{ij}$. Nehmen wir der Einfachheit halber an, dass die Wahrscheinlichkeit (genau) eines Schadens für jeden Versicherten 0.1 beträgt (also 10 %) und die Wahrscheinlichkeit zweier oder mehr Schäden 0.05 (also 5 %). (In der Praxis machen die Versicherer diese Wahrscheinlichkeiten natürlich von den jeweiligen Klassen abhängig.) Dann ergeben sich zum Beispiel folgende Werte:

$$p_{11} = 0.15, \quad p_{12} = 0.85, \quad p_{13} = 0.00, \quad p_{14} = 0.00.$$

Wer in diesem Jahr in Klasse $K_1$ ist, bleibt in dieser Klasse bei einem oder mehreren Schäden. Dies tritt nach unserer Annahme mit Wahrscheinlichkeit $p_{11} = 0.15$ ein. Wer in Klasse $K_1$ ist, hat mit Wahrscheinlichkeit 0.85 keinen Schaden und daher $p_{12} = 0.85$. Letztlich besteht keine Möglichkeit, aus Klasse $K_1$ in diesem Jahr in eine der Klassen $K_3$ und $K_4$ im nächsten Jahr zu wechseln.

Wir können die 16 Wahrscheinlichkeiten $p_{ij}$, $i, j = 1, 2, 3, 4$, in einer $(4 \times 4)$-Matrix anordnen:

$$\begin{bmatrix} p_{11} & p_{12} & p_{13} & p_{14} \\ p_{21} & p_{22} & p_{23} & p_{24} \\ p_{31} & p_{32} & p_{33} & p_{34} \\ p_{41} & p_{42} & p_{43} & p_{44} \end{bmatrix} = \begin{bmatrix} 0.15 & 0.85 & 0.00 & 0.00 \\ 0.15 & 0.00 & 0.85 & 0.00 \\ 0.05 & 0.10 & 0.00 & 0.85 \\ 0.05 & 0.00 & 0.10 & 0.85 \end{bmatrix}. \tag{1.2}$$

Alle Einträge dieser Matrix sind nichtnegative reelle Zahlen und die Summe aller Einträge in jeder Zeile ist gleich 1.00. Eine solche Matrix wird zeilen-stochastisch genannt.

Die Analyse der Eigenschaften von Matrizen ist ein wichtiges Thema der Linearen Algebra, das im gesamten Buch immer wieder aufgegriffen und weiterentwickelt wird. Wie beim PageRank-Algorithmus haben wir hier ein praktisches Problem in die Sprache der Linearen Algebra übersetzt und können es mit Hilfe der Linearen Algebra weiter untersuchen. Das Beispiel der Schadensfreiheitsklassen wird uns in Kap. 4 wieder begegnen.

## 1.3    Produktionsplanung in einem verarbeitenden Betrieb

Die Planung der Produktion in einem verarbeitenden Betrieb muss viele verschiedene Faktoren, z. B. Rohstoffpreise, Arbeitskosten und vorhandenes Kapital, berücksichtigen, um aus der Gesamtinformation dieser Faktoren eine Vorgabe für die Durchführung der Produktion zu machen. Wir betrachten ein einfaches Beispiel:

Ein Betrieb produziert die zwei Produkte $P_1$ und $P_2$. Werden $x_i$ Einheiten von Produkt $P_i$ produziert, wobei $i = 1$ oder $i = 2$ ist, dann ist das Paar $(x_1, x_2)$ ein Produktionsprogramm. Wird Produkt $P_i$ produziert, so fallen Kosten in Höhe von $a_{1i}$ Euro für die Rohstoffe und $a_{2i}$ Euro für den Arbeitslohn an. Stehen $b_1$ Euro für den Einkauf von Rohstoffen und $b_2$ Euro für die Arbeitslöhne zur Verfügung, dann sind nur Produktionsprogramme zulässig, die folgende Nebenbedingungen erfüllen:

$$a_{11}x_1 + a_{12}x_2 \le b_1 \quad \text{und} \quad a_{21}x_1 + a_{22}x_2 \le b_2.$$

Der Gewinn beim Verkauf einer Einheit von Produkt $P_i$ sei mit $c_i$ bezeichnet. Ziel der Produktionsplanung ist meist die Gewinnmaximierung, d. h. die Maximierung der Gewinnfunktion

$$\Phi(x_1, x_2) = c_1 x_1 + c_2 x_2.$$

Wie kann dieses Maximum gefunden werden?

Die beiden linearen Gleichungen

$$a_{11}x_1 + a_{12}x_2 = b_1 \quad \text{und} \quad a_{21}x_1 + a_{22}x_2 = b_2$$

beschreiben zwei Geraden im Koordinatensystem, dessen Achsen durch die Unbekannten $x_1$ und $x_2$ gegeben ist. Diese zwei Geraden bilden die Grenzen der zulässigen Produktionsprogramme, die „unter" den Geraden liegen müssen. Zudem gibt es keine negativen Anzahlen von Produkten, d. h. es muss $x_1 \geq 0$ und $x_2 \geq 0$ gelten. Gilt $\Phi(x_1, x_2) = y$, so erzielt der Betrieb den Gewinn $y$. Für geplante Gewinne $y_i$, $i = 1, 2, 3, \ldots$, beschreiben die Gleichungen $\Phi(x_1, x_2) = y_i$ parallele Geraden im Koordinatensystem; siehe die gestrichelten Linien in der Abbildung unten. Verschiebt man diese Geraden bis die Ecke mit dem maximalen $y$ erreicht ist, so ist das Problem der Gewinnmaximierung gelöst:

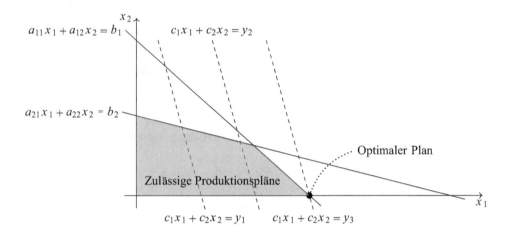

Sind mehr Variablen gegeben, so können wir die Lösung nicht mehr durch eine einfache Zeichnung „graphisch" erhalten, doch die Idee des Findens einer Ecke mit maximalem Gewinn kann immer noch angewendet werden. Dies ist ein Beispiel für ein *Lineares Optimierungsproblem*. Wir halten fest, dass wir wie in den vorherigen Beispielen ein wichtiges Anwendungsproblem als Problem der Linearen Algebra formuliert haben, und dass wir es somit mathematisch untersuchen und lösen können.

## 1.4     Lineare Regression

Die Vorhersage von Gewinn- oder Verlusterwartungen eines Betriebes ist ein zentrales Planungsinstrument der Wirtschaftswissenschaften. Analoge Probleme treten in vielen Bereichen der politischen Entscheidungsfindung, wie bei Aufstellung eines öffentlichen Haushalts, in der Steuerschätzung oder bei der Planung von Infrastrukturmaßnahmen im Verkehr auf. Wir betrachten ein konkretes Beispiel:

In den vier Quartalen eines Jahres erzielt ein Unternehmen Gewinne von 10, 8, 9, 11 Millionen Euro. Vor der Aktionärsversammlung macht das Unternehmen eine Schätzung über den Verlauf der Geschäftsentwicklung im kommenden Jahr. Dazu sollen die Unternehmensergebnisse in den nächsten vier Quartalen geschätzt werden. Das Management verwendet auf der Basis der bekannten Ergebnisse und der Erfahrung aus den Vorjahren ein Modell, auf welche Weise die Daten in die Zukunft „extrapoliert" werden sollen. Das Management nimmt an, dass der Gewinn *linear* wächst oder fällt. Stimmt dies exakt, so müsste es eine Gerade $y(t) = \alpha t + \beta$ geben, die durch die Punkte $(1, 10), (2, 8), (3, 9), (4, 11)$ verläuft.

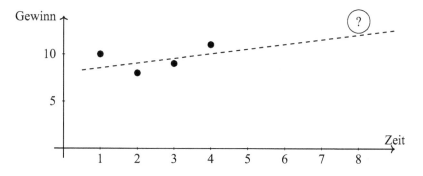

In der Praxis ist dies meist nicht erfüllt (wie auch in diesem Beispiel). Man kann aber versuchen, eine Gerade zu bestimmen, die möglichst wenig von den gegebenen Punkten abweicht. Hierbei ist es eine gute Idee, die Parameter $\alpha$ und $\beta$ so zu wählen, dass die Summe der Quadrate der Abstände zwischen den gegebenen Punkten und den entsprechenden Punkten auf der Gerade minimiert wird Dieses sogenannte *Kleinste-Quadrate-Problem* ist ein Problem der Linearen Algebra, das wir in Kap. 12 abstrakt formulieren und lösen werden (siehe Beispiel 12.15). Es handelt sich um einen Spezialfall der *Parameter-Identifikation*. Wenn man gute Parameter $\alpha$ und $\beta$ gefunden hat, kann das gewonnene Modell verwendet werden, um den Gewinn in den nächsten Quartalen zu schätzen und damit Planungszahlen für das nächste Jahr zu berechnen. Diese Methode wird auch *lineare Regression* genannt.

## 1.5 Schaltkreissimulation

Die Entwicklung elektronischer Geräte ist extrem schnell, so dass in sehr kurzen Abständen, von inzwischen weniger als einem Jahr, neue Modelle von Laptops oder Mobiltelefonen auf den Markt kommen. Um dies zu erreichen, müssen ständig neue Generationen von Computer-Chips entwickelt werden, die typischerweise immer kleiner und leistungsfähiger werden und die natürlich auch möglichst wenig Energie verbrauchen sollen. Ein wesentlicher Faktor bei dieser Entwicklung ist es, die zu entwickelnden Chips virtuell am Rechner zu planen und ihr Verhalten am Modell zu simulieren, ohne einen Prototyp physisch herzustellen. Diese modellbasierte Planung und Optimierung von Produkten ist heute in vielen anderen Bereichen der Technologieentwicklung, wie zum Beispiel im Flug- oder Fahrzeugbau, eine zentrale Technologie, die einen hohen Einsatz von modernster Mathematik erfordert.

Das Schaltungsverhalten eines Chips wird durch ein mathematisches Modell beschrieben, das im Allgemeinen durch ein System aus Differenzialgleichungen und algebraischen Gleichungen gegeben ist und das die Beziehungen zwischen den Strömen und Spannungen beschreibt. Ohne in die Details zu gehen, betrachten wir zur Illustration den folgenden einfachen Schaltkreis:

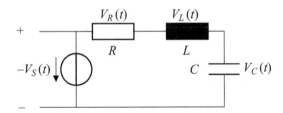

Hier ist $V_S(t)$ die vorgegebene angelegte Spannung zum Zeitpunkt $t$, und die Kennwerte der Bauteile sind $R$ beim Resistor, $L$ bei der Induktivität und $C$ für die Kapazität. Die Funktionen der Spannungsabfälle an den drei Bauteilen werden mit $V_R(t)$, $V_L(t)$, und $V_C(t)$ bezeichnet; $I(t)$ ist die Stromstärke.

Die Anwendung der Kirchhoff'schen Gesetze[3] der Elektrotechnik führt auf das folgende System von linearen Gleichungen und Differenzialgleichungen, das diesen Schaltkreis modelliert:

$$L\frac{d}{dt}I = V_L,$$

$$C\frac{d}{dt}V_C = I,$$

$$R\,I = V_R,$$

$$V_L + V_C + V_R = V_S.$$

Man kann in diesem Beispiel sehr einfach die letzten beiden Gleichungen nach $V_L$ und $V_R$ auflösen. Dies liefert das System von Differenzialgleichungen

$$\frac{d}{dt}I = -\frac{R}{L}I - \frac{1}{L}V_C + \frac{1}{L}V_S,$$

$$\frac{d}{dt}V_C = \frac{1}{C}I,$$

für die beiden Funktionen $I$ und $V_C$. Dieses System werden wir in Kap. 17 lösen (siehe Beispiel 17.14).

---

[3]Gustav Robert Kirchhoff (1824–1887).

Schon dieses einfache Beispiel zeigt, dass zur Simulation der Schaltung ein System von (linearen) Differenzialgleichungen und algebraischen Gleichungen zu lösen ist. Bei der Entwicklung moderner Computerchips werden heute in der industriellen Praxis Systeme mit Millionen solcher *differenziell-algebraischer Gleichungen* gelöst. Für die theoretische Untersuchung solcher Systeme und für die Entwicklung von effizienten Lösungsmethoden ist die Lineare Algebra eines der zentralen Hilfsmittel.

# Mathematische Grundbegriffe

**2**

In diesem Kapitel stellen wir die wichtigsten mathematischen Grundbegriffe vor, auf denen die Entwicklungen in den folgenden Kapiteln beruhen. Wir beginnen mit den Grundlagen von Mengen und Aussagen. Danach betrachten wir Abbildungen zwischen Mengen und deren wichtigste Eigenschaften. Schließlich studieren wir Relationen und betrachten hierbei insbesondere die Äquivalenzrelationen auf einer Menge.

## 2.1    Mengen und Aussagen

Ausgangspunkt aller weiteren Entwicklungen ist der Begriff der Menge. Wir gehen hier von der folgenden Definition aus, die Cantor[1] 1895 in der mathematischen Fachzeitschrift „Mathematische Annalen" veröffentlichte.

**Definition 2.1.**  Unter einer *Menge* verstehen wir jede Zusammenfassung $M$ von bestimmten wohlunterschiedenen Objekten $x$ unserer Anschauung oder unseres Denkens (welche die *Elemente* von $M$ genannt werden) zu einem Ganzen.

Die Objekte $x$ in dieser Definition sind als *bestimmt* angenommen. Für jedes Objekt $x$ können wir somit eindeutig feststellen, ob es zu einer gegebenen Menge $M$ gehört oder nicht. Gehört $x$ zur Menge $M$, so schreiben wir $x \in M$, falls nicht, so schreiben wir $x \notin M$. Zudem sind die Objekte, die zu einer Menge gehören, *wohlunterschieden*. Das heißt, alle zu $M$ gehörenden Objekte sind (paarweise) verschieden.

---

[1]Georg Cantor (1845–1918), Begründer der Mengenlehre. Cantor schrieb „Objecten $m$" anstelle von „Objekten $x$" in unserer Definition 2.1.

© Springer-Verlag GmbH Deutschland, ein Teil von Springer Nature 2021
J. Liesen, V. Mehrmann, *Lineare Algebra*, Springer Studium Mathematik (Bachelor),
https://doi.org/10.1007/978-3-662-62742-6_2

Sind zwei Objekte $x$ und $y$ gleich, so schreiben wir $x = y$, falls nicht, so schreiben wir $x \neq y$. Für mathematische Objekte muss oft eine formale Definition der *Gleichheit* gegeben werden, denn aufgrund der Abstraktheit der Begriffe sind ihre Eigenschaften nicht unmittelbar klar oder anschaulich. Die Gleichheit zweier Mengen definieren wir zum Beispiel in Definition 2.2.

Wir geben Mengen an durch Aufzählung der Elemente, zum Beispiel

$$\{\text{rot, gelb, grün}\}, \quad \{1, 2, 3, 4\}, \quad \{2, 4, 6, \ldots\}$$

oder durch Angabe einer definierenden Eigenschaft, zum Beispiel

$$\{x \mid x \text{ ist eine positive gerade Zahl}\},$$

$$\{x \mid x \text{ ist eine Person, die in Deutschland ihren ersten Wohnsitz hat}\}.$$

Die geschweiften Klammern „{ }" sind eine übliche Notation zur Angabe von Mengen.

Bekannte Zahlenmengen bezeichnen wir wie folgt:

| | |
|---|---|
| $\mathbb{N} = \{1, 2, 3, \ldots\}$ | (die natürlichen Zahlen), |
| $\mathbb{N}_0 = \{0, 1, 2, \ldots\}$ | (die natürlichen Zahlen mit Null), |
| $\mathbb{Z} = \{\ldots, -2, -1, 0, 1, 2 \ldots\}$ | (die ganzen Zahlen), |
| $\mathbb{Q} = \{x \mid x = a/b \text{ mit } a \in \mathbb{Z} \text{ und } b \in \mathbb{N}\}$ | (die rationalen Zahlen), |
| $\mathbb{R} = \{x \mid x \text{ ist eine reelle Zahl}\}$ | (die reellen Zahlen). |

Die Konstruktion und Charakterisierung der Menge der reellen Zahlen $\mathbb{R}$ ist im Regelfall Thema einer einführenden Vorlesung in die Analysis.

Bei der Angabe einer Menge durch eine definierende Eigenschaft schreiben wir formal $\{x \mid P(x)\}$. Hier ist $P$ ein *Prädikat*, welches auf ein Objekt $x$ zutreffen kann oder nicht, und $P(x)$ ist die *Aussage* „$P$ trifft auf $x$ zu".

Allgemein verstehen wir unter einer Aussage einen Sachverhalt, der als „wahr" oder „falsch" klassifizierbar ist. Zum Beispiel ist „Die Menge $\mathbb{N}$ hat unendlich viele Elemente" eine wahre Aussage. Keine Aussage ist zum Beispiel „Morgen wird es gutes Wetter geben". Aus mathematischer Sicht ist nicht nur die Unsicherheit der Wettervorhersage problematisch, sondern auch die Ungenauigkeit des auftretenden Begriffs „gutes Wetter". Anstatt „die Aussage $A$ ist wahr" schreiben wir oft auch (kürzer) „die Aussage $A$ gilt".

Die *Negation* oder *Verneinung* einer Aussage $A$ ist die Aussage „nicht $A$", kurz geschrieben als $\neg A$. Diese ist genau dann wahr, wenn $A$ falsch ist und genau dann falsch, wenn $A$ wahr ist. Zum Beispiel ist die Verneinung der (wahren) Aussage „Die Menge $\mathbb{N}$ hat unendlich viele Elemente" gegeben durch „Die Menge $\mathbb{N}$ hat nicht unendlich viele Elemente" (oder auch „Die Menge $\mathbb{N}$ hat endlich viele Elemente"). Dies ist eine falsche Aussage.

Zwei Aussagen $A$ und $B$ können mit logischen Verknüpfungen, sogenannten *Junktoren*, zu einer neuen Aussage zusammengesetzt werden. Hier ist eine Liste der am meisten gebrauchten logischen Verknüpfungen mit ihren üblichen mathematischen Kurzschreibweisen (Notationen):

| Verknüpfung (Junktor) | Notation | Alternative textliche Beschreibung |
|---|---|---|
| und | $\wedge$ | |
| oder | $\vee$ | |
| daraus folgt | $\Rightarrow$ | $A$ impliziert $B$ |
| | | Wenn $A$ gilt, dann gilt auch $B$ |
| | | $A$ ist eine hinreichende Bedingung für $B$ |
| | | $B$ ist eine notwendige Bedingung für $A$ |
| genau dann, wenn | $\Leftrightarrow$ | $A$ und $B$ sind äquivalent |
| | | $A$ gilt dann und nur dann, wenn $B$ gilt |
| | | $A$ ist notwendig und hinreichend für $B$ |
| | | $B$ ist notwendig und hinreichend für $A$ |

Zum Beispiel kann die Aussage „$x$ ist eine reelle Zahl und $x$ ist negativ" in mathematischer Kurzschreibweise so formuliert werden:

$$x \in \mathbb{R} \wedge x < 0.$$

Ob eine aus zwei Aussagen $A$ und $B$ zusammengesetzte Aussage wahr oder falsch ist, hängt von den Wahrheitswerten von $A$ und $B$ ab. Es gilt folgende *Wahrheitstafel* („w" und „f" stehen für „wahr" und „falsch"):

| $A$ | $B$ | $A \wedge B$ | $A \vee B$ | $A \Rightarrow B$ | $A \Leftrightarrow B$ |
|---|---|---|---|---|---|
| w | w | w | w | w | w |
| w | f | f | w | f | f |
| f | w | f | w | w | f |
| f | f | f | f | w | w |

Zum Beispiel ist die Aussage „$A$ und $B$" bzw. $A \wedge B$ nur wahr, wenn $A$ und $B$ beide wahr sind.

Die Aussage „$A$ impliziert $B$" bzw. $A \Rightarrow B$ ist nur falsch, wenn $A$ wahr und $B$ falsch ist. Ist insbesondere $A$ falsch, so ist die Aussage $A \Rightarrow B$ wahr, und zwar unabhängig vom Wahrheitswert von $B$. Diese Festlegung ist zunächst schwer einzusehen, denn sie kann zu „sinnlosen Aussagen" führen, die formal wahr sind, wie zum Beispiel:

„Wenn die Erde eine Scheibe ist, dann dreht sich die Sonne um den Mars."

In der Mathematik geht es häufig um das Beweisen von Aussagen. Wenn wir zu beweisen haben, dass eine gewisse Implikationen $A \Rightarrow B$ wahr ist, dann muss dafür lediglich gezeigt werden, dass aus der Wahrheit von $A$ die Wahrheit von $B$ folgt. In diesem Zusammenhang ist die Bedeutung von $A \Rightarrow B$, dass bei Wahrheit dieser Aussage aus der Wahrheit von $A$ die Wahrheit von $B$ folgt und dass „nichts Besonderes" aus der Falschheit von $A$ folgt. Ist $A$ falsch, dann sagt man auch, dass die Implikation $A \Rightarrow B$ *trivialerweise wahr* ist.

Zum Beispiel ist

$$\text{„Für jedes } x \in \mathbb{Z} \text{ gilt: } |x| \geq 2 \Rightarrow x^2 \geq 4\text{"}$$

eine wahre Aussage über die ganzen Zahlen. Die Implikation „$|x| \geq 2 \Rightarrow x^2 \geq 4$" ist (trivialerweise) wahr, wenn der erste Teil falsch ist, d. h. wenn $|x| < 2$ ist. Ist andererseits der erste Teil wahr, d. h. gilt $|x| \geq 2$, dann ist auch der zweite Teil wahr, d. h. es gilt $x^2 \geq 4$. Um die Wahrheit der Implikation zu zeigen, muss also lediglich aus $|x| \geq 2$ gefolgert werden, dass $x^2 \geq 4$ ist.

Mit Hilfe von Wahrheitstafeln kann die folgende Äquivalenz nachgewiesen werden:

$$(A \Rightarrow B) \quad \Leftrightarrow \quad (\neg B \Rightarrow \neg A).$$

(Legen Sie zur Übung und zum Nachweis dieser Äquivalenz eine Wahrheitstafel für $\neg B \Rightarrow \neg A$ an und vergleichen Sie diese mit der Wahrheitstafel von $A \Rightarrow B$.) Somit kann die Wahrheit von $A \Rightarrow B$ auch nachgewiesen werden, indem aus der Wahrheit von $\neg B$, d. h. der Falschheit von $B$, die Wahrheit von $\neg A$, d. h. die Falschheit von $A$, gefolgert wird. Die Aussage $\neg B \Rightarrow \neg A$ wird die *Kontraposition* der Aussage $A \Rightarrow B$ genannt, und der Schluss von $A \Rightarrow B$ auf $\neg B \Rightarrow \neg A$ heißt *Umkehrschluss*.

Neben den Junktoren benutzen wir häufig sogenannte *Quantoren* im Zusammenhang mit Aussagen:

| Quantor | Notation |
|---|---|
| für alle | $\forall$ |
| es gibt ein | $\exists$ |

Nach diesem kurzen Ausflug in die Aussagenlogik kehren wir zurück zur Mengenlehre. Zwischen Mengen können die folgenden *Teilmengenrelationen* definiert werden.

**Definition 2.2.** Seien $M, N$ Mengen.

(1) $M$ heißt *Teilmenge* von $N$, geschrieben $M \subseteq N$, wenn jedes Element von $M$ auch Element von $N$ ist. Wir schreiben $M \nsubseteq N$, falls dies nicht gilt.

(2) $M$ und $N$ heißen *gleich*, geschrieben $M = N$, wenn $M \subseteq N$ und $N \subseteq M$ ist. Wir schreiben $M \neq N$, falls dies nicht gilt.

(3) $M$ heißt *echte Teilmenge* von $N$, geschrieben $M \subset N$, wenn $M \subseteq N$ und $M \neq N$ gelten.

Anstatt $M \subseteq N$ oder $M \subset N$ kann man auch $N \supseteq M$ bzw. $N \supset M$ schreiben und man nennt dann $N$ eine *(echte) Obermenge* von $M$.

Mit Hilfe der Kurzschreibweisen der Aussagenlogik können die drei Teile dieser Definition auch wie folgt formuliert werden:

(1) $M \subseteq N \quad \Leftrightarrow \quad (\forall x : x \in M \Rightarrow x \in N)$.

(2) $M = N \quad \Leftrightarrow \quad (M \subseteq N \wedge N \subseteq M)$.

(3) $M \subset N \quad \Leftrightarrow \quad (M \subseteq N \wedge M \neq N)$.

Die Aussage auf der rechten Seite der Äquivalenz in (1) liest sich so: Für alle Objekte $x$ gilt, dass aus der Wahrheit von $x \in M$ die Wahrheit von $x \in N$ folgt. Oder kürzer: Für alle $x$ folgt aus $x \in M$, dass $x \in N$ gilt.

Eine besondere Menge ist diejenige, die keine Elemente enthält. Diese Menge definieren wir formal wie folgt.

**Definition 2.3.** Die Menge $\emptyset := \{x \mid x \neq x\}$ heißt die *leere Menge*.

Das Zeichen „$:=$" steht für *ist definiert als*. Wir haben die leere Menge durch eine definierende Eigenschaft angegeben: Jedes Objekt $x$, für das $x \neq x$ gilt, ist ein Element von $\emptyset$. Offensichtlich kann dies für kein Objekt gelten und somit enthält die Menge $\emptyset$ kein Element. Eine Menge, die mindestens ein Element enthält, nennen wir *nichtleer*.

**Satz 2.4.** *Für jede Menge $M$ gelten folgende Aussagen:*

(1) $\emptyset \subseteq M$.

(2) $M \subseteq \emptyset \Rightarrow M = \emptyset$.

**Beweis.**

(1) Zu zeigen ist die Aussage „$\forall x : x \in \emptyset \Rightarrow x \in M$". Da es kein $x \in \emptyset$ gibt, ist die Aussage $x \in \emptyset$ falsch und somit ist „$x \in \emptyset \Rightarrow x \in M$" für jedes $x$ wahr (vgl. unsere Bemerkungen zu den Implikationen $A \Rightarrow B$).

(2) Sei $M \subseteq \emptyset$. Nach (1) gilt $\emptyset \subseteq M$, also folgt $M = \emptyset$ nach (2) in Definition 2.2. $\qquad\square$

**Satz 2.5.** *Seien $M$, $N$, $L$ Mengen, dann gelten folgende Aussagen für die Teilmengenrelation „$\subseteq$":*

*(1) $M \subseteq M$ (Reflexivität).*
*(2) Gilt $M \subseteq N$ und $N \subseteq L$, dann folgt $M \subseteq L$ (Transitivität).*

**Beweis.**

(1) Zu zeigen ist die Aussage „$\forall x : x \in M \Rightarrow x \in M$". Ist $x \in M$ wahr, so ist „$x \in M \Rightarrow x \in M$" eine Implikation mit zwei wahren Aussagen und ist somit wahr.
(2) Zu zeigen ist die Aussage „$\forall x : x \in M \Rightarrow x \in L$". Ist $x \in M$ wahr, dann ist auch $x \in N$ wahr, denn es gilt $M \subseteq N$. Aus der Wahrheit von $x \in N$ folgt $x \in L$, denn es gilt $N \subseteq L$. Somit ist die Aussage „$x \in M \Rightarrow x \in L$" wahr.                    □

**Definition 2.6.** Seien $M$, $N$ Mengen.

(1) Die *Vereinigung*[2] von $M$ und $N$ ist $M \cup N := \{x \mid x \in M \vee x \in N\}$.
(2) Der *Durchschnitt* von $M$ und $N$ ist $M \cap N := \{x \mid x \in M \wedge x \in N\}$. Ist $M \cap N = \emptyset$, so nennen wir die Mengen $M$ und $N$ *disjunkt*.
(3) Die *Differenz* von $M$ und $N$ ist $M \setminus N := \{x \mid x \in M \wedge x \notin N\}$.

**Beispiel 2.7.**

(1) Sei $-\mathbb{N} := \{-n \mid n \in \mathbb{N}\}$, dann gilt $\mathbb{N} \cup (-\mathbb{N}) = \mathbb{Z} \setminus \{0\}$ und $\mathbb{N} \cap (-\mathbb{N}) = \emptyset$.
(2) Wichtige Beispiele von Mengen sind *Intervalle* reeller Zahlen. Für $a, b \in \mathbb{R}$ mit $a \leq b$ definieren wir:

$$[a, b] := \{x \mid x \in \mathbb{R} \text{ und } a \leq x \leq b\} \quad \text{(geschlossenes Intervall)},$$

$$]a, b] := \{x \mid x \in \mathbb{R} \text{ und } a < x \leq b\} \quad \text{(halboffenes Intervall)},$$

$$[a, b[ := \{x \mid x \in \mathbb{R} \text{ und } a \leq x < b\} \quad \text{(halboffenes Intervall)},$$

$$]a, b[ := \{x \mid x \in \mathbb{R} \text{ und } a < x < b\} \quad \text{(offenes Intervall)}.$$

Für die Intervalle $M = [-2, 2]$ und $N =\,]-1, 3]$ gelten

$$M \cup N = [-2, 3], \quad M \cap N =\,]-1, 2], \quad M \setminus N = [-2, -1], \quad N \setminus M =\,]2, 3].$$

---

[2]Die Notationen „$M \cup N$" und „$M \cap N$" für die Vereinigung und den Durchschnitt von zwei Mengen $M$ und $N$ stammen aus dem Jahr 1888 und von Giuseppe Peano (1858–1932), einem der Begründer der formalen Logik. Die von Georg Cantor (1845–1918) im Jahre 1880 eingeführten Bezeichnungen und Notationen des „kleinsten gemeinsamen Multiplums $\mathfrak{M}(M, N)$" und des „größten gemeinsamen Divisors $\mathfrak{D}(M, N)$" der Mengen $M$ und $N$ haben sich nicht durchgesetzt.

Die Mengenoperationen Vereinigung und Durchschnitt lassen sich auf mehr als zwei Mengen verallgemeinern: Ist $I \neq \emptyset$ eine Menge und ist für jedes $i \in I$ eine Menge $M_i$ gegeben, dann sind

$$\bigcup_{i \in I} M_i := \{x \mid \exists\, i \in I \text{ mit } x \in M_i\} \quad \text{und} \quad \bigcap_{i \in I} M_i := \{x \mid \forall\, i \in I \text{ gilt } x \in M_i\}.$$

Die Menge $I$ wird in diesem Zusammenhang eine *Indexmenge* genannt. Für $I = \{1, 2, \ldots, n\} \subset \mathbb{N}$ schreiben wir die Vereinigung und den Durchschnitt der Mengen $M_1, \ldots, M_n$ als

$$\bigcup_{i=1}^{n} M_i \quad \text{und} \quad \bigcap_{i=1}^{n} M_i.$$

**Satz 2.8.** *Für zwei Mengen $M, N$ gelte $M \subseteq N$. Dann sind folgende Aussagen äquivalent:*

(1) $M \subset N$.
(2) $N \setminus M \neq \emptyset$.

**Beweis.** Wir zeigen die Aussagen $(1) \Rightarrow (2)$ und $(2) \Rightarrow (1)$.

(1) $\Rightarrow$ (2): Wegen $M \neq N$ gibt es ein $x \in N$ mit $x \notin M$. Somit ist $x \in N \setminus M$, d. h. es gilt $N \setminus M \neq \emptyset$.
(2) $\Rightarrow$ (1): Es gibt ein $x \in N$ mit $x \notin M$. Daher gilt $N \neq M$. Mit der Annahme $M \subseteq N$ folgt $M \subset N$. $\qquad\square$

**Satz 2.9.** *Seien $M, N, L$ Mengen, dann gelten folgende Aussagen:*

(1) $M \cap N \subseteq M$ und $M \subseteq M \cup N$.
(2) $M \cap N = N \cap M$ und
    $M \cup N = N \cup M$ *(Kommutativgesetze)*.
(3) $M \cap (N \cap L) = (M \cap N) \cap L$ und
    $M \cup (N \cup L) = (M \cup N) \cup L$ *(Assoziativgesetze)*.
(4) $M \cup (N \cap L) = (M \cup N) \cap (M \cup L)$ und
    $M \cap (N \cup L) = (M \cap N) \cup (M \cap L)$ *(Distributivgesetze)*.
(5) $M \setminus N \subseteq M$.
(6) $M \setminus (N \cap L) = (M \setminus N) \cup (M \setminus L)$ und
    $M \setminus (N \cup L) = (M \setminus N) \cap (M \setminus L)$.

**Beweis.** Übungsaufgabe. $\qquad\square$

**Definition 2.10.** Sei $M$ eine Menge.

(1) Die *Mächtigkeit* oder *Kardinalität* von $M$, bezeichnet mit $|M|$, ist die Anzahl der Elemente von $M$.
(2) Die *Potenzmenge* von $M$, bezeichnet mit $\mathcal{P}(M)$, ist die Menge aller Teilmengen von $M$, d. h. $\mathcal{P}(M) := \{N \mid N \subseteq M\}$.

Die leere Menge $\emptyset$ hat die Kardinalität Null und es gilt $\mathcal{P}(\emptyset) = \{\emptyset\}$, also $|\mathcal{P}(\emptyset)| = 1$. Für $M = \{1, 3\}$ gilt $|M| = 2$ und

$$\mathcal{P}(M) = \{\emptyset, \{1\}, \{3\}, M\},$$

also $|\mathcal{P}(M)| = 4 = 2^{|M|}$. Man kann zeigen, dass für jede Menge $M$ mit endlich vielen Elementen, d. h. endlicher Kardinalität, $|\mathcal{P}(M)| = 2^{|M|}$ gilt.

## 2.2   Abbildungen

Wir kommen nun zum Begriff der Abbildung.

**Definition 2.11.** Seien $X, Y$ nichtleere Mengen.

(1) Eine *Abbildung von X nach Y* ist eine Vorschrift, die jedem $x \in X$ genau ein $y = f(x) \in Y$ zuordnet. Wir schreiben

$$f : X \to Y, \quad x \mapsto y = f(x).$$

Die Abbildungsvorschrift $x \mapsto y = f(x)$ schreiben wir auch kurz $f(x) = y$. Die Mengen $X$ und $Y$ heißen *Definitions*- bzw. *Wertebereich* von $f$.
(2) Zwei Abbildungen $f : X \to Y$ und $g : X \to Y$ heißen *gleich* oder *identisch*, geschrieben $f = g$, wenn $f(x) = g(x)$ für alle $x \in X$ gilt.

Anstatt *Wertebereich* wird oft auch der Begriff *Zielbereich* benutzt. In der Definition haben wir die gegebenen Mengen $X$ und $Y$ als nichtleer angenommen, damit überhaupt eine Zuordnung $x \mapsto y = f(x)$ möglich ist. Ist (mindestens) eine der Mengen $X$ oder $Y$ leer, so kann eine *leere Abbildung* definiert werden. Wir werden im Folgenden immer annehmen, dass die Mengen zwischen denen abgebildet wird nichtleer sind, dies aber in der Regel nicht explizit erwähnen.

**Beispiel 2.12.** Für $X = Y = \mathbb{R}$ sind zwei Abbildungen gegeben durch

$$f : X \to Y, \quad f(x) = x^2, \tag{2.1}$$

$$g : X \to Y, \quad x \mapsto \begin{cases} 0, & x \leq 0, \\ 1, & x > 0. \end{cases} \tag{2.2}$$

Für die Untersuchung von Abbildungen benötigen wir weitere Begriffe.

**Definition 2.13.** Seien $X, Y$ nichtleere Mengen.

(1) Die Abbildung $\mathrm{Id}_X : X \to X, x \mapsto x$, heißt die *Identität auf $X$*.

(2) Sei $f : X \to Y$ eine Abbildung und seien $M \subseteq X$ und $N \subseteq Y$. Dann heißen die Mengen

$$f(M) := \{f(x) \in Y \mid x \in M\} \quad \text{das } \textit{Bild von M unter } f,$$

$$f^{-1}(N) := \{x \in X \mid f(x) \in N\} \quad \text{das } \textit{Urbild von N unter } f.$$

(3) Ist $f : X \to Y, x \mapsto f(x)$, eine Abbildung und $\emptyset \neq M \subseteq X$, dann heißt $f|_M : M \to Y, x \mapsto f(x)$, die *Einschränkung von $f$ auf $M$*.

In dieser Definition ist $f^{-1}(N)$ eine Menge. Mit dem Symbol $f^{-1}$ ist dabei *nicht* die Inverse oder Umkehrabbildung gemeint, welche wir in Definition 2.22 formal einführen.

**Beispiel 2.14.** Für die in (2.1) und (2.2) betrachteten Abbildungen mit Definitionsbereich $X = \mathbb{R}$ gelten

$$f(X) = \{x \in \mathbb{R} \mid x \geq 0\}, \quad f^{-1}(\mathbb{R}_-) = \{0\}, \quad f^{-1}(\{-1\}) = \emptyset,$$

$$g(X) = \{0, 1\}, \quad g^{-1}(\mathbb{R}_-) = g^{-1}(\{0\}) = \mathbb{R}_-,$$

wobei $\mathbb{R}_- := \{x \in \mathbb{R} \mid x \leq 0\}$.

**Definition 2.15.** Seien $X, Y$ nichtleere Mengen. Eine Abbildung $f : X \to Y$ heißt

(1) *injektiv*, wenn für alle $x_1, x_2 \in X$ aus $f(x_1) = f(x_2)$ folgt, dass $x_1 = x_2$ ist,
(2) *surjektiv*, wenn $f(X) = Y$ ist,
(3) *bijektiv*, wenn $f$ injektiv und surjektiv ist.

Da $x_1 \neq x_2 \Rightarrow f(x_1) \neq f(x_2)$ die Kontraposition der Aussage $f(x_1) = f(x_2) \Rightarrow x_1 = x_2$ ist, kann man die Injektivität auch so definieren: Für alle $x_1, x_2 \in X$ folgt aus $x_1 \neq x_2$, dass $f(x_1) \neq f(x_2)$ ist.

Das einfachste Beispiel einer bijektiven Abbildung für jede gegebene nichtleere Menge $X$ ist die Identität auf $X$, für die $\mathrm{Id}_X(x) = x$ für alle $x \in X$ gilt.

**Beispiel 2.16.** Sei $\mathbb{R}_+ := \{x \in \mathbb{R} \mid x \geq 0\}$, dann gilt:

$f : \mathbb{R} \to \mathbb{R}$, $f(x) = x^2$, ist weder injektiv noch surjektiv.

$f : \mathbb{R} \to \mathbb{R}_+$, $f(x) = x^2$, ist surjektiv aber nicht injektiv.

$f : \mathbb{R}_+ \to \mathbb{R}$, $f(x) = x^2$, ist injektiv aber nicht surjektiv.

$f : \mathbb{R}_+ \to \mathbb{R}_+$, $f(x) = x^2$, ist bijektiv.

Bei diesen Aussagen haben wir Eigenschaften der stetigen Abbildung $f(x) = x^2$ benutzt, die in der Analysis bewiesen werden. Insbesondere bilden stetige Abbildungen reelle Intervalle auf reelle Intervalle ab. Die Aussagen zeigen, warum es bei der Untersuchung der Eigenschaften einer Abbildung wichtig ist, auf ihren Definitions- und Wertebereich zu achten.

**Satz 2.17.** *Eine Abbildung $f : X \to Y$ ist genau dann bijektiv, wenn es für jedes $y \in Y$ genau ein $x \in X$ mit $f(x) = y$ gibt.*

**Beweis.** $\Rightarrow$: Sei $f$ bijektiv, also injektiv und surjektiv. Sei $y_1 \in Y$. Wegen der Surjektivität von $f$ gibt es ein $x_1 \in X$ mit $f(x_1) = y_1$. Gibt es nun ein weiteres $x_2 \in X$ mit $f(x_2) = y_1$, dann folgt $x_1 = x_2$ aus der Injektivität von $f$. Somit gibt es genau ein $x_1 \in X$ mit $f(x_1) = y_1$.

$\Leftarrow$: Da es für alle $y \in Y$ (genau) ein $x \in X$ mit $f(x) = y$ gibt, gilt $f(X) = Y$. Somit ist $f$ surjektiv. Seien nun $x_1, x_2 \in X$ mit $f(x_1) = f(x_2) = y \in Y$. Dann folgt aus der Annahme, dass $x_1 = x_2$ ist, also ist $f$ injektiv.                                    $\square$

Man überlegt sich leicht, dass zwischen zwei Mengen $X$ und $Y$ mit endlicher Kardinalität eine bijektive Abbildung genau dann existiert, wenn $|X| = |Y|$ gilt.

**Lemma 2.18.** *Sind $X, Y$ Mengen mit $|X| = |Y| = m \in \mathbb{N}$, so gibt es genau $m! := 1 \cdot 2 \cdot \ldots \cdot m$ paarweise verschiedene bijektive Abbildungen zwischen $X$ und $Y$.*

**Beweis.** Übungsaufgabe.                                                            $\square$

**Definition 2.19.** Seien $f : X \to Y$, $x \mapsto f(x)$, und $g : Y \to Z$, $y \mapsto g(y)$, Abbildungen. Dann ist die *Komposition* oder *Hintereinanderausführung* von $f$ und $g$ die Abbildung

$$g \circ f : X \to Z, \quad x \mapsto g(f(x)).$$

Der Ausdruck $g \circ f$ wird oft „$g$ nach $f$" gelesen, woraus die Reihenfolge der Komposition deutlich wird: Erst wird $f$ auf $x$ und dann $g$ auf $f(x)$ angewandt. Man sieht leicht, dass $f \circ \mathrm{Id}_X = f = \mathrm{Id}_Y \circ f$ für jede Abbildung $f : X \to Y$ gilt.

**Satz 2.20.** *Seien* $f : W \to X$, $g : X \to Y$, $h : Y \to Z$ *Abbildungen, dann gilt:*

(1) $h \circ (g \circ f) = (h \circ g) \circ f$, *d. h. die Komposition von Abbildungen ist assoziativ.*
(2) *Sind* $f$ *und* $g$ *beide injektiv/surjektiv/bijektiv, dann ist* $g \circ f$ *injektiv/surjektiv/bijektiv.*
(3) *Ist* $g \circ f$ *injektiv, dann ist* $f$ *injektiv.*
(4) *Ist* $g \circ f$ *surjektiv, dann ist* $g$ *surjektiv.*

**Beweis.** Übungsaufgabe.                                                                          □

**Satz 2.21.** *Eine Abbildung* $f : X \to Y$ *ist genau dann bijektiv, wenn es eine Abbildung* $g : Y \to X$ *gibt mit*

$$g \circ f = \mathrm{Id}_X \quad und \quad f \circ g = \mathrm{Id}_Y.$$

**Beweis.** $\Rightarrow$: Ist $f$ bijektiv, so gibt es nach Satz 2.17 zu jedem $y \in Y$ genau ein $x = x_y \in X$ mit $f(x_y) = y$. Wir definieren die Abbildung $g$ durch

$$g : Y \to X, \quad g(y) = x_y.$$

Sei nun ein $\widetilde{y} \in Y$ gegeben, dann gilt

$$(f \circ g)(\widetilde{y}) = f(g(\widetilde{y})) = f(x_{\widetilde{y}}) = \widetilde{y}, \quad also \quad f \circ g = \mathrm{Id}_Y.$$

Ist andererseits ein $\widetilde{x} \in X$ gegeben, dann ist $\widetilde{y} = f(\widetilde{x}) \in Y$. Nach Satz 2.17 gibt es genau ein $x_{\widetilde{y}} \in X$ mit $f(x_{\widetilde{y}}) = \widetilde{y}$, so dass $\widetilde{x} = x_{\widetilde{y}}$ folgt. Somit gilt

$$(g \circ f)(\widetilde{x}) = g(f(\widetilde{x})) = g(\widetilde{y}) = x_{\widetilde{y}} = \widetilde{x}, \quad also \quad g \circ f = \mathrm{Id}_X.$$

$\Leftarrow$: Nach Annahme ist $g \circ f = \mathrm{Id}_X$, also ist $g \circ f$ injektiv und daher ist $f$ injektiv (vgl. (3) in Satz 2.20). Außerdem ist $f \circ g = \mathrm{Id}_Y$, also ist $f \circ g$ surjektiv und daher ist $f$ surjektiv (vgl. (4) in Satz 2.20). Somit ist $f$ bijektiv.                                   □

Die in Satz 2.21 charakterisierte Abbildung $g : Y \to X$ ist eindeutig bestimmt. Gibt es eine weitere Abbildung $h : Y \to X$ mit $h \circ f = \mathrm{Id}_X$ und $f \circ h = \mathrm{Id}_Y$, dann folgt

$$h = \mathrm{Id}_X \circ h = (g \circ f) \circ h = g \circ (f \circ h) = g \circ \mathrm{Id}_Y = g.$$

Dies führt auf die folgende Definition.

**Definition 2.22.** Ist $f : X \to Y$ eine bijektive Abbildung, so heißt die in Satz 2.21 charakterisierte, eindeutig bestimmte Abbildung $g : Y \to X$ die *Inverse* oder *Umkehrabbildung* von $f$. Wir bezeichnen die Inverse von $f$ mit $f^{-1}$.

Um nachzuweisen, dass eine gegebene Abbildung $g : Y \to X$ die eindeutig bestimmte Inverse der bijektiven Abbildung $f : X \to Y$ ist, reicht der Nachweis, dass eine der beiden Eigenschaften $g \circ f = \mathrm{Id}_X$ oder $f \circ g = \mathrm{Id}_Y$ gilt. Ist nämlich $f$ bijektiv, so gibt es die eindeutig bestimmte Inverse $f^{-1}$. Gilt nun $g \circ f = \mathrm{Id}_X$, so folgt

$$g = g \circ \mathrm{Id}_Y = g \circ (f \circ f^{-1}) = (g \circ f) \circ f^{-1} = \mathrm{Id}_X \circ f^{-1} = f^{-1}.$$

Genauso folgt $g = f^{-1}$ aus der Annahme $f \circ g = \mathrm{Id}_Y$.

**Satz 2.23.** *Für zwei bijektive Abbildungen* $f : X \to Y$ *und* $g : Y \to Z$ *gilt:*

(1) $f^{-1}$ *ist bijektiv mit* $(f^{-1})^{-1} = f$.
(2) $g \circ f$ *ist bijektiv mit* $(g \circ f)^{-1} = f^{-1} \circ g^{-1}$.

**Beweis.**

(1) Übungsaufgabe.
(2) Wir wissen bereits aus Satz 2.20, dass $g \circ f : X \to Z$ bijektiv ist. Es gibt somit eine (eindeutige) Inverse von $g \circ f$. Für die Abbildung $f^{-1} \circ g^{-1}$ gilt

$$(f^{-1} \circ g^{-1}) \circ (g \circ f) = f^{-1} \circ (g^{-1} \circ (g \circ f)) = f^{-1} \circ ((g^{-1} \circ g) \circ f)$$

$$= f^{-1} \circ (\mathrm{Id}_Y \circ f) = f^{-1} \circ f = \mathrm{Id}_X .$$

Somit ist $f^{-1} \circ g^{-1}$ die Inverse von $g \circ f$.                                    $\square$

Aus der Bijektivität der Komposition $g \circ f$ folgt im Allgemeinen nicht, dass die Abbildungen $f$ oder $g$ bijektiv sind. Sind zum Beispiel

$$f : \mathbb{R}_+ \to \mathbb{R}, \ f(x) = x^2, \quad \text{und} \quad g : \mathbb{R} \to \mathbb{R}_+, \ g(x) = x^2,$$

dann ist $g \circ f : \mathbb{R}_+ \to \mathbb{R}_+, (g \circ f)(x) = x^4$, bijektiv, obwohl weder $f$ noch $g$ bijektiv sind. Allerdings ist hier $f$ injektiv und $g$ surjektiv (vgl. (3) und (4) in Satz 2.20).

## 2.3    Relationen

Wir beginnen mit dem Begriff des kartesischen Produktes[3] zweier Mengen.

---

[3]Benannt nach René Descartes (1596–1650), einem der Begründer der analytischen Geometrie. Georg Cantor (1845–1918) benutzte 1895 den Namen „Verbindungsmenge von $M$ und $N$" und die Notation $(M.N) = \{(m, n)\}$.

**Definition 2.24.** Sind $M, N$ Mengen, dann heißt die Menge

$$M \times N := \{(x, y) \mid x \in M \land y \in N\}$$

das *kartesische Produkt* von $M$ und $N$.

Das kartesische Produkt von $n$ Mengen $M_1, \ldots, M_n$ ist

$$M_1 \times \cdots \times M_n := \{(x_1, \ldots, x_n) \mid x_i \in M_i \text{ für } i = 1, \ldots, n\}.$$

Das $n$-fache kartesische Produkt einer Menge $M$ ist

$$M^n := \underbrace{M \times \cdots \times M}_{n - \text{mal}} = \{(x_1, \ldots, x_n) \mid x_i \in M \text{ für } i = 1, \ldots, n\}.$$

Ein Element $(x, y) \in M \times N$ heißt *(geordnetes) Paar* und ein Element $(x_1, \ldots, x_n) \in M_1 \times \cdots \times M_n$ heißt *(geordnetes) n-Tupel*.

Ist in dieser Definition mindestens eine der auftretenden Mengen leer, so ist das resultierende kartesische Produkt ebenfalls die leere Menge.

**Definition 2.25.** Sind $M, N$ nichtleere Mengen, dann heißt eine Menge $R \subseteq M \times N$ eine *Relation* zwischen $M$ und $N$. Ist $M = N$, so nennen wir $R$ eine Relation auf $M$. Für $(x, y) \in R$ schreiben wir auch $x \sim_R y$ oder $x \sim y$, wenn klar ist, um welche Relation es sich handelt.

Ist mindestens eine der Mengen $M$ und $N$ leer, so ist jede Relation zwischen $M$ und $N$ ebenfalls die leere Menge, denn in diesem Fall gilt $M \times N = \emptyset$.

Sind zum Beispiel $M = \mathbb{N}$ und $N = \mathbb{Q}$, dann ist

$$R = \{(x, y) \in M \times N \mid xy = 1\}$$

eine Relation zwischen $M$ und $N$, die auch wie folgt angegeben werden kann:

$$R = \{(1, 1), (2, 1/2), (3, 1/3), \ldots\} = \{(n, 1/n) \mid n \in \mathbb{N}\}.$$

**Definition 2.26.** Sei $M$ eine Menge. Eine Relation $R$ auf $M$ heißt

(1) *reflexiv*, falls für alle $x \in M$ gilt: $x \sim x$,
(2) *symmetrisch*, falls für alle $x, y \in M$ gilt: $(x \sim y) \Rightarrow (y \sim x)$,
(3) *transitiv*, falls für alle $x, y, z \in M$ gilt: $(x \sim y \land y \sim z) \Rightarrow (x \sim z)$.

Falls $R$ reflexiv, transitiv und symmetrisch ist, so nennen wir $R$ eine *Äquivalenzrelation auf $M$*.

**Beispiel 2.27.**

(1) Sei $R = \{(x, y) \in \mathbb{Q}^2 \mid x + y = 0\}$, d. h. $x \sim y$ gilt, wenn $x + y = 0$ ist. $R$ ist nicht reflexiv, denn nur für $x = 0$ gilt $x \sim x$. $R$ ist symmetrisch, denn aus $x + y = 0$ folgt $y + x = 0$. $R$ ist nicht transitiv, denn aus $x \sim y$ und $y \sim z$ folgt $x = -y$ und $z = -y$, also $x - z = 0$ und nicht $x + z = 0$.

(2) Die Relation $R = \{(x, y) \in \mathbb{Z}^2 \mid x \leq y\}$ ist reflexiv und transitiv, aber nicht symmetrisch.

(3) Ist $f : \mathbb{R} \to \mathbb{R}$ eine Abbildung, dann ist $R = \{(x, y) \in \mathbb{R}^2 \mid f(x) = f(y)\}$ eine Äquivalenzrelation auf $\mathbb{R}$, denn es gelten:

- Reflexivität: $f(x) = f(x)$, für alle $x \in \mathbb{R}$.
- Symmetrie: $f(x) = f(y) \Rightarrow f(y) = f(x)$, für alle $x, y \in \mathbb{R}$.
- Transitivität: $f(x) = f(y) \wedge f(y) = f(z) \Rightarrow f(x) = f(z)$, für alle $x, y, z \in \mathbb{R}$.

**Definition 2.28.** Sei $R$ eine Äquivalenzrelation auf der Menge $M$. Dann heißt für $x \in M$ die Menge

$$[x]_R := \{y \in M \mid (x, y) \in R\} = \{y \in M \mid x \sim y\}$$

die *Äquivalenzklasse von $x$* bezüglich $R$. Die Menge der Äquivalenzklassen

$$M/R := \{[x]_R \mid x \in M\}$$

heißt die *Quotientenmenge* von M bezüglich $R$.

Die Äquivalenzklasse $[x]_R$ eines Elements $x \in M$ ist nie die leere Menge, denn es gilt stets $x \sim x$ (Reflexivität) und somit $x \in [x]_R$. Wenn klar ist, um welche Äquivalenzrelation $R$ es sich handelt, schreiben wir oft lediglich $[x]$ anstatt $[x]_R$ und verzichten auf den Zusatz „bezüglich $R$".

**Satz 2.29.** *Ist $R$ eine Äquivalenzrelation auf der Menge $M$ und sind $x, y \in M$, dann sind folgende Aussagen äquivalent:*

(1) $[x] = [y]$.
(2) $[x] \cap [y] \neq \emptyset$.
(3) $x \sim y$.

**Beweis.**

(1) $\Rightarrow$ (2): Wegen $x \sim x$ ist $x \in [x]$. Aus $[x] = [y]$ folgt dann $x \in [y]$ und somit $x \in [x] \cap [y]$.

(2) $\Rightarrow$ (3): Wegen $[x] \cap [y] \neq \emptyset$, gibt es ein $z \in [x] \cap [y]$. Für dieses gilt $x \sim z$ und $y \sim z$, also $x \sim z$ und $z \sim y$ (Symmetrie) und somit $x \sim y$ (Transitivität).

(3) $\Rightarrow$ (1): Sei $x \sim y$ und sei $z \in [x]$, d.h. $x \sim z$. Aus $x \sim y$ folgt nun mit Hilfe der Transitivität und Symmetrie, dass $y \sim z$, also $z \in [y]$. Das heißt, es gilt $[x] \subseteq [y]$. Genauso zeigt man $[y] \subseteq [x]$, so dass $[x] = [y]$ folgt. $\qquad\square$

Satz 2.29 zeigt, dass für zwei Äquivalenzklassen $[x]$ und $[y]$ stets entweder $[x] = [y]$ oder $[x] \cap [y] = \emptyset$ gilt. Da jedes $x \in M$ in einer Äquivalenzklasse liegt (nämlich in $[x]$), liefert uns eine Äquivalenzrelation $R$ somit eine Zerlegung von $M$ in *disjunkte Teilmengen*. Jedes Element der Menge $[x]$ heißt *Vertreter* oder *Repräsentant* der Äquivalenzklasse $[x]$. Insbesondere ist $x$ ein Repräsentant von $[x]$. Später werden wir für bestimmte Mengen von Objekten (z. B. Mengen von Matrizen) Einteilungen in Äquivalenzklassen vornehmen und versuchen, in jeder Klasse einen Vertreter mit besonders einfachen Eigenschaften zu bestimmen. Einen solchen Vertreter werden wir dann eine *Normalform* bezüglich der gegebenen Äquivalenzrelation nennen.

**Beispiel 2.30.** Für eine gegebene Zahl $n \in \mathbb{N}$ ist die Menge

$$R_n := \{(a, b) \in \mathbb{Z}^2 \mid a - b \text{ ist ohne Rest durch } n \text{ teilbar}\}$$

eine Äquivalenzrelation auf $\mathbb{Z}$, denn es gelten:

- Reflexivität: $a - a = 0$ ist ohne Rest durch $n$ teilbar.
- Symmetrie: Falls $a - b$ ohne Rest durch $n$ teilbar ist, so gilt dies auch für $b - a$.
- Transitivität: Sind $a - b$ und $b - c$ ohne Rest durch $n$ teilbar, dann gilt $a - c = (a - b) + (b - c)$. Beide Summanden auf der rechten Seite sind ohne Rest durch $n$ teilbar, daher gilt dies auch für $a - c$.

Für $a \in \mathbb{Z}$ wird die Äquivalenzklasse $[a]$ auch die *Restklasse von $a$ modulo $n$* genannt. Es gilt $[a] = a + n\mathbb{Z} := \{a + nz \mid z \in \mathbb{Z}\}$. Die Äquivalenzrelation $R_n$ liefert uns eine Zerlegung der Menge $\mathbb{Z}$ in $n$ disjunkte Teilmengen. Insbesondere gilt

$$[0] \cup [1] \cup \cdots \cup [n-1] = \bigcup_{a=0}^{n-1} [a] = \mathbb{Z}.$$

Die Menge aller Restklassen modulo $n$, d. h. die Quotientenmenge bezüglich $R_n$, wird häufig mit $\mathbb{Z}/n\mathbb{Z}$ bezeichnet, also $\mathbb{Z}/n\mathbb{Z} := \{[0], [1], \ldots, [n-1]\}$. Diese Menge spielt im mathematischen Teilgebiet der Zahlentheorie eine wichtige Rolle.

## 2.4    Vollständige Induktion

Ein zentrales Beweisverfahren der Mathematik, welches wir häufig nutzen werden, ist die *vollständige Induktion*. Dabei wird eine Aussage $S(n)$ für alle natürlichen Zahlen $n \in \mathbb{N}$ mit den folgenden drei Schritten bewiesen:

(1) Im *Induktionsanfang* wird die Aussage $S(1)$ bewiesen.
(2) In der *Induktionsvoraussetzung* wird angenommen, dass die Aussage $S(n)$ für ein $n \geq 1$ gilt.
(3) Im *Induktionsschluss* wird die Wahrheit der Aussage „$S(n) \Rightarrow S(n+1)$" gezeigt.

Die Gültigkeit dieser Beweismethode beruht auf dem *Induktionsaxiom* von Peano[4]: Gilt für eine Teilmenge $M \subseteq \mathbb{N}$, dass $1 \in M$ und dass für jedes $n \in M$ auch $n + 1 \in M$ ist, so folgt $M = \mathbb{N}$.

Möchte man die Gültigkeit einer Aussage $S(n)$ für alle $n \geq n_1$ mit $n_1 \in \mathbb{N}_0$ zeigen, dann ist beim Induktionsanfang die Aussage $S(n_1)$ zu beweisen und bei der Induktionsvoraussetzung die Aussage $S(n)$ für ein $n \geq n_1$ anzunehmen. Später werden wir auch Beweise „induktiv" für Aussagen über eine endliche Teilmenge $M = \{n_1, n_2, \ldots, n_k\} \subseteq \mathbb{N}$ durchführen (vgl. z. B. die Beweise von Satz 4.13 und Satz 5.2).

**Beispiel 2.31.** Ein einfaches Beispiel für einen Induktionsbeweis ist der Beweis der *Gauß'schen Summenformel*[5]

$$1 + 2 + 3 + \ldots + n = \frac{1}{2}n(n+1) \quad \text{für alle } n \in \mathbb{N}.$$

(1) Induktionsanfang: Für $n = 1$ ist die linke Seite gleich 1 und die rechte Seite gleich $\frac{1}{2} \cdot 1 \cdot 2 = 1$, damit ist die Formel für $n = 1$ bewiesen.
(2) Induktionsvoraussetzung: Die Formel gelte für ein $n \geq 1$.
(3) Induktionsschritt: Mit Hilfe der Induktionsvoraussetzung folgt

$$1 + 2 + \ldots + n + (n+1) = \frac{1}{2}n(n+1) + (n+1) = \frac{1}{2}(n+1)(n+2),$$

d. h. die Formel gilt für $n + 1$ und somit für alle $n \in \mathbb{N}$.

---

[4]Giuseppe Peano (1858–1932) .
[5]Carl Friedrich Gauß (1777–1855).

## Aufgaben

2.1 Seien $A, B, C$ Aussagen. Zeigen Sie, dass folgende Aussagen wahr sind:
   (a) Für $\wedge$ und $\vee$ gelten die Assoziativgesetze

$$((A \wedge B) \wedge C) \Leftrightarrow (A \wedge (B \wedge C)), \qquad ((A \vee B) \vee C) \Leftrightarrow (A \vee (B \vee C)).$$

   (b) Für $\wedge$ und $\vee$ gelten die Kommutativgesetze

$$(A \wedge B) \Leftrightarrow (B \wedge A), \qquad (A \vee B) \Leftrightarrow (B \vee A).$$

   (c) Für $\wedge$ und $\vee$ gelten die Distributivgesetze

$$((A \wedge B) \vee C) \Leftrightarrow ((A \vee C) \wedge (B \vee C)),$$

$$((A \vee B) \wedge C) \Leftrightarrow ((A \wedge C) \vee (B \wedge C)).$$

2.2 Seien $A, B, C$ Aussagen. Zeigen Sie, dass folgende Aussagen wahr sind:
   (a) $A \wedge B \Rightarrow A$.
   (b) $(A \Leftrightarrow B) \Leftrightarrow ((A \Rightarrow B) \wedge (B \Rightarrow A))$.
   (c) $\neg(A \vee B) \Leftrightarrow ((\neg A) \wedge (\neg B))$,
   (d) $\neg(A \wedge B) \Leftrightarrow ((\neg A) \vee (\neg B))$.
   (e) $((A \Rightarrow B) \wedge (B \Rightarrow C)) \Rightarrow (A \Rightarrow C)$.
   (f) $(A \Rightarrow (B \vee C)) \Leftrightarrow ((A \wedge \neg B) \Rightarrow C)$.
   (Die Aussagen (c) und (d) werden als die *De Morganschen Gesetze*[6] für $\wedge$ und $\vee$ bezeichnet.)

2.3 Seien $A, B$ Aussagen. Zeigen Sie, dass die folgende Aussage wahr ist:

$$(A \Rightarrow B) \Leftrightarrow \neg(A \wedge \neg B).$$

(Diese Äquivalenz erlaubt den Beweis der Implikation $A \Rightarrow B$ durch *Kontradiktion* oder *Widerspruch*. Hierzu wird angenommen, dass $A$ wahr und $B$ falsch (also $\neg B$ wahr) sind. Es wird gefolgert, dass $A \wedge \neg B$ falsch (also $\neg(A \wedge \neg B)$ wahr) ist. Damit ist gezeigt, dass $A \Rightarrow B$ wahr ist.)

2.4 Beweisen Sie Satz 2.9.

2.5 Zeigen Sie, dass für zwei Mengen $M, N$ gilt:

$$N \subseteq M \quad \Leftrightarrow \quad M \cap N = N \quad \Leftrightarrow \quad M \cup N = M.$$

---

[6]Augustus De Morgan (1806–1871).

2.6 Sei $M$ eine Menge mit $|M| = m \in \mathbb{N}$. Wie viele Elemente hat die Menge $\mathcal{P}(\mathcal{P}(M))$?

2.7 Seien $M$, $N$ Mengen. Zeigen Sie folgende Aussagen:

(a) $\mathcal{P}(M) \cap \mathcal{P}(N) = \mathcal{P}(M \cap N)$.

(b) $\mathcal{P}(M) \cup \mathcal{P}(N) \subseteq \mathcal{P}(M \cup N)$.

Geben Sie Mengen $M$ und $N$ an, für die in (b) keine Gleichheit gilt.

2.8 Seien $X, Y$ nichtleere Mengen, $U, V \subseteq Y$ nichtleere Teilmengen und sei $f : X \to Y$ eine Abbildung. Zeigen Sie, dass $f^{-1}(U \cap V) = f^{-1}(U) \cap f^{-1}(V)$ gilt. Seien nun $U, V \subseteq X$ nichtleer. Überprüfen Sie, ob $f(U \cup V) = f(U) \cup f(V)$ gilt.

2.9 Sind folgende Abbildungen injektiv, surjektiv, bijektiv?

(a) $f_1 : \mathbb{R} \setminus \{0\} \to \mathbb{R}$, $x \mapsto \frac{1}{x}$.

(b) $f_2 [0, 1] \to [1, 2]$, $x \mapsto 1 + \frac{x^2}{2}$.

(c) $f_3 : \mathbb{R}^2 \to \mathbb{R}$, $(x, y) \mapsto x + y$.

(d) $f_4 : \mathbb{R}^2 \to \mathbb{R}$, $(x, y) \mapsto x^2 + y^2 - 1$.

(e) $f_5 : \mathbb{N} \to \mathbb{Z}$, $n \mapsto \begin{cases} \frac{n}{2}, & n \text{ gerade,} \\ -\frac{n-1}{2}, & n \text{ ungerade.} \end{cases}$

2.10 Sei $X$ eine Menge mit endlicher Kardinalität und sei $f : X \to X$ injektiv. Zeigen Sie, dass $f$ dann auch surjektiv und somit bijektiv ist.

2.11 Sei $a \in \mathbb{Z}$ gegeben. Zeigen Sie, dass die Abbildung $f_a : \mathbb{Z} \to \mathbb{Z}$, $f_a(x) = x + a$, bijektiv ist und geben Sie die Umkehrabbildung $f_a^{-1}$ an.

2.12 Beweisen Sie Lemma 2.18.

2.13 Beweisen Sie Satz 2.20.

2.14 Beweisen Sie Satz 2.23 (1).

2.15 Seien $X, Y$ nichtleere Mengen und seien $f : X \to Y$ sowie $g, h : Y \to X$ Abbildungen. Zeigen Sie: Gilt $g \circ f = \mathrm{Id}_X$ und $f \circ h = \mathrm{Id}_Y$, so folgt $g = h$.

2.16 Finden Sie Abbildungen $f, g : \mathbb{N} \to \mathbb{N}$, so dass (gleichzeitig) gilt:

- $f$ ist nicht surjektiv,
- $g$ ist nicht injektiv und
- $g \circ f$ ist bijektiv.

2.17 Geben Sie alle Äquivalenzrelationen auf der Menge $\{1, 2\}$ an.

2.18 Geben Sie eine symmetrische und transitive Relation auf der Menge $\{a, b, c\}$ an, die nicht reflexiv ist.

2.19 Zeigen Sie folgende Aussagen mit vollständiger Induktion:

(a) Für jedes $n \in \mathbb{N}$ gilt $1 + 3 + 5 + \ldots + (2n - 1) = n^2$.

(b) Für jedes $x \in \mathbb{R} \setminus \{1\}$ gilt $1 + x + x^2 + \ldots + x^n = \frac{x^{n+1} - 1}{x - 1}$.

(c) Für jedes $n \in \mathbb{N}$ ist $5^n + 7$ durch 4 teilbar.

(d) Für jede natürliche Zahl $n \geq 10$ gilt $2^n > n^3$.

(e) Für jede natürliche Zahl $n \geq 4$ gilt $n! > 2^n$.

# Algebraische Strukturen

**3**

Eine algebraische Struktur ist eine Menge zusammen mit Verknüpfungen ihrer Elemente, die gewissen Bedingungen genügen. Als Beispiel einer solchen Struktur stelle man sich die ganzen Zahlen und die Addition „+" vor. Welche Eigenschaften hat die Addition? Bereits in der Grundschule wird gelehrt, dass die Summe $a + b$ zweier ganzer Zahlen $a$ und $b$ eine ganze Zahl ist. Zudem gibt es die ganze Zahl 0, für die $0 + a = a$ für jede ganze Zahl $a$ gilt, und für jede ganze Zahl $a$ gibt es die ganze Zahl $-a$, so dass $(-a) + a = 0$ ist. Die Analyse der Eigenschaften solcher konkreten Beispiele führt in der Mathematik häufig auf Definitionen abstrakter Konzepte, die aus wenigen und einfachen Grundsätzen, sogenannten Axiomen, bestehen. Für die ganzen Zahlen und die Addition führt dies auf die algebraische Struktur der Gruppe.

Das Prinzip der Abstraktion von konkreten Beispielen ist eine der Stärken und grundlegenden Arbeitsweisen der Mathematik. Indem wir den „mathematischen Kern herausgeschält und völlig enthüllt haben" (David Hilbert) erleichtern wir uns auch die Folgearbeiten: Jede bewiesene Aussage über ein abstraktes Konzept gilt automatisch für alle konkreten Beispiele. Zudem können wir durch Kombination einmal definierter Konzepte zu allgemeineren fortschreiten und so die mathematische Theorie Stück für Stück erweitern. Hermann Günther Graßmann (1809–1877) beschrieb bereits 1844 dieses Vorgehen mit den Worten: „... die mathematische Methode hingegen schreitet von den einfachsten Begriffen zu den zusammengesetzteren fort, und gewinnt so durch Verknüpfung des Besonderen neue und allgemeinere Begriffe."

## 3.1 Gruppen

Wir beginnen mit einer Menge, auf der eine Verknüpfung mit bestimmten Eigenschaften definiert ist.

© Springer-Verlag GmbH Deutschland, ein Teil von Springer Nature 2021
J. Liesen, V. Mehrmann, *Lineare Algebra*, Springer Studium Mathematik (Bachelor),
https://doi.org/10.1007/978-3-662-62742-6_3

**Definition 3.1.** Eine *Gruppe* ist eine Menge $G$ mit einer Abbildung, genannt *Operation* oder *Verknüpfung*,

$$\oplus : G \times G \to G, \quad (a, b) \mapsto a \oplus b,$$

für die folgende Regeln erfüllt sind:

(1) Die Verknüpfung $\oplus$ ist assoziativ, d. h. $(a \oplus b) \oplus c = a \oplus (b \oplus c)$ gilt für alle $a, b, c \in G$.
(2) Es gibt ein Element $e \in G$, genannt *neutrales Element*, für das gilt:
    (a) $e \oplus a = a$ für alle $a \in G$ und
    (b) zu jedem $a \in G$ gibt es ein $\tilde{a} \in G$, genannt *inverses Element* zu $a$, mit $\tilde{a} \oplus a = e$.

Falls $a \oplus b = b \oplus a$ für alle $a, b \in G$ gilt, so heißt die Gruppe *kommutativ* oder *abelsch*[1].

Als Kurzbezeichnung für eine Gruppe benutzen wir $(G, \oplus)$ oder lediglich $G$, wenn klar ist, um welche Verknüpfung es sich handelt.

**Satz 3.2.** *Für jede Gruppe $(G, \oplus)$ gelten:*

(1) *Ist $e \in G$ ein neutrales Element und sind $a, \tilde{a} \in G$ mit $\tilde{a} \oplus a = e$, so gilt auch $a \oplus \tilde{a} = e$.*
(2) *Ist $e \in G$ ein neutrales Element und ist $a \in G$, so gilt auch $a \oplus e = a$.*
(3) *$G$ enthält genau ein neutrales Element.*
(4) *Zu jedem $a \in G$ gibt es genau ein inverses Element.*

**Beweis.**

(1) Sei $e \in G$ ein neutrales Element und seien $a, \tilde{a} \in G$ mit $\tilde{a} \oplus a = e$. Dann gibt es nach Definition 3.1 ein Element $a_1 \in G$ mit $a_1 \oplus \tilde{a} = e$. Es folgt

$$a \oplus \tilde{a} = e \oplus (a \oplus \tilde{a}) = (a_1 \oplus \tilde{a}) \oplus (a \oplus \tilde{a}) = a_1 \oplus ((\tilde{a} \oplus a) \oplus \tilde{a})$$

$$= a_1 \oplus (e \oplus \tilde{a}) = a_1 \oplus \tilde{a} = e.$$

(2) Sei $e \in G$ ein neutrales Element und sei $a \in G$. Dann existiert ein $\tilde{a} \in G$ mit $\tilde{a} \oplus a = e$. Nach (1) gilt dann auch $a \oplus \tilde{a} = e$ und es folgt

$$a \oplus e = a \oplus (\tilde{a} \oplus a) = (a \oplus \tilde{a}) \oplus a = e \oplus a = a.$$

---

[1] Benannt nach Niels Henrik Abel (1802–1829), einem der Begründer der Gruppentheorie.

(3) Seien $e, e_1 \in G$ zwei neutrale Elemente. Dann gilt $e_1 \oplus e = e$, denn $e_1$ ist ein neutrales Element. Da $e$ ebenfalls ein neutrales Element ist, gilt $e_1 = e \oplus e_1 = e_1 \oplus e$, wobei wir für die zweite Gleichung die Aussage (2) benutzt haben. Somit folgt $e = e_1$.

(4) Seien $\tilde{a}, a_1 \in G$ zwei zu $a \in G$ inverse Elemente und sei $e \in G$ das (eindeutige) neutrale Element. Mit Hilfe von (1) und (2) folgt dann

$$\tilde{a} = e \oplus \tilde{a} = (a_1 \oplus a) \oplus \tilde{a} = a_1 \oplus (a \oplus \tilde{a}) = a_1 \oplus e = a_1.$$  □

**Beispiel 3.3.**

(1) $(\mathbb{Z}, +)$, $(\mathbb{Q}, +)$ und $(\mathbb{R}, +)$ sind kommutative Gruppen. In allen diesen Gruppen ist das neutrale Element die Zahl 0 (Null) und das zu einer Zahl $a$ inverse Element ist die Zahl $-a$. Anstelle von $a + (-b)$ schreiben wir $a - b$. Weil die Verknüpfung die Addition ist, werden diese Gruppen auch *additive Gruppen* genannt.
*Keine* Gruppe bildet die Menge der natürlichen Zahlen $\mathbb{N}$ mit der Addition, denn es gibt in $\mathbb{N}$ kein neutrales Element bezüglich der Addition und auch keine inversen Elemente.

(2) Die Mengen $\mathbb{Q} \setminus \{0\}$ und $\mathbb{R} \setminus \{0\}$ bilden jeweils mit der (gewöhnlichen) Multiplikation kommutative Gruppen. In diesen, die wegen der multiplikativen Verknüpfung auch *multiplikative Gruppen* genannt werden, ist das neutrale Element die Zahl 1 (Eins) und das zu einer Zahl $a$ inverse Element die Zahl $\frac{1}{a}$ (oder $a^{-1}$). Anstelle von $a \cdot b^{-1}$ schreiben wir auch $\frac{a}{b}$ oder $a/b$.
*Keine* Gruppe bilden die ganzen Zahlen $\mathbb{Z}$ mit der Multiplikation. Zwar enthält die Menge $\mathbb{Z}$ die Zahl 1, für die $1 \cdot a = a \cdot 1 = a$ für alle $a \in \mathbb{Z}$ gilt, aber für $a \in \mathbb{Z} \setminus \{-1, 1\}$ existiert in $\mathbb{Z}$ kein inverses Element bezüglich der Multiplikation.

**Definition 3.4.** Sei $(G, \oplus)$ eine Gruppe und $H \subseteq G$. Ist $(H, \oplus)$ eine Gruppe, so nennen wie diese eine *Untergruppe* von $(G, \oplus)$.

Der folgende Satz enthält eine alternative Charakterisierung des Begriffs der Untergruppe.

**Satz 3.5.** $(H, \oplus)$ *ist genau dann eine Untergruppe der Gruppe* $(G, \oplus)$, *wenn Folgendes gilt:*

(1) $\emptyset \neq H \subseteq G$.
(2) $a \oplus b \in H$ *für alle* $a, b \in H$.
(3) *Für jedes* $a \in H$ *ist sein inverses Element* $\tilde{a} \in H$.

**Beweis.** Übungsaufgabe.  □

Wir erwähnen noch die folgende Definition, auf die wir später zurückkommen werden.

**Definition 3.6.** Seien $(G_1, \oplus)$ und $(G_2, \circledast)$ Gruppen. Eine Abbildung

$$\varphi : G_1 \to G_2, \quad g \mapsto \varphi(g),$$

heißt *Gruppenhomomorphismus*, wenn

$$\varphi(a \oplus b) = \varphi(a) \circledast \varphi(b) \quad \text{für alle } a, b \in G_1$$

gilt. Ein bijektiver Gruppenhomomorphismus wird *Gruppenisomorphismus* genannt.

## 3.2    Ringe

Nun wollen wir den Gruppenbegriff erweitern und mathematische Strukturen betrachten, die durch *zwei* Verknüpfungen gekennzeichnet sind. Als motivierendes Beispiel betrachten wir die ganzen Zahlen mit der Addition, also die Gruppe $(\mathbb{Z}, +)$. Die Elemente von $\mathbb{Z}$ können wir miteinander multiplizieren und diese Multiplikation ist assoziativ, d. h. es gilt $(a \cdot b) \cdot c = a \cdot (b \cdot c)$ für alle $a, b, c \in \mathbb{Z}$. Zudem gelten für die Addition und Multiplikation die sogenannten Distributivgesetze: $a \cdot (b + c) = a \cdot b + a \cdot c$ und $(a + b) \cdot c = a \cdot c + b \cdot c$ für alle ganzen Zahlen $a, b, c$. Diese Eigenschaften machen $\mathbb{Z}$ zusammen mit Addition und Multiplikation zu einem Ring.

**Definition 3.7.** Ein *Ring* ist eine Menge $R$ mit zwei Abbildungen, genannt *Operationen* oder *Verknüpfungen*,

$$+ : R \times R \to R, \quad (a, b) \mapsto a + b, \quad \text{(Addition)}$$
$$* : R \times R \to R, \quad (a, b) \mapsto a * b, \quad \text{(Multiplikation)}$$

für die folgende Regeln erfüllt sind:

(1) $(R, +)$ ist eine kommutative Gruppe.
    (Wir nennen das neutrale Element bzgl. der Addition *Null*, bezeichnen es mit 0, und bezeichnen das zu $a \in R$ inverse Element mit $-a$. Wir schreiben $a - b$ anstatt $a + (-b)$.)
(2) Die Multiplikation $*$ ist assoziativ, d. h. $(a*b)*c = a*(b*c)$ gilt für alle $a, b, c \in R$.
(3) Es gelten die Distributivgesetze, d. h. für alle $a, b, c \in R$ gelten

$$a * (b + c) = a * b + a * c,$$
$$(a + b) * c = a * c + b * c.$$

Ein Ring heißt *kommutativ*, falls $a * b = b * a$ für alle $a, b \in R$ gilt.

   Ein Element $1 \in R$ heißt Einselement (kurz: Eins), falls $1 * a = a * 1 = a$ für alle $a \in R$ gilt. In diesem Fall nennen wir den Ring einen *Ring mit Eins*.

Auf den rechten Seiten der beiden Distributivgesetze haben wir keine Klammern gesetzt, da das Multiplikationszeichen stärker binden soll als das Additionszeichen. Diese Konvention entspricht der bekannten „Punkt-vor-Strich-Rechnung" mit den ganzen Zahlen. Es gilt also auch $a + (b * c) = a + b * c$. Manchmal setzen wir trotzdem zur Verdeutlichung Klammern und schreiben zum Beispiel $(a * b) + (c * d)$ anstatt $a * b + c * d$.

Analog zur Schreibweise für Gruppen bezeichnen wir einen Ring mit $(R, +, *)$ oder nur mit $R$, wenn klar ist, um welche Verknüpfungen es sich handelt.

Es ist leicht ersichtlich, dass $(\mathbb{Z}, +, *)$ ein kommutativer Ring mit Eins ist. Dies ist das Standardbeispiel, nach dem die Definition des Rings „modelliert" ist.

**Beispiel 3.8.** Sei $M$ eine nichtleere Menge und sei $R$ die Menge aller Abbildungen $f : M \to \mathbb{R}$. Dann ist $(R, +, *)$ mit den Verknüpfungen

$$+ : R \times R \to R, \qquad (f, g) \mapsto f + g, \qquad (f + g)(x) := f(x) + g(x),$$

$$* : R \times R \to R, \qquad (f, g) \mapsto f * g, \qquad (f * g)(x) := f(x) \cdot g(x),$$

ein kommutativer Ring mit Eins. Hierbei sind $f(x) + g(x)$ und $f(x) \cdot g(x)$ die Summe bzw. das Produkt zweier reeller Zahlen. Die Addition und die Multiplikation von Abbildungen sind also „punktweise" definiert. Die Null in diesem Ring ist die Abbildung $0_R : M \to \mathbb{R}$, $x \mapsto 0$, und die Eins ist die Abbildung $1_R : M \to \mathbb{R}$, $x \mapsto 1$, wobei 0 und 1 die reellen Zahlen Null und Eins sind.

**Satz 3.9.** *Ist $R$ ein Ring mit Eins, dann gelten folgende Aussagen:*

(1) *Das Einselement in $R$ ist eindeutig bestimmt.*
(2) *Es gilt $1 = 0$ genau dann, wenn $R = \{0\}$ ist.*

**Beweis.**

(1) Sind $1, e \in R$ mit $1 * a = a * 1 = a$ und $e * a = a * e = a$ für alle $a \in R$, dann gilt $1 = e * 1 = e$.
(2) Übungsaufgabe.                                                                                    □

Der Ring $R = \{0\}$ wird der *Nullring* genannt. Wenn wir Ringe mit Eins betrachten, nehmen wir in der Regel $1 \neq 0$ an und schließen damit den trivialen Fall des Nullrings aus.

Sind $a_1, a_2, \ldots, a_n \in R$, so benutzen wir die folgenden Abkürzungen für die *Summe* und das *Produkt* dieser Elemente:

$$\sum_{j=1}^{n} a_j := a_1 + a_2 + \ldots + a_n \quad \text{und} \quad \prod_{j=1}^{n} a_j := a_1 * a_2 * \ldots * a_n.$$

Zudem ist $a^n := \prod_{j=1}^{n} a$ für alle $a \in R$ und $n \in \mathbb{N}$. Ist $\ell > k$, so definieren wir die *leere Summe* durch

$$\sum_{j=\ell}^{k} a_j := 0.$$

In einem Ring mit Eins definieren wir zudem für $\ell > k$ das *leere Produkt* durch

$$\prod_{j=\ell}^{k} a_j := 1.$$

**Satz 3.10.** *In jedem Ring $R$ gelten folgende Aussagen:*

(1) $0 * a = a * 0 = 0$, *für alle* $a \in R$.

(2) $a * (-b) = -(a * b) = (-a) * b$ *und* $(-a) * (-b) = a * b$, *für alle* $a, b \in R$.

**Beweis.**

(1) Für jedes $a \in R$ gilt $0 * a = (0 + 0) * a = (0 * a) + (0 * a)$. Addieren wir $-(0 * a)$ auf der linken und rechten Seite dieser Identität, so erhalten wir $0 = 0 * a$. Genauso zeigt man $a * 0 = 0$ für alle $a \in R$.

(2) Es gilt $(a * b) + (a * (-b)) = a * (b + (-b)) = a * 0 = 0$, also ist $a * (-b)$ das zu $a * b$ (eindeutig bestimmte) additiv inverse Element, d. h. $a * (-b) = -(a * b)$. Ähnlich zeigt man $(-a) * b = -(a * b)$. Zudem gilt

$$-(a * b) + (-a) * (-b) = a * (-b) + (-a) * (-b)$$

$$= (a + (-a)) * (-b) = 0 * (-b) = 0$$

und Addition von $a * b$ auf der linken und rechten Seite zeigt $(-a) * (-b) = a * b$. $\square$

Zwar gilt $a * 0 = 0 * a = 0$ in jedem Ring $R$, aber aus $a * b = 0$ muss nicht unbedingt $a = 0$ oder $b = 0$ folgen. Ein Element $a \in R$ heißt *Teiler der Null* oder *Nullteiler*[2], wenn ein $b \in R \setminus \{0\}$ mit $a * b = 0$ existiert. Das Element $a = 0$ (also die Null selbst) wird als der triviale Nullteiler bezeichnet. Später werden wir am Beispiel der Matrizen Ringe kennenlernen, die nicht-triviale Nullteiler enthalten (siehe z. B. (4.3) im Beweis von Satz 4.9).

---

[2]Der Begriff „Theiler der Null" wurde 1883 von Karl Theodor Wilhelm Weierstraß (1815–1897) eingeführt.

Ähnlich wie bei Gruppen können wir auch bei Ringen Teilmengen identifizieren, die ihrerseits wieder Ringe sind.

**Definition 3.11.** Sei $(R, +, *)$ ein Ring und $S \subseteq R$. Ist $(S, +, *)$ ein Ring, so nennen wir diesen einen *Teilring* oder *Unterring* von $(R, +, *)$.

Zum Beispiel ist $\mathbb{Z}$ ein Teilring von $\mathbb{Q}$, und $\mathbb{Q}$ ist ein Teilring von $\mathbb{R}$, wobei wir als Verknüpfungen die gewöhnliche Addition und Multiplikation in diesen Zahlenmengen betrachten.

In der Definition eines Rings kommen inverse Elemente nur bezüglich der Addition vor. Das Konzept der multiplikativen Inversen wollen wir nun für einen Ring formal definieren.

**Definition 3.12.** Sei $(R, +, *)$ ein Ring mit Eins. Ein Element $b \in R$ heißt *invers* (bezüglich $*$) zu $a \in R$, falls $a * b = b * a = 1$ gilt. Falls es zu $a \in R$ ein inverses Element $b \in R$ gibt, dann nennen wir $a$ *invertierbar*.

Nicht jedes Element in einem Ring muss invertierbar sein. Ist zum Beispiel $R$ ein Ring mit Eins und $1 \neq 0$, dann ist $0 \in R$ nicht invertierbar, denn es gilt $0 * b = 0 \neq 1$ für alle $b \in R$.

Ist ein Ringelement invertierbar, dann ist das zugehörige inverse Element eindeutig, wie der folgende Satz zeigt.

**Satz 3.13.** *Sei $(R, +, *)$ ein Ring mit Eins.*

(1) *Falls zu $a \in R$ ein inverses Element (bezüglich $*$) existiert, so ist dieses eindeutig. Wir bezeichnen es dann mit $a^{-1}$.*

(2) *Sind $a, b \in R$ invertierbar, so ist $a * b$ invertierbar und $(a * b)^{-1} = b^{-1} * a^{-1}$.*

**Beweis.**

(1) Ist $a \in R$ und sind $b, \widetilde{b} \in R$ invers zu $a$, dann gilt $b = b * 1 = b * (a * \widetilde{b}) = (b * a) * \widetilde{b} = 1 * \widetilde{b} = \widetilde{b}$.

(2) Da $a$ und $b$ invertierbar sind, ist $b^{-1} * a^{-1} \in R$ wohldefiniert. Es gilt

$$(b^{-1} * a^{-1}) * (a * b) = ((b^{-1} * a^{-1}) * a) * b = (b^{-1} * (a^{-1} * a)) * b = b^{-1} * b = 1.$$

Genauso zeigt man $(a * b) * (b^{-1} * a^{-1}) = 1$. Es folgt $(a * b)^{-1} = b^{-1} * a^{-1}$. $\qquad\square$

Im nächsten Satz zeigen wir, dass für endliche Ringe mit Eins bereits eine der beiden Gleichungen $a * b = 1$ oder $b * a = 1$ für die Invertierbarkeit von $a$ (und $b$) ausreicht.

**Satz 3.14.** *Ist $R$ ein Ring mit Eins und mit $|R| \in \mathbb{N}$, dann folgt aus $a * b = 1$ für $a, b \in R$, dass auch $b * a = 1$ gilt.*

**Beweis.** Seien $a, b \in R$ mit $a * b = 1$. Wir definieren die Abbildung $f : R \to R$ mit $f(c) = b * c$ für alle $c \in R$. Seien $c_1, c_2 \in R$ mit $f(c_1) = f(c_2)$, also $b * c_1 = b * c_2$. Multiplizieren wir diese Gleichung von links mit $a$, so erhalten wir $(a*b)*c_1 = (a*b)*c_2$ und mit $a * b = 1$ folgt $c_1 = c_2$, d. h. $f$ ist injektiv. Da $|R|$ endlich ist, muss $f$ auch surjektiv und damit bijektiv sein (vgl. Aufgabe 2.10). Da $f$ bijektiv ist, existiert ein $c \in R$ mit $1 = f(c) = b * c$. Linksmultiplikation dieser Gleichung mit $a$ ergibt $a = c$, also auch $1 = b * a$.                                                                                     $\square$

Wir betrachten nun das wichtige Beispiel des *Rings der Polynome*.

**Beispiel 3.15.** Sei $(R, +, \cdot)$ ein kommutativer Ring mit Eins. Ein *Polynom* mit Koeffizienten in $R$ in der Unbekannten $t$ (kurz: ein Polynom über $R$) ist ein Ausdruck der Form

$$p = \alpha_0 \cdot t^0 + \alpha_1 \cdot t^1 + \ldots + \alpha_n \cdot t^n, \quad \alpha_0, \alpha_1, \ldots, \alpha_n \in R.$$

Anstatt $\alpha_0 \cdot t^0$, $t^1$, $1 \cdot t^j$ und $\alpha_j \cdot t^j$ schreiben wir oft nur $\alpha_0$, $t$, $t^j$ und $\alpha_j t^j$. Die Menge aller Polynome über $R$ bezeichnen wir mit $R[t]$.

Seien

$$p = \alpha_0 + \alpha_1 \cdot t + \ldots + \alpha_n \cdot t^n, \quad q = \beta_0 + \beta_1 \cdot t + \ldots + \beta_m \cdot t^m$$

zwei Polynome aus $R[t]$ mit $n \geq m$. Ist $n > m$, so setzen wir $\beta_j = 0$ für $j = m+1, \ldots, n$ und nennen $p$ und $q$ *gleich*, geschrieben $p = q$, wenn $\alpha_j = \beta_j$ für $j = 0, 1, \ldots, n$ gilt. Insbesondere gelten

$$\alpha_0 + \alpha_1 \cdot t + \ldots + \alpha_n \cdot t^n = \alpha_n \cdot t^n + \ldots + \alpha_1 \cdot t + \alpha_0,$$

$$0 + 0 \cdot t + \ldots + 0 \cdot t^n = 0.$$

Der *Grad* des Polynoms $p = \alpha_0 + \alpha_1 \cdot t + \ldots + \alpha_n \cdot t^n$, bezeichnet mit $\mathrm{Grad}(p)$, ist definiert als der größte Index $j$, für den $\alpha_j \neq 0$ gilt. Gibt es keinen solchen Index, so haben wir das *Nullpolynom* $p = 0$ und wir setzen $\mathrm{Grad}(p) := -\infty$.

Sind $p, q \in R[t]$ wie oben mit $n \geq m$, so setzen wir falls $n > m$ wieder $\beta_j = 0$, $j = m+1, \ldots, n$, und definieren die folgenden Verknüpfungen:

$$p + q := (\alpha_0 + \beta_0) + (\alpha_1 + \beta_1) \cdot t + \ldots + (\alpha_n + \beta_n) \cdot t^n,$$

$$p * q := \gamma_0 + \gamma_1 \cdot t + \ldots + \gamma_{n+m} \cdot t^{n+m}, \quad \gamma_k := \sum_{i+j=k} \alpha_i \beta_j.$$

Man rechnet leicht nach, dass $(R[t], +, *)$ mit diesen Verknüpfungen ein kommutativer Ring mit Eins ist. Die Null ist das Nullpolynom $p = 0$ und die Eins ist $p = 1 \cdot t^0 = 1$.

Bei Polynomen handelt es sich um algebraische Objekte, in die wir für die Unbekannte $t$ andere Objekte „einsetzen" können, wenn der entstehende Ausdruck noch algebraisch ausgewertet werden kann. Zum Beispiel lässt sich die Unbekannte $t$ durch jedes $\lambda \in R$ ersetzen und die Addition und Multiplikation können dann als die entsprechenden Operationen im Ring $R$ interpretiert werden. Formal ist dies eine Abbildung von $R$ nach $R$,

$$\lambda \mapsto p(\lambda) = \alpha_0 \cdot \lambda^0 + \alpha_1 \cdot \lambda^1 + \ldots + \alpha_n \cdot \lambda^n, \quad \lambda^k := \underbrace{\lambda \cdot \ldots \cdot \lambda}_{k - \text{mal}}, \quad k = 0, 1, \ldots, n,$$

wobei definitionsgemäß $\lambda^0 = 1 \in R$ gilt. Hier handelt es sich um ein leeres Produkt. Das Ringelement $p(\lambda)$ sollte nicht mit dem eigentlichen Polynom $p$ verwechselt werden. Später werden wir noch andere Objekte, z. B. Matrizen oder Endomorphismen, in Polynome einsetzen. Die Eigenschaften der Polynome werden wir dann ausführlich studieren.

## 3.3 Körper

Was unterscheidet die ganzen Zahlen von den rationalen und den reellen Zahlen? Aus algebraischer Sicht ist der zentrale Unterschied, dass in den Mengen $\mathbb{Q}$ und $\mathbb{R}$ jedes Element (bis auf die Null) invertierbar ist. Diese Mengen haben somit „mehr Struktur" als $\mathbb{Z}$. Die zusätzliche Struktur macht $\mathbb{Q}$ und $\mathbb{R}$ zu Körpern.

**Definition 3.16.** Ein kommutativer Ring $R$ mit Eins heißt *Körper*, falls $0 \neq 1$ gilt und jedes $a \in R \setminus \{0\}$ invertierbar ist.

Jeder Körper ist per Definition also ein kommutativer Ring mit Eins (aber nicht umgekehrt). Man kann den Begriff des Körpers alternativ auch wie folgt, aufbauend auf dem Begriff der Gruppe, definieren (vgl. Aufgabe 3.18).

**Definition 3.17.** Ein *Körper* ist eine Menge $K$ mit zwei Abbildungen, genannt *Operationen* oder *Verknüpfungen*,

$$+ : K \times K \to K, \qquad (a, b) \mapsto a + b, \qquad \text{(Addition)}$$

$$* : K \times K \to K, \qquad (a, b) \mapsto a * b, \qquad \text{(Multiplikation)}$$

für die die folgenden Regeln erfüllt sind:

(1) $(K, +)$ ist eine kommutative Gruppe.

    (Wir nennen das neutrale Element bzgl. der Addition *Null*, bezeichnen es mit 0, und bezeichnen das zu $a \in K$ inverse Element mit $-a$. Wir schreiben $a - b$ anstatt $a + (-b)$.)

(2) $(K \setminus \{0\}, *)$ ist eine kommutative Gruppe.

    (Wir nennen das neutrale Element bzgl. der Multiplikation *Eins*, bezeichnen es mit 1, und bezeichnen das zu $a \in K \setminus \{0\}$ inverse Element mit $a^{-1}$.)

(3) Es gelten die Distributivgesetze, d. h. für alle $a, b, c \in K$ gelten

$$a * (b + c) = u * b + a * c,$$

$$(a + b) * c = a * c + b * c.$$

Wir zeigen nun eine Reihe von nützlichen Eigenschaften eines Körpers.

**Lemma 3.18.**  *Für jeden Körper K gelten folgende Aussagen:*

(1) *$K$ hat mindestens zwei Elemente.*

(2) *$0 * a = a * 0 = 0$, für alle $a \in K$.*

(3) *Aus $a * b = a * c$ und $a \neq 0$ folgt $b = c$, für alle $a, b, c \in K$.*

(4) *Aus $a * b = 0$ folgt $a = 0$ oder $b = 0$, für alle $a, b \in K$.*

**Beweis.**

(1) Dies folgt aus der Definition, denn $0, 1 \in K$ mit $0 \neq 1$.

(2) Dies haben wir in Satz 3.10 bereits für Ringe gezeigt.

(3) Gelten $a * b = a * c$ und $a \neq 0$, so ist $a$ invertierbar und Multiplikation mit $a^{-1}$ von links auf beiden Seiten liefert $b = c$.

(4) Angenommen es gilt $a * b = 0$. Ist $a = 0$, so sind wir fertig. Ist $a \neq 0$, so existiert $a^{-1}$ und aus $a * b = 0$ folgt nach Linksmultiplikation mit $a^{-1}$, dass $b = 0$ ist.                    □

Eigenschaft (3) in Lemma 3.18 zeigt, dass in einem Körper das „Kürzen" von gleichen Faktoren auf den beiden Seiten einer Gleichung erlaubt ist. Dies gilt nicht in jedem Ring (vgl. Aufgabe 3.16).

Eigenschaft (4) in Lemma 3.18 bedeutet, dass es in einem Körper nur den trivialen Nullteiler gibt. Es gibt auch Ringe, in denen die Eigenschaft (4) gilt, zum Beispiel den Ring der ganzen Zahlen $\mathbb{Z}$.

Ähnlich wie bei Gruppen und Ringen können wir auch bei Körpern Teilmengen identifizieren, die ihrerseits wieder Körper sind.

**Definition 3.19.** Sei $(K, +, *)$ ein Körper und $L \subseteq K$. Ist $(L, +, *)$ ein Körper, so nennen wir diesen einen *Teilkörper* von $(K, +, *)$.

Wir betrachten nun das wichtige Beispiel des *Körpers der komplexen Zahlen*.

**Beispiel 3.20.** Die Menge der *komplexen Zahlen* ist definiert als

$$\mathbb{C} := \{(x, y) \mid x, y \in \mathbb{R}\},$$

also $\mathbb{C} = \mathbb{R} \times \mathbb{R}$. Auf dieser Menge definieren wir die folgenden Verknüpfungen als Addition und Multiplikation:

$$+ : \mathbb{C} \times \mathbb{C} \to \mathbb{C}, \quad (x_1, y_1) + (x_2, y_2) := (x_1 + x_2, y_1 + y_2),$$

$$\cdot : \mathbb{C} \times \mathbb{C} \to \mathbb{C}, \quad (x_1, y_1) \cdot (x_2, y_2) := (x_1 \cdot x_2 - y_1 \cdot y_2, x_1 \cdot y_2 + x_2 \cdot y_1).$$

In diesen Definitionen benutzen wir jeweils auf der rechten Seite die Addition und die Multiplikation im Körper der reellen Zahlen. Es ist leicht zu sehen, dass neutrale Elemente bezüglich der Addition und der Multiplikation in $\mathbb{C}$ gegeben sind durch

$$0_{\mathbb{C}} = (0, 0) \qquad \text{(die Null in} \mathbb{C}),$$

$$1_{\mathbb{C}} = (1, 0) \qquad \text{(die Eins in} \mathbb{C}).$$

Man kann nachrechnen, dass $(\mathbb{C}, +, *)$ ein Körper ist, wobei die inversen Elemente bezüglich Addition und Multiplikation gegeben sind durch

$$-(x, y) = (-x, -y), \quad \text{für alle } (x, y) \in \mathbb{C},$$

$$(x, y)^{-1} = \left( \frac{x}{x^2 + y^2}, -\frac{y}{x^2 + y^2} \right), \quad \text{für alle } (x, y) \in \mathbb{C} \setminus \{(0, 0)\}.$$

Beim inversen Element bezüglich der Multiplikation haben wir die für $\mathbb{R}$ übliche Schreibweise $\frac{a}{b}$ (anstatt $a \cdot b^{-1}$) benutzt.

Nun betrachten wir die Teilmenge $L := \{(x, 0) \mid x \in \mathbb{R}\} \subset \mathbb{C}$. Wir können jedes $x \in \mathbb{R}$ mit einem Element der Menge $L$ mittels der (bijektiven) Abbildung $x \mapsto (x, 0)$ identifizieren. Insbesondere gelten $0_{\mathbb{R}} \mapsto (0, 0) = 0_{\mathbb{C}}$ und $1_{\mathbb{R}} \mapsto (1, 0) = 1_{\mathbb{C}}$. So können wir $\mathbb{R}$ als Teilkörper von $\mathbb{C}$ auffassen (obwohl $\mathbb{R}$ strenggenommen keine Teilmenge von $\mathbb{C}$ ist), und wir brauchen nicht zwischen den Null- und Einselementen in $\mathbb{R}$ und $\mathbb{C}$ zu unterscheiden.

Eine besondere komplexe Zahl ist die *imaginäre Einheit* $(0, 1)$. Für diese Zahl gilt

$$(0, 1) \cdot (0, 1) = (0 \cdot 0 - 1 \cdot 1, 0 \cdot 1 + 1 \cdot 0) = (-1, 0) = -1.$$

Hier haben wir in der letzten Gleichung die reelle Zahl $-1$ mit der komplexen Zahl $(-1, 0)$ identifiziert. Die imaginäre Einheit wird mit $\mathbf{i}$ bezeichnet, d. h.

$$\mathbf{i} := (0, 1),$$

so dass die gerade gezeigte Identität als $\mathbf{i}^2 = -1$ geschrieben werden kann. Mit der Identifikation von $x \in \mathbb{R}$ mit $(x, 0) \in \mathbb{C}$ kann $z = (x, y) \in \mathbb{C}$ geschrieben werden als

$$(x, y) = (x, 0) + (0, y) = (x, 0) + (0, 1) \cdot (y, 0) = x + \mathbf{i}y = \operatorname{Re}(z) + \mathbf{i}\operatorname{Im}(z).$$

Im letzten Ausdruck sind $\operatorname{Re}(z) = x$ und $\operatorname{Im}(z) = y$ die Kurzbezeichnungen für *Realteil* und *Imaginärteil* der komplexen Zahl $z = (x, y)$. Es gilt $(0, 1) \cdot (y, 0) = (y, 0) \cdot (0, 1)$, d. h. $\mathbf{i}y = y\mathbf{i}$. Daher ist es erlaubt, die komplexe Zahl $x + \mathbf{i}y$ als $x + y\mathbf{i}$ zu schreiben.

Für eine gegebene komplexe Zahl $z = (x, y)$ oder $z = x + \mathbf{i}y$ heißt $\bar{z} := (x, -y)$ bzw. $\bar{z} := x - \mathbf{i}y$ die zugehörige *konjugiert komplexe* Zahl. Mit Hilfe der (reellen) Quadratwurzel definiert man den *Betrag* einer komplexen Zahl als

$$|z| := (z\bar{z})^{1/2} = \left((x + \mathbf{i}y)(x - \mathbf{i}y)\right)^{1/2} = \left(x^2 - \mathbf{i}xy + \mathbf{i}yx - \mathbf{i}^2 y^2\right)^{1/2}$$
$$= (x^2 + y^2)^{1/2}.$$

Zur Vereinfachung der Schreibweise haben wir hier das Multiplikationszeichen zwischen zwei komplexen Zahlen weggelassen. Die obige Gleichung zeigt, dass der Betrag jeder komplexen Zahl eine nicht-negative reelle Zahl ist. Weitere Eigenschaften des Betrages von komplexen Zahlen sind in Aufgabe 3.25 nachzuweisen.

## Aufgaben

3.1 Stellen Sie jeweils fest, ob $(M, \oplus)$ eine Gruppe ist:
    (a) $M = \{x \in \mathbb{R} \mid x > 0\}$ und $\oplus : M \times M \to M$, $(a, b) \mapsto a^b$.
    (b) $M = \mathbb{R} \setminus \{0\}$ und $\oplus : M \times M \to M$, $(a, b) \mapsto \frac{a}{b}$.
3.2 Seien $a, b \in \mathbb{R}$, die Abbildung

$$f_{a,b} : \mathbb{R} \times \mathbb{R} \to \mathbb{R} \times \mathbb{R}, \quad (x, y) \mapsto (ax - by, ay),$$

und die Menge $G := \{f_{a,b} \mid a, b \in \mathbb{R}, \ a \neq 0\}$ gegeben. Zeigen Sie, dass $(G, \circ)$ eine kommutative Gruppe ist, wobei $\circ$ die Komposition von Abbildungen bezeichnet (vgl. Definition 2.19).
3.3 Sei $X \neq \emptyset$ eine Menge und sei $S(X) := \{f : X \to X \mid f \text{ ist bijektiv}\}$. Zeigen Sie, dass $(S(X), \circ)$ eine Gruppe ist.

3.4 Sei $(G, \oplus)$ eine Gruppe. Für $a \in G$ bezeichne $-a \in G$ das (eindeutige) inverse Element. Zeigen Sie die folgenden Rechenregeln für Elemente aus $G$:

(a) $-(-a) = a$.

(b) $-(a \oplus b) = (-b) \oplus (-a)$.

(c) $a \oplus b_1 = a \oplus b_2 \Rightarrow b_1 = b_2$.

(d) $a_1 \oplus b = a_2 \oplus b \Rightarrow a_1 = a_2$.

3.5 Beweisen Sie Satz 3.5.

3.6 Sei $(G, \oplus)$ eine Gruppe. Sei $a \in G$ fest und $Z_G(a) = \{g \in G \mid a \oplus g = g \oplus a\}$. Zeigen Sie, dass $Z_G(a)$ eine Untergruppe von $G$ ist.

(Diese Untergruppe aller mit $a$ kommutierender Elemente von $G$ heißt der *Zentralisator* von $a$.)

3.7 Sei $\varphi : G \to H$ ein Gruppenhomomorphismus. Zeigen Sie folgende Aussagen:

(a) Ist $U \subseteq G$ eine Untergruppe, so ist $\varphi(U) \subseteq H$ eine Untergruppe. Ist zusätzlich $G$ kommutativ, so ist auch $\varphi(U)$ kommutativ (selbst wenn $H$ nicht kommutativ ist).

(b) Ist $V \subseteq H$ eine Untergruppe, so ist $\varphi^{-1}(V) \subseteq G$ eine Untergruppe.

3.8 Sei $\varphi : G \to H$ ein Gruppenhomomorphismus und seien $e_G$ und $e_H$ die neutralen Elemente der Gruppen $G$ und $H$.

(a) Zeigen Sie, dass $\varphi(e_G) = e_H$ ist.

(b) Sei $\text{Kern}(\varphi) := \{g \in G \mid \varphi(g) = e_H\}$. Zeigen Sie, dass $\varphi$ genau dann injektiv ist, wenn $\text{Kern}(\varphi) = \{e_G\}$ gilt.

3.9 Weisen Sie die verschiedenen Eigenschaften aus Definition 3.7 für $(R, +, *)$ aus Beispiel 3.8 nach, um zu zeigen, dass $(R, +, *)$ ein kommutativer Ring mit Eins ist. Angenommen wir ersetzen in Beispiel 3.8 die Menge $\mathbb{R}$ (den Wertebereich der Abbildungen) durch einen kommutativen Ring mit Eins. Ist dann $(R, +, *)$ immer noch ein kommutativer Ring mit Eins?

3.10 Für zwei Mengen $M, N$ definieren wie die *symmetrische Differenz* $M \triangle N :=$ $(M \setminus N) \cup (N \setminus M)$. Zeigen Sie, dass $(\mathcal{P}(M), \triangle, \cap)$ für jede gegebene nichtleere Menge $M$ ein kommutativer Ring mit Eins ist.

(Dies ist ein Beispiel für einen *Booleschen Ring*[3], in dem jedes Element $a$ idempotent ist, d. h. $a^2 = a$ erfüllt.)

3.11 Sei $R$ ein Ring und $n \in \mathbb{N}$. Zeigen Sie folgende Aussagen:

(a) Für alle $a \in R$ gilt $(-a)^n = \begin{cases} a^n, & n \text{ gerade}, \\ -a^n, & n \text{ ungerade}. \end{cases}$

(b) Existiert eine Eins in $R$ und gilt $a^n = 0$ für $a \in R$, dann ist $1 - a$ invertierbar.

(Ein Element $a \in R$ mit $a^n = 0$ für ein $n \in \mathbb{N}$ wird *nilpotent* genannt.)

3.12 Beweisen Sie Satz 3.9 (2).

---

[3] George Boole (1815–1864).

3.13 Sei $R := \mathbb{R} \cup \{-\infty\}$. Für $a, b \in R$ seien Verknüpfungen $\oplus$ und $\otimes$ definiert durch

$$a \oplus b = \max\{a, b\} \quad \text{und} \quad a \otimes b = a + b,$$

wobei $-\infty \leq a$ und $-\infty + a = -\infty = a + (-\infty)$ für alle $a \in R$ gelten soll. Untersuchen Sie, welche Eigenschaften eines kommutativen Rings mit Eins für $(R, \oplus, \otimes)$ gelten und welche nicht.

3.14 Ist $(R, +, *)$ ein Ring mit Eins, so bezeichnen wir mit $R^\times$ die Menge aller invertierbaren Elemente von $R$.

   (a) Zeigen Sie, dass $(R^\times, *)$ eine Gruppe ist (die sogenannte *Einheitengruppe* von $R$).

   (b) Bestimmen Sie die Mengen $\mathbb{Z}^\times$ sowie $K^\times$ und $K[t]^\times$, wobei $K$ ein Körper ist.

3.15 Für festes $n \in \mathbb{N}$ seien $n\mathbb{Z} = \{nk \mid k \in \mathbb{Z}\}$ und $\mathbb{Z}/n\mathbb{Z} = \{[0], [1], \ldots, [n-1]\}$ wie in Beispiel 2.30.

   (a) Zeigen Sie, dass $n\mathbb{Z}$ eine Untergruppe von $\mathbb{Z}$ ist.

   (b) Durch

$$\oplus : \mathbb{Z}/n\mathbb{Z} \times \mathbb{Z}/n\mathbb{Z} \to \mathbb{Z}/n\mathbb{Z}, \qquad ([a], [b]) \mapsto [a] \oplus [b] = [a + b],$$

$$\odot : \mathbb{Z}/n\mathbb{Z} \times \mathbb{Z}/n\mathbb{Z} \to \mathbb{Z}/n\mathbb{Z}, \qquad ([a], [b]) \mapsto [a] \odot [b] = [a \cdot b],$$

   werden auf $\mathbb{Z}/n\mathbb{Z}$ eine Addition und eine Multiplikation erklärt. Dabei sind $+$ und $\cdot$ die Addition und Multiplikation aus $\mathbb{Z}$. Zeigen Sie folgende Aussagen:

   (i) $\oplus$ und $\odot$ sind wohldefiniert.

   (ii) $(\mathbb{Z}/n\mathbb{Z}, \oplus, \odot)$ ist ein kommutativer Ring mit Eins.

   (iii) $(\mathbb{Z}/n\mathbb{Z}, \oplus, \odot)$ ist genau dann ein Körper, wenn $n$ eine Primzahl ist.

3.16 Sei $(R, +, *)$ ein Ring mit $1 \neq 0$, der keine nicht-trivialen Nullteiler enthält, d. h. aus $a * b = 0$ für $a, b \in R$ folgt $a = 0$ oder $b = 0$. Zeigen Sie, dass dann für alle $a, b, c \in R, a \neq 0$, die *Kürzungsregel*

$$ab = ac \quad \Leftrightarrow \quad b = c$$

gilt. Können Sie einen Ring mit $1 \neq 0$ finden, in dem diese Regel nicht gilt?

3.17 Sei $(R, +, *)$ ein Ring Zeigen Sie, dass $(S, +, *)$ genau dann ein Teilring von $(R, +, *)$ ist (vgl. Definition 3.11), wenn die folgenden Eigenschaften gelten:

   (1) $S \subseteq R$.

   (2) $0_R \in S$.

   (3) Für alle $a, b \in S$ sind $a + b \in S$ und $a * b \in S$.

   (4) Für jedes $a \in S$ ist $-a \in S$.

3.18 Überzeugen Sie sich, dass die beiden Definitionen 3.16 und 3.17 die gleichen mathematischen Strukturen beschreiben.

3.19 Sei $(K, +, *)$ ein Körper. Zeigen Sie, dass $(L, +, *)$ genau dann ein Teilkörper von $(K, +, *)$ ist (vgl. Definition 3.19), wenn die folgenden Eigenschaften gelten:
   (1) $L \subseteq K$.
   (2) $0_K, 1_K \in L$.
   (3) Für alle $a, b \in L$ sind $a + b \in L$ und $a * b \in L$.
   (4) Für jedes $a \in L$ ist $-a \in L$.
   (5) Für jedes $a \in L \setminus \{0\}$ ist $a^{-1} \in L$.

3.20 Zeigen Sie, dass in einem Körper $1 + 1 = 0$ genau dann gilt, wenn $1 + 1 + 1 + 1 = 0$ ist.

3.21 Sei $(R, +, *)$ ein kommutativer Ring mit $1 \neq 0$, der keine nicht-trivialen Nullteiler enthält, d. h. aus $a * b = 0$ für $a, b \in R$ folgt $a = 0$ oder $b = 0$. (Ein solcher Ring heißt *Integritätsbereich*.)
   (a) Auf $M = R \times R \setminus \{0\}$ sei eine Relation definiert durch

   $$(x, y) \sim (\widehat{x}, \widehat{y}) \quad \Leftrightarrow \quad x * \widehat{y} = y * \widehat{x}.$$

   Zeigen Sie, dass dies eine Äquivalenzrelation ist.
   (b) Die Äquivalenzklasse $[(x, y)]$ sei mit $\frac{x}{y}$ bezeichnet. Zeigen Sie, dass die beiden folgenden Abbildungen wohldefiniert sind:

   $$\oplus : (M/\sim) \times (M/\sim) \to (M/\sim) \quad \text{mit} \quad \frac{x}{y} \oplus \frac{\widehat{x}}{\widehat{y}} := \frac{x * \widehat{y} + y * \widehat{x}}{y * \widehat{y}},$$

   $$\odot : (M/\sim) \times (M/\sim) \to (M/\sim) \quad \text{mit} \quad \frac{x}{y} \odot \frac{\widehat{x}}{\widehat{y}} := \frac{x * \widehat{x}}{y * \widehat{y}},$$

   wobei $M/\sim$ die Quotientenmenge bezüglich $\sim$ ist (siehe Definition 2.28).
   (c) Zeigen Sie, dass $(M/\sim, \oplus, \odot)$ ein Körper ist. (Dieser heißt der zu $R$ gehörende *Quotientenkörper*.)
   (d) Welcher Körper ist $(M/\sim, \oplus, \odot)$ für $R = \mathbb{Z}$?

3.22 Betrachten Sie $R = K[t]$, den Ring der Polynome über dem Körper $K$, in Aufgabe 3.21 und konstruieren Sie so den Körper der *rationalen Funktionen*.

3.23 Seien $a = 2 + \mathbf{i} \in \mathbb{C}$ und $b = 1 - 3\mathbf{i} \in \mathbb{C}$. Berechnen Sie $-a, -b, a + b, a - b$, $a^{-1}, b^{-1}, a^{-1}a, b^{-1}b, ab, ba$.

3.24 Beweisen Sie die folgenden Rechenregeln für komplexe Zahlen:
   (a) $\overline{z_1 + z_2} = \overline{z}_1 + \overline{z}_2$ und $\overline{z_1 z_2} = \overline{z}_1 \overline{z}_2$ für alle $z_1, z_2 \in \mathbb{C}$.
   (b) $\overline{z^{-1}} = (\overline{z})^{-1}$ und $\mathrm{Re}(z^{-1}) = \frac{1}{|z|^2} \mathrm{Re}(z)$ für alle $z \in \mathbb{C} \setminus \{0\}$.

3.25 Zeigen Sie, dass der Betrag von komplexen Zahlen die folgenden Eigenschaften erfüllt:

(a) $|z_1 z_2| = |z_1|\,|z_2|$ für alle $z_1, z_2 \in \mathbb{C}$.

(b) $|z| \geq 0$ für alle $z \in \mathbb{C}$ mit Gleichheit genau dann, wenn $z = 0$ ist.

(c) $|z_1 + z_2| \leq |z_1| + |z_2|$ für alle $z_1, z_2 \in \mathbb{C}$. (Diese Ungleichung heißt *Dreiecksungleichung*.)

(Diese drei Eigenschaften machen den Betrag von komplexen Zahlen zu einer *Norm*. Diesen Begriff werden wir in Kap. 12 ausführlich behandeln.)

# Matrizen

**4**

In diesem Kapitel definieren wir Matrizen mit ihren wichtigsten Operationen und wir studieren verschiedene aus Matrizen gebildete Gruppen und Ringe. James Joseph Sylvester (1814–1897) erfand den Begriff „Matrix" im Jahre 1850[1]. Die in diesem Kapitel definierten Matrixoperationen führte Arthur Cayley (1821–1895) im Jahre 1858 ein, als er in seinem Artikel „A memoir on the theory of matrices" erstmals Matrizen als eigenständige algebraische Objekte betrachtete. Für uns bilden Matrizen den zentralen Zugang zur Theorie der Linearen Algebra.

## 4.1   Grundlegende Definitionen und Operationen

Wir beginnen mit der formalen Definition einer Matrix.

**Definition 4.1.** Sei $(R, +, \cdot)$ ein kommutativer Ring mit Eins und seien $n, m \in \mathbb{N}_0$. Ein Feld der Form

$$A = [a_{ij}] = \begin{bmatrix} a_{11} & a_{12} & \cdots & a_{1m} \\ a_{21} & a_{22} & \cdots & a_{2m} \\ \vdots & \vdots & & \vdots \\ a_{n1} & a_{n2} & \cdots & a_{nm} \end{bmatrix}$$

---

[1] Das Wort „Matrix" ist lateinisch und bedeutet „Gebärmutter". Sylvester fasste in seiner Definition eine Matrix als ein Objekt auf, aus dem Determinanten (vgl. Kap. 5) „geboren werden". Wir weisen darauf hin, dass „Matrizen" der Plural von „Matrix" ist.

© Springer-Verlag GmbH Deutschland, ein Teil von Springer Nature 2021
J. Liesen, V. Mehrmann, *Lineare Algebra*, Springer Studium Mathematik (Bachelor),
https://doi.org/10.1007/978-3-662-62742-6_4

mit $a_{ij} \in R$, $i = 1, \ldots, n$, $j = 1, \ldots, m$, heißt $(n \times m)$-*Matrix mit Einträgen (Koeffizienten) in* R (kurz: $(n \times m)$-*Matrix über* R). Die Menge aller $(n \times m)$-Matrizen über $R$ bezeichnen wir mit $R^{n,m}$.

Im Folgenden werden wir in der Regel annehmen (ohne es explizit zu erwähnen), dass in den gegebenen Ringen $1 \neq 0$ gilt. Durch diese Annahme schließen wir den trivialen Fall des Nullrings aus (vgl. (2) in Satz 3.9).

Formal erhalten wir in Definition 4.1 für $n = 0$ oder $m = 0$ Matrizen der Form $0 \times m$, $n \times 0$ oder $0 \times 0$. Diese „leeren Matrizen" bezeichnen wir mit [ ]. Sie werden in manchen Beweisen aus technischen Gründen benötigt. Wenn wir jedoch später algebraische Strukturen mit Matrizen und die Eigenschaften von Matrizen untersuchen, dann betrachten wir stets Matrizen $A \in R^{n,m}$ mit $n, m \geq 1$.

Die *Nullmatrix* in $R^{n,m}$, bezeichnet mit $0_{n,m}$, ist die Matrix bei der alle Einträge gleich $0 \in R$ sind. Wenn klar ist, um welche $n$ und $m$ es sich handelt, schreiben wir auch 0 anstatt $0_{n,m}$.

Ist $n = m$, so nennen wir $A \in R^{n,n}$ eine *quadratische Matrix* (oder nur *quadratisch*). Die Einträge $a_{ii}$ für $i = 1, \ldots, n$ heißen die *Diagonaleinträge* von $A$. Die *Einheitsmatrix* in $R^{n,n}$ ist die Matrix $I_n := [\delta_{ij}]$, wobei

$$\delta_{ij} := \begin{cases} 1, & \text{falls } i = j, \\ 0, & \text{falls } i \neq j, \end{cases} \tag{4.1}$$

die sogenannte *Kronecker-Delta-Funktion*[2] ist. Wenn klar ist, um welches $n$ es sich handelt, schreiben wir auch $I$ anstatt $I_n$. Für $n = 0$ definieren wir $I_0 := [ \ ]$.

Die $i$-te *Zeile* von $A \in R^{n,m}$ ist $[a_{i1}, a_{i2}, \ldots, a_{im}] \in R^{1,m}$, $i = 1, \ldots, n$, wobei wir die Kommas zur optischen Trennung der einzelnen Einträge schreiben. Die $j$-te *Spalte* von $A$ ist

$$\begin{bmatrix} a_{1j} \\ a_{2j} \\ \vdots \\ a_{nj} \end{bmatrix} \in R^{n,1}, \quad j = 1, \ldots, m.$$

Die Zeilen und Spalten einer Matrix sind somit für uns wieder Matrizen.

Sind andererseits $(1 \times m)$-Matrizen $a_i := [a_{i1}, a_{i2}, \ldots, a_{im}] \in R^{1,m}$, $i = 1, \ldots, n$, gegeben, so können wir aus diesen die Matrix

---

[2]Leopold Kronecker (1823–1891).

$$A = \begin{bmatrix} a_1 \\ a_2 \\ \vdots \\ a_n \end{bmatrix} = \begin{bmatrix} a_{11} & a_{12} & \cdots & a_{1m} \\ a_{21} & a_{22} & \cdots & a_{2m} \\ \vdots & \vdots & & \vdots \\ a_{n1} & a_{n2} & \cdots & a_{nm} \end{bmatrix} \in R^{n,m}$$

bilden. Hier lassen wir die eckigen Klammern um die einzelnen Zeilen von $A$ weg. Genauso entsteht aus den $(n \times 1)$-Matrizen

$$a_j := \begin{bmatrix} a_{1j} \\ a_{2j} \\ \vdots \\ a_{nj} \end{bmatrix} \in R^{n,1}, \quad j = 1, \ldots, m,$$

die Matrix

$$A = [a_1, a_2, \ldots, a_m] = \begin{bmatrix} a_{11} & a_{12} & \cdots & a_{1m} \\ a_{21} & a_{22} & \cdots & a_{2m} \\ \vdots & \vdots & & \vdots \\ a_{n1} & a_{n2} & \cdots & a_{nm} \end{bmatrix} \in R^{n,m}.$$

Sind $n_1, n_2, m_1, m_2 \in \mathbb{N}_0$ und $A_{ij} \in R^{n_i, m_j}$, $i, j = 1, 2$, so können wir aus diesen vier Matrizen die Matrix

$$A = \begin{bmatrix} A_{11} & A_{12} \\ A_{21} & A_{22} \end{bmatrix} \in R^{n_1 + n_2, m_1 + m_2}$$

bilden. Die Matrizen $A_{ij}$ heißen dann *Blöcke* der Blockmatrix $A$. Um die Aufteilung einer Matrix in Blöcke zu verdeutlichen, benutzen wir manchmal senkrechte und waagerechte Linien, zum Beispiel

$$A = \left[ \begin{array}{c|c} A_{11} & A_{12} \\ \hline A_{21} & A_{22} \end{array} \right].$$

Wir wollen nun vier verschiedene Operationen mit Matrizen definieren und beginnen mit der *Addition*:

$$+ : R^{n,m} \times R^{n,m} \to R^{n,m}, \quad (A, B) \mapsto A + B := [a_{ij} + b_{ij}].$$

Die Addition in $R^{n,m}$ erfolgt also *eintragsweise*, basierend auf der Addition in $R$. Man beachte, dass die Addition nur für Matrizen gleicher Größe definiert ist.

Die *Multiplikation* zweier Matrizen ist wie folgt definiert:

$$* : R^{n,m} \times R^{m,s} \to R^{n,s}, \quad (A, B) \mapsto A * B = [c_{ij}], \quad c_{ij} := \sum_{k=1}^{m} a_{ik}b_{kj}.$$

Der Eintrag $c_{ij}$ des Produktes $A * B$ entsteht also durch die sukzessive Multiplikation und Aufsummierung der Einträge der $i$-ten Zeile von $A$ und $j$-ten Spalte von $B$.

In der Definition der Einträge $c_{ij}$ der Matrix $A * B$ haben wir kein Symbol für die multiplikative Verknüpfung von Elementen in $R$ benutzt. Dies folgt der üblichen Konvention das Multiplikationszeichen einfach wegzulassen, wenn klar ist, um welche Multiplikation es sich handelt. Wir werden ab jetzt immer häufiger von dieser Schreibvereinfachung Gebrauch machen.

Um das Produkt $A * B$ definieren zu können, muss offensichtlich die Anzahl der Spalten von $A$ gleich der Anzahl der Zeilen von $B$ sein. Die Merkregel

$c_{ij}$ gleich $i$-te Zeile von $A$ mal $j$-te Spalte von $B$

können wir wie folgt veranschaulichen:

$$\begin{bmatrix} b_{11} & \ldots & b_{1j} & \ldots & b_{1s} \\ \vdots & & \vdots & & \vdots \\ b_{m1} & \cdots & b_{mj} & \cdots & b_{ms} \end{bmatrix}$$

$$\begin{bmatrix} a_{11} \cdots a_{1m} \\ \vdots \quad \vdots \\ [\, a_{i1} \cdots a_{im} \,] \\ \vdots \quad \vdots \\ a_{n1} \cdots a_{nm} \end{bmatrix} \quad \begin{bmatrix} & \downarrow & \\ \longrightarrow & c_{ij} & \\ & & \end{bmatrix}$$

Die Matrizenmultiplikation ist im Allgemeinen nicht kommutativ!

**Beispiel 4.2.** Für die Matrizen

$$A = \begin{bmatrix} 1 & 2 & 3 \\ 4 & 5 & 6 \end{bmatrix} \in \mathbb{Z}^{2,3}, \quad B = \begin{bmatrix} -1 & 1 \\ 0 & 0 \\ 1 & -1 \end{bmatrix} \in \mathbb{Z}^{3,2}$$

gilt

$$A * B = \begin{bmatrix} 2 & -2 \\ 2 & -2 \end{bmatrix} \in \mathbb{Z}^{2,2}.$$

Andererseits ist $B * A \in \mathbb{Z}^{3,3}$. Obwohl also $A * B$ und $B * A$ beide definiert sind, gilt offensichtlich $A * B \neq B * A$. Die Nichtkommutativität der Matrizenmultiplikation erkennt man in diesem Beispiel bereits an der Tatsache, dass die Matrizen $A * B$ und $B * A$ nicht die gleiche Größe haben. Aber auch wenn $A * B$ und $B * A$ beide definiert und gleich groß sind, muss nicht unbedingt $A * B = B * A$ gelten. Zum Beispiel sind für

$$A = \begin{bmatrix} 1 & 2 \\ 0 & 3 \end{bmatrix} \in \mathbb{Z}^{2,2}, \quad B = \begin{bmatrix} 4 & 0 \\ 5 & 6 \end{bmatrix} \in \mathbb{Z}^{2,2}$$

die beiden Produkte durch

$$A * B = \begin{bmatrix} 14 & 12 \\ 15 & 18 \end{bmatrix} \quad \text{und} \quad B * A = \begin{bmatrix} 4 & 8 \\ 5 & 28 \end{bmatrix}$$

gegeben.

Die Matrizenmultiplikation hat einige wichtige Eigenschaften. Insbesondere gelten Assoziativität und Distributivität.

**Lemma 4.3.** *Für $A, \widehat{A} \in R^{n,m}$, $B, \widehat{B} \in R^{m,\ell}$ und $C \in R^{\ell,k}$ gelten:*

(1) $A * (B * C) = (A * B) * C$.
(2) $(A + \widehat{A}) * B = A * B + \widehat{A} * B$.
(3) $A * (B + \widehat{B}) = A * B + A * \widehat{B}$.
(4) $I_n * A = A * I_m = A$.

**Beweis.** Wir zeigen lediglich Eigenschaft (1); alle anderen sind Übungsaufgaben. Seien $A \in R^{n,m}$, $B \in R^{m,\ell}$, $C \in R^{\ell,k}$ sowie $[d_{ij}] := (A * B) * C$ und $[\tilde{d}_{ij}] := A * (B * C)$. Per Definition der Matrizenmultiplikation und unter Ausnutzung der Distributivität und Assoziativität in $R$ gilt dann

$$d_{ij} = \sum_{s=1}^{\ell} \left( \sum_{t=1}^{m} a_{it} b_{ts} \right) c_{sj} = \sum_{s=1}^{\ell} \sum_{t=1}^{m} (a_{it} b_{ts}) c_{sj} = \sum_{s=1}^{\ell} \sum_{t=1}^{m} a_{it} \left( b_{ts} c_{sj} \right)$$

$$= \sum_{t=1}^{m} a_{it} \left( \sum_{s=1}^{\ell} b_{ts} c_{sj} \right) = \tilde{d}_{ij},$$

für $1 \leq i \leq n$ und $1 \leq j \leq k$, woraus $(A * B) * C = A * (B * C)$ folgt. $\qquad\square$

Auf den rechten Seiten von (2) und (3) in Lemma 4.3 haben wir keine Klammern gesetzt, da wir auch hier (und im Folgenden) von der Konvention Gebrauch machen, dass das Multiplikationszeichen zwischen Matrizen stärker binden soll als das Additionszeichen.

Ist $A \in R^{n,n}$, so definieren wir

$$A^\ell := \underbrace{A * \ldots * A}_{\ell - \text{mal}} \quad \text{für } \ell \in \mathbb{N},$$

$$A^0 := I_n.$$

Es gibt noch eine weitere multiplikative Verknüpfung mit Matrizen, nämlich die Multiplikation mit einem *Skalar*[3]:

$$\cdot : R \times R^{n,m} \to R^{n,m}, \quad (\lambda, A) \mapsto \lambda \cdot A := [\lambda a_{ij}]. \tag{4.2}$$

Man sieht sofort, dass $0 \cdot A = 0_{n,m}$ und $1 \cdot A = A$ für alle $A \in R^{n,m}$ gilt. Für $A = [a_{ij}]$ schreiben wir $-A := (-1) \cdot A = [-a_{ij}]$. Zudem gelten für diese Multiplikation folgende Eigenschaften.

**Lemma 4.4.** *Für $A, B \in R^{n,m}$, $C \in R^{m,\ell}$ und $\lambda, \mu \in R$ gelten:*

(1) $(\lambda\mu) \cdot A = \lambda \cdot (\mu \cdot A)$.
(2) $(\lambda + \mu) \cdot A = \lambda \cdot A + \mu \cdot A$.
(3) $\lambda \cdot (A + B) = \lambda \cdot A + \lambda \cdot B$.
(4) $(\lambda \cdot A) * C = \lambda \cdot (A * C) = A * (\lambda \cdot C)$.

**Beweis.** Übungsaufgabe.                                                                □

Die vierte Matrixoperation, die wir hier einführen, ist die *Transposition*:

$$T : R^{n,m} \to R^{m,n}, \quad A = [a_{ij}] \mapsto A^T = [b_{ij}], \quad b_{ij} := a_{ji},$$

also zum Beispiel

$$A = \begin{bmatrix} 1 & 2 & 3 \\ 4 & 5 & 6 \end{bmatrix} \in \mathbb{Z}^{2,3}, \qquad A^T = \begin{bmatrix} 1 & 4 \\ 2 & 5 \\ 3 & 6 \end{bmatrix} \in \mathbb{Z}^{3,2}.$$

Die Matrix $A^T$ nennen wir die *Transponierte* von $A$.

---

[3]Der Begriff *Skalar* wurde im Jahre 1845 von Sir William Rowan Hamilton (1805–1865) eingeführt. Er stammt ab von „scale" (engl. für einen Zahlenbereich), was von „scala" (lat. für „Leiter") abstammt.

**Definition 4.5.** Falls für $A \in R^{n,n}$ die Gleichung $A = A^T$ gilt, so nennen wir $A$ eine *symmetrische* Matrix. Gilt die Gleichung $A = -A^T$, so nennen wir $A$ eine *schiefsymmetrische* Matrix.

Für die Transposition gelten folgende Eigenschaften.

**Lemma 4.6.** *Für* $A, \widehat{A} \in R^{n,m}$, $B \in R^{m,\ell}$ *und* $\lambda \in R$ *gelten:*

(1) $(A^T)^T = A$.
(2) $(A + \widehat{A})^T = A^T + \widehat{A}^T$.
(3) $(\lambda \cdot A)^T = \lambda \cdot A^T$.
(4) $(A * B)^T = B^T * A^T$.

**Beweis.** Die Eigenschaften $(1) - (3)$ sind Übungsaufgaben. Zum Beweis von (4) seien $A * B = [c_{ij}]$ mit $c_{ij} = \sum_{k=1}^{m} a_{ik}b_{kj}$, $A^T = [\widetilde{a}_{ij}]$, $B^T = [\widetilde{b}_{ij}]$ und $(A * B)^T = [\widetilde{c}_{ij}]$. Dann gilt

$$\widetilde{c}_{ij} = c_{ji} = \sum_{k=1}^{m} a_{jk}b_{ki} = \sum_{k=1}^{m} \widetilde{a}_{kj}\widetilde{b}_{ik} = \sum_{k=1}^{m} \widetilde{b}_{ik}\widetilde{a}_{kj},$$

woraus $(A * B)^T = B^T * A^T$ unmittelbar ersichtlich ist.  □

---

**Die MATLAB-Minute.**
Führen Sie folgende Kommandos aus, um sich mit der Anwendung der in diesem Abschnitt vorgestellten Matrixoperationen in MATLAB vertraut zu machen:
A=ones(6,3), A+A, A-2*A, A', A*A, A'*A, A*A'.
B=ones(3,6), A*B, B*A.
C=ones(3,0), C', A*C, C'*B, C'*C, C*C'.
Um die Ausgabe von MATLAB beobachten zu können, dürfen Sie die jeweiligen Eingaben nicht mit einem Semikolon abschließen.

---

**Beispiel 4.7.** Wir betrachten noch einmal das Anwendungsbeispiel der Schadensfreiheitsklassen in der KFZ-Versicherung aus Kap. 1. Dort hatten wir die Wahrscheinlichkeit, dass ein Versicherungsnehmer, der sich in diesem Jahr in Klasse $K_i$ befindet, im nächsten Jahr in Klasse $K_j$ ist, mit $p_{ij}$ bezeichnet. Unser Beispiel hatte vier Klassen und so ergaben sich 16 Wahrscheinlichkeiten, die wir in einer $(4 \times 4)$-Matrix angeordnet hatten (vgl. (1.2)). Diese Matrix bezeichnen wir nun mit $P$. Angenommen der Versicherer hat in diesem Jahr folgende Kundenverteilung in den vier Schadensfreiheitsklassen: 40 % der Kunden sind in Klasse $K_1$, 30 % in Klasse $K_2$, 20 % in Klasse $K_3$ und 10 % in Klasse $K_4$. Dann lässt sich eine $(1 \times 4)$-Matrix

$$p_0 := [0.4, \ 0.3, \ 0.2, \ 0.1]$$

der *Ausgangsverteilung* bilden. Die Kundenverteilung im nächsten Jahr, die wir mit $p_1$ bezeichnen wollen, berechnet sich mit Hilfe der Matrizenmultiplikation wie folgt:

$$p_1 = p_0 * P = [0.4, \ 0.3, \ 0.2, \ 0.1] * \begin{bmatrix} 0.15 & 0.85 & 0.00 & 0.00 \\ 0.15 & 0.00 & 0.85 & 0.00 \\ 0.05 & 0.10 & 0.00 & 0.85 \\ 0.05 & 0.00 & 0.10 & 0.85 \end{bmatrix}$$

$$= [0.12, \ 0.36, \ 0.265, \ 0.255].$$

Warum ist das so? Als Beispiel betrachten wir den Eintrag von $p_0 * P$ an der Stelle (1,4), der sich wie folgt berechnet,

$$0.4 \cdot 0.00 + 0.3 \cdot 0.00 + 0.2 \cdot 0.85 + 0.1 \cdot 0.85 = 0.255.$$

Dieser Eintrag repräsentiert den Anteil der Kunden, die sich im nächsten Jahr in Klasse $K_4$ befinden (dies sind also 25,5 %). Wer in diesem Jahr in Klasse $K_1$ oder Klasse $K_2$ ist, kann im Folgejahr nicht in $K_4$ kommen, daher multiplizieren sich die Werte der Ausgangsverteilungen 0.4 bzw. 0.3 mit den Wahrscheinlichkeiten $p_{14} = 0.00$ bzw. $p_{24} = 0.00$. Wer in Klasse $K_3$ oder $K_4$ ist, befindet sich im Folgejahr mit Wahrscheinlichkeit $p_{34} = 0.85$ bzw. $p_{44} = 0.85$ in Klasse $K_3$ bzw. $K_4$, so ergeben sich die Produkte $0.2 \cdot 0.85$ und $0.1 \cdot 0.85$. Man sieht nun leicht, dass die Kundenverteilung nach $\ell$ Jahren gegeben ist durch die Formel

$$p_\ell = p_0 * P^\ell, \quad \ell = 0, 1, 2, \ldots .$$

Die Formel gilt auch für $\ell = 0$, denn $P^0 = I_4$. Mit Hilfe dieser Formel kann der Versicherer die zu erwartenden Prämieneinnahmen in den kommenden Jahren berechnen. Dazu sei angenommen, dass die volle Prämie (Klasse $K_1$) für die Versicherung 500 Euro beträgt. Die Prämien in den Klassen $K_2$, $K_3$ und $K_4$ sind dann 450, 400 und 300 Euro (10, 20 und 40 % Nachlass). Sind zum Beispiel im Ausgangsjahr 1000 Kunden versichert, so ergeben sich in diesem Jahr Prämieneinnahmen (in Euro) von

$$1000 \cdot \left( p_0 * [500, \ 450, \ 400, \ 300]^T \right) = 445000.$$

Die nach diesem Modell zu erwartenden Prämieneinnahmen im Jahr $\ell \geq 0$ aus den Verträgen im Ausgangsjahr (falls kein Kunde in der Zwischenzeit gekündigt hat) sind dann gegeben durch

$$1000 \cdot \left( p_\ell * [500, \ 450, \ 400, \ 300]^T \right) = 1000 \cdot \left( p_0 * (P^\ell * [500, \ 450, \ 400, \ 300]^T) \right).$$

Zum Beispiel ergeben sich in den vier Folgejahren die Einnahmen 404500, 372025, 347340 und 341819 (gerundet auf volle Euro). Diese Beträge fallen von Jahr zu Jahr, doch anscheinend verlangsamt sich der Abfall. Gibt es hier einen „stationären Zustand", also einen Zeitpunkt, an dem sich die Einnahmen nicht mehr (stark) ändern? Von welchen Eigenschaften des Systems wäre die Existenz eines solchen Zustandes abhängig? Offensichtlich sind dies wichtige praktische Fragen, die der Versicherer beantworten muss. Nur die gesicherte Existenz eines stationären Zustandes garantiert signifikante Prämieneinnahmen auch in der Zukunft. Da die Formel für die zukünftigen Prämieneinnahmen im Wesentlichen von den Einträgen der Matrizen $P^\ell$ abhängt, sind wir unmittelbar bei einem interessanten Problem der Linearen Algebra angekommen, nämlich der Analyse der Eigenschaften von zeilen-stochastischen Matrizen. Eigenschaften stochastischer Matrizen werden wir im Abschn. 8.3 weiter untersuchen.

## 4.2 Matrizengruppen und -ringe

In diesem Abschnitt untersuchen wir algebraische Strukturen, die durch Matrizen und die für sie definierten Operationen gebildet werden. Wir beginnen mit der Addition in $R^{n,m}$.

**Satz 4.8.** $(R^{n,m}, +)$ *ist eine kommutative Gruppe mit neutralem Element* $0 \in R^{n,m}$ *(Nullmatrix) und zu* $A = [a_{ij}] \in R^{n,m}$ *inversem Element* $-A = [-a_{ij}] \in R^{n,m}$. *(Anstelle von* $A + (-B)$ *schreiben wir* $A - B$.)

**Beweis.** Für beliebige $A, B, C \in R^{n,m}$ gilt wegen der Assoziativität der Addition in $R$, dass

$$(A + B) + C = [a_{ij} + b_{ij}] + [c_{ij}] = [(a_{ij} + b_{ij}) + c_{ij}] = [a_{ij} + (b_{ij} + c_{ij})]$$
$$= [a_{ij}] + [b_{ij} + c_{ij}] = A + (B + C).$$

Somit ist die Addition in $R^{n,m}$ assoziativ.

Für die Nullmatrix $0 \in R^{n,m}$ gilt $0 + A = [0] + [a_{ij}] = [0 + a_{ij}] = [a_{ij}] = A$. Zu gegebenem $A = [a_{ij}] \in R^{n,m}$ definieren wir $\tilde{A} := [-a_{ij}] \in R^{n,m}$. Dann folgt $\tilde{A} + A = [-a_{ij}] + [a_{ij}] = [-a_{ij} + a_{ij}] = [0] = 0$, also $\tilde{A} = -A$.

Schließlich folgt wegen der Kommutativität der Addition in $R$, dass $A + B = [a_{ij}] + [b_{ij}] = [a_{ij} + b_{ij}] = [b_{ij} + a_{ij}] = B + A$ ist.  $\square$

Wegen (2) in Lemma 4.6 ist die Transposition ein Homomorphismus (sogar Isomorphismus) der Gruppen $(R^{n,m}, +)$ und $(R^{m,n}, +)$ (vgl. Definition 3.6).

**Satz 4.9.** $(R^{n,n}, +, *)$ *ist ein Ring mit Eins, gegeben durch die Einheitsmatrix* $I_n$. *Dieser Ring ist nur für* $n = 1$ *kommutativ.*

**Beweis.** Wir haben bereits gezeigt, dass $(R^{n,n}, +)$ eine kommutative Gruppe ist (vgl. Satz 4.8). Die weiteren Ringeigenschaften (Assoziativität, Distributivität und Einselement) folgen aus Lemma 4.3. Die Kommutativität für $n = 1$ gilt aufgrund der Kommutativität der Multiplikation im Ring $R$. Das Beispiel

$$\begin{bmatrix} 0 & 1 \\ 0 & 0 \end{bmatrix} * \begin{bmatrix} 1 & 0 \\ 0 & 0 \end{bmatrix} = \begin{bmatrix} 0 & 0 \\ 0 & 0 \end{bmatrix} \neq \begin{bmatrix} 0 & 1 \\ 0 & 0 \end{bmatrix} = \begin{bmatrix} 1 & 0 \\ 0 & 0 \end{bmatrix} * \begin{bmatrix} 0 & 1 \\ 0 & 0 \end{bmatrix} \tag{4.3}$$

zeigt, dass der Ring $R^{n,n}$ für $n \geq 2$ nicht kommutativ ist.                                  $\square$

Das Beispiel (4.3) zeigt auch, dass der Ring $R^{n,n}$ für $n \geq 2$ nicht-triviale Nullteiler enthält, d. h. es gibt Matrizen $A, B \in R^{n,n} \setminus \{0\}$ mit $A * B = 0$. Diese existieren auch dann, wenn $R$ ein Körper ist.

Wir betrachten nun die *Invertierbarkeit* von Matrizen im Ring $R^{n,n}$ (bezüglich der Multiplikation). Für eine gegebene Matrix $A \in R^{n,n}$ muss eine Inverse $\widetilde{A} \in R^{n,n}$ die beiden Gleichungen $\widetilde{A} * A = I_n$ und $A * \widetilde{A} = I_n$ erfüllen (vgl. Definition 3.12). Existiert eine inverse Matrix zu $A$, so ist sie eindeutig und wir bezeichnen sie mit $A^{-1}$ (vgl. Satz 3.13). Wir werden in Korollar 7.19 zeigen, dass bereits eine der beiden Gleichungen für die Existenz der Inversen ausreicht, d. h. gilt entweder $\widetilde{A} * A = I_n$ oder $A * \widetilde{A} = I_n$ so folgt bereits die Invertierbarkeit von $A$ mit $A^{-1} = \widetilde{A}$. Bis dahin müssen wir strenggenommen die Gültigkeit beider Gleichungen nachweisen.

Nicht alle Matrizen $A \in R^{n,n}$ sind invertierbar. Einfache Beispiele sind die nicht invertierbaren Matrizen

$$A = [0] \in R^{1,1} \quad \text{und} \quad A = \begin{bmatrix} 1 & 0 \\ 0 & 0 \end{bmatrix} \in R^{2,2}.$$

Ebenfalls nicht invertierbar ist die Matrix

$$A = \begin{bmatrix} 1 & 1 \\ 0 & 2 \end{bmatrix} \in \mathbb{Z}^{2,2}.$$

Fassen wir diese Matrix aber als ein Element von $\mathbb{Q}^{2,2}$ auf, so ist ihre (eindeutige) Inverse gegeben durch

$$A^{-1} = \begin{bmatrix} 1 & -\frac{1}{2} \\ 0 & \frac{1}{2} \end{bmatrix} \in \mathbb{Q}^{2,2}.$$

**Lemma 4.10.** *Sind $A, B \in R^{n,n}$ invertierbar, dann gelten:*

(1) $A^T$ *ist invertierbar mit* $(A^T)^{-1} = (A^{-1})^T$. *(Wir schreiben dafür auch $A^{-T}$.)*
(2) $A * B$ *ist invertierbar mit* $(A * B)^{-1} = B^{-1} * A^{-1}$.

**Beweis.**

(1) Mit Hilfe von Eigenschaft (4) aus Lemma 4.6 folgt

$$(A^{-1})^T * A^T = (A * A^{-1})^T = I_n^T = I_n = I_n^T = (A^{-1} * A)^T = A^T * (A^{-1})^T,$$

also ist $(A^{-1})^T$ die Inverse von $A^T$.

(2) Dies wurde bereits in Satz 3.13 für allgemeine Ringe mit Eins gezeigt. Es gilt also insbesondere für den Ring $(R^{n,n}, +, *)$. □

Als Nächstes zeigen wir die Gruppeneigenschaft der invertierbaren Matrizen.

**Satz 4.11.** *Die Menge der invertierbaren Matrizen $A \in R^{n,n}$ bildet zusammen mit der Matrizenmultiplikation eine Gruppe.*

**Beweis.** Die Abgeschlossenheit der Menge der invertierbaren Matrizen $A \in R^{n,n}$ bezüglich der Multiplikation wurde bereits in (2) in Lemma 4.10 gezeigt, die Assoziativität der Multiplikation in Lemma 4.3. Das neutrale Element dieser Menge ist $I_n$. Per Definition ist jedes Element der Menge invertierbar und es gilt $(A^{-1})^{-1} = A$, also ist auch $A^{-1}$ Element der Menge. □

Die Gruppe der invertierbaren Matrizen $A \in R^{n,n}$ bezeichnen wir mit $GL_n(R)$ („GL" steht für „general linear group").

**Definition 4.12.** Sei $A = [a_{ij}] \in R^{n,n}$.

(1) $A$ heißt *obere Dreiecksmatrix*, falls $a_{ij} = 0$ für alle $i > j$ gilt.
   $A$ heißt *untere Dreiecksmatrix*, falls $a_{ij} = 0$ für alle $j > i$ gilt (d. h. $A^T$ ist eine obere Dreiecksmatrix).

(2) $A$ heißt *Diagonalmatrix*, falls $A$ eine obere und untere Dreiecksmatrix ist. Wir schreiben dann auch zur Vereinfachung $A = \text{diag}(a_{11}, \ldots, a_{nn})$.

Wir wollen diese speziellen Mengen von Matrizen auf ihre Gruppeneigenschaften hin untersuchen. Wir beginnen mit den invertierbaren oberen und unteren Dreiecksmatrizen.

**Satz 4.13.** *Die Menge der invertierbaren oberen Dreiecksmatrizen $A \in R^{n,n}$ bzw. der invertierbaren unteren Dreiecksmatrizen $A \in R^{n,n}$ bildet jeweils mit der Matrizenmultiplikation eine (nicht-kommutative) Untergruppe von $GL_n(R)$.*

**Beweis.** Wir zeigen die Aussage nur für invertierbare obere Dreiecksmatrizen. Der Beweis für invertierbare untere Dreiecksmatrizen ist analog.

Um zu zeigen, dass die invertierbaren oberen Dreiecksmatrizen mit der Matrizenmultiplikation eine Untergruppe von $GL_n(R)$ bilden, weisen wir die drei Eigenschaften aus Satz 3.5 nach.

Da $I_n$ eine invertierbare obere Dreiecksmatrix ist, ist die Menge der invertierbaren oberen Dreiecksmatrizen eine nichtleere Teilmenge von $GL_n(R)$.

Nun zeigen wir, dass für zwei invertierbare obere Dreiecksmatrizen $A, B \in R^{n,n}$ das Produkt $C = A * B$ eine invertierbare obere Dreiecksmatrix ist. Die Invertierbarkeit von $C = [c_{ij}]$ folgt aus (2) in Lemma 4.10. Für $i > j$ gilt

$$c_{ij} = \sum_{k=1}^{n} a_{ik}b_{kj} \qquad \text{(hier ist } b_{kj} = 0 \text{ für } k > j\text{)}$$

$$= \sum_{k=1}^{j} a_{ik}b_{kj} \qquad \text{(hier ist } a_{ik} = 0 \text{ für } k = 1, \ldots, j, \text{ da } i > j \text{ ist)}$$

$$= 0.$$

Somit ist $C$ eine obere Dreiecksmatrix.

Nun ist noch zu zeigen, dass für eine gegebene invertierbare obere Dreiecksmatrix $A$ die Inverse $A^{-1}$ ebenfalls eine obere Dreiecksmatrix ist. Für $n = 1$ ist diese Aussage trivial, daher nehmen wir $n \geq 2$ an. Wir schreiben $A^{-1} = [c_{ij}]$, dann lässt sich die Gleichung $A * A^{-1} = I_n$ in Form eines Systems von $n$ Gleichungen schreiben als

$$\begin{bmatrix} a_{11} & \cdots & \cdots & a_{1n} \\ 0 & \ddots & & \vdots \\ \vdots & \ddots & \ddots & \vdots \\ 0 & \cdots & 0 & a_{nn} \end{bmatrix} * \begin{bmatrix} c_{1j} \\ \vdots \\ \vdots \\ \vdots \\ c_{nj} \end{bmatrix} = \begin{bmatrix} \delta_{1j} \\ \vdots \\ \vdots \\ \vdots \\ \delta_{nj} \end{bmatrix}, \qquad j = 1, \ldots, n. \tag{4.4}$$

Hier ist $\delta_{ij}$ die in (4.1) definierte Kronecker-Delta-Funktion. Zu zeigen ist, dass $c_{ij} = 0$ für $i > j$ gilt.

Wir behaupten (und zeigen induktiv) sogar: Die Diagonaleinträge $a_{ii}$ von $A$ sind invertierbar und für $i = n, n-1, \ldots, 1$ gilt

$$c_{ij} = a_{ii}^{-1}\Big(\delta_{ij} - \sum_{\ell=i+1}^{n} a_{i\ell}c_{\ell j}\Big), \qquad j = 1, \ldots, n, \tag{4.5}$$

woraus insbesondere $c_{ij} = 0$ für $i > j$ folgt. (Man beachte, dass in (4.5) für $i = n$ die leere Summe $\sum_{\ell=n+1}^{n} a_{i\ell}c_{\ell j} = 0$ auftritt.)

Für $i = n$ ist die letzte Zeile in (4.4) gegeben durch

$$a_{nn}c_{nj} = \delta_{nj}, \quad j = 1, \ldots, n.$$

Insbesondere gilt für $j = n$, dass $a_{nn}c_{nn} = 1 = c_{nn}a_{nn}$ ist, wobei wir in der zweiten Gleichung die Kommutativität der Multiplikation in $R$ ausgenutzt haben. Somit ist $a_{nn}$ invertierbar und es gilt $c_{nn} = a_{nn}^{-1}$. Es folgt

$$c_{nj} = a_{nn}^{-1}\delta_{nj}, \quad j = 1, \ldots, n.$$

Dies ist äquivalent mit (4.5) für $i = n$. Insbesondere gilt $c_{nj} = 0$ für $j = 1, 2, \ldots, n - 1$.

Nun nehmen wir an, dass unsere Behauptung für $i = n, \ldots, k + 1$ gilt, wobei $1 \leq k \leq n - 1$. Insbesondere gilt also $c_{ij} = 0$, falls $k + 1 \leq i \leq n$ und $i > j$. Mit anderen Worten: Die Zeilen $i = n, \ldots, k + 1$ von $A^{-1}$ sind in „oberer Dreiecksform".

Um die Behauptung für $i = k$ zu beweisen, betrachten wir die $k$-te Zeile in (4.4),

$$a_{kk}c_{kj} + a_{k,k+1}c_{k+1,j} + \ldots + a_{kn}c_{nj} = \delta_{kj}, \quad j = 1, \ldots, n. \tag{4.6}$$

Für $j = k \ (< n)$ ergibt sich

$$a_{kk}c_{kk} + a_{k,k+1}c_{k+1,k} + \ldots + a_{kn}c_{nk} = 1.$$

Aufgrund der Induktionsannahme gilt $c_{k+1,k} = \cdots = c_{n,k} = 0$, woraus $a_{kk}c_{kk} = 1 = c_{kk}a_{kk}$ folgt. Hier haben wir erneut die Kommutativität der Multiplikation in $R$ ausgenutzt. Somit ist $a_{kk}$ invertierbar mit $c_{kk} = a_{kk}^{-1}$. Aus (4.6) folgt dann

$$c_{kj} = a_{kk}^{-1}\left(\delta_{kj} - a_{k,k+1}c_{k+1,j} - \ldots - a_{kn}c_{nj}\right), \quad j = 1, \ldots, n,$$

also gilt (4.5) für $i = k$. Ist nun $k > j$, so sind $\delta_{kj} = 0$ und $c_{k+1,j} = \cdots = c_{nj} = 0$, also folgt $c_{kj} = 0$. $\qquad \square$

In diesem Beweis haben wir in (4.5) eine *rekursive Formel* für die Einträge $c_{ij}$ der Inversen $A^{-1} = [c_{ij}]$ einer invertierbaren oberen Dreiecksmatrix $A = [a_{ij}] \in R^{n,n}$ hergeleitet. Wir können somit die Einträge der Inversen explizit „von unten nach oben" und „von rechts nach links" berechnen. Dieser Prozess wird auch *Rückwärts-Einsetzen* genannt.

Wir werden im Folgenden häufig von der Einteilung von $A \in R^{n,n}$ in *Blöcke* und der *Blockmultiplikation* von Matrizen Gebrauch machen. Für jedes $k \in \{1, \ldots, n - 1\}$ können wir $A \in R^{n,n}$ schreiben als

$$A = \left[\begin{array}{c|c} A_{11} & A_{12} \\ \hline A_{21} & A_{22} \end{array}\right] \quad \text{mit } A_{11} \in R^{k,k} \text{ und } A_{22} \in R^{n-k,n-k}.$$

Sind $A, B \in R^{n,n}$ zwei so eingeteilte Matrizen, dann kann deren Produkt $A * B$ blockweise ausgewertet werden, d. h.

$$
\begin{bmatrix} A_{11} & A_{12} \\ A_{21} & A_{22} \end{bmatrix} * \begin{bmatrix} B_{11} & B_{12} \\ B_{21} & B_{22} \end{bmatrix} = \begin{bmatrix} A_{11} * B_{11} + A_{12} * B_{21} & A_{11} * B_{12} + A_{12} * B_{22} \\ A_{21} * B_{11} + A_{22} * B_{21} & A_{21} * B_{12} + A_{22} * B_{22} \end{bmatrix}.
$$
(4.7)

Ist insbesondere

$$
A = \begin{bmatrix} A_{11} & A_{12} \\ 0 & A_{22} \end{bmatrix}
$$

mit $A_{11} \in GL_k(R)$ und $A_{22} \in GL_{n-k}(R)$, dann ist $A \in GL_n(R)$ und man zeigt leicht durch Nachrechnen, dass

$$
A^{-1} = \begin{bmatrix} A_{11}^{-1} & -A_{11}^{-1} * A_{12} * A_{22}^{-1} \\ 0 & A_{22}^{-1} \end{bmatrix}
$$
(4.8)

gilt.

**Die MATLAB-Minute.**
Erstellen Sie Block-Matrizen in MATLAB durch Ausführen der folgenden Kommandos:
k=5;
A11=gallery('tridiag',-ones(k-1,1),2*ones(k,1),-ones(k-1,1));
A12=zeros(k,2); A12(1,1)=1; A12(2,2)=1;
A22=-eye(2);
A=full([A11 A12; A12' A22])
B=full([A11 A12; zeros(2,k) -A22])
Sehen Sie sich die Bedeutung des Kommandos full an. Berechnen Sie die Produkte A*B und B*A sowie die Inversen inv(A) und inv(B). Berechnen Sie die Inverse von B in MATLAB mit Hilfe der Formel (4.8).

**Korollar 4.14.** *Die Menge der invertierbaren Diagonalmatrizen aus $R^{n,n}$ mit der Matrizenmultiplikation ist eine kommutative Untergruppe der invertierbaren oberen (oder unteren) Dreiecksmatrizen aus $R^{n,n}$.*

**Beweis.** Die invertierbaren Diagonalmatrizen aus $R^{n,n}$ bilden eine nichtleere Teilmenge der invertierbaren oberen (oder unteren) Dreiecksmatrizen aus $R^{n,n}$; inbesondere ist $I_n$

eine invertierbare Diagonalmatrix. Sind $A = [a_{ij}] \in R^{n,n}$ und $B = [b_{ij}] \in R^{n,n}$ zwei invertierbare Diagonalmatrizen, so ist $A * B$ invertierbar und wegen der Kommutativität in $R$ gilt

$$A * B = \text{diag}(a_{11}b_{11}, \ldots, a_{nn}b_{nn}) = \text{diag}(b_{11}a_{11}, \ldots, b_{nn}a_{nn}) = B * A.$$

Dies zeigt Abgeschlossenheit und Kommutativität der Multiplikation in der Menge der invertierbaren Diagonalmatrizen. Zudem wissen wir aus Satz 4.13, dass die Inverse einer invertierbaren oberen (unteren) Dreiecksmatrix eine obere (untere) Dreiecksmatrix ist. Ist also $A \in R^{n,n}$ eine invertierbare Diagonalmatrix, so ist auch $A^{-1}$ eine Diagonalmatrix. $\qquad \square$

**Definition 4.15.** Eine Matrix $P \in R^{n,n}$ heißt *Permutationsmatrix*, falls in jeder Zeile und in jeder Spalte von $P$ genau ein Eintrag 1 ist und alle anderen Einträge 0 sind.

Der Begriff „Permutation" bedeutet „Vertauschung". Wird eine Matrix $M \in R^{n,n}$ mit einer Permutationsmatrix von links oder von rechts multipliziert, so werden die Zeilen bzw. die Spalten von $M$ vertauscht. Zum Beispiel gelten für

$$P = \begin{bmatrix} 0 & 0 & 1 \\ 0 & 1 & 0 \\ 1 & 0 & 0 \end{bmatrix}, \qquad M = \begin{bmatrix} 1 & 2 & 3 \\ 4 & 5 & 6 \\ 7 & 8 & 9 \end{bmatrix} \in \mathbb{Z}^{3,3}$$

die Gleichungen

$$P * M = \begin{bmatrix} 7 & 8 & 9 \\ 4 & 5 & 6 \\ 1 & 2 & 3 \end{bmatrix} \quad \text{und} \quad M * P = \begin{bmatrix} 3 & 2 & 1 \\ 6 & 5 & 4 \\ 9 & 8 & 7 \end{bmatrix}.$$

Wir werden die Vertauschungseigenschaften von Permutationsmatrizen in späteren Kapiteln genauer untersuchen.

**Satz 4.16.** *Die Menge der Permutationsmatrizen $P \in R^{n,n}$ ist eine Untergruppe von $GL_n(R)$. Ist $P \in R^{n,n}$ eine Permutationsmatrix, so ist $P$ invertierbar mit $P^{-1} = P^T$.*

**Beweis.** Übungsaufgabe. $\qquad \square$

Wir werden ab sofort das Multiplikationszeichen bei der Matrizenmultiplikation weglassen, d. h. wir schreiben $AB$ anstatt $A * B$.

## Aufgaben

(In den folgenden Aufgaben ist $R$ stets ein kommutativer Ring mit Eins.)

4.1 Seien die folgenden Matrizen über $\mathbb{Z}$ gegeben:

$$A = \begin{bmatrix} 1 & -2 & 4 \\ -2 & 3 & -5 \end{bmatrix}, \quad B = \begin{bmatrix} 2 & 4 \\ 3 & 6 \\ 1 & -2 \end{bmatrix}, \quad C = \begin{bmatrix} -1 & 0 \\ 1 & 1 \end{bmatrix}.$$

Berechnen Sie (falls möglich) die Matrizen $CA$, $BC$, $B^T A$, $A^T C$, $(-A)^T C$, $B^T A^T$, $AC$ und $CB$.

4.2 Gegeben seien die Matrizen

$$A = [a_{ij}] \in R^{n,m}, \quad x = \begin{bmatrix} x_1 \\ \vdots \\ x_n \end{bmatrix} \in R^{n,1}, \quad y = [y_1, y_2, \ldots, y_m] \in R^{1,m}.$$

Welche der folgenden Ausdrücke sind für $m \neq n$ oder $m = n$ definiert?

(a) $xy$, (b) $x^T y$, (c) $yx$, (d) $yx^T$,
(e) $xAy$, (f) $x^T Ay$, (g) $xAy^T$, (h) $x^T Ay^T$,
(i) $xyA$, (j) $xyA^T$, (k) $Axy$, (l) $A^T xy$.

4.3 Beweisen Sie die folgenden Rechenregeln:

$$\mu_1 x_1 + \mu_2 x_2 = [x_1, x_2] \begin{bmatrix} \mu_1 \\ \mu_2 \end{bmatrix} \quad \text{und} \quad A[x_1, x_2] = [Ax_1, Ax_2]$$

für $A \in R^{n,m}$, $x_1, x_2 \in R^{m,1}$ und $\mu_1, \mu_2 \in R$.

4.4 Beweisen Sie Lemma 4.3 (2)–(4).

4.5 Beweisen Sie Lemma 4.4.

4.6 Beweisen Sie Lemma 4.6 (1)–(3).

4.7 Sei $A = \begin{bmatrix} 0 & 1 & 1 \\ 0 & 0 & 1 \\ 0 & 0 & 0 \end{bmatrix} \in \mathbb{Z}^{3,3}$. Bestimmen Sie $A^n$ für jedes $n \in \mathbb{N}_0$.

4.8 Sei $A = \begin{bmatrix} i & -1 \\ 0 & -i \end{bmatrix} \in \mathbb{C}^{2,2}$. Bestimmen Sie $A^n$ für jedes $n \in \mathbb{N}_0$.

4.9 Sei $p = \alpha_n t^n + \ldots + \alpha_1 t + \alpha_0 t^0 \in R[t]$ ein Polynom (vgl. Beispiel 3.15) und $A \in R^{m,m}$. Dann definieren wir $p(A) \in R^{m,m}$ durch $p(A) := \alpha_n A^n + \ldots + \alpha_1 A + \alpha_0 I_m$.

(a) Berechnen Sie $p(A)$ für $p = t^2 - 2t + 1 \in \mathbb{Z}[t]$ und $A = \begin{bmatrix} 1 & 0 \\ 3 & 1 \end{bmatrix} \in \mathbb{Z}^{2,2}$.

(b) Für eine feste Matrix $A \in R^{m,m}$ sei die Abbildung $f_A : R[t] \to R^{m,m}$, $p \mapsto p(A)$, gegeben. Zeigen Sie, dass $f_A(p + q) = f_A(p) + f_A(q)$ und $f_A(pq) = f_A(p) f_A(q)$ für alle $p, q \in R[t]$ gilt.
(Die Abbildung $f_A$ ist ein *Ringhomomorphismus* der Ringe $R[t]$ und $R^{m,m}$.)

(c) Zeigen Sie, dass $f_A(R[t]) = \{p(A) \mid p \in R[t]\}$ ein kommutativer Teilring von $R^{m,m}$ ist, d. h. $f_A(R[t])$ ist ein Teilring von $R^{m,m}$ und die Multiplikation in diesem Teilring ist kommutativ.

(d) Ist die Abbildung $f_A$ surjektiv?

4.10 Seien $R, S$ zwei kommutative Ringe mit Eins und sei $\varphi : R \to S$ ein Ringhomomorphismus der Ringe $R$ und $S$, d. h. es gilt $\varphi(a + b) = \varphi(a) + \varphi(b)$ und $\varphi(ab) = \varphi(a)\varphi(b)$ für alle $a, b \in R$. Zeigen Sie, dass dann

$$\widetilde{\varphi} : R^{n,n} \to S^{n,n}, \quad [a_{ij}] \mapsto [\varphi(a_{ij})],$$

ein Ringhomomorphismus der Ringe $R^{n,n}$ und $S^{n,n}$ ist.

4.11 Sei $K$ ein Körper mit $1 + 1 \neq 0$. Zeigen Sie, dass sich jede Matrix $A \in K^{n,n}$ als $A = M + S$ mit einer symmetrischen Matrix $M \in K^{n,n}$ (d. h. $M^T = M$) und einer schiefsymmetrischen Matrix $S \in K^{n,n}$ (d. h. $S^T = -S$) schreiben lässt.
Gilt dies auch im Fall eines Körpers mit $1 + 1 = 0$? Geben Sie einen Beweis oder ein Gegenbeispiel an.

4.12 Beweisen Sie den *Binomischen Lehrsatz* für kommutierende Matrizen: Sind $A, B \in R^{n,n}$ mit $AB = BA$, so gilt $(A+B)^k = \sum_{j=0}^k \binom{k}{j} A^j B^{k-j}$, wobei $\binom{k}{j} := \frac{k!}{j!(k-j)!}$ ist.

4.13 Sei $A \in R^{n,n}$ eine Matrix, für die $I_n - A$ invertierbar ist. Zeigen Sie, dass für jedes $m \in \mathbb{N}$ die Gleichung $(I_n - A)^{-1}(I_n - A^{m+1}) = \sum_{j=0}^m A^j$ gilt.

4.14 Sei $A \in R^{n,n}$ eine Matrix, für die ein $m \in \mathbb{N}$ mit $A^m = I_n$ existiert und sei $m$ die kleinste natürliche Zahl mit dieser Eigenschaft.

(a) Untersuchen Sie, ob $A$ invertierbar ist. Geben Sie gegebenenfalls eine besonders einfache Darstellung der Inversen an.

(b) Bestimmen Sie die Mächtigkeit der Menge $\{A^k \mid k \in \mathbb{N}\}$.

4.15 Sei $\mathcal{A} = \{[a_{ij}] \in R^{n,n} \mid a_{nj} = 0 \text{ für } j = 1, \ldots, n\}$.

(a) Zeigen Sie, dass $\mathcal{A}$ ein Teilring von $R^{n,n}$ ist.

(b) Zeigen Sie, dass $AM \in \mathcal{A}$ für alle $M \in R^{n,n}$ und $A \in \mathcal{A}$ gilt.
(Ein Teilring mit dieser Eigenschaft heißt *Rechtsideal* von $R^{n,n}$.)

(c) Finden Sie einen zu $\mathcal{A}$ analogen Teilring $\mathcal{B}$ von $R^{n,n}$, so dass $MB \in \mathcal{B}$ für alle $M \in R^{n,n}$ und $B \in \mathcal{B}$ gilt. Beweisen Sie ihre Aussage.
(Ein Teilring mit dieser Eigenschaft heißt *Linksideal* von $R^{n,n}$.)

4.16 Untersuchen Sie, ob $(G, *)$ mit

$$G = \left\{ \begin{bmatrix} \cos(\alpha) & \sin(\alpha) \\ -\sin(\alpha) & \cos(\alpha) \end{bmatrix} \;\middle|\; \alpha \in \mathbb{R} \right\}$$

eine Untergruppe von $GL_2(\mathbb{R})$ ist.

4.17 Sei $A \in GL_n(R)$. Zeigen Sie folgende Aussagen:

(a) $G := \{A^k \mid k \in \mathbb{Z}\}$ ist eine kommutative Untergruppe von $GL_n(R)$. (Welche Verknüpfung ist gemeint?)

(b) Die Abbildung $\varphi : (\mathbb{Z}, +) \rightarrow (G, *)$, $k \mapsto A^k$, ist ein surjektiver Gruppenhomomorphismus.

4.18 Verallgemeinern Sie die Blockmultiplikation (4.7) auf Matrizen $A \in R^{n,m}$ und $B \in R^{m,\ell}$.

4.19 Bestimmen Sie alle invertierbaren oberen Dreiecksmatrizen $A \in R^{n,n}$ mit $A^{-1} = A^T$.

4.20 Seien $A_{11} \in R^{n_1,n_1}$, $A_{12} \in R^{n_1,n_2}$, $A_{21} \in R^{n_2,n_1}$, $A_{22} \in R^{n_2,n_2}$ und

$$A = \begin{bmatrix} A_{11} & A_{12} \\ A_{21} & A_{22} \end{bmatrix} \in R^{n_1+n_2,n_1+n_2}.$$

(a) Sei $A_{11} \in GL_{n_1}(R)$. Zeigen Sie, dass $A$ genau dann invertierbar ist, wenn $A_{22} - A_{21}A_{11}^{-1}A_{12}$ invertierbar ist und geben Sie in diesem Fall eine Formel für $A^{-1}$ an.

(b) Sei $A_{22} \in GL_{n_2}(R)$. Zeigen Sie, dass $A$ genau dann invertierbar ist, wenn $A_{11} - A_{12}A_{22}^{-1}A_{21}$ invertierbar ist und geben Sie in diesem Fall eine Formel für $A^{-1}$ an.

4.21 Seien $A \in GL_n(R)$, $U \in R^{n,m}$ und $V \in R^{m,n}$. Zeigen Sie folgende Aussagen:

(a) $A + UV \in GL_n(R)$ gilt genau dann, wenn $I_m + VA^{-1}U \in GL_m(R)$ ist.

(b) Ist $I_m + VA^{-1}U \in GL_m(R)$, so gilt

$$(A + UV)^{-1} = A^{-1} - A^{-1}U(I_m + VA^{-1}U)^{-1}VA^{-1}.$$

(Die letzte Gleichung wird auch als die *Sherman-Morrison-Woodbury Formel* bezeichnet; nach Jack Sherman, Winifred J. Morrison und Max A. Woodbury.)

4.22 Zeigen Sie, dass die Menge der oberen Block-Dreiecksmatrizen mit invertierbaren $(2 \times 2)$-Diagonalblöcken, d. h. die Menge der Matrizen

$$\begin{bmatrix} A_{11} & A_{12} & \cdots & A_{1m} \\ 0 & A_{22} & \cdots & A_{2m} \\ \vdots & \ddots & \ddots & \vdots \\ 0 & \cdots & 0 & A_{mm} \end{bmatrix}, \quad A_{ii} \in GL_2(R), \quad i = 1, \ldots, m,$$

mit der Matrizenmultiplikation eine Gruppe bildet.

4.23 Beweisen Sie Satz 4.16. Ist die Gruppe der Permutationsmatrizen kommutativ?

4.24 Zeigen Sie, dass die folgende Relation auf der Menge $R^{n,n}$ eine Äquivalenzrelation ist:

$$A \sim B \quad \Leftrightarrow \quad \text{Es gibt eine Permutationsmatrix } P \text{ mit } A = P^T B P.$$

4.25 In einem Betrieb werden aus vier Rohstoffen $R_1$, $R_2$, $R_3$, $R_4$ fünf Zwischenprodukte $Z_1$, $Z_2$, $Z_3$, $Z_4$, $Z_5$ hergestellt, aus denen drei Endprodukte $E_1$, $E_2$, $E_3$ gefertigt werden. In den folgenden Tabellen ist angegeben, wie viele Einheiten der $R_i$ und $Z_j$ zur Produktion einer Einheit von $Z_k$ bzw. $E_\ell$ benötigt werden:

|       | $Z_1$ | $Z_2$ | $Z_3$ | $Z_4$ | $Z_5$ |
|-------|-------|-------|-------|-------|-------|
| $R_1$ | 0     | 1     | 1     | 1     | 2     |
| $R_2$ | 5     | 0     | 1     | 2     | 1     |
| $R_3$ | 1     | 1     | 1     | 1     | 0     |
| $R_4$ | 0     | 2     | 0     | 1     | 0     |

|       | $E_1$ | $E_2$ | $E_3$ |
|-------|-------|-------|-------|
| $Z_1$ | 1     | 1     | 1     |
| $Z_2$ | 1     | 2     | 0     |
| $Z_3$ | 0     | 1     | 1     |
| $Z_4$ | 4     | 1     | 1     |
| $Z_5$ | 3     | 1     | 1     |

Zum Beispiel werden 5 Einheiten von $R_2$ und 1 Einheit von $R_3$ zur Herstellung einer Einheit von $Z_1$ benötigt.

(a) Bestimmen Sie mit Hilfe der Matrizenrechnung eine entsprechende Tabelle, aus der entnommen werden kann, wie viele Einheiten des Rohstoffs $R_i$ zur Produktion einer Einheit des Endprodukts $E_\ell$ benötigt werden.

(b) Ermitteln Sie nun, wie viele Einheiten der vier Rohstoffe bereitzustellen sind, wenn 100 Einheiten von $E_1$, 200 Einheiten von $E_2$ und 300 Einheiten von $E_3$ hergestellt werden sollen.

In diesem Kapitel entwickeln wir ein systematisches Verfahren, mit dem jede Matrix, die über einem Körper definiert ist, in eine spezielle Form transformiert werden kann, die wir die Treppennormalform nennen. Die Transformation wird erreicht durch Linksmultiplikation der gegebenen Matrix mit sogenannten Elementarmatrizen. Ist die gegebene Matrix invertierbar, so ist ihre Treppennormalform die Einheitsmatrix und die Inverse kann anhand der Elementarmatrizen einfach berechnet werden. Für eine nicht-invertierbare Matrix ist die Treppennormalform in einem gewissen Sinne „möglichst nahe" an der Einheitsmatrix. Diese Form motiviert den Begriff des Rangs von Matrizen, den wir in diesem Kapitel ebenfalls einführen und der später noch häufig auftreten wird.

## 5.1 Elementarmatrizen

Seien $R$ ein kommutativer Ring mit Eins, $n \in \mathbb{N}$ und $i, j \in \{1, \ldots, n\}$. Sei $I_n \in R^{n,n}$ die Einheitsmatrix und sei $e_i$ die $i$-te Spalte von $I_n$, d. h. $I_n = [e_1, \ldots, e_n]$.

Wir definieren die Matrix

$$E_{ij} := e_i e_j^T = [0, \ldots, 0, \underbrace{e_i}_{\text{Spalte } j}, 0, \ldots, 0] \in R^{n,n},$$

d. h. der Eintrag $(i, j)$ der Matrix $E_{ij}$ ist 1, alle anderen Einträge sind 0.

Für $n \geq 2$ und $i < j$ definieren wir die Matrix

$$P_{ij} := [e_1, \ldots, e_{i-1}, e_j, e_{i+1}, \ldots, e_{j-1}, e_i, e_{j+1}, \ldots, e_n] \in R^{n,n}. \tag{5.1}$$

Die $i$-te Spalte von $P_{ij}$ ist also $e_j$ und die $j$-te Spalte ist $e_i$. Man überzeugt sich leicht, dass $P_{ij}$ eine Permutationsmatrix ist (vgl. Definition 4.15). Multipliziert man eine Matrix $A \in R^{n,m}$ von links mit einer solchen Matrix $P_{ij}$, so werden die Zeilen $i$ und $j$ von $A$ vertauscht (permutiert). Zum Beispiel:

$$A = \begin{bmatrix} 1 & 2 & 3 \\ 4 & 5 & 6 \\ 7 & 8 & 9 \end{bmatrix}, \quad P_{13} = [e_3, e_2, e_1] = \begin{bmatrix} 0 & 0 & 1 \\ 0 & 1 & 0 \\ 1 & 0 & 0 \end{bmatrix}, \quad P_{13}A = \begin{bmatrix} 7 & 8 & 9 \\ 4 & 5 & 6 \\ 1 & 2 & 3 \end{bmatrix}.$$

Für $\lambda \in R$ definieren wir die Matrix

$$M_i(\lambda) := [e_1, \ldots, e_{i-1}, \lambda e_i, e_{i+1}, \ldots, e_n] \in R^{n,n}. \tag{5.2}$$

Die $i$-te Spalte von $M_i(\lambda)$ ist also $\lambda e_i$. Offensichtlich ist $M_i(\lambda)$ eine Diagonalmatrix mit $i$-tem Diagonalelement $\lambda$ und allen anderen Diagonalelementen 1. Multipliziert man eine Matrix $A \in R^{n,m}$ von links mit einer solchen Matrix $M_i(\lambda)$, so wird die Zeile $i$ von $A$ mit $\lambda$ multipliziert. Zum Beispiel:

$$A = \begin{bmatrix} 1 & 2 & 3 \\ 4 & 5 & 6 \\ 7 & 8 & 9 \end{bmatrix}, \quad M_2(-1) = [e_1, -e_2, e_3] = \begin{bmatrix} 1 & 0 & 0 \\ 0 & -1 & 0 \\ 0 & 0 & 1 \end{bmatrix},$$

$$M_2(-1)A = \begin{bmatrix} 1 & 2 & 3 \\ -4 & -5 & -6 \\ 7 & 8 & 9 \end{bmatrix}.$$

Für $n \geq 2$, $i < j$ und $\lambda \in R$ definieren wir die Matrix

$$G_{ij}(\lambda) := I_n + \lambda E_{ji} = [e_1, \ldots, e_{i-1}, e_i + \lambda e_j, e_{i+1}, \ldots, e_n] \in R^{n,n}. \tag{5.3}$$

Die $i$-te Spalte von $G_{ij}(\lambda)$ ist also $e_i + \lambda e_j$. Multipliziert man eine Matrix $A \in R^{n,m}$ von links mit einer solchen unteren Dreiecksmatrix $G_{ij}(\lambda)$, so wird das $\lambda$-fache der $i$-ten Zeile von $A$ zur $j$-ten Zeile von $A$ addiert. Die Multiplikation von links mit der oberen Dreiecksmatrix $G_{ij}(\lambda)^T$ bewirkt, dass das $\lambda$-fache der $j$-ten Zeile von $A$ zur $i$-ten Zeile von $A$ addiert wird. Zum Beispiel:

$$A = \begin{bmatrix} 1 & 2 & 3 \\ 4 & 5 & 6 \\ 7 & 8 & 9 \end{bmatrix}, \quad G_{23}(-1) = [e_1, e_2 - e_3, e_3] = \begin{bmatrix} 1 & 0 & 0 \\ 0 & 1 & 0 \\ 0 & -1 & 1 \end{bmatrix},$$

$$G_{23}(-1)A = \begin{bmatrix} 1 & 2 & 3 \\ 4 & 5 & 6 \\ 3 & 3 & 3 \end{bmatrix}, \quad G_{23}(-1)^T A = \begin{bmatrix} 1 & 2 & 3 \\ -3 & -3 & -3 \\ 7 & 8 & 9 \end{bmatrix}.$$

**Lemma 5.1.** *Die in* (5.1), (5.2) *und* (5.3) *definierten Elementarmatrizen* $P_{ij}$, $M_i(\lambda)$ *für invertierbares* $\lambda \in R$ *und* $G_{ij}(\lambda)$ *sind invertierbar und es gelten:*

(1) $P_{ij}^{-1} = P_{ij}^T = P_{ij}$.
(2) $M_i(\lambda)^{-1} = M_i(\lambda^{-1})$.
(3) $G_{ij}(\lambda)^{-1} = G_{ij}(-\lambda)$.

**Beweis.**

(1) Die Invertierbarkeit von $P_{ij}$ mit $P_{ij}^{-1} = P_{ij}^T$ wurde bereits in Satz 4.16 gezeigt; die Symmetrie von $P_{ij}$ ist offensichtlich.
(2) Dies ist leicht zu sehen.
(3) Es gilt

$$G_{ij}(\lambda)G_{ij}(-\lambda) = (I_n + \lambda E_{ji})(I_n + (-\lambda)E_{ji}) = I_n + \lambda E_{ji} + (-\lambda)E_{ji} + (-\lambda^2)E_{ji}^2$$

$$= I_n.$$

Hier haben wir $E_{ji}^2 = 0$ für $i < j$ ausgenutzt. Genauso zeigt man $G_{ij}(-\lambda)G_{ij}(\lambda) = I_n$. $\qquad\square$

## 5.2    Die Treppennormalform und der Gauß'sche Algorithmus

Der konstruktive Beweis des folgenden Satzes beruht auf dem *Gauß'schen Algorithmus*[1], welcher zu jeder Matrix $A \in K^{n,m}$ eine Matrix $S \in GL_n(K)$ konstruiert, so dass $SA = C$ eine *quasi*-obere Dreiecksgestalt hat, die wir *Treppennormalform* nennen. Diese Form erreichen wir durch Linksmultiplikation von $A$ mit Elementarmatrizen $P_{ij}$, $M_i(\lambda)$ und $G_{ij}(\lambda)$. Jede dieser Linksmultiplikationen entspricht der Anwendung einer der sogenannten „elementaren Zeilenoperationen" auf die Matrix $A$:

- $P_{ij}$: Vertauschen zweier Zeilen von $A$.
- $M_i(\lambda)$: Multiplizieren einer Zeile von $A$ mit einem invertierbaren Skalar.
- $G_{ij}(\lambda)$: Addition eines Vielfachen einer Zeile von $A$ zu einer anderen Zeile von $A$.

---

[1]Benannt nach Carl Friedrich Gauß (1777–1855). Ein ähnliches Verfahren wurde bereits in den „Neun Büchern arithmetischer Technik" beschrieben, die seit ca. 200 vor Chr. in China zur Ausbildung von Verwaltungsbeamten eingesetzt wurden. Der älteste erhaltene Text stammt von Liu Hui (220–280 nach Chr.). Seine Entstehung wird auf ca. 260 nach Chr. geschätzt.

Wir nehmen an, dass $A$ eine Matrix über einem Körper $K$ ist (und nicht über einem Ring $R$), denn im folgenden Beweis benötigen wir ständig, dass von Null verschiedene Einträge von $A$ invertierbar sind. Dies ist in einem Ring im Allgemeinen nicht gegeben. Es gibt eine Verallgemeinerung der Treppennormalform auf Matrizen, die über gewissen Ringen (z. B. den ganzen Zahlen $\mathbb{Z}$) definiert sind. Diese sogenannte *Hermite-Normalform*[2] spielt in der Zahlentheorie eine wichtige Rolle.

**Satz 5.2.** *Sei $K$ ein Körper und sei $A \in K^{n,m}$. Dann gibt es (invertierbare) Matrizen $S_1, \ldots, S_t \in K^{n,n}$ (dies sind Produkte von Elementarmatrizen), so dass $C := S_t \cdots S_1 A$ in* Treppennormalform *ist, d. h., $C$ hat die Form*

$$
C = \begin{bmatrix}
 & 1 & \star & 0 & & 0 & & & 0 & \\
 & & & 1 & \star & 0 & \star & & & \\
 & & & & & 1 & & & & \\
 0 & & & & & & \ddots & 0 & \vdots & \star \\
 & 0 & & & & & & & 0 & \\
 & & 0 & & & & & 0 & 1 & \\
 & & & & 0 & & & & & 0
\end{bmatrix}.
$$

*Hier steht $\star$ jeweils für beliebige Einträge (gleich oder ungleich Null) in der Matrix $C$. Präziser: $C = [c_{ij}]$ ist entweder die Nullmatrix oder es gibt eine Folge von natürlichen Zahlen $j_1, \ldots, j_r$ (die „Stufen" der Treppennormalform), wobei $1 \le j_1 < \cdots < j_r \le m$ und $1 \le r \le \min\{n, m\}$, so dass*

*(1) $c_{ij} = 0$ für $1 \le i \le r$ und $1 \le j < j_i$,*
*(2) $c_{ij} = 0$ für $r < i \le n$ und $1 \le j \le m$,*
*(3) $c_{i,j_i} = 1$ für $1 \le i \le r$ und alle anderen Einträge in Spalte $j_i$ sind Null.*

**Beweis.** Ist $A = 0$, so setzen wir $t = 1$, $S_1 = I_n$ und sind fertig.

Sei also $A \ne 0$ und sei $j_1$ der Index der ersten Spalte von

$$
A^{(1)} = \left[ a_{ij}^{(1)} \right] := A,
$$

die nicht aus lauter Nullen besteht. Sei $a_{i_1,j_1}^{(1)}$ das erste Element in dieser Spalte, welches nicht Null ist, d. h. $A^{(1)}$ hat die Form

---

[2]Charles Hermite (1822–1901).

$$
A^{(1)} = \left[\begin{array}{c|c|c} & \begin{array}{c} 0 \\ \vdots \\ 0 \\ a^{(1)}_{i_1,j_1} \\ \star \\ \vdots \\ \star \end{array} & \\ 0 & & \star \\ & & \end{array}\right].
$$
$$
\phantom{A^{(1)} = }\quad\quad\quad\; j_1
$$

Wir gehen nun wie folgt vor: Zunächst *vertauschen (permutieren)* wir die Zeilen $i_1$ und 1 (falls $i_1 > 1$). Dann *normieren* wir die neue erste Zeile, d. h. wir multiplizieren sie mit $\left(a^{(1)}_{i_1,j_1}\right)^{-1}$. Schließlich *eliminieren* wir unterhalb des ersten Eintrags in der Spalte $j_1$. Vertauschen und Normieren führt auf

$$
\widetilde{A}^{(1)} = \left[\tilde{a}^{(1)}_{ij}\right] := M_1\left(\left(a^{(1)}_{i_1,j_1}\right)^{-1}\right) P_{1,i_1} A^{(1)} = \left[\begin{array}{c|c|c} & \begin{array}{c} 1 \\ \tilde{a}^{(1)}_{2,j_1} \\ \vdots \\ \tilde{a}^{(1)}_{n,j_1} \end{array} & \\ 0 & & \star \end{array}\right],
$$
$$
\phantom{\widetilde{A}^{(1)} = }\quad\quad\quad\quad\quad\quad\quad\quad\quad\quad\;\; j_1
$$

wobei $P_{11} := I_n$ (falls $i_1 = 1$). Nun haben wir noch unterhalb der 1 in der Spalte $j_1$ zu eliminieren. Dies geschieht durch Linksmultiplikation von $\widetilde{A}^{(1)}$ mit den Matrizen

$$
G_{1n}\left(-\tilde{a}^{(1)}_{n,j_1}\right), \ldots, G_{12}\left(-\tilde{a}^{(1)}_{2,j_1}\right).
$$

Damit gilt

$$
S_1 A^{(1)} = \left[\begin{array}{c|c|c} 0 & 1 & \star \\ \hline & 0 & \\ 0 & \vdots & A^{(2)} \\ & 0 & \end{array}\right],
$$
$$
\phantom{S_1 A^{(1)} = }\quad\quad\quad j_1
$$

mit

$$
S_1 := G_{1n}\left(-\tilde{a}^{(1)}_{n,j_1}\right) \cdots G_{12}\left(-\tilde{a}^{(1)}_{2,j_1}\right) M_1\left(\left(a^{(1)}_{i_1,j_1}\right)^{-1}\right) P_{1,i_1}
$$

und $A^{(2)} = [a_{ij}^{(2)}]$ mit $i = 2, \ldots, n$, $j = j_1 + 1, \ldots, m$, d. h. wir behalten die Indizes aus der „großen" Matrix $A^{(1)}$ in der „kleineren" Matrix $A^{(2)}$ bei.

Ist $A^{(2)} = [\,]$ oder $A^{(2)} = 0$, so sind wir fertig, denn $C := S_1 A^{(1)}$ ist in Treppennormalform. In diesem Fall ist $r = 1$.

Ist mindestens ein Eintrag der Matrix $A^{(2)}$ ungleich Null, so führen wir die oben beschriebenen Schritte für die Matrix $A^{(2)}$ aus. Für $k = 2, 3, \ldots$ seien die Matrizen $S_k$ rekursiv definiert durch

$$
S_k = \begin{bmatrix} I_{k-1} & 0 \\ 0 & \widetilde{S}_k \end{bmatrix}, \quad \text{mit} \quad \widetilde{S}_k A^{(k)} = \begin{bmatrix} 0 & 1 & \star \\ & 0 & \\ 0 & \vdots & A^{(k+1)} \\ & 0 & \\ & j_k & \end{bmatrix}.
$$

Die Matrix $\widetilde{S}_k$ konstruieren wir analog zu $S_1$: Zunächst identifizieren wir die erste Spalte $j_k$ von $A^{(k)}$, die nicht aus lauter Nullen besteht, sowie den ersten Eintrag $a_{i_k, j_k}^{(k)}$ dieser Spalte, der ungleich Null ist. Dann liefert Vertauschen und Normieren die Matrix

$$
\widetilde{A}^{(k)} = [\tilde{a}_{ij}^{(k)}] := M_k \left( \left( a_{i_k, j_k}^{(k)} \right)^{-1} \right) P_{k, i_k} A^{(k)},
$$

wobei $P_{kk} := I_{n-k+1}$ (falls $k = i_k$). Es folgt

$$
\widetilde{S}_k = G_{kn} \left( -\tilde{a}_{n, j_k}^{(k)} \right) \cdots G_{k, k+1} \left( -\tilde{a}_{k+1, j_k}^{(k)} \right) M_k \left( \left( a_{i_k, j_k}^{(k)} \right)^{-1} \right) P_{k, i_k}.
$$

Die Elementarmatrizen, aus denen $\widetilde{S}_k$ gebildet wird, haben die Größe $(n - k + 1) \times (n - k + 1)$, denn $A^{(k)}$ hat $n - k + 1$ Zeilen. Somit ist die Matrix $S_k$ ein Produkt von Elementarmatrizen der Form

$$
\begin{bmatrix} I_{k-1} & 0 \\ 0 & T \end{bmatrix},
$$

wobei $T$ jeweils ein Produkt von Elementarmatrizen der Größe $(n - k + 1) \times (n - k + 1)$ ist.

Wenn wir dieses Verfahren induktiv fortsetzen, so bricht es nach $r \leq \min\{n, m\}$ Schritten ab, wenn entweder $A^{(r+1)} = 0$ oder $A^{(r+1)} = [\,]$ gilt.

Nach $r$ Schritten haben wir

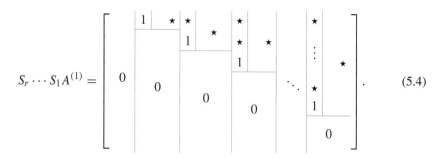

$$S_r \cdots S_1 A^{(1)} = \qquad\qquad\qquad\qquad\qquad\qquad\qquad\qquad (5.4)$$

Nach Konstruktion stehen die Einsen in (5.4) in den Positionen

$$(1, j_1), (2, j_2), \ldots, (r, j_r).$$

Ist $r = 1$, so ist die Matrix $S_1 A^{(1)}$ in Treppennormalform (siehe oben). Ist $r > 1$, so müssen wir noch die Einträge ungleich Null über den Einsen in den Spalten $j_2, \ldots, j_r$ eliminieren. Dazu bezeichnen wir die Matrix in (5.4) mit $U^{(1)} = [u_{ij}^{(1)}]$ und bilden für $k = 2, \ldots, r$ rekursiv

$$U^{(k)} = [u_{ij}^{(k)}] := S_{r+k-1} U^{(k-1)},$$

wobei

$$S_{r+k-1} := G_{1k}\big(-u_{1,j_k}^{(k-1)}\big)^T \cdots G_{k-1,k}\big(-u_{k-1,j_k}^{(k-1)}\big)^T.$$

Für $t := 2r - 1$ ist dann die Matrix $C := S_t S_{t-1} \cdots S_1 A$ in Treppennormalform.    $\square$

Die Treppennormalform wird in der Literatur auch als *Echelon-Form* oder (normierte) *Zeilenstufenform* bezeichnet.

**Korollar 5.3.** *Sei $A \in K^{n,n}$ und sei $C = S_t \cdots S_1 A$ in Treppennormalform wie in Satz 5.2. Die Matrix $A$ ist genau dann invertierbar, wenn $C = I_n$ ist. In diesem Fall ist $A^{-1} = S_t \cdots S_1$.*

**Beweis.** Sei $A \in K^{n,n}$ und sei $C = S_t \cdots S_1 A$ in Treppennormalform. Ist $A$ invertierbar, so ist $C$ das Produkt von invertierbaren Matrizen und daher ebenfalls invertierbar. Da eine invertierbare Matrix keine Null-Zeilen oder -Spalten haben kann, folgt $C = I_n$. Ist andererseits $C = I_n$, so gilt wegen der Invertierbarkeit der Elementarmatrizen, dass $S_1^{-1} \cdots S_t^{-1} = A$ ist. Somit ist $A$ als Produkt von invertierbaren Matrizen ebenfalls invertierbar, wobei $A^{-1} = S_t \cdots S_1$ gilt.    $\square$

Ist $A \in GL_n(K)$, dann zeigt Korollar 5.3, dass $A = S_1^{-1} \cdots S_t^{-1}$ für gewisse Produkte von Elementarmatrizen $S_1, \ldots, S_t \in GL_n(K)$ gilt. Die Inversen von Elementarmatrizen sind wieder Elementarmatrizen (vgl. Lemma 5.1) und somit ist jede Matrix $A \in GL_n(K)$ ein Produkt von Elementarmatrizen.

**Beispiel 5.4.** Transformation einer Matrix aus $\mathbb{Q}^{3,5}$ durch Linksmultiplikation mit Elementarmatrizen auf Treppennormalform:

$$\begin{bmatrix} 0 & 2 & 1 & 3 & 3 \\ 0 & 2 & 0 & 1 & 1 \\ 0 & 2 & 0 & 1 & 1 \end{bmatrix}$$

$$\begin{array}{c} j_1 = 2, i_1 = 1 \\ \longrightarrow \\ M_1\left(\frac{1}{2}\right) \end{array} \left[\begin{array}{c|cccc} 0 & 1 & \frac{1}{2} & \frac{3}{2} & \frac{3}{2} \\ 0 & 2 & 0 & 1 & 1 \\ 0 & 2 & 0 & 1 & 1 \end{array}\right] \qquad \begin{array}{c} \longrightarrow \\ G_{13}(-2) \end{array} \left[\begin{array}{c|cccc} 0 & 1 & \frac{1}{2} & \frac{3}{2} & \frac{3}{2} \\ 0 & 2 & 0 & 1 & 1 \\ 0 & 0 & -1 & -2 & -2 \end{array}\right]$$

$$\begin{array}{c} \longrightarrow \\ G_{12}(-2) \end{array} \left[\begin{array}{c|c|ccc} 0 & 1 & \frac{1}{2} & \frac{3}{2} & \frac{3}{2} \\ \hline 0 & 0 & -1 & -2 & -2 \\ 0 & 0 & -1 & -2 & -2 \end{array}\right] \qquad \begin{array}{c} j_2 = 3, i_2 = 2 \\ \longrightarrow \\ M_2(-1) \end{array} \left[\begin{array}{c|c|ccc} 0 & 1 & \frac{1}{2} & \frac{3}{2} & \frac{3}{2} \\ \hline 0 & 0 & 1 & 2 & 2 \\ 0 & 0 & -1 & -2 & -2 \end{array}\right]$$

$$\begin{array}{c} \longrightarrow \\ G_{23}(1) \end{array} \left[\begin{array}{c|c|c|cc} 0 & 1 & \frac{1}{2} & \frac{3}{2} & \frac{3}{2} \\ \hline 0 & 0 & 1 & 2 & 2 \\ \hline 0 & 0 & 0 & 0 & 0 \end{array}\right] \qquad \begin{array}{c} \longrightarrow \\ G_{12}\left(-\frac{1}{2}\right)^T \end{array} \left[\begin{array}{c|c|c|cc} 0 & 1 & 0 & \frac{1}{2} & \frac{1}{2} \\ \hline 0 & 0 & 1 & 2 & 2 \\ \hline 0 & 0 & 0 & 0 & 0 \end{array}\right].$$

**Die MATLAB-Minute.**
Die Treppennormalform einer Matrix wird in MATLAB mit dem Kommando rref („reduced row echolon form") berechnet. Wenden Sie rref auf [A eye(n+1)] an, um die Inverse der Matrix A=full(gallery('tridiag',-ones(n,1), 2*ones(n+1,1), -ones(n,1))) für n=1,2,3,4,5 zu berechnen (vgl. Aufgabe 5.6).
Stellen Sie eine Vermutung über die allgemeine Form von $A^{-1}$ auf. (Können Sie diese Vermutung beweisen?)

Die Treppennormalform einer Matrix $A \in K^{n,n}$ führt auf die sogenannte *LU-Zerlegung* von $A$.

**Satz 5.5.** *Für jede Matrix $A \in K^{n,n}$ gibt es eine Permutationsmatrix $P \in K^{n,n}$, eine untere Dreiecksmatrix $L \in GL_n(K)$ mit 1-Diagonale und eine obere Dreiecksmatrix $U \in K^{n,n}$, so dass $A = PLU$ ist. Die Matrix $U$ ist genau dann invertierbar, wenn $A$ invertierbar ist.*

**Beweis.** Ist $A \in K^{n,n}$, so hat (5.4) die Form $S_n \cdots S_1 A = \widetilde{U}$, wobei $\widetilde{U}$ eine obere Dreiecksmatrix ist. Ist $r < n$, so setzen wir hierbei $S_n = S_{n-1} = \cdots = S_{r+1} = I_n$. Da die Matrizen $S_1, \ldots, S_n$ invertierbar sind, ist $\widetilde{U}$ genau dann invertierbar, wenn $A$ invertierbar ist. Für $i = 1, \ldots, n$ hat jede Matrix $S_i$ die Form

$$
S_i = \begin{bmatrix} 1 & & & & & \\ & \ddots & & & & \\ & & 1 & & & \\ & & & s_{ii} & & \\ & & & s_{i+1,i} & 1 & \\ & & & \vdots & & \ddots \\ & & & s_{ni} & & & 1 \end{bmatrix} P_{i,j_i},
$$

wobei $j_i \geq i$ für $i = 1, \ldots, n$ und $P_{i,i} := I_n$ (ist $j_i = i$, so war kein Zeilentausch vorzunehmen). Also folgt

$$
S_n \cdots S_1 = \begin{bmatrix} 1 & & & & \\ & \ddots & & & \\ & & 1 & & \\ & & & 1 & \\ & & & & s_{nn} \end{bmatrix} \begin{bmatrix} 1 & & & & \\ & \ddots & & & \\ & & 1 & & \\ & & & s_{n-1,n-1} & \\ & & & s_{n,n-1} & 1 \end{bmatrix} P_{n-1,j_{n-1}}
$$

$$
\begin{bmatrix} 1 & & & & \\ & \ddots & & & \\ & & 1 & & \\ & & s_{n-2,n-2} & & \\ & & s_{n-1,n-2} & 1 & \\ & & s_{n,n-2} & 0 & 1 \end{bmatrix} P_{n-2,j_{n-2}} \cdots
$$

$$
\begin{bmatrix} 1 & & & \\ & s_{22} & & \\ & s_{32} & 1 & \\ & \vdots & & \ddots \\ & s_{n2} & & & 1 \end{bmatrix} P_{2,j_2} \begin{bmatrix} s_{11} & & & \\ s_{21} & 1 & & \\ s_{31} & & 1 & \\ \vdots & & & \ddots \\ s_{n1} & & & & 1 \end{bmatrix} P_{1,j_1}.
$$

Aus der Form der Permutationsmatrizen folgt für $k = 2, \ldots, n - 1$ und $\ell = 1, \ldots, k - 1$ die Gleichung

$$
P_{k,j_k}
\begin{bmatrix}
1 & & & & & \\
& \ddots & & & & \\
& & 1 & & & \\
& & & s_{\ell\ell} & & \\
& & & s_{\ell+1,\ell} & 1 & \\
& & & \vdots & & \ddots \\
& & & s_{n\ell} & & & 1
\end{bmatrix}
=
\begin{bmatrix}
1 & & & & & \\
& \ddots & & & & \\
& & 1 & & & \\
& & & s_{\ell\ell} & & \\
& & & \widetilde{s}_{\ell+1,\ell} & 1 & \\
& & & \vdots & & \ddots \\
& & & \widetilde{s}_{n\ell} & & & 1
\end{bmatrix}
P_{k,j_k}
$$

für gewisse $\widetilde{s}_{j\ell} \in K$, $j = \ell + 1, \ldots, n$. Somit gilt

$$
S_n \cdots S_1 =
\begin{bmatrix}
1 & & & & \\
& \ddots & & & \\
& & 1 & & \\
& & & s_{n-1,n-1} & \\
& & & s_{nn}s_{n,n-1} & s_{nn}
\end{bmatrix}
\begin{bmatrix}
1 & & & & \\
& \ddots & & & \\
& & 1 & & \\
& & & s_{n-2,n-2} & \\
& & & \widetilde{s}_{n-1,n-2} & 1 \\
& & & \widetilde{s}_{n,n-2} & & 1
\end{bmatrix}
\cdots
$$

$$
\begin{bmatrix}
1 & & & \\
& s_{22} & & \\
& \widetilde{s}_{32} & 1 & \\
& \vdots & & \ddots \\
& \widetilde{s}_{n2} & & & 1
\end{bmatrix}
\begin{bmatrix}
s_{11} & & & \\
\widetilde{s}_{21} & 1 & & \\
\widetilde{s}_{31} & & 1 & \\
\vdots & & & \ddots \\
\widetilde{s}_{n1} & & & & 1
\end{bmatrix}
P_{n-1,j_{n-1}} \cdots P_{1,j_1}.
$$

Die invertierbaren unteren Dreiecksmatrizen und die Permutationsmatrizen bilden Gruppen bezüglich der Multiplikation (vgl. Sätze 4.13 und 4.16). Somit gilt $S_n \cdots S_1 = \widetilde{L}\widetilde{P}$, wobei $\widetilde{L}$ eine invertierbare untere Dreiecksmatrix und $\widetilde{P}$ eine Permutationsmatrix sind. Da $\widetilde{L} = [\widetilde{l}_{ij}]$ invertierbar ist, ist auch die Matrix $D = \mathrm{diag}(\widetilde{l}_{11}, \ldots, \widetilde{l}_{nn})$ invertierbar und wir erhalten $D^{-1}\widetilde{L}\widetilde{P}A = D^{-1}\widetilde{U}$, also $A = PLU$ mit $P := \widetilde{P}^{-1}$, $L := \widetilde{L}^{-1}D$ und $U := D^{-1}\widetilde{U}$ in der gewünschten Form. $\qquad\qquad\square$

**Beispiel 5.6.** Berechnung einer $LU$-Zerlegung einer Matrix aus $\mathbb{Q}^{3,3}$:

$$\begin{bmatrix} 2 & 2 & 4 \\ 2 & 2 & 1 \\ 2 & 0 & 1 \end{bmatrix}$$

$$\begin{array}{c} j_1 = 1, i_1 = 1 \\ \xrightarrow{\phantom{xx}} \\ M_1\left(\frac{1}{2}\right) \end{array} \begin{bmatrix} 1 & 1 & 2 \\ 2 & 2 & 1 \\ 2 & 0 & 1 \end{bmatrix} \qquad \begin{array}{c} \xrightarrow{\phantom{xx}} \\ G_{13}(-2) \end{array} \begin{bmatrix} 1 & 1 & 2 \\ 2 & 2 & 1 \\ 0 & -2 & -3 \end{bmatrix}$$

$$\begin{array}{c} \xrightarrow{\phantom{xx}} \\ G_{12}(-2) \end{array} \begin{bmatrix} 1 & 1 & 2 \\ 0 & 0 & -3 \\ 0 & -2 & -3 \end{bmatrix} \qquad \begin{array}{c} \xrightarrow{\phantom{xx}} \\ P_{23} \end{array} \begin{bmatrix} 1 & 1 & 2 \\ 0 & -2 & -3 \\ 0 & 0 & -3 \end{bmatrix} = \widetilde{U}.$$

Damit haben wir $\widetilde{P} = P_{23}$,

$$\widetilde{L} = G_{12}(-2)G_{13}(-2)M_1\left(\frac{1}{2}\right) = \begin{bmatrix} \frac{1}{2} & 0 & 0 \\ -1 & 1 & 0 \\ -1 & 0 & 1 \end{bmatrix}, \quad D = \mathrm{diag}\left(\frac{1}{2}, 1, 1\right),$$

also $P = \widetilde{P}^T = P_{23}^T = P_{23}$,

$$L = \widetilde{L}^{-1}D = \begin{bmatrix} 1 & 0 & 0 \\ 1 & 1 & 0 \\ 1 & 0 & 1 \end{bmatrix}, \quad U = D^{-1}\widetilde{U} = \begin{bmatrix} 2 & 2 & 4 \\ 0 & -2 & -3 \\ 0 & 0 & -3 \end{bmatrix}.$$

Ist $A \in GL_n(K)$, so liefert die $LU$-Zerlegung $A^{-1} = U^{-1}L^{-1}P^T$. Nach der Berechnung der $LU$-Zerlegung erhält man die Inverse von $A$ somit im Wesentlichen durch die Invertierung von Dreiecksmatrizen. Da hierfür eine effiziente rekursive Formel bekannt ist (vgl. (4.5)), wird die $LU$-Zerlegung häufig in Anwendungen des wissenschaftlichen Rechnens benutzt. In diesem Zusammenhang werden jedoch andere Strategien für die Auswahl der Permutationsmatrizen verwendet. Insbesondere wird nicht das erste von Null verschiedene Element für die Elimination in den jeweiligen Spalten benutzt, sondern das Element mit dem größten Absolutbetrag wird in diese Position getauscht. Durch diese Strategie wird der Einfluss von Rundungsfehlern reduziert.

**Die MATLAB-Minute.**
Die Hilbert-Matrix $A = [a_{ij}] \in \mathbb{Q}^{n,n}$ hat die Einträge $a_{ij} = 1/(i + j - 1)$ für
$i, j = 1, \ldots, n$. Sie wird in MATLAB mit dem Kommando hilb(n) generiert.
Führen Sie das Kommando [L,U,P]=lu(hilb(4)) aus, um eine $LU$-Zerlegung der
Matrix hilb(4) zu berechnen. Wie sehen die Matrizen P, L und U aus?
Berechnen Sie auch eine $LU$-Zerlegung der Matrix
    full(gallery('tridiag',-ones(3,1),2*ones(4,1), -ones(3,1)))
und sehen Sie sich die entsprechenden Matrizen P, L und U an.

Wir wollen nun den Namen Treppen*normalform* rechtfertigen, indem wir zeigen, dass
diese Form für jede Matrix $A \in K^{n,m}$ eindeutig bestimmt ist. Hierfür benötigen wir die
folgende Definition.

**Definition 5.7.** Ist $C \in K^{n,m}$ eine Matrix in Treppennormalform (wie in Satz 5.2),
dann werden die „Stufenpositionen" $(1, j_1), \ldots, (r, j_r)$ als die *Pivotpositionen* von $C$
bezeichnet.

Zudem benötigen wir für den Beweis der Eindeutigkeit das folgende Resultat.

**Lemma 5.8.** *Ist $Z \in GL_n(K)$ und $x \in K^{n,1}$, so gilt $Zx = 0$ genau dann, wenn $x = 0$ ist.*

**Beweis.** Übungsaufgabe.                                                                                  □

**Satz 5.9.** *Seien $A, B \in K^{n,m}$ in Treppennormalform. Falls $A = ZB$ für eine Matrix
$Z \in GL_n(K)$ gilt, dann folgt $A = B$.*

**Beweis.** Ist $B$ die Nullmatrix, so ist $A = ZB = 0$, also gilt $A = B$. Sei nun $B \neq 0$
und seien $A, B$ in Treppennormalform mit den jeweiligen Spalten $a_i, b_i, 1 \leq i \leq m$, d. h.
$A = [a_1, \ldots, a_m]$ und $B = [b_1, \ldots, b_m]$. Weiterhin seien $(1, j_1), \ldots, (r, j_r)$ die $r \geq 1$
Pivotpositionen von $B$.
    Wir zeigen, dass jede Matrix $Z \in GL_n(K)$, für die $A = ZB$ gilt, die Form

$$Z = \left[ \begin{array}{c|c} I_r & \star \\ \hline 0 & Z_{n-r} \end{array} \right]$$

hat, wobei $Z_{n-r} \in GL_{n-r}(K)$ ist. Da $B$ in Treppennormalform ist und alle Einträge von $B$
unterhalb von Zeile $r$ gleich Null sind, folgt dann $B = ZB = A$.
    Da $(1, j_1)$ die erste Pivotposition von $B$ ist, gilt $b_i = 0 \in K^{n,1}$ für $1 \leq i \leq j_1 - 1$ und
$b_{j_1} = e_1$ (die erste Spalte der Einheitsmatrix $I_n$). Aus $A = ZB$ folgen $a_i = 0 \in K^{n,1}$ für
$1 \leq i \leq j_1 - 1$ und $a_{j_1} = Zb_{j_1} = Ze_1$. Da $Z$ invertierbar ist, gilt $a_{j_1} \neq 0 \in K^{n,1}$ (vgl.

Lemma 5.8). Da $A$ in Treppennormalform ist, folgt $a_{j1} = e_1 = b_{j_1}$. Weiterhin folgt

$$Z = Z_n := \left[ \begin{array}{c|c} 1 & \star \\ \hline 0 & Z_{n-1} \end{array} \right],$$

wobei $Z_{n-1} \in GL_{n-1}(K)$ ist (vgl. Aufgabe 5.4). Im Fall $r = 1$ sind wir fertig. Ist $r > 1$, so gehen wir die weiteren Pivotpositionen analog durch. Da $B$ in Treppennormalform ist, ergibt sich $b_{j_k} = e_k$ für die Pivotposition $(k, j_k)$. Aus $a_{j_k} = Z b_{j_k}$ und der Invertierbarkeit von $Z_{n-k+1}$ folgt wie oben $a_{j_k} = b_{j_k}$ und

$$Z = \left[ \begin{array}{cc|c} I_{k-1} & 0 & \star \\ 0 & 1 & \star \\ \hline 0 & 0 & Z_{n-k} \end{array} \right],$$

wobei $Z_{n-k} \in GL_{n-k}(K)$ ist. $\qquad \square$

Mit Hilfe dieses Satzes zeigen wir die Eindeutigkeit der Treppennormalform einer Matrix.

**Korollar 5.10.** *Für $A \in K^{n,m}$ gelten:*

(1) *Es gibt genau eine Matrix $C \in K^{n,m}$ in Treppennormalform, in die sich $A$ durch elementare Zeilenoperationen bzw. durch Linksmultiplikation mit Elementarmatrizen überführen lässt. Diese Matrix $C$ nennen wir die* Treppennormalform von $A$.
(2) *Ist $M \in GL_n(K)$, so ist die Matrix $C$ aus (1) auch die Treppennormalform von $MA$, d. h. die Treppennormalform ist invariant unter Linksmultiplikation mit invertierbaren Matrizen.*

**Beweis.**

(1) Sind $S_1 A = C_1$ und $S_2 A = C_2$, wobei $C_1, C_2$ in Treppennormalform und $S_1, S_2$ invertierbar sind, dann gilt $C_1 = (S_1 S_2^{-1}) C_2$. Aus Satz 5.9 folgt $C_1 = C_2$.
(2) Ist $M \in GL_n(K)$ und $S_3(MA) = C_3$ in Treppennormalform, so folgt mit $S_1 A = C_1$, dass $C_3 = (S_3 M S_1^{-1}) C_1$ ist. Satz 5.9 zeigt $C_3 = C_1$. $\qquad \square$

## 5.3 Rang und Äquivalenz von Matrizen

Wie wir in Korollar 5.10 gesehen haben, ist die Treppennormalform einer Matrix $A \in K^{n,m}$ eindeutig bestimmt. Insbesondere gibt es zu jeder Matrix $A \in K^{n,m}$ eine eindeutig bestimmte Anzahl von Pivotpositionen (vgl. Definition 5.7) in ihrer Treppennormalform. Dies rechtfertigt die folgende Definition.

**Definition 5.11.** Die Anzahl $r$ der Pivotpositionen in der Treppennormalform von $A \in K^{n,m}$ wird der *Rang*[3] von $A$ genannt und mit Rang$(A)$ bezeichnet.

Wir sehen sofort, dass für $A \in K^{n,m}$ immer $0 \leq \text{Rang}(A) \leq \min\{n, m\}$ gilt, wobei Rang$(A) = 0$ genau dann gilt, wenn $A = 0$ ist. Außerdem folgt aus Satz 5.2, dass $A \in K^{n,n}$ genau dann invertierbar ist, wenn Rang$(A) = n$ gilt. Weitere Eigenschaften des Rangs sind im folgenden Satz zusammengestellt.

**Satz 5.12.** *Für $A \in K^{n,m}$ gelten:*

(1) *Es gibt Matrizen $Q \in GL_n(K)$ und $Z \in GL_m(K)$ mit*

$$QAZ = \begin{bmatrix} I_r & 0_{r,m-r} \\ 0_{n-r,r} & 0_{n-r,m-r} \end{bmatrix}$$

   *genau dann, wenn Rang$(A) = r$ ist.*
(2) *Sind $Q \in GL_n(K)$ und $Z \in GL_m(K)$, so gilt Rang$(A) = $ Rang$(QAZ)$.*
(3) *Ist $A = BC$ mit $B \in K^{n,\ell}$ und $C \in K^{\ell,m}$, so gilt*
   *(a) Rang$(A) \leq$ Rang$(B)$*
   *(b) Rang$(A) \leq$ Rang$(C)$.*
(4) *Es gibt Matrizen $B \in K^{n,\ell}$ und $C \in K^{\ell,m}$ mit $A = BC$ genau dann, wenn Rang$(A) \leq \ell$ ist.*
(5) Rang$(A) = $ Rang$(A^T)$.

**Beweis.**

(3a) Sei $Q \in GL_n(K)$, so dass $QB$ in Treppennormalform ist. Dann gilt $QA = QBC$. In der Matrix $QBC$ sind höchstens die ersten Rang$(B)$ Zeilen von Null verschieden. Die Treppennormalform von $QA$ ist nach Korollar 5.10 gleich der Treppennormalform von $A$. Somit können in der Treppennormalform von $A$ ebenfalls höchstens die ersten Rang$(B)$ Zeilen von Null verschieden sein, woraus Rang$(A) \leq$ Rang$(B)$ folgt.

(2) Seien $Q \in GL_n(K)$ und $Z \in GL_m(K)$. Zweimalige Anwendung von (3a) ergibt Rang$(A) = $ Rang$(AZZ^{-1}) \leq$ Rang$(AZ) \leq$ Rang$(A)$ und somit Rang$(A) = $ Rang$(AZ)$. Mit Hilfe von (2) in Korollar 5.10 folgt Rang$(A) = $ Rang$(AZ) = $ Rang$(QAZ)$.

---

[3]Der Begriff *Rang* wurde (im Zusammenhang mit Bilinearformen) erstmals 1879 von Ferdinand Georg Frobenius (1849–1917) benutzt.

(1) $\Rightarrow$: Die Aussage folgt unmittelbar aus (2).

$\Leftarrow$: Ist Rang$(A) = r = 0$, dann ist $A = 0$ und die Aussage gilt offensichtlich für beliebige Matrizen $Q \in GL_n(K)$ und $Z \in GL_m(K)$. Sei nun Rang$(A) = r \geq 1$ und sei $Q \in GL_n(K)$, so dass $QA$ in Treppennormalform mit $r$ Pivotpositionen ist. Es gibt dann eine Permutationsmatrix $P \in K^{m,m}$, die ein Produkt von Permutationsmatrizen $P_{ij}$ ist, mit

$$PA^TQ^T = \begin{bmatrix} I_r & 0_{r,n-r} \\ V & 0_{m-r,n-r} \end{bmatrix}$$

für eine gewisse Matrix $V \in K^{m-r,r}$. Ist $r = m$, so gilt hier $V = [\ ]$. Aus Gründen der Übersichtlichkeit lassen wir nun die Größen der Nullmatrizen weg. Die Matrix

$$Y := \begin{bmatrix} I_r & 0 \\ -V & I_{m-r} \end{bmatrix} \in K^{m,m}$$

ist invertierbar mit

$$Y^{-1} = \begin{bmatrix} I_r & 0 \\ V & I_{m-r} \end{bmatrix} \in K^{m,m}.$$

Es folgt

$$YPA^TQ^T = \begin{bmatrix} I_r & 0 \\ 0 & 0 \end{bmatrix}.$$

Mit $Z := P^TY^T \in GL_m(K)$ ergibt sich somit

$$QAZ = \begin{bmatrix} I_r & 0 \\ 0 & 0 \end{bmatrix}.$$

(4) Sei $A = BC$ mit $B \in K^{n,\ell}$ und $C \in K^{\ell,m}$. Mit Hilfe von (3a) folgt

$$\text{Rang}(A) = \text{Rang}(BC) \leq \text{Rang}(B) \leq \ell.$$

Sei andererseits Rang$(A) = r \leq \ell$. Dann gibt es Matrizen $Q \in GL_n(K)$ und $Z \in GL_m(K)$ mit $QAZ = \begin{bmatrix} I_r & 0 \\ 0 & 0 \end{bmatrix}$. Also erhalten wir

$$A = \left( Q^{-1} \begin{bmatrix} I_r & 0_{r,\ell-r} \\ 0_{n-r,r} & 0_{n-r,\ell-r} \end{bmatrix} \right) \left( \begin{bmatrix} I_r & 0_{r,m-r} \\ 0_{\ell-r,r} & 0_{\ell-r,m-r} \end{bmatrix} Z^{-1} \right) =: BC,$$

wobei $B \in K^{n,\ell}$ und $C \in K^{\ell,m}$ sind.

(5) Sei $\text{Rang}(A) = r$, dann gibt es nach (1) Matrizen $Q \in GL_n(K)$ und $Z \in GL_m(K)$ mit $QAZ = \begin{bmatrix} I_r & 0 \\ 0 & 0 \end{bmatrix}$ und mit Hilfe von (2) folgt

$$\text{Rang}(A) = \text{Rang}(QAZ) = \text{Rang}\left( \begin{bmatrix} I_r & 0 \\ 0 & 0 \end{bmatrix} \right) = \text{Rang}\left( \begin{bmatrix} I_r & 0 \\ 0 & 0 \end{bmatrix}^T \right)$$

$$= \text{Rang}((QAZ)^T) = \text{Rang}(Z^T A^T Q^T) = \text{Rang}(A^T).$$

(3b) Ist $A = BC$, dann gilt

$$\text{Rang}(A) = \text{Rang}(A^T) = \text{Rang}(C^T B^T) \leq \text{Rang}(C^T) = \text{Rang}(C),$$

wobei wir (3a) und (4) benutzt haben.                                                        □

Sei $A \in K^{n,m}$ mit $\text{Rang}(A) = r$. Eine Faktorisierung der Form $A = BC$ mit $B \in K^{n,r}$ und $C \in K^{r,m}$ wie in der Aussage (4) in Satz 5.12 wird eine *Rang-Faktorisierung* von $A$ genannt. Ist hierbei $r$ (viel) kleiner als $\min\{n, m\}$, dann haben die Matrizen $B$ und $C$ zusammen (viel) weniger Einträge als $A$. Im Spezialfall $r = 1$ wird die Faktorisierung oft in der Form $A = bc^T$ mit $b \in K^{n,1}$ und $c \in K^{m,1}$ geschrieben. Die $n \cdot m$ Einträge von $A$ werden dann durch die $n + m$ Einträge von $b$ und $c$ vollständig repräsentiert.

Ein Thema der Numerischen Linearen Algebra von großer praktischer Relevanz ist die Approximation von großen Matrizen durch eine *Niedrig-Rang-Faktorisierung*. Für eine gegebene Matrix $A \in K^{n,m}$ sucht man Matrizen $B \in K^{n,\ell}$ und $C \in K^{\ell,m}$ mit $A \approx BC$ in einem geeigneten Sinn, wobei $\ell \leq r$ möglichst klein sein soll. Dieses Thema behandeln wir mit Hilfe der Singulärwertzerlegung in Kap. 19.

**Beispiel 5.13.**  Für die Matrix aus Beispiel 5.4,

$$A = \begin{bmatrix} 0 & 2 & 1 & 3 & 3 \\ 0 & 2 & 0 & 1 & 1 \\ 0 & 2 & 0 & 1 & 1 \end{bmatrix} \in \mathbb{Q}^{3,5},$$

hatten wir die Treppennormalform

$$
\left[\begin{array}{ccc|cc}
0 & 1 & 0 & \frac{1}{2} & \frac{1}{2} \\
0 & 0 & 1 & 2 & 2 \\
0 & 0 & 0 & 0 & 0
\end{array}\right].
$$

berechnet. Da es zwei Pivotpositionen gibt, gilt $\text{Rang}(A) = 2$. Wenn wir die Matrix $A$ von rechts mit

$$
B = \begin{bmatrix}
1 & 0 & 0 & 0 & 0 \\
0 & 0 & 0 & 0 & 0 \\
0 & 0 & 0 & 0 & 0 \\
0 & 0 & 0 & -1 & -1 \\
0 & 0 & 0 & 1 & 1
\end{bmatrix} \in \mathbb{Q}^{5,5}
$$

multiplizieren, erhalten wir $AB = 0 \in \mathbb{Q}^{3,5}$ und damit ist $\text{Rang}(AB) = 0 < \text{Rang}(A)$.

Die Aussage (1) in Satz 5.12 motiviert die folgende Definition.

**Definition 5.14.** Zwei Matrizen $A, B \in K^{n,m}$ heißen *äquivalent*, wenn es Matrizen $Q \in GL_n(K)$ und $Z \in GL_m(K)$ mit $A = QBZ$ gibt.

Wie der Name bereits andeutet, ist die Äquivalenz von Matrizen eine Äquivalenzrelation auf der Menge $K^{n,m}$, denn es gelten:

• Reflexivität: $A = QAZ$ mit $Q = I_n$ und $Z = I_m$.
• Symmetrie: Ist $A = QBZ$, dann ist $B = Q^{-1}AZ^{-1}$.
• Transitivität: Sind $A = Q_1 B Z_1$ und $B = Q_2 C Z_2$, dann ist $A = (Q_1 Q_2) C (Z_2 Z_1)$.

Die Äquivalenzklasse von $A \in K^{n,m}$ ist gegeben durch

$$
[A] = \{QAZ \mid Q \in GL_n(K) \text{ und } Z \in GL_m(K)\}.
$$

Ist $\text{Rang}(A) = r$, so gilt nach (1) in Satz 5.12

$$
\begin{bmatrix}
I_r & 0_{r,m-r} \\
0_{n-r,r} & 0_{n-r,m-r}
\end{bmatrix}
=
\begin{bmatrix}
I_r & 0 \\
0 & 0
\end{bmatrix} \in [A]
$$

und daher

$$
\left[\begin{bmatrix}
I_r & 0 \\
0 & 0
\end{bmatrix}\right] = [A].
$$

Der Rang von $A$ bestimmt somit vollständig, wie die Äquivalenzklasse $[A]$ aussieht. Die Matrix

$$\begin{bmatrix} I_r & 0 \\ 0 & 0 \end{bmatrix} \in K^{n,m}$$

nennen wir die *Normalform von A unter Äquivalenz* oder *Äquivalenznormalform* von $A$. Wir erhalten

$$K^{n,m} = \bigcup_{r=0}^{\min\{n,m\}} \left[ \begin{bmatrix} I_r & 0 \\ 0 & 0 \end{bmatrix} \right], \quad \text{wobei}$$

$$\left[ \begin{bmatrix} I_r & 0 \\ 0 & 0 \end{bmatrix} \right] \cap \left[ \begin{bmatrix} I_\ell & 0 \\ 0 & 0 \end{bmatrix} \right] = \emptyset, \quad \text{falls } r \neq \ell \text{ ist.}$$

Bezüglich der Äquivalenz von Matrizen aus $K^{n,m}$ gibt es somit $1+\min\{n, m\}$ verschiedene Äquivalenzklassen und die Menge

$$\left\{ \begin{bmatrix} I_r & 0 \\ 0 & 0 \end{bmatrix} \in K^{n,m} \;\middle|\; r = 0, 1, \ldots, \min\{n, m\} \right\}$$

bildet eine vollständige Menge von Repräsentanten.

Aus dem Beweis von Satz 4.9 wissen wir, dass $(K^{n,n}, +, *)$ für $n \geq 2$ ein nicht-kommutativer Ring mit Eins ist, der nicht-triviale Nullteiler enthält. Mit Hilfe der Äquivalenznormalform können wir diese Nullteiler charakterisieren:

- Ist $A \in K^{n,n}$ invertierbar, so kann $A$ kein Nullteiler sein, denn aus $AB = 0$ folgt $B = 0$.
- Ist $A \in K^{n,n} \setminus \{0\}$ ein Nullteiler, so kann $A$ nicht invertierbar sein. Also gilt $1 \leq \text{Rang}(A) = r < n$ und die Äquivalenznormalform von $A$ ist nicht gleich der Einheitsmatrix $I_n$. Es gibt dann Matrizen $Q, Z \in GL_n(K)$ mit

$$QAZ = \begin{bmatrix} I_r & 0 \\ 0 & 0 \end{bmatrix}.$$

Für jede Matrix der Form

$$V := \begin{bmatrix} 0_{r,r} & 0_{r,n-r} \\ V_{21} & V_{22} \end{bmatrix} \in K^{n,n}$$

und $B := ZV$ gilt dann

$$AB = Q^{-1} \begin{bmatrix} I_r & 0 \\ 0 & 0 \end{bmatrix} \begin{bmatrix} 0_{r,r} & 0_{r,n-r} \\ V_{21} & V_{22} \end{bmatrix} = 0.$$

Ist $V \neq 0$, dann ist $B \neq 0$, denn $Z$ ist invertierbar.

## Aufgaben

(In den folgenden Aufgaben ist $K$ stets ein beliebiger Körper.)

5.1 Berechnen Sie die Treppennormalformen von

$$A = \begin{bmatrix} 1 & 2 & 3 \\ 2 & 4 & 48 \end{bmatrix} \in \mathbb{Q}^{2,3}, \quad B = \begin{bmatrix} 1 & i \\ i & 1 \end{bmatrix} \in \mathbb{C}^{2,2}, \quad C = \begin{bmatrix} 1 & i & -i & 0 \\ 0 & 0 & 0 & 1 \\ 5 & 0 & -6i & 0 \\ 0 & 1 & 0 & 0 \end{bmatrix} \in \mathbb{C}^{4,4},$$

$$D = \begin{bmatrix} 1 & 0 \\ 1 & 1 \\ 0 & 1 \end{bmatrix} \in (\mathbb{Z}/2\mathbb{Z})^{3,2}, \quad E = \begin{bmatrix} 1 & 0 & 2 & 0 \\ 2 & 0 & 1 & 1 \\ 1 & 2 & 0 & 2 \end{bmatrix} \in (\mathbb{Z}/3\mathbb{Z})^{3,4}.$$

(Die Elemente von $\mathbb{Z}/n\mathbb{Z}$ werden hier der Einfachheit halber mit $k$ anstatt $[k]$ bezeichnet.) Geben Sie die verwendeten Elementarmatrizen an. Ist eine der Matrizen invertierbar? Falls ja, dann berechnen Sie die entsprechende Inverse als Produkt der Elementarmatrizen.

5.2 Sei $A = \begin{bmatrix} \alpha & \beta \\ \gamma & \delta \end{bmatrix} \in K^{2,2}$ mit $\alpha\delta \neq \beta\gamma$. Berechnen Sie die Treppennormalform von $A$ und bestimmen Sie mit Hilfe dieser Rechnung eine Formel für $A^{-1}$.

5.3 Bestimmen Sie den Rang der folgenden Matrizen über $\mathbb{R}$:

$$A = \begin{bmatrix} 0 & 1 & 1 \\ 2 & 1 & 0 \end{bmatrix}, \quad B = \begin{bmatrix} 2 & -2 \\ -1 & 4 \\ 1 & 2 \end{bmatrix}, \quad C = \begin{bmatrix} -1 & 2 & -3 \\ 2 & -1 & 1 \\ 1 & 1 & -2 \end{bmatrix}.$$

5.4 Sei $A = \begin{bmatrix} 1 & A_{12} \\ 0 & B \end{bmatrix} \in K^{n,n}$ mit $A_{12} \in K^{1,n-1}$ und $B \in K^{n-1,n-1}$. Zeigen Sie, dass $A \in GL_n(K)$ genau dann gilt, wenn $B \in GL_{n-1}(K)$ ist.

5.5 Gegeben sei die Matrix

$$
A = \begin{bmatrix} \frac{t+1}{t-1} & \frac{t-1}{t^2} \\ \frac{t^2}{t+1} & \frac{t-1}{t+1} \end{bmatrix} \in (K(t))^{2,2},
$$

wobei $K(t)$ der Körper der rationalen Funktionen ist (vgl. Aufgabe 3.22). Untersuchen Sie, ob $A$ invertierbar ist. Bestimmen Sie gegebenenfalls $A^{-1}$ und überprüfen Sie Ihr Ergebnis durch Berechnung von $A^{-1}A$.

5.6 Zeigen Sie, dass $A \in K^{n,n}$ genau dann invertierbar ist, wenn die Treppennormalform der Matrix $[A, \, I_n] \in K^{n,2n}$ die Gestalt $[I_n, \, A^{-1}]$ hat.

(Die Inverse einer Matrix $A \in GL_n(K)$ kann somit durch Transformation der Matrix $[A, \, I_n]$ in Treppennormalform berechnet werden.)

5.7 Zeigen oder widerlegen Sie (durch ein Gegenbeispiel) folgende Aussagen für $A, B \in \mathbb{R}^{2,2}$:

(a) Ist $A \neq 0$, dann ist $A$ invertierbar.

(b) Ist $A$ nicht invertierbar, dann hat $A$ eine Nullzeile.

(c) Sind $A \neq 0$ und $B \neq 0$, dann folgt $AB \neq 0$.

(d) Sind $A$ und $B$ invertierbar, dann folgt $AB \neq 0$.

5.8 Finden Sie Beispiele für Matrizen $A, B \in K^{n,n}$ mit $AB = 0$ und $BA \neq 0$.

5.9 Zwei Matrizen $A, B \in K^{n,m}$ heißen *linksäquivalent*, wenn es eine Matrix $Q \in GL_n(K)$ gibt mit $A = QB$. Zeigen Sie, dass dies eine Äquivalenzrelation auf $K^{n,m}$ definiert und bestimmen Sie einen möglichst einfachen Repräsentanten aus jeder Äquivalenzklasse.

5.10 Beweisen Sie Lemma 5.8.

5.11 Bestimmen Sie $LU$-Zerlegungen (vgl. Satz 5.5) der Matrizen

$$
A = \begin{bmatrix} 1 & 2 & 3 & 0 \\ 4 & 0 & 0 & 1 \\ 5 & 0 & 6 & 0 \\ 0 & 1 & 0 & 0 \end{bmatrix}, \quad B = \begin{bmatrix} 2 & 0 & -2 & 0 \\ -4 & 0 & 4 & -1 \\ 0 & -1 & -1 & -2 \\ 0 & 0 & 1 & 1 \end{bmatrix} \in \mathbb{R}^{4,4}.
$$

Stellen Sie fest, ob die Matrizen invertierbar sind und berechnen Sie gegebenenfalls die Inversen mit Hilfe der $LU$-Zerlegung.

5.12 Sei $A$ die $(4 \times 4)$-*Hilbert-Matrix* (vgl. die MATLAB Minute vor Definition 5.7). Bestimmen Sie Rang$(A)$. Existiert für $A$ eine $LU$-Zerlegung wie in Satz 5.5 mit $P = I_4$?

5.13 Bestimmen Sie den Rang der Matrix

$$A = \begin{bmatrix} 0 & \alpha & \beta \\ -\alpha & 0 & \gamma \\ -\beta & -\gamma & 0 \end{bmatrix} \in \mathbb{R}^{3,3}$$

in Abhängigkeit von $\alpha, \beta, \gamma \in \mathbb{R}$.

5.14 Seien $A, B \in K^{n,n}$ gegeben. Zeigen Sie, dass

$$\text{Rang}(A) + \text{Rang}(B) \le \text{Rang}\left( \begin{bmatrix} A & C \\ 0 & B \end{bmatrix} \right)$$

für alle $C \in K^{n,n}$ gilt. Überlegen Sie, wann diese Ungleichung strikt ist und wann Gleichheit gilt.

5.15 Seien $a, b, c \in \mathbb{R}^{n,1}$.

(a) Bestimmen Sie $\text{Rang}(ba^T)$ in Abhängigkeit von $a$ und $b$.

(b) Sei $M(a, b) := ba^T - ab^T$. Zeigen Sie, dass Folgendes gilt:

(i) $M(a, b) = -M(b, a)$ und $M(a, b)c + M(b, c)a + M(c, a)b = 0$,

(ii) $M(\lambda a + \mu b, c) = \lambda M(a, c) + \mu M(b, c)$ für $\lambda, \mu \in \mathbb{R}$,

(iii) $\text{Rang}(M(a, b)) = 0$ genau dann, wenn es $\lambda, \mu \in \mathbb{R}$ mit $\lambda \neq 0$ oder $\mu \neq 0$ und $\lambda a + \mu b = 0$ gibt,

(iv) $\text{Rang}(M(a, b)) \in \{0, 2\}$.

# Lineare Gleichungssysteme

**6**

Lineare Gleichungssysteme treten in vielen wichtigen Anwendungen auf, wie zum Beispiel bei der Diskretisierung von Differenzialgleichungen oder der Linearisierung einer nichtlinearen Gleichung. Die Lösung solcher Systeme ist daher ein zentrales Problem der Linearen Algebra, das wir in diesem Kapitel einführend behandeln wollen. Wir analysieren die Lösungsmengen von linearen Gleichungssystemen, charakterisieren mit Hilfe der im vorherigen Kapitel eingeführten Treppennormalform die Anzahl der Lösungen und leiten einen Algorithmus zur Berechnung der Lösungen her.

**Definition 6.1.** Ein *lineares Gleichungssystem* über einem Körper $K$ mit $n$ Gleichungen für $m$ *Unbekannte* $x_1, \ldots, x_m$ hat die Form

$$
\begin{aligned}
a_{11}x_1 + \ldots + a_{1m}x_m &= b_1, \\
a_{21}x_1 + \ldots + a_{2m}x_m &= b_2, \\
&\vdots \\
a_{n1}x_1 + \ldots + a_{nm}x_m &= b_n
\end{aligned}
\tag{6.1}
$$

oder

$$
Ax = b, \tag{6.2}
$$

wobei die *Koeffizientenmatrix* $A = [a_{ij}] \in K^{n,m}$ und die *rechte Seite* $b = [b_i] \in K^{n,1}$ gegeben sind. Ist $b = 0$, so heißt das lineare Gleichungssystem *homogen*, andernfalls *inhomogen*. Jedes $\widehat{x} \in K^{m,1}$, für das $A\widehat{x} = b$ gilt, heißt *Lösung* des linearen Gleichungssystems. Die Menge aller Lösungen wird *Lösungsmenge* des linearen Gleichungssystems genannt. Diese Menge bezeichnen wir mit $\mathscr{L}(A, b)$.

© Springer-Verlag GmbH Deutschland, ein Teil von Springer Nature 2021
J. Liesen, V. Mehrmann, *Lineare Algebra*, Springer Studium Mathematik (Bachelor),
https://doi.org/10.1007/978-3-662-62742-6_6

Wir charakterisieren nun die Lösungsmenge $\mathscr{L}(A, b)$ des linearen Gleichungssystems $Ax = b$ mit Hilfe der Lösungsmenge $\mathscr{L}(A, 0)$ des zugeordneten homogenen linearen Gleichungssystems $Ax = 0$.

**Lemma 6.2.** *Seien $A \in K^{n,m}$ und $b \in K^{n,1}$ mit $\mathscr{L}(A, b) \neq \emptyset$ gegeben. Ist $\widehat{x} \in \mathscr{L}(A, b)$, so gilt*

$$\mathscr{L}(A, b) = \widehat{x} + \mathscr{L}(A, 0) := \{\widehat{x} + \widehat{z} \mid \widehat{z} \in \mathscr{L}(A, 0)\}.$$

**Beweis.** Ist $\widehat{z} \in \mathscr{L}(A, 0)$, also $\widehat{x} + \widehat{z} \in \widehat{x} + \mathscr{L}(A, 0)$, dann gilt

$$A(\widehat{x} + \widehat{z}) = A\widehat{x} + A\widehat{z} = b + 0 = b$$

und somit $\widehat{x} + \widehat{z} \in \mathscr{L}(A, b)$, woraus $\widehat{x} + \mathscr{L}(A, 0) \subseteq \mathscr{L}(A, b)$ folgt.

Sei nun $\widehat{x}_1 \in \mathscr{L}(A, b)$ und sei $\widehat{z} := \widehat{x}_1 - \widehat{x}$, dann gilt

$$A\widehat{z} = A\widehat{x}_1 - A\widehat{x} = b - b = 0,$$

also $\widehat{z} \in \mathscr{L}(A, 0)$ und somit $\widehat{x}_1 = \widehat{x} + \widehat{z} \in \widehat{x} + \mathscr{L}(A, 0)$, woraus $\mathscr{L}(A, b) \subseteq \widehat{x} + \mathscr{L}(A, 0)$ folgt.                                                                                    $\square$

Wir sehen uns nun die Menge $\mathscr{L}(A, 0)$ etwas genauer an: Offensichtlich gilt $0 \in \mathscr{L}(A, 0) \neq \emptyset$. Sind $\widehat{z}_1, \widehat{z}_2 \in \mathscr{L}(A, 0)$ und $\alpha, \beta \in K$, dann gilt

$$A(\alpha\widehat{z}_1 + \beta\widehat{z}_2) = \alpha A\widehat{z}_1 + \beta A\widehat{z}_2 = 0 + 0 = 0. \tag{6.3}$$

Somit sind skalare Vielfache und Summen von Elementen der Menge $\mathscr{L}(A, 0)$ wieder Elemente dieser Menge.

**Lemma 6.3.** *Sind $A \in K^{n,m}$, $b \in K^{n,1}$ und $S \in K^{n,n}$, so gilt $\mathscr{L}(A, b) \subseteq \mathscr{L}(SA, Sb)$. Ist $S$ invertierbar, so gilt sogar $\mathscr{L}(A, b) = \mathscr{L}(SA, Sb)$.*

**Beweis.** Ist $\widehat{x} \in \mathscr{L}(A, b)$, dann gilt $SA\widehat{x} = Sb$, also auch $\widehat{x} \in \mathscr{L}(SA, Sb)$ und daher $\mathscr{L}(A, b) \subseteq \mathscr{L}(SA, Sb)$. Ist $S$ invertierbar und $\widehat{y} \in \mathscr{L}(SA, Sb)$, also $SA\widehat{y} = Sb$, so folgt $S^{-1}(SA\widehat{y}) = S^{-1}(Sb)$ und damit $A\widehat{y} = b$. Es folgen $\widehat{y} \in \mathscr{L}(A, b)$ und $\mathscr{L}(SA, Sb) \subseteq \mathscr{L}(A, b)$.                                                                                    $\square$

Sei ein lineares Gleichungssystem der Form $Ax = b$ gegeben. Nach Satz 5.2 können wir eine Matrix $S \in GL_n(K)$ finden, so dass $SA$ in Treppennormalform ist. Sei $\widetilde{b} = [\widetilde{b}_i] := Sb$, dann gilt $\mathscr{L}(A, b) = \mathscr{L}(SA, \widetilde{b})$ nach Lemma 6.3 und das lineare Gleichungssystem $SAx = \widetilde{b}$ sieht wie folgt aus:

$$
\begin{bmatrix}
1 & \star & 0 & & 0 & & 0 & \\
& 1 & & \star & 0 & \star & & \\
& & 1 & & & & \vdots & \\
0 & & & & & & & \\
& 0 & & & & \ddots & 0 & \star \\
& & 0 & & & & & \\
& & & 0 & & 1 & & \\
& & & & & & 0 & \\
\end{bmatrix}
x =
\begin{bmatrix}
\widetilde{b}_1 \\
\vdots \\
\vdots \\
\vdots \\
\widetilde{b}_n
\end{bmatrix}. \tag{6.4}
$$

Seien $j_1, j_2, \ldots, j_r$ die Pivotspalten von $SA$, also $\mathrm{Rang}(A) = r$. Ist im linearen Gleichungssystem (6.4) mindestens einer der Einträge $\widetilde{b}_{r+1}, \ldots, \widetilde{b}_n$ auf der rechten Seite ungleich Null, dann existiert keine Lösung. Sind alle diese Einträge gleich Null, dann kann das lineare Gleichungssystem nach den „Pivotvariablen" $x_{j_1}, \ldots, x_{j_r}$ umgestellt werden. Diese Variablen können dann eindeutig durch Wahl der anderen Variablen festgelegt werden. Dies wollen wir nun formal beschreiben.

Sei die Permutationsmatrix $P^T \in K^{m,m}$ gegeben durch

$$
P^T := [e_{j_1}, \ldots, e_{j_r}, e_1, \ldots, e_{j_1-1}, e_{j_1+1}, \ldots, e_{j_2-1}, e_{j_2+1}, \ldots, e_{j_r-1}, e_{j_r+1}, \ldots, e_m].
$$

Dann gilt

$$
\widetilde{A} := SAP^T =
\begin{bmatrix}
I_r & \widetilde{A}_{12} \\
0_{n-r,r} & 0_{n-r,m-r}
\end{bmatrix},
$$

für eine Matrix $\widetilde{A}_{12} \in K^{r,m-r}$. Gilt $r = m$, so ist $\widetilde{A}_{12} = [\ ]$. Rechtsmultiplikation von $SA$ mit $P^T$ tauscht somit die $r$ Pivotspalten von $SA$ „nach vorn". (Dies führt im Folgenden zu einer Vereinfachung der Darstellung, kann aber bei einer praktischen Berechnung weggelassen werden.) Da $P^T P = I_m$ gilt, können wir das lineare Gleichungssystem $SAx = \widetilde{b}$ auch in der Form $\widetilde{A}Px = \widetilde{b}$ schreiben. Mit $y := Px$ hat das lineare Gleichungssystem $\widetilde{A}y = \widetilde{b}$ die Form

$$
\left[
\begin{array}{c|c}
I_r & \widetilde{A}_{12} \\
\hline
0_{n-r,r} & 0_{n-r,m-r}
\end{array}
\right]
\begin{bmatrix}
y_1 \\
\vdots \\
y_r \\
y_{r+1} \\
\vdots \\
y_m
\end{bmatrix}
=
\begin{bmatrix}
\widetilde{b}_1 \\
\vdots \\
\widetilde{b}_r \\
\widetilde{b}_{r+1} \\
\vdots \\
\widetilde{b}_n
\end{bmatrix}. \tag{6.5}
$$

Die Linksmultiplikation von $P$ an $x$ entspricht einer Umnummerierung der Unbekannten $x_1, \ldots, x_m$.

Die Matrix

$$[\widetilde{A}, \widetilde{b}] \in K^{n,m+1}$$

heißt die *erweiterte Koeffizientenmatrix* des linearen Gleichungssystems (6.5). Für diese Matrix gilt

$$\text{Rang}([\widetilde{A}, \widetilde{b}]) = \text{Rang}([SAP^T, Sb]) = \text{Rang}\left(S[A, b]\begin{bmatrix} P^T & 0 \\ 0 & 1 \end{bmatrix}\right) = \text{Rang}([A, b]).$$

Offensichtlich gilt $\text{Rang}(A) = \text{Rang}(\widetilde{A})$, also haben wir

$$\text{Rang}(A) = \text{Rang}(\widetilde{A}) \leq \text{Rang}([\widetilde{A}, \widetilde{b}]) = \text{Rang}([A, b]),$$

mit Gleichheit genau dann, wenn $\widetilde{b}_{r+1} = \cdots = \widetilde{b}_n = 0$ ist.

Ist $\text{Rang}(\widetilde{A}) < \text{Rang}([\widetilde{A}, \widetilde{b}])$, d.h. mindestens eines der $\widetilde{b}_{r+1}, \ldots, \widetilde{b}_n$ ist ungleich Null, dann hat (wie oben erwähnt) das lineare Gleichungssystem (6.5) keine Lösung, d.h. $\mathscr{L}(\widetilde{A}, \widetilde{b}) = \emptyset$.

Ist andererseits $\text{Rang}(\widetilde{A}) = \text{Rang}([\widetilde{A}, \widetilde{b}])$, so gilt $\widetilde{b}_{r+1} = \cdots = \widetilde{b}_n = 0$ und das lineare Gleichungssystem (6.5) kann geschrieben werden als

$$\begin{bmatrix} y_1 \\ \vdots \\ y_r \end{bmatrix} = \begin{bmatrix} \widetilde{b}_1 \\ \vdots \\ \widetilde{b}_r \end{bmatrix} - \widetilde{A}_{12} \begin{bmatrix} y_{r+1} \\ \vdots \\ y_m \end{bmatrix}. \tag{6.6}$$

Aus dieser Darstellung ergibt sich insbesondere durch die Wahl von $y_{r+1} = \cdots = y_m = 0$ die spezielle Lösung

$$\widehat{y} := [\widetilde{b}_1, \ldots, \widetilde{b}_r, \underbrace{0, \ldots, 0}_{m-r}]^T \in \mathscr{L}(\widetilde{A}, \widetilde{b}) \neq \emptyset. \tag{6.7}$$

Nach Lemma 6.2 gilt

$$\mathscr{L}(\widetilde{A}, \widetilde{b}) = \widehat{y} + \mathscr{L}(\widetilde{A}, 0).$$

Um die Menge $\mathscr{L}(\widetilde{A}, 0)$ zu bestimmen, setzten wir $\widetilde{b}_1 = \cdots = \widetilde{b}_r = 0$ in (6.6) und erhalten

$$\mathscr{L}(\widetilde{A}, 0) = \Big\{ [y_1, \ldots, y_m]^T \mid y_{r+1}, \ldots, y_m \in K \text{ beliebig und} \tag{6.8}$$

$$[y_1, \ldots, y_r]^T = 0 - \widetilde{A}_{12}[y_{r+1}, \ldots, y_m]^T \Big\}.$$

Ist $r = m$, so gelten $\widetilde{A}_{12} = [\,]$, $\mathscr{L}(\widetilde{A}, 0) = \{0\}$ und $\mathscr{L}(\widetilde{A}, \widetilde{b}) = \{\widehat{y}\}$. Das Gleichungssystem $\widetilde{A} y = \widetilde{b}$ ist also eindeutig lösbar. Ist $r < m$, dann gibt es im Allgemeinen „viele" Lösungen.

**Beispiel 6.4.** Für die erweiterte Koeffizientenmatrix

$$[\widetilde{A}, \widetilde{b}] = \begin{bmatrix} 1 & 0 & 3 & \widetilde{b}_1 \\ 0 & 1 & 4 & \widetilde{b}_2 \\ 0 & 0 & 0 & \widetilde{b}_3 \end{bmatrix} \in \mathbb{Q}^{3,4}$$

gilt $\mathrm{Rang}(\widetilde{A}) = \mathrm{Rang}([\widetilde{A}, \widetilde{b}])$ genau dann, wenn $\widetilde{b}_3 = 0$ ist. Ist $\widetilde{b}_3 = 0$, so kann das lineare Gleichungssystem $\widetilde{A} y = \widetilde{b}$ geschrieben werden als

$$\begin{bmatrix} y_1 \\ y_2 \end{bmatrix} = \begin{bmatrix} \widetilde{b}_1 \\ \widetilde{b}_2 \end{bmatrix} - \begin{bmatrix} 3 \\ 4 \end{bmatrix} [y_3].$$

Somit ist $\widehat{y} = [\widetilde{b}_1, \widetilde{b}_2, 0]^T \in \mathscr{L}(\widetilde{A}, \widetilde{b})$ und

$$\mathscr{L}(\widetilde{A}, 0) = \{ [y_1, y_2, y_3]^T \mid y_3 \in \mathbb{Q} \text{ beliebig und } [y_1, y_2]^T = -[3, 4]^T [y_3] \}$$
$$= \{ [-3y_3, -4y_3, y_3]^T \mid y_3 \in \mathbb{Q} \}.$$

Ist andererseits $\widetilde{b}_3 \neq 0$, so ist $\mathscr{L}(\widetilde{A}, \widetilde{b}) = \emptyset$.

Es gilt $\widehat{y} \in \mathscr{L}(\widetilde{A}, \widetilde{b})$ genau dann, wenn $\widehat{x} := P^T \widehat{y} \in \mathscr{L}(SA, \widetilde{b}) = \mathscr{L}(A, b)$ ist. Somit haben wir das folgende Resultat über die Lösbarkeit des linearen Gleichungssystems $Ax = b$ bewiesen.

**Satz 6.5.** *Seien $A \in K^{n,m}$ und $b \in K^{n,1}$ gegeben und seien $\widetilde{A} = SAP^T \in K^{n,m}$ und $\widetilde{b} = Sb \in K^{n,1}$ wie in (6.5). Dann gelten die folgenden Aussagen:*

(1) *Ist $\mathrm{Rang}(A) < \mathrm{Rang}([A, b])$, so gilt $\mathscr{L}(A, b) = \emptyset$.*
(2) *Ist $\mathrm{Rang}(A) = \mathrm{Rang}([A, b]) = m$, so gilt $\mathscr{L}(A, b) = \{P^T \widehat{y}\}$ mit $\widehat{y}$ in (6.7).*
(3) *Ist $\mathrm{Rang}(A) = \mathrm{Rang}([A, b]) < m$, so gilt $\mathscr{L}(A, b) = \{P^T y \mid y \in \widehat{y} + \mathscr{L}(\widetilde{A}, 0)\}$ mit $\widehat{y}$ in (6.7) und $\mathscr{L}(\widetilde{A}, 0)$ in (6.8).*

Insbesondere hat das homogene lineare Gleichungssystem $Ax = 0$ mit $A \in K^{n,m}$ genau dann die eindeutig bestimmte Lösung $\widehat{x} = 0$, wenn $\mathrm{Rang}(A) = m$ ist.

Ist $A \in K^{n,m}$ und $\mathrm{Rang}(A) = \mathrm{Rang}([A, b]) < m$, dann ist die Lösung von $Ax = b$ nicht eindeutig bestimmt. Falls der Körper $K$ unendlich viele Elemente hat (z. B. $K = \mathbb{Q}$,

$K = \mathbb{R}$ oder $K = \mathbb{C}$), dann gibt es in diesem Fall unendlich viele (paarweise) verschiedene Lösungen.

Die verschiedenen Fälle in Satz 6.5 werden wir später noch genauer studieren (siehe insbesondere Beispiel 10.8.)

Unsere Überlegungen ergeben den folgenden Algorithmus zur Lösung von $Ax = b$.

**Algorithmus 6.6.** *Gegeben seien $A \in K^{n,m}$ und $b \in K^{n,1}$.*

(1) *Wende den Gauß'schen Algorithmus auf die erweiterte Koeffizientenmatrix $[A, b]$ an, um $S \in GL_n(K)$ zu berechnen, so dass $SA$ in Treppennormalform ist. Die letzte Spalte der resultierenden Matrix ist dann $\widetilde{b} = Sb$. Bestimme $r = \text{Rang}(A)$.*

(2a) *Ist mindestens eines der $\widetilde{b}_{r+1}, \ldots, \widetilde{b}_n$ ungleich Null, so gilt $\mathscr{L}(A, b) = \emptyset$.*

(2b) *Ist $\widetilde{b}_{r+1} = \cdots = \widetilde{b}_n = 0$ und $r = m$, dann bilde $\mathscr{L}(A, b) = \{P^T \widehat{y}\}$ mit $\widehat{y}$ in (6.7).*

(2c) *Ist $\widetilde{b}_{r+1} = \cdots = \widetilde{b}_n = 0$ und $r < m$, dann bilde $\mathscr{L}(A, b) = \{P^T y \mid y \in \widehat{y} + \mathscr{L}(\widehat{A}, 0)\}$ mit $\widehat{y}$ in (6.7) und $\mathscr{L}(\widehat{A}, 0)$ in (6.8).*

**Beispiel 6.7.** Sei $K = \mathbb{Q}$ und das lineare Gleichungssystem $Ax = b$ mit

$$A = \begin{bmatrix} 1 & 2 & 2 & 1 \\ 0 & 1 & 0 & 3 \\ 1 & 0 & 3 & 0 \\ 2 & 3 & 5 & 4 \\ 1 & 1 & 3 & 3 \end{bmatrix}, \quad b = \begin{bmatrix} 1 \\ 0 \\ 2 \\ 3 \\ 2 \end{bmatrix}.$$

Wir bilden die erweiterte Koeffizientenmatrix $[A, b]$ und wenden den Gauß'schen Algorithmus an, um $A$ in Treppennormalform zu bringen:

$$[A, b] \leadsto \left[\begin{array}{cccc|c} 1 & 2 & 2 & 1 & 1 \\ 0 & 1 & 0 & 3 & 0 \\ 0 & -2 & 1 & -1 & 1 \\ 0 & -1 & 1 & 2 & 1 \\ 0 & -1 & 1 & 2 & 1 \end{array}\right] \leadsto \left[\begin{array}{cccc|c} 1 & 2 & 2 & 1 & 1 \\ 0 & 1 & 0 & 3 & 0 \\ 0 & 0 & 1 & 5 & 1 \\ 0 & 0 & 1 & 5 & 1 \\ 0 & 0 & 1 & 5 & 1 \end{array}\right]$$

$$\leadsto \left[\begin{array}{cccc|c} 1 & 2 & 2 & 1 & 1 \\ 0 & 1 & 0 & 3 & 0 \\ 0 & 0 & 1 & 5 & 1 \\ 0 & 0 & 0 & 0 & 0 \\ 0 & 0 & 0 & 0 & 0 \end{array}\right] \leadsto \left[\begin{array}{cccc|c} 1 & 0 & 2 & -5 & 1 \\ 0 & 1 & 0 & 3 & 0 \\ 0 & 0 & 1 & 5 & 1 \\ 0 & 0 & 0 & 0 & 0 \\ 0 & 0 & 0 & 0 & 0 \end{array}\right]$$

$$\leadsto \begin{bmatrix} 1 & 0 & 0 & -15 & -1 \\ 0 & 1 & 0 & 3 & 0 \\ 0 & 0 & 1 & 5 & 1 \\ 0 & 0 & 0 & 0 & 0 \\ 0 & 0 & 0 & 0 & 0 \end{bmatrix} = [SA, \tilde{b}].$$

Es gilt Rang$(A) = 3$ und $\tilde{b}_4 = \tilde{b}_5 = 0$, daher gibt es Lösungen. Außerdem gilt für die Pivotspalten $j_i = i$, $i = 1, 2, 3$. Somit ist $P = P^T = I_4$ und $\tilde{A} = SA$. Das lineare Gleichungssystem $SAx = \tilde{b}$ können wir schreiben als

$$\begin{bmatrix} x_1 \\ x_2 \\ x_3 \end{bmatrix} = \begin{bmatrix} -1 \\ 0 \\ 1 \end{bmatrix} - \begin{bmatrix} -15 \\ 3 \\ 5 \end{bmatrix} [x_4].$$

Es folgt $\hat{x} = [-1, 0, 1, 0]^T \in \mathscr{L}(A, b)$ und $\mathscr{L}(A, b) = \hat{x} + \mathscr{L}(A, 0)$, wobei

$$\mathscr{L}(A, 0) = \left\{ [x_1, x_2, x_3, x_4]^T \mid x_4 \in \mathbb{Q} \text{ beliebig und } [x_1, x_2, x_3]^T = -[-15, 3, 5]^T [x_4] \right\}$$

$$= \left\{ [15x_4, -3x_4, -5x_4, x_4]^T \mid x_4 \in \mathbb{Q} \right\}$$

ist.

## Aufgaben

6.1 Finden Sie einen Körper $K$, Zahlen $n, m \in \mathbb{N}$ sowie Matrizen $A \in K^{n,m}$, $S \in K^{n,n}$ und $b \in K^{n,1}$ mit $\mathscr{L}(A, b) \neq \mathscr{L}(SA, Sb)$.

6.2 Bestimmen Sie $\mathscr{L}(A, b)$ für die folgenden $A$ und $b$:

$$A = \begin{bmatrix} 1 & 1 & 1 \\ 1 & 2 & -1 \\ 1 & -1 & 6 \end{bmatrix} \in \mathbb{R}^{3,3}, \quad b = \begin{bmatrix} 1 \\ -2 \\ 3 \end{bmatrix} \in \mathbb{R}^{3,1},$$

$$A = \begin{bmatrix} 1 & 1 & 1 & 0 \\ 1 & 2 & -1 & -1 \\ 1 & -1 & 6 & 2 \end{bmatrix} \in \mathbb{R}^{3,4}, \quad b = \begin{bmatrix} 1 \\ -2 \\ 3 \end{bmatrix} \in \mathbb{R}^{3,1},$$

$$A = \begin{bmatrix} 1 & 1 & 1 \\ 1 & 2 & -1 \\ 1 & -1 & 6 \\ 1 & 1 & 1 \end{bmatrix} \in \mathbb{R}^{4,3}, \quad b = \begin{bmatrix} 1 \\ -2 \\ 3 \\ 1 \end{bmatrix} \in \mathbb{R}^{4,1},$$

$$
A = \begin{bmatrix} 1 & 1 & 1 \\ 1 & 2 & -1 \\ 1 & -1 & 6 \\ 1 & 1 & 1 \end{bmatrix} \in \mathbb{R}^{4,3}, \quad b = \begin{bmatrix} 1 \\ -2 \\ 3 \\ 0 \end{bmatrix} \in \mathbb{R}^{4,1},
$$

$$
A = \begin{bmatrix} 1 & 2\mathbf{i} & 1 \\ \mathbf{i} & -1 & 1 \\ 1+\mathbf{i} & 0 & 2 \end{bmatrix} \in \mathbb{C}^{3,3} \quad b = \begin{bmatrix} \mathbf{i} \\ -\mathbf{i} \\ 0 \end{bmatrix} \in \mathbb{C}^{3,1},
$$

$$
A = \begin{bmatrix} 1 & 2 & 0 & 1 \\ 0 & 1 & 1 & 2 \\ 2 & 2 & 1 & 1 \end{bmatrix} \in (\mathbb{Z}/3\mathbb{Z})^{3,4}, \quad b = \begin{bmatrix} 1 \\ 0 \\ 2 \end{bmatrix} \in (\mathbb{Z}/3\mathbb{Z})^{3,1}.
$$

(Die Elemente von $\mathbb{Z}/n\mathbb{Z}$ werden hier der Einfachheit halber mit $k$ anstatt $[k]$ bezeichnet.)

6.3 Es seien $\alpha \in \mathbb{Q}$,

$$
A = \begin{bmatrix} 3 & 2 & 1 \\ 1 & 1 & 1 \\ 2 & 1 & 0 \end{bmatrix} \in \mathbb{Q}^{3,3}, \quad b_\alpha = \begin{bmatrix} 6 \\ 3 \\ \alpha \end{bmatrix} \in \mathbb{Q}^{3,1}.
$$

Bestimmen Sie die Lösungsmengen der linearen Gleichungssysteme $Ax = 0$ und $Ax = b_\alpha$ in Abhängigkeit von $\alpha$.

6.4 Seien $K$ ein Körper, $A \in K^{n,m}$ und $B \in K^{n,s}$. Für $i = 1, \dots, s$ bezeichne $b_i$ die $i$-te Spalte von $B$. Zeigen Sie, dass das lineare Gleichungssystem $AX = B$ genau dann mindestens eine Lösung $\widehat{X} \in K^{m,s}$ hat, wenn

$$
\mathrm{Rang}(A) = \mathrm{Rang}([A, b_1]) = \mathrm{Rang}([A, b_2]) = \cdots = \mathrm{Rang}([A, b_s])
$$

gilt. Unter welcher Bedingung ist diese Lösung eindeutig?

6.5 Sei $K$ ein Körper. Gegeben seien

$$
A = \begin{bmatrix} 0 & p_1 & 0 & 0 & \cdots & 0 \\ q_2 & 0 & p_2 & 0 & \cdots & 0 \\ 0 & q_3 & 0 & p_3 & \cdots & 0 \\ \vdots & & \ddots & \ddots & \ddots & \vdots \\ 0 & \cdots & 0 & q_{n-1} & 0 & p_{n-1} \\ 0 & \cdots & 0 & 0 & q_n & p_n \end{bmatrix} \in K^{n,n}, \quad b = \begin{bmatrix} b_1 \\ \vdots \\ b_n \end{bmatrix} \in K^{n,1}
$$

mit $p_i, q_i \neq 0$ für alle $i$. Bestimmen Sie eine rekursive Formel zur Berechnung der Einträge der Lösung des linearen Gleichungssystems $Ax = b$.

# Determinanten von Matrizen

**7**

Die Determinante ist eine Abbildung, die jeder quadratischen Matrix $A \in R^{n,n}$, wobei $R$ ein kommutativer Ring mit Eins ist, ein Element des Rings $R$ zuordnet. Diese Abbildung hat interessante und wichtige Eigenschaften. Unter anderem erhalten wir durch sie eine notwendige und hinreichende Bedingung dafür, dass eine Matrix $A \in R^{n,n}$ invertierbar ist. Zudem bildet die Determinante die Grundlage für die Definition des charakteristischen Polynoms von Matrizen in Kap. 8. In der analytischen Geometrie tritt die Determinante bei der Berechnung von Volumen einfacher (polyedrischer) Mengen auf und in der Analysis mehrerer Veränderlicher spielt sie eine wichtige Rolle in Transformationsformeln von Integralen.

## 7.1    Definition der Determinante

Unter den verschiedenen Zugängen zur Definition der Determinante wählen wir den konstruktiven Weg über die Permutationen.

**Definition 7.1.** Sei $n \in \mathbb{N}$ gegeben. Eine bijektive Abbildung

$$\sigma \ : \ \{1, 2, \ldots, n\} \to \{1, 2, \ldots, n\}, \quad j \mapsto \sigma(j),$$

heißt *Permutation* der Zahlen $\{1, 2, \ldots, n\}$. Die Menge aller dieser Abbildungen bezeichnen wir mit $S_n$.

Eine Permutation $\sigma \in S_n$ schreiben wir in der Form

$$[\sigma(1) \ \sigma(2) \ \ldots \ \sigma(n)].$$

© Springer-Verlag GmbH Deutschland, ein Teil von Springer Nature 2021
J. Liesen, V. Mehrmann, *Lineare Algebra*, Springer Studium Mathematik (Bachelor),
https://doi.org/10.1007/978-3-662-62742-6_7

Beispiele sind $S_1 = \{[1]\}$, $S_2 = \{[1\,2], [2\,1]\}$ und

$$S_3 = \{[1\,2\,3], [1\,3\,2], [2\,1\,3], [2\,3\,1], [3\,1\,2], [3\,2\,1]\}.$$

Aus Lemma 2.18 folgt $|S_n| = n! = 1 \cdot 2 \cdot \ldots \cdot n$.

Die Menge $S_n$ bildet zusammen mit der Verknüpfung von Abbildungen eine Gruppe (vgl. Aufgabe 3.3). Das neutrale Element ist die Identität, also die Permutation $[1\,2\,\ldots\,n]$. Die Gruppe $(S_n, \circ)$ wird auch als die *symmetrische Gruppe* bezeichnet.

Während $S_1$ und $S_2$ kommutative Gruppen sind, ist $S_n$ für $n \geq 3$ nicht kommutativ. Zum Beispiel gilt für $\sigma_1 = [2\,3\,1] \in S_3$ und $\sigma_2 = [1\,3\,2] \in S_3$:

$$\sigma_1 \circ \sigma_2 = [\sigma_1(\sigma_2(1))\ \sigma_1(\sigma_2(2))\ \sigma_1(\sigma_2(3))] = [\sigma_1(1)\ \sigma_1(3)\ \sigma_1(2)] = [2\,1\,3],$$

$$\sigma_2 \circ \sigma_1 = [\sigma_2(\sigma_1(1))\ \sigma_2(\sigma_1(2))\ \sigma_2(\sigma_1(3))] = [\sigma_2(2)\ \sigma_2(3)\ \sigma_2(1)] = [3\,2\,1].$$

**Definition 7.2.** Seien $n \in \mathbb{N}$, $n \geq 2$ und $\sigma \in S_n$. Ein Paar $(i, j) \in \mathbb{N} \times \mathbb{N}$ mit $1 \leq i < j \leq n$ und $\sigma(i) > \sigma(j)$ heißt *Fehlstand* von $\sigma$. Ist $k$ die Anzahl der Fehlstände von $\sigma$, so heißt $\operatorname{sgn}(\sigma) := (-1)^k$ das *Signum* (oder *Vorzeichen*) von $\sigma$. Für $n = 1$ definieren wir $\operatorname{sgn}([1]) := 1 = (-1)^0$.

**Beispiel 7.3.** Die Permutation $[2\,3\,1\,4] \in S_4$ hat die Fehlstände $(1, 3)$ und $(2, 3)$, also gilt $\operatorname{sgn}([2\,3\,1\,4]) = 1$. Die Permutation $[4\,1\,2\,3] \in S_4$ hat die Fehlstände $(1, 2)$, $(1, 3)$, $(1, 4)$ und somit $\operatorname{sgn}([4\,1\,2\,3]) = -1$.

**Definition 7.4.** Sei $R$ ein kommutativer Ring mit Eins und sei $n \in \mathbb{N}$. Die Abbildung

$$\det : R^{n,n} \to R, \quad A = [a_{ij}] \mapsto \det(A) := \sum_{\sigma \in S_n} \operatorname{sgn}(\sigma) \prod_{i=1}^{n} a_{i,\sigma(i)}, \qquad (7.1)$$

heißt die *Determinante* und $\det(A)$ heißt die *Determinante der Matrix A*.

Die in (7.1) angegebene Formel für $\det(A)$ wird als die *Signaturformel von Leibniz*[1] bezeichnet. Der Ausdruck $\operatorname{sgn}(\sigma)$ in dieser Definition ist als Element des Rings $R$ zu deuten. Das heißt, entweder $\operatorname{sgn}(\sigma) = 1 \in R$ oder $\operatorname{sgn}(\sigma) = -1 \in R$, wobei $-1 \in R$ das zu $1 \in R$ eindeutig bestimmte additiv inverse Element bezeichnet.

---

[1] Gottfried Wilhelm Leibniz (1646–1716).

**Beispiel 7.5.** Für $n = 1$ gilt $A = [a_{11}]$ und somit $\det(A) = \text{sgn}([1])a_{11} = a_{11}$. Für $n = 2$ erhalten wir

$$\det(A) = \det\left(\begin{bmatrix} a_{11} & a_{12} \\ a_{21} & a_{22} \end{bmatrix}\right) = \text{sgn}([1\,2])a_{11}a_{22} + \text{sgn}([2\,1])a_{12}a_{21}$$

$$= a_{11}a_{22} - a_{12}a_{21}.$$

Für $n = 3$ ergibt sich die *Regel von Sarrus*[2]:

$$\det(A) = a_{11}a_{22}a_{33} + a_{12}a_{23}a_{31} + a_{13}a_{21}a_{32}$$

$$- a_{11}a_{23}a_{32} - a_{12}a_{21}a_{33} - a_{13}a_{22}a_{31}.$$

Zur Berechnung der Determinante von $A \in R^{n,n}$ mit der Signaturformel müssen insgesamt $n!$ Produkte mit je $n$ Faktoren gebildet werden. Dies ist für große $n$ selbst auf modernen Computern zu aufwändig. Wie wir später sehen werden, gibt es effizientere Möglichkeiten, $\det(A)$ zu berechnen. Die Signaturformel ist vor allem von theoretischer Bedeutung, denn sie stellt die Determinante von $A$ explizit als Funktion der Einträge von $A$ dar. Betrachtet man die $n^2$ Einträge als Variablen, so ist $\det(A)$ ein Polynom in diesen $n^2$ Variablen. Ist $R = \mathbb{R}$ oder $R = \mathbb{C}$, so kann anhand der Signaturformel mit Mitteln der Analysis gezeigt werden, dass $\det(A)$ eine stetige Funktion der Einträge von $A$ ist.

Um die algebraischen Eigenschaften der Determinante genauer zu untersuchen, müssen wir zunächst die Gruppe der Permutationen besser kennen lernen. Ist $\sigma = [3\,2\,1] \in S_3$, dann gilt

$$\prod_{1 \leq i < j \leq 3} \frac{\sigma(j) - \sigma(i)}{j - i} = \frac{\sigma(2) - \sigma(1)}{2 - 1} \frac{\sigma(3) - \sigma(1)}{3 - 1} \frac{\sigma(3) - \sigma(2)}{3 - 2}$$

$$= \frac{2 - 3}{2 - 1} \frac{1 - 3}{3 - 1} \frac{1 - 2}{3 - 2} = (-1)^3 = -1 = \text{sgn}(\sigma).$$

Dies ist kein Zufall, sondern gilt allgemein, wie das folgende Resultat zeigt.

**Lemma 7.6.** *Für $n \in \mathbb{N}$ und $\sigma \in S_n$ gilt*

$$\text{sgn}(\sigma) = \prod_{1 \leq i < j \leq n} \frac{\sigma(j) - \sigma(i)}{j - i}. \tag{7.2}$$

**Beweis.** Im Fall $n = 1$ steht auf der rechten Seite von (7.2) ein leeres Produkt, dessen Wert als 1 definiert ist (vgl. Abschn. 3.2). Die Formel (7.2) gilt somit für $n = 1$.

---

[2]Pierre Frédéric Sarrus (1798–1861).

Sei nun $n > 1$ und $\sigma \in S_n$ mit $\operatorname{sgn}(\sigma) = (-1)^k$, d. h. $k$ ist die Anzahl der Paare $(i, j)$ mit $i < j$ aber $\sigma(i) > \sigma(j)$. Dann gilt

$$\prod_{1 \leq i < j \leq n} (\sigma(j) - \sigma(i)) = (-1)^k \prod_{1 \leq i < j \leq n} |\sigma(j) - \sigma(i)| = (-1)^k \prod_{1 \leq i < j \leq n} (j - i).$$

In der letzten Gleichung haben wir ausgenutzt, dass die beiden Produkte (eventuell bis auf die Reihenfolge) die gleichen Faktoren besitzen.                                                    □

**Satz 7.7.** *Für alle* $\sigma_1, \sigma_2 \in S_n$ *gilt* $\operatorname{sgn}(\sigma_1 \circ \sigma_2) = \operatorname{sgn}(\sigma_1) \operatorname{sgn}(\sigma_2)$. *Insbesondere gilt also* $\operatorname{sgn}(\sigma^{-1}) = \operatorname{sgn}(\sigma)$ *für alle* $\sigma \in S_n$.

**Beweis.**  Nach Lemma 7.6 gilt

$$\operatorname{sgn}(\sigma_1 \circ \sigma_2) = \prod_{1 \leq i < j \leq n} \frac{\sigma_1(\sigma_2(j)) - \sigma_1(\sigma_2(i))}{j - i}$$

$$= \left( \prod_{1 \leq i < j \leq n} \frac{\sigma_1(\sigma_2(j)) - \sigma_1(\sigma_2(i))}{\sigma_2(j) - \sigma_2(i)} \right) \left( \prod_{1 \leq i < j \leq n} \frac{\sigma_2(j) - \sigma_2(i)}{j - i} \right)$$

$$= \left( \prod_{1 \leq \sigma_2(i) < \sigma_2(j) \leq n} \frac{\sigma_1(\sigma_2(j)) - \sigma_1(\sigma_2(i))}{\sigma_2(j) - \sigma_2(i)} \right) \operatorname{sgn}(\sigma_2)$$

$$= \left( \prod_{1 \leq i < j \leq n} \frac{\sigma_1(j) - \sigma_1(i)}{j - i} \right) \operatorname{sgn}(\sigma_2)$$

$$= \operatorname{sgn}(\sigma_1) \operatorname{sgn}(\sigma_2).$$

Für jedes $\sigma \in S_n$ folgt $1 = \operatorname{sgn}([1\,2\,\ldots\,n]) = \operatorname{sgn}(\sigma \circ \sigma^{-1}) = \operatorname{sgn}(\sigma) \operatorname{sgn}(\sigma^{-1})$ und daher $\operatorname{sgn}(\sigma) = \operatorname{sgn}(\sigma^{-1})$.                                                    □

Bei der Abbildung sgn handelt es sich somit um einen Homomorphismus der Gruppen $(S_n, \circ)$ und $(\{1, -1\}, \cdot)$, wobei in der zweiten Gruppe die Verknüpfung der Elemente die gewöhnliche Multiplikation der ganzen Zahlen 1 und $-1$ ist (vgl. Aufgabe 7.3).

**Definition 7.8.** Eine *Transposition* ist eine Permutation $\tau \in S_n$, $n \geq 2$, die genau zwei verschiedene Elemente $k, \ell \in \{1, 2, \ldots, n\}$ miteinander vertauscht, d. h. $\tau(k) = \ell$, $\tau(\ell) = k$ und $\tau(j) = j$ für alle $j \in \{1, 2, \ldots, n\} \setminus \{k, \ell\}$.

Offensichtlich gilt $\tau^{-1} = \tau$ für jede Transposition $\tau \in S_n$.

**Lemma 7.9.** *Sei $\tau \in S_n$ die Transposition, die $k$ und $\ell$ vertauscht, wobei $1 \leq k < \ell \leq n$ ist. Dann hat $\tau$ genau $2(\ell - k) - 1$ Fehlstände. Insbesondere gilt $\operatorname{sgn}(\tau) = -1$.*

**Beweis.** Es gilt $\ell = k + j$ für ein $j \geq 1$ und $\tau$ ist gegeben durch

$$\tau = [1, \ldots, k - 1, \ k + j, \ k + 1, \ldots, k + (j - 1), \ k, \ \ell + 1, \ldots, n],$$

wobei an den Punkten die Werte von $\tau$ in aufsteigender und „richtiger" Reihenfolge stehen. Durch Abzählen sieht man leicht, dass $\tau$ genau $2(\ell - k) - 1 = 2j - 1$ Fehlstände hat. Diese sind gegeben durch

$$\underbrace{(k, k + 1), \ldots, (k, k + j)}_{j \text{ Fehlstände}}, \ \underbrace{(k + 1, k + j), \ldots, (k + j - 1, k + j)}_{j - 1 \text{ Fehlstände}}.$$

(Im Fall $j = 1$ ist hierbei die zweite Aufzählung leer.) Insbesondere folgt daraus $\operatorname{sgn}(\tau) = (-1)^{2j-1} = -1$. □

---

## 7.2 Einige Eigenschaften der Determinante

In diesem Abschnitt beweisen wir wichtige Eigenschaften der Determinantenabbildung aus Definition 7.4.

**Lemma 7.10.** *Für $A \in R^{n,n}$ gelten:*

(1) *Für $\lambda \in R$ ist*

$$\det\left(\begin{bmatrix} \lambda & \star \\ \hline 0_{n,1} & A \end{bmatrix}\right) = \det\left(\begin{bmatrix} \lambda & 0_{1,n} \\ \hline \star & A \end{bmatrix}\right) = \lambda \det(A).$$

(2) *Ist $A = [a_{ij}]$ eine obere oder untere Dreiecksmatrix, so ist $\det(A) = \prod_{i=1}^{n} a_{ii}$.*
(3) *Hat $A$ eine Nullzeile oder Nullspalte, so ist $\det(A) = 0$.*
(4) *Ist $n \geq 2$ und hat $A$ zwei gleiche Zeilen oder zwei gleiche Spalten, so ist $\det(A) = 0$.*
(5) *$\det(A) = \det(A^T)$.*

**Beweis.**

(1) Übungsaufgabe.
(2) Folgt durch wiederholte Anwendung von (1) auf die obere (oder untere) Dreiecksmatrix $A$.

(3) Hat $A$ eine Nullzeile oder -spalte, so ist für jedes $\sigma \in S_n$ in dem Produkt $\prod_{i=1}^{n} a_{i,\sigma(i)}$ mindestens einer der Faktoren gleich Null und daher ist auch $\det(A) = 0$.

(4) Die Zeilen $k$ und $\ell$ mit $k < \ell$ von $A = [a_{ij}]$ seien gleich, also $a_{kj} = a_{\ell j}$ für $j = 1, \ldots, n$. Sei $\tau \in S_n$ die Transposition, die die Elemente $k$ und $\ell$ vertauscht. Sei

$$T_n := \{\sigma \in S_n \mid \sigma(k) < \sigma(\ell)\}.$$

Da die Menge $T_n$ alle Permutationen $\sigma \in S_n$ enthält, für die $\sigma(k) < \sigma(\ell)$ gilt, folgt $|T_n| = |S_n|/2$ sowie

$$S_n \setminus T_n = \{\sigma \circ \tau \mid \sigma \in T_n\}.$$

Zudem gilt

$$a_{i,(\sigma \circ \tau)(i)} = \begin{cases} a_{i,\sigma(i)}, & i \neq k, \ell, \\ a_{k,\sigma(\ell)}, & i = k, \\ a_{\ell,\sigma(k)}, & i = \ell. \end{cases}$$

Nun gilt jedoch $a_{k,\sigma(\ell)} = a_{\ell,\sigma(\ell)}$ und $a_{\ell,\sigma(k)} = a_{k,\sigma(k)}$. Mit Hilfe von Satz 7.7 und Lemma 7.9 folgt

$$\sum_{\sigma \in S_n \setminus T_n} \operatorname{sgn}(\sigma) \prod_{i=1}^{n} a_{i,\sigma(i)} = \sum_{\sigma \in T_n} \operatorname{sgn}(\sigma \circ \tau) \prod_{i=1}^{n} a_{i,(\sigma \circ \tau)(i)}$$

$$= \sum_{\sigma \in T_n} (-\operatorname{sgn}(\sigma)) \prod_{i=1}^{n} a_{i,(\sigma \circ \tau)(i)}$$

$$= -\sum_{\sigma \in T_n} \operatorname{sgn}(\sigma) \prod_{i=1}^{n} a_{i,\sigma(i)},$$

woraus sich

$$\det(A) = \sum_{\sigma \in S_n} \operatorname{sgn}(\sigma) \prod_{i=1}^{n} a_{i,\sigma(i)}$$

$$= \sum_{\sigma \in T_n} \operatorname{sgn}(\sigma) \prod_{i=1}^{n} a_{i,\sigma(i)} + \sum_{\sigma \in S_n \setminus T_n} \operatorname{sgn}(\sigma) \prod_{i=1}^{n} a_{i,\sigma(i)} = 0$$

ergibt. Der Beweis für den Fall von zwei gleichen Spalten ist analog.

(5) Wir überlegen uns zunächst, dass

$$\{(\sigma(i), i) \mid 1 \le i \le n\} = \{(i, \sigma^{-1}(i)) \mid 1 \le i \le n\}$$

für jedes $\sigma \in S_n$ gilt. Sei dazu ein $i$ mit $1 \le i \le n$ fest gewählt. Es gilt $\sigma(i) = j$ genau dann, wenn $i = \sigma^{-1}(j)$ ist. Somit ist das Paar $(\sigma(i), i) = (j, i)$ ein Element der ersten Menge genau dann, wenn das Paar $(j, \sigma^{-1}(j)) = (j, i)$ ein Element der zweiten Menge ist. Aufgrund der Bijektivität von $\sigma$ sind die Mengen also gleich.

Sei $A = [a_{ij}]$ und $A^T = [b_{ij}]$, d. h. $b_{ij} = a_{ji}$. Dann gilt

$$\det(A^T) = \sum_{\sigma \in S_n} \operatorname{sgn}(\sigma) \prod_{i=1}^{n} b_{i,\sigma(i)} = \sum_{\sigma \in S_n} \operatorname{sgn}(\sigma) \prod_{i=1}^{n} a_{\sigma(i),i}$$

$$= \sum_{\sigma \in S_n} \operatorname{sgn}(\sigma^{-1}) \prod_{i=1}^{n} a_{\sigma(i),i} = \sum_{\sigma \in S_n} \operatorname{sgn}(\sigma^{-1}) \prod_{i=1}^{n} a_{i,\sigma^{-1}(i)}$$

$$= \sum_{\sigma \in S_n} \operatorname{sgn}(\sigma) \prod_{i=1}^{n} a_{i,\sigma(i)} = \det(A).$$

Hier haben wir benutzt, dass $\operatorname{sgn}(\sigma) = \operatorname{sgn}(\sigma^{-1})$ gilt (vgl. Satz 7.7) und dass die beiden Produkte $\prod_{i=1}^{n} a_{\sigma(i),i}$ und $\prod_{i=1}^{n} a_{i,\sigma^{-1}(i)}$ die gleichen Faktoren besitzen. □

**Beispiel 7.11.** Für die Matrizen

$$A = \begin{bmatrix} 1 & 2 & 3 \\ 0 & 4 & 5 \\ 0 & 0 & 6 \end{bmatrix}, \quad B = \begin{bmatrix} 1 & 2 & 0 \\ 1 & 3 & 0 \\ 1 & 4 & 0 \end{bmatrix}, \quad C = \begin{bmatrix} 1 & 1 & 2 \\ 1 & 1 & 3 \\ 1 & 1 & 4 \end{bmatrix}$$

aus $\mathbb{Z}^{3,3}$ gilt $\det(A) = 1 \cdot 4 \cdot 6 = 24$ nach (2) in Lemma 7.10 und $\det(B) = \det(C) = 0$ nach (3) bzw. (4) in Lemma 7.10. Dies kann auch leicht mit Hilfe der in Beispiel 7.5 angegebenen Formel für $(3 \times 3)$-Matrizen nachgerechnet werden.

Punkt (2) in Lemma 7.10 zeigt, dass $\det(I_n) = 1$ für die Einheitsmatrix $I_n = [e_1, e_2, \ldots, e_n] \in R^{n,n}$ gilt. Aufgrund dieser Eigenschaft wird die Abbildung $\det : R^{n,n} \to R$ auch *normiert* genannt.

Ist $\sigma \in S_n$, dann nennen wir

$$P_\sigma := [e_{\sigma(1)}, e_{\sigma(2)}, \ldots, e_{\sigma(n)}]$$

die der Permutation $\sigma$ zugeordnete Permutationsmatrix. Diese Abbildung von der Gruppe $S_n$ auf die Gruppe der Permutationsmatrizen aus $R^{n,n}$ ist bijektiv, d. h. jeder Permutionsmatrix aus $R^{n,n}$ entspricht auch genau eine Permutation $\sigma \in S_n$. Die Inverse einer Permutationsmatrix ist deren Transponierte (vgl. Satz 4.16) und es gilt

$$P_\sigma^{-1} = P_\sigma^T = P_{\sigma^{-1}}.$$

Ist $A = [a_1, a_2, \ldots, a_n] \in R^{n,n}$, d. h. $a_j \in R^{n,1}$ ist die $j$-te Spalte von $A$, so gilt $AP_\sigma = [a_{\sigma(1)}, a_{\sigma(2)}, \ldots, a_{\sigma(n)}]$. Die Rechtsmultiplikation von $A$ mit $P_\sigma$ vertauscht somit die Spalten von $A$ entsprechend der Permutation $\sigma$. Ist andererseits $a_i \in R^{1,n}$ die $i$-te Zeile von $A$, so gilt

$$P_\sigma^T A = P_\sigma^T \begin{bmatrix} a_1 \\ a_2 \\ \vdots \\ a_n \end{bmatrix} = \begin{bmatrix} a_{\sigma(1)} \\ a_{\sigma(2)} \\ \vdots \\ a_{\sigma(n)} \end{bmatrix},$$

d. h. die Linksmultiplikation der transponierten Permutationsmatrix $P_\sigma^T$ an $A$ vertauscht die Zeilen von $A$ entsprechend der Permutation $\sigma$.

Wir betrachten nun die Determinanten der Elementarmatrizen.

**Lemma 7.12.**

(1) *Für $\sigma \in S_n$ und die zugeordnete Permutationsmatrix $P_\sigma \in R^{n,n}$ gilt $\mathrm{sgn}(\sigma) = \det(P_\sigma)$. Ist $n \geq 2$ und $P_{ij}$ wie in (5.1) definiert, so gilt $\det(P_{ij}) = -1$.*
(2) *Sei $\lambda \in R$ und seien $M_i(\lambda)$ und $G_{ij}(\lambda)$ wie in (5.2) bzw. (5.3) definiert. Dann gelten $\det(M_i(\lambda)) = \lambda$ und $\det(G_{ij}(\lambda)) = 1$.*

**Beweis.**

(1) Sind $\widetilde{\sigma} \in S_n$ und $P_{\widetilde{\sigma}} = [a_{ij}] \in R^{n,n}$, so ist $a_{\widetilde{\sigma}(j),j} = 1$, $j = 1, 2, \ldots, n$, und alle anderen Einträge von $P_{\widetilde{\sigma}}$ sind 0. Es folgt

$$\det(P_{\widetilde{\sigma}}) = \det(P_{\widetilde{\sigma}}^T) = \sum_{\sigma \in S_n} \mathrm{sgn}(\sigma) \underbrace{\prod_{j=1}^{n} a_{\sigma(j),j}}_{= \,0\ \text{für}\ \sigma \neq \widetilde{\sigma}} = \mathrm{sgn}(\widetilde{\sigma}) \prod_{j=1}^{n} \underbrace{a_{\widetilde{\sigma}(j),j}}_{=1} = \mathrm{sgn}(\widetilde{\sigma}).$$

Die Permutationsmatrix $P_{ij}$ ist der Transposition zugeordnet, die $i$ und $j$ vertauscht. Somit folgt $\det(P_{ij}) = -1$ aus Lemma 7.9.
(2) Da $M_i(\lambda)$ und $G_{ij}(\lambda)$ untere Dreiecksmatrizen sind, folgt die Aussage aus (2) in Lemma 7.10.                                                                            $\square$

Nun können wir einige wichtige Rechenregeln für Determinanten zeigen.

**Lemma 7.13.** *Für $A \in R^{n,n}$, $n \geq 2$, und $\lambda \in R$ gelten:*

(1) *Die Multiplikation einer Zeile von $A$ mit $\lambda$ führt zur Multiplikation von $\det(A)$ mit $\lambda$:*
$$\det(M_i(\lambda)A) = \lambda \det(A) = \det(M_i(\lambda)) \det(A).$$

(2) *Die Addition des $\lambda$-fachen einer Zeile von $A$ zu einer anderen Zeile von $A$ ändert $\det(A)$ nicht:*
$$\det(G_{ij}(\lambda)A) = \det(A) = \det(G_{ij}(\lambda)) \det(A),$$
$$\det(G_{ij}(\lambda)^T A) = \det(A) = \det(G_{ij}(\lambda)^T) \det(A).$$

(3) *Das Vertauschen zweier Zeilen von $A$ ändert das Vorzeichen von $\det(A)$:*
$$\det(P_{ij}A) = -\det(A) = \det(P_{ij}) \det(A).$$

*Die analogen Aussagen gelten für die Spalten von $A$.*

**Beweis.**

(1) Sei $A = [a_{mk}]$ und $\widetilde{A} = M_i(\lambda)A = [\widetilde{a}_{mk}]$, also

$$\widetilde{a}_{mk} = \begin{cases} a_{mk}, & m \neq i, \\ \lambda a_{mk}, & m = i, \end{cases}$$

dann gilt

$$\det(\widetilde{A}) = \sum_{\sigma \in S_n} \operatorname{sgn}(\sigma) \prod_{m=1}^{n} \widetilde{a}_{m,\sigma(m)} = \sum_{\sigma \in S_n} \operatorname{sgn}(\sigma) \underbrace{\widetilde{a}_{i,\sigma(i)}}_{= \lambda a_{i,\sigma(i)}} \prod_{\substack{m=1 \\ m \neq i}}^{n} \underbrace{\widetilde{a}_{m,\sigma(m)}}_{= a_{m,\sigma(m)}}$$

$$= \lambda \det(A).$$

(2) Sei $A = [a_{mk}]$ und $\widetilde{A} = G_{ij}(\lambda)A = [\widetilde{a}_{mk}]$, also

$$\widetilde{a}_{mk} = \begin{cases} a_{mk}, & m \neq j, \\ a_{jk} + \lambda a_{ik}, & m = j, \end{cases}$$

dann gilt

$$\det(\widetilde{A}) = \sum_{\sigma \in S_n} \operatorname{sgn}(\sigma)(a_{j,\sigma(j)} + \lambda a_{i,\sigma(j)}) \prod_{\substack{m=1 \\ m \neq j}}^{n} a_{m,\sigma(m)}$$

$$= \sum_{\sigma \in S_n} \operatorname{sgn}(\sigma) \prod_{m=1}^{n} a_{m,\sigma(m)} + \lambda \sum_{\sigma \in S_n} \operatorname{sgn}(\sigma) a_{i,\sigma(j)} \prod_{\substack{m=1 \\ m \neq j}}^{n} a_{m,\sigma(m)}.$$

Der erste Summand im obigen Ausdruck ist gleich $\det(A)$, der zweite ist gleich der Determinante einer Matrix mit zwei gleichen Zeilen und somit gleich Null. Der Beweis für die Matrix $G_{ij}(\lambda)^T A$ geht analog.

(3) Die Permutationsmatrix $P_{ij}$ vertauscht die Zeilen $i$ und $j$ von $A$, wobei $i < j$ ist. Diese Vertauschung ergibt sich auch durch die folgenden vier, nacheinander ausgeführten elementaren Zeilenoperationen: Multipliziere Zeile $j$ mit $-1$; addiere Zeile $i$ zur Zeile $j$; addiere das $(-1)$-fache von Zeile $j$ zur Zeile $i$; addiere Zeile $i$ zur Zeile $j$. Daher gilt

$$P_{ij} = G_{ij}(1)(G_{ij}(-1))^T G_{ij}(1) M_j(-1).$$

(Man kann dies auch durch elementare Rechnung verifizieren). Aus (1) und (2) folgt

$$\det(P_{ij}A) = \det\left(G_{ij}(1)(G_{ij}(-1))^T G_{ij}(1) M_j(-1)A\right)$$

$$= \det(G_{ij}(1)) \det((G_{ij}(-1))^T) \det(G_{ij}(1)) \det(M_j(-1)) \det(A)$$

$$= (-1)\det(A).$$

Die analogen Aussagen für die Spalten von $A$ folgen, da $\det(A) = \det(A^T)$ ist (vgl. (5) in Lemma 7.10). □

**Beispiel 7.14.** Wir betrachten die Matrizen

$$A = \begin{bmatrix} 1 & 3 & 0 \\ 1 & 2 & 0 \\ 1 & 2 & 4 \end{bmatrix}, \quad B = \begin{bmatrix} 3 & 1 & 0 \\ 2 & 1 & 0 \\ 2 & 1 & 4 \end{bmatrix} \in \mathbb{Z}^{3,3}.$$

Eine einfache Rechnung zeigt, dass $\det(A) = -4$ ist. Da $B$ aus $A$ durch Vertauschen der ersten beiden Spalten entstanden ist, gilt $\det(B) = -\det(A) = 4$.

Die Determinante kann als eine Abbildung von $(R^{n,1})^n$ nach $R$ interpretiert werden, d. h. als eine Abbildung der $n$ Spalten der Matrix $A \in R^{n,n}$ in den Ring $R$. Sind $a_i, a_j \in R^{n,1}$ zwei Spalten von $A$, also

$$A = [\ldots, a_i, \ldots, a_j, \ldots],$$

dann gilt

$$\det(A) = \det([\ldots, a_i, \ldots, a_j, \ldots]) = -\det([\ldots, a_j, \ldots, a_i, \ldots])$$

nach (3) in Lemma 7.13. Aufgrund dieser Eigenschaft nennt man die Determinante auch eine *alternierende* Abbildung der Spalten von $A$ (analog für die Zeilen von $A$).

Ist die $k$-te Zeile von $A$ von der Form $\lambda a^{(1)} + \mu a^{(2)}$ für gewisse $\lambda, \mu \in R$ und $a^{(j)} = \left[ a_{k1}^{(j)}, \ldots, a_{kn}^{(j)} \right] \in R^{1,n}$, $j = 1, 2$, dann gilt

$$\det(A) = \det \left( \begin{bmatrix} \vdots \\ \lambda a^{(1)} + \mu a^{(2)} \\ \vdots \end{bmatrix} \right) = \sum_{\sigma \in S_n} \text{sgn}(\sigma) \left( \lambda a_{k,\sigma(k)}^{(1)} + \mu a_{k,\sigma(k)}^{(2)} \right) \prod_{\substack{i=1 \\ i \neq k}}^{n} a_{i,\sigma(i)}$$

$$= \lambda \sum_{\sigma \in S_n} \text{sgn}(\sigma) a_{k,\sigma(k)}^{(1)} \prod_{\substack{i=1 \\ i \neq k}}^{n} a_{i,\sigma(i)} + \mu \sum_{\sigma \in S_n} \text{sgn}(\sigma) a_{k,\sigma(k)}^{(2)} \prod_{\substack{i=1 \\ i \neq k}}^{n} a_{i,\sigma(i)}$$

$$= \lambda \det \left( \begin{bmatrix} \vdots \\ a^{(1)} \\ \vdots \end{bmatrix} \right) + \mu \det \left( \begin{bmatrix} \vdots \\ a^{(2)} \\ \vdots \end{bmatrix} \right).$$

Diese Eigenschaft wird die *Linearität* der Determinante bezüglich der Zeilen von $A$ genannt.

Hat die $k$-te Spalte von $A$ die Form $\lambda a^{(1)} + \mu a^{(2)}$, so erhalten wir analog

$$\det(A) = \det([\ldots, \lambda a^{(1)} + \mu a^{(2)}, \ldots]) = \lambda \det([\ldots, a^{(1)}, \ldots]) + \mu \det([\ldots, a^{(2)}, \ldots]),$$
$$(7.3)$$

d. h. die Determinante ist auch linear bezüglich der Spalten von $A$. Lineare Abbildungen werden ab Kap. 9 eine zentrale Rolle spielen.

Das folgende Resultat wird aus naheliegenden Gründen *Determinantenmultiplikationssatz* genannt.

**Satz 7.15.** *Sei $K$ ein Körper und seien $A, B \in K^{n,n}$, dann gilt $\det(AB) = \det(A) \det(B)$.*

**Beweis.** Aus Satz 5.2 wissen wir, dass es für $A \in K^{n,n}$ invertierbare Elementarmatrizen $S_1, \ldots, S_t$ gibt, so dass $\widetilde{A} := S_t \ldots S_1 A$ in Treppennormalform ist. Aus Lemma 7.13 folgt

$$\det(A) = \det \left( S_1^{-1} \right) \cdots \det \left( S_t^{-1} \right) \det(\widetilde{A}),$$

sowie

$$\det(AB) = \det \left( S_1^{-1} \cdots S_t^{-1} \widetilde{A} B \right)$$

$$= \det \left( S_1^{-1} \right) \cdots \det \left( S_t^{-1} \right) \det(\widetilde{A} B).$$

Nun können zwei Fälle auftreten: Ist $A$ nicht invertierbar, so hat $\widetilde{A}$ und damit $\widetilde{A}B$ eine Nullzeile. Dann folgt $\det(\widetilde{A}) = \det(\widetilde{A}B) = 0$, woraus sich $\det(A) = 0$ und schließlich $\det(AB) = 0 = \det(A)\det(B)$ ergeben.

Ist $A$ invertierbar, so gilt $\widetilde{A} = I_n$, denn $\widetilde{A}$ ist in Treppennormalform. Mit $\det(I_n) = 1$ folgt wieder $\det(AB) = \det(A)\det(B)$.                                                              □

Der Determinantenmultiplikationssatz gilt auch auch für Matrizen über einem kommutativen Ring mit Eins. Da unser Beweis jedoch auf Satz 5.2 beruht, welcher Matrizen über einem Körper voraussetzt, haben wir Satz 7.15 für $A, B \in K^{n,n}$ formuliert. Im Folgenden werden wir trotzdem gelegentlich die Gültigkeit des Satzes für Matrizen über einem kommutativen Ring mit Eins benutzen. Einen Beweis findet man z. B. in Abschn. 4.3 des Buches „Lineare Algebra" von B. Huppert und W. Willems (vgl. die Liste von Lehrbüchern am Ende dieses Buches).

Wie wir in Satz 5.5 gesehen haben, kann jede Matrix $A \in K^{n,n}$ faktorisiert werden als $A = PLU$. Es gilt $\det(A) = \det(P)\det(L)\det(U)$, wobei alle drei Determinanten auf der rechten Seite leicht zu berechnen sind, denn es handelt sich um eine Permutations- und zwei Dreiecksmatrizen. Die $LU$-Zerlegung einer Matrix, d. h. der Gauß'sche Algorithmus, bietet daher eine wesentlich effizientere Möglichkeit zur Berechnung der Determinante als die Signaturformel von Leibniz.

---

**Die MATLAB-Minute.**

Sehen Sie sich die Matrizen wilkinson(n) für n=2,3,...,10 an. Können Sie an diesen Beispielen eine allgemeine Bildungsvorschrift für diese Matrizen erkennen? Berechnen Sie für n=2,3,...,10:

  A=wilkinson(n)

  [L,U,P]=lu(A) ($LU$-Zerlegung; vgl. die MATLAB-Minute vor Definition 5.7)

  det(L), det(U), det(P), det(P)*det(L)*det(U), det(A)

Welche Permutation gehört jeweils zu der berechneten Matrix P? Warum ist det(A) für ungerades n eine ganze Zahl?

---

## 7.3   Minoren und die Laplace-Entwicklung

Determinanten können wir verwenden, um Formeln für die Inversen von invertierbaren Matrizen und für die Lösung von linearen Gleichungssystemen herzuleiten, die jedoch im Wesentlichen von theoretischer Bedeutung sind.

**Definition 7.16.** Sei $R$ ein kommutativer Ring mit Eins und sei $A \in R^{n,n}$, $n \geq 2$. Dann heißt die Matrix $A(j, i) \in R^{n-1,n-1}$, die durch das Streichen der $j$-ten Zeile und der $i$-ten Spalte von $A$ entsteht, ein *Minor* von $A$. Die Matrix

$$\operatorname{adj}(A) = [b_{ij}] \in R^{n,n} \quad \text{mit} \quad b_{ij} := (-1)^{i+j} \det(A(j, i)),$$

heißt die *Adjunkte*[3] von $A$.

Die zunächst etwas merkwürdig anmutende Matrix $\operatorname{adj}(A)$ stellt sich, falls $A$ invertierbar sein sollte, bis auf einen skalaren Faktor als die Inverse von $A$ heraus.

**Satz 7.17.** *Für eine Matrix $A \in R^{n,n}$, $n \geq 2$, gilt:*

$$A \operatorname{adj}(A) = \operatorname{adj}(A)A = \det(A)I_n.$$

*Insbesondere ist $A$ genau dann invertierbar, wenn $\det(A) \in R$ invertierbar ist. In diesem Fall gilt $(\det(A))^{-1} = \det(A^{-1})$ und $A^{-1} = (\det(A))^{-1} \operatorname{adj}(A)$.*

**Beweis.** Sei $B = [b_{ij}]$ mit $b_{ij} = (-1)^{i+j} \det(A(j, i))$, dann gilt für $C = [c_{ij}] = \operatorname{adj}(A)A$,

$$c_{ij} = \sum_{k=1}^{n} b_{ik}a_{kj} = \sum_{k=1}^{n} (-1)^{i+k} \det(A(k, i))a_{kj}.$$

Sei $a_\ell$ die $\ell$-te Spalte von $A$, seien $i, k$ mit $1 \leq i, k \leq n$ gegeben und sei

$$\tilde{A}(k, i) := [a_1, \ldots, a_{i-1}, e_k, a_{i+1}, \ldots, a_n] \in R^{n,n},$$

wobei $e_k$ die $k$-te Spalte der Einheitsmatrix $I_n$ ist. Dann gibt es Permutationsmatrizen $P, Q \in R^{n,n}$, die $k - 1$ Zeilen- und $i - 1$ Spaltenvertauschungen durchführen, so dass

$$P\tilde{A}(k, i)Q = \left[ \begin{array}{c|c} 1 & \star \\ \hline 0 & A(k, i) \end{array} \right].$$

Mit Hilfe von (1) in Lemma 7.10 folgt

---

[3] Diese Matrix wird manchmal auch als die *Adjungte* von $A$ bezeichnet. Ferdinand Georg Frobenius (1849–1917) benutze in einer wichtigen Arbeit von 1878 die Bezeichnung „adjungirte Form" und er bewies Satz 7.17 in einer äquivalenten Formulierung für Bilinearformen (zu diesem Thema siehe Kap. 11). Auch im Englischen ist die Begriffsbildung uneinheitlich; hier findet man sowohl „adjugate" als auch „adjunct".

$$\det(A(k,i)) = \det\left(\left[\begin{array}{c|c} 1 & \star \\ \hline 0 & A(k,i) \end{array}\right]\right) = \det(P\widetilde{A}(k,i)Q)$$

$$= \det(P)\det(\widetilde{A}(k,i))\det(Q)$$

$$= (-1)^{(k-1)+(i-1)}\det(\widetilde{A}(k,i))$$

$$= (-1)^{k+i}\det(\widetilde{A}(k,i)).$$

Mit Hilfe der Linearität der Determinante bezüglich der Spalten ergibt sich

$$c_{ij} = \sum_{k=1}^{n}(-1)^{i+k}(-1)^{k+i}a_{kj}\det(\widetilde{A}(k,i))$$

$$= \det([a_1,\dots,a_{i-1},a_j,a_{i+1},\dots,a_n])$$

$$= \begin{cases} 0, & i \neq j \\ \det(A), & i = j \end{cases}$$

$$= \delta_{ij}\det(A)$$

und damit $\mathrm{adj}(A)A = \det(A)I_n$. Analog zeigt man $A\ \mathrm{adj}(A) = \det(A)I_n$.

Ist nun $\det(A) \in R$ invertierbar, so gilt

$$I_n = (\det(A))^{-1}\mathrm{adj}(A)A = A(\det(A))^{-1}\mathrm{adj}(A),$$

d. h. $A$ ist invertierbar mit $A^{-1} = (\det(A))^{-1}\mathrm{adj}(A)$. Ist andererseits $A$ invertierbar, so gilt

$$1 = \det(I_n) = \det(AA^{-1}) = \det(A)\det(A^{-1}),$$

wobei wir den Determinantenmultiplikationssatz für Matrizen über $R$ (vgl. unseren Kommentar nach dem Beweis von Satz 7.15) benutzt haben. Somit ist $\det(A)$ invertierbar mit $(\det(A))^{-1} = \det(A^{-1})$ und wieder gilt $A^{-1} = (\det(A))^{-1}\mathrm{adj}(A)$.  □

**Beispiel 7.18.**

(1) Für

$$A = \begin{bmatrix} 4 & 1 \\ 2 & 1 \end{bmatrix} \in \mathbb{Z}^{2,2}$$

gilt $\det(A) = 2$ und somit ist $A$ nicht invertierbar. Fassen wir $A$ als Element von $\mathbb{Q}^{2,2}$ auf, so ist $A$ invertierbar und es gilt $\det(A^{-1}) = (\det(A))^{-1} = \frac{1}{2}$.

(2) Für

$$A = \begin{bmatrix} t-1 & t-2 \\ t & t-1 \end{bmatrix} \in (\mathbb{Z}[t])^{2,2}$$

gilt $\det(A) = 1$. Die Matrix $A$ ist invertierbar, denn $1 \in \mathbb{Z}[t]$ ist invertierbar.

Für eine invertierbare Matrix $A \in R^{n,n}$ zeigt Satz 7.17, dass $A^{-1}$ mit nur einer Invertierung eines Ringelements (nämlich $\det(A)$) gebildet werden kann.

Wir benutzen nun Satz 7.17 und den Determinantenmultiplikationssatz für Matrizen über kommutativen Ringen mit Eins, um ein bereits in Abschn. 4.2 angekündigtes Resultat zu beweisen: Zur Überprüfung der Invertierbarkeit einer Matrix $A \in R^{n,n}$ muss nur eine der beiden Gleichungen $\widetilde{A}A = I_n$ oder $A\widetilde{A} = I_n$ nachgewiesen werden.

**Korollar 7.19.** *Sei $A \in R^{n,n}$. Falls eine Matrix $\widetilde{A} \in R^{n,n}$ mit $\widetilde{A}A = I_n$ oder mit $A\widetilde{A} = I_n$ existiert, so ist $A$ invertierbar und es gilt $\widetilde{A} = A^{-1}$.*

**Beweis.** Gilt $\widetilde{A}A = I_n$, so liefert der Determinantenmultiplikationssatz

$$1 = \det(I_n) = \det(\widetilde{A}A) = \det(\widetilde{A})\det(A) = \det(A)\det(\widetilde{A}),$$

d. h. $\det(A) \in R$ ist invertierbar mit $(\det(A))^{-1} = \det(\widetilde{A})$. Somit ist auch $A$ invertierbar und es existiert eine eindeutige Inverse $A^{-1}$. Für $n = 1$ ist dies offensichtlich und für $n \geq 2$ wurde es in Satz 7.17 gezeigt. Multiplizieren wir die Gleichung $\widetilde{A}A = I_n$ von rechts mit $A^{-1}$, so folgt $\widetilde{A} = A^{-1}$. Genauso wird die Behauptung aus der Gleichung $A\widetilde{A} = I_n$ gefolgert.                                                                                     □

Für eine quadratische Matrix $A$ über einem Körper, d. h. $A \in K^{n,n}$, gelten die folgenden Aussagen zur Invertierbarkeit:

$$A \in GL_n(K) \overset{\text{Satz 5.2}}{\Longleftrightarrow} \text{Die Treppennormalform von } A \text{ ist die Einheitsmatrix } I_n$$

$$\overset{\text{Def. 5.10}}{\Longleftrightarrow} \text{Rang}(A) = n$$

$$\overset{\text{klar}}{\Longleftrightarrow} \text{Rang}(A) = \text{Rang}([A,b]) = n \text{ für alle } b \in K^{n,1}$$

$$\overset{\text{Alg. 6.6}}{\Longleftrightarrow} |\mathscr{L}(A,b)| = 1 \text{ für alle } b \in K^{n,1}$$

$$\overset{\text{Satz 7.18}}{\Longleftrightarrow} \det(A) \neq 0. \tag{7.4}$$

Alternativ erhalten wir:

$$A \notin GL_n(K) \overset{\text{Satz 5.2}}{\Longleftrightarrow} \text{Die Treppennormalform von } A \text{ hat mind. eine Nullzeile}$$

$$\overset{\text{Def. 5.10}}{\Longleftrightarrow} \operatorname{Rang}(A) < n$$

$$\overset{\text{klar}}{\Longleftrightarrow} \operatorname{Rang}([A, 0]) < n$$

$$\overset{\text{Alg. 6.6}}{\Longleftrightarrow} \mathcal{L}(A, 0) \neq \{0\}$$

$$\overset{\text{Satz 7.18}}{\Longleftrightarrow} \det(A) = 0. \tag{7.5}$$

Für die bekannten Zahlenkörper $\mathbb{Q}$, $\mathbb{R}$ und $\mathbb{C}$, in denen der (gewöhnliche) Absolutbetrag $|\cdot|$ definiert ist, können wir das folgende nützliche Kriterium für die Invertierbarkeit von Matrizen zeigen.

**Satz 7.20.** *Ist $A \in K^{n,n}$ mit $K \in \{\mathbb{Q}, \mathbb{R}, \mathbb{C}\}$ diagonaldominant, d. h. ist*

$$|a_{ii}| > \sum_{\substack{j=1 \\ j \neq i}}^{n} |a_{ij}| \quad \textit{für alle } i = 1, \dots, n,$$

*so gilt $\det(A) \neq 0$.*

**Beweis.** Wir beweisen die Aussage durch Kontraposition: Ist $\det(A) = 0$, so ist $A$ nicht diagonaldominant.

Ist $\det(A) = 0$, so ist $\mathcal{L}(A, 0) \neq \{0\}$, d. h. das homogene lineare Gleichungssystem $Ax = 0$ hat mindestens eine Lösung $\widehat{x} = [\widehat{x}_1, \dots, \widehat{x}_n]^T \neq 0$. Sei $\widehat{x}_m$ ein Eintrag von $\widehat{x}$ mit maximalem Betrag, also $|\widehat{x}_m| \geq |\widehat{x}_j|$ für alle $j = 1, \dots, n$. Insbesondere gilt dann $|\widehat{x}_m| > 0$. Die $m$-te Zeile von $A\widehat{x} = 0$ ist gegeben durch

$$a_{m1}\widehat{x}_1 + a_{m2}\widehat{x}_2 + \dots + a_{mn}\widehat{x}_n = 0 \quad \Leftrightarrow \quad a_{mm}\widehat{x}_m = -\sum_{\substack{j=1 \\ j \neq m}}^{n} a_{mj}\widehat{x}_j.$$

In der letzten Gleichung bilden wir die Beträge auf beiden Seiten und nutzen die Dreiecksungleichung aus (vgl. Aufgabe 3.25). Dies ergibt

$$|a_{mm}|\,|\widehat{x}_m| \leq \sum_{\substack{j=1 \\ j \neq m}}^{n} |a_{mj}|\,|\widehat{x}_j| \leq \sum_{\substack{j=1 \\ j \neq m}}^{n} |a_{mj}|\,|\widehat{x}_m|, \quad \text{also} \quad |a_{mm}| \leq \sum_{\substack{j=1 \\ j \neq m}}^{n} |a_{mj}|.$$

Somit ist $A$ nicht diagonaldominant. $\qquad\qquad\qquad\qquad\qquad\qquad\qquad\qquad\qquad\qquad\square$

Die Umkehrung der Aussage dieses Satzes gilt nicht: Ist zum Beispiel

$$A = \begin{bmatrix} 1 & 2 \\ 1 & 0 \end{bmatrix} \in \mathbb{Q}^{2,2},$$

so gilt $\det(A) = -2 \neq 0$, doch $A$ ist nicht diagonaldominant.

Aus Satz 7.17 erhalten wir die *Laplace-Entwicklung*[4] der Determinante.

**Korollar 7.21.** *Für $A \in R^{n,n}$, $n \geq 2$, gelten die folgenden Regeln:*

(1) *Für alle $i = 1, 2, \ldots, n$ ist*

$$\det(A) = \sum_{j=1}^{n} (-1)^{i+j} a_{ij} \det(A(i,j))$$

*(Laplace-Entwicklung von $\det(A)$ nach der $i$-ten Zeile von $A$).*

(2) *Für alle $j = 1, 2, \ldots, n$ ist*

$$\det(A) = \sum_{i=1}^{n} (-1)^{i+j} a_{ij} \det(A(i,j))$$

*(Laplace-Entwicklung von $\det(A)$ nach der $j$-ten Spalte von $A$).*

**Beweis.** Die beiden Formeln für $\det(A)$ folgen unmittelbar aus einem Vergleich der Diagonaleinträge in den Matrix-Gleichungen $\det(A) I_n = A \operatorname{adj}(A)$ und $\det(A) I_n = \operatorname{adj}(A) A$. □

Die Laplace-Entwicklung erlaubt eine rekursive Definition der Determinante: Für $A = [a_{11}] \in R^{1,1}$ setzen wir $\det(A) := a_{11}$ und für $A \in R^{n,n}$ mit $n \geq 2$ sei $\det(A)$ wie in (1) oder (2) in Korollar 7.21 definiert. Hierbei kann eine beliebige Zeile oder Spalte von $A$ gewählt werden. In der entsprechenden Formel für $\det(A)$ kommen Determinanten von Matrizen der Größe $(n-1) \times (n-1)$ vor. Auf jede dieser Matrizen wenden wir die gleiche Formel so lange rekursiv an, bis nur noch $(1 \times 1)$-Matrizen auftreten.

Schließlich erwähnen wir noch die *Cramer'sche Regel*[5], die die explizite Lösung eines linearen Gleichungssystems in Form von Determinanten angibt. Diese Regel ist nur von theoretischem Wert, denn um die $n$ Komponenten der Lösung zu berechnen erfordert sie die Auswertung von $n+1$ Determinanten.

---

[4]Pierre-Simon Laplace (1749–1827) veröffentlichte diese Entwicklung 1772.

[5]Gabriel Cramer (1704–1752).

**Korollar 7.22.** *Sei $K$ ein Körper, $A = [a_1, \ldots, a_n] \in GL_n(K)$ und $b \in K^{n,1}$. Dann ist die eindeutige Lösung des linearen Gleichungsystems $Ax = b$ gegeben durch*

$$\widehat{x} = [\widehat{x}_1, \ldots, \widehat{x}_n]^T = A^{-1}b = (\det(A))^{-1} \operatorname{adj}(A)b,$$

*mit*

$$\widehat{x}_i = \frac{\det([a_1, \ldots, a_{i-1}, b, a_{i+1}, \ldots, a_n])}{\det(A)}, \quad i = 1, \ldots, n.$$

**Beweis.** Ist $\widehat{x} = A^{-1}b$ die eindeutige Lösung von $Ax = b$, dann gilt

$$b = A\widehat{x} = \sum_{j=1}^{n} \widehat{x}_j a_j.$$

Für jedes feste $i = 1, \ldots, n$ erhalten wir mit (1) und (2) in Lemma 7.13 (jeweils angewendet auf die $i$-te Spalte) die Gleichung

$$\det([a_1, \ldots, a_{i-1}, b, a_{i+1}, \ldots, a_n]) = \det\left(\left[a_1, \ldots, a_{i-1}, \sum_{j=1}^{n} \widehat{x}_j a_j, a_{i+1}, \ldots, a_n\right]\right)$$

$$= \det([a_1, \ldots, a_{i-1}, \widehat{x}_i a_i, a_{i+1}, \ldots, a_n])$$

$$= \widehat{x}_i \det([a_1, \ldots, a_{i-1}, a_i, a_{i+1}, \ldots, a_n])$$

$$= \widehat{x}_i \det(A),$$

woraus sich die Behauptung ergibt.                                    □

**Beispiel 7.23.** Seien

$$A = \begin{bmatrix} 1 & 3 & 0 & 0 \\ 1 & 2 & 0 & 0 \\ 1 & 2 & 1 & 0 \\ 1 & 2 & 3 & 1 \end{bmatrix} \in \mathbb{Q}^{4,4}, \quad b = \begin{bmatrix} 1 \\ 2 \\ 1 \\ 0 \end{bmatrix} \in \mathbb{Q}^{4,1}.$$

Wenden wir die Laplace-Entwicklung nach der letzten Spalte auf die Matrix $A$ an, so erhalten wir

$$\det(A) = 1 \cdot \det\left(\begin{bmatrix} 1 & 3 & 0 \\ 1 & 2 & 0 \\ 1 & 2 & 1 \end{bmatrix}\right) = 1 \cdot 1 \cdot \det\left(\begin{bmatrix} 1 & 3 \\ 1 & 2 \end{bmatrix}\right) = -1.$$

Die Matrix $A$ ist somit invertierbar und das linearen Gleichungssystem $Ax = b$ hat die eindeutige Lösung $\widehat{x} = A^{-1}b \in \mathbb{Q}^{4,1}$. Mit der Cramer'schen Regel ergeben sich die Einträge von $\widehat{x}$ als

$$\widehat{x}_1 = \det\left(\begin{bmatrix} 1 & 3 & 0 & 0 \\ 2 & 2 & 0 & 0 \\ 1 & 2 & 1 & 0 \\ 0 & 2 & 3 & 1 \end{bmatrix}\right) / \det(A) = -4/(-1) = 4,$$

$$\widehat{x}_2 = \det\left(\begin{bmatrix} 1 & 1 & 0 & 0 \\ 1 & 2 & 0 & 0 \\ 1 & 1 & 1 & 0 \\ 1 & 0 & 3 & 1 \end{bmatrix}\right) / \det(A) = 1/(-1) = -1,$$

$$\widehat{x}_3 = \det\left(\begin{bmatrix} 1 & 3 & 1 & 0 \\ 1 & 2 & 2 & 0 \\ 1 & 2 & 1 & 0 \\ 1 & 2 & 0 & 1 \end{bmatrix}\right) / \det(A) = 1/(-1) = -1,$$

$$\widehat{x}_4 = \det\left(\begin{bmatrix} 1 & 3 & 0 & 1 \\ 1 & 2 & 0 & 2 \\ 1 & 2 & 1 & 1 \\ 1 & 2 & 3 & 0 \end{bmatrix}\right) / \det(A) = -1/(-1) = 1.$$

## Aufgaben

7.1 Falls es für $\sigma \in S_n$ eine Teilmenge $\{i_1, \ldots, i_r\} \subseteq \{1, 2, \ldots, n\}$ mit $r \geq 1$ Elementen und

$$\sigma(i_k) = i_{k+1} \text{ für } k = 1, 2, \ldots, r-1, \quad \sigma(i_r) = i_1, \quad \sigma(i) = i \text{ für } i \notin \{i_1, \ldots, i_r\},$$

gibt, so nennen wir $\sigma$ einen *Zykel* (genauer einen *r-Zykel*). Wir schreiben einen $r$-Zykel als $\sigma = (i_1, i_2, \ldots, i_r)$. Insbesondere ist eine Transposition $\tau \in S_n$ ein 2-Zykel.

(a) Seien für $n = 4$ die 2-Zykel $\tau_{1,2} = (1, 2)$, $\tau_{2,3} = (2, 3)$ und $\tau_{3,4} = (3, 4)$ gegeben. Berechnen Sie $\tau_{1,2} \circ \tau_{2,3}$, $\tau_{1,2} \circ \tau_{2,3} \circ \tau_{1,2}^{-1}$ und $\tau_{1,2} \circ \tau_{2,3} \circ \tau_{3,4}$.

(b) Seien $n \geq 4$ und $\sigma = (1, 2, 3, 4)$. Berechnen Sie $\sigma^j$ für $j = 2, 3, 4, 5$.

(c) Zeigen Sie, dass die Inverse des Zykels $(i_1, \ldots, i_r)$ durch $(i_r, \ldots, i_1)$ gegeben ist.

(d) Zeigen Sie, dass zwei elementfremde Zykel, d.h. Zykel $(i_1, \ldots, i_r)$ und $(j_1, \ldots, j_s)$ mit $\{i_1, \ldots, i_r\} \cap \{j_1, \ldots, j_s\} = \emptyset$, kommutieren.

(e) Zeigen Sie, dass jede Permutation $\sigma \in S_n$ als ein Produkt von elementfremden Zykeln geschrieben werden kann, die bis auf ihre Reihenfolge eindeutig durch $\sigma$ bestimmt sind.

7.2 Beweisen Sie Lemma 7.10 (1) mit Hilfe der Signaturformel (7.1).

7.3 Zeigen Sie folgende Aussagen über den Gruppenhomomorphismus $\mathrm{sgn} : (S_n, \circ) \to (\{1, -1\}, \cdot)$:

(a) Die Menge $A_n = \{\sigma \in S_n \mid \mathrm{sgn}(\sigma) = 1\}$ ist eine Untergruppe von $S_n$ (vgl. Aufgabe 3.8).

(b) Für alle $\sigma \in A_n$ und $\pi \in S_n$ gilt $\pi \circ \sigma \circ \pi^{-1} \in A_n$.

7.4 Berechnen Sie die Determinanten der folgenden Matrizen:

(a) $[e_n, e_{n-1}, \ldots, e_1] \in \mathbb{Z}^{n,n}$, wobei $e_i$ die $i$-te Spalte der Einheitsmatrix ist.

(b)

$$A = \begin{bmatrix} 1 & 1 & 1 & 1 & \cdots & 1 \\ 1 & 2 & 2 & 2 & \cdots & 2 \\ 1 & 2 & 3 & 3 & \cdots & 3 \\ 1 & 2 & 3 & 4 & \cdots & 4 \\ \vdots & \vdots & \vdots & \vdots & \ddots & \vdots \\ 1 & 2 & 3 & 4 & \cdots & n \end{bmatrix} \in \mathbb{Z}^{n,n},$$

$$B = [b_{ij}] \in \mathbb{Z}^{n,n} \text{ mit } b_{ij} = \begin{cases} 2 & \text{für } |i - j| = 0, \\ -1 & \text{für } |i - j| = 1, \\ 0 & \text{für } |i - j| \geq 2, \end{cases}$$

$$C = \begin{bmatrix} 1 & 0 & 1 & 0 & 0 & 0 & 0 \\ e & 0 & e^{\pi} & 4 & 5 & 1 & \sqrt{\pi} \\ e^2 & 1 & \frac{17}{31} & \sqrt{6} & \sqrt{7} & \sqrt{8} & \sqrt{10} \\ e^3 & 0 & -e & \pi & e & 0 & \pi^e \\ e^4 & 0 & 10001 & 0 & \pi^{-1} & 0 & e^2\pi \\ e^6 & 0 & \sqrt{2} & 0 & 0 & 0 & -1 \\ 0 & 0 & 1 & 0 & 0 & 0 & 0 \end{bmatrix} \in \mathbb{R}^{7,7}.$$

(c) Die $(4 \times 4)$-*Wilkinson-Matrix*[6] (vgl. die MATLAB-Minute am Ende von Abschn. 7.2).

7.5 Finden Sie Matrizen $A, B \in \mathbb{R}^{n,n}$ für ein $n \geq 2$ mit $\det(A + B) \neq \det(A) + \det(B)$.

---

[6] James Hardy Wilkinson (1919–1986).

7.6 Sei $R$ ein kommutativer Ring mit Eins, $n \geq 2$ und $A \in R^{n,n}$. Zeigen Sie folgende Aussagen:

(a) $\operatorname{adj}(I_n) = I_n$.

(b) $\operatorname{adj}(AB) = \operatorname{adj}(B)\operatorname{adj}(A)$, falls $A$ und $B \in R^{n,n}$ invertierbar sind.

(c) $\operatorname{adj}(\lambda A) = \lambda^{n-1}\operatorname{adj}(A)$ für alle $\lambda \in R$.

(d) $\operatorname{adj}(A^T) = \operatorname{adj}(A)^T$.

(e) $\det(\operatorname{adj}(A)) = (\det(A))^{n-1}$, falls $A$ invertierbar ist.

(f) $\operatorname{adj}(\operatorname{adj}(A)) = \det(A)^{n-2}A$.

(g) $\operatorname{adj}(A^{-1}) = \operatorname{adj}(A)^{-1}$, falls $A$ invertierbar ist.

Kann in (b) oder (e) auf die Annahme der Invertierbarkeit verzichtet werden?

7.7 Sei $n \geq 2$ und $A = [a_{ij}] \in \mathbb{R}^{n,n}$ mit $a_{ij} = \frac{1}{x_i + y_j}$ für gewisse $x_1, \dots, x_n$, $y_1, \dots, y_n \in \mathbb{R}$. (Insbesondere gelte dabei $x_i + y_j \neq 0$ für alle $i, j$.)

(a) Zeigen Sie, dass

$$\det(A) = \frac{\prod_{1 \leq i < j \leq n} (x_j - x_i)(y_j - y_i)}{\prod_{i,j=1}^{n} (x_i + y_j)}$$

gilt.

(b) Leiten Sie mit dem Ergebnis aus (a) eine Formel für die Determinate der $(n \times n)$-*Hilbert-Matrix* her (vgl. die MATLAB-Minute vor Definition 5.7).

7.8 Sei $R$ ein kommutativer Ring mit Eins. Sind $\alpha_1, \dots, \alpha_n \in R$, $n \geq 2$, dann wird

$$V_n := [\alpha_i^{j-1}] = \begin{bmatrix} 1 & \alpha_1 & \cdots & \alpha_1^{n-1} \\ 1 & \alpha_2 & \cdots & \alpha_2^{n-1} \\ \vdots & \vdots & & \vdots \\ 1 & \alpha_n & \cdots & \alpha_n^{n-1} \end{bmatrix} \in R^{n,n}$$

eine $(n \times n)$-*Vandermonde-Matrix*[7] genannt.

(a) Zeigen Sie, dass

$$\det(V_n) = \prod_{1 \leq i < j \leq n} (\alpha_j - \alpha_i)$$

gilt.

(b) Sei $K$ ein Körper und $K[t]_{\leq n-1}$ die Menge der Polynome in der Unbekannten $t$ vom Grad höchstens $n-1$. Zeigen Sie, dass zwei Polynome $p, q \in K[t]_{\leq n-1}$ gleich sind, wenn $p(\beta_j) = q(\beta_j)$ für paarweise verschiedene $\beta_1, \dots, \beta_n \in K$ gilt.

---

[7] Alexandre-Théophile Vandermonde (1735–1796).

7.9 Zeigen Sie folgende Aussagen:

(a) Sei $K$ ein Körper mit $1 + 1 \neq 0$ und $A \in K^{n,n}$ mit $A^T = -A$. Ist $n$ ungerade, so gilt $\det(A) = 0$.

(b) Ist $A \in GL_n(\mathbb{R})$ mit $A^T = A^{-1}$, so gilt $\det(A) \in \{1, -1\}$.

7.10 Sei $K$ ein Körper, $A_{11} \in K^{n_1,n_1}$, $A_{12} \in K^{n_1,n_2}$, $A_{21} \in K^{n_2,n_1}$, $A_{22} \in K^{n_2,n_2}$ sowie

$$A = \begin{bmatrix} A_{11} & A_{12} \\ A_{21} & A_{22} \end{bmatrix}.$$

Zeigen Sie folgende Rechenregeln:

(a) Ist $A_{11} \in GL_{n_1}(K)$, so gilt $\det(A) = \det(A_{11}) \det\left(A_{22} - A_{21} A_{11}^{-1} A_{12}\right)$.

(b) Ist $A_{22} \in GL_{n_2}(K)$, so gilt $\det(A) = \det(A_{22}) \det\left(A_{11} - A_{12} A_{22}^{-1} A_{21}\right)$.

(c) Ist $A_{21} = 0$, so gilt $\det(A) = \det(A_{11}) \det(A_{22})$.

Können Sie diese Regeln auch beweisen, wenn die Matrizen über einem kommutativen Ring mit Eins definiert sind?

7.11 Finden Sie Matrizen $A_{11}, A_{12}, A_{21}, A_{22} \in \mathbb{R}^{n,n}$ für ein $n \geq 2$ mit

$$\det\left(\begin{bmatrix} A_{11} & A_{12} \\ A_{21} & A_{22} \end{bmatrix}\right) \neq \det(A_{11}) \det(A_{22}) - \det(A_{12}) \det(A_{21}).$$

7.12 Sei $A = [a_{ij}] \in GL_n(\mathbb{R})$ mit $a_{ij} \in \mathbb{Z}$ für $i, j = 1, \ldots, n$. Zeigen Sie folgende Aussagen:

(a) Es gilt $A^{-1} \in \mathbb{Q}^{n,n}$.

(b) $A^{-1} \in \mathbb{Z}^{n,n}$ gilt genau dann, wenn $\det(A) \in \{-1, 1\}$ ist.

(c) Das lineare Gleichungssystem $Ax = b$ hat für jedes $b \in \mathbb{Z}^{n,1}$ eine eindeutige Lösung $\widehat{x} \in \mathbb{Z}^{n,1}$ genau dann, wenn $\det(A) \in \{-1, 1\}$ ist.

7.13 Zeigen Sie, dass $(G, *)$ mit $G = \{A \in \mathbb{Z}^{n,n} \mid \det(A) \in \{-1, 1\}\}$ eine Untergruppe von $GL_n(\mathbb{Q})$ ist. (Die Elemente von $G$ heißen *unimodulare Matrizen*.)

7.14 Sei $K$ ein Körper und $A \in K^{n,n}$. Zeigen Sie, dass folgende Aussagen äquivalent sind:

(1) $A \in GL_n(K)$.

(2) Es existiert $B \in K^{n,n}$ mit $BA = I_n$ (d. h. $A$ hat eine *Linksinverse*).

(3) Es existiert $C \in K^{n,n}$ mit $AC = I_n$ (d. h. $A$ hat eine *Rechtsinverse*).

# Das charakteristische Polynom und Eigenwerte von Matrizen

**8**

Wir haben Matrizen bereits anhand ihres Rangs und ihrer Determinante charakterisiert. In diesem Kapitel ordnen wir mit Hilfe der Determinantenabbildung jeder (quadratischen) Matrix ein eindeutig bestimmtes Polynom zu, das wir das charakteristische Polynom der Matrix nennen. Dieses Polynom repräsentiert wichtige Informationen über die gegebene Matrix. Unter anderem kann die Determinante der Matrix am charakteristischen Polynom abgelesen und somit auch die Frage der Invertierbarkeit der Matrix beantwortet werden. Noch wichtiger sind die Nullstellen des charakteristischen Polynoms, die die Eigenwerte der gegebenen Matrix genannt werden.

## 8.1 Das charakteristische Polynom und der Satz von Cayley-Hamilton

In Beispiel 3.15 haben wir den Ring $R[t]$ der Polynome über einem kommutativen Ring mit Eins und in der Unbekannten $t$ betrachtet. Ist $A = [a_{ij}] \in R^{n,n}$, so setzen wir

$$
t I_n - A = \begin{bmatrix} t - a_{11} & -a_{12} & \cdots & & -a_{1n} \\ -a_{21} & t - a_{22} & \ddots & & \vdots \\ \vdots & \ddots & \ddots & & -a_{n-1,n} \\ -a_{n1} & \cdots & & -a_{n,n-1} & t - a_{nn} \end{bmatrix} \in (R[t])^{n,n}.
$$

Die Einträge der Matrix $t I_n - A$ sind also Elemente des kommutativen Rings mit Eins $R[t]$, wobei die Diagonaleinträge die linearen Polynome (d. h. Polynome vom Grad 1) $t - a_{ii}$, $i = 1, \ldots, n$, sind. Alle anderen Einträge sind die konstanten Polynome $-a_{ij}$ für $i \neq j$. Somit ist die Determinante der Matrix $t I_n - A$ ein Element von $R[t]$ (vgl. Definition 7.4).

© Springer-Verlag GmbH Deutschland, ein Teil von Springer Nature 2021
J. Liesen, V. Mehrmann, *Lineare Algebra*, Springer Studium Mathematik (Bachelor),
https://doi.org/10.1007/978-3-662-62742-6_8

**Definition 8.1.** Sind $R$ ein kommutativer Ring mit Eins und $A \in R^{n,n}$, dann heißt

$$P_A := \det(t I_n - A) \in R[t]$$

das *charakteristische Polynom* von $A$.

**Beispiel 8.2.** Ist $n = 1$ und $A = [a_{11}]$, dann ist

$$P_A = \det(t I_1 - A) = \det([t - a_{11}]) = t - a_{11}.$$

Für $n = 2$ und

$$A = \begin{bmatrix} a_{11} & a_{12} \\ a_{21} & a_{22} \end{bmatrix}$$

erhalten wir

$$P_A = \det\left( \begin{bmatrix} t - a_{11} & -a_{12} \\ -a_{21} & t - a_{22} \end{bmatrix} \right) = t^2 - (a_{11} + a_{22})t + (a_{11}a_{22} - a_{12}a_{21}).$$

Mit Hilfe von Definition 7.4 ergibt sich die allgemeine Form von $P_A$ für eine Matrix $A \in R^{n,n}$ als

$$P_A = \sum_{\sigma \in S_n} \operatorname{sgn}(\sigma) \prod_{i=1}^{n} \left( \delta_{i,\sigma(i)} t - a_{i,\sigma(i)} \right). \tag{8.1}$$

Das folgende Lemma gibt weitere Informationen über das charakteristische Polynom $P_A$.

**Lemma 8.3.** *Für $A \in R^{n,n}$ gilt $P_A = P_{A^T}$ und*

$$P_A = t^n - \alpha_{n-1} t^{n-1} + \ldots + (-1)^{n-1} \alpha_1 t + (-1)^n \alpha_0$$

*mit $\alpha_{n-1} = \sum_{i=1}^{n} a_{ii}$ und $\alpha_0 = \det(A)$.*

**Beweis.** Aus (5) in Lemma 7.10 folgt

$$P_A = \det(t I_n - A) = \det((t I_n - A)^T) = \det(t I_n - A^T) = P_{A^T}.$$

Nach (8.1) gilt

$$P_A = \prod_{i=1}^{n}(t - a_{ii}) + \sum_{\substack{\sigma \in S_n \\ \sigma \neq [1,2,...,n]}} \text{sgn}(\sigma) \prod_{i=1}^{n} \left( \delta_{i,\sigma(i)} t - a_{i,\sigma(i)} \right).$$

In der Summe auf der rechten Seite hat der erste Summand die Form

$$t^n - \left( \sum_{i=1}^{n} a_{ii} \right) t^{n-1} + (\text{Polynom vom Grad} \leq n - 2)$$

und der zweite Summand ist ein Polynom vom Grad $\leq n - 2$. Somit gilt $\alpha_{n-1} = \sum_{i=1}^{n} a_{ii}$ wie behauptet. Aus Definition 8.1 folgt außerdem

$$P_A(0) = \det(-A) = (-1)^n \det(A)$$

und somit $\alpha_0 = \det(A)$. □

Das charakteristische Polynom $P_A$ von $A \in R^{n,n}$ hat somit stets den Grad $n$. Der Koeffizient von $t^n$ ist gleich $1 \in R$. Ein solches Polynom heißt *monisch*. Der Koeffizient $\alpha_{n-1}$ vor $t^{n-1}$ ist die Summe der Diagonalelemente und wird als *Spur* der Matrix bezeichnet, d. h.

$$\text{Spur}(A) := \sum_{i=1}^{n} a_{ii}.$$

Das folgende Lemma zeigt, dass es zu jedem monischen Polynom $p \in R[t]$ vom Grad $n \geq 1$ eine Matrix $A \in R^{n,n}$ mit $P_A = p$ gibt.

**Lemma 8.4.** *Sei* $n \in \mathbb{N}$ *und* $p = t^n + \beta_{n-1} t^{n-1} + \ldots + \beta_0 \in R[t]$. *Dann ist* $p$ *das charakteristische Polynom der Matrix*

$$A = \begin{bmatrix} 0 & & & -\beta_0 \\ 1 & \ddots & & \vdots \\ & \ddots & 0 & -\beta_{n-2} \\ & & 1 & -\beta_{n-1} \end{bmatrix} \in R^{n,n}.$$

*(Für* $n = 1$ *ist* $A = [-\beta_0]$.) *Die Matrix* $A$ *heißt die* Begleitmatrix *von* $p$.

**Beweis.** Wir beweisen die Aussage durch Induktion über $n$.

Für $n = 1$ ist $p = t + \beta_0$, $A = [-\beta_0]$ und $P_A = \det([t + \beta_0]) = p$.

Die Aussage gelte nun für ein $n \geq 1$. Wir betrachten $p = t^{n+1} + \beta_n t^n + \ldots + \beta_0$ und

$$A = \begin{bmatrix} 0 & & & -\beta_0 \\ 1 & \ddots & & \vdots \\ & \ddots & 0 & -\beta_{n-1} \\ & & 1 & -\beta_n \end{bmatrix} \in R^{n+1,n+1}.$$

Mit Hilfe der Laplace-Entwicklung nach der ersten Zeile (vgl. Korollar 7.21) erhalten wir

$$P_A = \det(t I_{n+1} - A)$$

$$= t \cdot \det\left( \begin{bmatrix} t & & & \beta_1 \\ -1 & \ddots & & \vdots \\ & \ddots & t & \beta_{n-1} \\ & & -1 & t + \beta_n \end{bmatrix} \right)$$

$$+ (-1)^{n+2} \cdot \beta_0 \cdot \det\left( \begin{bmatrix} -1 & t & & \\ & \ddots & \ddots & \\ & & \ddots & t \\ & & & -1 \end{bmatrix} \right)$$

$$= t \cdot (t^n + \beta_n t^{n-1} + \ldots + \beta_1) + \beta_0$$

$$= t^{n+1} + \beta_n t^n + \ldots + \beta_1 t + \beta_0.$$

In der vorletzten Gleichung haben wir die Induktionsannahme ausgenutzt.    □

**Beispiel 8.5.** Das Polynom $p = (t - 1)^3 = t^3 - 3t^2 + 3t - 1 \in \mathbb{Z}[t]$ hat die Begleitmatrix

$$A = \begin{bmatrix} 0 & 0 & 1 \\ 1 & 0 & -3 \\ 0 & 1 & 3 \end{bmatrix} \in \mathbb{Z}^{3,3}.$$

Die Einheitsmatrix $I_3$ hat das charakteristische Polynom

$$P_{I_3} = \det(t I_3 - I_3) = (t - 1)^3 = P_A.$$

Wir sehen, dass unterschiedliche Matrizen das gleiche charakteristische Polynom besitzen können.

In Beispiel 3.15 haben wir gesehen, wie Skalare $\lambda \in R$ in ein Polynom $p \in R[t]$ „eingesetzt" werden. Analog kann dies für Matrizen $M \in R^{m,m}$ definiert werden. Für

$$p = \beta_n t^n + \beta_{n-1} t^{n-1} + \ldots + \beta_0 \in R[t]$$

ist

$$p(M) := \beta_n M^n + \beta_{n-1} M^{n-1} + \ldots + \beta_0 I_m \in R^{m,m},$$

wobei die Multiplikation auf der rechten Seite als skalare Multiplikation von $\beta_j \in R$ und $M^j \in R^{m,m}$, $j = 0, 1, \ldots, n$, zu verstehen ist. Es gilt $M^0 = I_m$. Das „Einsetzen" von Matrizen $M \in R^{m,m}$ in ein Polynom $p \in R[t]$ ist somit eine Abbildung von $R^{m,m}$ nach $R^{m,m}$ (vgl. Aufgabe 4.9).

Insbesondere gilt nach (8.1) für das charakteristische Polynom $P_A$ einer Matrix $A \in R^{n,n}$ und eine Matrix $M \in R^{m,m}$ die Gleichung

$$P_A(M) = \sum_{\sigma \in S_n} \mathrm{sgn}(\sigma) \prod_{i=1}^{n} \left( \delta_{i,\sigma(i)} M - a_{i,\sigma(i)} I_m \right). \tag{8.2}$$

*Achtung:* Die sich für $M \in R^{n,n}$ aus der Definition $P_A = \det(t I_n - A)$ „offensichtlich anbietende" Gleichung $P_A(M) = \det(M - A)$ ist *falsch*. Per Definition ist $P_A(M) \in R^{n,n}$ und $\det(M - A) \in R$. Somit können diese beiden Ausdrücke (selbst für $n = 1$) niemals identisch sein!

Die folgende fundamentale Aussage wird als *Satz von Cayley-Hamilton*[1] bezeichnet.

**Satz 8.6.** *Für jede Matrix $A \in R^{n,n}$ und ihr charakteristisches Polynom $P_A \in R[t]$ gilt $P_A(A) = 0 \in R^{n,n}$.*

**Beweis.** Für $n = 1$ sind $A = [a_{11}]$ und $P_A = t - a_{11}$, daher gilt $P_A(A) = [a_{11}] - [a_{11}] = [0]$.

Sei nun $n \geq 2$ und sei $e_i$ die $i$-te Spalte der Einheitsmatrix $I_n \in R^{n,n}$. Dann gilt

$$A e_i = a_{1i} e_1 + a_{2i} e_2 + \ldots + a_{ni} e_n, \quad 1 \leq i \leq n,$$

---

[1] Arthur Cayley (1821–1895). bewies diesen Satz 1858 für $n = 2$ und behauptete, ihn ebenfalls für $n = 3$ verifiziert zu haben. Er hielt es nicht für nötig, einen Beweis für allgemeines $n$ zu liefern. Sir William Rowan Hamilton (1805–1865) bewies 1853 ebenfalls einen Spezialfall, nämlich den Fall $n = 4$ im Zusammenhang mit seinen Untersuchungen der Quaternionen. Einen der ersten Beweise für allgemeines $n$ gab Ferdinand Georg Frobenius (1849–1917) 1878. James Joseph Sylvester (1814–1897) sorgte 1884 für die Namensgebung, als er den Satz als „no-little-marvellous Hamilton-Cayley theorem" bezeichnete.

was äquivalent ist mit

$$(A - a_{ii}I_n)e_i + \sum_{\substack{j=1 \\ j \neq i}}^{n} (-a_{ji}I_n)e_j = 0_{n,1}, \quad 1 \leq i \leq n.$$

Die letzten $n$ Gleichungen können wir schreiben als

$$\begin{bmatrix} A - a_{11}I_n & -a_{21}I_n & \cdots & -a_{n1}I_n \\ -a_{12}I_n & A - a_{22}I_n & \cdots & -a_{n2}I_n \\ \vdots & \vdots & & \vdots \\ -a_{1n}I_n & -a_{2n}I_n & \cdots & A - a_{nn}I_n \end{bmatrix} \begin{bmatrix} e_1 \\ e_2 \\ \vdots \\ e_n \end{bmatrix} = \begin{bmatrix} 0 \\ 0 \\ \vdots \\ 0 \end{bmatrix}, \quad \text{kurz} \quad B\widehat{e} = \widehat{0}.$$

Es gilt $B \in (R[A])^{n,n}$ mit $R[A] := \{p(A) \mid p \in R[t]\} \subset R^{n,n}$, d.h. die Einträge von $B$ sind Polynome aus $R[t]$, in die die Matrix $A$ eingesetzt wurde. Die Menge $R[A]$ bildet einen kommutativen Ring mit Eins, gegeben durch die Einheitsmatrix $I_n$ (vgl. Aufgabe 4.9). Nach Annahme gilt $n \geq 2$ und aus Satz 7.17 folgt

$$\text{adj}(B)B = \det(B)\widehat{I_n},$$

wobei $\det(B) \in R[A]$ und $\widehat{I_n}$ die Einheitsmatrix in $(R[A])^{n,n}$ sind. Die Matrix $\widehat{I_n}$ hat also $n$-mal die Einheitsmatrix $I_n$ auf ihrer Diagonalen. Wir multiplizieren diese Gleichung von rechts mit $\widehat{e}$ und erhalten

$$\text{adj}(B) \underbrace{B\widehat{e}}_{= \widehat{0}} = \det(B)\widehat{I_n}\widehat{e},$$

woraus $\det(B) = 0 \in R^{n,n}$ folgt. Mit Hilfe von Lemma 8.3 erhalten wir

$$0 = \det(B) = \sum_{\sigma \in S_n} \text{sgn}(\sigma) \prod_{i=1}^{n} (\delta_{i,\sigma(i)}A - a_{\sigma(i),i}I_n)$$

$$= \sum_{\sigma \in S_n} \text{sgn}(\sigma) \prod_{i=1}^{n} (\delta_{\sigma(i),i}A - a_{\sigma(i),i}I_n)$$

$$= P_{A^T}(A)$$

$$= P_A(A),$$

was den Beweis beendet.                                                          □

## 8.2 Eigenwerte und Eigenvektoren

In diesem Abschnitt geben wir eine Einführung in das Thema der Eigenwerte und Eigenvektoren von quadratischen Matrizen über einem Körper $K$. Diese wichtigen Begriffe werden wir in späteren Kapiteln sehr detailliert untersuchen.

**Definition 8.7.** Sei $A \in K^{n,n}$. Falls $v \in K^{n,1} \setminus \{0\}$ und $\lambda \in K$ die Gleichung $Av = \lambda v$ erfüllen, so heißt $v$ *Eigenvektor* von $A$ zum *Eigenwert* $\lambda$.

Falls $A \in K^{n,n}$ einen Eigenvektor $v \in K^{n,1} \setminus \{0\}$ zum Eigenwert $\lambda \in K$ hat, so sagen wir auch kurz: $\lambda$ *ist ein Eigenwert von A.*

Während $v = 0$ per Definition niemals ein Eigenvektor einer Matrix $A$ ist, kann $\lambda = 0$ als Eigenwert auftreten. Zum Beispiel gilt

$$\begin{bmatrix} 1 & -1 \\ -1 & 1 \end{bmatrix} \begin{bmatrix} 1 \\ 1 \end{bmatrix} = 0 \begin{bmatrix} 1 \\ 1 \end{bmatrix}.$$

Ist $\lambda \in K$ ein Eigenwert von $A$, dann erfüllt jeder zugehörige Eigenvektor die Gleichung $Av = \lambda v$, d. h. es gilt

$$(\lambda I_n - A)v = 0.$$

Für einen Eigenwert $\lambda$ von $A$ sind somit die zugehörigen Eigenvektoren gegeben durch die „nicht-trivialen" Lösungen des homogenen linearen Gleichungssystems $(\lambda I_n - A)x = 0$.

Sind $v_1, v_2$ Eigenvektoren zum Eigenwert $\lambda$ von $A$ und sind $\alpha, \beta \in K$ beliebig mit $\alpha v_1 + \beta v_2 \neq 0$, dann ist auch $\alpha v_1 + \beta v_2$ ein Eigenvektor von $A$ zum Eigenwert $\lambda$, denn es gilt

$$A(\alpha v_1 + \beta v_2) = \alpha A v_1 + \beta A v_2 = \alpha \lambda v_1 + \beta \lambda v_2 = \lambda(\alpha v_1 + \beta v_2).$$

Diese Eigenschaft der Lösungsmenge eines homogenen linearen Gleichungssystems haben wir bereits nach Lemma 6.2 festgestellt.

Der folgende Satz stellt einen wichtigen Zusammenhang zwischen den Eigenwerten von $A \in K^{n,n}$ und dem charakteristischen Polynom $P_A$ von $A$ her.

**Satz 8.8.** *Für $A \in K^{n,n}$ gelten:*

(1) $\lambda \in K$ *ist genau dann ein Eigenwert von $A$, wenn $\lambda$ eine Nullstelle des charakteristischen Polynoms von $A$ ist, d. h. wenn $P_A(\lambda) = 0 \in K$ gilt.*

(2) $\lambda = 0 \in K$ *ist genau dann ein Eigenwert von $A$, wenn $\det(A) = 0$ ist.*

(3) $\lambda \in K$ ist genau dann ein Eigenwert von $A$, wenn $\lambda \in K$ ein Eigenwert von $A^T$ ist. (A und $A^T$ haben die gleichen Eigenwerte, aber nicht unbedingt die gleichen Eigenvektoren.)

**Beweis.**

(1) Sei $\lambda \in K$ mit $P_A(\lambda) = 0$, also $\det(\lambda I_n - A) = 0$. Dies gilt genau dann, wenn die Matrix $\lambda I_n - A$ nicht invertierbar ist (vgl. (7.5)), was äquivalent ist mit der Aussage $\mathscr{L}(\lambda I_n - A, 0) \neq \{0\}$, so dass ein $\hat{x} \neq 0$ mit $(\lambda I_n - A)\hat{x} = 0$ bzw. $A\hat{x} = \lambda \hat{x}$ existiert.

(2) Nach (1) ist $\lambda = 0$ genau dann ein Eigenwert von $A$, wenn $P_A(0) = 0$ ist. Die Aussage folgt nun aus $P_A(0) = (-1)^n \det(A)$ (vgl. Lemma 8.3).

(3) Nach (1) ist $\lambda$ genau dann ein Eigenwert von $A$, wenn $P_A(\lambda) = 0$ ist. Die Aussage folgt nun aus $P_A = P_{A^T}$ (vgl. Lemma 8.3).                            $\square$

Das charakteristische Polynom $P_A \in K[t]$ von $A \in K^{n,n}$ hat den Grad $n$. Ein solches Polynom hat höchstens $n$ Nullstellen, wie wir in Korollar 15.5 zeigen werden. In $\mathbb{Q}[t]$ und $\mathbb{R}[t]$ existieren (nicht-konstante) Polynome, die keine Nullstellen haben und somit existieren Matrizen über $\mathbb{Q}$ und über $\mathbb{R}$, die keine Eigenwerte haben.

**Beispiel 8.9.**

(1) Die Matrix

$$A = \begin{bmatrix} 0 & 1 \\ 2 & 0 \end{bmatrix} \in \mathbb{Q}^{2,2}$$

hat das charakteristische Polynom $P_A = t^2 - 2 \in \mathbb{Q}[t]$. Dieses Polynom hat keine Nullstellen, denn es gibt keine rationalen Lösungen der Gleichung $t^2 - 2 = 0$. Fassen wir $A$ als ein Element von $\mathbb{R}^{2,2}$, so hat $P_A \in \mathbb{R}[t]$ die beiden reellen Nullstellen $\sqrt{2}$ und $-\sqrt{2}$. Aufgefasst als reelle Matrix hat $A$ daher die beiden Eigenwerte $\sqrt{2}$ und $-\sqrt{2}$.

(2) Die Matrix

$$A = \begin{bmatrix} 0 & 1 \\ -1 & 0 \end{bmatrix} \in \mathbb{R}^{2,2}$$

hat das charakteristische Polynom $P_A = t^2 + 1 \in \mathbb{R}[t]$. Da es keine reellen Lösungen der Gleichung $t^2 + 1 = 0$ gibt, hat $A$ keine Eigenwerte. Aufgefasst als ein Element von $\mathbb{C}^{2,2}$ hat $A$ die beiden Eigenwerte $\mathbf{i}$ und $-\mathbf{i}$.

Dieses Beispiel zeigt, dass die Existenz von Eigenwerten davon abhängen kann, über welchem Körper eine gegebene Matrix betrachtet wird. In Kap. 15 werden wir beweisen, dass jedes nicht-konstante Polynom über $\mathbb{C}$ mindestens eine Nullstelle hat. Matrizen $A \in \mathbb{C}^{n,n}$ haben daher immer Eigenwerte.

Aus Satz 8.8 folgen weitere nützliche Kriterien für die Invertierbarkeit von $A \in K^{n,n}$ (vgl. (7.4)):

$$A \in GL_n(K) \Leftrightarrow 0 \text{ ist kein Eigenwert von } A$$

$$\Leftrightarrow 0 \text{ ist keine Nullstelle von } P_A$$

Außerdem zeigt Satz 8.8, dass $\lambda \in K$ ein gemeinsamer Eigenwert von $A \in K^{n,n}$ und $B \in K^{n,n}$ ist, wenn $P_A(\lambda) = P_B(\lambda) = 0$ gilt. Gilt $P_A = P_B$, so haben $A$ und $B$ die gleichen Eigenwerte. Hierfür können wir eine hinreichende Bedingung angeben.

**Definition 8.10.** Zwei Matrizen $A, B \in K^{n,n}$ heißen *ähnlich*, wenn es eine Matrix $Z \in GL_n(K)$ mit $A = ZBZ^{-1}$ gibt.

Man überzeugt sich leicht, dass Ähnlichkeit eine Äquivalenzrelation auf der Menge $K^{n,n}$ ist.

**Satz 8.11.** *Sind zwei Matrizen $A, B \in K^{n,n}$ ähnlich, so gilt $P_A = P_B$.*

**Beweis.** Sei $A = ZBZ^{-1}$, dann folgt aus dem Determinantenmultiplikationssatz

$$P_A = \det(t I_n - A) = \det(t I_n - ZBZ^{-1}) = \det(Z(t I_n - B)Z^{-1})$$

$$= \det(Z) \det(t I_n - B) \det(Z^{-1}) = \det(t I_n - B) \det(ZZ^{-1})$$

$$= P_B$$

(vgl. die Bemerkungen nach Satz 7.15). $\qquad\qquad\qquad\qquad\qquad\qquad\qquad\qquad \square$

Die Bedingung für $P_A = P_B$ in Satz 8.11 ist hinreichend, aber nicht notwendig.

**Beispiel 8.12.** Seien $A, B \in \mathbb{Q}^{2,2}$ gegeben durch

$$A = \begin{bmatrix} 1 & 1 \\ 0 & 1 \end{bmatrix}, \quad B = \begin{bmatrix} 1 & 0 \\ 0 & 1 \end{bmatrix} = I_2.$$

Dann gilt $P_A = (t-1)^2 = P_B$, aber für jede Matrix $Z \in GL_n(\mathbb{Q})$ gilt $ZBZ^{-1} = I_2 \neq A$. Also sind $A$ und $B$ nicht ähnlich (vgl. auch Beispiel 8.5).

**Die MATLAB-Minute.**
Die Nullstellen eines Polynoms $p = \alpha_n t^n + \alpha_{n-1} t^{n-1} + \ldots + \alpha_0$ können in MATLAB durch roots(p) berechnet (bzw. approximiert) werden, wobei p eine $(1 \times (n+1))$-Matrix mit den $n+1$ Einträgen $p(i) = \alpha_{n+1-i}$ für $i = 1, \ldots, n+1$, ist. Berechnen Sie roots(p) für das monische Polynom $p = t^3 - 3t^2 + 3t - 1 \in \mathbb{R}[t]$ und lassen Sie diese im format long anzeigen. Was sind die exakten Nullstellen von $p$ und wie groß ist der numerische Fehler bei der Berechnung durch roots(p)?
Bilden Sie in MATLAB die Matrix A=compan(p). Vergleichen Sie die Struktur dieser Matrix mit der Struktur der Begleitmatrix aus Lemma 8.4. Können Sie den Beweis von Lemma 8.4 auf die Struktur der Matrix A übertragen?
Berechnen Sie die Eigenwerte von A mit Hilfe von eig(A) und vergleichen Sie das Ergebnis mit dem von roots(p). Was stellen Sie fest?

## 8.3   Eigenvektoren stochastischer Matrizen

Wir betrachten nun das in Kap. 1 beschriebene Eigenwertproblem, das im PageRank-Algorithmus zur Berechnung der Wichtigkeit gegebener Dokumente zu lösen ist. Die Modellierung führte uns auf eine Gleichung der Form $Ax = x$. Hierbei ist $A = [a_{ij}] \in \mathbb{R}^{n,n}$ ($n$=Anzahl der Dokumente) mit

$$a_{ij} \geq 0 \quad \text{und} \quad \sum_{i=1}^{n} a_{ij} = 1 \quad \text{für} \quad j = 1, \ldots, n.$$

Eine solche Matrix $A$ wird *spalten-stochastisch* genannt.

Gesucht ist ein $x = [x_1, \ldots, x_n]^T \in \mathbb{R}^{n,1} \setminus \{0\}$ mit $Ax = x$, wobei der Eintrag $x_i$ die Wichtigkeit des Dokuments $i$ darstellt. Gewünscht sind nur nicht-negative Wichtigkeiten, d. h. es soll $x_i \geq 0$ für $i = 1, \ldots, n$ gelten. Wir haben daher das folgende Problem zu lösen:

Bestimme einen Eigenvektor von $A$ mit nicht-negativen Einträgen zum Eigenwert $\lambda = 1$.

Wir überzeugen uns zunächst davon, dass dieses Problem eine Lösung hat. Danach untersuchen wir die Eindeutigkeit dieser Lösung. Unsere Darstellung orientiert sich an [BryL06].

**Lemma 8.13.** *Eine spalten-stochastische Matrix $A \in \mathbb{R}^{n,n}$ hat einen Eigenvektor zum Eigenwert* 1.

**Beweis.** Sei $A$ spalten-stochastisch. Nach Satz 8.8 ist 1 genau dann ein Eigenwert von $A$, wenn 1 ein Eigenwert von $A^T$ ist. Für $e := [1, \ldots, 1]^T \in \mathbb{R}^{n,1}$ gilt $A^T e = e$ und somit gibt es auch einen Eigenvektor zum Eigenwert 1 von $A$. $\qquad\square$

Wir nennen eine Matrix mit reellen Einträgen *positiv*, wenn alle ihre Einträge positiv sind.

**Lemma 8.14.** *Ist $A \in \mathbb{R}^{n,n}$ positiv und spalten-stochastisch und ist $x \in \mathbb{R}^{n,1}$ ein Eigenvektor von $A$ zum Eigenwert 1, dann ist entweder $x$ oder $-x$ positiv.*

**Beweis.** Ist $x = [x_1, \ldots, x_n]^T$ ein Eigenvektor von $A = [a_{ij}]$ zum Eigenwert 1, dann gilt

$$x_i = \sum_{j=1}^{n} a_{ij} x_j, \quad i = 1, \ldots, n.$$

Sind nicht alle Einträge von $x$ positiv (oder sind nicht alle Einträge negativ), so gibt es mindestens einen Index $k$ mit

$$|x_k| = \Big| \sum_{j=1}^{n} a_{kj} x_j \Big| < \sum_{j=1}^{n} a_{kj} |x_j|.$$

Es folgt der Widerspruch

$$\sum_{i=1}^{n} |x_i| < \sum_{i=1}^{n} \sum_{j=1}^{n} a_{ij} |x_j| = \sum_{j=1}^{n} \sum_{i=1}^{n} a_{ij} |x_j| = \sum_{j=1}^{n} \Big( |x_j| \cdot \underbrace{\sum_{i=1}^{n} a_{ij}}_{= 1} \Big) = \sum_{j=1}^{n} |x_j|.$$

Die Einträge von $x$ sind somit alle positiv oder alle negativ. $\qquad\square$

Mit diesem Lemma können wir den folgenden Satz über die Eindeutigkeit des Eigenvektors zum Eigenwert 1 einer positiven spalten-stochastischen Matrix zeigen.

**Satz 8.15.** *Ist $A \in \mathbb{R}^{n,n}$ positiv und spalten-stochastisch, so gibt es ein eindeutig bestimmtes positives $x = [x_1, \ldots, x_n]^T \in \mathbb{R}^{n,1}$ mit $\sum_{i=1}^{n} x_i = 1$ und $Ax = x$.*

**Beweis.** Nach Lemma 8.14 hat $A$ mindestens einen positiven Eigenvektor zum Eigenwert 1. Wir nehmen nun an, dass $x^{(1)} = [x_1^{(1)}, \ldots, x_n^{(1)}]^T$ und $x^{(2)} = [x_1^{(2)}, \ldots, x_n^{(2)}]^T$ zwei positive Eigenvektoren von $A$ zum Eigenwert 1 sind, für die $\sum_{i=1}^{n} x_i^{(j)} = 1$, $j = 1, 2$, gilt. Zu zeigen ist $x^{(1)} = x^{(2)}$.

Für $\alpha \in \mathbb{R}$ definieren wir $x(\alpha) := x^{(1)} + \alpha x^{(2)} \in \mathbb{R}^{n,1}$, dann gilt

$$Ax(\alpha) = Ax^{(1)} + \alpha Ax^{(2)} = x^{(1)} + \alpha x^{(2)} = x(\alpha).$$

Nun setzte $\widetilde{\alpha} := -x_1^{(1)}/x_1^{(2)}$. Dann ist der erste Eintrag von $x(\widetilde{\alpha})$ gleich Null, also kann nach Lemma 8.14 $x(\widetilde{\alpha})$ kein Eigenvektor von $A$ zum Eigenwert 1 sein. Aus $Ax(\widetilde{\alpha}) = x(\widetilde{\alpha})$ folgt $x(\widetilde{\alpha}) = 0$ und somit

$$x_i^{(1)} + \widetilde{\alpha} x_i^{(2)} = 0 \quad \text{für} \quad i = 1, \ldots, n. \tag{8.3}$$

Aufsummieren dieser $n$ Gleichungen für $i = 1, \ldots, n$ liefert

$$\underbrace{\sum_{i=1}^{n} x_i^{(1)}}_{=\,1} + \widetilde{\alpha} \underbrace{\sum_{i=1}^{n} x_i^{(2)}}_{=\,1} = 0, \quad \text{also} \quad \widetilde{\alpha} = -1.$$

Aus (8.3) folgt $x_i^{(1)} = x_i^{(2)}$ für $i = 1, \ldots, n$ und somit $x^{(1)} = x^{(2)}$. $\qquad\square$

Der eindeutig bestimmte positive Eigenvektor $x$ in Satz 8.15 wird *Perron-Eigenvektor*[2] der positiven Matrix $A$ genannt. Die Theorie der Eigenwerte und Eigenvektoren positiver (oder allgemeiner: nicht-negativer) Matrizen ist ein wichtiges Teilgebiet der Matrizentheorie, denn solche Matrizen treten in vielen Anwendungen auf.

Die Matrix $A \in \mathbb{R}^{n,n}$ im PageRank-Algorithmus ist, wie beschrieben, zwar spalten-stochastisch, aber nicht positiv, denn es gibt Einträge $a_{ij} = 0$. Ein eindeutig lösbares Problem ergibt sich durch den folgenden Trick:

Sei $S = [s_{ij}] \in \mathbb{R}^{n,n}$ mit $s_{ij} = 1/n$. Offensichtlich ist $S$ positiv und spalten-stochastisch. Wir definieren nun für eine reelle Zahl $\alpha \in (0, 1]$ die Matrix

$$\widehat{A}(\alpha) := (1 - \alpha)A + \alpha S.$$

Dann ist $\widehat{A}(\alpha)$ positiv und spalten-stochastisch, hat also einen eindeutig bestimmten positiven Eigenvektor $\widehat{u} = [\widehat{u}_1, \ldots, \widehat{u}_n]^T \in \mathbb{R}^{n,1}$ mit $\sum_{i=1}^{n} \widehat{u}_i = 1$ zum Eigenwert 1. Für dieses $\widehat{u}$ gilt:

$$\widehat{u} = \widehat{A}(\alpha)\widehat{u} = (1 - \alpha)A\widehat{u} + \alpha S\widehat{u} = (1 - \alpha)A\widehat{u} + \frac{\alpha}{n}[1, \ldots, 1]^T.$$

Betrachten wir eine große Anzahl an Dokumenten (zum Beispiel das gesamte Internet), so ist die Zahl $\alpha/n$ sehr klein. Löst man das Eigenwertproblem $\widehat{A}(\alpha)\widehat{u} = \widehat{u}$ für kleines $\alpha$,

---

[2]Oskar Perron (1880–1975).

so ergibt sich mit $\widehat{u}$ eine gute Approximation eines $u \in \mathbb{R}^{n,1}$, für das $Au = u$ gilt. Die praktische Lösung des Eigenwertproblems mit der Matrix $\widehat{A}(\alpha)$ ist ein Thema der Numerischen Linearen Algebra.

Der Trick mit der Matrix $S$ hat eine interessante Interpretation: Die Matrix $S$ stellt eine Verbindungsstruktur dar, in der jedes Dokument auf jedes andere verweist. Somit sind alle Dokumente gleich wichtig. Die Matrix $\widehat{A}(\alpha) = (1 - \alpha)A + \alpha S$ kann daher als Modell für folgendes „Surfverhalten" im Internet gelten: Mit der Wahrscheinlichkeit $1 - \alpha$ folgt ein Internetsurfer einem vorgeschlagenen Link und mit der Wahrscheinlichkeit $\alpha$ folgt er einem beliebigen Link. Dies wurde ursprünglich von Google Inc. mit dem Wert $\alpha = 0{,}15$ benutzt.

## Aufgaben

(In den folgenden Aufgaben ist $K$ stets ein beliebiger Körper.)

8.1 Bestimmen Sie die charakteristischen Polynome der folgenden Matrizen über $\mathbb{Q}$:

$$A = \begin{bmatrix} 2 & 0 \\ 0 & 2 \end{bmatrix}, \quad B = \begin{bmatrix} 4 & 4 \\ -1 & 0 \end{bmatrix}, \quad C = \begin{bmatrix} 2 & 1 \\ 0 & 2 \end{bmatrix}, \quad D = \begin{bmatrix} 2 & 0 & -1 \\ 0 & 2 & 0 \\ -4 & 0 & 2 \end{bmatrix}.$$

Verifizieren Sie jeweils durch Nachrechnen den Satz von Cayley-Hamilton. Sind die Matrizen $A, B, C$ ähnlich?

8.2 Sei $R$ ein kommutativer Ring mit Eins.

(a) Zeigen Sie, dass es für jede invertierbare Matrix $A \in R^{n,n}$, $n \geq 2$, ein Polynom $p \in R[t]$ vom Grad höchstens $n - 1$ gibt, so dass $\mathrm{adj}(A) = p(A)$ ist. Folgern Sie, dass in diesem Fall $A^{-1} = q(A)$ für ein Polynom $q \in R[t]$ vom Grad höchstens $n - 1$ gilt.

(b) Sei $A \in R^{n,n}$ gegeben. Wenden Sie Satz 7.17 auf die Matrix $tI_n - A \in (R[t])^{n,n}$ an und leiten Sie aus der Formel $\det(tI_n - A)\, I_n = (tI_n - A)\, \mathrm{adj}(tI_n - A)$ einen alternativen Beweis des Satzes von Cayley-Hamilton her.

8.3 Sei $A \in K^{n,n}$ eine Matrix mit $A^k = 0$ für ein $k \in \mathbb{N}$. (Eine solche Matrix heißt *nilpotent*.)

(a) Zeigen Sie, dass $A$ nur $\lambda = 0$ als Eigenwert hat.

(b) Bestimmen Sie $P_A$ und zeigen Sie, dass $A^n = 0$ ist.

(*Hinweis:* Sie dürfen annehmen, dass $P_A = \prod_{i=1}^{n} (t - \lambda_i)$ für gewisse $\lambda_1, \dots, \lambda_n \in K$ gilt.)

(c) Zeigen Sie, dass $\mu I_n - A$ genau dann invertierbar ist, wenn $\mu \in K \setminus \{0\}$ ist.

(d) Zeigen Sie, dass $(I_n - A)^{-1} = I_n + A + A^2 + \dots + A^{n-1}$ gilt.

8.4  Berechnen Sie die Eigenwerte und Eigenvektoren der folgenden Matrizen über $\mathbb{R}$:

$$A = \begin{bmatrix} 1 & 1 & 1 \\ 0 & 1 & 1 \\ 0 & 0 & 1 \end{bmatrix}, \quad B = \begin{bmatrix} 3 & 8 & 16 \\ 0 & 7 & 8 \\ 0 & -4 & -5 \end{bmatrix}, \quad C = \begin{bmatrix} 0 & -1 & 0 & 0 \\ 1 & 0 & 0 & 0 \\ 0 & 0 & -2 & 1 \\ 0 & 0 & 0 & -2 \end{bmatrix}.$$

Was ändert sich, wenn Sie $A$, $B$, $C$ als Matrizen über $\mathbb{C}$ betrachten?

8.5  Sei $n \geq 3$ und $\varepsilon \in \mathbb{R}$. Fassen Sie die Matrix

$$A(\varepsilon) = \begin{bmatrix} 1 & 1 & & \\ & \ddots & \ddots & \\ & & \ddots & 1 \\ \varepsilon & & & 1 \end{bmatrix}$$

als Element von $\mathbb{C}^{n,n}$ auf und bestimmen Sie alle Eigenwerte in Abhängigkeit von $\varepsilon$. Wie viele paarweise verschiedene Eigenwerte hat $A(\varepsilon)$?

8.6  Berechnen Sie die Eigenwerte und alle Eigenvektoren von

$$A = \begin{bmatrix} 2 & 2-a & 2-a \\ 0 & 4-a & 2-a \\ 0 & -4+2a & -2+2a \end{bmatrix} \in \mathbb{R}^{3,3}, \quad B = \begin{bmatrix} 1 & 1 & 0 \\ 1 & 0 & 1 \\ 0 & 1 & 1 \end{bmatrix} \in (\mathbb{Z}/2\mathbb{Z})^{3,3}.$$

(Die Elemente von $\mathbb{Z}/2\mathbb{Z}$ werden hier der Einfachheit halber mit $k$ anstatt $[k]$ bezeichnet.)

8.7  Sei $A \in K^{n,n}$, $B \in K^{m,m}$, $n \geq m$, und $C \in K^{n,m}$ mit $\text{Rang}(C) = m$ und $AC = CB$. Zeigen Sie, dass dann jeder Eigenwert von $B$ ein Eigenwert von $A$ ist.

8.8  Zeigen Sie folgende Aussagen:

(a) $\text{Spur}(\lambda A + \mu B) = \lambda \, \text{Spur}(A) + \mu \, \text{Spur}(B)$ gilt für alle $\lambda, \mu \in K$ und $A, B \in K^{n,n}$.

(b) $\text{Spur}(AB) = \text{Spur}(BA)$ gilt für alle $A, B \in K^{n,n}$.

(c) Sind $A, B \in K^{n,n}$ ähnlich, so gilt $\text{Spur}(A) = \text{Spur}(B)$.

8.9  Zeigen oder widerlegen Sie:

(a) Es gibt Matrizen $A, B \in K^{n,n}$ mit $\text{Spur}(AB) \neq \text{Spur}(A)\,\text{Spur}(B)$.

(b) Es gibt Matrizen $A, B \in K^{n,n}$ mit $AB - BA = I_n$.

8.10  Die Matrix $A = [a_{ij}] \in \mathbb{C}^{n,n}$ habe nur reelle Einträge $a_{ij}$. Zeigen Sie: Ist $\lambda \in \mathbb{C}\backslash\mathbb{R}$ ein Eigenwert von $A$ mit Eigenvektor $v = [v_1, \ldots, v_n]^T \in \mathbb{C}^{n,1}$, dann ist auch $\overline{\lambda}$ ein Eigenwert von $A$ mit Eigenvektor $\overline{v} := [\overline{v}_1, \ldots, \overline{v}_n]^T$.

# Vektorräume

In den letzten Kapiteln haben wir anhand von Matrizen einige wichtige Begriffe der Linearen Algebra, wie die Determinante, den Rang, das charakteristische Polynom und die Eigenwerte, eingeführt und zahlreiche Ergebnisse über diese Begriffe hergeleitet. In diesem Kapitel beginnen wir nun, diese Begriffe in einen etwas abstrakteren Rahmen zu stellen. Wir führen dazu mit dem Vektorraum eine weitere algebraische Struktur ein und wir studieren die wichtigsten Eigenschaften von Vektorräumen, insbesondere die Konzepte von Basis und Dimension.

## 9.1 Grundlegende Definitionen und Eigenschaften

Wir beginnen mit dem Begriff des Vektorraums über einem Körper $K$.

**Definition 9.1.** Sei $K$ ein Körper. Ein *Vektorraum über $K$* (kurz: *$K$-Vektorraum*) ist eine Menge $V$ mit zwei Abbildungen,

$$+ \; : \; V \times V \to V, \qquad (v, w) \mapsto v + w, \qquad \text{(Addition)}$$

$$\cdot \; : \; K \times V \to V, \qquad (\lambda, v) \mapsto \lambda \cdot v, \qquad \text{(skalare Multiplikation)}$$

für die folgende Regeln erfüllt sind:

(1) $(V, +)$ ist eine kommutative Gruppe.
(2) Für alle $v, w \in V$ und $\lambda, \mu \in K$ gelten:
    (a) $\lambda \cdot (\mu \cdot v) = (\lambda\mu) \cdot v$.
    (b) $1 \cdot v = v$.
    (c) $\lambda \cdot (v + w) = \lambda \cdot v + \lambda \cdot w$.
    (d) $(\lambda + \mu) \cdot v = \lambda \cdot v + \mu \cdot v$.

© Springer-Verlag GmbH Deutschland, ein Teil von Springer Nature 2021
J. Liesen, V. Mehrmann, *Lineare Algebra*, Springer Studium Mathematik (Bachelor),
https://doi.org/10.1007/978-3-662-62742-6_9

Ein Element $v \in \mathcal{V}$ nennen wir einen *Vektor*[1], ein Element $\lambda \in K$ nennen wir einen *Skalar*.

Auch bei der skalaren Multiplikation lassen wir das Multiplikationszeichen oft weg, d. h. wir schreiben oft $\lambda v$ anstatt $\lambda \cdot v$. Wenn klar oder unbedeutend ist, um welchen Körper es sich handelt, schreiben wir oft lediglich Vektorraum anstatt $K$-Vektorraum.

**Beispiel 9.2.**

(1) Die Menge $K^{n,m}$ bildet zusammen mit der Matrizenaddition und der skalaren Multiplikation einen $K$-Vektorraum. Die Elemente von $K^{n,1}$ und $K^{1,m}$ werden manchmal als *Spalten-* bzw. *Zeilenvektoren* bezeichnet.
(2) Die Menge $K[t]$ aller Polynome über einem Körper $K$ und in der Unbekannten $t$ bildet einen $K$-Vektorraum, wenn die Addition wie in Beispiel 3.15 definiert ist (gewöhnliche Addition von Polynomen) und die skalare Multiplikation für $p = \alpha_0 + \alpha_1 t + \ldots + \alpha_n t^n \in K[t]$ durch

$$\lambda \cdot p := (\lambda\,\alpha_0) + (\lambda\,\alpha_1)t + \ldots + (\lambda\,\alpha_n)t^n$$

gegeben ist.
(3) Die auf dem reellen Intervall $[0, 1]$ stetigen reellwertigen Funktionen bilden mit der punktweisen Addition, d. h. $(f + g)(x) := f(x) + g(x)$, und entsprechenden skalaren Multiplikation, d. h. $(\lambda \cdot f)(x) := \lambda f(x)$, einen $\mathbb{R}$-Vektorraum. Um dies zu zeigen, benötigen wir folgende Resultate aus der Analysis: Die Addition zweier stetiger Funktionen sowie die Multiplikation einer stetigen Funktion mit einer (reellen) Zahl ergeben jeweils wieder eine stetige Funktion.

Da per Definition $(\mathcal{V}, +)$ stets eine kommutative Gruppe ist, kennen wir bereits einige Vektorraumeigenschaften aus der Theorie der Gruppen (vgl. Kap. 3). Insbesondere gibt es in jedem $K$-Vektorraum einen eindeutig bestimmten Vektor $v = 0_{\mathcal{V}}$, den wir den *Nullvektor* nennen. Zu jedem Vektor $v \in \mathcal{V}$ gibt es einen eindeutig bestimmten (additiv) inversen Vektor $-v \in \mathcal{V}$, so dass $v + (-v) = v - v = 0_{\mathcal{V}}$. Wir schreiben wie gewohnt $v - w$ anstatt $v + (-w)$.

---

[1]Der Begriff *Vektor* wurde 1845 von Sir William Rowan Hamilton (1805–1865) im Zusammenhang mit seinen *Quaternionen* eingeführt. Er ist abgeleitet vom lateinischen Verb „vehi" („vehor", „vectus sum"), das „fahren" bedeutet. Auch der Begriff *Skalar* stammt von Hamilton; siehe die Fußnote zur skalaren Multiplikation (4.2).

**Lemma 9.3.** *Ist $V$ ein $K$-Vektorraum und sind $0_K$ und $0_V$ die Nullelemente des Körpers bzw. des Vektorraums, dann gelten:*

(1) $0_K \cdot v = 0_V$ *für alle* $v \in V$.
(2) $\lambda \cdot 0_V = 0_V$ *für alle* $\lambda \in K$.
(3) $-(\lambda \cdot v) = (-\lambda) \cdot v = \lambda \cdot (-v)$ *für alle* $v \in V$ *und* $\lambda \in K$.

**Beweis.**

(1) Für alle $v \in V$ gilt $0_K \cdot v = (0_K + 0_K) \cdot v = 0_K \cdot v + 0_K \cdot v$. Nach Addition von $-(0_K \cdot v)$ auf beiden Seiten dieser Identität erhalten wir $0_V = 0_K \cdot v$.
(2) Für alle $\lambda \in K$ gilt $\lambda \cdot 0_V = \lambda \cdot (0_V + 0_V) = \lambda \cdot 0_V + \lambda \cdot 0_V$. Nach Addition von $-(\lambda \cdot 0_V)$ auf beiden Seiten dieser Identität erhalten wir $0_V = \lambda \cdot 0_V$.
(3) Für alle $\lambda \in K$ und $v \in V$ gilt $\lambda \cdot v + (-\lambda) \cdot v = (\lambda - \lambda) \cdot v = 0_K \cdot v = 0_V$, sowie $\lambda \cdot v + \lambda \cdot (-v) = \lambda \cdot (v - v) = \lambda \cdot 0_V = 0_V$. $\qquad\square$

Im Folgenden werden wir anstatt $0_K$ und $0_V$ lediglich 0 schreiben, wenn klar ist, welches Nullelement gemeint ist.

Ähnlich wie bei Gruppen, Ringen und Körpern können wir auch in $K$-Vektorräumen Teilstrukturen identifizieren, die selbst wieder $K$-Vektorräume sind.

**Definition 9.4.** Sei $(V, +, \cdot)$ ein $K$-Vektorraum und sei $\mathcal{U} \subseteq V$. Ist $(\mathcal{U}, +, \cdot)$ ein $K$-Vektorraum, so heißt dieser ein *Unterraum* von $(V, +, \cdot)$.

Wesentliches Kriterium für einen Unterraum ist die Abgeschlossenheit bezüglich der Addition und skalaren Multiplikation.

**Lemma 9.5.** *$(\mathcal{U}, +, \cdot)$ ist genau dann ein Unterraum von $(V, +, \cdot)$, wenn $\mathcal{U}$ eine nichtleere Teilmenge von $V$ ist, für die gilt:*

(1) $v + w \in \mathcal{U}$ *für alle* $v, w \in \mathcal{U}$,
(2) $\lambda v \in \mathcal{U}$ *für alle* $\lambda \in K$ *und* $v \in \mathcal{U}$.

**Beweis.** Übungsaufgabe. $\qquad\square$

**Beispiel 9.6.**

(1) Jeder Vektorraum $V$ hat die „trivialen" Unterräume $\mathcal{U} = V$ und $\mathcal{U} = \{0\}$.
(2) Sei $A \in K^{n,m}$ und $\mathcal{U} := \mathcal{L}(A, 0) \subseteq K^{m,1}$, d.h. $\mathcal{U}$ ist die Lösungsmenge des homogenen linearen Gleichungssystems $Ax = 0$. Da $0 \in \mathcal{U}$ gilt, ist $\mathcal{U}$ nichtleer. Sind $v, w \in \mathcal{U}$, so gilt

$$A(v + w) = Av + Aw = 0 + 0 = 0,$$

d. h. $v + w \in \mathcal{U}$. Zudem gilt für jedes $\lambda \in K$,

$$A(\lambda v) = \lambda(Av) = \lambda \, 0 = 0,$$

d. h. $\lambda v \in \mathcal{U}$. Also ist $\mathcal{U}$ ein Unterraum von $K^{m,1}$ (vgl. (6.3)).

(3) Für jedes $n \in \mathbb{N}_0$ bildet die Menge aller Polynome in der Unbekannten $t$ vom Grad höchstens $n$, d. h. die Menge

$$K[t]_{\leq n} := \{p \in K[t] \mid \mathrm{Grad}(p) \leq n\},$$

einen Unterraum von $K[t]$.

**Definition 9.7.** Seien $\mathcal{V}$ ein $K$-Vektorraum, $n \in \mathbb{N}$ und $v_1, \ldots, v_n \in \mathcal{V}$. Ein Vektor der Form

$$\lambda_1 v_1 + \ldots + \lambda_n v_n = \sum_{i=1}^{n} \lambda_i v_i \in \mathcal{V}$$

heißt *Linearkombination* von $v_1, \ldots, v_n$ mit den *Koeffizienten* $\lambda_1, \ldots, \lambda_n \in K$. Die *lineare Hülle* von $v_1, \ldots, v_n$ ist die Menge

$$\mathrm{Span}\{v_1, \ldots, v_n\} := \Big\{ \sum_{i=1}^{n} \lambda_i v_i \mid \lambda_1, \ldots, \lambda_n \in K \Big\}.$$

Sei $M$ eine nichtleere Menge und sei für jedes $m \in M$ ein Vektor $v_m \in \mathcal{V}$ gegeben. Die Gesamtheit dieser Vektoren, auch das entsprechende *System* von Vektoren genannt, sei bezeichnet mit $\{v_m\}_{m \in M}$. Dann ist die *lineare Hülle* des Systems $\{v_m\}_{m \in M}$, bezeichnet mit Span $\{v_m\}_{m \in M}$, definiert als die Menge aller $v \in \mathcal{V}$, die Linearkombinationen von endlich vielen Vektoren des Systems sind.

Wir sagen auch, dass $\mathrm{Span}\{v_1, \ldots, v_n\}$ das *Erzeugnis* der Vektoren $v_1, \ldots, v_n$ ist oder dass diese Menge von den Vektoren $v_1, \ldots, v_n$ „aufgespannt" wird, was die Bezeichnung „Span" erklärt.

Die obige Definition lässt sich konsistent auf den Fall $n = 0$ erweitern. In diesem Fall ist $v_1, \ldots, v_n$ eine Liste mit der Länge Null, also eine *leere Liste*. Definieren wir eine leere Summe von Vektoren als $0 \in \mathcal{V}$, so erhalten wir $\mathrm{Span}\{v_1, \ldots, v_n\} = \mathrm{Span}\,\emptyset = \{0\}$. Wenn wir im Folgenden gegebene Vektoren $v_1, \ldots, v_n$ oder eine gegebene Menge von Vektoren $\{v_1, \ldots, v_n\}$ betrachten, so meinen wir in der Regel $n \geq 1$. Den Fall der leeren Liste bzw. des durch sie erzeugten *Nullvektorraums* $\mathcal{V} = \{0\}$ werden wir gelegentlich separat diskutieren.

**Lemma 9.8.** *Sind* $V$ *ein* $K$-*Vektorraum und* $v_1, \ldots, v_n \in V$, *dann ist* $\mathrm{Span}\{v_1, \ldots, v_n\}$ *ein Unterraum von* $V$.

**Beweis.** Es gilt $\emptyset \neq \mathrm{Span}\{v_1, \ldots, v_n\} \subseteq V$. Zudem ist $\mathrm{Span}\{v_1, \ldots, v_n\}$, per Definition, abgeschlossen bezüglich der Addition und der skalaren Multiplikation, d. h. die Eigenschaften (1) und (2) in Lemma 9.5 sind erfüllt. $\qquad\square$

**Beispiel 9.9.** Sei $K$ ein Körper. Im Vektorraum $K^{1,3} = \{[\alpha_1, \alpha_2, \alpha_3] \mid \alpha_1, \alpha_2, \alpha_3 \in K\}$, welcher von den Vektoren $[1, 0, 0], [0, 1, 0], [0, 0, 1]$ aufgespannt wird, bildet die Menge $\{[\alpha_1, \alpha_2, 0] \mid \alpha_1, \alpha_2 \in K\}$ einen Unterraum, der von den Vektoren $[1, 0, 0], [0, 1, 0]$ aufgespannt wird.

## 9.2 Basen und Dimension von Vektorräumen

Wir kommen nun zur Theorie der Basis und der Dimension von Vektorräumen und beginnen mit dem Begriff der linearen Unabhängigkeit.

**Definition 9.10.** Sei $V$ ein $K$-Vektorraum.

(1) Die Vektoren $v_1, \ldots, v_n \in V$ heißen *linear unabhängig*, wenn aus $\sum_{i=1}^{n} \lambda_i v_i = 0$ mit $\lambda_1, \ldots, \lambda_n \in K$ folgt, dass $\lambda_1 = \cdots = \lambda_n = 0$ gilt. Folgt dies nicht, d. h. gilt $\sum_{i=1}^{n} \lambda_i v_i = 0$ für gewisse Skalare $\lambda_1, \ldots, \lambda_n \in K$, die nicht alle gleich Null sind, so heißen $v_1, \ldots, v_n$ *linear abhängig*.

(2) Die leere Liste ist linear unabhängig.

(3) Ist $M \neq \emptyset$ eine Menge und ist für jedes $m \in M$ ein Vektor $v_m \in V$ gegeben, so nennen wir das entsprechende System $\{v_m\}_{m \in M}$ *linear unabhängig*, wenn endlich viele Vektoren des Systems immer linear unabhängig im Sinne von (1) sind. Gilt dies nicht, so nennen wir das System *linear abhängig*.

Nach dieser Definition sind die $n$ Vektoren $v_1, \ldots, v_n$ genau dann linear unabhängig, wenn sich der Nullvektor aus ihnen nur „trivial", d. h. lediglich in der Form $0 = 0 \cdot v_1 + \ldots + 0 \cdot v_n$, linear kombinieren lässt.

**Lemma 9.11.** *Ist* $V$ *ein* $K$-*Vektorraum, dann gelten folgende Aussagen:*

(1) *Ein einzelner Vektor* $v \in V$ *ist genau dann linear unabhängig, wenn* $v \neq 0$ *gilt.*

(2) *Sind* $v_1, \ldots, v_n \in V$ *linear unabhängig und ist* $\{u_1, \ldots, u_m\} \subseteq \{v_1, \ldots, v_n\}$, *dann sind* $u_1, \ldots, u_m$ *linear unabhängig.*

(3) *Sind* $v_1, \ldots, v_n \in V$ *linear abhängig und sind* $u_1, \ldots, u_m \in V$, *dann sind* $v_1, \ldots, v_n, u_1, \ldots, u_m$ *linear abhängig.*

**Beweis.** Übungsaufgabe.                                                                                    □

Das folgende Resultat gibt eine äquivalente und „anschaulichere" Charakterisierung der linearen Unabhängigkeit im Fall von endlich vielen, aber mindestens zwei gegebenen Vektoren.

**Lemma 9.12.** *Die Vektoren $v_1, \ldots, v_n \in V$, $n \geq 2$, sind linear unabhängig genau dann, wenn kein Vektor $v_i$, $i = 1, \ldots, n$, Linearkombination der anderen ist.*

**Beweis.** Die Vektoren $v_1, \ldots, v_n$ sind genau dann linear *abhängig*, wenn

$$\sum_{i=1}^{n} \lambda_i v_i = 0$$

mit mindestens einem Skalar $\lambda_j \neq 0$ gilt. Letzteres gilt genau dann, wenn

$$v_j = -\sum_{\substack{i=1 \\ i \neq j}}^{n} (\lambda_j^{-1} \lambda_i)\, v_i,$$

gilt, d. h. wenn $v_j$ Linearkombination der anderen Vektoren ist.                                            □

Mit dem Begriff der linearen Unabhängigkeit definieren wir den Begriff der Basis eines Vektorraums.

**Definition 9.13.** Sei $V$ ein $K$-Vektorraum.

(1) Eine Menge $\{v_1, \ldots, v_n\} \subseteq V$ heißt *Basis* von $V$, wenn gilt:
   (a) $v_1, \ldots, v_n$ sind linear unabhängig.
   (b) $v_1, \ldots, v_n$ erzeugen den Vektorraum $V$, d. h. $\mathrm{Span}\{v_1, \ldots, v_n\} = V$.
(2) Die leere Menge $\emptyset$ ist die Basis des Vektorraums $V = \{0\}$.
(3) Ist $M \neq \emptyset$ eine Menge und ist für jedes $m \in M$ ein Vektor $v_m \in V$ gegeben, so heißt $\{v_m\}_{m \in M}$ *Basis* von $V$, wenn $\{v_m\}_{m \in M}$ linear unabhängig ist und wenn $\mathrm{Span}\,\{v_m\}_{m \in M} = V$ gilt.

Motiviert durch Definition 9.13 wird eine Basis eines Vektorraums manchmal auch als *linear unabhängiges Erzeugendensystem* bezeichnet.

**Beispiel 9.14.**

(1) Wir haben bereits gesehen, dass die Menge $K^{n,m}$ zusammen mit der Matrizenaddition und der skalaren Multiplikation einen $K$-Vektorraum bildet (vgl. (1) in Beispiel 9.2).

Ist $E_{ij} \in K^{n,m}$ die Matrix mit dem Eintrag 1 in der Position $(i,j)$ und allen anderen Einträgen gleich 0 (vgl. Abschn. 5.1), dann ist die Menge

$$\{E_{ij} \mid 1 \le i \le n \text{ und } 1 \le j \le m\} \tag{9.1}$$

eine Basis des $K$-Vektorraums $K^{n,m}$. Die Matrizen $E_{ij} \in K^{n,m}$, $1 \le i \le n$ und $1 \le j \le m$, sind linear unabhängig, denn aus

$$0 = \sum_{i=1}^{n} \sum_{j=1}^{m} \lambda_{ij} E_{ij} = [\lambda_{ij}],$$

folgt $\lambda_{ij} = 0$ für $i = 1, \dots, n$ und $j = 1, \dots, m$. Ist $A = [a_{ij}] \in K^{n,m}$ gegeben, so gilt

$$A = \sum_{i=1}^{n} \sum_{j=1}^{m} a_{ij} E_{ij}$$

und daher gilt auch $\mathrm{Span}\{E_{ij} \mid 1 \le i \le n \text{ und } 1 \le j \le m\} = K^{n,m}$. Die Basis (9.1) nennen wir die *Standardbasis* oder auch die *kanonische Basis* des Vektorraums $K^{n,m}$. Im Spezialfall $m = 1$ bezeichnen wir die Standardbasis des $K^{n,1}$ mit

$$e_1 := \begin{bmatrix} 1 \\ 0 \\ 0 \\ \vdots \\ 0 \end{bmatrix}, \quad e_2 := \begin{bmatrix} 0 \\ 1 \\ 0 \\ \vdots \\ 0 \end{bmatrix}, \quad \dots, \quad e_n := \begin{bmatrix} 0 \\ \vdots \\ 0 \\ 0 \\ 1 \end{bmatrix}.$$

Diese *Einheitsvektoren* sind die $n$ Spalten der Einheitsmatrix $I_n$.

(2) Eine Basis des Vektorraums $K[t]$ der Polynome über dem Körper $K$ und in der Unbekannten $t$ ist gegeben durch $\{t^m\}_{m \in \mathbb{N}_0}$, denn dieses System ist linear unabhängig und jedes Polynom $p \in K[t]$ ist eine Linearkombination endlich vieler Vektoren des Systems.

Im folgenden *Basisergänzungssatz* zeigen wir, dass eine gegebene Menge linear unabhängiger Vektoren in einem aus endlich vielen Vektoren erzeugten Vektorraum $\mathcal{V}$ stets zu einer Basis von $\mathcal{V}$ ergänzt werden kann.

**Satz 9.15.** *Sei $\mathcal{V}$ ein $K$-Vektorraum und seien $v_1, \dots, v_r, w_1, \dots, w_\ell \in \mathcal{V}$, wobei $r, \ell \in \mathbb{N}_0$. Wenn $v_1, \dots, v_r$ linear unabhängig sind und $\mathrm{Span}\{v_1, \dots, v_r, w_1, \dots, w_\ell\} = \mathcal{V}$ gilt, so kann die Menge $\{v_1, \dots, v_r\}$ durch geeignete Hinzunahme von Elementen aus der Menge $\{w_1, \dots, w_\ell\}$ zu einer Basis von $\mathcal{V}$ ergänzt werden.*

**Beweis.** Wir bemerken, dass für $r = 0$ die Liste $v_1, \ldots, v_r$ leer ist. Diese ist nach (2) in Definition 9.10 linear unabhängig.

Wir beweisen den Satz durch Induktion über $\ell$. Ist $\ell = 0$, so gilt $\text{Span}\{v_1, \ldots, v_r\} = \mathcal{V}$ und $\{v_1, \ldots, v_r\}$ ist wegen der linearen Unabhängigkeit von $v_1, \ldots, v_r$ eine Basis von $\mathcal{V}$.

Die Behauptung gelte nun für ein $\ell \geq 0$. Seien $v_1, \ldots, v_r, w_1, \ldots, w_{\ell+1} \in \mathcal{V}$ mit $v_1, \ldots, v_r$ linear unabhängig und $\text{Span}\{v_1, \ldots, v_r, w_1, \ldots, w_{\ell+1}\} = \mathcal{V}$. Falls $\{v_1, \ldots, v_r\}$ eine Basis von $\mathcal{V}$ ist, so sind wir fertig. Sei also $\text{Span}\{v_1, \ldots, v_r\} \subset \mathcal{V}$. Dann gibt es mindestens ein $j$, $1 \leq j \leq \ell + 1$, so dass $w_j \notin \text{Span}\{v_1, \ldots, v_r\}$. Insbesondere gilt $w_j \neq 0$. Aus

$$\lambda w_j + \sum_{i=1}^{r} \lambda_i v_i = 0$$

folgt $\lambda = 0$ (sonst wäre $w_j \in \text{Span}\{v_1, \ldots, v_r\}$) und damit $\lambda_1 = \cdots = \lambda_r = 0$ wegen der linearen Unabhängigkeit von $v_1, \ldots, v_r$. Damit sind $v_1, \ldots, v_r, w_j$ linear unabhängig. Nach Induktionsvoraussetzung können wir diese Vektoren durch geeignete Hinzunahme von Vektoren aus der Menge $\{w_1, \ldots, w_{\ell+1}\} \setminus \{w_j\}$, die $\ell$ Elemente enthält, zu einer Basis von $\mathcal{V}$ ergänzen.                                                                               □

**Beispiel 9.16.** Sei $\mathcal{V} = K[t]_{\leq 5}$ (vgl. (3) in Beispiel 9.6) und seien die Mengen

$$V = \{v_m = t^m \mid m = 1, 2, 3, 4, 5\}, \quad W = \{w_1 = t^2 + 1, w_2 = t^5 - t^3\}$$

gegeben. Es gilt $\mathcal{V} = \text{Span}\{v_1, \ldots, v_5, w_1, w_2\}$, d. h. der Vektorraum $\mathcal{V}$ wird aus den Elementen von $V$ und $W$ erzeugt. Die Elemente von $V$ sind linear unabhängig, doch diese Menge bildet keine Basis von $\mathcal{V}$, denn insbesondere kann das Polynom $t^0 = 1 \in K[t]_{\leq 5}$ nicht aus den Elementen von $V$ linear kombiniert werden. Durch Hinzunahme von $w_1$ in die Menge $V$ ergibt sich die Menge $\{v_1, v_2, v_3, v_4, v_5, w_1\}$, die eine Basis von $K[t]_{\leq 5}$ bildet.

Als unmittelbare Folgerung des Basisergänzungssatzes erhalten wir das folgende Resultat.

**Korollar 9.17.** *Ist* $\mathcal{V} = \text{Span}\{v_1, \ldots, v_n\}$ *ein $K$-Vektorraum, dann existiert eine Teilmenge von* $\{v_1, \ldots, v_n\}$, *die eine Basis von $\mathcal{V}$ bildet.*

**Beweis.** Die Aussage ist klar für $\mathcal{V} = \{0\}$. Ist $\mathcal{V} = \text{Span}\{v_1, \ldots, v_n\} \neq \{0\}$, dann ist mindestens einer der Vektoren $v_1, \ldots, v_n$ ungleich Null und dieser Vektor ist somit linear unahhängig. Nach Satz 9.15 können wir diesen Vektor durch geeignete Hinzunahme von anderen Elementen aus der Menge $\{v_1, \ldots, v_n\}$ zu einer Basis von $\mathcal{V}$ ergänzen.                                    □

Aus Korollar 9.17 folgt, dass jeder aus endlich vielen Vektoren erzeugte Vektorraum eine Basis aus endlich vielen Elementen besitzt. Ein zentraler Satz der Vektorraumtheorie ist, dass jede solche Basis gleich viele Elemente hat. Um dieses Resultat zu beweisen, zeigen wir zunächst das folgende *Austauschlemma*.

**Lemma 9.18.** *Sei $V$ ein $K$-Vektorraum, seien $v_1, \ldots, v_m \in V$ und sei $w = \sum_{i=1}^{m} \lambda_i v_i \in V$ mit $\lambda_1 \neq 0$. Dann gilt $\mathrm{Span}\{v_1, \ldots, v_m\} = \mathrm{Span}\{w, v_2, \ldots, v_m\}$.*

**Beweis.** Nach Voraussetzung gilt

$$v_1 = \lambda_1^{-1} w - \sum_{i=2}^{m} \left( \lambda_1^{-1} \lambda_i \right) v_i.$$

Ist $y \in \mathrm{Span}\{v_1, \ldots, v_m\}$, etwa $y = \sum_{i=1}^{m} \gamma_i v_i$, so folgt

$$y = \gamma_1 \left( \lambda_1^{-1} w - \sum_{i=2}^{m} \left( \lambda_1^{-1} \lambda_i \right) v_i \right) + \sum_{i=2}^{m} \gamma_i v_i$$

$$= \left( \gamma_1 \lambda_1^{-1} \right) w + \sum_{i=2}^{m} \left( \gamma_i - \gamma_1 \lambda_1^{-1} \lambda_i \right) v_i \in \mathrm{Span}\{w, v_2, \ldots, v_m\}.$$

Ist andererseits $y = \alpha_1 w + \sum_{i=2}^{m} \alpha_i v_i \in \mathrm{Span}\{w, v_2, \ldots, v_m\}$, so folgt

$$y = \alpha_1 \sum_{i=1}^{m} \lambda_i v_i + \sum_{i=2}^{m} \alpha_i v_i$$

$$= \alpha_1 \lambda_1 v_1 + \sum_{i=2}^{m} \left( \alpha_1 \lambda_i + \alpha_i \right) v_i \in \mathrm{Span}\{v_1, \ldots, v_m\},$$

also gilt $\mathrm{Span}\{v_1, \ldots, v_m\} = \mathrm{Span}\{w, v_2, \ldots, v_m\}$. $\qquad\square$

Mit Hilfe dieses Lemmas beweisen wir nun den folgenden wichtigen *Austauschsatz*[2].

**Satz 9.19.** *Sei $V$ ein $K$-Vektorraum, seien $w_1, \ldots, w_n \in V$ linear unabhängig und seien $u_1, \ldots, u_m \in V$. Ist $\{w_1, \ldots, w_n\} \subseteq \mathrm{Span}\{u_1, \ldots, u_m\}$, so gilt $n \leq m$, und $n$ Elemente von $\{u_1, \ldots, u_m\}$, bei geeigneter Nummerierung $u_1, \ldots, u_n$, können gegen $w_1, \ldots, w_n$ so ausgetauscht werden, dass*

---

[2]Dieser Satz wird in der Literatur oft nach Ernst Steinitz (1871–1928) benannt, er wurde jedoch ursprünglich von Hermann Günther Graßmann (1809–1877) bewiesen.

$$\text{Span}\{u_1, \ldots, u_m\} = \text{Span}\{w_1, \ldots, w_n, u_{n+1}, \ldots, u_m\}$$

*gilt.*

**Beweis.** Nach Annahme gilt $w_1 = \sum_{i=1}^{m} \lambda_i u_i$ für gewisse Skalare $\lambda_1, \ldots, \lambda_m \in K$, die nicht alle gleich Null sind (sonst wäre $w_1 = 0$, im Widerspruch zur linearen Unabhängigkeit von $w_1, \ldots, w_n$). Nach geeigneter Nummerierung ist $\lambda_1 \neq 0$, also

$$\text{Span}\{u_1, \ldots, u_m\} = \text{Span}\{w_1, u_2, \ldots, u_m\}$$

nach Lemma 9.18.

Seien nun für ein $r$, $1 \leq r \leq n - 1$, die Vektoren $u_1, \ldots, u_r$ gegen $w_1, \ldots, w_r$ ausgetauscht, so dass

$$\text{Span}\{u_1, \ldots, u_m\} = \text{Span}\{w_1, \ldots, w_r, u_{r+1}, \ldots, u_m\}.$$

Es ist klar, dass hier $r \leq m$ gelten muss.

Nach Annahme gilt $w_{r+1} \in \text{Span}\{u_1, \ldots, u_m\}$ und daher folgt

$$w_{r+1} = \sum_{i=1}^{r} \lambda_i w_i + \sum_{i=r+1}^{m} \lambda_i u_i$$

für gewisse Skalare $\lambda_1, \ldots, \lambda_m \in K$. Hier muss einer der Skalare $\lambda_{r+1}, \ldots, \lambda_m$ ungleich Null sein, denn sonst wäre $w_{r+1} \in \text{Span}\{w_1, \ldots, w_r\}$, im Widerspruch zur linearen Unabhängigkeit von $w_1, \ldots, w_n$. Nach geeigneter Nummerierung gilt $\lambda_{r+1} \neq 0$. Aus Lemma 9.18 folgt

$$\text{Span}\{w_1, \ldots, w_r, u_{r+1}, \ldots, u_m\} = \text{Span}\{w_1, \ldots, w_r, w_{r+1}, u_{r+2}, \ldots, u_m\}.$$

Führt man diese Konstruktion fort bis $r = n - 1$, so ergibt sich

$$\text{Span}\{u_1, \ldots, u_m\} = \text{Span}\{w_1, \ldots, w_n, u_{n+1}, \ldots, u_m\},$$

woraus auch $n \leq m$ folgt.                                                       $\square$

Nach diesem fundamentalen Satz ist die zentrale Folgerung über die eindeutig bestimmte Anzahl der Basiselemente leicht zu beweisen.

**Korollar 9.20.** *Ist $V$ ein von endlich vielen Vektoren erzeugter $K$-Vektorraum, so besitzt $V$ eine Basis und je zwei Basen von $V$ haben gleich viele Elemente.*

**Beweis.** Die Aussage ist klar für $V = \{0\}$ (vgl. (2) in Definition 9.13). Sei nun $V =$ $\mathrm{Span}\{v_1, \ldots, v_m\}$ mit $v_1 \neq 0$. Nach Satz 9.15 kann $\{v_1\}$ durch geeignete Hinzunahme von Elementen aus $\{v_2, \ldots, v_m\}$ zu einer Basis von $V$ ergänzt werden. Somit hat $V$ eine Basis mit endlich vielen Elementen. Seien $U := \{u_1, \ldots, u_\ell\}$ und $W := \{w_1, \ldots, w_k\}$ zwei solche Basen. Dann gelten

$$W \subseteq V = \mathrm{Span}\{u_1, \ldots, u_\ell\} \overset{\text{Satz 9.18}}{\Longrightarrow} k \leq \ell,$$

$$U \subseteq V = \mathrm{Span}\{w_1, \ldots, w_k\} \overset{\text{Satz 9.18}}{\Longrightarrow} \ell \leq k,$$

und daher $\ell = k$, was zu zeigen war. $\qquad\qquad\square$

Wir können nun den Begriff der Dimension eines Vektorraums definieren.

**Definition 9.21.** Sei $V$ ein $K$-Vektorraum.

(1) Falls es eine endliche Teilmenge von $V$ gibt, die eine Basis von $V$ bildet, so nennen wir $V$ *endlichdimensional*. Die (eindeutig bestimmte) Anzahl der Basiselemente nennen wir die *Dimension* von $V$. Wir bezeichnen diese mit $\dim_K(V)$ oder auch $\dim(V)$, wenn klar (oder unerheblich) ist, um welchen Körper es sich handelt.

(2) Ist $V$ nicht aus endlich vielen Vektoren erzeugt, so nennen wir $V$ *unendlichdimensional* und wir schreiben $\dim_K(V) = \infty$ oder $\dim(V) = \infty$.

Der Vektorraum $V = \{0\}$ hat die Basis $\emptyset$ (vgl. (2) in Definition 9.13) und somit die Dimension Null.

**Lemma 9.22.** *Sei $V$ ein $K$-Vektorraum mit $n = \dim(V) \in \mathbb{N}$ und seien $v_1, \ldots, v_n \in V$. Dann sind die folgenden Aussagen äquivalent:*

(1) *$v_1, \ldots, v_n$ sind linear unabhängig.*
(2) *$\mathrm{Span}\{v_1, \ldots, v_n\} = V$.*
(3) *$\{v_1, \ldots, v_n\}$ ist eine Basis von $V$.*

**Beweis.** Übungsaufgabe. $\qquad\qquad\square$

Insbesondere sind Vektoren $v_1, \ldots, v_m \in V$ mit $m > \dim(V)$ stets linear abhängig.

**Beispiel 9.23.**

(1) Die Basis (9.1) des $K$-Vektorraums $K^{n,m}$ hat $n \cdot m$ Elemente, also gilt $\dim(K^{n,m}) = n \cdot m$. Matrizen $A_1, \ldots, A_k \in K^{n,m}$ mit $k > n \cdot m$ sind linear abhängig.

(2) Der Vektorraum $K[t]$ wird nicht aus endlich vielen Vektoren erzeugt (vgl. (2) in Beispiel 9.14) und er ist somit unendlichdimensional.

(3) Sei $V$ der Vektorraum der stetigen reellwertigen Funktionen auf dem reellen Intervall $[0, 1]$ (vgl. (3) in Beispiel 9.2). Wir zeigen, dass $\dim(V) = \infty$ gilt: Sei für $n = 1, 2, \ldots$ die Funktion $f_n \in V$ definiert durch

$$
f_n(x) := \begin{cases}
0, & 0 \leq x < \frac{1}{n+1}, \\
2n(n+1)x - 2n, & \frac{1}{n+1} \leq x \leq \frac{1}{2}\left(\frac{1}{n} + \frac{1}{n+1}\right), \\
-2n(n+1)x + 2n + 2, & \frac{1}{2}\left(\frac{1}{n} + \frac{1}{n+1}\right) < x \leq \frac{1}{n}, \\
0, & \frac{1}{n} < x \leq 1.
\end{cases}
$$

Das folgende Bild stellt die Funktion $f_n$ im Intervall $[0, 1]$ dar:

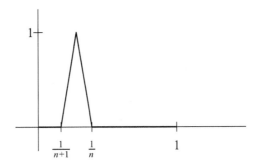

Jede Linearkombination $\sum\limits_{j=1}^{k} \lambda_j f_j$ hat an der Stelle $\frac{1}{2}\left(\frac{1}{j} + \frac{1}{j+1}\right)$ den Wert $\lambda_j$. Die Gleichung $\sum\limits_{j=1}^{k} \lambda_j f_j = 0$ gilt also nur dann, wenn alle $\lambda_j$ gleich Null sind. Es folgt, dass $f_1, \ldots, f_k \in V$ für alle $k \in \mathbb{N}$ linear unabhängig sind.

Wir wollen nun noch beweisen, dass jeder Vektorraum eine Basis besitzt. Hierzu benötigen wir weitere Begriffe aus der Mengenlehre.

Sei $M$ eine Menge und sei für jedes $m \in M$ eine Menge $S_m$ gegeben. Wir definieren $S := \{S_m \mid m \in M\}$. Die Teilmengenrelation $\subseteq$ ist auf $S$ reflexiv, transitiv und *antisymmetrisch*, d. h. für alle $S, \widetilde{S} \in S$ mit $S \subseteq \widetilde{S}$ und $\widetilde{S} \subseteq S$ gilt $S = \widetilde{S}$. Eine Relation mit diesen drei Eigenschaften nennen wir eine *partielle Ordnung*, und die Menge $S$ nennen wir *partiell geordnet*. Eine Menge $\widehat{S} \in S$ heißt *maximales Element* von $S$ (bzgl. $\subseteq$), wenn aus $S \in S$ und $\widehat{S} \subseteq S$ folgt, dass $\widehat{S} = S$ ist. Eine nichtleere Teilmenge $\mathcal{K} \subseteq S$ heißt *Kette* (bzgl. $\subseteq$), wenn für alle $K_1, K_2 \in \mathcal{K}$ gilt, dass $K_1 \subseteq K_2$ oder $K_2 \subseteq K_1$ ist. Ein Element $\widetilde{K} \in S$ heißt *obere Schranke* der Kette $\mathcal{K}$ (bzgl. $\subseteq$), wenn $K \subseteq \widetilde{K}$ für alle $K \in \mathcal{K}$ gilt.

**Beispiel 9.24.** Ist $S = \mathcal{P}(\{1, 2, \ldots, 10\})$, dann ist

$$\mathcal{K} = \{\emptyset, \{1\}, \{1, 3, 4\}, \{1, 3, 4, 7\}, \{1, 3, 4, 7, 8, 10\}\} \subseteq S$$

eine Kette. Die Menge $\{1, 3, 4, 7, 8, 10\}$ ist obere Schranke der Kette $\mathcal{K}$ und die Menge $\{1, 2, \ldots, 10\}$ ist maximales Element von $S$. Die Menge $\{\{1, 2\}, \{2, 3\}\}$ bildet keine Kette.

Das folgende *Zorn'sche Lemma*[3] ist ein fundamentales Resultat, das wir ohne Beweis benutzen.

**Lemma 9.25.** *Eine partiell geordnete Menge, in der jede Kette eine obere Schranke besitzt, enthält mindestens ein maximales Element.*

Sei $\mathcal{V}$ ein $K$-Vektorraum und sei $V \subseteq \mathcal{V}$ eine Menge mit linear unabhängigen Elementen oder ein linear unabhängiges System (vgl. (3) in Definition 9.10). Eine solche Menge heißt *maximal linear unabhängig*, wenn die Elemente jeder Menge $W$ mit $V \subset W$ linear abhängig sind. Eine Teilmenge $B \subseteq \mathcal{V}$ ist genau dann eine Basis von $\mathcal{V}$, wenn $B$ eine maximal linear unabhängige Teilmenge von $\mathcal{V}$ ist (vgl. Aufgabe 9.21). Mit dieser Beobachtung und dem Zorn'schen Lemma können wir den folgenden Satz zeigen.

**Satz 9.26.** *Sei $\mathcal{V}$ ein $K$-Vektorraum und sei $V \subseteq \mathcal{V}$ eine Menge mit linear unabhängigen Elementen oder ein linear unabhängiges System. Dann gibt es eine Basis $B$ von $\mathcal{V}$ mit $V \subseteq B$.*

**Beweis.** Sei $S \subseteq \mathcal{P}(\mathcal{V})$ die Menge aller Teilmengen $S$ von $\mathcal{V}$ bestehend aus linear unabhängigen Elementen und mit $V \subseteq S$. Es gilt $V \in S$, daher ist $S$ nichtleer. Zudem ist $S$ partiell geordnet.

Sei $\mathcal{K}$ eine Kette von Teilmengen aus $S$ und sei $L := \bigcup_{K \in \mathcal{K}} K$. Dann sind die Elemente von $L$ linear unabhängig. Würde dies nicht gelten, dann gäbe es eine endliche Teilmenge von $L$ bestehend aus linear abhängigen Elementen $\ell_1, \ldots, \ell_m$. Jeder dieser Vektoren $\ell_j$ ist in (mindestens) einer Teilmenge $K_j$ enthalten. Da $\mathcal{K}$ eine Kette ist, muss eine der Teilmengen $K_1, \ldots, K_m$ alle anderen enthalten. Diese Menge enthält dann aber die linear abhängigen Vektoren $\ell_1, \ldots, \ell_m$, im Widerspruch zur linearen Unabhängigkeit der Elemente jeder Teilmenge von $S$.

Aus der linearen Unabhängigkeit der Elemente von $L$ folgt $L \in \mathcal{K}$, also gilt $V \subseteq S \subseteq L \in \mathcal{K}$ für jedes $S \in \mathcal{K}$. Insbesondere ist die Menge $L$ eine obere Schranke von $\mathcal{K}$ und aus dem Zorn'schen Lemma folgt, dass $S$ ein maximales Element $B$ enthält. Dieses ist per Konstruktion eine maximal linear unabhängige Teilmenge von $\mathcal{V}$ und bildet damit die gewünschte Basis von $\mathcal{V}$, denn wegen $B \in S$ gilt auch $V \subseteq B$. $\qquad\square$

---

[3]Max Zorn (1906–1933).

Die Anwendung von Satz 9.26 auf die Menge $V = \emptyset$ zeigt, dass jeder $K$-Vektorraum eine Basis besitzt. Dies ist jedoch ein reines Existenzresultat. Aus dem Satz und seinem Beweis folgt kein Verfahren für die Konstruktion oder Berechnung der Basis.

Eine Basis eines unendlichdimensionalen Vektorraums bei der (wie in Definiton 9.13 angenommen) jeder Vektor eine endliche Linearkombination der Basiselemente ist, wird auch *Hamelbasis*[4] genannt. In der Funkionalanalysis werden *Schauderbasen*[5] studiert, bei denen die Vektoren zwar durch eindeutige Linearkombinationen darstellbar sind, diese jedoch nicht aus endlich vielen Vektoren bestehen müssen.

## 9.3    Koordinaten und Basisübergang

Wir beschäftigen uns nun näher mit den Linearkombinationen aus Basisvektoren eines endlichdimensionalen Vektorraums. Insbesondere wollen wir studieren, was sich an der Linearkombination ändert, wenn wir zu einer anderen Basis des Raums wechseln.

**Lemma 9.27.** *Sei $V$ ein $K$-Vektorraum. Eine Menge $\{v_1, \ldots, v_n\} \subseteq V$ ist genau dann eine Basis von $V$, wenn es zu jedem $v \in V$ eindeutig bestimmte Skalare $\lambda_1, \ldots, \lambda_n \in K$ mit $v = \lambda_1 v_1 + \ldots + \lambda_n v_n$ gibt.*

**Beweis.** Ist $\{v_1, \ldots, v_n\}$ eine Basis von $V$, dann gilt $v \in \mathrm{Span}\{v_1, \ldots, v_n\}$ für jedes $v \in V$. Sei $v = \sum_{i=1}^{n} \lambda_i v_i = \sum_{i=1}^{n} \mu_i v_i$ für gewisse Skalare $\lambda_i, \mu_i \in K$, $i = 1, \ldots, n$, dann gilt

$$0 = v - v = \sum_{i=1}^{n} (\lambda_i - \mu_i) v_i.$$

Aus der linearen Unabhängigkeit von $v_1, \ldots, v_n$ folgt $\lambda_i = \mu_i$ für $i = 1, \ldots, n$.

Sei nun $\{v_1, \ldots, v_n\}$ eine Teilmenge von $V$, aus deren Elementen jedes $v \in V$ eindeutig linear kombiniert werden kann. Dann sind $v_1, \ldots, v_n$ linear unabhängig, denn der Nullvektor ist in diesem Fall nur trivial linear kombinierbar. Außerdem gilt $\mathrm{Span}\{v_1, \ldots, v_n\} = V$ und somit ist $\{v_1, \ldots, v_n\}$ eine Basis von $V$.                                                                   □

Die in Lemma 9.27 eingeführten, eindeutig bestimmten $\lambda_1, \ldots, \lambda_n$ nennen wir die *Koordinaten* von $v$ bezüglich der Basis $\{v_1, \ldots, v_n\}$. Für eine *feste* Basis $\{v_1, \ldots, v_n\}$ von $V$ sind also die Koordinaten jedes Vektors $v \in V$ bezüglich dieser Basis eindeutig bestimmt. Die Koordinaten selbst hängen offensichtlich von der Basis ab, d. h. für eine andere Basis erhalten wir im Allgemeinen auch andere Koordinaten.

---

[4]Georg Hamel (1877–1954).
[5]Juliusz Schauder (1899–1943).

Insbesondere hängen die Koordinaten von der Reihenfolge bzw. Nummerierung der Basisvektoren ab. Aus diesem Grund unterscheiden manche Autoren zwischen der Basis als „Menge" (Zusammenfassung von Elementen ohne vorgegebene Ordnung) und einer „geordneten Basis". Hier wollen wir es bei der Mengenschreibweise $\{v_1, \ldots, v_n\}$ belassen. Sind die Vektoren indiziert, so ist $v_1$ der erste Basisvektor, $v_2$ der zweite usw.

Seien nun $V$ ein $K$-Vektorraum, $v_1, \ldots, v_n \in V$ (wobei diese Vektoren nicht unbedingt linear unabhängig sein müssen) und

$$v = \lambda_1 v_1 + \ldots + \lambda_n v_n$$

für gewisse Koeffizienten $\lambda_1, \ldots, \lambda_n \in K$. Dann definieren wir die folgende alternative Schreibweise für den Vektor $v$:

$$(v_1, \ldots, v_n) \begin{bmatrix} \lambda_1 \\ \vdots \\ \lambda_n \end{bmatrix} := \lambda_1 v_1 + \ldots + \lambda_n v_n. \tag{9.2}$$

Hier bezeichnet $(v_1, \ldots, v_n)$ einen $n$-Tupel über $V$, d. h.

$$(v_1, \ldots, v_n) \in V^n = \underbrace{V \times \cdots \times V}_{n - \text{mal}}.$$

Es gilt $V^1 = V$, daher lassen wir bei einem 1-Tupel die Klammern weg und schreiben $v$ anstatt $(v)$. Die Schreibweise (9.2) definiert formal eine „Multiplikation" als Abbildung der Form $V^n \times K^{n,1} \to V$.

Für alle $\alpha \in K$ gilt

$$\alpha \cdot v = (\alpha \cdot \lambda_1) v_1 + \ldots + (\alpha \cdot \lambda_n) v_n = (v_1, \ldots, v_n) \begin{bmatrix} \alpha \lambda_1 \\ \vdots \\ \alpha \lambda_n \end{bmatrix}.$$

Sind $\mu_1, \ldots, \mu_n \in K$ sowie

$$u = \mu_1 v_1 + \ldots + \mu_n v_n = (v_1, \ldots, v_n) \begin{bmatrix} \mu_1 \\ \vdots \\ \mu_n \end{bmatrix},$$

so gilt

$$v + u = (\lambda_1 + \mu_1)v_1 + \ldots + (\lambda_n + \mu_n)v_n = (v_1, \ldots, v_n) \begin{bmatrix} \lambda_1 + \mu_1 \\ \vdots \\ \lambda_n + \mu_n \end{bmatrix}.$$

Diese Schreibweise verdeutlicht, dass die Vektorraumoperationen „skalare Multiplikation" und „Addition" eigentlich Operationen mit den Koeffizienten der durch Linearkombinationen gegebenen Vektoren sind.

Wir können diese Schreibweise noch verallgemeinern. Sei $A = [a_{ij}] \in K^{n,m}$ und sei

$$u_j = (v_1, \ldots, v_n) \begin{bmatrix} a_{1j} \\ \vdots \\ a_{nj} \end{bmatrix}, \quad j = 1, \ldots, m.$$

Dann schreiben wir die $m$ Linearkombinationen für $u_1, \ldots, u_m$ als „System"

$$(u_1, \ldots, u_m) =: (v_1, \ldots, v_n)A. \tag{9.3}$$

In dieser Gleichung stehen links und rechts jeweils Elemente aus $\mathcal{V}^m$. Formal haben wir hier eine „Multiplikation" $\mathcal{V}^n \times K^{n,m} \to \mathcal{V}^m$ definiert. Die Rechtsmultiplikation eines beliebigen $n$-Tupels $(v_1, \ldots, v_n) \in \mathcal{V}^n$ mit einer Matrix $A \in K^{n,m}$ entspricht also der Bildung von $m$ Linearkombinationen der Vektoren $v_1, \ldots, v_n$, mit den jeweiligen Koeffizienten bestimmt durch die Einträge von $A$. Jede Spalte von $A$ liefert einen „Satz" Koeffizienten.

Sei nun noch $B = [b_{ij}] \in K^{m,\ell}$. Dann ergibt sich mit Hilfe von (9.3) die Gleichung

$$(u_1, \ldots, u_m)B = ((v_1, \ldots, v_n)A)B.$$

Die Multiplikation auf der rechten Seite ist assoziativ im folgenden Sinn.

**Lemma 9.28.** *Sei $\mathcal{V}$ ein $K$-Vektorraum und seien $v_1, \ldots, v_n \in \mathcal{V}$. Dann gilt*

$$((v_1, \ldots, v_n)A)B = (v_1, \ldots, v_n)(AB)$$

*für alle $A \in K^{n,m}$ und $B \in K^{m,\ell}$.*

**Beweis.** Übungsaufgabe.                                                              □

Lemma 9.28 wird im Beweis des folgenden Resultats benutzt.

**Lemma 9.29.** *Sei $V$ ein $K$-Vektorraum, seien $v_1, \ldots, v_n \in V$ linear unabhängig, sei $A \in K^{n,m}$ und sei $(u_1, \ldots, u_m) = (v_1, \ldots, v_n)A$, dann gilt: Die Vektoren $u_1, \ldots, u_m$ sind genau dann linear unabhängig, wenn $\operatorname{Rang}(A) = m$ ist.*

**Beweis.** Seien $\lambda_1, \ldots, \lambda_m \in K$. Wir betrachten die Gleichung

$$
0 = \lambda_1 u_1 + \ldots + \lambda_m u_m = (u_1, \ldots, u_m) \begin{bmatrix} \lambda_1 \\ \vdots \\ \lambda_m \end{bmatrix} = \left((v_1, \ldots, v_n)A\right) \begin{bmatrix} \lambda_1 \\ \vdots \\ \lambda_m \end{bmatrix}
$$

$$
= (v_1, \ldots, v_n) \left( A \begin{bmatrix} \lambda_1 \\ \vdots \\ \lambda_m \end{bmatrix} \right).
$$

Aufgrund der linearen Unabhängigkeit der Vektoren $v_1, \ldots, v_n$ gilt diese Gleichung genau dann, wenn $A[\lambda_1, \ldots, \lambda_m]^T = 0$, also $[\lambda_1, \ldots, \lambda_m]^T \in \mathscr{L}(A, 0)$, ist. Die Aussage folgt nun aus Satz 6.5. Dort wird gezeigt, dass $\mathscr{L}(A, 0) = \{0\}$ genau dann gilt, wenn $\operatorname{Rang}(A) = m$ ist. $\qquad\square$

Für $n = m$ in Lemma 9.29 sind die Vektoren $u_1, \ldots, u_n$ genau dann linear unabhängig, wenn $A \in GL_n(K)$ gilt. Ist $m > n$, dann sind $u_1, \ldots, u_m$ linear abhängig, d. h. aus $n$ linear unabhängigen Vektoren $v_1, \ldots, v_n$ können höchstens $n$ linear unabhängige Vektoren linear kombiniert werden.

Sei $V$ ein $K$-Vektorraum, seien $\{v_1, \ldots, v_n\}$, $\{w_1, \ldots, w_n\}$ zwei Basen von $V$ und sei $v \in V$. Dann gibt es eindeutig bestimmte Koordinaten $\lambda_1, \ldots, \lambda_n, \mu_1, \ldots, \mu_n \in K$ mit

$$
v = (v_1, \ldots, v_n) \begin{bmatrix} \lambda_1 \\ \vdots \\ \lambda_n \end{bmatrix} = (w_1, \ldots, w_n) \begin{bmatrix} \mu_1 \\ \vdots \\ \mu_n \end{bmatrix}.
$$

Wir wollen nun eine Methode beschreiben, mit der wir die Koordinaten $\lambda_1, \ldots, \lambda_n$ bezüglich der Basis $\{v_1, \ldots, v_n\}$ in die Koordinaten $\mu_1, \ldots, \mu_n$ bezüglich der Basis $\{w_1, \ldots, w_n\}$ „umrechnen" können.

Nach Lemma 9.27 gibt es für jeden Basisvektor $v_j$, $j = 1, \ldots, n$, eindeutig bestimmte Koordinaten $p_{ij} \in K$, $i = 1, \ldots, n$, so dass

$$
v_j = (w_1, \ldots, w_n) \begin{bmatrix} p_{1j} \\ \vdots \\ p_{nj} \end{bmatrix}, \quad j = 1, \ldots, n
$$

gilt. Setzen wir $P = [p_{ij}] \in K^{n,n}$, so können wir analog zu (9.3) die $n$ Gleichungen für die Vektoren $v_j$ als System schreiben:

$$(v_1, \ldots, v_n) = (w_1, \ldots, w_n)P. \tag{9.4}$$

Ebenso gibt es für jeden Basisvektor $w_j$, $j = 1, \ldots, n$, eindeutig bestimmte Koordinaten $q_{ij} \in K$, $i = 1, \ldots, n$, so dass

$$w_j = (v_1, \ldots, v_n)\begin{bmatrix} q_{1j} \\ \vdots \\ q_{nj} \end{bmatrix}, \quad j = 1, \ldots, n.$$

Setzen wir $Q = [q_{ij}] \in K^{n,n}$, so erhalten wir analog zu (9.4) das System

$$(w_1, \ldots, w_n) = (v_1, \ldots, v_n)Q.$$

Es gilt somit

$$(w_1, \ldots, w_n) = (v_1, \ldots, v_n)Q = ((w_1, \ldots, w_n)P)Q = (w_1, \ldots, w_n)(PQ).$$

Hieraus folgt $PQ = I_n$, denn $\{w_1, \ldots, w_m\}$ ist eine Basis und die Koordinaten bezüglich einer Basis sind eindeutig bestimmt. Analog erhalten wir die Gleichung $QP = I_n$. Die Matrix $P \in K^{n,n}$ ist damit invertierbar und es gilt $P^{-1} = Q$.

Zudem folgt

$$v = (v_1, \ldots, v_n)\begin{bmatrix} \lambda_1 \\ \vdots \\ \lambda_n \end{bmatrix} = ((w_1, \ldots, w_n)P)\begin{bmatrix} \lambda_1 \\ \vdots \\ \lambda_n \end{bmatrix}$$

$$= (w_1, \ldots, w_n)\left(P\begin{bmatrix} \lambda_1 \\ \vdots \\ \lambda_n \end{bmatrix}\right).$$

Wegen der Eindeutigkeit der Koordinaten von $v$ bezüglich der Basis $\{w_1, \ldots, w_n\}$ ergibt sich

$$\begin{bmatrix} \mu_1 \\ \vdots \\ \mu_n \end{bmatrix} = P\begin{bmatrix} \lambda_1 \\ \vdots \\ \lambda_n \end{bmatrix} \quad \text{oder} \quad \begin{bmatrix} \lambda_1 \\ \vdots \\ \lambda_n \end{bmatrix} = P^{-1}\begin{bmatrix} \mu_1 \\ \vdots \\ \mu_n \end{bmatrix}.$$

Die Matrix $P$ und ihre Inverse $P^{-1}$ erlauben somit den *Basisübergang*, d. h. die Berechnung der Koordinaten eines Vektors bezüglich einer Basis aus gegebenen Koordinaten bezüglich einer anderen Basis.

Die bisher erzielten Ergebnisse fassen wir wie folgt zusammen.

**Satz 9.30.** *Sei $V$ ein $K$-Vektorraum und seien $\{v_1, \ldots, v_n\}$, $\{w_1, \ldots, w_n\}$ zwei Basen von $V$. Dann ist die durch (9.4) eindeutig bestimmte Basisübergangsmatrix $P \in K^{n,n}$ invertierbar. Ist*

$$v = \sum_{i=1}^{n} \lambda_i v_i = \sum_{i=1}^{n} \mu_i w_i \in V,$$

*so gilt*

$$\begin{bmatrix} \mu_1 \\ \vdots \\ \mu_n \end{bmatrix} = P \begin{bmatrix} \lambda_1 \\ \vdots \\ \lambda_n \end{bmatrix}.$$

**Beispiel 9.31.** Wir betrachten den Vektorraum $V = \{(\alpha_1, \alpha_2) \,|\, \alpha_1, \alpha_2 \in \mathbb{R}\}$ mit der elementweisen Addition und der skalaren Multiplikation $\lambda(\alpha_1, \alpha_2) = (\lambda\alpha_1, \lambda\alpha_2)$. Dieser Vektorraum der Tupel entspricht intuitiv dem „zweidimensionalen geometrischen Raum". Eine Basis von $V$ ist zum Beispiel gegeben durch die Menge $\{e_1 = (1, 0), \ e_2 = (0, 1)\}$. Es gilt $(\alpha_1, \alpha_2) = \alpha_1 e_1 + \alpha_2 e_2$ für alle $(\alpha_1, \alpha_2) \in V$. Eine weitere Basis von $V$ ist die Menge $\{v_1 = (1, 1), \ v_2 = (1, 2)\}$. Die entsprechenden Basisübergangsmatrizen ergeben sich durch die definierenden Gleichungen $(v_1, v_2) = (e_1, e_2)P$ und $(e_1, e_2) = (v_1, v_2)Q$ als

$$P = \begin{bmatrix} 1 & 1 \\ 1 & 2 \end{bmatrix}, \quad Q = P^{-1} = \begin{bmatrix} 2 & -1 \\ -1 & 1 \end{bmatrix}.$$

## 9.4  Beziehungen zwischen Vektorräumen und ihren Dimensionen

Wir betrachten nun verschiedene Resultate zur Beziehung zwischen Unterräumen. Unser erstes Resultat beschreibt die Beziehung zwischen einem Vektorraum $V$ und einem Unterraum $U$.

**Lemma 9.32.** *Sei $V$ ein endlichdimensionaler $K$-Vektorraum und sei $U \subseteq V$ ein Unterraum. Dann gilt $\dim(U) \leq \dim(V)$ mit Gleichheit genau dann, wenn $U = V$ ist.*

**Beweis.** Ist $\mathcal{U} \subseteq \mathcal{V}$ und ist $\{u_1, \ldots, u_m\}$ eine Basis von $\mathcal{U}$, wobei $\{u_1, \ldots, u_m\} = \emptyset$ für $\mathcal{U} = \{0\}$ gilt, so können wir nach dem Basisergänzungssatz (Satz 9.15) diese Menge zu einer Basis von $\mathcal{V}$ ergänzen. Sollte $\mathcal{U}$ eine echte Teilmenge von $\mathcal{V}$ sein, so kommt mindestens ein Basisvektor hinzu und damit gilt $\dim(\mathcal{U}) < \dim(\mathcal{V})$. Ist $\mathcal{U} = \mathcal{V}$, so ist jede Basis von $\mathcal{V}$ auch eine Basis von $\mathcal{U}$, also gilt $\dim(\mathcal{U}) = \dim(\mathcal{V})$. □

Sind $\mathcal{U}_1$ und $\mathcal{U}_2$ zwei Unterräume eines $K$-Vektorraums $\mathcal{V}$, so ist ihr *Durchschnitt* gegeben durch

$$\mathcal{U}_1 \cap \mathcal{U}_2 = \{u \in \mathcal{V} \mid u \in \mathcal{U}_1 \wedge u \in \mathcal{U}_2\}$$

(vgl. Definition 2.6). Ihre *Summe* definieren wir als

$$\mathcal{U}_1 + \mathcal{U}_2 := \{u_1 + u_2 \in \mathcal{V} \mid u_1 \in \mathcal{U}_1 \wedge u_2 \in \mathcal{U}_2\}.$$

Für den Durchschnitt und die Summe von Unterräumen gelten folgende Regeln.

**Lemma 9.33.** *Sind $\mathcal{U}_1, \mathcal{U}_2, \mathcal{U}_3$ Unterräume eines $K$-Vektorraums $\mathcal{V}$, dann gelten:*

(1) $\mathcal{U}_1 \cap \mathcal{U}_2$ *und* $\mathcal{U}_1 + \mathcal{U}_2$ *sind Unterräume von* $\mathcal{V}$.
(2) $\mathcal{U}_1 + (\mathcal{U}_2 + \mathcal{U}_3) = (\mathcal{U}_1 + \mathcal{U}_2) + \mathcal{U}_3$ *und* $\mathcal{U}_1 + \mathcal{U}_2 = \mathcal{U}_2 + \mathcal{U}_1$.
(3) $\mathcal{U}_1 + \{0\} = \mathcal{U}_1$ *und* $\mathcal{U}_1 + \mathcal{U}_1 = \mathcal{U}_1$.
(4) $\mathcal{U}_1 \subseteq \mathcal{U}_1 + \mathcal{U}_2$ *mit Gleichheit genau dann, wenn* $\mathcal{U}_2 \subseteq \mathcal{U}_1$ *ist.*

**Beweis.** Übungsaufgabe. □

Die Assoziativität der Addition von Unterräumen eines Vektorraums $\mathcal{V}$ und die Existenz des (neutralen) Elements $\{0\}$ mit $\mathcal{U} + \{0\} = \mathcal{U}$ für jeden Unterraum $\mathcal{U} \subseteq \mathcal{V}$ machen die algebraische Struktur

$$\left(\{\mathcal{U} \mid \mathcal{U} \subseteq \mathcal{V} \text{ ist ein Unterraum}\}, +\right)$$

zu einem *Monoid*. Es handelt sich jedoch nicht um eine Gruppe, denn für $\mathcal{U} \neq \{0\}$ existiert kein Unterraum $\widetilde{\mathcal{U}}$ mit $\mathcal{U} + \widetilde{\mathcal{U}} = \{0\}$, d.h. bezüglich der Addition von Unterräumen existieren keine inversen Elemente. Weitere Beispiele von Monoiden sind $(\mathbb{N}_0, +)$ und $(K^{n,n}, *)$, wobei die neutralen Elemente die Zahl 0 bzw. die Einheitsmatrix $I_n$ sind.

Ein zentrales Resultat ist die folgende *Dimensionsformel für Unterräume*.

**Satz 9.34.** *Sind $\mathcal{U}_1$ und $\mathcal{U}_2$ zwei endlichdimensionale Unterräume eines $K$-Vektorraumes $\mathcal{V}$, so gilt*

$$\dim(\mathcal{U}_1 \cap \mathcal{U}_2) + \dim(\mathcal{U}_1 + \mathcal{U}_2) = \dim(\mathcal{U}_1) + \dim(\mathcal{U}_2).$$

**Beweis.** Sei $\{v_1, \ldots, v_r\}$ eine Basis von $\mathcal{U}_1 \cap \mathcal{U}_2$. Wir ergänzen diese zu einer Basis $\{v_1, \ldots, v_r, w_1, \ldots, w_\ell\}$ von $\mathcal{U}_1$ sowie zu einer Basis $\{v_1, \ldots, v_r, x_1, \ldots, x_k\}$ von $\mathcal{U}_2$. Wir gehen davon aus, dass $r, \ell, k \geq 1$ gilt. Kommen leere Listen vor, so kann der folgende Beweis einfach modifiziert werden.

Es reicht zu zeigen, dass $\{v_1, \ldots, v_r, w_1, \ldots, w_\ell, x_1, \ldots, x_k\}$ eine Basis von $\mathcal{U}_1 + \mathcal{U}_2$ ist. Offensichtlich gilt

$$\text{Span}\{v_1, \ldots, v_r, w_1, \ldots, w_\ell, x_1, \ldots, x_k\} = \mathcal{U}_1 + \mathcal{U}_2,$$

also ist nur noch zu zeigen, dass $v_1, \ldots, v_r, w_1, \ldots, w_\ell, x_1, \ldots, x_k$ linear unabhängig sind. Sei

$$\sum_{i=1}^{r} \lambda_i v_i + \sum_{i=1}^{\ell} \mu_i w_i + \sum_{i=1}^{k} \gamma_i x_i = 0,$$

dann gilt

$$\sum_{i=1}^{k} \gamma_i x_i = -\left( \sum_{i=1}^{r} \lambda_i v_i + \sum_{i=1}^{\ell} \mu_i w_i \right).$$

Auf der linken Seite dieser Gleichung steht per Definition ein Vektor aus $\mathcal{U}_2$, auf der rechten ein Vektor aus $\mathcal{U}_1$. Somit gilt $\sum_{i=1}^{k} \gamma_i x_i \in \mathcal{U}_1 \cap \mathcal{U}_2$. Nach Konstruktion ist jedoch $\{v_1, \ldots, v_r\}$ eine Basis von $\mathcal{U}_1 \cap \mathcal{U}_2$ und die Vektoren $v_1, \ldots, v_r, w_1, \ldots, w_\ell$ sind linear unabhängig. Daher ist $\sum_{i=1}^{\ell} \mu_i w_i = 0$, also $\mu_1 = \cdots = \mu_\ell = 0$. Aber dann gilt auch

$$\sum_{i=1}^{r} \lambda_i v_i + \sum_{i=1}^{k} \gamma_i x_i = 0$$

und somit $\lambda_1 = \cdots = \lambda_r = \gamma_1 = \cdots = \gamma_k = 0$ wegen der linearen Unabhängigkeit von $v_1, \ldots, v_r, x_1, \ldots, x_k$. □

Ist mindestens einer der Unterräume in Satz 9.34 unendlichdimensional, so bleibt die Aussage formal korrekt, denn dann gilt $\dim(\mathcal{U}_1 + \mathcal{U}_2) = \infty$ und $\dim(\mathcal{U}_1) + \dim(\mathcal{U}_2) = \infty$.

**Beispiel 9.35.** Für die beiden Unterräume

$$\mathcal{U}_1 = \{[\alpha_1, \alpha_2, 0] \mid \alpha_1, \alpha_2 \in K\}, \quad \mathcal{U}_2 = \{[0, \alpha_2, \alpha_3] \mid \alpha_2, \alpha_3 \in K\}$$

von $K^{1,3}$ gilt $\dim(\mathcal{U}_1) = \dim(\mathcal{U}_2) = 2$,

$$\mathcal{U}_1 \cap \mathcal{U}_2 = \{[0, \alpha_2, 0] \mid \alpha_2 \in K\}, \quad \dim(\mathcal{U}_1 \cap \mathcal{U}_2) = 1,$$
$$\mathcal{U}_1 + \mathcal{U}_2 = K^{1,3}, \qquad\qquad\quad \dim(\mathcal{U}_1 + \mathcal{U}_2) = 3.$$

Der Begriff der Summe lässt sich leicht auf eine beliebige (endliche) Anzahl von Unterräumen verallgemeinern. Sind $\mathcal{U}_1, \ldots, \mathcal{U}_k$, $k \geq 2$, Unterräume des $K$-Vektorraums $\mathcal{V}$, so definieren wir deren Summe als

$$\mathcal{U}_1 + \ldots + \mathcal{U}_k = \sum_{j=1}^{k} \mathcal{U}_j := \left\{ u = \sum_{j=1}^{k} u_j \mid u_j \in \mathcal{U}_j, \ j = 1, \ldots, k \right\}.$$

Diese Summe nennen wir *direkt*, wenn

$$\mathcal{U}_i \cap \sum_{\substack{j=1 \\ j \neq i}}^{k} \mathcal{U}_j = \{0\}$$

für alle $i = 1, \ldots, k$ gilt und wir schreiben in diesem Fall die (direkte) Summe als

$$\mathcal{U}_1 \oplus \ldots \oplus \mathcal{U}_k = \bigoplus_{j=1}^{k} \mathcal{U}_j.$$

Insbesondere ist eine Summe $\mathcal{U}_1 + \mathcal{U}_2$ von zwei Unterräumen $\mathcal{U}_1, \mathcal{U}_2 \subseteq \mathcal{V}$ direkt, wenn $\mathcal{U}_1 \cap \mathcal{U}_2 = \{0\}$ gilt.

Der folgende Satz gibt zwei äquivalente Charakterisierungen der direkten Summe von Unterräumen.

**Satz 9.36.** *Sei* $\mathcal{U} = \mathcal{U}_1 + \ldots + \mathcal{U}_k$ *eine Summe aus* $k \geq 2$ *Unterräumen eines* $K$-*Vektorraums* $\mathcal{V}$. *Dann sind folgende Aussagen äquivalent:*

*(1) Die Summe* $\mathcal{U}$ *ist direkt, d. h. es gilt* $\mathcal{U}_i \cap \sum_{j \neq i} \mathcal{U}_j = \{0\}$ *für* $i = 1, \ldots, k$.
*(2) Jeder Vektor* $u \in \mathcal{U}$ *besitzt eine Darstellung der Form* $u = \sum_{j=1}^{k} u_j$ *mit eindeutig bestimmten* $u_j \in \mathcal{U}_j$, $j = 1, \ldots, k$.
*(3) Aus* $\sum_{j=1}^{k} u_j = 0$ *mit* $u_j \in \mathcal{U}_j$, $j = 1, \ldots, k$, *folgt stets* $u_j = 0$, $j = 1, \ldots, k$.

**Beweis.**

(1) $\Rightarrow$ (2): Sei $u = \sum_{j=1}^{k} u_j = \sum_{j=1}^{k} \widetilde{u}_j$ mit $u_j, \widetilde{u}_j \in \mathcal{U}_j$, $j = 1, \ldots, k$. Für jedes $i = 1, \ldots, k$ gilt dann

$$u_i - \widetilde{u}_i = - \sum_{j \neq i} (u_j - \widetilde{u}_j) \in \mathcal{U}_i \cap \sum_{j \neq i} \mathcal{U}_j.$$

Aus $\mathcal{U}_i \cap \sum_{j \neq i} \mathcal{U}_j = \{0\}$ folgt nun $u_i - \widetilde{u}_i = 0$ und somit $u_i = \widetilde{u}_i$ für $i = 1, \ldots, k$.

(2) $\Rightarrow$ (3): Dies ist offensichtlich.

(3) $\Rightarrow$ (1): Für ein gegebenes $i$ sei $u \in \mathcal{U}_i \cap \sum_{j \neq i} \mathcal{U}_j$. Dann gilt $u = \sum_{j \neq i} u_j$ für gewisse $u_j \in \mathcal{U}_j$, $j \neq i$, und somit $-u + \sum_{j \neq i} u_j = 0$. Insbesondere folgt nun $u = 0$ und daher gilt $\mathcal{U}_i \cap \sum_{j \neq i} \mathcal{U}_j = \{0\}$. $\qquad\square$

Sind $\mathcal{U}_1, \ldots, \mathcal{U}_k$, $k \geq 3$, Unterräume eines $K$-Vektorraums $\mathcal{V}$, dann folgt aus der Eigenschaft $\mathcal{U}_i \cap \mathcal{U}_j = \{0\}$ für alle $i \neq j$ im Allgemeinen nicht, dass die Summe $\mathcal{U}_1 + \ldots + \mathcal{U}_k$ direkt ist.

**Beispiel 9.37.** Für die Unterräume

$$\mathcal{U}_1 = \mathrm{Span} \left\{ \begin{bmatrix} 1 \\ 0 \\ 0 \end{bmatrix} \right\}, \quad \mathcal{U}_2 = \mathrm{Span} \left\{ \begin{bmatrix} 0 \\ 1 \\ 0 \end{bmatrix} \right\}, \quad \mathcal{U}_3 = \mathrm{Span} \left\{ \begin{bmatrix} 1 \\ 1 \\ 0 \end{bmatrix} \right\}$$

von $K^{3,1}$ gilt $\mathcal{U}_i \cap \mathcal{U}_j = \{0\}$ für alle $i \neq j$, aber die Summe der Unterräume ist nicht direkt, denn es gilt $\mathcal{U}_3 \cap (\mathcal{U}_1 + \mathcal{U}_2) = \mathcal{U}_3 \neq \{0\}$. Zudem gilt

$$0 = \alpha \begin{bmatrix} 1 \\ 0 \\ 0 \end{bmatrix} + \alpha \begin{bmatrix} 0 \\ 1 \\ 0 \end{bmatrix} - \alpha \begin{bmatrix} 1 \\ 1 \\ 0 \end{bmatrix},$$

für jedes $\alpha \in K$, d. h. der Nullvektor hat keine Darstellung der Form $0 = u_1 + u_2 + u_3$ mit eindeutig bestimmten Vektoren $u_j \in \mathcal{U}_j$, $j = 1, 2, 3$.

Ersetzen wir $\mathcal{U}_3$ durch $\mathcal{U}_4 = \mathrm{Span}\{[1, 1, 1]^T\}$, dann ist die Summe $\mathcal{U}_1 + \mathcal{U}_2 + \mathcal{U}_4$ direkt.

## Aufgaben

(In den folgenden Aufgaben ist $K$ stets ein beliebiger Körper.)

9.1 Sei $\mathcal{V}$ ein $K$-Vektorraum und seien $v_1, v_2, v_3 \in \mathcal{V}$ mit $v_1 + v_2 + v_3 = 0$. Zeigen Sie, dass dann $\mathrm{Span}\{v_1, v_2\} = \mathrm{Span}\{v_1, v_3\} = \mathrm{Span}\{v_2, v_3\}$ gilt.

9.2 Zeigen Sie, dass $a_1, \ldots, a_n \in K^{n,1}$ genau dann linear unabhängig sind, wenn $\det([a_1, \ldots, a_n]) \neq 0$ ist.

9.3 Zeigen Sie, dass $(K^{n,m}, +, \cdot)$ ein $K$-Vektorraum ist (vgl. (1) in Beispiel 9.2).

9.4 Sei $A \in K^{n,n}$. Zeigen Sie, dass $\mathcal{U} := \{X \in K^{n,n} \mid AX = XA\}$ ein Unterraum von $(K^{n,n}, +, \cdot)$ ist.

9.5 Seien $A \in K^{n,n}$ und $B \in K^{m,m}$. Zeigen Sie, dass $\mathcal{U} := \{AX + XB \mid X \in K^{n,m}\}$ ein Unterraum von $(K^{n,m}, +, \cdot)$ ist.

9.6 Zeigen Sie, dass $(K[t], +, \cdot)$ ein $K$-Vektorraum ist (vgl. (2) in Beispiel 9.2). Zeigen Sie weiter, dass $K[t]_{\leq n}$ ein Unterraum von $K[t]$ ist (vgl. (3) in Beispiel 9.6) und bestimmen Sie $\dim(K[t]_{\leq n})$.

9.7 Welche der folgenden Mengen bilden (jeweils mit der üblichen Addition und skalaren Multiplikation) $\mathbb{R}$-Vektorräume?

$$\left\{ [\alpha_1, \alpha_2] \in \mathbb{R}^{1,2} \mid \alpha_1 = \alpha_2 \right\}, \quad \left\{ [\alpha_1, \alpha_2] \in \mathbb{R}^{1,2} \mid \alpha_1^2 + \alpha_2^2 = 1 \right\},$$

$$\left\{ [\alpha_1, \alpha_2] \in \mathbb{R}^{1,2} \mid \alpha_1 \geq \alpha_2 \right\}, \quad \left\{ [\alpha_1, \alpha_2] \in \mathbb{R}^{1,2} \mid \alpha_1 - \alpha_2 = 0 \text{ und } 2\alpha_1 + \alpha_2 = 0 \right\}.$$

Bestimmen Sie gegebenenfalls eine Basis und geben Sie die Dimension an.

9.8 Sei $\mathcal{V}$ ein $K$-Vektorraum, $\Omega$ eine nichtleere Menge und $\mathrm{Abb}(\Omega, \mathcal{V})$ die Menge aller Abbildungen von $\Omega$ nach $\mathcal{V}$. Auf $\mathrm{Abb}(\Omega, \mathcal{V})$ werden Addition und skalare Multiplikation „punktweise" definiert, d. h. für $f, g \in \mathrm{Abb}(\Omega, \mathcal{V})$ und $\lambda \in K$ sei

$$(f + g)(x) := f(x) + g(x) \quad \text{und} \quad (\lambda \cdot f)(x) := \lambda f(x)$$

für alle $x \in \Omega$. Zeigen Sie, dass $(\mathrm{Abb}(\Omega, \mathcal{V}), +, \cdot)$ ein $K$-Vektorraum ist.

9.9 Sei $\mathcal{V}$ ein endlichdimensionaler $K$-Vektorraum und $\Omega$ eine endliche nichtleere Menge. Zeigen, Sie dass dann $\dim(\mathrm{Abb}(\Omega, \mathcal{V})) = |\Omega| \cdot \dim(\mathcal{V})$ gilt.

9.10 Zeigen Sie, dass die Funktionen sin und cos in $\mathrm{Abb}(\mathbb{R}, \mathbb{R})$ (vgl. Aufgabe 9.8) linear unabhängig sind.

9.11 Sei $\mathcal{V}$ ein $\mathbb{C}$-Vektorraum. Zeigen Sie, dass $\mathcal{V}$ dann auch ein $\mathbb{R}$-Vektorraum ist.

9.12 Bestimmen Sie eine Basis des $\mathbb{R}$-Vektorraums $\mathbb{C}$ sowie $\dim_{\mathbb{R}}(\mathbb{C})$. Bestimmen Sie eine Basis des $\mathbb{C}$-Vektorraums $\mathbb{C}$ sowie $\dim_{\mathbb{C}}(\mathbb{C})$.

9.13 Bestimmen Sie alle $\alpha \in \mathbb{R}$, so dass $\{[1 + \alpha, 2], [1, 2 + \alpha]\}$ eine Basis von $\mathbb{R}^{1,2}$ ist.

9.14 Zeigen Sie, dass die Polynome $p_1 = t^5 + t^4$, $p_2 = t^5 - 7t^3$, $p_3 = t^5 - 1$, $p_4 = t^5 + 3t$ linear unabängig in $\mathbb{Q}[t]_{\leq 5}$ sind und ergänzen Sie $\{p_1, p_2, p_3, p_4\}$ zu einer Basis von $\mathbb{Q}[t]_{\leq 5}$.

9.15 Sei $n \in \mathbb{N}$ und

$$K[t_1, t_2] := \left\{ \sum_{i,j=0}^{n} \alpha_{ij} t_1^i t_2^j \mid \alpha_{ij} \in K \right\}.$$

Ein Element von $K[t_1, t_2]$ heißt *bivariates Polynom* über $K$ in den Unbekannten $t_1$ und $t_2$. Geben Sie eine skalare Multiplikation und eine Addition an, so dass $K[t_1, t_2]$ zu einem Vektorraum wird. Bestimmen Sie eine Basis von $K[t_1, t_2]$.

9.16 Beweisen Sie Lemma 9.5.

9.17 Beweisen Sie Lemma 9.11.

9.18 Sei $A \in K^{n,m}$ und $b \in K^{n,1}$. Ist dann die Lösungsmenge $\mathcal{L}(A, b)$ von $Ax = b$ ein Unterraum von $K^{m,1}$?

9.19 Sei $A \in K^{n,n}$ und sei $\lambda \in K$ ein Eigenwert von $A$. Zeigen Sie, dass die Menge $\{v \in K^{n,1} \mid Av = \lambda v\}$ einen Unterraum von $K^{n,1}$ bildet.

9.20 Sei $A \in K^{n,n}$ und seien $\lambda_1$ und $\lambda_2$ zwei verschiedene Eigenwerte von $A$, also $\lambda_1 \neq \lambda_2$. Zeigen Sie, dass die zugehörigen Eigenvektoren $v_1$ und $v_2$ linear unabhängig sind.

9.21 Sei $V$ ein $K$-Vektorraum und sei $B \subseteq V$. Zeigen Sie, dass folgende Aussagen äquivalent sind:

(1) $B$ ist eine Basis von $V$.

(2) $B$ ist ein *minimales Erzeugendensystem* von $V$, d. h. für keine echte Teilmenge $M \subset B$ gilt $\text{Span}(M) = V$.

(3) $B$ ist eine maximal linear unabhängige Teilmenge von $V$, d. h. gilt $B \subset W$, dann sind die Elemente von $W$ (oder das aus ihnen gebildete System) linear abhängig.

9.22 Zeigen Sie, dass $B = \{B_1, B_2, B_3, B_4\}$ und $C = \{C_1, C_2, C_3, C_4\}$ mit

$$B_1 = \begin{bmatrix} 1 & 1 \\ 0 & 0 \end{bmatrix}, \quad B_2 = \begin{bmatrix} 1 & 0 \\ 0 & 0 \end{bmatrix}, \quad B_3 = \begin{bmatrix} 1 & 0 \\ 1 & 0 \end{bmatrix}, \quad B_4 = \begin{bmatrix} 1 & 1 \\ 0 & 1 \end{bmatrix}$$

und

$$C_1 = \begin{bmatrix} 1 & 0 \\ 0 & 1 \end{bmatrix}, \quad C_2 = \begin{bmatrix} 1 & 0 \\ 1 & 0 \end{bmatrix}, \quad C_3 = \begin{bmatrix} 1 & 0 \\ 0 & 0 \end{bmatrix}, \quad C_4 = \begin{bmatrix} 0 & 1 \\ 1 & 0 \end{bmatrix}$$

Basen des Vektorraums $K^{2,2}$ bilden und berechnen Sie die Basisübergangsmatrizen von $B$ nach $C$ und von $C$ nach $B$.

9.23 Untersuchen Sie die Elemente der folgenden Mengen auf ihre lineare Unabhängigkeit im Vektorraum $K[t]_{\leq 3}$:

$$U_1 = \{t, t^2 + 2t, t^2 + 3t + 1, t^3\}, \quad U_2 = \{1, t, t + t^2, t^2 + t^3\},$$
$$U_3 = \{1, t^2 - t, t^2 + t, t^3\}.$$

Berechnen Sie die Dimensionen der von den Elementen von $U_1$, $U_2$, $U_3$ aufgespannten Unterräume. Bildet eine dieser Mengen eine Basis von $K[t]_{\leq 3}$?

9.24 Zeigen Sie, dass die Menge der Folgen $\{(\alpha_1, \alpha_2, \alpha_3, \ldots) \mid \alpha_i \in K, \, i \in \mathbb{N}\}$ mit der elementweisen Addition und der elementweisen skalaren Multiplikation einen unendlichdimensionalen Vektorraum bildet. Können Sie eine Basis angeben?

9.25 Beweisen Sie Lemma 9.22.

9.26 Beweisen Sie Lemma 9.28.

9.27 Beweisen Sie Lemma 9.33.

9.28 Seien $\mathcal{U}_1, \mathcal{U}_2$ endlichdimensionale Unterräume eines $K$-Vektorraums $V$. Zeigen Sie, dass die Summe $\mathcal{U}_1 + \mathcal{U}_2$ genau dann direkt ist, wenn $\dim(\mathcal{U}_1 + \mathcal{U}_2) = \dim(\mathcal{U}_1) + \dim(\mathcal{U}_2)$ gilt.

9.29 Sei $\mathcal{U}$ ein Unterraum eines endlichdimensionalen $K$-Vektorraums $\mathcal{V}$. Zeigen Sie, dass es einen weiteren Unterraum $\widetilde{\mathcal{U}}$ mit $\mathcal{U} \oplus \widetilde{\mathcal{U}} = \mathcal{V}$ gibt. (Der Unterraum $\widetilde{\mathcal{U}}$ wird ein *Komplement* zu $\mathcal{U}$ genannt.)

9.30 Finden Sie drei Unterräume $\mathcal{U}_1, \mathcal{U}_2, \mathcal{U}_3$ von $\mathcal{V} = \mathbb{R}^{3,1}$ mit $\mathcal{U}_2 \neq \mathcal{U}_3$ und $\mathcal{V} = \mathcal{U}_1 \oplus \mathcal{U}_2 = \mathcal{U}_1 \oplus \mathcal{U}_3$. Gibt es einen Unterraum $\mathcal{U}_1$ von $\mathcal{V}$ mit eindeutig bestimmtem Komplement?

9.31 Seien $\mathcal{U}_1, \ldots, \mathcal{U}_k, k \geq 2$, endlichdimensionale Unterräume eines $K$-Vektorraums $\mathcal{V}$. Zeigen Sie, dass dann $\dim(\mathcal{U}_1 + \ldots + \mathcal{U}_k) \leq \dim(\mathcal{U}_1) + \ldots + \dim(\mathcal{U}_k)$ gilt. Wann gilt hier Gleichheit?

# Lineare Abbildungen

**10**

Nach der Einführung von Vektorräumen im vorherigen Kapitel betrachten wir nun Abbildungen zwischen Vektorräumen, die mit den beiden Vektorraum-Operationen Addition und skalare Multiplikation „verträglich" sind. Hierbei handelt es sich um die linearen Abbildungen. Nach der Untersuchung ihrer wichtigsten Eigenschaften zeigen wir, dass im Fall von endlichdimensionalen Vektorräumen jede lineare Abbildung durch eine Matrix dargestellt werden kann, sobald Basen in den entsprechenden Räumen gewählt sind. Werden die Basen „geschickt" gewählt, so können an der Matrixdarstellung einer linearen Abbildung wichtige Informationen über die Abbildung einfach abgelesen werden. Diese zentrale Idee werden wir in den folgenden Kapiteln immer wieder aufgreifen.

## 10.1 Grundlegende Definitionen und Eigenschaften

Wir beginnen mit der Definition der linearen Abbildung zwischen Vektorräumen.

**Definition 10.1.** Seien $V$ und $W$ zwei $K$-Vektorräume. Eine Abbildung $f : V \to W$ heißt $K$-*linear* (kurz: *linear*), wenn für alle $v, w \in V$ und $\lambda \in K$ die Gleichungen

(1) $f(\lambda v) = \lambda f(v)$,
(2) $f(v + w) = f(v) + f(w)$,

gelten. Die Menge aller dieser Abbildungen bezeichnen wir mit $\mathcal{L}(V, W)$.

Eine lineare Abbildung $f : V \to W$ wird auch *lineare Transformation* oder (Vektorraum-) *Homomorphismus* genannt. Eine bijektive lineare Abbildung heißt *Isomorphismus*. Gibt es für zwei $K$-Vektorräume $V$ und $W$ einen Isomorphismus, so heißen die Räume $V$

© Springer-Verlag GmbH Deutschland, ein Teil von Springer Nature 2021
J. Liesen, V. Mehrmann, *Lineare Algebra*, Springer Studium Mathematik (Bachelor),
https://doi.org/10.1007/978-3-662-62742-6_10

und $\mathcal{W}$ *isomorph*, geschrieben

$$V \cong \mathcal{W}.$$

Eine Abbildung $f \in \mathcal{L}(V, V)$ heißt *Endomorphismus* und ein bijektiver Endomorphismus heißt *Automorphismus*.

Man überzeugt sich leicht davon, dass die beiden Bedingungen (1) und (2) in Definition 10.1 genau dann gelten, wenn

$$f(\lambda v + \mu w) = \lambda f(v) + \mu f(w)$$

für alle $\lambda, \mu \in K$ und $v, w \in V$ gilt.

**Beispiel 10.2.**

(1) Jede Matrix $A \in K^{n,m}$ definiert eine Abbildung von $K^{m,1}$ nach $K^{n,1}$:

$$A : K^{m,1} \to K^{n,1}, \quad x \mapsto Ax.$$

Diese Abbildung ist linear, denn es gelten (vgl. Lemma 4.3 und 4.4):

$$A(\lambda x) = \lambda A x, \qquad \text{für alle } x \in K^{m,1} \text{ und } \lambda \in K,$$

$$A(x + y) = Ax + Ay, \quad \text{für alle } x, y \in K^{m,1}.$$

(2) Die Abbildung Spur $: K^{n,n} \to K, A = [a_{ij}] \mapsto \text{Spur}(A) := \sum_{i=1}^{n} a_{ii}$, ist linear (vgl. Aufgabe 8.8).

(3) Die Abbildung

$$f : \mathbb{Q}[t]_{\leq 3} \to \mathbb{Q}[t]_{\leq 2}, \quad \alpha_3 t^3 + \alpha_2 t^2 + \alpha_1 t + \alpha_0 \mapsto 2\alpha_2 t^2 + 3\alpha_1 t + 4\alpha_0,$$

ist linear, also $f \in \mathcal{L}(\mathbb{Q}[t]_{\leq 3}, \mathbb{Q}[t]_{\leq 2})$. (Weisen Sie dies zur Übung nach.) Die Abbildung

$$g : \mathbb{Q}[t]_{\leq 3} \to \mathbb{Q}[t]_{\leq 2}, \quad \alpha_3 t^3 + \alpha_2 t^2 + \alpha_1 t + \alpha_0 \mapsto \alpha_2 t^2 + \alpha_1 t + \alpha_0^2,$$

ist nicht linear. Sind zum Beispiel $p_1 = t + 2$ und $p_2 = t + 1$, dann gilt $g(p_1 + p_2) = 2t + 9 \neq 2t + 5 = g(p_1) + g(p_2)$.

(4) Seien $n \in \mathbb{N}$, $k \in \{1, \dots, n\}$ und $a_1, \dots, a_{k-1}, a_{k+1}, \dots, a_n \in K^{n,1}$. Dann ist

$$f : K^{n,1} \to K, \quad v \mapsto \det([a_1, \dots, a_{k-1}, v, a_{k+1}, \dots, a_n]),$$

eine lineare Abbildung (vgl. (7.3)).

(5) Sei $V = \{(\alpha_1, \alpha_2, \alpha_3, \ldots) \mid \alpha_i \in K, i \in \mathbb{N}\}$ der unendlichdimensionale $K$-Vektorraum der Folgen (vgl. Aufgabe 9.24). Dann sind

$$f : V \to V, \quad (\alpha_1, \alpha_2, \alpha_3, \ldots) \mapsto (0, \alpha_1, \alpha_2, \alpha_3, \ldots),$$

$$g : V \to V, \quad (\alpha_1, \alpha_2, \alpha_3, \ldots) \mapsto (\alpha_2, \alpha_3, \alpha_4, \ldots),$$

zwei lineare Abbildungen, die *Rechtsshift* und *Linksshift* genannt werden. (Weisen Sie die Linearität zur Übung nach.)

Die Menge der linearen Abbildungen zwischen zwei $K$-Vektorräumen mit entsprechenden Operationen bildet wiederum einen $K$-Vektorraum.

**Lemma 10.3.** *Seien $V$ und $W$ zwei $K$-Vektorräume. Für $f, g \in \mathcal{L}(V, W)$ und $\lambda \in K$ seien $f + g$ und $\lambda \cdot f$ definiert durch*

$$(f + g)(v) := f(v) + g(v),$$

$$(\lambda \cdot f)(v) := \lambda f(v),$$

*für alle $v \in V$. Dann ist $(\mathcal{L}(V, W), +, \cdot)$ ein $K$-Vektorraum.*

**Beweis.** Vgl. Aufgabe 9.8.

Wir zeigen nun, dass es für einen endlichdimensionalen $K$-Vektorraum $V$ und einen weiteren beliebigen $K$-Vektorraum $W$ immer eine Abbildung $f \in \mathcal{L}(V, W)$ gibt, die durch Wahl einer Basis von $V$ und Festlegung der Bilder der Basisvektoren eindeutig bestimmt ist.

**Satz 10.4.** *Seien $V$ und $W$ zwei $K$-Vektorräume. Ist $\{v_1, \ldots, v_m\}$ eine Basis von $V$ und sind $w_1, \ldots, w_m \in W$, dann gibt es genau eine lineare Abbildung $f \in \mathcal{L}(V, W)$ mit $f(v_i) = w_i$, $i = 1, \ldots, m$.*

**Beweis.** Für jedes $v \in V$ gibt es nach Lemma 9.27 eindeutig bestimmte Koordinaten $\lambda_1^{(v)}, \ldots, \lambda_m^{(v)}$ mit $v = \sum_{i=1}^{m} \lambda_i^{(v)} v_i$. Wir definieren $f : V \to W$ durch $f(v) := \sum_{i=1}^{m} \lambda_i^{(v)} w_i$ für alle $v \in V$. Offensichtlich gilt dann $f(v_i) = w_i$ für $i = 1, \ldots, m$. Für jedes $\lambda \in K$ gilt $\lambda v = \sum_{i=1}^{m} (\lambda \lambda_i^{(v)}) v_i$, also

$$f(\lambda v) = \sum_{i=1}^{m} (\lambda \lambda_i^{(v)}) w_i = \lambda \sum_{i=1}^{m} \lambda_i^{(v)} w_i = \lambda f(v).$$

Ist $u = \sum_{i=1}^{m} \lambda_i^{(u)} v_i \in V$, so gilt $v + u = \sum_{i=1}^{m} (\lambda_i^{(v)} + \lambda_i^{(u)}) v_i$ und daher

$$f(v + u) = \sum_{i=1}^{m} (\lambda_i^{(v)} + \lambda_i^{(u)}) w_i = \sum_{i=1}^{m} \lambda_i^{(v)} w_i + \sum_{i=1}^{m} \lambda_i^{(u)} w_i = f(v) + f(u).$$

Die so bestimmte Abbildung $f : V \to W$ ist also linear.

Seien nun $f, g \in \mathcal{L}(V, W)$ mit $f(v_i) = g(v_i) = w_i$ für $i = 1, \ldots, m$. Ist dann $v = \sum_{i=1}^{m} \lambda_i^{(v)} v_i$, so folgt

$$f(v) = \sum_{i=1}^{m} \lambda_i^{(v)} w_i = \sum_{i=1}^{m} \lambda_i^{(v)} g(v_i) = g\left( \sum_{i=1}^{m} \lambda_i^{(v)} v_i \right) = g(v),$$

d. h. es gilt $f = g$ und $f$ ist somit eindeutig bestimmt.

Nun wollen wir die Eigenschaften von linearen Abbildungen genauer untersuchen. In Definition 2.13 haben wir das Bild und das Urbild von Abbildungen definiert. Der Vollständigkeit halber wiederholen wir hier diese Definitionen und ergänzen sie um den Begriff des Kerns einer linearen Abbildung.

**Definition 10.5.** Sind $V$ und $W$ zwei $K$-Vektorräume und $f \in \mathcal{L}(V, W)$, dann definieren wir

$$\text{Kern}(f) := \{ v \in V \mid f(v) = 0 \} \quad \text{und} \quad \text{Bild}(f) := \{ f(v) \in W \mid v \in V \}.$$

Für $w \in W$ definieren wir das *Urbild* von $w$ in $V$ als

$$f^{-1}(w) := f^{-1}(\{w\}) = \{ v \in V \mid f(v) = w \}.$$

Wie wir bereits nach Definition 2.13 erwähnt haben, ist in der Definition des Urbildes $f^{-1}(w)$ *nicht* die Umkehrabbildung von $f$ angewendet auf $w$ gemeint, sondern eine Teilmenge von $V$. Insbesondere gilt $f^{-1}(0) = \text{Kern}(f)$.

**Beispiel 10.6.** Für $A \in K^{n,m}$ und die entsprechende Abbildung $A \in \mathcal{L}(K^{m,1}, K^{n,1})$ aus (1) in Beispiel 10.2 gelten

$$\text{Kern}(A) = \{ x \in K^{m,1} \mid Ax = 0 \} \quad \text{und} \quad \text{Bild}(A) = \{ Ax \in K^{n,1} \mid x \in K^{m,1} \}.$$

Sei $a_j \in K^{n,1}$ die $j$-te Spalte von $A$, $j = 1, \ldots, m$. Für $x = [x_1, \ldots, x_m]^T \in K^{m,1}$ gilt dann

$$Ax = \sum_{j=1}^{m} x_j a_j.$$

Wählen wir $x_j = 0$ für $j = 1, \ldots, m$, so folgt $Ax = 0$ und somit ist $0 \in K^{m,1}$ ein Element von Kern($A$). Zudem sehen wir an der obigen Darstellung von $Ax$, dass Kern($A$) = $\{0\}$ genau dann gilt, wenn die Spalten von $A$ linear unabhängig sind. Die Menge Bild($A$) ist gegeben durch die lineare Hülle der Spalten von $A$, d. h. Bild($A$) = Span$\{a_1, \ldots, a_m\}$.

**Lemma 10.7.** *Sind $V$ und $W$ zwei $K$-Vektorräume, dann gelten für jedes $f \in \mathcal{L}(V, W)$:*

(1) *$f(0) = 0$ und $f(-v) = -f(v)$ für alle $v \in V$.*
(2) *Ist $f$ ein Isomorphismus, so ist $f^{-1} \in \mathcal{L}(W, V)$.*
(3) *Kern($f$) ist ein Unterraum von $V$ und Bild($f$) ist ein Unterraum von $W$.*
(4) *$f$ ist genau dann surjektiv, wenn Bild($f$) = $W$ ist.*
(5) *$f$ ist genau dann injektiv, wenn Kern($f$) = $\{0\}$ ist.*
(6) *Ist $f$ injektiv und sind $v_1, \ldots, v_m \in V$ linear unabhängig, so sind auch die Bilder $f(v_1), \ldots, f(v_m) \in W$ linear unabhängig.*
(7) *Sind $v_1, \ldots, v_m \in V$ linear abhängig, so sind auch die Bilder $f(v_1), \ldots, f(v_m) \in W$ linear abhängig. (Äquivalent: Sind $f(v_1), \ldots, f(v_m) \in W$ linear unabhängig, so sind $v_1, \ldots, v_m \in V$ linear unabhängig.)*
(8) *Ist $w \in$ Bild($f$) und ist $u \in f^{-1}(w)$ beliebig, so gilt*

$$f^{-1}(w) = u + \text{Kern}(f) := \{u + v \mid v \in \text{Kern}(f)\}.$$

**Beweis.**

(1) Es gelten $f(0_V) = f(0_K \cdot 0_V) = 0_K \cdot f(0_V) = 0_W$ sowie $f(v) + f(-v) = f(v + (-v)) = f(0_V) = 0_W$ für alle $v \in V$.
(2) Die Existenz der Umkehrabbildung $f^{-1} : W \to V$ ist nach Satz 2.21 gesichert. Wir haben zu zeigen, dass $f^{-1}$ linear ist. Sind $w_1, w_2 \in W$, so gibt es eindeutig bestimmte $v_1, v_2 \in V$ mit $w_1 = f(v_1)$ und $w_2 = f(v_2)$. Es gilt dann

$$f^{-1}(w_1 + w_2) = f^{-1}(f(v_1) + f(v_2)) = f^{-1}(f(v_1 + v_2)) = v_1 + v_2$$
$$= f^{-1}(w_1) + f^{-1}(w_2).$$

Zudem gilt

$$f^{-1}(\lambda w_1) = f^{-1}(\lambda f(v_1)) = f^{-1}(f(\lambda v_1)) = \lambda v_1 = \lambda f^{-1}(w_1)$$

für jedes $\lambda \in K$.
(3) und (4) sind offensichtlich aus den jeweiligen Definitionen.
(5) Sei $f$ injektiv und $v \in$ Kern($f$), d. h. $f(v) = 0$. Aus (1) wissen wir, dass $f(0) = 0$ gilt, also folgt $f(v) = f(0)$. Daher gilt $v = 0$ aufgrund der Injektivität von $f$. Sei nun

Kern$(f) = \{0\}$ und seien $u, v \in V$ mit $f(u) = f(v)$. Dann folgt $f(u - v) = 0$, also $u - v \in$ Kern$(f)$ und somit $u - v = 0$ bzw. $u = v$.

(6)  Sei $\sum_{i=1}^{m} \lambda_i f(v_i) = 0$. Aus der Linearität von $f$ folgt

$$f\left(\sum_{i=1}^{m} \lambda_i v_i\right) = 0, \quad \text{also} \quad \sum_{i=1}^{m} \lambda_i v_i \in \text{Kern}(f).$$

Aus der Injektivität folgt $\sum_{i=1}^{m} \lambda_i v_i = 0$ und damit $\lambda_1 = \cdots = \lambda_m = 0$ wegen der linearen Unabhängigkeit von $v_1, \ldots, v_m$.

(7)  Sind $v_1, \ldots, v_m$ linear abhängig, so existieren Skalare $\lambda_1, \ldots, \lambda_m \in K$, die nicht alle gleich Null sind, mit $\sum_{i=1}^{m} \lambda_i v_i = 0$. Nach Anwendung von $f$ auf beiden Seiten und Ausnutzen der Linearität folgt $\sum_{i=1}^{m} \lambda_i f(v_i) = 0$, also sind $f(v_1), \ldots, f(v_m)$ linear abhängig.

(8)  Sei $w \in \text{Bild}(f)$ und $u \in f^{-1}(w)$. Ist $v \in f^{-1}(w)$, so gilt $f(v) = f(u)$, daher $f(v - u) = 0$, also $v - u \in$ Kern$(f)$ bzw. $v \in u + \text{Kern}(f)$, d.h. $f^{-1}(w) \subseteq u + \text{Kern}(f)$. Ist nun $v \in u + \text{Kern}(f)$, so gilt $f(v) = f(u) = w$, also $v \in f^{-1}(w)$, d.h. $u + \text{Kern}(f) \subseteq f^{-1}(w)$.

**Beispiel 10.8.** Für $A \in K^{n,m}$ und die entsprechende Abbildung $A \in \mathcal{L}(K^{m,1}, K^{n,1})$ sowie einen gegebenen Vektor $b \in K^{n,1}$ ist

$$A^{-1}(b) = \{\widehat{x} \in K^{m,1} \mid A\widehat{x} = b\} = \mathscr{L}(A, b).$$

Gilt $b \notin \text{Bild}(A)$, dann ist $\mathscr{L}(A, b) = \emptyset$ (vgl. (1) in Satz 6.5). Ist andererseits $b \in \text{Bild}(A)$ und $\widehat{x} \in \mathscr{L}(A, b)$ beliebig, dann folgt

$$\mathscr{L}(A, b) = \widehat{x} + \text{Kern}(A)$$

aus (8) in Lemma 10.7, was auch die Aussage von Lemma 6.2 ist. Gilt Kern$(A) = \{0\}$, d.h. die Spalten von $A$ sind linear unabhängig, dann folgt $|\mathscr{L}(A, b)| = 1$ (vgl. (2) in Satz 6.5). Ist Kern$(A) \neq \{0\}$, d.h. die Spalten von $A$ sind linear abhängig, dann ist $|\mathscr{L}(A, b)| > 1$ (vgl. (3) in Satz 6.5). Ist in diesem Fall $\{w_1, \ldots, w_\ell\}$ eine Basis von Kern$(A)$, dann gilt

$$\mathscr{L}(A, b) = \left\{\widehat{x} + \sum_{i=1}^{\ell} \lambda_i w_i \mid \lambda_1, \ldots, \lambda_\ell \in K\right\}.$$

Die Lösungsmenge von $Ax = b$ hängt also von $\ell \leq m$ Parametern ab.

Wir können nun die folgende wichtige *Dimensionsformel für lineare Abbildungen* beweisen.

**Satz 10.9.** *Seien $\mathcal{V}$ und $\mathcal{W}$ zwei $K$-Vektorräume und sei $\mathcal{V}$ endlichdimensional. Für jedes $f \in \mathcal{L}(\mathcal{V}, \mathcal{W})$ gilt dann*

$$\dim(\mathcal{V}) = \dim(\mathrm{Bild}(f)) + \dim(\mathrm{Kern}(f)).$$

**Beweis.** Seien $v_1, \dots, v_n \in \mathcal{V}$. Sind $f(v_1), \dots, f(v_n) \in \mathcal{W}$ linear unabhängig, so sind nach (7) in Lemma 10.7 auch $v_1, \dots, v_n$ linear unabhängig, also gilt $\dim(\mathrm{Bild}(f)) \leq \dim(\mathcal{V})$. Aus $\mathrm{Kern}(f) \subseteq \mathcal{V}$ folgt $\dim(\mathrm{Kern}(f)) \leq \dim(\mathcal{V})$, so dass $\mathrm{Bild}(f)$ und $\mathrm{Kern}(f)$ beide endlichdimensional sind.

Seien $\{w_1, \dots, w_r\}$ und $\{v_1, \dots, v_k\}$ Basen von $\mathrm{Bild}(f)$ bzw. $\mathrm{Kern}(f)$ und seien $u_1 \in f^{-1}(w_1), \dots, u_r \in f^{-1}(w_r)$. Wir zeigen, dass $\{u_1, \dots, u_r, v_1, \dots, v_k\}$ eine Basis von $\mathcal{V}$ ist, woraus die Behauptung folgt.

Ist $v \in \mathcal{V}$, so gibt es nach Lemma 9.27 eindeutige Koordinaten $\mu_1, \dots, \mu_r \in K$, so dass $f(v) = \sum_{i=1}^{r} \mu_i w_i$. Sei $\widetilde{v} := \sum_{i=1}^{r} \mu_i u_i$, dann folgt $f(\widetilde{v}) = f(v)$, also $v - \widetilde{v} \in \mathrm{Kern}(f)$, d. h. $v - \widetilde{v} = \sum_{i=1}^{k} \lambda_i v_i$ für gewisse Koordinaten $\lambda_1, \dots, \lambda_k \in K$. Es folgt

$$v = \widetilde{v} + \sum_{i=1}^{k} \lambda_i v_i = \sum_{i=1}^{r} \mu_i u_i + \sum_{i=1}^{k} \lambda_i v_i,$$

also $v \in \mathrm{Span}\{u_1, \dots, u_r, v_1, \dots, v_k\}$. Wegen $\{u_1, \dots, u_r, v_1, \dots, v_k\} \subset \mathcal{V}$ gilt somit

$$\mathcal{V} = \mathrm{Span}\{u_1, \dots, u_r, v_1, \dots, v_k\}$$

und es bleibt zu zeigen, dass $u_1, \dots, u_r, v_1, \dots, v_k$ linear unabhängig sind. Sei

$$\sum_{i=1}^{r} \alpha_i u_i + \sum_{i=1}^{k} \beta_i v_i = 0,$$

dann folgt

$$0 = f(0) = f\left( \sum_{i=1}^{r} \alpha_i u_i + \sum_{i=1}^{k} \beta_i v_i \right) = \sum_{i=1}^{r} \alpha_i f(u_i) = \sum_{i=1}^{r} \alpha_i w_i$$

und somit $\alpha_1 = \dots = \alpha_r = 0$, denn $w_1, \dots, w_r$ sind linear unabhängig. Aus der linearen Unabhängigkeit von $v_1, \dots, v_k$ folgt dann $\beta_1 = \dots = \beta_k = 0$. □

**Beispiel 10.10.**

(1) Für die lineare Abbildung

$$
f : \mathbb{Q}^{3,1} \to \mathbb{Q}^{2,1}, \quad
\begin{bmatrix} \alpha_1 \\ \alpha_2 \\ \alpha_3 \end{bmatrix}
\mapsto
\begin{bmatrix} 1 & 0 & 1 \\ 1 & 0 & 1 \end{bmatrix}
\begin{bmatrix} \alpha_1 \\ \alpha_2 \\ \alpha_3 \end{bmatrix}
=
\begin{bmatrix} \alpha_1 + \alpha_3 \\ \alpha_1 + \alpha_3 \end{bmatrix},
$$

sind

$$
\mathrm{Bild}(f) = \left\{ \begin{bmatrix} x \\ x \end{bmatrix} \, \middle| \, x \in \mathbb{Q} \right\}
\quad \text{und} \quad
\mathrm{Kern}(f) = \left\{ \begin{bmatrix} \alpha_1 \\ \alpha_2 \\ -\alpha_1 \end{bmatrix} \, \middle| \, \alpha_1, \alpha_2 \in \mathbb{Q} \right\}.
$$

Somit gilt $\dim(\mathrm{Bild}(f)) = 1$ und $\dim(\mathrm{Kern}(f)) = 2$, also auch $\dim(\mathrm{Bild}(f)) + \dim(\mathrm{Kern}(f)) = \dim(\mathbb{Q}^{3,1}) = 3$.

(2) Für $A \in K^{n,m}$ und die entsprechende Abbildung $A \in \mathcal{L}(K^{m,1}, K^{n,1})$ ist

$$
m = \dim(K^{m,1}) = \dim(\mathrm{Kern}(A)) + \dim(\mathrm{Bild}(A)).
$$

Somit gilt $\dim(\mathrm{Bild}(A)) = m$ genau dann, wenn $\dim(\mathrm{Kern}(A)) = 0$ ist. Dies gilt genau dann, wenn $\mathrm{Kern}(A) = \{0\}$ ist, d.h. genau dann, wenn die Spalten von $A$ linear unabhängig sind (vgl. Beispiel 10.6). Ist andererseits $\dim(\mathrm{Bild}(A)) < m$, so gilt $\dim(\mathrm{Kern}(A)) = m - \dim(\mathrm{Bild}(A)) > 0$ und es folgt $\mathrm{Kern}(A) \neq \{0\}$. In diesem Fall sind die Spalten von $A$ linear abhängig, denn es existiert ein $x \in K^{m,1} \setminus \{0\}$ mit $Ax = 0$. Wir zeigen in Satz 10.23, dass $\dim(\mathrm{Bild}(A)) = \mathrm{Rang}(A)$ gilt.

**Korollar 10.11.** *Sind $V$ und $W$ zwei $K$-Vektorräume mit $\dim(V) = \dim(W) \in \mathbb{N}$ und ist $f \in \mathcal{L}(V, W)$, dann sind folgende Aussagen äquivalent:*

(1) *$f$ ist injektiv.*
(2) *$f$ ist surjektiv.*
(3) *$f$ ist bijektiv.*

**Beweis.** Aus (3) folgen per Definition sowohl (1) als auch (2). Wir zeigen nun, dass (3) sowohl aus (1) als auch aus (2) folgt.

Ist $f$ injektiv, so gilt $\mathrm{Kern}(f) = \{0\}$ (vgl. (5) in Lemma 10.7) und mit Hilfe der Dimensionsformel aus Satz 10.9 folgt $\dim(W) = \dim(V) = \dim(\mathrm{Bild}(f))$. Daher gilt $\mathrm{Bild}(f) = W$ (vgl. Lemma 9.32), d.h. $f$ ist surjektiv und damit bijektiv.

Ist $f$ surjektiv, d. h. gilt $\mathrm{Bild}(f) = W$, so folgt aus der Dimensionsformel

$$\dim(\mathrm{Kern}(f)) = \dim(V) - \dim(\mathrm{Bild}(f)) = \dim(W) - \dim(\mathrm{Bild}(f)) = 0,$$

also $\mathrm{Kern}(f) = \{0\}$, d. h. $f$ ist injektiv und damit bijektiv.

Mit Hilfe von Satz 10.9 können wir auch charakterisieren, wann zwei endlichdimensionale Vektorräume isomorph sind.

**Korollar 10.12.** *Zwei endlichdimensionale $K$-Vektorräume $V$ und $W$ sind genau dann isomorph, wenn $\dim(V) = \dim(W)$ gilt.*

**Beweis.** Gilt $V \cong W$, so gibt es eine bijektive Abbildung $f \in \mathcal{L}(V, W)$. Nach (4) und (5) in Lemma 10.7 sind dann $\mathrm{Bild}(f) = W$ und $\mathrm{Kern}(f) = \{0\}$. Mit der Dimensionsformel für lineare Abbildungen (Satz 10.9) erhalten wir

$$\dim(V) = \dim(\mathrm{Bild}(f)) + \dim(\mathrm{Kern}(f)) = \dim(W) + \dim(\{0\}) = \dim(W).$$

Sei nun $\dim(V) = \dim(W)$ und seien $\{v_1, \ldots, v_n\}$ und $\{w_1, \ldots, w_n\}$ Basen von $V$ und $W$. Nach Satz 10.4 gibt es genau eine Abbildung $f \in \mathcal{L}(V, W)$ mit $f(v_i) = w_i$, $i = 1, \ldots, n$. Ist $v = \lambda_1 v_1 + \ldots + \lambda_n v_n \in \mathrm{Kern}(f)$, so gilt

$$0 = f(v) = f(\lambda_1 v_1 + \ldots + \lambda_n v_n) = \lambda_1 f(v_1) + \ldots + \lambda_n f(v_n)$$

$$= \lambda_1 w_1 + \ldots + \lambda_n w_n.$$

Aus der linearen Unabhängigkeit von $w_1, \ldots, w_n$ folgt $\lambda_1 = \cdots = \lambda_n = 0$, also $v = 0$ und daher $\mathrm{Kern}(f) = \{0\}$. Mit der Dimensionsformel erhalten wir dann $\dim(V) = \dim(\mathrm{Bild}(f)) = \dim(W)$ und somit $\mathrm{Bild}(f) = W$ (vgl. Lemma 9.32), d. h. $f$ ist surjektiv. $\qquad\square$

**Beispiel 10.13.**

(1) Die Vektorräume $K^{n,m}$ und $K^{m,n}$ sind isomorph, denn beide haben die Dimension $n \cdot m$. Die Abbildung $A \mapsto A^T$ ist ein Isomorphismus zwischen diesen beiden Vektorräumen.

(2) Die $\mathbb{R}$-Vektorräume $V = \mathbb{R}^{1,2}$ und $W = \mathbb{C} = \{x + \mathbf{i}y \mid x, y \in \mathbb{R}\}$, die beide die Dimension 2 haben, sind isomorph. Zwischen diesen ist $f : V \to W$, $v = [x, y] \mapsto f(v) := x + \mathbf{i}y$, ein Isomorphismus.

(3) Die Vektorräume $\mathbb{Q}[t]_{\leq 2}$ und $\mathbb{Q}^{1,3}$ haben beide die Dimension 3 und sind daher isomorph. Ein Isomorphismus ist durch die Abbildung $f : \mathbb{Q}[t]_{\leq 2} \to \mathbb{Q}^{1,3}$, $\alpha_2 t^2 + \alpha_1 t + \alpha_0 \mapsto [\alpha_2, \alpha_1, \alpha_0]$, gegeben.

Obwohl die Mathematik eine formale und exakte Wissenschaft ist, in der es auf Genauigkeit und kleinste Details ankommt, benutzt man manchmal den Kunstgriff des „Notationsmissbrauchs" (engl. „abuse of notation"), um die Darstellung zu vereinfachen oder die wesentlichen Punkte nicht durch unnötige technische Details zu verschleiern. Wir haben bereits Gebrauch von diesem Hilfsmittel gemacht. Zum Beispiel haben wir im induktiven Beweis der Existenz der Treppennormalform (Satz 5.2) die Indizes der Matrizen $A^{(j)}$ nicht angepasst. Dies führte etwa auf eine Matrix $[a_{ij}^{(2)}]$, für die kein Eintrag $a_{11}^{(2)}$ definiert war. Durch das Beibehalten der Indizes in der Induktion wurden die technischen Details des Beweises wesentlich vereinfacht, die Logik des Beweises selbst blieb aber formal korrekt. Ein weiteres Beispiel bildet unser Verwenden der gleichen Notation für eine gegebene Matrix $A \in K^{n,m}$ und die entsprechende Abbildung $A \in \mathcal{L}(K^{n,1}, K^{m,1})$ an verschiedenen Stellen in diesem Kapitel. Ganz formal hätte die zur Matrix $A$ gehörende Abbildung mit einer anderen Notation bezeichnet werden können, z. B. $f_A$, doch die gleiche Notation ist einfacher und auch nicht missverständlich.

Ein „Notationsmissbrauch" darf auf keinen Fall mit einem „falschen Gebrauch" von Notation verwechselt werden und er sollte stets gerechtfertigt sein. In der Linearen Algebra ist eine solche Rechtfertigung oft durch Isomorphie gegeben. Sind zwei Vektorräume isomorph, so können sie miteinander identifiziert werden, was viele Autoren dazu veranlasst, sie mit der gleichen Notation zu bezeichnen. Dies gilt insbesondere für die Notation $\mathbb{R}^n$ (oder $K^n$, $\mathbb{Q}^n$, $\mathbb{C}^n$, u.s.w.), die eigentlich die Menge der $n$-Tupel mit Elementen aus $\mathbb{R}$ bezeichnet, die aber je nach Kontext auch für den „geometrischen $n$-dimensionalen reellen Raum" oder für die Matrizenmengen $\mathbb{R}^{n,1}$ oder $\mathbb{R}^{1,n}$ stehen kann. Für die geübte Leserin und den geübten Leser mathematischer Texte stellt diese Praxis, wenn sie sparsam und sorgfältig angewandt wird, kein Problem dar. Wer beim Lesen mitdenkt, weiß was jeweils gemeint ist.

Wir betrachten nun noch die Verknüpfung von linearen Abbildungen.

**Satz 10.14.** *Seien $V, W, X$ drei $K$-Vektorräume und seien $f \in \mathcal{L}(V, W)$ und $g \in \mathcal{L}(W, X)$. Dann ist $g \circ f \in \mathcal{L}(V, X)$. Ist zudem $\mathrm{Bild}(f) \subseteq W$ endlichdimensional, so gilt*

$$\dim(\mathrm{Bild}(g \circ f)) = \dim(\mathrm{Bild}(f)) - \dim(\mathrm{Bild}(f) \cap \mathrm{Kern}(g)).$$

**Beweis.** Wir zeigen zunächst, dass $g \circ f \in \mathcal{L}(V, X)$ ist. Für $u, v \in V$ und $\lambda, \mu \in K$ gilt

$$(g \circ f)(\lambda u + \mu v) = g(f(\lambda u + \mu v)) = g(\lambda f(u) + \mu f(v))$$

$$= \lambda g(f(u)) + \mu g(f(v)) = \lambda (g \circ f)(u) + \mu (g \circ f)(v).$$

Sei $\text{Bild}(f) \subseteq \mathcal{W}$ endlichdimensional und $\widetilde{g} := g|_{\text{Bild}(f)}$ die Einschränkung von $g$ auf $\text{Bild}(f)$, d. h. die Abbildung

$$\widetilde{g} \in \mathcal{L}(\text{Bild}(f), \mathcal{X}), \quad v \mapsto g(v).$$

Da $\text{Bild}(f)$ endlichdimensional ist, können wir die Dimensionsformel für lineare Abbildungen (Satz 10.9) auf $\widetilde{g}$ anwenden. Wir erhalten

$$\dim(\text{Bild}(f)) = \dim(\text{Bild}(\widetilde{g})) + \dim(\text{Kern}(\widetilde{g})).$$

Es gilt

$$\text{Bild}(\widetilde{g}) = \{g(v) \in \mathcal{X} \mid v \in \text{Bild}(f)\} = \text{Bild}(g \circ f)$$

und

$$\text{Kern}(\widetilde{g}) = \{v \in \text{Bild}(f) \mid \widetilde{g}(v) = 0\} = \text{Bild}(f) \cap \text{Kern}(g),$$

woraus sich die zu beweisende Aussage ergibt. $\qquad\qquad\qquad\qquad\qquad\qquad\qquad\square$

## 10.2  Lineare Abbildungen und Matrizen

Seien $V$ und $\mathcal{W}$ zwei endlichdimensionale $K$-Vektorräume mit Basen $\{v_1, \dots, v_m\}$ von $V$ und $\{w_1, \dots, w_n\}$ von $\mathcal{W}$ und sei $f \in \mathcal{L}(V, \mathcal{W})$. Nach Lemma 9.27 gibt es zu jedem $f(v_j) \in \mathcal{W}$, $j = 1, \dots, m$, eindeutig bestimmte Koordinaten $a_{ij} \in K$, $i = 1, \dots, n$, mit

$$f(v_j) = a_{1j} w_1 + \dots + a_{nj} w_n.$$

Wie in (9.3) können wir mit Hilfe der Matrix $A := [a_{ij}] \in K^{n,m}$ die $m$ Gleichungen für die Vektoren $f(v_j)$ als System schreiben:

$$(f(v_1), \dots, f(v_m)) = (w_1, \dots, w_n)A. \tag{10.1}$$

Die Matrix $A$ ist durch $f$ und die gewählten Basen von $V$ und $\mathcal{W}$ eindeutig bestimmt.

Ist $v = \lambda_1 v_1 + \ldots + \lambda_m v_m \in \mathcal{V}$, dann gilt

$$f(v) = f(\lambda_1 v_1 + \ldots + \lambda_m v_m) = \lambda_1 f(v_1) + \ldots + \lambda_m f(v_m)$$

$$= (f(v_1), \ldots, f(v_m)) \begin{bmatrix} \lambda_1 \\ \vdots \\ \lambda_m \end{bmatrix}$$

$$= ((w_1, \ldots, w_n) A) \begin{bmatrix} \lambda_1 \\ \vdots \\ \lambda_m \end{bmatrix}$$

$$= (w_1, \ldots, w_n) \left( A \begin{bmatrix} \lambda_1 \\ \vdots \\ \lambda_m \end{bmatrix} \right).$$

Die Koordinaten des Bildvektors $f(v)$ bezüglich der Basis $\{w_1, \ldots, w_n\}$ von $\mathcal{W}$ sind also gegeben durch

$$A \begin{bmatrix} \lambda_1 \\ \vdots \\ \lambda_m \end{bmatrix}.$$

Die Koordinaten von $f(v)$ in der gewählten Basis von $\mathcal{W}$ lassen sich somit durch die Koordinaten von $v$ in der gewählten Basis von $\mathcal{V}$ mit Hilfe der Matrix $A \in K^{n,m}$ aus (10.1) berechnen. Die Abbildung $f$ muss dabei nicht explizit benutzt werden.

**Definition 10.15.** Die durch (10.1) eindeutig bestimmte Matrix heißt die *Matrixdarstellung* oder die *darstellende Matrix* von $f \in \mathcal{L}(\mathcal{V}, \mathcal{W})$ bezüglich der Basen $B_1 = \{v_1, \ldots, v_m\}$ von $\mathcal{V}$ und $B_2 = \{w_1, \ldots, w_n\}$ von $\mathcal{W}$. Wir bezeichnen diese Matrix mit $[f]_{B_1, B_2}$.

Die obige Konstruktion und Definition 10.15 lassen sich konsistent auf den Fall erweitern, dass (mindestens) einer der beteiligten $K$-Vektorräume die Dimension Null hat. Sind zum Beispiel $m = \dim(\mathcal{V}) \in \mathbb{N}$ und $\mathcal{W} = \{0\}$, dann gilt $f(v_j) = 0$ für jeden Basisvektor $v_j$ von $\mathcal{V}$. Somit ist jeder Vektor $f(v_j)$ eine leere Linearkombination aus Vektoren der Basis $\emptyset$ von $\mathcal{W}$. Die Matrixdarstellung von $f$ ist dann eine leere Matrix der Größe $0 \times m$. Gilt auch $\mathcal{V} = \{0\}$, so erhalten wir als Matrixdarstellung von $f$ eine leere Matrix der Grösse $0 \times 0$.

Für die Matrixdarstellung linearer Abbildungen gibt es in der Literatur die unterschiedlichsten, jedoch nicht immer idealen Notationen. Es ist wichtig anzugeben, dass es sich um eine Matrix handelt, die von der linearen Abbildung $f \in \mathcal{L}(V, W)$ sowie von den jeweils gewählten Basen von $V$ und $W$ abhängt.

**Beispiel 10.16.**

(1) Für eine gegebene Matrix $A = [a_{ij}] \in K^{n,m}$ betrachten wir $f \in \mathcal{L}(K^{m,1}, K^{n,1})$ mit $x \mapsto Ax$. Sind $B_1 = \{e_1^{(m)}, \ldots, e_m^{(m)}\}$ und $B_2 = \{e_1^{(n)}, \ldots, e_n^{(n)}\}$ die Standardbasen von $K^{m,1}$ bzw. $K^{n,1}$ (vgl. (1) in Beispiel 9.14), dann gilt für $j = 1, \ldots, m$,

$$f(e_j^{(m)}) = Ae_j^{(m)} = \begin{bmatrix} a_{1j} \\ \vdots \\ a_{nj} \end{bmatrix} = \sum_{i=1}^{n} a_{ij} e_i^{(n)},$$

d. h. $[f]_{B_1, B_2} = A$. Die Matrixdarstellung der Abbildung $x \mapsto Ax$ bezüglich der Standardbasen ist somit die Matrix $A$ selbst.

(2) Im Vektorraum $\mathbb{Q}[t]_{\leq 1}$ mit den Basen $B_1 = \{1, t\}$ und $B_2 = \{t + 1, t - 1\}$ erhalten wir für die lineare Abbildung

$$f : \mathbb{Q}[t]_{\leq 1} \to \mathbb{Q}[t]_{\leq 1}, \quad \alpha_1 t + \alpha_0 \mapsto 2\alpha_1 t + \alpha_0,$$

die Matrixdarstellungen

$$[f]_{B_1, B_1} = \begin{bmatrix} 1 & 0 \\ 0 & 2 \end{bmatrix}, \quad [f]_{B_1, B_2} = \begin{bmatrix} \frac{1}{2} & 1 \\ -\frac{1}{2} & 1 \end{bmatrix},$$

$$[f]_{B_2, B_2} = \begin{bmatrix} \frac{3}{2} & \frac{1}{2} \\ \frac{1}{2} & \frac{3}{2} \end{bmatrix}, \quad [f]_{B_2, B_1} = \begin{bmatrix} 1 & -1 \\ 2 & 2 \end{bmatrix}.$$

**Satz 10.17.** *Seien $V$ und $W$ zwei endlichdimensionale $K$-Vektorräume mit den Basen $B_1 = \{v_1, \ldots, v_m\}$ bzw. $B_2 = \{w_1, \ldots, w_n\}$. Dann ist die Abbildung*

$$\mathcal{L}(V, W) \to K^{n,m}, \quad f \mapsto [f]_{B_1, B_2},$$

*ein Isomorphismus, also $\mathcal{L}(V, W) \cong K^{n,m}$ und $\dim(\mathcal{L}(V, W)) = \dim(K^{n,m}) = n \cdot m$.*

**Beweis.** In diesem Beweis bezeichnen wir die Abbildung $f \mapsto [f]_{B_1, B_2}$ mit $\varphi$, also $\varphi(f) = [f]_{B_1, B_2}$. Zunächst zeigen wir, dass diese Abbildung linear ist. Seien $f, g \in \mathcal{L}(V, W)$, $\varphi(f) = [f_{ij}]$ und $\varphi(g) = [g_{ij}]$, sowie $\lambda, \mu \in K$. Für $j = 1, \ldots, m$ gilt dann

$$(\lambda f + \mu g)(v_j) = \lambda f(v_j) + \mu g(v_j) = \lambda \sum_{i=1}^{n} f_{ij} w_i + \mu \sum_{i=1}^{n} g_{ij} w_i$$

$$= \sum_{i=1}^{n} (\lambda f_{ij} + \mu g_{ij}) w_i$$

und somit $\varphi(\lambda f + \mu g) = [\lambda f_{ij} + \mu g_{ij}] = \lambda[f_{ij}] + \mu[g_{ij}] = \lambda \varphi(f) + \mu \varphi(g)$.

Nun ist noch die Bijektivität der Abbildung $\varphi$ nachzuweisen. Ist $f \in \text{Kern}(\varphi)$, so gilt $\varphi(f) = 0 \in K^{n,m}$, also $f(v_j) = 0$ für $j = 1, \dots, m$. Daher ist $f(v) = 0$ für alle $v \in V$, also $f = 0$ (die Nullabbildung). Somit ist $\varphi$ injektiv (vgl. (5) in Lemma 10.7). Ist andererseits $A = [a_{ij}] \in K^{n,m}$ beliebig, so gibt es nach Satz 10.4 genau eine lineare Abbildung $f \in \mathcal{L}(V, W)$ mit $f(v_j) = \sum_{i=1}^{n} a_{ij} w_i$. Für diese gilt $\varphi(f) = A$, also ist $\varphi$ auch surjektiv (vgl. (4) in Lemma 10.7).

Nach Korollar 10.12 gilt damit $\dim(\mathcal{L}(V, W)) = \dim(K^{n,m}) = n \cdot m$ (vgl. auch (1) in Beispiel 9.23).                                                                           $\square$

Wir haben in Lemma 9.27 gezeigt, dass jeder Vektor eines endlichdimensionalen $K$-Vektorraums bezüglich einer gegebenen Basis eindeutige Koordinaten besitzt. Die Abbildung eines Vektors auf seine Koordinaten wird durch folgende wichtige lineare Abbildung beschrieben.

**Lemma 10.18.** *Ist $B = \{v_1, \dots, v_n\}$ eine Basis des $K$-Vektorraums $V$, so ist die Abbildung*

$$\Phi_B : V \to K^{n,1}, \quad v = \lambda_1 v_1 + \dots + \lambda_n v_n \mapsto \Phi_B(v) := \begin{bmatrix} \lambda_1 \\ \vdots \\ \lambda_n \end{bmatrix},$$

*ein Isomorphismus, den wir die* Koordinatenabbildung *von $V$ bezüglich der Basis $B$ nennen.*

**Beweis.** Die Linearität von $\Phi_B$ ist klar. Zudem gilt offensichtlich $\Phi_B(V) = K^{n,1}$, d. h. $\Phi_B$ ist surjektiv. Ist $v \in \text{Kern}(\Phi_B)$, dann sind die Koordinaten von $v$ bezüglich der Basis $B$ gegeben durch $\lambda_1 = \dots = \lambda_n = 0$, woraus $v = 0$ und damit $\text{Kern}(\Phi_B) = \{0\}$ folgt. Also ist $\Phi_B$ injektiv (vgl. (5) in Lemma 10.7).                                                                           $\square$

**Beispiel 10.19.** Im Vektorraum $K[t]_{\leq n}$ mit der Standardbasis $B = \{t^j \mid j = 0, \dots, n\}$ ist die Koordinatenabbildung gegeben durch

$$\Phi_B(\alpha_n t^n + \alpha_{n-1} t^{n-1} + \ldots + \alpha_1 t + \alpha_0) = \begin{bmatrix} \alpha_0 \\ \alpha_1 \\ \vdots \\ \alpha_n \end{bmatrix} \in K^{n+1,1}.$$

Für die lineare Abbildung

$$f : K[t]_{\leq n} \to K[t]_{\leq n},$$

$$\alpha_n t^n + \alpha_{n-1} t^{n-1} + \ldots + \alpha_1 t + \alpha_0 \mapsto \alpha_0 t^n + \alpha_1 t^{n-1} + \ldots + \alpha_{n-1} t + \alpha_n,$$

ergibt sich

$$[f]_{B,B} = \begin{bmatrix} & & 1 \\ & \cdot^{\cdot^{\cdot}} & \\ 1 & & \end{bmatrix} \in K^{n+1,n+1}.$$

Die Matrix $[f]_{B,B}$ ist somit eine Permutationsmatrix.

Sind $\Phi_{B_1}$ und $\Phi_{B_2}$ die Koordinatenabbildungen von Vektorräumen $\mathcal{V}$ bzw. $\mathcal{W}$ der Dimensionen $m$ bzw. $n$ bezüglich der Basen $B_1$ bzw. $B_2$, dann können wir den Inhalt von Definition 10.15 und die Bedeutung der Matrixdarstellung einer linearen Abbildung durch das folgende *kommutative Diagramm* veranschaulichen:

$$
\begin{array}{ccc}
\mathcal{V} & \overset{f}{\longrightarrow} & \mathcal{W} \\
\Phi_{B_1} \downarrow & & \downarrow \Phi_{B_2} \\
K^{m,1} & \underset{[f]_{B_1,B_2}}{\longrightarrow} & K^{n,1}
\end{array}
\qquad (10.2)
$$

Wir sehen, dass verschiedene Hintereinanderausführungen von Abbildungen das gleiche Ergebnis liefern. Zum Beispiel gilt

$$f = \Phi_{B_2}^{-1} \circ [f]_{B_1,B_2} \circ \Phi_{B_1}, \qquad (10.3)$$

wobei wir die Matrix $[f]_{B_1,B_2} \in K^{n,m}$ als lineare Abbildung von $K^{m,1}$ nach $K^{n,1}$ interpretieren und ausnutzen, dass die Koordinatenabbildung $\Phi_{B_2}$ invertierbar ist. Ebenso gilt

$$\Phi_{B_2} \circ f = [f]_{B_1, B_2} \circ \Phi_{B_1},$$

also

$$\Phi_{B_2}(f(v)) = [f]_{B_1, B_2} \Phi_{B_1}(v) \quad \text{für alle } v \in V. \tag{10.4}$$

Dies zeigt die bereits bekannte Tatsache, dass sich die Koordinaten von $f(v)$ bezüglich der Basis $B_2$ von $W$ aus dem Produkt der Matrixdarstellung $[f]_{B_1, B_2}$ mit den Koordinaten von $v$ bezüglich der Basis $B_1$ von $V$ ergeben.

Einen wichtigen Spezialfall erhalten wir für $V = W$, also insbesondere $m = n$, und $f = \mathrm{Id}_V$ (die Identität auf $V$). Für die Matrixdarstellung von $\mathrm{Id}_V$ bezüglich gegebener Basen $B_1 = \{v_1, \ldots, v_n\}$ und $B_2 = \{w_1, \ldots, w_n\}$ von $V$ gilt dann

$$(v_1, \ldots, v_n) = (w_1, \ldots, w_n)[\mathrm{Id}_V]_{B_1, B_2}.$$

Die Matrix $[\mathrm{Id}_V]_{B_1, B_2}$ ist somit genau die Matrix $P$ in (9.4), also die Basisübergangsmatrix aus Satz 9.30, mit der die Koordinaten von $v \in V$ bezüglich $B_1$ in Koordinaten bezüglich $B_2$ umgerechnet werden können. Andererseits ist

$$(w_1, \ldots, w_n) = (v_1, \ldots, v_n)[\mathrm{Id}_V]_{B_2, B_1}$$

und daher gilt

$$\left([\mathrm{Id}_V]_{B_1, B_2}\right)^{-1} = [\mathrm{Id}_V]_{B_2, B_1}.$$

Im folgenden Satz zeigen wir, dass die Verknüpfung von linearen Abbildungen der Multiplikation ihrer darstellenden Matrizen entspricht.

**Satz 10.20.** *Seien $V, W$ und $X$ drei endlichdimensionale $K$-Vektorräume mit Basen $B_1, B_2$ bzw. $B_3$. Sind $f \in \mathcal{L}(V, W)$ und $g \in \mathcal{L}(W, X)$, dann gilt*

$$[g \circ f]_{B_1, B_3} = [g]_{B_2, B_3}[f]_{B_1, B_2}.$$

**Beweis.** Wir wissen aus Satz 10.14, dass $h := g \circ f \in \mathcal{L}(V, X)$ ist. Seien $B_1 = \{v_1, \ldots, v_m\}$, $B_2 = \{w_1, \ldots, w_n\}$ und $B_3 = \{x_1, \ldots, x_s\}$ sowie $[f]_{B_1, B_2} = [f_{ij}]$ und $[g]_{B_2, B_3} = [g_{ij}]$. Dann gilt für $j = 1, \ldots, m$,

$$h(v_j) = g(f(v_j)) = g\left(\sum_{k=1}^{n} f_{kj} w_k\right) = \sum_{k=1}^{n} f_{kj} g(w_k) = \sum_{k=1}^{n} f_{kj} \sum_{i=1}^{s} g_{ik} x_i$$

$$= \sum_{i=1}^{s}\left(\sum_{k=1}^{n} f_{kj} g_{ik}\right) x_i = \sum_{i=1}^{s}\left(\sum_{k=1}^{n} g_{ik} f_{kj}\right) x_i.$$

Per Definition der Matrixdarstellung ist $[h]_{B_1,B_3} = [h_{ij}]$ mit $h_{ij} = \sum_{k=1}^{n} g_{ik} f_{kj}$, also gilt $[h]_{B_1,B_3} = [g_{ij}][f_{ij}] = [g]_{B_2,B_3}[f]_{B_1,B_2}$ wie behauptet. $\qquad \square$

Mit Hilfe dieses Satzes zeigen wir nun, wie sich ein Wechsel der Basen von $V$ und $W$ auf die Matrixdarstellung $f \in \mathcal{L}(V, W)$ auswirkt.

**Korollar 10.21.** *Seien $V$ und $W$ zwei endlichdimensionale $K$-Vektorräume mit Basen $B_1$ bzw. $\widetilde{B}_1$ von $V$ und $B_2$ bzw. $\widetilde{B}_2$ von $W$. Ist $f \in \mathcal{L}(V, W)$, so gilt*

$$[f]_{B_1,B_2} = [\mathrm{Id}_W]_{\widetilde{B}_2,B_2}[f]_{\widetilde{B}_1,\widetilde{B}_2}[\mathrm{Id}_V]_{B_1,\widetilde{B}_1}. \tag{10.5}$$

*Insbesondere sind die Matrizen $[f]_{B_1,B_2}$ und $[f]_{\widetilde{B}_1,\widetilde{B}_2}$ äquivalent.*

**Beweis.** Die zweimalige Anwendung von Satz 10.20 auf die Identität $f = \mathrm{Id}_W \circ f \circ \mathrm{Id}_V$ ergibt

$$[f]_{B_1,B_2} = [(\mathrm{Id}_W \circ f) \circ \mathrm{Id}_V]_{B_1,B_2}$$

$$= [\mathrm{Id}_W \circ f]_{\widetilde{B}_1,B_2}[\mathrm{Id}_V]_{B_1,\widetilde{B}_1}$$

$$= [\mathrm{Id}_W]_{\widetilde{B}_2,B_2}[f]_{\widetilde{B}_1,\widetilde{B}_2}[\mathrm{Id}_V]_{B_1,\widetilde{B}_1}.$$

Die Matrizen sind äquivalent, da $[\mathrm{Id}_W]_{\widetilde{B}_2,B_2}$ und $[\mathrm{Id}_V]_{B_1,\widetilde{B}_1}$ beide invertierbar sind. $\qquad \square$

Falls $V = W$, $B_1 = B_2$ und $\widetilde{B}_1 = \widetilde{B}_2$ gelten, dann liefert (10.5) die Identität

$$[f]_{B_1,B_1} = [\mathrm{Id}_V]_{\widetilde{B}_1,B_1}[f]_{\widetilde{B}_1,\widetilde{B}_1}[\mathrm{Id}_V]_{B_1,\widetilde{B}_1}.$$

Die darstellenden Matrizen $[f]_{B_1,B_1}$ und $[f]_{\widetilde{B}_1,\widetilde{B}_1}$ des Endomorphismus $f \in \mathcal{L}(V, V)$ sind somit *ähnlich*, denn es gilt $[\mathrm{Id}_V]_{\widetilde{B}_1,B_1} = ([\mathrm{Id}_V]_{B_1,\widetilde{B}_1})^{-1}$.

Die Zusammenhänge aus Korollar 10.21 werden mit Hilfe der entsprechenden Koordinatenabbildungen im folgenden kommutativen Diagramm veranschaulicht:

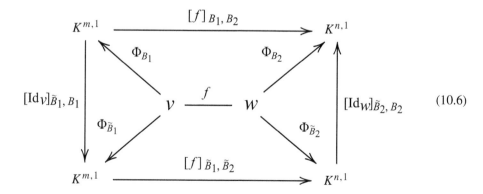

$$(10.6)$$

Analog zu (10.3) gilt

$$f = \Phi_{B_2}^{-1} \circ [f]_{B_1,B_2} \circ \Phi_{B_1} = \Phi_{\tilde{B}_2}^{-1} \circ [f]_{\tilde{B}_1,\tilde{B}_2} \circ \Phi_{\tilde{B}_1}.$$

**Beispiel 10.22.** Für die folgenden zwei Basen des Vektorraums $\mathcal{V} = \mathbb{Q}^{2,2}$,

$$B_1 = \left\{ \begin{bmatrix} 1 & 0 \\ 0 & 0 \end{bmatrix}, \begin{bmatrix} 0 & 1 \\ 0 & 0 \end{bmatrix}, \begin{bmatrix} 0 & 0 \\ 1 & 0 \end{bmatrix}, \begin{bmatrix} 0 & 0 \\ 0 & 1 \end{bmatrix} \right\},$$

$$B_2 = \left\{ \begin{bmatrix} 1 & 0 \\ 0 & 1 \end{bmatrix}, \begin{bmatrix} 1 & 0 \\ 0 & 0 \end{bmatrix}, \begin{bmatrix} 1 & 1 \\ 0 & 0 \end{bmatrix}, \begin{bmatrix} 0 & 0 \\ 1 & 0 \end{bmatrix} \right\},$$

ergeben sich die Basisübergangsmatrizen

$$[\mathrm{Id}_{\mathcal{V}}]_{B_1,B_2} = \begin{bmatrix} 0 & 0 & 0 & 1 \\ 1 & -1 & 0 & -1 \\ 0 & 1 & 0 & 0 \\ 0 & 0 & 1 & 0 \end{bmatrix}$$

und

$$[\mathrm{Id}_{\mathcal{V}}]_{B_2,B_1} = ([\mathrm{Id}_{\mathcal{V}}]_{B_1,B_2})^{-1} = \begin{bmatrix} 1 & 1 & 1 & 0 \\ 0 & 0 & 1 & 0 \\ 0 & 0 & 0 & 1 \\ 1 & 0 & 0 & 0 \end{bmatrix}.$$

Die Koordinatenabbildungen sind

$$\Phi_{B_1}\left( \begin{bmatrix} a_{11} & a_{12} \\ a_{21} & a_{22} \end{bmatrix} \right) = \begin{bmatrix} a_{11} \\ a_{12} \\ a_{21} \\ a_{22} \end{bmatrix}, \quad \Phi_{B_2}\left( \begin{bmatrix} a_{11} & a_{12} \\ a_{21} & a_{22} \end{bmatrix} \right) = \begin{bmatrix} a_{22} \\ a_{11} - a_{12} - a_{22} \\ a_{12} \\ a_{21} \end{bmatrix}.$$

Man rechnet leicht nach, dass

$$\Phi_{B_2}\left( \begin{bmatrix} a_{11} & a_{12} \\ a_{21} & a_{22} \end{bmatrix} \right) = ([\mathrm{Id}_{\mathcal{V}}]_{B_1,B_2} \circ \Phi_{B_1})\left( \begin{bmatrix} a_{11} & a_{12} \\ a_{21} & a_{22} \end{bmatrix} \right)$$

gilt.

**Satz 10.23.** *Seien $V$ und $W$ zwei $K$-Vektorräume mit $\dim(V) = m$ und $\dim(W) = n$, und sei $f \in \mathcal{L}(V, W)$. Dann gibt es Basen $B_1$ von $V$ und $B_2$ von $W$ mit*

$$[f]_{B_1, B_2} = \begin{bmatrix} I_r & 0 \\ 0 & 0 \end{bmatrix} \in K^{n,m},$$

*wobei $0 \leq r = \dim(\mathrm{Bild}(f)) \leq \min\{n, m\}$ gilt. Außerdem gilt $r = \mathrm{Rang}(F)$, wobei $F$ die Matrixdarstellung von $f$ bezüglich beliebiger Basen von $V$ und $W$ ist, und wir definieren $\mathrm{Rang}(f) := \mathrm{Rang}(F) = \dim(\mathrm{Bild}(f))$.*

**Beweis.** Seien $\widetilde{B}_1 = \{\widetilde{v}_1, \ldots, \widetilde{v}_m\}$ und $\widetilde{B}_2 = \{\widetilde{w}_1, \ldots, \widetilde{w}_n\}$ zwei beliebige Basen von $V$ und $W$. Sei $r := \mathrm{Rang}([f]_{\widetilde{B}_1, \widetilde{B}_2})$. Dann gibt es nach Satz 5.12 zwei invertierbare Matrizen $Q \in K^{n,n}$ und $Z \in K^{m,m}$ mit

$$Q \, [f]_{\widetilde{B}_1, \widetilde{B}_2} \, Z = \begin{bmatrix} I_r & 0 \\ 0 & 0 \end{bmatrix}, \tag{10.7}$$

wobei $r = \mathrm{Rang}([f]_{\widetilde{B}_1, \widetilde{B}_2}) \leq \min\{n, m\}$ ist. Da $Q$ und $Z$ invertierbar sind, können wir zwei Basen $B_1 = \{v_1, \ldots, v_m\}$ und $B_2 = \{w_1, \ldots, w_n\}$ von $V$ bzw. $W$ definieren durch

$$(v_1, \ldots, v_m) := (\widetilde{v}_1, \ldots, \widetilde{v}_m) Z,$$

$$(w_1, \ldots, w_n) := (\widetilde{w}_1, \ldots, \widetilde{w}_n) Q^{-1}, \quad \text{also} \quad (\widetilde{w}_1, \ldots, \widetilde{w}_n) = (w_1, \ldots, w_n) Q.$$

Dann gilt per Konstruktion

$$Z = [\mathrm{Id}_V]_{B_1, \widetilde{B}_1} \quad \text{und} \quad Q = [\mathrm{Id}_W]_{\widetilde{B}_2, B_2}.$$

Mit Hilfe von (10.7) und Korollar 10.21 ergibt sich

$$\begin{bmatrix} I_r & 0 \\ 0 & 0 \end{bmatrix} = [\mathrm{Id}_W]_{\widetilde{B}_2, B_2} [f]_{\widetilde{B}_1, \widetilde{B}_2} [\mathrm{Id}_V]_{B_1, \widetilde{B}_1} = [f]_{B_1, B_2}.$$

Wir haben also zwei Basen $B_1$ und $B_2$ gefunden, die die gewünschte Matrixdarstellung von $f$ liefern. Jede andere Wahl von Basen führt nach Korollar 10.21 auf eine mit $[f]_{B_1, B_2}$ äquivalente Matrix, die somit ebenfalls Rang $r$ hat. Es verbleibt zu zeigen, dass $r = \dim(\mathrm{Bild}(f))$ gilt.

Die Struktur der Matrix $[f]_{B_1, B_2}$ zeigt

$$f(v_j) = \begin{cases} w_j, & 1 \leq j \leq r, \\ 0, & r + 1 \leq j \leq m. \end{cases}$$

Somit sind $v_{r+1}, \ldots, v_m \in \text{Kern}(f)$, also folgt $\dim(\text{Kern}(f)) \geq m - r$. Andererseits sind $w_1, \ldots, w_r \in \text{Bild}(f)$, also folgt $\dim(\text{Bild}(f)) \geq r$. Nach Satz 10.9 gilt

$$\dim(V) = m = \dim(\text{Bild}(f)) + \dim(\text{Kern}(f)),$$

woraus sich schließlich $\dim(\text{Kern}(f)) = m - r$ und $\dim(\text{Bild}(f)) = r$ ergeben. $\qquad \square$

**Beispiel 10.24.** Für $A = [a_1, \ldots, a_m] \in K^{n,m}$ und die entsprechende Abbildung $A \in \mathcal{L}(K^{m,1}, K^{n,1})$ gilt $\text{Bild}(A) = \text{Span}\{a_1, \ldots, a_m\}$ (vgl. Beispiel 10.6). Daher ist $\text{Rang}(A) = \dim(\text{Bild}(A))$ gleich der maximalen Anzahl linear unabhängiger Spalten von $A$. Wegen $\text{Rang}(A) = \text{Rang}(A^T)$ (vgl. (5) in Satz 5.12) ist diese gleich der maximalen Anzahl linear unabhängiger Zeilen von $A$.

Fassen wir zwei Matrizen $A \in K^{n,m}$ und $B \in K^{s,n}$ als lineare Abbildungen auf, so folgt aus Satz 10.14 und Satz 10.23 die Gleichung

$$\text{Rang}(BA) = \text{Rang}(A) - \dim(\text{Bild}(A) \cap \text{Kern}(B)).$$

Für den Spezialfall $K = \mathbb{R}$ und $B = A^T$ erhalten wir das folgende Resultat.

**Korollar 10.25.** *Für jede Matrix $A \in \mathbb{R}^{n,m}$ gilt $\text{Rang}(A^T A) = \text{Rang}(A)$.*

**Beweis.** Sei $w = [\omega_1, \ldots, \omega_n]^T \in \text{Bild}(A) \cap \text{Kern}(A^T)$. Dann ist $w = Ay$ für einen Vektor $y \in \mathbb{R}^{m,1}$. Multiplizieren wir diese Gleichung von links mit $A^T$, so erhalten wir mit $w \in \text{Kern}(A^T)$ die Gleichung $0 = A^T w = A^T A y$, woraus sich

$$0 = y^T A^T A y = w^T w = \sum_{j=1}^{n} \omega_j^2$$

ergibt. Letzteres gilt nur für $w = 0$ und somit ist $\text{Bild}(A) \cap \text{Kern}(A^T) = \{0\}$. $\qquad \square$

Satz 10.23 gibt ein erstes Beispiel für eine allgemeine Strategie, die uns in späteren Kapiteln immer wieder begegnen wird:

Durch „geschickte Wahl" von Basen möchten wir eine gewünschte Information über eine lineare Abbildung möglichst effizient darstellen.

In Satz 10.23 ist diese Information der Rang der linearen Abbildung $f$.

## Aufgaben

(In den folgenden Aufgaben ist $K$ stets ein beliebiger Körper.)

10.1 Betrachten Sie die durch $A = \begin{bmatrix} 2 & 0 & 1 \\ 2 & 1 & 0 \\ 4 & 1 & 1 \end{bmatrix} \in \mathbb{R}^{3,3}$ gegebene lineare Abbildung

auf $\mathbb{R}^{3,1}$. Bestimmen Sie $\mathrm{Kern}(A)$ sowie $\dim(\mathrm{Kern}(A))$ und bestimmen Sie hiermit $\dim(\mathrm{Bild}(A))$.

10.2 Konstruieren Sie eine Abbildung $f \in \mathcal{L}(\mathcal{V}, \mathcal{W})$, so dass für linear unabhängige Vektoren $v_1, \ldots, v_r \in \mathcal{V}$ die Vektoren $f(v_1), \ldots, f(v_r) \in \mathcal{W}$ linear abhängig sind.

10.3 Die Abbildung

$$f : \mathbb{R}[t]_{\leq n} \to \mathbb{R}[t]_{\leq n-1},$$

$$\alpha_n t^n + \alpha_{n-1} t^{n-1} + \ldots + \alpha_1 t + \alpha_0 \mapsto n\alpha_n t^{n-1}$$

$$+ (n-1)\alpha_{n-1} t^{n-2} + \ldots + 2\alpha_2 t + \alpha_1,$$

wird die *Ableitung* des Polynoms $p \in \mathbb{R}[t]_{\leq n}$ nach der Unbekannten $t$ genannt. Zeigen Sie, dass $f$ linear ist und bestimmen Sie $\mathrm{Kern}(f)$ sowie $\mathrm{Bild}(f)$.

10.4 Finden Sie eine Abbildung $f \in \mathcal{L}(K[t], K[t])$ mit den folgenden Eigenschaften:
(1) $f(pq) = (f(p))q + p(f(q))$ für alle $p, q \in K[t]$.
(2) $f(t) = 1$.
Ist die von Ihnen bestimmte Abbildung durch die angegebenen Eigenschaften eindeutig bestimmt, oder gibt es noch weitere Abbildungen mit den gleichen Eigenschaften?

10.5 Seien $\alpha \in K$ und $A \in K^{n,n}$. Zeigen Sie, dass die beiden Abbildungen

$$K[t] \to K, \quad p \mapsto p(\alpha), \qquad \text{und} \qquad K[t] \to K^{m,m}, \quad p \mapsto p(A),$$

linear sind und rechtfertigen Sie damit den Namen *Einsetzhomomorphismus* für diese Abbildungen.

10.6 Sei $A \in K^{n,n}$. Zeigen Sie, dass $f : K^{n,n} \to K^{n,n}$, $B \mapsto AB - BA$, linear ist. Bestimmen Sie $\dim(\mathrm{Bild}(f))$ und $\dim(\mathrm{Kern}(f))$.

10.7 Sei $A \in K^{n,n}$ mit $n \geq 2$. Zeigen Sie folgende Aussagen:
(a) Ist $\mathrm{Rang}(A) = n - 1$, dann existiert ein Minor $A(j, i) \in K^{n-1,n-1}$ mit $\mathrm{Rang}(A(j, i)) = n - 1$.
(b) Ist $\mathrm{Rang}(A) = n$, so gilt $\mathrm{Rang}(\mathrm{adj}(A)) = n$.
(c) Ist $\mathrm{Rang}(A) = n - 1$, so gilt $\mathrm{Rang}(\mathrm{adj}(A)) = 1$.
(d) Ist $\mathrm{Rang}(A) \leq n - 2$, so gilt $\mathrm{Rang}(\mathrm{adj}(A)) = 0$.

(*Hinweis:* Sie können verwenden, dass der Rang einer Matrix gleich der maximalen Anzahl linear unabhängiger Spalten bzw. Zeilen ist (vgl. Beispiel 10.24). Außerdem kann Satz 10.9 hilfreich sein.)

10.8  Sei $S \in GL_n(K)$. Zeigen Sie, dass die Abbildung $f : K^{n,n} \to K^{n,n}$, $A \mapsto S^{-1}AS$, ein Isomorphismus ist.

10.9  Sei $f \in \mathcal{L}(K^{n,n}, K^{n,n})$ mit $\det(f(A)) = \det(A)$ für alle $A \in K^{n,n}$. Zeigen Sie, dass $f$ bijektiv ist. Zeigen Sie weiter, dass die Menge aller dieser Abbildungen $f$ eine Untergruppe von $(\{g \in \mathcal{L}(K^{n,n}, K^{n,n}) \mid g \text{ bijektiv}\}, \circ)$ ist.

10.10  Sei $K$ ein Körper mit $1 + 1 \neq 0$ und sei $A \in K^{n,n}$. Betrachten Sie die Abbildung

$$f : K^{n,1} \to K, \quad x \mapsto x^T A x.$$

Ist $f$ linear? Zeigen Sie, dass $f = 0$ genau dann gilt, wenn $A + A^T = 0$ ist.

10.11  Für die beiden Basen $B_1 = \left\{ \begin{bmatrix} 1 \\ 0 \\ 0 \end{bmatrix}, \begin{bmatrix} 0 \\ 1 \\ 0 \end{bmatrix}, \begin{bmatrix} 0 \\ 0 \\ 1 \end{bmatrix} \right\}$ von $\mathbb{R}^{3,1}$ sowie $B_2 = \left\{ \begin{bmatrix} 1 \\ 0 \end{bmatrix}, \begin{bmatrix} 0 \\ 1 \end{bmatrix} \right\}$

von $\mathbb{R}^{2,1}$ habe $f \in \mathcal{L}(\mathbb{R}^{3,1}, \mathbb{R}^{2,1})$ die Matrixdarstellung $[f]_{B_1, B_2} = \begin{bmatrix} 0 & 2 & 3 \\ 1 & -2 & 0 \end{bmatrix}$.

(a)  Berechnen Sie $[f]_{\widetilde{B}_1, \widetilde{B}_2}$ für die beiden Basen $\widetilde{B}_1 = \left\{ \begin{bmatrix} 2 \\ 1 \\ -1 \end{bmatrix}, \begin{bmatrix} 1 \\ 0 \\ 3 \end{bmatrix}, \begin{bmatrix} -1 \\ 2 \\ 1 \end{bmatrix} \right\}$

von $\mathbb{R}^{3,1}$ und $\widetilde{B}_2 = \left\{ \begin{bmatrix} 1 \\ 1 \end{bmatrix}, \begin{bmatrix} 1 \\ -1 \end{bmatrix} \right\}$ von $\mathbb{R}^{2,1}$.

(b)  Berechnen Sie die Koordinaten von $f([4, 1, 3]^T)$ bezüglich der Basis $\widetilde{B}_2$.

10.12  Sei $\mathcal{V}$ ein $\mathbb{Q}$-Vektorraum mit Basis $B_1 = \{v_1, \dots, v_n\}$ und sei $f \in \mathcal{L}(\mathcal{V}, \mathcal{V})$ definiert durch

$$f(v_j) = \begin{cases} v_j + v_{j+1}, & j = 1, \dots, n-1, \\ v_1 + v_n, & j = n. \end{cases}$$

(a)  Berechnen Sie $[f]_{B_1, B_1}$.

(b)  Sei $B_2 = \{w_1, \dots, w_n\}$ mit $w_j = j v_{n+1-j}$, $j = 1, \dots, n$. Zeigen Sie, dass $B_2$ eine Basis von $\mathcal{V}$ ist. Berechnen Sie die Basisübergangsmatrizen $[\mathrm{Id}_\mathcal{V}]_{B_1, B_2}$ und $[\mathrm{Id}_\mathcal{V}]_{B_2, B_1}$, sowie die Matrixdarstellungen $[f]_{B_1, B_2}$ und $[f]_{B_2, B_2}$.

10.13  Können Sie Satz 10.20 konsistent auf den Fall $\mathcal{W} = \{0\}$ erweitern? Was gilt dann für die Matrizen $[g \circ f]_{B_1, B_3}$, $[g]_{B_2, B_3}$ und $[f]_{B_1, B_2}$?

10.14  Seien $\mathcal{V}, \mathcal{W}$ endlichdimensionale $K$-Vektorräume mit Basen $B_1, B_2$ und sei $f \in \mathcal{L}(\mathcal{V}, \mathcal{W})$ bijektiv. Zeigen Sie, dass dann $[f^{-1}]_{B_2, B_1} = ([f]_{B_1, B_2})^{-1}$ gilt.

10.15 Betrachten Sie die Abbildung

$$f : \mathbb{R}[t]_{\leq n} \to \mathbb{R}[t]_{\leq n+1},$$

$$\alpha_n t^n + \alpha_{n-1} t^{n-1} + \ldots + \alpha_1 t + \alpha_0 \mapsto \frac{1}{n+1} \alpha_n t^{n+1}$$

$$+ \frac{1}{n} \alpha_{n-1} t^n + \ldots + \frac{1}{2} \alpha_1 t^2 + \alpha_0 t.$$

(a) Zeigen Sie, dass $f$ linear ist. Bestimmen Sie Kern($f$) und Bild($f$).

(b) Wählen Sie Basen $B_1$, $B_2$ in den beiden Vektorräumen und verifizieren Sie, dass für Ihre Wahl Rang($[f]_{B_1,B_2}$) = dim(Bild($f$)) gilt.

10.16 Seien $\alpha_1, \ldots, \alpha_n \in \mathbb{R}$, $n \geq 2$, paarweise verschiedene Zahlen und seien $n$ Polynome in $\mathbb{R}[t]$ definiert durch

$$p_j = \prod_{\substack{k=1 \\ k \neq j}}^{n} \left( \frac{1}{\alpha_j - \alpha_k} (t - \alpha_k) \right), \quad j = 1, \ldots, n.$$

(a) Zeigen Sie, dass die Menge $B = \{p_1, \ldots, p_n\}$ eine Basis von $\mathbb{R}[t]_{\leq n-1}$ bildet. (Diese Basis wird auch die *Lagrange-Basis*[1] von $\mathbb{R}[t]_{\leq n-1}$ genannt.)

(b) Zeigen Sie, dass die entsprechende Koordinatenabbildung durch

$$\Phi_B : \mathbb{R}[t]_{\leq n-1} \to \mathbb{R}^{n,1}, \quad p \mapsto \begin{bmatrix} p(\alpha_1) \\ \vdots \\ p(\alpha_n) \end{bmatrix},$$

gegeben ist.

(*Hinweis:* Hierbei können Sie die Aussage von Aufgabe 7.8 (b) benutzen.)

10.17 Verifizieren Sie die Aussagen des kommutativen Diagramms (10.6) anhand der Vektorräume und Basen aus Beispiel 10.22 und für die lineare Abbildung $f$ : $\mathbb{Q}^{2,2} \to \mathbb{Q}^{2,2}$, $A \mapsto FA$ mit $F = \begin{bmatrix} 1 & 1 \\ -1 & 1 \end{bmatrix}$.

---

[1] Joseph-Louis de Lagrange (1736–1813).

# Linearformen und Bilinearformen

In diesem Kapitel beschäftigen wir uns mit verschiedenen Klassen von Abbildungen zwischen einem oder zwei $K$-Vektorräumen und dem Körper $K$, den wir selbst als einen eindimensionalen $K$-Vektorraum auffassen. Diese Abbildungen spielen unter anderem eine wichtige Rolle in der Analysis, der Funktionalanalysis und bei der Lösung von Differenzialgleichungen. Für uns bilden sie die Grundlage für weitere wichtige Entwicklungen. Ausgehend von den Bilinear- und Sesquilinearformen werden wir die euklidischen und unitären Vektorräume in Kap. 12 einführen. Die Idee der Linearform und des Dualraums wird eine zentrale Rolle in unserem Beweis der Existenz der Jordan-Normalform in Kap. 16 spielen.

## 11.1 Linearformen und Dualräume

Wir beginnen die Betrachtungen mit der Menge der linearen Abbildungen in den Vektorraum $K$.

**Definition 11.1.** Ist $V$ ein $K$-Vektorraum, so nennen wir eine Abbildung $f \in \mathcal{L}(V, K)$ eine *Linearform* auf $V$. Den $K$-Vektorraum $V^* := \mathcal{L}(V, K)$ nennen wir den *Dualraum* von $V$.

Ist $\dim(V) = n$, so folgt $\dim(V^*) = n$ aus Satz 10.17. Sei $B_1 = \{v_1, \ldots, v_n\}$ eine Basis von $V$ und $B_2 = \{1\}$ eine Basis des $K$-Vektorraums $K$. Ist $f \in V^*$, dann gilt $f(v_i) = \alpha_i$ für gewisse $\alpha_i \in K$, $i = 1, \ldots, n$, und

$$[f]_{B_1, B_2} = [\alpha_1, \ldots, \alpha_n] \in K^{1,n}.$$

© Springer-Verlag GmbH Deutschland, ein Teil von Springer Nature 2021
J. Liesen, V. Mehrmann, *Lineare Algebra*, Springer Studium Mathematik (Bachelor),
https://doi.org/10.1007/978-3-662-62742-6_11

Für ein Element $v = \sum\limits_{i=1}^{n} \lambda_i v_i \in V$ gilt

$$f(v) = f\left(\sum_{i=1}^{n} \lambda_i v_i\right) = \sum_{i=1}^{n} \lambda_i f(v_i) = \sum_{i=1}^{n} \lambda_i \alpha_i = \underbrace{[\alpha_1, \dots, \alpha_n]}_{\in K^{1,n}} \underbrace{\begin{bmatrix} \lambda_1 \\ \vdots \\ \lambda_n \end{bmatrix}}_{\in K^{n,1}}$$

$$= [f]_{B_1, B_2} \, \Phi_{B_1}(v),$$

wobei wir die isomorphen Vektorräume $K$ und $K^{1,1}$ miteinander identifiziert haben.

**Beispiel 11.2.** Ist $V$ der $\mathbb{R}$-Vektorraum der auf dem reellen Intervall $[0,1]$ stetigen reellwertigen Funktionen und ist $\gamma \in [0,1]$, dann sind die zwei Abbildungen

$$f_1 : V \to \mathbb{R}, \quad g \mapsto g(\gamma),$$

$$f_2 : V \to \mathbb{R}, \quad g \mapsto \int_0^1 g(x)dx,$$

Linearformen auf $V$.

Wir werden nun für eine gegebene Basis eines endlichdimensionalen Vektorraums $V$ eine besondere, eindeutig bestimmte Basis des Dualraumes $V^*$ konstruieren.

**Satz 11.3.** *Sei $V$ ein n-dimensionaler $K$-Vektorraum mit einer gegebenen Basis $B = \{v_1, \dots, v_n\}$. Dann gibt es genau eine Basis $B^* = \{v_1^*, \dots, v_n^*\}$ von $V^*$ mit der Eigenschaft*

$$v_i^*(v_j) = \delta_{ij}, \quad i, j = 1, \dots, n.$$

*Wir nennen $B^*$ die zu $B$ duale Basis von $V^*$.*

**Beweis.** Sei $B = \{v_1, \dots, v_n\}$ eine Basis von $V$. Für jedes $i = 1, \dots, n$ schreiben wir die Werte

$$\underbrace{0, \dots, 0}_{i-1}, \ 1, \ \underbrace{0, \dots, 0}_{n-i} \ \in K$$

vor. Dann existiert nach Satz 10.4 genau eine Abbildung $v_i^* \in \mathcal{L}(V, K)$, die die Basisvektoren $v_1, \dots, v_n$ von $V$ nacheinander auf diese Werte abbildet. Für diese Abbildung $v_i^*$ gilt somit $v_i^*(v_j) = \delta_{ij}$.

Wir müssen noch zeigen, dass $B^* := \{v_1^*, \ldots, v_n^*\}$ eine Basis von $\mathcal{V}^*$ ist. Seien $\lambda_1, \ldots, \lambda_n \in K$ mit

$$\sum_{i=1}^{n} \lambda_i v_i^* = 0_{\mathcal{V}^*} \in \mathcal{V}^*.$$

Dann folgt

$$0 = 0_{\mathcal{V}^*}(v_j) = \sum_{i=1}^{n} \lambda_i v_i^*(v_j) = \lambda_j, \quad j = 1, \ldots, n.$$

Da $v_1^*, \ldots, v_n^*$ linear unabhängig sind und $\dim(\mathcal{V}^*) = n$ gilt, ist $B^*$ eine Basis von $\mathcal{V}^*$ (vgl. Lemma 9.22). □

Seien $B = \{v_1, \ldots, v_n\}$ und $B^* = \{v_1^*, \ldots, v_n^*\}$ wie in Satz 11.3 und sei

$$v = \sum_{j=1}^{n} \lambda_j v_j \in \mathcal{V}$$

beliebig. Dann gilt

$$v_i^*(v) = \sum_{j=1}^{n} \lambda_j v_i^*(v_j) = \lambda_i, \quad i = 1, \ldots, n,$$

d. h. die Koordinaten von $v$ bezüglich der Basis $B$ ergeben sich durch die Anwendung der Elemente der dualen Basis $B^*$ auf $v$. Ist andererseits

$$f = \sum_{i=1}^{n} \mu_i v_i^* \in \mathcal{V}^*$$

beliebig, dann gilt

$$f(v_j) = \sum_{i=1}^{n} \mu_i v_i^*(v_j) = \mu_j, \quad j = 1, \ldots, n,$$

d. h. die Koordinaten von $f$ bezüglich der dualen Basis $B^*$ ergeben sich durch die Anwendung von $f$ auf die Elemente der Basis $B$. Die entsprechenden Koordinatenabbildungen sind daher gegeben durch

$$\Phi_B : V \to K^{n,1}, v \mapsto \begin{bmatrix} v_1^*(v) \\ \vdots \\ v_n^*(v) \end{bmatrix}, \qquad \text{und} \qquad \Phi_{B^*} : V^* \to K^{n,1}, f \mapsto \begin{bmatrix} f(v_1) \\ \vdots \\ f(v_n) \end{bmatrix}.$$

**Beispiel 11.4.**

(1) Sei $V = K^{n,1}$ mit der Standardbasis $B = \{e_1, \ldots, e_n\}$. Ist $\{e_1^*, \ldots, e_n^*\}$ die zu $B$ duale Basis von $V^*$, so gilt $e_i^*(e_j) = \delta_{ij}$. Somit sind die Matrixdarstellungen der Basiselemente von $V^*$ gegeben durch $[e_i^*]_{B,\{1\}} = e_i^T$, $i = 1, \ldots, n$.

(2) Für ein $n \in \mathbb{N}$ betrachten wir den $(n+1)$-dimensionalen reellen Vektorraum $V = \mathbb{R}[t]_{\leq n}$. Seien $\alpha_1, \ldots, \alpha_{n+1} \in \mathbb{R}$ paarweise verschieden und sei $v_i^* \in V^*$ definiert durch die Auswertung von $p \in V$ an der Stelle $\alpha_i$, d. h.

$$v_i^*(p) = p(\alpha_i), \quad i = 1, \ldots, n+1$$

(vgl. Beispiel 11.2). Wir zeigen nun, dass $v_1^*, \ldots v_{n+1}^* \in V^*$ linear unabhängig sind. Seien $\lambda_1, \ldots, \lambda_{n+1} \in \mathbb{R}$ mit

$$\sum_{i=1}^{n+1} \lambda_i v_i^* = 0 \in V^*.$$

Setzen wir auf beiden Seiten dieser Gleichung für $j = 0, 1, \ldots, n$ das Polynom $t^j$ ein, so erhalten wir

$$\sum_{i=1}^{n+1} \lambda_i \alpha_i^j = 0, \quad j = 0, 1, \ldots, n.$$

Diese $n+1$ Gleichungen können wir schreiben als lineares Gleichungssystem

$$\begin{bmatrix} 1 & 1 & \cdots & 1 \\ \alpha_1 & \alpha_2 & \cdots & \alpha_{n+1} \\ \vdots & \vdots & & \vdots \\ \alpha_1^n & \alpha_2^n & \cdots & \alpha_{n+1}^n \end{bmatrix} \begin{bmatrix} \lambda_1 \\ \lambda_2 \\ \vdots \\ \lambda_{n+1} \end{bmatrix} = \begin{bmatrix} 0 \\ 0 \\ \vdots \\ 0 \end{bmatrix}.$$

Da $\alpha_1, \ldots, \alpha_{n+1}$ paarweise verschieden sind, ist die Vandermonde-Matrix auf der linken Seite invertierbar (vgl. Aufgabe 7.8) und es folgt $\lambda_1 = \lambda_2 = \cdots = \lambda_{n+1} = 0$. Da die $n+1$ Linearformen $v_1^*, \ldots v_{n+1}^* \in V^*$ linear unabhängig sind und $\dim(V^*) = n+1$ gilt, ist $B^* := \{v_1^*, \ldots, v_{n+1}^*\}$ eine Basis von $V^*$.

Die Lagrange-Polynome

$$p_j = \prod_{\substack{k=1 \\ k \neq j}}^{n+1} \left( \frac{1}{\alpha_j - \alpha_k} (t - \alpha_k) \right) \in \mathcal{V}, \quad j = 1, \dots, n+1$$

bilden eine Basis $B := \{p_1, \dots, p_{n+1}\}$ von $\mathcal{V}$ (vgl. Aufgabe 10.16). Es gilt $v_i^*(p_j) = p_j(\alpha_i) = \delta_{ij}$ für $i, j = 1, \dots, n+1$. Somit ist die Basis $B^*$ von $\mathcal{V}^*$ die zur Basis $B$ von $\mathcal{V}$ duale Basis. Ist $p \in \mathcal{V}$ beliebig, dann gilt

$$p = \sum_{j=1}^{n} v_j^*(p) v_j = \sum_{j=1}^{n} p(\alpha_j) p_j.$$

**Definition 11.5.** Seien $\mathcal{V}$ und $\mathcal{W}$ zwei $K$-Vektorräume mit ihren jeweiligen Dualräumen $\mathcal{V}^*, \mathcal{W}^*$ und sei $f \in \mathcal{L}(\mathcal{V}, \mathcal{W})$. Dann heißt

$$f^* : \mathcal{W}^* \to \mathcal{V}^*, \quad h \mapsto h \circ f,$$

also $f^*(h) = h \circ f$ für alle $h \in \mathcal{W}^*$, die zu $f$ *duale Abbildung*.

Wir beweisen nun Eigenschaften der dualen Abbildung.

**Lemma 11.6.** *Sind $\mathcal{V}$, $\mathcal{W}$ und $\mathcal{X}$ drei $K$-Vektorräume, dann gelten:*

(1) *Ist $f \in \mathcal{L}(\mathcal{V}, \mathcal{W})$, so ist die duale Abbildung $f^*$ linear, also $f^* \in \mathcal{L}(\mathcal{W}^*, \mathcal{V}^*)$.*
(2) *Sind $f \in \mathcal{L}(\mathcal{V}, \mathcal{W})$ und $g \in \mathcal{L}(\mathcal{W}, \mathcal{X})$, so ist $(g \circ f)^* \in \mathcal{L}(\mathcal{X}^*, \mathcal{V}^*)$ und es gilt $(g \circ f)^* = f^* \circ g^*$.*
(3) *Ist $f \in \mathcal{L}(\mathcal{V}, \mathcal{W})$ bijektiv, so ist $f^* \in \mathcal{L}(\mathcal{W}^*, \mathcal{V}^*)$ bijektiv und es gilt $(f^*)^{-1} = (f^{-1})^*$.*

**Beweis.**

(1) Seien $h_1, h_2 \in \mathcal{W}^*$, $\lambda_1, \lambda_2 \in K$, dann gilt

$$f^*(\lambda_1 h_1 + \lambda_2 h_2) = (\lambda_1 h_1 + \lambda_2 h_2) \circ f = (\lambda_1 h_1) \circ f + (\lambda_2 h_2) \circ f$$
$$= \lambda_1 (h_1 \circ f) + \lambda_2 (h_2 \circ f) = \lambda_1 f^*(h_1) + \lambda_2 f^*(h_2).$$

(2) und (3) sind Übungsaufgaben. □

Wie der folgende Satz zeigt, sind im endlichdimensionalen Fall die Konzepte der dualen Abbildung und der transponierten Matrix eng miteinander verwandt.

**Satz 11.7.** *Seien $V$ und $W$ zwei endlichdimensionale $K$-Vektorräume mit Basen $B_1$ von $V$ und $B_2$ von $W$. Seien $B_1^*$ und $B_2^*$ die entsprechenden dualen Basen von $V^*$ und $W^*$. Ist $f \in \mathcal{L}(V, W)$, so gilt*

$$[f^*]_{B_2^*, B_1^*} = ([f]_{B_1, B_2})^T.$$

**Beweis.** Seien $B_1 = \{v_1, \ldots, v_m\}$, $B_2 = \{w_1, \ldots, w_n\}$ und $B_1^* = \{v_1^*, \ldots, v_m^*\}$, $B_2^* = \{w_1^*, \ldots, w_n^*\}$ die entsprechenden dualen Basen. Seien $[f]_{B_1, B_2} = [a_{ij}] \in K^{n,m}$, also

$$f(v_j) = \sum_{i=1}^{n} a_{ij} w_i, \quad j = 1, \ldots, m,$$

und $[f^*]_{B_2^*, B_1^*} = [b_{ij}] \in K^{m,n}$, also

$$f^*\left(w_j^*\right) = \sum_{i=1}^{m} b_{ij} v_i^*, \quad j = 1, \ldots, n.$$

Für jedes Paar $(k, \ell)$ mit $1 \leq k \leq n$ und $1 \leq \ell \leq m$ gilt dann

$$a_{k\ell} = \sum_{i=1}^{n} a_{i\ell} w_k^*(w_i) = w_k^*\left(\sum_{i=1}^{n} a_{i\ell} w_i\right) = w_k^*(f(v_\ell)) = f^*(w_k^*)(v_\ell)$$

$$= \left(\sum_{i=1}^{m} b_{ik} v_i^*\right)(v_\ell) = \sum_{i=1}^{m} b_{ik} v_i^*(v_\ell)$$

$$= b_{\ell k},$$

wobei wir die Definition der dualen Abbildung sowie die Eigenschaften $w_k^*(w_i) = \delta_{ki}$ und $v_i^*(v_\ell) = \delta_{i\ell}$ ausgenutzt haben.                                                    □

Für Matrizen ergeben sich aus diesem Satz und aus Lemma 11.6 die uns bereits aus Kap. 4 bekannten Regeln

$$(AB)^T = B^T A^T \quad \text{für } A \in K^{n,m} \text{ und } B \in K^{m,\ell}$$

und

$$(A^{-1})^T = (A^T)^{-1} \quad \text{für } A \in GL_n(K).$$

Manche Autoren benutzen wegen des engen Zusammenhangs von transponierter Matrix und dualer Abbildung auch den Begriff der *transponierten linearen Abbildung* anstatt den der dualen Abbildung.

**Beispiel 11.8.** Für die zwei Basen

$$B_1 = \left\{ v_1 = \begin{bmatrix} 1 \\ 0 \end{bmatrix}, \; v_2 = \begin{bmatrix} 0 \\ 2 \end{bmatrix} \right\}, \quad B_2 = \left\{ w_1 = \begin{bmatrix} 1 \\ 0 \end{bmatrix}, \; w_2 = \begin{bmatrix} 1 \\ 1 \end{bmatrix} \right\}$$

von $\mathbb{R}^{2,1}$ sind die Elemente der entsprechenden dualen Basen gegeben durch die Linearformen

$$v_1^* : \mathbb{R}^{2,1} \to \mathbb{R}, \quad \begin{bmatrix} \alpha_1 \\ \alpha_2 \end{bmatrix} \mapsto \alpha_1 + 0, \qquad v_2^* : \mathbb{R}^{2,1} \to \mathbb{R}, \quad \begin{bmatrix} \alpha_1 \\ \alpha_2 \end{bmatrix} \mapsto 0 + \frac{1}{2}\alpha_2,$$

$$w_1^* : \mathbb{R}^{2,1} \to \mathbb{R}, \quad \begin{bmatrix} \alpha_1 \\ \alpha_2 \end{bmatrix} \mapsto \alpha_1 - \alpha_2, \qquad w_2^* : \mathbb{R}^{2,1} \to \mathbb{R}, \quad \begin{bmatrix} \alpha_1 \\ \alpha_2 \end{bmatrix} \mapsto 0 + \alpha_2.$$

Die Matrixdarstellungen dieser Abbildungen sind

$$\left[ v_1^* \right]_{B_1, \{1\}} = [1, 0], \qquad\qquad \left[ v_2^* \right]_{B_1, \{1\}} = [0, 1],$$

$$\left[ w_1^* \right]_{B_2, \{1\}} = [1, 0], \qquad\qquad \left[ w_2^* \right]_{B_2, \{1\}} = [0, 1].$$

Für die lineare Abbildung

$$f : \mathbb{R}^{2,1} \to \mathbb{R}^{2,1}, \quad \begin{bmatrix} \alpha_1 \\ \alpha_2 \end{bmatrix} \mapsto \begin{bmatrix} \alpha_1 + \alpha_2 \\ 3\alpha_2 \end{bmatrix},$$

gilt

$$[f]_{B_1, B_2} = \begin{bmatrix} 1 & -4 \\ 0 & 6 \end{bmatrix}, \quad [f^*]_{B_2^*, B_1^*} = \begin{bmatrix} 1 & 0 \\ -4 & 6 \end{bmatrix}.$$

## 11.2 Bilinearformen

Eine weitere wichtige Klasse von Abbildungen, diesmal von Paaren von $K$-Vektorräumen in den Vektorraum $K$, sind die Bilinearformen. Diese spielen eine wichtige Rolle bei der Klassifikation von Lösungsmengen quadratischer Gleichungen (den sogenannten Quadriken) und bei der Lösung von partiellen Differenzialgleichungen.

**Definition 11.9.** Seien $V$ und $W$ zwei $K$-Vektorräume. Eine Abbildung $\beta : V \times W \to K$ heißt *Bilinearform auf* $V \times W$, wenn

(1) $\beta(v_1 + v_2, w) = \beta(v_1, w) + \beta(v_2, w)$,
(2) $\beta(v, w_1 + w_2) = \beta(v, w_1) + \beta(v, w_2)$,
(3) $\beta(\lambda v, w) = \beta(v, \lambda w) = \lambda \beta(v, w)$,

für alle $v, v_1, v_2 \in V$, $w, w_1, w_2 \in W$ und $\lambda \in K$ gilt.

Eine Bilinearform $\beta$ auf $V \times W$ heißt *nicht ausgeartet in der ersten Variablen*, wenn aus $\beta(v, w) = 0$ für alle $w \in W$ folgt, dass $v = 0$ ist. Analog heißt $\beta$ *nicht ausgeartet in der zweiten Variablen*, wenn aus $\beta(v, w) = 0$ für alle $v \in V$ folgt, dass $w = 0$ ist. Falls $\beta$ in beiden Variablen nicht ausgeartet ist, so nennen wir $\beta$ eine *nicht ausgeartete Bilinearform* und die Räume $V, W$ nennen wir ein *duales Paar von Räumen* oder *duales Raumpaar* bezüglich $\beta$.

Ist $V = W$, so nennen wir $\beta$ eine *Bilinearform auf* $V$. Eine Bilinearform $\beta$ auf $V$ heißt *symmetrisch*, wenn $\beta(v, w) = \beta(w, v)$ für alle $v, w \in V$ gilt.

**Beispiel 11.10.**

(1) Ist $A \in K^{n,m}$, so ist

$$\beta : K^{m,1} \times K^{n,1} \to K, \quad (v, w) \mapsto w^T A v,$$

eine Bilinearform auf $K^{m,1} \times K^{n,1}$, die genau dann nicht ausgeartet ist, wenn $n = m$ und $A \in GL_n(K)$ gilt (vgl. Aufgabe 11.11).
(2) Die Bilinearform

$$\beta : \mathbb{R}^{2,1} \times \mathbb{R}^{2,1} \to \mathbb{R}, \quad (x, y) \mapsto y^T \begin{bmatrix} 1 & 1 \\ 1 & 1 \end{bmatrix} x,$$

ist in beiden Variablen ausgeartet: Für $\hat{x} = [1, -1]^T$ ist $\beta(\hat{x}, y) = 0$ für alle $y \in \mathbb{R}^{2,1}$ und für $\hat{y} = [1, -1]^T$ ist $\beta(x, \hat{y}) = 0$ für alle $x \in \mathbb{R}^{2,1}$. Die Menge aller $x = [x_1, x_2]^T \in \mathbb{R}^{2,1}$ mit $\beta(x, x) = 1$ ist gleich der Lösungsmenge der quadratischen Gleichung $x_1^2 + 2x_1x_2 + x_2^2 = 1$ oder $(x_1 + x_2)^2 = 1$ für $x_1, x_2 \in \mathbb{R}$. Geometrisch können wir diese Lösungsmenge durch die beiden Geraden $x_1 + x_2 = 1$ und $x_1 + x_2 = -1$ im kartesischen Koordinatensystem des $\mathbb{R}^2$ beschreiben.
(3) Ist $V$ der $\mathbb{R}$-Vektorraum der auf dem reellen Intervall $[0, 1]$ stetigen reellwertigen Funktionen, dann ist die Abbildung

$$\beta : V \times V \to \mathbb{R}, \quad (f, g) \mapsto \int_0^1 f(x)g(x)dx,$$

eine symmetrische Bilinearform auf $V$.

(4) Ist $V$ ein $K$-Vektorraum, so ist

$$\beta : V \times V^* \to K, \quad (v, f) \mapsto f(v),$$

eine Bilinearform auf $V \times V^*$, denn es gelten

$$\beta(v_1 + v_2, f) = f(v_1 + v_2) = f(v_1) + f(v_2) = \beta(v_1, f) + \beta(v_2, f),$$

$$\beta(v, f_1 + f_2) = (f_1 + f_2)(v) = f_1(v) + f_2(v) = \beta(v, f_1) + \beta(v, f_2),$$

$$\beta(\lambda v, f) = f(\lambda v) = \lambda f(v) = \lambda \beta(v, f) = (\lambda f)(v) = \beta(v, \lambda f),$$

für alle $v, v_1, v_2 \in V$, $f, f_1, f_2 \in V^*$ und $\lambda \in K$. Diese Bilinearform ist nicht ausgeartet und $V, V^*$ bilden somit ein duales Raumpaar bezüglich $\beta$. (Für den Fall $\dim(V) \in \mathbb{N}$ soll dies in Aufgabe 11.13 gezeigt werden.)

Seien $V$ und $W$ zwei $K$-Vektorräume mit Basen $B_1 = \{v_1, \ldots, v_m\}$ und $B_2 = \{w_1, \ldots, w_n\}$. Ist $\beta$ eine Bilinearform auf $V \times W$ und sind $v = \sum_{j=1}^{m} \lambda_j v_j \in V$ sowie $w = \sum_{i=1}^{n} \mu_i w_i \in W$ beliebig, dann gilt

$$\beta(v, w) = \sum_{j=1}^{m} \sum_{i=1}^{n} \lambda_j \mu_i \beta(v_j, w_i) = \sum_{i=1}^{n} \mu_i \sum_{j=1}^{m} \beta(v_j, w_i) \lambda_j = \left( \Phi_{B_2}(w) \right)^T [b_{ij}] \, \Phi_{B_1}(v)$$

$$(11.1)$$

mit $b_{ij} := \beta(v_j, w_i)$, wobei wir auf der rechten Seite die Koordinatenabbildung aus Lemma 10.18 benutzt haben. Dies motiviert die folgende Definition.

**Definition 11.11.** Die in (11.1) konstruierte Matrix

$$[\beta]_{B_1 \times B_2} := [b_{ij}] \in K^{n,m}, \quad b_{ij} := \beta(v_j, w_i),$$

heißt die *Matrixdarstellung* oder die *darstellende Matrix* von $\beta$ bezüglich der Basen $B_1$ und $B_2$.

**Beispiel 11.12.** Sind $B_1 = \left\{ e_1^{(m)}, \ldots, e_m^{(m)} \right\}$ und $B_2 = \left\{ e_1^{(n)}, \ldots, e_n^{(n)} \right\}$ die Standardbasen des $K^{m,1}$ bzw. $K^{n,1}$ und ist $\beta$ die Bilinearform aus (1) in Beispiel 11.10 mit $A = [a_{ij}] \in K^{n,m}$, dann ist $[\beta]_{B_1 \times B_2} = [b_{ij}]$ mit

$$b_{ij} = \beta\left( e_j^{(m)}, e_i^{(n)} \right) = \left( e_i^{(n)} \right)^T A e_j^{(m)} = a_{ij},$$

also gilt $[\beta]_{B_1 \times B_2} = A$.

Mit der Notation von Definition 11.11 definieren wir die beiden Abbildungen

$$\Phi_{B_1,B_2} : \mathcal{V} \times \mathcal{W} \to K^{m,1} \times K^{n,1}, \quad (v,w) \mapsto \big(\Phi_{B_1}(v), \Phi_{B_2}(w)\big),$$

$$\varphi_{\beta,B_1,B_2} : K^{m,1} \times K^{n,1} \to K, \quad (x,y) \mapsto y^T [\beta]_{B_1 \times B_2} x.$$

Für alle $v \in \mathcal{V}$ und $w \in \mathcal{W}$ gilt dann

$$\beta(v,w) = (\varphi_{\beta,B_1,B_2} \circ \Phi_{B_1,B_2})(v,w)$$

und analog zum kommutativen Diagramm (10.2) für die Matrixdarstellung einer linearen Abbildung erhalten wir das folgende Diagramm:

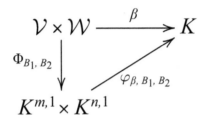

**Bemerkung 11.13.** Die Matrixdarstellung einer Bilinearform könnte auch „anders herum" hergeleitet und definiert werden, d. h. anstatt (11.1) rechnet man

$$\beta(v,w) = \sum_{i=1}^{m} \sum_{j=1}^{n} \lambda_i \mu_j \beta(v_i, w_j) = \sum_{i=1}^{m} \lambda_i \sum_{j=1}^{n} \beta(v_i, w_j)\mu_j = \big(\Phi_{B_1}(v)\big)^T [\widetilde{b}_{ij}] \, \Phi_{B_2}(w)$$

mit $\widetilde{b}_{ij} := \beta(v_i, w_j)$ und somit $[\widetilde{b}_{ij}] \in K^{m,n}$. Aus Konsistenzgründen würde man in diesem Fall die Bilinearform in Beispiel 11.10 (1) definieren durch $A \in K^{m,n}$ und

$$\beta : K^{m,1} \times K^{n,1} \to K, \quad (v,w) \mapsto v^T A w.$$

Der Unterschied zwischen den beiden Definitionen ist rein formal. Der eigentliche Grund für unsere Herleitung in (11.1) und Setzung in Definition 11.11 liegt in den von uns gewünschten Eigenschaften der Sesquilinearformen $s : \mathcal{V} \times \mathcal{W} \to \mathbb{C}$, die wir im nächsten Abschnitt behandeln. Diese Abbildungen sollen linear in der ersten und semilinear in der zweiten Komponente sein (vgl. Definition 11.19). Diese Eigenschaft wird von $s(v,w) = w^H A v$ erfüllt (vgl. Beispiel 11.24), von $s(v,w) = v^H A w$ aber nicht. Um die Herangehensweise insgesamt konsistent zu halten, erfordert dies die Wahl von $\beta(v,w) = w^T A v$ in Beispiel 11.10 (1) und die Setzung $b_{ij} := \beta(v_j, w_i)$ in Definition 11.11. Letztlich ist es aber eine „Geschmacksfrage", denn man kann ohne Weiteres die Sesquilinearformen als linear in der zweiten und semilinear in der ersten Komponente definieren, was auf $s(v, w) = v^H A w$ führt und konsistenterweise $\beta(v, w) = v^T A w$ erfordert. Um für eine Sesquilinearform Linearität in der ersten und Semilinearität in der zweiten Komponente zu erhalten, aber trotzdem $v$ „vorne" und $w$ „hinten", verwenden manche Autoren $s(v, w) = v^T A \overline{w}$ als ihr Standardbeispiel, wobei $\overline{w} := [\overline{w}_1, \ldots, \overline{w}_n]^T$ ist.

Die Bilinearformen auf $V \times W$ bilden mit der punktweisen Addition und skalaren Multiplikation den $K$-Vektorraum $\mathrm{Bil}(V, W)$ (vgl. Aufgabe 11.9) und wir erhalten die folgende Aussage analog zu Satz 10.17.

**Satz 11.14.** *Seien $V$ und $W$ zwei endlichdimensionale $K$-Vektorräume mit den Basen $B_1 = \{v_1, \ldots, v_m\}$ bzw. $B_2 = \{w_1, \ldots, w_n\}$. Dann ist die Abbildung*

$$\mathrm{Bil}(V, W) \to K^{n,m}, \quad \beta \mapsto [\beta]_{B_1 \times B_2},$$

*ein Isomorphismus, also $\mathrm{Bil}(V, W) \cong K^{n,m}$ und $\dim(\mathrm{Bil}(V, W)) = \dim(K^{n,m}) = n \cdot m$.*

**Beweis.** Analog zum Beweis von Satz 10.17 bezeichnen wir die Abbildung $\beta \mapsto [\beta]_{B_1 \times B_2}$ mit $\varphi$, also $\varphi(\beta) = [\beta]_{B_1 \times B_2}$. Die Linearität dieser Abbildung folgt unmittelbar aus der punktweisen Definition der Operationen im Vektorraum $\mathrm{Bil}(V, W)$, denn für alle $\beta_1, \beta_2 \in \mathrm{Bil}(V, W)$ und $\lambda_1, \lambda_2 \in K$ gilt

$$(\lambda_1 \cdot \beta_1 + \lambda_2 \cdot \beta_2)(v_j, w_i) = \lambda_1 \beta_1(v_j, w_i) + \lambda_2 \beta_2(v_j, w_i)$$

und somit

$$\varphi(\lambda_1 \cdot \beta_1 + \lambda_2 \cdot \beta_2) = [\lambda_1 \beta_1 + \lambda_2 \beta_2]_{B_1 \times B_2} = \lambda_1 [\beta_1]_{B_1 \times B_2} + \lambda_2 [\beta_2]_{B_1 \times B_2}$$

$$= \lambda_1 \varphi(\beta_1) + \lambda_2 \varphi(\beta_2).$$

Sei $\beta \in \mathrm{Kern}(\varphi)$, also $\varphi(\beta) = 0 \in K^{n,m}$ und somit $\beta(v_j, w_i) = 0$ für alle $j = 1, \ldots, m$ und $i = 1, \ldots, n$. Es folgt $\beta = 0 \in \mathrm{Bil}(V, W)$, also ist $\varphi$ injektiv (vgl. (5) in Lemma 10.7). Ist andererseits $B = [b_{ij}] \in K^{n,m}$ beliebig, so definieren wir für $v = \sum_{j=1}^m \lambda_j v_j \in V$ und $w = \sum_{i=1}^n \mu_i w_i \in W$ die Abbildung $\beta : V \times W \to K$ durch

$$\beta(v, w) := \left(\Phi_{B_2}(w)\right)^T [b_{ij}] \, \Phi_{B_1}(v).$$

Man sieht leicht, dass $\beta \in \mathrm{Bil}(V, W)$ und $\beta(v_j, w_i) = \left(e_i^{(n)}\right)^T B e_j^{(m)} = b_{ij}$ gilt, also auch $B = [\beta]_{B_1 \times B_2} = \varphi(\beta)$. Somit ist $\varphi$ surjektiv und damit bijektiv.

Aus Korollar 10.12 folgt $\dim(\mathrm{Bil}(V, W)) = \dim(K^{n,m}) = n \cdot m$. $\square$

Nach Satz 11.14 gilt für endlichdimensionale $K$-Vektorräume auch $\mathrm{Bil}(V, W) \cong \mathcal{L}(V, W)$.

Symmetrische Bilinearformen haben symmetrischen Matrixdarstellungen, wie das folgende Resultat zeigt.

**Lemma 11.15.** *Für eine Bilinearform $\beta$ auf einem endlichdimensionalen $K$-Vektorraum $V$ sind folgende Aussagen äquivalent:*

(1) *$\beta$ ist symmetrisch.*
(2) *Für jede Basis $B$ von $V$ ist $[\beta]_{B \times B}$ symmetrisch.*
(3) *Es gibt eine Basis $B$ von $V$, so dass $[\beta]_{B \times B}$ symmetrisch ist.*

**Beweis.** Übungsaufgabe.                                                              □

Der folgende Satz beschreibt, wie sich ein Basiswechsel auf die Matrixdarstellung einer Bilinearform auswirkt.

**Satz 11.16.** *Seien $V$ und $W$ zwei endlichdimensionale $K$-Vektorräume mit Basen $B_1, \widetilde{B}_1$ von $V$ und $B_2, \widetilde{B}_2$ von $W$. Ist $\beta$ eine Bilinearform auf $V \times W$, so gilt*

$$[\beta]_{B_1 \times B_2} = \left([\mathrm{Id}_W]_{B_2, \widetilde{B}_2}\right)^T [\beta]_{\widetilde{B}_1 \times \widetilde{B}_2} [\mathrm{Id}_V]_{B_1, \widetilde{B}_1}.$$

**Beweis.** Seien $B_1 := \{v_1, \ldots, v_m\}$, $\widetilde{B}_1 := \{\widetilde{v}_1, \ldots, \widetilde{v}_m\}$ sowie $B_2 := \{w_1, \ldots, w_n\}$, $\widetilde{B}_2 := \{\widetilde{w}_1, \ldots, \widetilde{w}_n\}$. Wir betrachten den Basisübergang von $B_1$ zu $\widetilde{B}_1$ sowie von $B_2$ zu $\widetilde{B}_2$, d. h.

$$(v_1, \ldots, v_m) = (\widetilde{v}_1, \ldots, \widetilde{v}_m)P \quad \text{mit} \quad P = [p_{ij}] = [\mathrm{Id}_V]_{B_1, \widetilde{B}_1}$$

$$(w_1, \ldots, w_n) = (\widetilde{w}_1, \ldots, \widetilde{w}_n)Q \quad \text{mit} \quad Q = [q_{ij}] = [\mathrm{Id}_W]_{B_2, \widetilde{B}_2}.$$

Mit $[\beta]_{\widetilde{B}_1 \times \widetilde{B}_2} = [\widetilde{b}_{ij}]$, wobei $\widetilde{b}_{ij} = \beta(\widetilde{v}_j, \widetilde{w}_i)$, gilt dann

$$\beta(v_j, w_i) = \beta\left(\sum_{k=1}^{m} p_{kj}\widetilde{v}_k, \sum_{\ell=1}^{n} q_{\ell i}\widetilde{w}_\ell\right) = \sum_{\ell=1}^{n} q_{\ell i} \sum_{k=1}^{m} \beta(\widetilde{v}_k, \widetilde{w}_\ell)p_{kj}$$

$$= \sum_{\ell=1}^{n} q_{\ell i} \sum_{k=1}^{m} \widetilde{b}_{\ell k} p_{kj}$$

$$= \begin{bmatrix} q_{1i} \\ \vdots \\ q_{ni} \end{bmatrix}^T [\beta]_{\widetilde{B}_1 \times \widetilde{B}_2} \begin{bmatrix} p_{1j} \\ \vdots \\ p_{mj} \end{bmatrix},$$

woraus $[\beta]_{B_1 \times B_2} = Q^T [\beta]_{\widetilde{B}_1 \times \widetilde{B}_2} P$ und somit die Behauptung folgt.          □

Ist $V = W$ und sind $B_1$, $B_2$ zwei Basen von $V$, dann erhalten wir den folgenden Spezialfall der Aussage von Satz 11.16:

$$[\beta]_{B_1 \times B_1} = \left([\mathrm{Id}_V]_{B_1,B_2}\right)^T [\beta]_{B_2 \times B_2} [\mathrm{Id}_V]_{B_1,B_2}.$$

Die beiden darstellenden Matrizen $[\beta]_{B_1 \times B_1}$ und $[\beta]_{B_2 \times B_2}$ von $\beta$ sind in diesem Fall kongruent, was wir wie folgt definieren.

**Definition 11.17.** Falls für zwei Matrizen $A, B \in K^{n,n}$ eine Matrix $Z \in GL_n(K)$ mit $B = Z^T A Z$ existiert, so heißen $A$ und $B$ *kongruent*.

**Lemma 11.18.** *Kongruenz ist eine Äquivalenzrelation auf der Menge $K^{n,n}$.*

**Beweis.** Übungsaufgabe.                                                      □

## 11.3  Sesquilinearformen

Wir betrachten in diesem Abschnitt eine spezielle Klasse von Formen auf *komplexen* Vektorräumen.

**Definition 11.19.** Seien $V$ und $W$ zwei $\mathbb{C}$-Vektorräume. Eine Abbildung $s : V \times W \to \mathbb{C}$ heißt *Sesquilinearform auf $V \times W$*, wenn

(1) $s(v_1 + v_2, w) = s(v_1, w) + s(v_2, w)$,
(2) $s(\lambda v, w) = \lambda s(v, w)$,
(3) $s(v, w_1 + w_2) = s(v, w_1) + s(v, w_2)$,
(4) $s(v, \lambda w) = \overline{\lambda} s(v, w)$,

für alle $v, v_1, v_2 \in V$, $w, w_1, w_2 \in W$ und $\lambda \in \mathbb{C}$ gilt.

Eine Sesquilinearform $s$ auf $V \times W$ heißt *nicht ausgeartet in der ersten Variablen*, wenn aus $s(v, w) = 0$ für alle $w \in W$ folgt, dass $v = 0$ ist. Analog heißt $s$ *nicht ausgeartet in der zweiten Variablen*, wenn aus $s(v, w) = 0$ für alle $v \in V$ folgt, dass $w = 0$ ist. Falls $s$ in beiden Variablen nicht ausgeartet ist, so nennen wir $s$ eine *nicht ausgeartete Sesquilinearform*.

Ist $V = W$, so nennen wir $s$ eine *Sesquilinearform auf $V$*. Eine Sesquilinearform $s$ auf $V$ heißt *hermitesch*[1], wenn $s(v, w) = \overline{s(w, v)}$ für alle $v, w \in V$ gilt.

---

[1]Charles Hermite (1822–1901).

Das Wort „sesqui" ist lateinisch und bedeutet „um die Häfte mehr". Es beschreibt, dass eine Sesquilinearform $s$ auf $V \times W$ linear in der ersten Komponente und *semilinear* (also nur „halb linear") in der zweiten Komponente ist.

Das folgende Resultat gibt eine Charakterisierung hermitescher Sesquilinearformen.

**Lemma 11.20.** *Eine Sesquilinearform auf dem $\mathbb{C}$-Vektorraum $V$ ist genau dann hermitesch, wenn $s(v, v) \in \mathbb{R}$ für alle $v \in V$ gilt.*

**Beweis.** Ist $s$ hermitesch, so gilt insbesondere $s(v, v) = \overline{s(v, v)}$ für alle $v \in V$ und somit ist $s(v, v) \in \mathbb{R}$.

Sind andererseits $v, w \in V$, dann gilt per Definition

$$s(v + w, v + w) = s(v, v) + s(v, w) + s(w, v) + s(w, w), \tag{11.2}$$

$$s(v + \mathbf{i}w, v + \mathbf{i}w) = s(v, v) + \mathbf{i}s(w, v) - \mathbf{i}s(v, w) + s(w, w). \tag{11.3}$$

Aus der ersten Gleichung folgt $s(v, w) + s(w, v) \in \mathbb{R}$ (denn $s(v + w, v + w)$, $s(v, v)$ und $s(w, w)$ sind per Annahme reell) und aus der zweiten Gleichung folgt analog $\mathbf{i}s(w, v) - \mathbf{i}s(v, w) \in \mathbb{R}$. Daher gelten

$$s(v, w) + s(w, v) = \overline{s(v, w)} + \overline{s(w, v)},$$

$$-\mathbf{i}s(v, w) + \mathbf{i}s(w, v) = \overline{\mathbf{i}s(v, w)} - \overline{\mathbf{i}s(w, v)}.$$

Multiplizieren wir die zweite Gleichung mit $\mathbf{i}$ und addieren wir die resultierende Gleichung zur ersten, so folgt $s(v, w) = \overline{s(w, v)}$, was zu zeigen war.                    $\square$

**Korollar 11.21.** *Für eine Sesquilinearform $s$ auf dem $\mathbb{C}$-Vektorraum $V$ gilt*

$$2s(v, w) = s(v + w, v + w) + \mathbf{i}s(v + \mathbf{i}w, v + \mathbf{i}w) - (\mathbf{i} + 1)\,(s(v, v) + s(w, w)).$$

*für alle $v, w \in V$.*

**Beweis.** Die Gleichung folgt aus der Multiplikation von (11.3) mit $\mathbf{i}$ und der Addition des Resultats zu (11.2).                    $\square$

Die Formel aus Korollar 11.21 zeigt, dass eine Sesquilinearform durch Vorgabe der Werte von $s(v, v)$ für alle $v \in V$ eindeutig festgelegt wird.

**Definition 11.22.** Ist $A = [a_{ij}] \in \mathbb{C}^{n,m}$, so ist die *hermitesch Transponierte* von $A$ die Matrix

$$A^H := [\overline{a}_{ij}]^T \in \mathbb{C}^{m,n}.$$

Ist $A = A^H$, so nennen wir $A$ eine *hermitesche Matrix*.

Hat eine Matrix $A$ reelle Einträge, so gilt offensichtlich $A^H = A^T$. Ist $A = [a_{ij}] \in \mathbb{C}^{n,n}$ eine hermitesche Matrix, so gilt insbesondere $a_{ii} = \overline{a}_{ii}$ für $i = 1, \ldots, n$, d. h. hermitesche Matrizen haben reelle Diagonaleinträge.

Für die hermitesche Transposition gelten analoge Regeln wie für die Transposition (vgl. Lemma 4.6).

**Lemma 11.23.** *Für $A, \widehat{A} \in \mathbb{C}^{n,m}$, $B \in \mathbb{C}^{m,\ell}$ und $\lambda \in \mathbb{C}$ gelten:*

(1) $(A^H)^H = A$.
(2) $(A + \widehat{A})^H = A^H + \widehat{A}^H$.
(3) $(\lambda A)^H = \overline{\lambda} A^H$.
(4) $(AB)^H = B^H A^H$.

**Beweis.** Übungsaufgabe. □

Ist $A \in \mathbb{C}^{n,n}$ invertierbar, so gilt analog zu (1) in Lemma 4.10, dass $A^H$ invertierbar ist mit $(A^H)^{-1} = (A^{-1})^H$. Wir bezeichnen die Inverse von $A^H$ mit $A^{-H}$.

**Beispiel 11.24.** Für $A \in \mathbb{C}^{n,m}$ ist die Abbildung

$$s : \mathbb{C}^{m,1} \times \mathbb{C}^{n,1} \to \mathbb{C}, \quad (v, w) \mapsto w^H A v,$$

eine Sesquilinearform.

Die Matrixdarstellung von Sesquilinearformen definieren wir analog zur Matrixdarstellung von Bilinearformen (vgl. Definition 11.11).

**Definition 11.25.** Seien $V$ und $W$ zwei $\mathbb{C}$-Vektorräume mit Basen $B_1 = \{v_1, \ldots, v_m\}$ bzw. $B_2 = \{w_1, \ldots, w_n\}$. Ist $s$ eine Sesquilinearform auf $V \times W$, so heißt

$$[s]_{B_1 \times B_2} = [b_{ij}] \in \mathbb{C}^{n,m}, \quad b_{ij} := s(v_j, w_i),$$

die *Matrixdarstellung* oder die *darstellende Matrix* von $s$ bezüglich der Basen $B_1$ und $B_2$.

Analog zu (11.1) gilt dann

$$s(v, w) = \big(\Phi_{B_2}(w)\big)^H [s]_{B_1 \times B_2} \Phi_{B_1}(v),$$

für alle $v \in V$ und $w \in W$.

**Beispiel 11.26.** Sind $B_1 = \big\{e_1^{(m)}, \ldots, e_m^{(m)}\big\}$ und $B_2 = \big\{e_1^{(n)}, \ldots, e_n^{(n)}\big\}$ die Standardbasen des $\mathbb{C}^{m,1}$ bzw. $\mathbb{C}^{n,1}$ und ist $s$ die Sesquilinearform aus Beispiel 11.24 mit $A = [a_{ij}] \in$

$\mathbb{C}^{n,m}$, dann ist $[s]_{B_1 \times B_2} = [b_{ij}]$ mit

$$b_{ij} = s\left(e_j^{(m)}, e_i^{(n)}\right) = \left(e_i^{(n)}\right)^H A e_j^{(m)} = \left(e_i^{(n)}\right)^T A e_j^{(m)} = a_{ij},$$

also gilt $[s]_{B_1 \times B_2} = A$.

Für den Basiswechsel im Zusammenhang mit Sesquilinearformen erhalten wir das folgende Resultat analog zu Satz 11.16.

**Satz 11.27.** *Seien $V$ und $W$ zwei endlichdimensionale $\mathbb{C}$-Vektorräume mit Basen $B_1$, $\widetilde{B}_1$ von $V$ und $B_2$, $\widetilde{B}_2$ von $W$. Ist $s$ eine Sesquilinearform auf $V \times W$, so gilt*

$$[s]_{B_1 \times B_2} = \left([\mathrm{Id}_W]_{B_2, \widetilde{B}_2}\right)^H [s]_{\widetilde{B}_1 \times \widetilde{B}_2} [\mathrm{Id}_V]_{B_1, \widetilde{B}_1}.$$

**Beweis.** Übungsaufgabe.                                                            □

Ist $V = W$ und sind $B_1$, $B_2$ zwei Basen von $V$, dann gilt

$$[s]_{B_1 \times B_1} = \left([\mathrm{Id}_V]_{B_1, B_2}\right)^H [s]_{B_2 \times B_2} [\mathrm{Id}_V]_{B_1, B_2},$$

was die folgende Definition motiviert (vgl. Definition 11.17).

**Definition 11.28.** Falls für zwei Matrizen $A, B \in \mathbb{C}^{n,n}$ eine Matrix $Z \in GL_n(\mathbb{C})$ mit $B = Z^H A Z$ existiert, so heißen $A$ und $B$ *komplex kongruent*.

**Lemma 11.29.** *Komplexe Kongruenz ist eine Äquivalenzrelation auf der Menge $\mathbb{C}^{n,n}$.*

**Beweis.** Übungsaufgabe.                                                            □

---

## Aufgaben

(In den folgenden Aufgaben ist $K$ stets ein beliebiger Körper.)

11.1 Sei $V$ ein endlichdimensionaler $K$-Vektorraum und $v \in V$. Zeigen Sie, dass $f(v) = 0$ für alle $f \in V^*$ genau dann gilt, wenn $v = 0$ ist.

11.2 Sei $V$ ein endlichdimensionaler $K$-Vektorraum und $f \in V^* \setminus \{0\}$. Zeigen Sie, dass dann $\dim(\mathrm{Kern}(f)) = \dim(V) - 1$ gilt.

11.3 Gegeben sei die Basis $B = \{10, t - 1, t^2 - t\}$ des 3-dimensionalen Vektorraums $\mathbb{R}[t]_{\leq 2}$. Berechnen Sie die zu $B$ duale Basis $B^*$.

11.4 Sei $V$ ein $n$-dimensionaler $K$-Vektorraum und sei $\{v_1^*, \ldots, v_n^*\}$ eine Basis von $V^*$. Zeigen oder widerlegen Sie: Es gibt genau eine Basis $\{v_1, \ldots, v_n\}$ von $V$ mit $v_i^*(v_j) = \delta_{ij}$.

11.5 Sei $V$ ein endlichdimensionaler $K$-Vektorraum und seien $f, g \in V^*$ mit $f \neq 0$. Zeigen Sie, dass $g = \lambda f$ für ein $\lambda \in K \setminus \{0\}$ genau dann gilt, wenn $\mathrm{Kern}(f) = \mathrm{Kern}(g)$ ist. Kann auf die Voraussetzung $f \neq 0$ verzichtet werden?

11.6 Sei $V$ ein $K$-Vektorraum und sei $\mathcal{U}$ ein Unterraum von $V$. Die Menge

$$\mathcal{U}^0 := \{f \in V^* \mid f(u) = 0 \text{ für alle } u \in \mathcal{U}\}$$

heißt der *Annihilator* von $\mathcal{U}$. Zeigen Sie folgende Aussagen:

(a) $\mathcal{U}^0$ ist ein Unterraum von $V^*$.

(b) Ist $V$ endlichdimensional und sind $\mathcal{U}_1, \mathcal{U}_2$ Unterräume von $V$, dann gilt

$$(\mathcal{U}_1 + \mathcal{U}_2)^0 = \mathcal{U}_1^0 \cap \mathcal{U}_2^0 \quad \text{und} \quad (\mathcal{U}_1 \cap \mathcal{U}_2)^0 = \mathcal{U}_1^0 + \mathcal{U}_2^0.$$

Ist $\mathcal{U}_1 \subseteq \mathcal{U}_2$, dann gilt $\mathcal{U}_2^0 \subseteq \mathcal{U}_1^0$. Können Sie diese Aussagen auch für unendlichdimensionale Vektorräume zeigen?

(c) Ist $W$ ein $K$-Vektorraum und $f \in \mathcal{L}(V, W)$, so gilt $\mathrm{Kern}(f^*) = (\mathrm{Bild}(f))^0$.

11.7 Beweisen Sie Lemma 11.6 (2) und (3).

11.8 Sei $V$ ein endlichdimensionaler $K$-Vektorraum und seien $f, g \in \mathcal{L}(V, V)$. Zeigen Sie, dass $f \circ g = g \circ f$ genau dann gilt, wenn $f^* \circ g^* = g^* \circ f^*$ gilt.

11.9 Seien $V$ und $W$ zwei $K$-Vektorräume. Zeigen Sie, dass die Menge $\mathrm{Bil}(V, W)$ aller Bilinearformen auf $V \times W$ zusammen mit den Operationen

$$+ : \ (\beta_1 + \beta_2)(v, w) := \beta_1(v, w) + \beta_2(v, w),$$

$$\cdot : \ (\lambda \cdot \beta)(v, w) := \lambda \beta(v, w),$$

einen $K$-Vektorraum bildet.

11.10 Seien $V$ und $W$ zwei $K$-Vektorräume mit Basen $\{v_1, \ldots, v_m\}$ und $\{w_1, \ldots, w_n\}$ sowie entsprechenden dualen Basen $\{v_1^*, \ldots, v_m^*\}$ und $\{w_1^*, \ldots, w_n^*\}$. Für $i = 1, \ldots, m$ und $j = 1, \ldots, n$ sei

$$\beta_{ij} : V \times W \to K, \quad (v, w) \mapsto v_i^*(v) w_j^*(w).$$

(a) Zeigen Sie, dass $\beta_{ij}$ eine Bilinearform auf $V \times W$ ist.

(b) Zeigen Sie, dass die Menge $\{\beta_{ij} \mid i = 1, \ldots, m, \ j = 1, \ldots, n\}$ eine Basis des $K$-Vektorraums $\mathrm{Bil}(V, W)$ der Bilinearformen auf $V \times W$ bildet (vgl. Aufgabe 11.9).

11.11 Zeigen Sie, dass die Abbildung $\beta$ in Beispiel 11.10 (1) eine Bilinearform ist und zeigen Sie, dass diese genau dann nicht ausgeartet ist, wenn $n = m$ und $A \in GL_n(K)$ gilt.

11.12 Zeigen Sie, dass die Abbildung $\beta$ in Beispiel 11.10 (3) eine symmetrische Bilinearform ist. Ist $\beta$ ausgeartet?

11.13 Sei $V$ ein endlichdimensionaler $K$-Vektorraum. Zeigen Sie, dass $V, V^*$ ein duales Raumpaar bezüglich der Bilinearform $\beta$ in Beispiel 11.10 (4) bilden, d. h., dass die Bilinearform $\beta$ nicht ausgeartet ist.

11.14 Sei $V$ ein endlichdimensionaler $K$-Vektorraum und seien $\mathcal{U} \subseteq V$ und $\mathcal{W} \subseteq V^*$ zwei Unterräume mit $\dim(\mathcal{U}) = \dim(\mathcal{W}) \geq 1$. Zeigen oder widerlegen Sie: Die Räume $\mathcal{U}, \mathcal{W}$ bilden ein duales Raumpaar bezüglich der Bilinearform $\beta \ : \ \mathcal{U} \times \mathcal{W} \to K$, $(v, h) \mapsto h(v)$.

11.15 Seien $V$ und $\mathcal{W}$ zwei endlichdimensionale $K$-Vektorräume und sei $\beta$ eine Bilinearform auf $V \times \mathcal{W}$. Seien $B_1, B_2$ zwei beliebige Basen von $V, \mathcal{W}$.

(a) Zeigen Sie, dass folgende Aussagen äquivalent sind:

(1) $[\beta]_{B_1 \times B_2}$ ist nicht invertierbar.

(2) $\beta$ ist ausgeartet in der 2. Variablen.

(3) $\beta$ ist ausgeartet in der 1. Variablen.

(b) Folgern Sie aus (a): $\beta$ ist genau dann nicht ausgeartet, wenn $[\beta]_{B_1 \times B_2}$ invertierbar ist.

11.16 Sei $\beta : \mathbb{R}^{2,1} \times \mathbb{R}^{2,1} \to \mathbb{R}$, $(x, y) \mapsto \det([x, y])$.

(a) Zeigen Sie, dass $\beta$ eine Bilinearform auf $\mathbb{R}^{2,1}$ ist. Ist $\beta$ ausgeartet?

(b) Bestimmen Sie $[\beta]_{B \times B}$ für die Standardbasis $B = \{e_1, e_2\}$ des $\mathbb{R}^{2,1}$.

(c) Sei $\widetilde{B} = \{[1, 1]^T, [-1, 1]^T\}$ eine weitere Basis des $\mathbb{R}^{2,1}$. Bestimmen Sie $[\beta]_{\widetilde{B} \times \widetilde{B}}$ mit Hilfe von $[\beta]_{B \times B}$ aus (b) und Satz 11.16.

11.17 Beweisen Sie Lemma 11.15.

11.18 Beweisen Sie Lemma 11.18.

11.19 Für eine Bilinearform $\beta$ auf einem $K$-Vektorraum $V$ heißt $q_\beta : V \to K$, $v \mapsto \beta(v, v)$, die durch $\beta$ induzierte *quadratische Form*.

Zeigen Sie: Gilt $1 + 1 \neq 0$ in $K$ und ist $\beta$ eine symmetrische Bilinearform auf $V$, so gilt $\beta(v, w) = \frac{1}{2}(q_\beta(v + w) - q_\beta(v) - q_\beta(w))$ für alle $v, w \in V$.

11.20 Zeigen Sie, dass für eine Sesquilinearform $s$ auf einem $\mathbb{C}$-Vektorraum $V$ die *Polarisationsformel*

$$s(v, w) = \frac{1}{4}\big(s(v+w, v+w) - s(v-w, v-w) + \mathbf{i}s(v+\mathbf{i}w, v+\mathbf{i}w) - \mathbf{i}s(v-\mathbf{i}w, v-\mathbf{i}w)\big)$$

für alle $v, w \in V$ gilt.

11.21 Gegeben sind die folgenden Abbildungen von $\mathbb{C}^{3,1} \times \mathbb{C}^{3,1}$ nach $\mathbb{C}$:

(a) $\beta_1(x, y) = 3x_1\overline{x}_1 + 3y_1\overline{y}_1 + x_2\overline{y}_3 - x_3\overline{y}_2$,

(b) $\beta_2(x, y) = x_1\overline{y}_2 + x_2\overline{y}_3 + x_3\overline{y}_1$,

(c) $\beta_3(x, y) = x_1y_2 + x_2y_3 + x_3y_1$,

(d) $\beta_4(x, y) = 3x_1\overline{y}_1 + x_1\overline{y}_2 + x_2\overline{y}_1 + 2\mathbf{i}x_2\overline{y}_3 - 2\mathbf{i}x_3\overline{y}_2 + x_3\overline{y}_3$.

Welche davon sind Bilinearformen oder Sesquilinearformen auf $\mathbb{C}^{3,1}$? Testen Sie, ob die Bilinearformen symmetrisch bzw. die Sesquilinearformen hermitesch sind und geben Sie die jeweiligen Matrixdarstellungen bezüglich der Standardbasis $B_1 = \{e_1, e_2, e_3\}$ und der Basis $B_2 = \{e_1, e_1 + \mathbf{i}e_2, e_2 + \mathbf{i}e_3\}$ an.

11.22 Beweisen Sie Lemma 11.23.

11.23 Sei $A \in \mathbb{C}^{n,n}$ eine hermitesche Matrix. Zeigen Sie, dass die Abbildung

$$s : \mathbb{C}^{n,1} \times \mathbb{C}^{n,1}, \quad (v, w) \mapsto w^H A v,$$

eine hermitesche Sesquilinearform auf $\mathbb{C}^{n,1}$ ist.

11.24 Sei $V$ ein endlichdimensionaler $\mathbb{C}$-Vektorraum, sei $B$ eine Basis von $V$ und sei $s$ eine Sesquilinearform auf $V$. Zeigen Sie, dass $s$ genau dann hermitesch ist, wenn $[s]_{B \times B}$ eine hermitesche Matrix ist.

11.25 Sei $V$ ein endlichdimensionaler $\mathbb{C}$-Vektorraum und sei $s$ eine Sesquilinearform auf $V$. Für alle $v, w \in V$ zerlegen wir $s(v, w) \in \mathbb{C}$ in Real- und Imaginärteil, und wir schreiben

$$s(v, w) = f(v, w) + \mathbf{i}g(v, w)$$

mit $f(v, w) \in \mathbb{R}$ und $g(v, w) \in \mathbb{R}$.

(a) Zeigen Sie, dass die so definierten Abbildungen $f : V \times V \to \mathbb{R}$ und $g : V \times V \to \mathbb{R}$ Bilinearformen auf dem $\mathbb{R}$-Vektorraum $V$ sind.

(b) Zeigen, Sie dass die folgenden Aussagen äquivalent sind: (1) $s$ ist hermitesch. (2) $f$ ist symmetrisch. (3) $g$ ist antisymmetrisch, d.h. es gilt $g(v, w) = -g(w, v)$ für alle $v, w \in V$.

11.26 Zeigen Sie folgende Aussagen für $A, B \in \mathbb{C}^{n,n}$:

(a) Ist $A^H = -A$, dann sind die Eigenwerte von $A$ rein imaginär.

(b) Ist $A^H = -A$, dann gelten $\mathrm{Spur}(A^2) \leq 0$ und $(\mathrm{Spur}(A))^2 \leq 0$.

(c) Sind $A^H = A$ und $B^H = B$, so gilt $\mathrm{Spur}((AB)^2) \leq \mathrm{Spur}(A^2 B^2)$.

11.27 Beweisen Sie Satz 11.27.

11.28 Beweisen Sie Lemma 11.29.

# Euklidische und unitäre Vektorräume

# 12

In diesem Kapitel studieren wir Vektorräume über den reellen und den komplexen Zahlen. Ausgehend von den Bilinear- und Sesquilinearformen führen wir den Begriff des Skalarprodukts auf einem reellen oder komplexen Vektorraum ein. Skalarprodukte erlauben die Verallgemeinerungen vertrauter Begriffe aus der elementaren Geometrie des $\mathbb{R}^2$ und $\mathbb{R}^3$, wie zum Beispiel Längen und Winkel, auf allgemeine reelle und komplexe Vektorräume. Dies führt uns auf die Orthogonalität von Vektoren und auf Orthonormalbasen von Vektorräumen. Die Bedeutung dieser Konzepte in vielen Anwendungen der Linearen Algebra demonstrieren wir am Beispiel der Kleinste-Quadrate-Approximation.

## 12.1 Skalarprodukte und Normen

Ausgangspunkt unserer Überlegungen ist der Begriff des Skalarprodukts.

**Definition 12.1.** Sei $V$ ein $K$-Vektorraum, wobei entweder $K = \mathbb{R}$ oder $K = \mathbb{C}$ gelten soll. Eine Abbildung

$$\langle \cdot, \cdot \rangle : V \times V \to K, \quad (v, w) \mapsto \langle v, w \rangle,$$

heißt *Skalarprodukt* oder *inneres Produkt* auf $V$, wenn gilt:

(1) Ist $K = \mathbb{R}$, so ist $\langle \cdot, \cdot \rangle$ eine symmetrische Bilinearform.
    Ist $K = \mathbb{C}$, so ist $\langle \cdot, \cdot \rangle$ eine hermitesche Sesquilinearform.
(2) $\langle \cdot, \cdot \rangle$ ist *positiv definit*, d. h. es gilt $\langle v, v \rangle \geq 0$ für alle $v \in V$ mit Gleichheit genau dann, wenn $v = 0$ ist.

© Springer-Verlag GmbH Deutschland, ein Teil von Springer Nature 2021
J. Liesen, V. Mehrmann, *Lineare Algebra*, Springer Studium Mathematik (Bachelor),
https://doi.org/10.1007/978-3-662-62742-6_12

Ein $\mathbb{R}$-Vektorraum mit einem Skalarprodukt heißt *euklidischer*[1] *Vektorraum* und ein $\mathbb{C}$-Vektorraum mit einem Skalarprodukt heißt *unitärer Vektorraum*.

Man beachte, dass $\langle v, v \rangle$ sowohl in einem euklidischen als auch in einem unitären Vektorraum eine nichtnegative *reelle* Zahl ist.

Ist $v = 0$, so gilt im euklidischen und im unitären Fall $\langle 0, w \rangle = \langle 0 + 0, w \rangle = 2\langle 0, w \rangle$ und somit $\langle 0, w \rangle = 0$ für alle $w \in V$. Genauso gilt $\langle v, 0 \rangle = 0$ für alle $v \in V$.

Ein Skalarprodukt ist stets nicht ausgeartet. Gilt für ein gegebenes $v \in V$ die Gleichung $\langle v, w \rangle = 0$ für alle $w \in V$, dann ist insbesondere $\langle v, v \rangle = 0$ und aus der positiven Definitheit folgt $v = 0$. Und gilt $\langle v, w \rangle = 0$ für ein gegebenes $w \in V$ und alle $v \in V$, dann folgt $\langle w, w \rangle = 0$ und somit $w = 0$.

Wir bemerken zudem, dass ein Unterraum $\mathcal{U}$ eines euklidischen oder unitären Vektorraums $V$ wieder ein euklidischer bzw. unitärer Vektorraum ist, wenn das Skalarprodukt des Raums $V$ auf den Raum $\mathcal{U}$ eingeschränkt wird.

**Beispiel 12.2.**

(1) Auf dem Vektorraum $\mathbb{R}^{n,1}$ ist

$$\langle v, w \rangle := w^T v$$

ein Skalarprodukt, welches das *Standardskalarprodukt des $\mathbb{R}^{n,1}$* genannt wird.

(2) Auf dem Vektorraum $\mathbb{C}^{n,1}$ ist

$$\langle v, w \rangle := w^H v$$

ein Skalarprodukt, welches das *Standardskalarprodukt des $\mathbb{C}^{n,1}$* genannt wird.

(3) Für $K = \mathbb{R}$ und $K = \mathbb{C}$ ist

$$\langle A, B \rangle := \text{Spur}(B^H A)$$

ein Skalarprodukt auf dem Vektorraum $K^{n,m}$.

(4) Auf dem Vektorraum der auf dem reellen Intervall $[0, 1]$ stetigen reellwertigen Funktionen ist

$$\langle f, g \rangle := \int_0^1 f(x)g(x)dx$$

ein Skalarprodukt.

---

[1] Euklid von Alexandria (3. Jh. v. Chr.).

Wir werden im Folgenden zeigen, wie die euklidische oder unitäre Struktur eines Vektorraums genutzt werden kann, um in diesem Raum geometrische Konzepte wie die Länge von Vektoren und den Winkel zwischen Vektoren zu definieren.

Zur Motivation eines allgemeinen Begriffs der Länge benutzen wir den *Betrag* von reellen Zahlen, d. h. die Abbildung $|\cdot| : \mathbb{R} \to \mathbb{R}$, $x \mapsto |x|$. Diese Abbildung hat die folgenden Eigenschaften:

(1) $|\lambda x| = |\lambda| \cdot |x|$ für alle $\lambda, x \in \mathbb{R}$.
(2) $|x| \geq 0$ für alle $x \in \mathbb{R}$ mit Gleichheit genau dann, wenn $x = 0$ ist.
(3) $|x + y| \leq |x| + |y|$ für alle $x, y \in \mathbb{R}$.

Diese Eigenschaften können wir für einen allgemeinen reellen oder komplexen Vektorraum wie folgt verallgemeinern.

**Definition 12.3.** Sei $\mathcal{V}$ ein $K$-Vektorraum, wobei entweder $K = \mathbb{R}$ oder $K = \mathbb{C}$ gelten soll. Eine Abbildung

$$\|\cdot\| : \mathcal{V} \to \mathbb{R}, \quad v \mapsto \|v\|,$$

heißt *Norm* auf $\mathcal{V}$, wenn für alle $v, w \in \mathcal{V}$ und $\lambda \in K$ gilt:

(1) $\|\lambda v\| = |\lambda| \cdot \|v\|$.
(2) $\|v\| \geq 0$ mit Gleichheit genau dann, wenn $v = 0$ ist.
(3) $\|v + w\| \leq \|v\| + \|w\|$ (Dreiecksungleichung).

Ein $K$-Vektorraum, auf dem eine Norm definiert ist, heißt *normierter Raum*.

**Beispiel 12.4.**

(1) Ist $\langle \cdot, \cdot \rangle$ das Standardskalarprodukt des $\mathbb{R}^{n,1}$, dann ist durch

$$\|v\| := \langle v, v \rangle^{1/2} = (v^T v)^{1/2}$$

eine Norm definiert, die wir die *euklidische Norm* des $\mathbb{R}^{n,1}$ nennen.
(2) Ist $\langle \cdot, \cdot \rangle$ das Standardskalarprodukt des $\mathbb{C}^{n,1}$, dann ist durch

$$\|v\| := \langle v, v \rangle^{1/2} = (v^H v)^{1/2}$$

eine Norm definiert, die wir die *euklidische Norm* des $\mathbb{C}^{n,1}$ nennen. Diese Bezeichnung ist etwas inkonsistent, hat sich aber gegen den alternativen Begriff der „unitären Norm" weitgehend durchgesetzt.

(3) Für $K = \mathbb{R}$ und $K = \mathbb{C}$ ist

$$\|A\|_F := (\operatorname{Spur}(A^H A))^{1/2} = \left( \sum_{i=1}^{n} \sum_{j=1}^{m} |a_{ij}|^2 \right)^{1/2}.$$

eine Norm auf $K^{n,m}$, die wir die *Frobenius-Norm*[2] des $K^{n,m}$ nennen. Für $m = 1$ ist die Frobenius-Norm gleich der euklidischen Norm des $K^{n,1}$. Allgemeiner entspricht die Frobenius-Norm des $K^{n,m}$ der euklidischen Norm des $K^{nm,1}$ (oder $K^{nm}$), wenn wir diese Vektorräume durch Isomorphie miteinander identifizieren. Offensichtlich gilt $\|A\|_F = \|A^T\|_F = \|A^H\|_F$ für alle $A \in K^{n,m}$.

(4) Ist $V$ der $\mathbb{R}$-Vektorraum der auf dem reellen Intervall $[0, 1]$ stetigen reellwertigen Funktionen, so ist

$$\|f\| := \langle f, f \rangle^{1/2} = \left( \int_0^1 (f(x))^2 dx \right)^{1/2}$$

eine Norm auf $V$. Diese wird auch die $L^2$-*Norm* genannt.

(5) Sei $K = \mathbb{R}$ oder $K = \mathbb{C}$ und sei $p \in \mathbb{R}$, $p \geq 1$, gegeben. Dann ist für $v = [v_1, \ldots, v_n]^T \in K^{n,1}$ durch

$$\|v\|_p := \left( \sum_{i=1}^{n} |v_i|^p \right)^{1/p} \tag{12.1}$$

eine Norm auf $K^{n,1}$ definiert, die wir die *p-Norm* des $K^{n,1}$ nennen. Für $p = 2$ erhalten wir die euklidische Norm des $K^{n,1}$. Für diese Norm lassen wir die 2 oft weg und schreiben $\| \cdot \|$ anstatt $\| \cdot \|_2$ (wie in (1) und (2) oben). Durch Bilden des Grenzwertes für $p \to \infty$ in (12.1) erhalten wir die $\infty$-Norm des $K^{n,1}$,

$$\|v\|_\infty = \max_{1 \leq i \leq n} |v_i|.$$

Die folgenden Abbildungen veranschaulichen den *Einheitskreis* im $\mathbb{R}^{2,1}$ bezüglich der *p*-Norm, d. h. die Menge aller $v \in \mathbb{R}^{2,1}$ mit $\|v\|_p = 1$, für $p = 1$, $p = 2$ und $p = \infty$:

---

[2]Ferdinand Georg Frobenius (1849–1917).

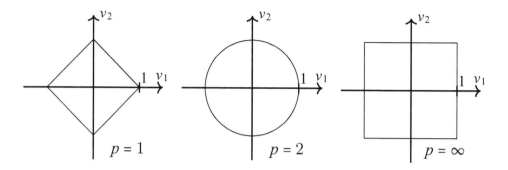

(6) Für $K = \mathbb{R}$ oder $K = \mathbb{C}$ definieren wir die *p-Norm* des $K^{n,m}$ durch

$$\|A\|_p := \sup_{v \in K^{m,1} \setminus \{0\}} \frac{\|Av\|_p}{\|v\|_p}.$$

Hierbei benutzen wir die $p$-Norm des $K^{m,1}$ im Nenner und die $p$-Norm des $K^{n,1}$ im Zähler. Die Bezeichnung „sup" steht für das aus der Analysis bekannte Supremum, d. h. die kleinste obere Schranke. Man kann zeigen, dass dieses Supremum von einem Vektor $v$ angenommen wird und somit kann in der Definition der $p$-Norm des $K^{n,m}$ auch „max" anstatt „sup" geschrieben werden. Insbesondere gelten für $A = [a_{ij}] \in K^{n,m}$ die Gleichungen

$$\|A\|_1 = \max_{1 \le j \le m} \sum_{i=1}^{n} |a_{ij}|,$$

$$\|A\|_\infty = \max_{1 \le i \le n} \sum_{j=1}^{m} |a_{ij}|.$$

Diese Normen werden auch die *Spaltensummennorm* und die *Zeilensummennorm* des $K^{n,m}$ genannt. Hieraus ergibt sich sofort $\|A\|_1 = \|A^T\|_\infty = \|A^H\|_\infty$ und $\|A\|_\infty = \|A^T\|_1 = \|A^H\|_1$. Für die Matrix

$$A = \begin{bmatrix} 1/2 & -1/4 \\ -1/2 & 2/3 \end{bmatrix} \in \mathbb{R}^{2,2}$$

erhalten wir $\|A\|_1 = 1$ und $\|A\|_\infty = 7/6$. Für diese Matrix $A$ gilt somit $\|A\|_1 < \|A\|_\infty$ und entsprechend auch $\|A^T\|_\infty < \|A^T\|_1$. Die 2-Norm von Matrizen werden wir in Kap. 19 näher betrachten.

In den obigen Beispielen (1)–(4) haben die Normen die Form $\|v\| = \langle v, v \rangle^{1/2}$, wobei $\langle \cdot, \cdot \rangle$ ein gegebenes Skalarprodukt ist. Wir werden beweisen, dass die Abbildung $v \mapsto \langle v, v \rangle^{1/2}$ stets eine Norm definiert. Zum Beweis benötigen wir den folgenden Satz.

**Satz 12.5.** *Ist $V$ ein euklidischer oder ein unitärer Vektorraum mit dem Skalarprodukt $\langle \cdot, \cdot \rangle$, dann gilt*

$$|\langle v, w \rangle|^2 \leq \langle v, v \rangle \cdot \langle w, w \rangle \quad \text{für alle } v, w \in V \tag{12.2}$$

*mit Gleichheit genau dann, wenn $v, w$ linear abhängig sind.*

**Beweis.** Die Ungleichung ist trivial für $w = 0$. Sei daher $w \neq 0$ und sei

$$\lambda := \frac{\langle v, w \rangle}{\langle w, w \rangle},$$

dann gilt

$$0 \leq \langle v - \lambda w, v - \lambda w \rangle = \langle v, v \rangle - \overline{\lambda} \langle v, w \rangle - \lambda \langle w, v \rangle - \lambda(-\overline{\lambda}) \langle w, w \rangle$$

$$= \langle v, v \rangle - \frac{\overline{\langle v, w \rangle}}{\langle w, w \rangle} \langle v, w \rangle - \frac{\langle v, w \rangle}{\langle w, w \rangle} \overline{\langle v, w \rangle} + \frac{|\langle v, w \rangle|^2}{\langle w, w \rangle^2} \langle w, w \rangle$$

$$= \langle v, v \rangle - \frac{|\langle v, w \rangle|^2}{\langle w, w \rangle},$$

woraus (12.2) folgt. (Wenn $\lambda$ reell ist, gilt hier natürlich $\overline{\lambda} = \lambda$.)

Sind $v, w$ linear abhängig, dann ist $v = \lambda w$ für einen Skalar $\lambda$ und es folgt

$$|\langle v, w \rangle|^2 = |\langle \lambda w, w \rangle|^2 = |\lambda \langle w, w \rangle|^2 = |\lambda|^2 |\langle w, w \rangle|^2 = \lambda \overline{\lambda} \langle w, w \rangle \langle w, w \rangle$$

$$= \langle \lambda w, \lambda w \rangle \langle w, w \rangle = \langle v, v \rangle \langle w, w \rangle.$$

Andererseits gelte $|\langle v, w \rangle|^2 = \langle v, v \rangle \langle w, w \rangle$. Ist $w = 0$, so sind $v, w$ linear abhängig. Ist $w \neq 0$, so setzen wir $\lambda$ wie oben und erhalten dann

$$\langle v - \lambda w, v - \lambda w \rangle = \langle v, v \rangle - \frac{|\langle v, w \rangle|^2}{\langle w, w \rangle} = 0.$$

Da das Skalarprodukt positiv definit ist, folgt $v - \lambda w = 0$, also sind $v, w$ linear abhängig. $\square$

Die Ungleichung (12.2) wird die *Cauchy-Schwarz-Ungleichung*[3] genannt. Sie ist ein wichtiges Werkzeug der Analysis, insbesondere bei der Abschätzung von Approximations- und Interpolationsfehlern.

**Korollar 12.6.** *Ist $V$ ein euklidischer oder ein unitärer Vektorraum mit dem Skalarprodukt $\langle \cdot, \cdot \rangle$, so ist*

$$\| \cdot \| : V \to \mathbb{R}, \quad v \mapsto \|v\| := \langle v, v \rangle^{1/2},$$

*eine Norm auf $V$. Diese nennen wir die vom* Skalarprodukt induzierte Norm.

**Beweis.** Wir haben die drei definierenden Eigenschaften der Norm nachzuweisen. Da $\langle \cdot, \cdot \rangle$ positiv definit ist, gilt $\|v\| \geq 0$ mit Gleichheit genau dann, wenn $v = 0$ ist. Sind $v \in V$ und $\lambda \in K$ (wobei im euklidischen Fall $K = \mathbb{R}$ und im unitären Fall $K = \mathbb{C}$ ist), dann folgt

$$\|\lambda v\|^2 = \langle \lambda v, \lambda v \rangle = \lambda \overline{\lambda} \langle v, v \rangle = |\lambda|^2 \|v\|^2,$$

also $\|\lambda v\| = |\lambda| \, \|v\|$. Zum Nachweis der Dreiecksungleichung benutzen wir die Cauchy-Schwarz-Ungleichung und die Tatsache, dass $\mathrm{Re}(z) \leq |z|$ für jede komplexe Zahl $z$ gilt. Sind $v, w \in V$, dann gilt

$$\|v + w\|^2 = \langle v + w, v + w \rangle = \langle v, v \rangle + \langle v, w \rangle + \langle w, v \rangle + \langle w, w \rangle$$

$$= \langle v, v \rangle + \langle v, w \rangle + \overline{\langle v, w \rangle} + \langle w, w \rangle$$

$$= \|v\|^2 + 2\,\mathrm{Re}(\langle v, w \rangle) + \|w\|^2$$

$$\leq \|v\|^2 + 2\,|\langle v, w \rangle| + \|w\|^2$$

$$\leq \|v\|^2 + 2\|v\| \, \|w\| + \|w\|^2$$

$$= (\|v\| + \|w\|)^2,$$

also $\|v + w\| \leq \|v\| + \|w\|$. $\qquad \square$

## 12.2 Orthogonalität

Wir werden nun das Skalarprodukt benutzen, um den Begriff des Winkels zwischen Vektoren zu definieren. Zur Motivation betrachten wir den euklidischen Vektorraum $\mathbb{R}^2$.[1]

---

[3] Augustin Louis Cauchy (1789–1857) und Hermann Amandus Schwarz (1843–1921).

mit dem Standardskalarprodukt und der induzierten euklidischen Norm $\|v\| = \langle v, v \rangle^{1/2}$.
Nach der Cauchy-Schwarz-Ungleichung gilt

$$-1 \le \frac{\langle v, w \rangle}{\|v\| \|w\|} \le 1 \quad \text{für alle } v, w \in \mathbb{R}^{2,1} \setminus \{0\}.$$

Sind $v, w \in \mathbb{R}^{2,1} \setminus \{0\}$, so ist der *Winkel* zwischen $v$ und $w$ die eindeutig bestimmte reelle
Zahl $\varphi \in [0, \pi]$ mit

$$\cos(\varphi) = \frac{\langle v, w \rangle}{\|v\| \|w\|}.$$

Die Vektoren $v$ und $w$ stehen senkrecht aufeinander (wir sagen auch sie sind *orthogonal*),
wenn $\varphi = \pi/2$ bzw. $\cos(\varphi) = 0$ gilt. Somit sind $v$ und $w$ genau dann orthogonal, wenn
$\langle v, w \rangle = 0$ ist.

Eine elementare Rechnung zeigt den *Kosinus-Satz für Dreiecke*:

$$\|v - w\|^2 = \langle v - w, v - w \rangle = \langle v, v \rangle - 2\langle v, w \rangle + \langle w, w \rangle$$

$$= \|v\|^2 + \|w\|^2 - 2\|v\| \|w\| \cos(\varphi).$$

Sind $v$ und $w$ orthogonal, d. h. gilt $\langle v, w \rangle = 0$, dann ergibt sich aus dem Kosinus-Satz der
*Satz des Pythagoras*[4]: $\|v - w\|^2 = \|v\|^2 + \|w\|^2$.

Die folgenden Abbildungen veranschaulichen den Kosinus-Satz und den Satz des
Pythagoras für Vektoren im $\mathbb{R}^{2,1}$:

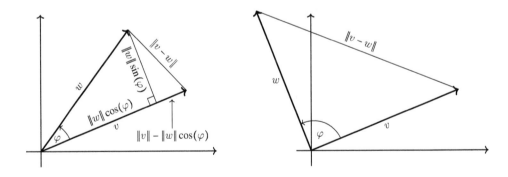

Die Konzepte des Winkels und der Orthogonalität lassen sich wie folgt verallgemeinern.

---

[4]Pythagoras von Samos (etwa 570–500 v. Chr.).

**Definition 12.7.** Sei $V$ ein euklidischer oder ein unitärer Vektorraum mit dem Skalarprodukt $\langle \cdot, \cdot \rangle$.

(1) Im euklidischen Fall ist der *Winkel* zwischen zwei Vektoren $v, w \in V \setminus \{0\}$ die eindeutig bestimmte reelle Zahl $\varphi \in [0, \pi]$ mit

$$\cos(\varphi) = \frac{\langle v, w \rangle}{\|v\| \, \|w\|}.$$

(2) Zwei Vektoren $v, w \in V$ heißen *orthogonal* bezüglich des gegebenen Skalarprodukts $\langle \cdot, \cdot \rangle$, wenn $\langle v, w \rangle = 0$ gilt.

(3) Eine Basis $\{v_1, \dots, v_n\}$ von $V$ heißt *Orthogonalbasis*, wenn

$$\langle v_i, v_j \rangle = 0, \quad i, j = 1, \dots, n \text{ und } i \neq j,$$

gilt. Falls zusätzlich

$$\|v_i\| = 1, \quad i = 1, \dots, n,$$

gilt, wobei $\|v\| = \langle v, v \rangle^{1/2}$ die vom Skalarprodukt induzierte Norm ist, so heißt $\{v_1, \dots, v_n\}$ eine *Orthonormalbasis* von $V$. (Für eine Orthonormalbasis gilt also $\langle v_i, v_j \rangle = \delta_{ij}$.)

Sind $v_1, \dots, v_k \in V \setminus \{0\}$ paarweise orthogonal, d. h. gilt $\langle v_i, v_j \rangle = 0$ für alle $i \neq j$, dann sind diese Vektoren linear unabhängig, denn aus $0 = \sum_{i=1}^{k} \lambda_i v_i$ folgt

$$0 = \left\langle \sum_{i=1}^{k} \lambda_i v_i, \, v_j \right\rangle = \sum_{i=1}^{k} \lambda_i \langle v_i, v_j \rangle = \lambda_j \langle v_j, v_j \rangle.$$

Da $v_j \neq 0$ ist, gilt $\langle v_j, v_j \rangle \neq 0$ und somit $\lambda_j = 0$ für alle $j = 1, \dots, k$.

Wir zeigen nun, dass jeder endlichdimensionale euklidische oder unitäre Vektorraum eine Orthonormalbasis besitzt.

**Satz 12.8.** *Sei $V$ ein euklidischer oder ein unitärer Vektorraum mit der Basis $\{v_1, \dots, v_n\}$. Dann gibt es eine Orthonormalbasis $\{u_1, \dots, u_n\}$ von $V$, für die*

$$\mathrm{Span}\{u_1, \dots, u_k\} = \mathrm{Span}\{v_1, \dots, v_k\}, \quad k = 1, \dots, n,$$

*gilt.*

**Beweis.** Wir führen den Beweis induktiv über $\dim(\mathcal{V}) = n$. Ist $n = 1$, so setzen wir $u_1 := \|v_1\|^{-1}v_1$. Dann gilt $\|u_1\| = 1$ und $\{u_1\}$ ist eine Orthonormalbasis von $\mathcal{V}$, für die $\mathrm{Span}\{u_1\} = \mathrm{Span}\{v_1\}$ gilt.

Die Aussage gelte nun für ein $n \geq 1$. Sei $\dim(\mathcal{V}) = n + 1$ und sei $\{v_1, \ldots, v_{n+1}\}$ eine Basis von $\mathcal{V}$. Dann ist $\mathcal{V}_n := \mathrm{Span}\{v_1, \ldots, v_n\}$ ein $n$-dimensionaler Unterraum von $\mathcal{V}$. Nach Induktionsvoraussetzung gibt es eine Orthonormalbasis $\{u_1, \ldots, u_n\}$ von $\mathcal{V}_n$ mit $\mathrm{Span}\{u_1, \ldots, u_k\} = \mathrm{Span}\{v_1, \ldots, v_k\}$ für $k = 1, \ldots, n$. Wir definieren nun

$$\widehat{u}_{n+1} := v_{n+1} - \sum_{k=1}^{n} \langle v_{n+1}, u_k \rangle u_k, \quad u_{n+1} := \|\widehat{u}_{n+1}\|^{-1}\widehat{u}_{n+1}.$$

Aus $v_{n+1} \notin \mathcal{V}_n = \mathrm{Span}\{u_1, \ldots, u_n\}$ folgt $\widehat{u}_{n+1} \neq 0$ und aus dem Austauschlemma (Lemma 9.18) ergibt sich $\mathrm{Span}\{u_1, \ldots, u_{n+1}\} = \mathrm{Span}\{v_1, \ldots, v_{n+1}\}$.

Für $j = 1, \ldots, n$ gilt

$$\langle u_{n+1}, u_j \rangle = \langle \|\widehat{u}_{n+1}\|^{-1}\widehat{u}_{n+1}, u_j \rangle$$

$$= \|\widehat{u}_{n+1}\|^{-1}\left( \langle v_{n+1}, u_j \rangle - \sum_{k=1}^{n} \langle v_{n+1}, u_k \rangle \langle u_k, u_j \rangle \right)$$

$$= \|\widehat{u}_{n+1}\|^{-1}\left( \langle v_{n+1}, u_j \rangle - \langle v_{n+1}, u_j \rangle \right)$$

$$= 0.$$

Die Identität $\langle u_{n+1}, u_{n+1} \rangle = \|\widehat{u}_{n+1}\|^{-2}\langle \widehat{u}_{n+1}, \widehat{u}_{n+1} \rangle = 1$ beendet den Beweis.          □

Der obige Beweis zeigt, wie eine gegebene Basis $\{v_1, \ldots, v_n\}$ „orthonormalisiert" wird, d. h. in eine Orthonormalbasis $\{u_1, \ldots, u_n\}$ mit

$$\mathrm{Span}\{u_1, \ldots, u_k\} = \mathrm{Span}\{v_1, \ldots, v_k\}, \quad k = 1, \ldots, n,$$

überführt wird. Dieses sogenannte *Gram-Schmidt-Verfahren*[5] können wir algorithmisch wie folgt formulieren:

**Algorithmus 12.9.**  *Gegeben sei eine Basis $\{v_1, \ldots, v_n\}$ von $\mathcal{V}$.*

(1) *Setze $u_1 := \|v_1\|^{-1}v_1$.*
(2) *Für $j = 1, \ldots, n - 1$ setze*

---

[5]Jørgen Pedersen Gram (1850–1916) und Erhard Schmidt (1876–1959).

$$\widehat{u}_{j+1} := v_{j+1} - \sum_{k=1}^{j} \langle v_{j+1}, u_k \rangle u_k,$$

$$u_{j+1} := \|\widehat{u}_{j+1}\|^{-1} \widehat{u}_{j+1}.$$

Eine Umstellung nach $v_{j+1}$ und Zusammenfassung aller Schritte im Gram-Schmidt-Verfahren liefert

$$\underbrace{(v_1, v_2, \ldots, v_n)}_{\in \mathcal{V}^n} = \underbrace{(u_1, u_2, \ldots, u_n)}_{\in \mathcal{V}^n} \begin{bmatrix} \|v_1\| & \langle v_2, u_1 \rangle & \ldots & \langle v_n, u_1 \rangle \\ & \|\widehat{u}_2\| & \ddots & \vdots \\ & & \ddots & \langle v_n, u_{n-1} \rangle \\ & & & \|\widehat{u}_n\| \end{bmatrix}.$$

Die obere Dreiecksmatrix auf der rechten Seite ist invertierbar, denn alle ihre Diagonalelemente sind ungleich Null. Wir haben somit das folgende Resultat bewiesen.

**Satz 12.10.** *Ist $\mathcal{V}$ ein endlichdimensionaler euklidischer oder unitärer Vektorraum mit einer gegebenen Basis $B_1$, dann liefert das Gram-Schmidt-Verfahren angewandt auf $B_1$ eine Orthonormalbasis $B_2$ von $\mathcal{V}$, so dass $[\mathrm{Id}_{\mathcal{V}}]_{B_1, B_2}$ eine invertierbare obere Dreiecksmatrix ist.*

Betrachten wir einen $m$-dimensionalen Unterraum von $\mathbb{R}^{n,1}$ oder $\mathbb{C}^{n,1}$ mit dem Standardskalarprodukt $\langle \cdot, \cdot \rangle$ und schreiben wir die $m$ Vektoren einer Orthonormalbasis $\{q_1, \ldots, q_m\}$ als Spalten in eine Matrix, $Q := [q_1, \ldots, q_m] \in K^{n,m}$, so gilt im reellen Fall

$$Q^T Q = \left[ q_i^T q_j \right] = \left[ \langle q_j, q_i \rangle \right] = \left[ \delta_{ji} \right] = I_m$$

und im komplexen Fall gilt analog

$$Q^H Q = \left[ q_i^H q_j \right] = \left[ \langle q_j, q_i \rangle \right] = \left[ \delta_{ji} \right] = I_m.$$

Gilt andererseits $Q^T Q = I_m$ oder $Q^H Q = I_m$ für eine Matrix $Q \in \mathbb{R}^{n,m}$ bzw. $Q \in \mathbb{C}^{n,m}$, so bilden die $m$ Spalten von $Q$ eine Orthonormalbasis (bezüglich des Standardskalarprodukts) des $m$-dimensionalen Unterraums $\mathrm{Span}\{q_1, \ldots, q_m\}$ von $\mathbb{R}^{n,1}$ bzw. $\mathbb{C}^{n,1}$.

Eine „Matrix-Version" von Satz 12.10 lässt sich wie folgt formulieren.

**Korollar 12.11.** *Sei $K = \mathbb{R}$ oder $K = \mathbb{C}$ und sei $A \in K^{n,m}$ mit $\mathrm{Rang}(A) = m$. Dann gibt es eine Matrix $Q \in K^{n,m}$ deren $m$ Spalten orthonormal bezüglich des Standardskalarprodukts des $K^{n,1}$ sind (d. h. es gilt $Q^T Q = I_m$ für $K = \mathbb{R}$ oder*

$Q^H Q = I_m$ für $K = \mathbb{C}$) und eine obere Dreiecksmatrix $R \in GL_m(K)$ mit

$$A = QR. \tag{12.3}$$

Die Faktorisierung (12.3) wird *QR-Zerlegung* der Matrix $A$ genannt. Diese Zerlegung spielt in der Numerischen Mathematik eine wichtige Rolle. Von besonderer Bedeutung in diesem Zusammenhang ist die Tatsache, dass die Multiplikation mit einer Matrix, die orthonormale Spalten bezüglich des Standardskalarprodukts hat, die euklidische Norm eines Vektors nicht verändert. Genauer gilt das folgende Resultat.

**Lemma 12.12.** *Sei $K = \mathbb{R}$ oder $K = \mathbb{C}$ und sei $Q \in K^{n,m}$ eine Matrix mit orthonormalen Spalten bezüglich des Standardskalarprodukts des $K^{n,1}$. Dann gilt $\|Qv\| = \|v\|$ für alle $v \in K^{m,1}$. (Hier bezeichnet $\|\cdot\|_2$ auf der linken und rechten Seite die euklidische Norm des $K^{n,1}$ bzw. $K^{m,1}$.)*

**Beweis.** Es gilt

$$\|Qv\|^2 = \langle Qv, Qv \rangle = v^H(Q^H Q)v = v^H v = \langle v, v \rangle = \|v\|^2.$$

(Im Fall $K = \mathbb{R}$ kann hierbei „H" durch „T" ersetzt werden.)    $\square$

Wir führen nun noch zwei wichtige Klassen von quadratischen Matrizen ein.

**Definition 12.13.**

(1) Eine Matrix $Q \in \mathbb{R}^{n,n}$, deren Spalten eine Orthonormalbasis bezüglich des Standardskalarprodukts des $\mathbb{R}^{n,1}$ bilden, heißt *orthogonale Matrix*.
(2) Eine Matrix $Q \in \mathbb{C}^{n,n}$, deren Spalten eine Orthonormalbasis bezüglich des Standardskalarprodukts des $\mathbb{C}^{n,1}$ bilden, heißt *unitäre Matrix*.

Eine Matrix $Q = [q_1, \ldots, q_n] \in \mathbb{R}^{n,n}$ ist somit genau dann orthogonal, wenn

$$Q^T Q = \left[ q_i^T q_j \right] = \left[ \langle q_j, q_i \rangle \right] = \left[ \delta_{ji} \right] = I_n$$

gilt. Insbesondere folgt, dass eine orthogonale Matrix $Q$ invertierbar ist mit $Q^{-1} = Q^T$ (vgl. Korollar 7.19). Die Gleichung $QQ^T = I_n$ bedeutet, dass die $n$ Zeilen von $Q$ eine Orthonormalbasis von $\mathbb{R}^{1,n}$ bilden (bezüglich des Skalarprodukts $\langle v, w \rangle := wv^T$).

Analog ist eine unitäre Matrix $Q \in \mathbb{C}^{n,n}$ invertierbar mit $Q^{-1} = Q^H$ und es gilt $Q^H Q = I_n = QQ^H$. Die $n$ Zeilen von $Q$ bilden eine Orthonormalbasis von $\mathbb{C}^{1,n}$.

**Lemma 12.14.** *Die Mengen $\mathcal{O}(n)$ der orthogonalen und $\mathcal{U}(n)$ der unitären $(n \times n)$-Matrizen bilden Untergruppen von $GL_n(\mathbb{R})$ bzw. $GL_n(\mathbb{C})$.*

**Beweis.** Wir betrachten nur die Menge $\mathcal{O}(n)$; der Beweis für $\mathcal{U}(n)$ ist analog.

Die Einheitsmatrix $I_n$ ist orthogonal, d. h. $I_n \in \mathcal{O}(n) \neq \emptyset$. Da jede orthogonale Matrix invertierbar ist, gilt $\mathcal{O}(n) \subset GL_n(\mathbb{R})$. Ist $Q \in \mathcal{O}(n)$, so ist auch $Q^T = Q^{-1} \in \mathcal{O}(n)$, denn es gilt $(Q^T)^T Q^T = QQ^T = I_n$. Sind schließlich $Q_1, Q_2 \in \mathcal{O}(n)$, dann folgt

$$(Q_1 Q_2)^T (Q_1 Q_2) = Q_2^T (Q_1^T Q_1) Q_2 = Q_2^T Q_2 = I_n,$$

also gilt $Q_1 Q_2 \in \mathcal{O}(n)$. $\qquad\square$

Wir haben bereits gesehen, dass die Menge der $(n \times n)$-Permutationsmatrizen eine Untergruppe von $GL_n(\mathbb{R})$ bzw. $GL_n(\mathbb{C})$ ist (vgl. Satz 4.16). Da die Permutationsmatrizen sowohl reell orthogonal als auch komplex unitär sind, bildet die Gruppe der $(n \times n)$-Permutationsmatrizen damit auch eine Untergruppe von $\mathcal{O}(n)$ bzw. $\mathcal{U}(n)$.

**Beispiel 12.15.** In vielen Anwendungen führen Messungen oder Stichproben auf eine Datenmenge, die durch Tupel $(\tau_i, \mu_i) \in \mathbb{R}^2$, $i = 1, \ldots, m$, repräsentiert ist. Hierbei sind $\tau_1 < \cdots < \tau_m$ die (paarweise verschiedenen) Messpunkte und $\mu_1, \ldots, \mu_m$ die entsprechenden Messwerte. Um die gegebene Datenmenge durch ein einfaches Modell zu approximieren, kann man versuchen, ein Polynom mit kleinem Grad zu konstruieren, dass sich der Punktmenge $(\tau_i, \mu_i)$, $i = 1, \ldots, m$, möglichst genau annähert.

Der einfachste Fall ist die Approximation der Punkte durch ein (reelles) Polynom vom Grad 1. Geometrisch entspricht dies der Konstruktion einer Gerade im $\mathbb{R}^2$, die einen möglichst kleinen Abstand zu den gegebenen Punkten hat (vgl. das folgende Bild). Hierbei gibt es verschiedene Möglichkeiten, den Abstand zu messen. Im Folgenden werden wir eine davon näher beschreiben und das Gram-Schmidt-Verfahren bzw. die $QR$-Zerlegung zur Konstruktion einer entsprechenden Gerade benutzen. Im Bereich der Statistik ist das beschriebene Verfahren unter dem Namen *lineare Regression* bekannt.

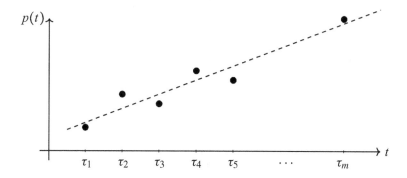

Ein reelles Polynom vom Grad 1 hat die allgemeine Form $p = \alpha t + \beta$. Gesucht sind Koeffizienten $\alpha, \beta \in \mathbb{R}$ mit

$$p(\tau_i) = \alpha \tau_i + \beta \approx \mu_i, \quad i = 1, \ldots, m.$$

Mit der Hilfe von Matrizen können wir dies wie folgt schreiben:

$$\begin{bmatrix} \tau_1 & 1 \\ \vdots & \vdots \\ \tau_m & 1 \end{bmatrix} \begin{bmatrix} \alpha \\ \beta \end{bmatrix} \approx \begin{bmatrix} \mu_1 \\ \vdots \\ \mu_m \end{bmatrix} \quad \text{oder} \quad A \begin{bmatrix} \alpha \\ \beta \end{bmatrix} \approx y.$$

Wie oben erwähnt, gibt es verschiedene Möglichkeiten für die Interpretation des Zeichens „$\approx$". Insbesondere gibt es verschiedene Normen, in denen der Abstand zwischen den gegebenen Messwerten $\mu_i$ und den Werten des Polynoms an den Messpunkten, d. h. den Werten $p(\tau_i)$, ermittelt werden kann. Hier benutzen wir die euklidische Norm $\| \cdot \|$, und wir betrachten das Minimierungsproblem

$$\min_{\alpha, \beta \in \mathbb{R}} \left\| A \begin{bmatrix} \alpha \\ \beta \end{bmatrix} - y \right\|.$$

Die Matrix $A$ hat Rang 2, denn die Einträge in der ersten Spalte sind paarweise verschieden, während alle Einträge in der zweiten Spalte gleich sind. Sei

$$A = [q_1, q_2]R$$

eine $QR$-Zerlegung. Wir ergänzen die Vektoren $q_1, q_2 \in \mathbb{R}^{m,1}$ zu einer Orthonormalbasis $\{q_1, q_2, q_3, \ldots, q_m\}$ des $\mathbb{R}^{m,1}$. Dann ist $Q = [q_1, \ldots, q_m] \in \mathbb{R}^{m,m}$ eine orthogonale Matrix und es folgt

$$\min_{\alpha, \beta \in \mathbb{R}} \left\| A \begin{bmatrix} \alpha \\ \beta \end{bmatrix} - y \right\| = \min_{\alpha, \beta \in \mathbb{R}} \left\| [q_1, q_2]R \begin{bmatrix} \alpha \\ \beta \end{bmatrix} - y \right\|$$

$$= \min_{\alpha, \beta \in \mathbb{R}} \left\| Q \begin{bmatrix} R \\ 0_{m-2,2} \end{bmatrix} \begin{bmatrix} \alpha \\ \beta \end{bmatrix} - y \right\|$$

$$= \min_{\alpha, \beta \in \mathbb{R}} \left\| Q \left( \begin{bmatrix} R \\ 0_{m-2,2} \end{bmatrix} \begin{bmatrix} \alpha \\ \beta \end{bmatrix} - Q^T y \right) \right\|$$

$$= \min_{\alpha, \beta \in \mathbb{R}} \left\| \begin{bmatrix} R \begin{bmatrix} \alpha \\ \beta \end{bmatrix} \\ 0 \\ \vdots \\ 0 \end{bmatrix} - \begin{bmatrix} q_1^T y \\ q_2^T y \\ q_3^T y \\ \vdots \\ q_m^T y \end{bmatrix} \right\|.$$

Hier haben ausgenutzt, dass $QQ^T = I_m$ und $\|Qv\| = \|v\|$ für alle $v \in \mathbb{R}^{m,1}$ gilt. Die obere Dreiecksmatrix $R$ ist invertierbar und somit wird das Minimierungsproblem gelöst durch

$$\begin{bmatrix} \widehat{\alpha} \\ \widehat{\beta} \end{bmatrix} = R^{-1} \begin{bmatrix} q_1^T y \\ q_2^T y \end{bmatrix}.$$

Unter Ausnutzung der Definition der euklidischen Norm können wir die Minimierungseigenschaft des Polynoms $\widehat{p} := \widehat{\alpha}t + \widehat{\beta}$ schreiben als:

$$\left\| A \begin{bmatrix} \widehat{\alpha} \\ \widehat{\beta} \end{bmatrix} - y \right\|^2 = \sum_{i=1}^{m} (\widehat{p}(\tau_i) - \mu_i)^2$$

$$= \min_{\alpha, \beta \in \mathbb{R}} \sum_{i=1}^{m} ((\alpha\tau_i + \beta) - \mu_i)^2.$$

Da für das Polynom $\widehat{p}$ die Summe der quadrierten Abstände zwischen den Messwerten $\mu_i$ und den entsprechenden Werten $\widehat{p}(\tau_i)$ minimal ist, wird dieses Polynom auch als *Kleinste-Quadrate-Approximation* (engl. *least squares approximation*) der Messwerte bezeichnet.

Wir betrachten noch ein konkretes Beispiel. In den vier Quartalen eines Jahres erzielt ein Unternehmen Gewinne von 10, 8, 9, 11 Millionen Euro. Es soll der Gewinn im letzten Quartal des folgenden Jahres geschätzt werden unter der Vermutung, dass der Gewinn linear wächst, sich also wie eine Gerade verhält. Die gegebenen Daten führen auf das Approximationsproblem

$$\begin{bmatrix} 1 & 1 \\ 2 & 1 \\ 3 & 1 \\ 4 & 1 \end{bmatrix} \begin{bmatrix} \alpha \\ \beta \end{bmatrix} \approx \begin{bmatrix} 10 \\ 8 \\ 9 \\ 11 \end{bmatrix} \quad \text{oder} \quad A \begin{bmatrix} \alpha \\ \beta \end{bmatrix} \approx y.$$

Die numerische Berechnung der $QR$-Zerlegung von $A$ führt auf

$$\begin{bmatrix} \widetilde{\alpha} \\ \widetilde{\beta} \end{bmatrix} = \underbrace{\begin{bmatrix} \sqrt{30} & \frac{1}{3}\sqrt{30} \\ 0 & \frac{1}{3}\sqrt{6} \end{bmatrix}^{-1}}_{= R^{-1}} \underbrace{\begin{bmatrix} \frac{1}{\sqrt{30}} & \frac{2}{\sqrt{30}} & \frac{3}{\sqrt{30}} & \frac{4}{\sqrt{30}} \\ \frac{2}{\sqrt{6}} & \frac{1}{\sqrt{6}} & 0 & -\frac{1}{\sqrt{6}} \end{bmatrix}}_{= Q^T} \begin{bmatrix} 10 \\ 8 \\ 9 \\ 11 \end{bmatrix} = \begin{bmatrix} 0.4 \\ 8.5 \end{bmatrix}.$$

Um den Gewinn im letzten Quartal des folgenden Jahres zu schätzen, berechnen wir $\widetilde{p}(8) = 11.7$. Es wird somit ein Gewinn von 11.7 Millionen Euro erwartet.

**Die MATLAB-Minute.**
Bei der Entwicklung der Unternehmensgewinne in Beispiel 12.15 könnte man auf die Idee kommen, dass die Gewinne nicht linear (wie eine Gerade) sondern quadratisch (wie ein quadratisches Polynom) wachsen. Bestimmen Sie analog zum Vorgehen in Beispiel 12.15 ein Polynom $\widehat{p} = \widehat{\alpha}t^2 + \widehat{\beta}t + \widehat{\gamma}$, welches das Kleinste-Quadrate-Problem

$$\sum_{i=1}^{4} \left(\widehat{p}(\tau_i) - \mu_i\right)^2 = \min_{\alpha,\beta,\gamma\in\mathbb{R}} \sum_{i=1}^{4} \left((\alpha\tau_i^2 + \beta\tau_i + \gamma) - \mu_i\right)^2$$

löst. Benutzen Sie das MATLAB-Kommando qr, um eine $QR$-Zerlegung zu berechnen (warum ist die Matrix $A$ invertierbar?) und berechnen Sie den geschätzten Gewinn im letzten Quartal des Folgejahres.

Wir wollen nun die Eigenschaften von Orthonormalbasen genauer untersuchen.

**Lemma 12.16.** *Ist $V$ ein euklidischer oder ein unitärer Vektorraum mit dem Skalarprodukt $\langle \cdot, \cdot \rangle$ und der Orthonormalbasis $\{u_1, \ldots, u_n\}$, dann gilt*

$$v = \sum_{i=1}^{n} \langle v, u_i \rangle u_i$$

*für jedes $v \in V$.*

**Beweis.** Für jedes $v \in V$ gibt es eindeutig bestimmte Koordinaten $\lambda_1, \ldots, \lambda_n$ mit $v = \sum_{i=1}^{n} \lambda_i u_i$. Für jedes $j = 1, \ldots, n$ folgt $\langle v, u_j \rangle = \sum_{i=1}^{n} \lambda_i \langle u_i, u_j \rangle = \lambda_j$.  □

Die Koordinaten $\langle v, u_i \rangle$, $i = 1, \ldots, n$, von $v$ bezüglich einer Orthonormalbasis $\{u_1, \ldots, u_n\}$ werden auch die *Fourier-Koeffizienten*[6] von $v$ bezüglich dieser Basis genannt. Die Darstellung $v = \sum_{i=1}^{n} \langle v, u_i \rangle u_i$ heißt die (abstrakte) *Fourier-Entwicklung* von $v$ in der gegebenen Orthonormalbasis.

**Korollar 12.17.** *Ist $V$ ein euklidischer oder ein unitärer Vektorraum mit dem Skalarprodukt $\langle \cdot, \cdot \rangle$ und der Orthonormalbasis $\{u_1, \ldots, u_n\}$, dann gelten:*

(1)  $\langle v, w \rangle = \sum_{i=1}^{n} \langle v, u_i \rangle \langle u_i, w \rangle = \sum_{i=1}^{n} \langle v, u_i \rangle \overline{\langle w, u_i \rangle}$ *für alle $v, w \in V$ (Identität von Parseval*[7]*).*

---

[6]Jean Baptiste Joseph Fourier (1768–1830).
[7]Marc-Antoine Parseval (1755–1836).

(2) $\langle v, v \rangle = \sum_{i=1}^{n} |\langle v, u_i \rangle|^2$ *für alle* $v \in V$ *(Identität von Bessel[8] ).*

**Beweis.** Es gilt $v = \sum_{i=1}^{n} \langle v, u_i \rangle u_i$ und daher

$$\langle v, w \rangle = \Big\langle \sum_{i=1}^{n} \langle v, u_i \rangle u_i, w \Big\rangle = \sum_{i=1}^{n} \langle v, u_i \rangle \langle u_i, w \rangle = \sum_{i=1}^{n} \langle v, u_i \rangle \overline{\langle w, u_i \rangle}.$$

Die Aussage (2) ist ein Spezialfall von (1) für $v = w$. □

Nach Bessels Identität gilt im euklidischen und im unitären Fall für jeden Vektor $v \in V$ die Ungleichung

$$\|v\|^2 = \langle v, v \rangle = \sum_{i=1}^{n} |\langle v, u_i \rangle|^2 \geq \max_{1 \leq i \leq n} |\langle v, u_i \rangle|^2,$$

wobei $\|\cdot\|$ die vom Skalarprodukt induzierte Norm ist. Der Betrag jeder Koordinate des Vektors $v$ bezüglich einer Orthonormalbasis von $V$ ist somit beschränkt durch die Norm von $v$. Für eine allgemeine Basis von $V$ gilt dies nicht.

**Beispiel 12.18.** Ist zum Beispiel $V = \mathbb{R}^{2,1}$ mit dem Standardskalarprodukt und der euklidischen Norm, dann ist für jedes reelle $\varepsilon \neq 0$ die Menge

$$\left\{ \begin{bmatrix} 1 \\ 0 \end{bmatrix}, \begin{bmatrix} 1 \\ \varepsilon \end{bmatrix} \right\}$$

eine Basis von $V$. Für jeden Vektor $v = [v_1, v_2]^T$ gilt dann

$$v = \left( v_1 - \frac{v_2}{\varepsilon} \right) \begin{bmatrix} 1 \\ 0 \end{bmatrix} + \frac{v_2}{\varepsilon} \begin{bmatrix} 1 \\ \varepsilon \end{bmatrix}.$$

Sind $|v_1|$, $|v_2|$ „moderat" und ist $|\varepsilon|$ sehr klein, so sind $|v_1 - v_2/\varepsilon|$ und $|v_2/\varepsilon|$ sehr groß. In Algorithmen der numerischen Mathematik kann eine solche Situation zu Problemen (zum Beispiel durch Rundungsfehler) führen, die durch die Verwendung von Orthonormalbasen oft vermieden werden können.

**Definition 12.19.** Sei $V$ ein euklidischer oder ein unitärer Vektorraum mit dem Skalarprodukt $\langle \cdot, \cdot \rangle$ und sei $U \subseteq V$ ein Unterraum. Dann heißt

$$U^{\perp} := \{ v \in V \mid \langle v, u \rangle = 0 \text{ für alle } u \in U \}$$

das *orthogonale Komplement von* $U$ (in $V$).

---

[8]Friedrich Wilhelm Bessel (1784–1846).

**Lemma 12.20.** *Sei $V$ ein euklidischer oder ein unitärer Vektorraum mit dem Skalarprodukt $\langle \cdot, \cdot \rangle$ und sei $U \subseteq V$ ein Unterraum. Dann ist $U^\perp$ ein Unterraum von $V$.*

**Beweis.** Übungsaufgabe.                                                      □

**Lemma 12.21.** *Ist $V$ ein n-dimensionaler euklidischer oder unitärer Vektorraum, und ist $U \subseteq V$ ein m-dimensionaler Unterraum, so gilt $\dim(U^\perp) = n - m$ und $V = U \oplus U^\perp$.*

**Beweis.** Es gilt $m \leq n$ (vgl. Lemma 9.32). Ist $m = n$, so gilt $U = V$, also

$$U^\perp = V^\perp = \{v \in V \mid \langle v, u \rangle = 0 \text{ für alle } u \in V\} = \{0\}$$

und die Aussage ist trivial. Sei daher $m < n$ und sei $\{u_1, \ldots, u_m\}$ eine Orthonormalbasis von $U$. Wir ergänzen diese mit Hilfe des Basisergänzungssatzes zu einer Basis von $V$ und wenden das Gram-Schmidt-Verfahren an, um eine Orthonormalbasis $\{u_1, \ldots, u_m, u_{m+1}, \ldots, u_n\}$ von $V$ zu erhalten. Dann gilt $\text{Span}\{u_{m+1}, \ldots, u_n\} \subseteq U^\perp$ und somit $V = U + U^\perp$. Sei $w \in U \cap U^\perp$, dann gilt $\langle w, w \rangle = 0$, also $w = 0$, denn das Skalarprodukt ist positiv definit. Es folgt $U \cap U^\perp = \{0\}$ und daher $V = U \oplus U^\perp$ und $\dim(U^\perp) = n - m$ (vgl. die Dimensionsformel für Unterräume in Satz 9.34). Insbesondere gilt $U^\perp = \text{Span}\{u_{m+1}, \ldots, u_n\}$.                                                      □

## 12.3   Das Vektor-Produkt im $\mathbb{R}^{3,1}$

Wir betrachten in diesem Abschnitt ein weiteres wichtiges Produkt auf dem Vektorraum $\mathbb{R}^{3,1}$, das eine große Bedeutung in der Physik und der Elektrotechnik hat.

**Definition 12.22.** Das *Vektorprodukt* oder *Kreuzprodukt* im $\mathbb{R}^{3,1}$ ist die Abbildung $\mathbb{R}^{3,1} \times \mathbb{R}^{3,1} \to \mathbb{R}^{3,1}$ mit

$$(v, w) \mapsto v \times w := [v_2 \omega_3 - v_3 \omega_2, \; v_3 \omega_1 - v_1 \omega_3, \; v_1 \omega_2 - v_2 \omega_1]^T$$

für $v = [v_1, v_2, v_3]^T$, $w = [\omega_1, \omega_2, \omega_3]^T \in \mathbb{R}^{3,1}$.

Im Gegensatz zum Skalarprodukt ist das Vektorprodukt zweier Elemente des Vektorraums $\mathbb{R}^{3,1}$ also kein Skalar, d. h. keine reelle Zahl, sondern wieder ein Vektor des $\mathbb{R}^{3,1}$. Mit Hilfe der Standardbasisvektoren des $\mathbb{R}^{3,1}$,

$$e_1 = [1, 0, 0]^T, \quad e_2 = [0, 1, 0]^T, \quad e_3 = [0, 0, 1]^T,$$

können wir das Vektorprodukt schreiben als

$$v \times w = \det\left(\begin{bmatrix} v_2 & \omega_2 \\ v_3 & \omega_3 \end{bmatrix}\right) e_1 - \det\left(\begin{bmatrix} v_1 & \omega_1 \\ v_3 & \omega_3 \end{bmatrix}\right) e_2 + \det\left(\begin{bmatrix} v_1 & \omega_1 \\ v_2 & \omega_2 \end{bmatrix}\right) e_3.$$

**Lemma 12.23.** *Das Vektorprodukt ist bezüglich beider Komponenten linear und für alle* $v, w \in \mathbb{R}^{3,1}$ *gilt:*

(1) $v \times w = -w \times v$, *d. h. das Vektorprodukt ist* alternierend.
(2) $\|v \times w\|^2 = \|v\|^2 \|w\|^2 - \langle v, w\rangle^2$, *wobei* $\langle \cdot, \cdot \rangle$ *das Standardskalarprodukt und* $\| \cdot \|$ *die euklidische Norm des* $\mathbb{R}^{3,1}$ *sind.*
(3) $\langle v, v \times w\rangle = \langle w, v \times w\rangle = 0$, *wobei* $\langle \cdot, \cdot \rangle$ *das Standardskalarprodukt des* $\mathbb{R}^{3,1}$ *ist.*

**Beweis.** Übungsaufgabe.   □

Aus (2) und der Cauchy-Schwarz-Ungleichung (12.2) folgt, dass $v \times w = 0$ genau dann gilt, wenn $v, w$ linear abhängig sind. Aus (3) folgt

$$\langle \lambda v + \mu w, v \times w \rangle = \lambda \langle v, v \times w \rangle + \mu \langle w, v \times w \rangle = 0,$$

für beliebige $\lambda, \mu \in \mathbb{R}$. Sind $v, w$ linear unabhängig, so steht also das Produkt $v \times w$ senkrecht auf der von $v$ und $w$ aufgespannten Ebene im $\mathbb{R}^{3,1}$ durch den Nullpunkt, d. h.

$$v \times w \in \{\lambda v + \mu w \mid \lambda, \mu \in \mathbb{R}\}^{\perp}.$$

Anschaulich gibt es hierfür zwei Möglichkeiten:

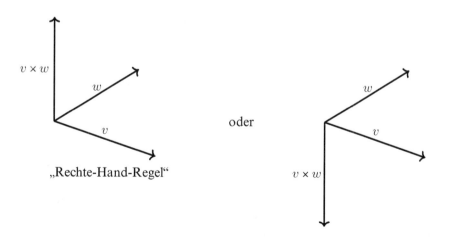

Um dies genauer zu untersuchen, muss man den Begriff der *Orientierung* einführen, worauf wir hier verzichten wollen. Anschaulich entspricht die Lage der drei Vektoren

$v, w, v \times w$ in der Abbildung links dem gewöhnlichen „rechtsorientierten" Koordinatensystem des $\mathbb{R}^{3,1}$. Man spricht in diesem Fall von der „Rechte-Hand-Regel", denn gewöhnlich werden die Standardbasisvektoren $e_1, e_2, e_3$ mit Daumen, Zeigefinger und Mittelfinger der rechten Hand identifiziert.

Ist $\varphi \in [0, \pi]$ der Winkel zwischen den Vektoren $v$ und $w$, so gilt

$$\langle v, w \rangle = \|v\| \, \|w\| \, \cos(\varphi)$$

(vgl. Definition 12.7) und wir können (2) in Lemma 12.23 schreiben als

$$\|v \times w\|^2 = \|v\|^2 \|w\|^2 - \|v\|^2 \|w\|^2 \cos^2(\varphi) = \|v\|^2 \|w\|^2 \sin^2(\varphi),$$

also

$$\|v \times w\| = \|v\| \, \|w\| \, \sin(\varphi).$$

Eine geometrische Interpretation dieser Gleichung ist: *Die Länge des Vektorprodukts von v und w ist gleich dem Flächeninhalt des von v und w aufgespannten Parallelogramms.* Diese Interpretation wird in der folgenden Abbildung veranschaulicht:

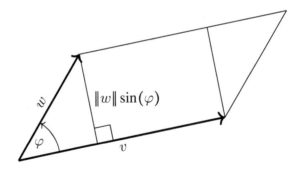

## Aufgaben

12.1 Sei $\mathcal{V}$ ein endlichdimensionaler reeller oder komplexer Vektorraum. Zeigen Sie, dass es ein Skalarprodukt auf $\mathcal{V}$ gibt.

12.2 Zeigen Sie, dass die in Beispiel 12.2 definierten Abbildungen Skalarprodukte auf den jeweiligen Vektorräumen sind.

12.3 Zeigen Sie, dass die Abbildung

$$\langle \cdot, \cdot \rangle \, : \, \mathbb{C}[t]_{\leq n} \times \mathbb{C}[t]_{\leq n} \to \mathbb{C}, \quad (p, q) \mapsto \langle p, q \rangle := \sum_{j=0}^{n} \alpha_j \overline{\beta}_j$$

für $p = \alpha_n t^n + \cdots + \alpha_1 t + \alpha_0$ und $q = \beta_n t^n + \cdots + \beta_1 t + \beta_0$ ein Skalarprodukt auf $\mathbb{C}[t]_{\leq n}$ ist.

12.4 Sei $\langle \cdot, \cdot \rangle$ ein beliebiges Skalarprodukt auf $\mathbb{R}^{n,1}$. Zeigen Sie, dass es eine Matrix $A \in \mathbb{R}^{n,n}$ mit $\langle v, w \rangle = w^T A v$ für alle $v, w \in \mathbb{R}^{n,1}$ gibt.

12.5 Sei $\mathcal{V}$ ein endlichdimensionaler $\mathbb{R}$- oder $\mathbb{C}$-Vektorraum. Seien $s_1$ und $s_2$ Skalarprodukte auf $\mathcal{V}$ mit folgender Eigenschaft: Sind $v, w \in \mathcal{V}$ mit $s_1(v, w) = 0$, so folgt $s_2(v, w) = 0$. Zeigen oder widerlegen Sie: Es existiert ein (reeller) Skalar $\lambda > 0$ mit $s_1(v, w) = \lambda s_2(v, w)$ für alle $v, w \in \mathcal{V}$.

12.6 Zeigen Sie, dass die in Beispiel 12.4 definierten Abbildungen Normen auf den jeweiligen Vektorräumen sind.

12.7 Zeigen Sie die Gleichungen

$$\|A\|_1 = \max_{1 \leq j \leq m} \sum_{i=1}^{n} |a_{ij}| \quad \text{und} \quad \|A\|_\infty = \max_{1 \leq i \leq n} \sum_{j=1}^{m} |a_{ij}|$$

für $A = [a_{ij}] \in K^{n,m}$ und $K = \mathbb{R}$ oder $K = \mathbb{C}$ (vgl. (6) in Beispiel 12.4).

12.8 Skizzieren Sie für die Matrix $A$ aus (6) in Beispiel 12.4 und $p \in \{1, 2, \infty\}$ die Mengen $\{Av \mid v \in \mathbb{R}^{2,1}, \|v\|_p = 1\} \subset \mathbb{R}^{2,1}$.

12.9 Sei $K = \mathbb{R}$ oder $K = \mathbb{C}$ und seien $\| \cdot \|_n$ und $\| \cdot \|_m$ Normen auf $K^{n,1}$ bzw. $K^{m,1}$. Zeigen Sie, dass dann durch

$$\|A\|_{n,m} := \max_{x \neq 0} \frac{\|Ax\|_n}{\|x\|_m}$$

eine Norm auf $K^{n,m}$ gegeben ist.

12.10 Sei $\mathcal{V}$ ein euklidischer oder unitärer Vektorraum und sei $\| \cdot \|$ die vom Skalarprodukt auf $\mathcal{V}$ induzierte Norm. Zeigen Sie, dass $\| \cdot \|$ die *Parallelogrammgleichung*

$$\|v + w\|^2 + \|v - w\|^2 = 2(\|v\|^2 + \|w\|^2)$$

für alle $v, w \in \mathcal{V}$ erfüllt.

12.11 Sei $\mathcal{V}$ ein $K$-Vektorraum ($K = \mathbb{R}$ oder $K = \mathbb{C}$) mit dem Skalarprodukt $\langle \cdot, \cdot \rangle$ und der induzierten Norm $\| \cdot \|$. Zeigen Sie, dass $v, w \in \mathcal{V}$ genau dann orthogonal bezüglich $\langle \cdot, \cdot \rangle$ sind, wenn $\|v + \lambda w\| = \|v - \lambda w\|$ für alle $\lambda \in K$ gilt.

12.12 Sei $\mathcal{V}$ ein $K$-Vektorraum ($K = \mathbb{R}$ oder $K = \mathbb{C}$) mit dem Skalarprodukt $\langle \cdot, \cdot \rangle$ und der induzierten Norm $\| \cdot \|$. Zeigen Sie, dass $v, w \in \mathcal{V}$ genau dann orthogonal bezüglich $\langle \cdot, \cdot \rangle$ sind, wenn $\|v\| \leq \|v + \lambda w\|$ für alle $\lambda \in K$ gilt.

12.13 Gibt es ein Skalarprodukt $\langle \cdot, \cdot \rangle$ auf $\mathbb{C}^{n,1}$, so dass die 1-Norm des $\mathbb{C}^{n,1}$ (vgl. (5) in Beispiel 12.4) die von diesem Skalarprodukt induzierte Norm ist?

12.14 Zeigen Sie, dass die Ungleichung

$$\left(\sum_{i=1}^{n} \alpha_i \beta_i\right)^2 \leq \sum_{i=1}^{n} (\gamma_i \alpha_i)^2 \cdot \sum_{i=1}^{n} \left(\frac{\beta_i}{\gamma_i}\right)^2$$

für beliebige $\alpha_1, \ldots, \alpha_n, \beta_1, \ldots, \beta_n \in \mathbb{R}$ und $\gamma_1, \ldots, \gamma_n \in \mathbb{R} \setminus \{0\}$ gilt.

12.15 Sei $\mathcal{V}$ ein endlichdimensionaler euklidischer oder unitärer Vektorraum mit dem Skalarprodukt $\langle \cdot, \cdot \rangle$. Weiter sei $f : \mathcal{V} \to \mathcal{V}$ eine Abbildung, für die $\langle f(v), f(w) \rangle = \langle v, w \rangle$ für alle $v, w \in \mathcal{V}$ gilt. Zeigen Sie, dass $f$ ein Isomorphismus ist.

12.16 Sei $\mathcal{V}$ ein unitärer Vektorraum und sei $f \in \mathcal{L}(\mathcal{V}, \mathcal{V})$ mit $\langle f(v), v \rangle = 0$ für alle $v \in \mathcal{V}$. Zeigen oder widerlegen Sie, dass $f = 0$ gilt.

Gilt die gleiche Aussage auch für euklidische Vektorräume?

12.17 Sei $D = \text{diag}(d_1, \ldots, d_n) \in \mathbb{R}^{n,n}$ mit $d_1, \ldots, d_n > 0$. Zeigen Sie, dass durch $\langle v, w \rangle = w^T D v$ ein Skalarprodukt auf $\mathbb{R}^{n,1}$ gegeben ist.

Untersuchen Sie, welche Eigenschaften eines Skalarprodukts verletzt sind, wenn eines oder mehrere der $d_i$ gleich Null sind oder wenn alle $d_i$ von Null verschieden sind, jedoch nicht alle das gleiche Vorzeichen haben.

12.18 Orthonormalisieren Sie die folgende Basis des Vektorraums $\mathbb{C}^{2,2}$ bezüglich des Skalarprodukts $\langle A, B \rangle = \text{Spur}(B^H A)$:

$$\left\{ \begin{bmatrix} 1 & 0 \\ 0 & 0 \end{bmatrix}, \begin{bmatrix} 1 & 0 \\ 0 & 1 \end{bmatrix}, \begin{bmatrix} 1 & 1 \\ 0 & 1 \end{bmatrix}, \begin{bmatrix} 1 & 1 \\ 1 & 1 \end{bmatrix} \right\}.$$

12.19 Sei $Q \in \mathbb{R}^{n,n}$ eine orthogonale oder $Q \in \mathbb{C}^{n,n}$ eine unitäre Matrix. Welche Werte kann dann $\det(Q)$ haben?

12.20 Sei $u \in \mathbb{R}^{n,1} \setminus \{0\}$ und sei

$$H(u) = I_n - 2 \frac{1}{u^T u} u u^T \in \mathbb{R}^{n,n}.$$

Zeigen Sie, dass die $n$ Spalten von $H(u)$ eine Orthonormalbasis von $\mathbb{R}^{n,1}$ bezüglich des Standardskalarprodukts bilden. Matrizen dieser Form heißen *Householder-Matrizen*[9]. Wir werden sie in Kap. 18 genauer studieren (siehe Beispiel 18.15).

12.21 Beweisen Sie Lemma 12.20.

12.22 Sei $\mathcal{V}$ ein euklidischer oder unitärer Vektorraum und $\mathcal{U} \subseteq \mathcal{V}$ ein Unterraum. Zeigen Sie, dass $\mathcal{U} \subseteq (\mathcal{U}^\perp)^\perp$ gilt. Zeigen Sie außerdem, dass hierbei Gleichheit gilt, wenn $\mathcal{V}$ endlichdimensional ist.

---

[9]Alston Scott Householder (1904–1993), Pionier der Numerischen Linearen Algebra.

12.23 Sei

$$[v_1, v_2, v_3] = \begin{bmatrix} \frac{1}{\sqrt{2}} & 0 & \frac{1}{\sqrt{2}} \\ -\frac{1}{\sqrt{2}} & 0 & \frac{1}{\sqrt{2}} \\ 0 & 0 & 0 \end{bmatrix} \in \mathbb{R}^{3,3}.$$

Untersuchen Sie die Vektoren $v_1, v_2, v_3$ auf Orthonormalität bezüglich des Standardskalarprodukts und berechnen Sie das orthogonale Komplement von Span$\{v_1, v_2, v_3\}$.

12.24 Sei $\mathcal{V}$ ein euklidischer oder unitärer Vektorraum mit Skalarprodukt $\langle \cdot, \cdot \rangle$, seien $u_1, \ldots, u_k \in \mathcal{V}$ und sei $\mathcal{U} = \text{Span}\{u_1, \ldots, u_k\}$. Zeigen Sie für $v \in \mathcal{V}$: Es gilt $v \in \mathcal{U}^\perp$ genau dann, wenn $\langle v, u_j \rangle = 0$ für $j = 1, \ldots, k$ ist.

12.25 Im unitären Vektorraum $\mathbb{C}^{4,1}$ mit dem Standardskalarprodukt seien $v_1 = [-1, \mathbf{i}, 0, 1]^T$ und $v_2 = [\mathbf{i}, 0, 2, 0]^T$ gegeben. Bestimmen Sie eine Orthonormalbasis von Span$\{v_1, v_2\}^\perp$.

12.26 Beweisen Sie Lemma 12.23.

# Adjungierte lineare Abbildungen

**13**

In diesem Kapitel führen wir die Adjungierte einer linearen Abbildung ein, eine Verallgemeinerung der Transponierten einer Matrix. Eine Matrix ist symmetrisch, wenn sie gleich ihrer Transponierten ist. Analog ist ein Endomorphismus selbstadjungiert, wenn er gleich seinem adjungierten Endomorphismus ist. Symmetrische Matrizen und selbstadjugierte Endomorphismen bilden unter bestimmten Annahmen reelle oder komplexe Vektorräume, die wir in diesem Kapitel studieren und die eine wichtige Rolle in unserem Beweis des Fundamentalsatzes der Algebra in Kap. 15 spielen.

## 13.1 Adjungierte in endlichdimensionalen $K$-Vektorräumen

Nachdem wir im vorherigen Kapitel ausschließlich euklidische und unitäre Vektorräume und somit $\mathbb{R}$- und $\mathbb{C}$-Vektorräume betrachtet haben, seien nun $\mathcal{V}$ und $\mathcal{W}$ wieder zwei Vektorräume über einem allgemeinen Körper $K$. Sei $\beta$ eine Bilinearform auf $\mathcal{V} \times \mathcal{W}$.

Für jedes *fest gegebene* $v \in \mathcal{V}$ ist die Abbildung

$$\beta_v : \mathcal{W} \to K, \quad w \mapsto \beta(v, w),$$

eine Linearform auf $\mathcal{W}$. Jedem $v \in \mathcal{V}$ kann somit ein $\beta_v \in \mathcal{W}^*$ zugeordnet werden, welches die Abbildung

$$\beta^{(1)} : \mathcal{V} \to \mathcal{W}^*, \quad v \mapsto \beta_v, \tag{13.1}$$

definiert. Analog können wir die Abbildung

$$\beta^{(2)} : \mathcal{W} \to \mathcal{V}^*, \quad w \mapsto \beta_w, \tag{13.2}$$

wobei $\beta_w : \mathcal{V} \to K$ durch $v \mapsto \beta(v, w)$ für jedes gegebene $w \in \mathcal{W}$ definiert ist.

© Springer-Verlag GmbH Deutschland, ein Teil von Springer Nature 2021
J. Liesen, V. Mehrmann, *Lineare Algebra*, Springer Studium Mathematik (Bachelor),
https://doi.org/10.1007/978-3-662-62742-6_13

**Lemma 13.1.** *Die in (13.1) and (13.2) definierten Abbildungen $\beta^{(1)}$ und $\beta^{(2)}$ sind linear, also $\beta^{(1)} \in \mathcal{L}(V, W^*)$ und $\beta^{(2)} \in \mathcal{L}(W, V^*)$. Ist $\dim(V) = \dim(W) \in \mathbb{N}$ und ist $\beta$ nicht ausgeartet (vgl. Definition 11.9), so sind $\beta^{(1)}$ und $\beta^{(2)}$ bijektiv, und damit Isomorphismen.*

**Beweis.** Wir zeigen die Aussage nur für die Abbildung $\beta^{(1)}$; der Beweis für $\beta^{(2)}$ ist analog. Wir zeigen zunächst die Linearität. Seien dazu $v_1, v_2 \in V$ und $\lambda_1, \lambda_2 \in K$. Für jedes $w \in W$ gilt dann

$$\beta^{(1)}(\lambda_1 v_1 + \lambda_2 v_2)(w) = \beta(\lambda_1 v_1 + \lambda_2 v_2, w)$$
$$= \lambda_1 \beta(v_1, w) + \lambda_2 \beta(v_2, w)$$
$$= \lambda_1 \beta^{(1)}(v_1)(w) + \lambda_2 \beta^{(1)}(v_2)(w)$$
$$= \left(\lambda_1 \beta^{(1)}(v_1) + \lambda_2 \beta^{(1)}(v_2)\right)(w),$$

also $\beta^{(1)}(\lambda_1 v_1 + \lambda_2 v_2) = \lambda_1 \beta^{(1)}(v_1) + \lambda_2 \beta^{(1)}(v_2)$ und daher $\beta^{(1)} \in \mathcal{L}(V, W^*)$.

Seien nun $\dim(V) = \dim(W) \in \mathbb{N}$ und sei $\beta$ nicht ausgeartet. Wir zeigen, dass $\beta^{(1)} \in \mathcal{L}(V, W^*)$ injektiv ist. Nach (5) in Lemma 10.7 gilt dies genau dann, wenn $\mathrm{Kern}(\beta^{(1)}) = \{0\}$ ist. Ist $v \in \mathrm{Kern}(\beta^{(1)})$, dann gilt $\beta^{(1)}(v) = \beta_v = 0 \in W^*$, also

$$\beta_v(w) = \beta(v, w) = 0 \quad \text{für alle } w \in W.$$

Da $\beta$ nicht ausgeartet ist, folgt $v = 0$. Aus $\dim(V) = \dim(W)$ und $\dim(W) = \dim(W^*)$ folgt nun $\dim(V) = \dim(W^*)$. Somit folgt aus der Injektivität von $\beta^{(1)}$ die Surjektivität (vgl. Korollar 10.11), also ist $\beta^{(1)}$ bijektiv. $\qquad\square$

Wir kommen nun zur Existenz der adjungierten Abbildungen.

**Satz 13.2.** *Sind $V$ und $W$ zwei $K$-Vektorräume mit $\dim(V) = \dim(W) \in \mathbb{N}$ und ist $\beta$ eine nicht ausgeartete Bilinearform auf $V \times W$, dann gelten:*

(1) *Für jede Abbildung $f \in \mathcal{L}(V, V)$ gibt es eine eindeutig bestimmte Abbildung $g \in \mathcal{L}(W, W)$ mit*

$$\beta(f(v), w) = \beta(v, g(w)) \quad \text{für alle } v \in V \text{ und } w \in W,$$

*die wir die* Rechtsadjungierte *von $f$ bezüglich $\beta$ nennen.*

(2) *Für jede Abbildung $h \in \mathcal{L}(W, W)$ gibt es eine eindeutig bestimmte Abbildung $k \in \mathcal{L}(V, V)$ mit*

$$\beta(v, h(w)) = \beta(k(v), w) \quad \text{für alle } v \in V \text{ und } w \in W,$$

*die wir die* Linksadjungierte *von $h$ bezüglich $\beta$ nennen.*

**Beweis.** Wir zeigen lediglich (1); der Beweis von (2) ist analog. Sei $V^*$ der Dualraum von $V$, $f^* \in \mathcal{L}(V^*, V^*)$ die zu $f$ duale Abbildung und $\beta^{(2)} \in \mathcal{L}(W, V^*)$ wie in (13.2) definiert. Die Abbildung $\beta^{(2)}$ ist bijektiv, denn $\beta$ ist nicht ausgeartet (vgl. Lemma 13.1). Definiere nun

$$g := (\beta^{(2)})^{-1} \circ f^* \circ \beta^{(2)} \in \mathcal{L}(W, W).$$

Für alle $v \in V$ und $w \in W$ gilt dann

$$\beta(v, g(w)) = \beta(v, ((\beta^{(2)})^{-1} \circ f^* \circ \beta^{(2)})(w))$$
$$= \beta^{(2)}\big(((\beta^{(2)})^{-1} \circ f^* \circ \beta^{(2)})(w)\big)(v)$$
$$= \beta^{(2)}\big((\beta^{(2)})^{-1}(f^*(\beta^{(2)}(w)))\big)(v)$$
$$= \big(\beta^{(2)} \circ (\beta^{(2)})^{-1} \circ \beta^{(2)}(w) \circ f\big)(v)$$
$$= \beta^{(2)}(w)(f(v))$$
$$= \beta(f(v), w).$$

Wir haben dabei benutzt, dass für die duale Abbildung $f^*(\beta^{(2)}(w)) = \beta^{(2)}(w) \circ f$ gilt.

Nun ist noch die Eindeutigkeit von $g$ zu zeigen. Sei $\widetilde{g} \in \mathcal{L}(W, W)$ mit $\beta(v, \widetilde{g}(w)) = \beta(f(v), w)$ für alle $v \in V$ und $w \in W$. Dann gilt $\beta(v, \widetilde{g}(w)) = \beta(v, g(w))$ und es folgt

$$\beta(v, (\widetilde{g} - g)(w)) = 0 \quad \text{für alle } v \in V \text{ und } w \in W.$$

Da $\beta$ nicht ausgeartet in der zweiten Variablen ist, muss nun $(\widetilde{g} - g)(w) = 0$ für alle $w \in W$ gelten, woraus sich $g = \widetilde{g}$ ergibt. □

**Beispiel 13.3.** Sei $V = W = K^{n,1}$ und $\beta(v, w) = w^T B v$ mit einer Matrix $B \in GL_n(K)$. Wir betrachten die lineare Abbildung $f : V \to V$, $v \mapsto Fv$, mit einer Matrix $F \in K^{n,n}$ und die lineare Abbildung $h : W \to W$, $w \mapsto Hw$, mit einer Matrix $H \in K^{n,n}$. Wir erhalten

$$\beta_v : W \to K, \quad w \mapsto w^T(Bv),$$
$$\beta^{(1)} : V \to W^*, \quad v \mapsto (Bv)^T,$$
$$\beta^{(2)} : W \to V^*, \quad w \mapsto w^T B,$$

wobei wir die isomorphen Vektorräume $W^*$ und $K^{1,n}$ bzw. $V^*$ und $K^{1,n}$ miteinander identifizieren. Ist $g \in \mathcal{L}(W, W)$ die Rechtsadjungierte von $f$ bezüglich $\beta$, so gilt

$$\beta(f(v), w) = w^T B f(v) = w^T B F v = \beta(v, g(w)) = g(w)^T B v$$

für alle $v \in V$ und $w \in W$. Wenn wir die lineare Abbildung $g$ durch die Multiplikation mit einer Matrix $G \in K^{n,n}$ darstellen, d. h. $g(w) = Gw$, so ergibt sich $w^T BFv = w^T G^T Bv$ für alle $v, w \in K^{n,1}$, also $BF = G^T B$. Da $B$ invertierbar ist, ist die eindeutige Rechtsadjungierte gegeben durch $G = (BFB^{-1})^T = B^{-T} F^T B^T$.

Analog gilt für die Linksadjungierte $k \in \mathcal{L}(V, V)$ von $h$ bezüglich $\beta$ die Gleichung

$$\beta(v, h(w)) = (h(w))^T Bv = w^T H^T Bv = \beta(k(v), w) = w^T Bk(v)$$

für alle $v \in V$ und $w \in W$. Mit $k(v) = Lv$ für eine Matrix $L \in K^{n,n}$ ergibt sich $H^T B = BL$ und damit $L = B^{-1} H^T B$.

Ist in diesem Beispiel $f = h$ und $B = B^T$, d. h. $\beta$ ist symmetrisch, dann gilt $G = B^{-T} F^T B^T = B^{-1} H^T B = L$, also auch $g = k$.

Die letzte Beobachtung in diesem Beispiel können wir verallgemeinern. Sei $V$ ein endlichdimensionaler Vektorraum und $\beta$ eine nicht ausgeartete Bilinearform auf $V$, so gibt es nach Satz 13.2 zu jeder Abbildung $f \in \mathcal{L}(V, V)$ eine eindeutig bestimmte Rechtsadjungierte $g$ und eine eindeutig bestimmte Linksadjungierte $k$, so dass

$$\beta(f(v), w) = \beta(v, g(w)) \quad \text{und} \quad \beta(v, f(w)) = \beta(k(v), w) \tag{13.3}$$

für alle $v, w \in V$ gilt. Ist $\beta$ symmetrisch, d. h. gilt $\beta(v, w) = \beta(w, v)$ für alle $v, w \in V$, so folgt aus (13.3), dass

$$\beta(v, g(w)) = \beta(f(v), w) = \beta(w, f(v)) = \beta(k(w), v) = \beta(v, k(w)).$$

Somit gilt $\beta(v, (g - k)(w)) = 0$ für alle $v, w \in V$, also $g = k$, denn $\beta$ ist nicht ausgeartet. Wir haben damit das folgende Ergebnis gezeigt.

**Korollar 13.4.** *Ist $\beta$ eine symmetrische und nicht ausgeartete Bilinearform auf dem endlichdimensionalen $K$-Vektorraum $V$, so gibt es zu jeder Abbildung $f \in \mathcal{L}(V, V)$ eine eindeutig bestimmte Abbildung $g \in \mathcal{L}(V, V)$ mit*

$$\beta(f(v), w) = \beta(v, g(w)) \quad \text{und} \quad \beta(v, f(w)) = \beta(g(v), w)$$

*für alle $v, w \in V$.*

## 13.2 Adjungierte in endlichdimensionalen euklidischen und unitären Vektorräumen

Wir wissen aus Kap. 12, dass ein Skalarprodukt $\langle \cdot, \cdot \rangle$ auf einem euklidischen Vektorraum $\mathcal{V}$ eine symmetrische und nicht ausgeartete Bilinearform ist. Somit ergibt sich aus Korollar 13.4 das folgende Resultat.

**Korollar 13.5.** *Ist $\mathcal{V}$ ein endlichdimensionaler euklidischer Vektorraum mit dem Skalarprodukt $\langle \cdot, \cdot \rangle$, so gibt es zu jeder Abbildung $f \in \mathcal{L}(\mathcal{V}, \mathcal{V})$ eine eindeutig bestimmte Abbildung $f^{ad} \in \mathcal{L}(\mathcal{V}, \mathcal{V})$, für die*

$$\langle f(v), w \rangle = \langle v, f^{ad}(w) \rangle \quad und \quad \langle v, f(w) \rangle = \langle f^{ad}(v), w \rangle \tag{13.4}$$

*für alle $v, w \in \mathcal{V}$ gilt. Wir nennen $f^{ad}$ die* Adjungierte *von $f$ bezüglich $\langle \cdot, \cdot \rangle$.*

Um festzustellen, ob eine gegebene Abbildung $g \in \mathcal{L}(\mathcal{V}, \mathcal{V})$ die (eindeutig bestimmte) Adjungierte von $f \in \mathcal{L}(\mathcal{V}, \mathcal{V})$ bezüglich $\langle \cdot, \cdot \rangle$ ist, muss nur eine der beiden Gleichungen in (13.4) nachgewiesen werden: Gilt für $f, g \in \mathcal{L}(\mathcal{V}, \mathcal{V})$ die Gleichung

$$\langle f(v), w \rangle = \langle v, g(w) \rangle$$

für alle $v, w \in \mathcal{V}$, so folgt

$$\langle v, f(w) \rangle = \langle f(w), v \rangle = \langle w, g(v) \rangle = \langle g(v), w \rangle$$

für alle $v, w \in \mathcal{V}$, wobei wir die Symmetrie des Skalarprodukts benutzt haben.

**Beispiel 13.6.** Wir betrachten den euklidischen Vektorraum $\mathbb{R}^{3,1}$ mit dem Skalarprodukt

$$\langle v, w \rangle = w^T B v \quad \text{mit} \quad B = \begin{bmatrix} 1 & 0 & 0 \\ 0 & 2 & 0 \\ 0 & 0 & 1 \end{bmatrix}$$

und die lineare Abbildung

$$f : \mathbb{R}^{3,1} \to \mathbb{R}^{3,1}, \quad v \mapsto Fv, \quad \text{mit} \quad F = \begin{bmatrix} 1 & 2 & 2 \\ 1 & 0 & 1 \\ 2 & 0 & 0 \end{bmatrix}.$$

Für alle $v, w \in \mathbb{R}^{3,1}$ gilt

$$\langle f(v), w \rangle = w^T B F v = w^T B F B^{-1} B v = (B^{-T} F^T B^T w)^T B v = \langle v, f^{ad}(w) \rangle$$

(vgl. Beispiel 13.3) und mit $B = B^T$ folgt

$$f^{ad} : \mathbb{R}^{3,1} \to \mathbb{R}^{3,1}, \quad v \mapsto B^{-1} F^T B v = \begin{bmatrix} 1 & 2 & 2 \\ 1 & 0 & 0 \\ 2 & 2 & 0 \end{bmatrix} v.$$

Wir werden nun zeigen, dass es auch in einem endlichdimensionalen unitären Vektorraum zu jeder linearen Abbildung eine eindeutig bestimmte adjungierte Abbildung gibt. Dies können wir jedoch nicht unmittelbar aus Korollar 13.4 folgern, denn ein Skalarprodukt $\langle \cdot, \cdot \rangle$ auf einem $\mathbb{C}$-Vektorraum ist keine symmetrische Bilinearform, sondern eine hermitesche Sesqulinearform. Zum Nachweis der Existenz der adjungierten Abbildung im unitären Fall konstruieren wir diese explizit. Die Konstruktion ist auch für einen euklidischen Vektorraum gültig.

Sei $\mathcal{V}$ ein unitärer Vektorraum mit dem Skalarprodukt $\langle \cdot, \cdot \rangle$ und sei $\{u_1, \ldots, u_n\}$ eine Orthonormalbasis von $\mathcal{V}$. Für eine gegebene Abbildung $f \in \mathcal{L}(\mathcal{V}, \mathcal{V})$ definieren wir die Abbildung

$$g : \mathcal{V} \to \mathcal{V}, \quad v \mapsto \sum_{i=1}^{n} \langle v, f(u_i) \rangle u_i.$$

Sind $v, w \in \mathcal{V}$ und $\lambda, \mu \in \mathbb{C}$, dann gilt

$$g(\lambda v + \mu w) = \sum_{i=1}^{n} \langle \lambda v + \mu w, f(u_i) \rangle u_i = \sum_{i=1}^{n} \left( \lambda \langle v, f(u_i) \rangle u_i + \mu \langle w, f(u_i) \rangle u_i \right)$$

$$= \lambda g(v) + \mu g(w).$$

Somit ist $g \in \mathcal{L}(\mathcal{V}, \mathcal{V})$. Sei $v = \sum_{i=1}^{n} \lambda_i u_i \in \mathcal{V}$ und $w \in \mathcal{V}$, dann gilt

$$\langle v, g(w) \rangle = \left\langle \sum_{i=1}^{n} \lambda_i u_i, \sum_{j=1}^{n} \langle w, f(u_j) \rangle u_j \right\rangle = \sum_{i=1}^{n} \sum_{j=1}^{n} \lambda_i \overline{\langle w, f(u_j) \rangle} \langle u_i, u_j \rangle$$

$$= \sum_{i=1}^{n} \lambda_i \overline{\langle w, f(u_i) \rangle} = \sum_{i=1}^{n} \lambda_i \langle f(u_i), w \rangle$$

$$= \langle f(v), w \rangle.$$

Zudem gilt

$$\langle v, f(w) \rangle = \overline{\langle f(w), v \rangle} = \overline{\langle w, g(v) \rangle} = \langle g(v), w \rangle$$

für alle $v, w \in \mathcal{V}$.

Um die Eindeutigkeit der adjungierten Abbildung zu zeigen sei $\widetilde{g} \in \mathcal{L}(\mathcal{V}, \mathcal{V})$ eine weitere Abbildung mit $\langle f(v), w \rangle = \langle v, \widetilde{g}(w) \rangle$ für alle $v, w \in \mathcal{V}$. Dann folgt $\langle v, (g - \widetilde{g})(w) \rangle = 0$ für alle $v, w \in \mathcal{V}$, also insbesondere

$$\langle (g - \widetilde{g})(w), (g - \widetilde{g})(w) \rangle = 0 \quad \text{für alle } w \in \mathcal{V}.$$

Aus der positiven Definitheit des Skalarprodukts ergibt sich $(g - \widetilde{g})(w) = 0$ für alle $w \in \mathcal{V}$ und daher $g = \widetilde{g}$. Analog zu Korollar 13.5 erhalten wir das folgende Resultat.

**Korollar 13.7.** *Ist $\mathcal{V}$ ein endlichdimensionaler unitärer Vektorraum mit dem Skalarprodukt $\langle \cdot, \cdot \rangle$, so gibt es zu jeder Abbildung $f \in \mathcal{L}(\mathcal{V}, \mathcal{V})$ eine eindeutig bestimmte Abbildung $f^{ad} \in \mathcal{L}(\mathcal{V}, \mathcal{V})$ für die*

$$\langle f(v), w \rangle = \langle v, f^{ad}(w) \rangle \quad \text{und} \quad \langle v, f(w) \rangle = \langle f^{ad}(v), w \rangle \tag{13.5}$$

*für alle $v, w \in \mathcal{V}$ gilt. Wir nennen $f^{ad}$ die* Adjungierte *von $f$ bezüglich $\langle \cdot, \cdot \rangle$.*

Analog zum euklidischen Fall folgt auch hier aus der Gültigkeit einer der beiden Gleichungen in (13.5) für alle $v, w \in \mathcal{V}$ die Gültigkeit der jeweils anderen für alle $v, w \in \mathcal{V}$.

**Beispiel 13.8.** Wir betrachten den unitären Vektorraum $\mathbb{C}^{3,1}$ mit dem Skalarprodukt

$$\langle v, w \rangle = w^H B v \quad \text{mit} \quad B = \begin{bmatrix} 1 & 0 & 0 \\ 0 & 2 & 0 \\ 0 & 0 & 1 \end{bmatrix}$$

und die lineare Abbildung

$$f : \mathbb{C}^{3,1} \to \mathbb{C}^{3,1}, \quad v \mapsto Fv, \quad \text{mit} \quad F = \begin{bmatrix} 1 & 2i & 2 \\ i & 0 & -i \\ 2 & 0 & 3i \end{bmatrix}.$$

Für alle $v, w \in \mathbb{C}^{3,1}$ gilt

$$\langle f(v), w \rangle = w^H B F v = w^H B F B^{-1} B v = (B^{-H} F^H B^H w)^H B v = \langle v, f^{ad}(w) \rangle,$$

und mit $B = B^H$ folgt

$$f^{ad} : \mathbb{C}^{3,1} \to \mathbb{C}^{3,1}, \quad v \mapsto B^{-1} F^H B v = \begin{bmatrix} 1 & -2i & 2 \\ -i & 0 & 0 \\ 2 & 2i & -3i \end{bmatrix} v.$$

**Beispiel 13.9.** In diesem Beispiel wollen wir mit Hilfe einiger Kenntnisse aus der Analysis zeigen, dass Endomorphismen auf unendlichdimensionalen Vektorräumen nicht unbedingt eine Adjungierte haben müssen. Dafür betrachten wir den euklidischen Vektorraum $V = \mathbb{R}[t]$ mit dem Skalarprodukt

$$\langle p, q \rangle = \int_0^1 p(t)q(t)dt$$

(vgl. (4) in Beispiel 12.2). Sei $f \in \mathcal{L}(V, V)$ die gewöhnliche Ableitung von Polynomen, d. h. $f(p) = p'$ für alle $p \in V$ (vgl. auch Aufgabe 10.3 für die Ableitung auf $\mathbb{R}[t]_{\leq n}$). Wir nehmen an, dass zu $f$ eine Abbildung $f^{ad} \in \mathcal{L}(V, V)$ existiert, welche die Gleichungen in (13.4) erfüllt. Mit Hilfe der partiellen Integration erhalten wir für alle Polynome $p, q \in V$ die Gleichung

$$\langle p, f^{ad}(q) \rangle = \langle f(p), q \rangle = \int_0^1 p'(t)q(t)dt = p(1)q(1) - p(0)q(0) - \int_0^1 p(t)q'(t)dt$$

$$= p(1)q(1) - p(0)q(0) - \langle p, f(q) \rangle,$$

woraus

$$\langle p, (f + f^{ad})(q) \rangle = p(1)q(1) - p(0)q(0)$$

folgt. Für jedes beliebige $q \in V$ können wir $p = (t - 1)^2 t^2 (f + f^{ad})(q) \in V$ wählen, dann gilt $p(1) = p(0) = 0$ und somit folgt

$$0 = \langle (t - 1)^2 t^2 (f + f^{ad})(q), (f + f^{ad})(q) \rangle = \int_0^1 (t - 1)^2 t^2 ((f + f^{ad})(q(t)))^2 dt$$

für alle $q \in V$. Das Integral auf der rechten Seite über eine stetige und nicht-negative reelle Funktion kann nur gleich Null sein, wenn $(f + f^{ad})(q) = 0 \in V$ ist. Da dies für alle $q \in V$ gelten muss, ist $f + f^{ad} = 0 \in \mathcal{L}(V, V)$ und damit

$$0 = \langle p, (f + f^{ad})(q) \rangle = p(1)q(1) - p(0)q(0)$$

für alle Polynome $p, q \in V$, was offensichtlich falsch ist. Ein Gegenbeispiel bilden die Polynome $p = 1$ und $q = t$, für die $p(1)q(1) - p(0)q(0) = 1$ gilt. Dies zeigt, dass die Abbildung $f^{ad}$ nicht existieren kann.

Die obige Konstruktion kann für den endlichdimensionalen euklidischen Vektorraum $V = \mathbb{R}[t]_{\leq n}$ mit dem gleichen Skalarprodukt wie oben nicht gültig sein, denn in diesem Fall hat jedes $f \in \mathcal{L}(V, V)$ eine eindeutig bestimmte adjungierte Abbildung $f^{ad} \in \mathcal{L}(V, V)$. Überlegen Sie zur Übung, welcher Schritt der Konstruktion im endlichdimensionalen Fall nicht funktioniert.

Im folgenden Resultat beweisen wir einige Eigenschaften der adjungierten Abbildung.

**Lemma 13.10.** *Sei $V$ ein endlichdimensionaler euklidischer oder unitärer Vektorraum.*

(1) *Sind $f_1, f_2 \in \mathcal{L}(V, V)$ sowie $\lambda_1, \lambda_2 \in K$ (wobei $K = \mathbb{R}$ im euklidischen und $K = \mathbb{C}$ im unitären Fall ist), dann gilt*

$$(\lambda_1 f_1 + \lambda_2 f_2)^{ad} = \overline{\lambda}_1 f_1^{ad} + \overline{\lambda}_2 f_2^{ad}.$$

*Im euklidischen Fall ist die Abbildung $f \mapsto f^{ad}$ somit linear, im unitären Fall ist sie semilinear.*

(2) *Es gilt $(\mathrm{Id}_V)^{ad} = \mathrm{Id}_V$.*

(3) *Für jedes $f \in \mathcal{L}(V, V)$ gilt $(f^{ad})^{ad} = f$.*

(4) *Sind $f_1, f_2 \in \mathcal{L}(V, V)$, so gilt $(f_2 \circ f_1)^{ad} = f_1^{ad} \circ f_2^{ad}$.*

(5) *Für jedes $f \in \mathcal{L}(V, V)$ gelten $\mathrm{Kern}(f^{ad}) = \mathrm{Bild}(f)^{\perp}$ und $\mathrm{Kern}(f) = \mathrm{Bild}(f^{ad})^{\perp}$.*

**Beweis.**

(1) Für alle $v, w \in V$ und $\lambda_1, \lambda_2 \in K$ gilt

$$\langle (\lambda_1 f_1 + \lambda_2 f_2)(v), w \rangle = \lambda_1 \langle f_1(v), w \rangle + \lambda_2 \langle f_2(v), w \rangle$$

$$= \lambda_1 \left\langle v, f_1^{ad}(w) \right\rangle + \lambda_2 \left\langle v, f_2^{ad}(w) \right\rangle$$

$$= \left\langle v, \overline{\lambda}_1 f_1^{ad}(w) + \overline{\lambda}_2 f_2^{ad}(w) \right\rangle$$

$$= \left\langle v, \left( \overline{\lambda}_1 f_1^{ad} + \overline{\lambda}_2 f_2^{ad} \right)(w) \right\rangle,$$

und somit ist $(\lambda_1 f_1 + \lambda_2 f_2)^{ad} = \overline{\lambda}_1 f_1^{ad} + \overline{\lambda}_2 f_2^{ad}$.

(2) Für alle $v, w \in V$ gilt $\langle \mathrm{Id}_V(v), w \rangle = \langle v, w \rangle = \langle v, \mathrm{Id}_V(w) \rangle$ und somit ist $(\mathrm{Id}_V)^{ad} = \mathrm{Id}_V$.

(3) Für alle $v, w \in V$ gilt $\langle f^{ad}(v), w \rangle = \langle v, f(w) \rangle$ und somit ist $(f^{ad})^{ad} = f$.

(4) Für alle $v, w \in V$ gilt

$$\langle (f_2 \circ f_1)(v), w \rangle = \langle f_2(f_1(v)), w \rangle = \left\langle f_1(v), f_2^{ad}(w) \right\rangle = \left\langle v, f_1^{ad}\left( f_2^{ad}(w) \right) \right\rangle$$

$$= \left\langle v, \left( f_1^{ad} \circ f_2^{ad} \right)(w) \right\rangle$$

und somit ist $(f_2 \circ f_1)^{ad} = f_1^{ad} \circ f_2^{ad}$.

(5) Sei $w \in \mathrm{Kern}(f^{ad})$, dann gilt $f^{ad}(w) = 0$ und somit

$$0 = \langle v, f^{ad}(w) \rangle = \langle f(v), w \rangle$$

für alle $v \in \mathcal{V}$, also $w \in \text{Bild}(f)^\perp$. Ist andererseits $w \in \text{Bild}(f)^\perp$, so gilt

$$0 = \langle f(v), w \rangle = \langle v, f^{ad}(w) \rangle$$

für alle $v \in \mathcal{V}$, also insbesondere $\langle f^{ad}(w), f^{ad}(w) \rangle = 0$ und daher $f^{ad}(w) = 0$, d. h. $w \in \text{Kern}(f^{ad})$. Dies zeigt die Gleichung $\text{Kern}(f^{ad}) = \text{Bild}(f)^\perp$.

Aus dieser Gleichung und $(f^{ad})^{ad} = f$ folgt $\text{Kern}(f) = \text{Kern}((f^{ad})^{ad}) = \text{Bild}(f^{ad})^\perp$. $\qquad \square$

**Beispiel 13.11.** Wir betrachten den unitären Vektorraum $\mathbb{C}^{3,1}$ mit dem Standardskalarprodukt und die lineare Abbildung

$$f : \mathbb{C}^{3,1} \to \mathbb{C}^{3,1}, \quad v \mapsto Fv, \quad \text{mit} \quad F = \begin{bmatrix} 1 & i & i \\ i & 0 & 0 \\ 1 & 0 & 0 \end{bmatrix}.$$

Dann ist (vgl. Beispiel 13.8 mit $B = I_3$)

$$f^{ad} : \mathbb{C}^{3,1} \to \mathbb{C}^{3,1}, \quad v \mapsto F^H v, \quad \text{mit} \quad F^H = \begin{bmatrix} 1 & -i & 1 \\ -i & 0 & 0 \\ -i & 0 & 0 \end{bmatrix}.$$

Die Matrizen $F$ und $F^H$ haben den Rang 2. Somit sind $\text{Kern}(f)$ und $\text{Kern}(f^{ad})$ eindimensional. Eine einfache Rechnung zeigt

$$\text{Kern}(f) = \text{Span} \left\{ \begin{bmatrix} 0 \\ 1 \\ -1 \end{bmatrix} \right\} \quad \text{und} \quad \text{Kern}(f^{ad}) = \text{Span} \left\{ \begin{bmatrix} 0 \\ 1 \\ i \end{bmatrix} \right\}.$$

Aus der Dimensionsformel für lineare Abbildungen folgt, dass $\text{Bild}(f)$ und $\text{Bild}(f^{ad})$ jeweils zweidimensional sind. An den Matrizen $F$ und $F^H$ können wir ablesen, dass

$$\text{Bild}(f) = \text{Span} \left\{ \begin{bmatrix} 1 \\ i \\ 1 \end{bmatrix}, \begin{bmatrix} 1 \\ 0 \\ 0 \end{bmatrix} \right\} \quad \text{und} \quad \text{Bild}(f^{ad}) = \text{Span} \left\{ \begin{bmatrix} 1 \\ -i \\ -i \end{bmatrix}, \begin{bmatrix} 1 \\ 0 \\ 0 \end{bmatrix} \right\}$$

gilt. Die Gleichungen $\text{Kern}(f^{ad}) = \text{Bild}(f)^\perp$ und $\text{Kern}(f) = \text{Bild}(f^{ad})^\perp$ verifiziert man in diesem Beispiel leicht durch Nachrechnen.

Wir wollen nun eine Beziehung zwischen den Matrixdarstellungen (bezüglich einer gegebenen Orthonormalbasis) einer Abbildung $f$ und ihrer Adjungierten $f^{ad}$ herstellen.

Sei $V$ ein endlichdimensionaler unitärer Vektorraum mit dem Skalarprodukt $\langle \cdot, \cdot \rangle$ und sei $f \in \mathcal{L}(V, V)$. Sei $B = \{u_1, \ldots, u_n\}$ eine Orthonormalbasis von $V$ und sei $[f]_{B,B} = [a_{ij}] \in \mathbb{C}^{n,n}$, also

$$f(u_j) = \sum_{k=1}^{n} a_{kj} u_k, \quad j = 1, \ldots, n.$$

Dann folgt

$$\langle f(u_j), u_i \rangle = \left\langle \sum_{k=1}^{n} a_{kj} u_k, u_i \right\rangle = a_{ij}, \quad i, j = 1, \ldots, n.$$

Ist $[f^{ad}]_{B,B} = [b_{ij}] \in \mathbb{C}^{n,n}$, also

$$f^{ad}(u_j) = \sum_{k=1}^{n} b_{kj} u_k, \quad j = 1, \ldots, n,$$

dann folgt

$$b_{ij} = \langle f^{ad}(u_j), u_i \rangle = \langle u_j, f(u_i) \rangle = \overline{\langle f(u_i), u_j \rangle} = \overline{a}_{ji}.$$

Somit gilt $[f^{ad}]_{B,B} = ([f]_{B,B})^H$. Für einen endlichdimensionalen euklidischen Vektorraum gilt die gleiche Rechnung, jedoch ohne komplexe Konjugation. Daher können wir das folgende Resultat formulieren.

**Satz 13.12.** *Sind $V$ ein endlichdimensionaler euklidischer oder unitärer Vektorraum mit einer Orthonormalbasis $B$ und $f \in \mathcal{L}(V, V)$, dann gilt*

$$[f^{ad}]_{B,B} = ([f]_{B,B})^H.$$

*(Im euklidischen Fall kann „H" durch „T" ersetzt werden.)*

Eine besondere Rolle in vielen Anwendungen, insbesondere in der Optimierung, spielt die folgende Klasse von Endomorphismen.

**Definition 13.13.** Sei $V$ ein endlichdimensionaler euklidischer oder unitärer Vektorraum. Eine Abbildung $f \in \mathcal{L}(V, V)$ heißt *selbstadjungiert*, wenn $f = f^{ad}$ gilt.

Triviale Beispiele selbstadjungierter Abbildungen in $\mathcal{L}(V, V)$ sind $f = 0$ und $\mathrm{Id}_V$. Aus Satz 13.12 erhalten wir unmittelbar das nächste Resultat über die Matrixdarstellungen von selbstadjungierten Endomorphismen.

**Korollar 13.14.**

(1) *Ist $V$ ein endlichdimensionaler euklidischer Vektorraum, $f \in \mathcal{L}(V, V)$ selbstadjungiert und $B$ eine Orthonormalbasis von $V$, so ist $[f]_{B,B}$ eine symmetrische Matrix.*

(2) *Ist $V$ ein endlichdimensionaler unitärer Vektorraum, $f \in \mathcal{L}(V, V)$ selbstadjungiert und $B$ eine Orthonormalbasis von $V$, so ist $[f]_{B,B}$ eine hermitesche Matrix.*

Die selbstadjungierten Endomorphismen bilden selbst wieder einen Vektorraum. Hierbei muss man jedoch genau aufpassen, über welchem Körper dieser Vektorraum definiert ist. Insbesondere bildet die Menge der selbstadjungierten Endomorphismen auf einem unitären Vektorraum $V$ *keinen* $\mathbb{C}$-Vektorraum. Ist $f = f^{ad} \in \mathcal{L}(V, V)$, dann gilt im Allgemeinen $(\mathbf{i}f)^{ad} = -\mathbf{i}f^{ad} \neq \mathbf{i}f^{ad} = \mathbf{i}f$ (vgl. (1) in Lemma 13.10), d. h. $\mathbf{i}f$ ist im Allgemeinen nicht selbstadjungiert.

**Lemma 13.15.**

(1) *Ist $V$ ein $n$-dimensionaler euklidischer Vektorraum, dann bildet die Menge der selbstadjungierten Endomorphismen, also $\{f \in \mathcal{L}(V, V) \mid f = f^{ad}\}$, einen $\mathbb{R}$-Vektorraum der Dimension $n(n + 1)/2$.*

(2) *Ist $V$ ein $n$-dimensionaler unitärer Vektorraum, dann bildet die Menge der selbstadjungierten Endomorphismen, also $\{f \in \mathcal{L}(V, V) \mid f = f^{ad}\}$, einen $\mathbb{R}$-Vektorraum der Dimension $n^2$.*

**Beweis.** Übungsaufgabe.                                                    □

Eine Matrix $A \in \mathbb{C}^{n,n}$ mit $A = A^T$ heißt *komplex-symmetrisch*. Diese Matrizen bilden (im Gegensatz zu den hermiteschen Matrizen) einen $\mathbb{C}$-Vektorraum.

**Lemma 13.16.** *Die Menge der komplex-symmetrischen Matrizen in $\mathbb{C}^{n,n}$ bildet einen $\mathbb{C}$-Vektorraum der Dimension $n(n + 1)/2$.*

**Beweis.** Übungsaufgabe.                                                    □

Diese Dimensionsaussagen werden wir in Kap. 15 im Beweis des Fundamentalsatzes der Algebra benutzten.

## Aufgaben

13.1 Sei $\beta(v, w) = w^T B v$ mit $B = \text{diag}(1, -1)$ für $v, w \in \mathbb{R}^{2,1}$ definiert. Betrachten Sie die linearen Abbildungen $f : \mathbb{R}^{2,1} \to \mathbb{R}^{2,1}, v \mapsto Fv$, und $h : \mathbb{R}^{2,1} \to \mathbb{R}^{2,1}, w \mapsto Hw$, wobei

$$F = \begin{bmatrix} 1 & 2 \\ 0 & 1 \end{bmatrix} \in \mathbb{R}^{2,2}, \quad H = \begin{bmatrix} 1 & 0 \\ 1 & 1 \end{bmatrix} \in \mathbb{R}^{2,2}.$$

Berechnen Sie $\beta_v$, $\beta^{(1)}$ und $\beta^{(2)}$ (siehe (13.1)–(13.2)) sowie die Rechtsadjungierte von $f$ und die Linksadjungierte von $h$ bezüglich $\beta$.

13.2 Seien $(\mathcal{V}, \langle \cdot, \cdot \rangle_{\mathcal{V}})$ und $(\mathcal{W}, \langle \cdot, \cdot \rangle_{\mathcal{W}})$ zwei endlichdimensionale euklidische Vektorräume und sei $f \in \mathcal{L}(\mathcal{V}, \mathcal{W})$. Zeigen Sie, dass ein eindeutiges $g \in \mathcal{L}(\mathcal{W}, \mathcal{V})$ existiert mit $\langle f(v), w \rangle_{\mathcal{W}} = \langle v, g(w) \rangle_{\mathcal{V}}$ für alle $v \in \mathcal{V}$ und $w \in \mathcal{W}$.

13.3 Sei $\langle v, w \rangle = w^T B v$ für alle $v, w \in \mathbb{R}^{2,1}$ mit

$$B = \begin{bmatrix} 2 & 1 \\ 1 & 1 \end{bmatrix} \in \mathbb{R}^{2,2}.$$

(a) Zeigen Sie, dass $\langle v, w \rangle = w^T B v$ ein Skalarprodukt auf $\mathbb{R}^{2,1}$ ist.

(b) Berechnen Sie die zu $f : \mathbb{R}^{2,1} \to \mathbb{R}^{2,1}$, $v \mapsto F v$ mit $F \in \mathbb{R}^{2,2}$ bezüglich $\langle \cdot, \cdot \rangle$ adjungierte Abbildung $f^{ad}$.

(c) Untersuchen Sie, welche Eigenschaften für $F$ gelten müssen, damit $f$ selbstadjungiert bezüglich $\langle \cdot, \cdot \rangle$ ist.

13.4 Sei $n \geq 2$ und

$$f : \mathbb{R}^{n,1} \to \mathbb{R}^{n,1}, \quad [x_1, \ldots, x_n]^T \mapsto [0, x_1, \ldots, x_{n-1}]^T.$$

Bestimmen Sie die Adjungierte $f^{ad}$ von $f$ bezüglich des Standardskalarprodukts des $\mathbb{R}^{n,1}$.

13.5 Zeigen Sie, dass die beiden Abbildungen

$$f_1 : \mathbb{C}[t]_{\leq n} \to \mathbb{C}[t]_{\leq n}, \quad p(t) \mapsto p(-t),$$

$$f_2 : \mathbb{C}[t]_{\leq n} \to \mathbb{C}[t]_{\leq n}, \quad p(t) \mapsto t^n p(t^{-1}),$$

linear sind und bestimmen Sie $f_1^{ad}$ und $f_2^{ad}$ bezüglich des Skalarprodukts aus Aufgabe 12.3.

13.6 Sei $\mathcal{V}$ ein endlichdimensionaler euklidischer oder unitärer Vektorraum und $f \in \mathcal{L}(\mathcal{V}, \mathcal{V})$. Zeigen Sie, dass $\text{Kern}(f^{ad} \circ f) = \text{Kern}(f)$ und $\text{Bild}(f^{ad} \circ f) = \text{Bild}(f^{ad})$ gilt.

13.7 Sei $\mathcal{V}$ ein endlichdimensionaler euklidischer oder unitärer Vektorraum, $\mathcal{U} \subseteq \mathcal{V}$ ein Unterraum und $f \in \mathcal{L}(\mathcal{V}, \mathcal{V})$ mit $f(\mathcal{U}) \subseteq \mathcal{U}$. Zeigen Sie, dass dann $f^{ad}(\mathcal{U}^\perp) \subseteq \mathcal{U}^\perp$ gilt.

13.8 Zeigen Sie folgende Aussage: Das lineare Gleichungssystem $Ax = b$ mit $A \in \mathbb{C}^{n,n}$ und $b \in \mathbb{C}^{n,1}$ hat eine Lösung, d. h. es gilt $\mathscr{L}(A, b) \neq \emptyset$, genau dann, wenn $b \in \mathscr{L}(A^H, 0)^\perp$ ist.

13.9 Sei $V$ ein endlichdimensionaler euklidischer oder unitärer Vektorraum und seien $f, g \in \mathcal{L}(V, V)$ selbstadjungiert. Zeigen Sie, dass $f \circ g$ genau dann selbstadjungiert ist, wenn $f$ und $g$ kommutieren, d.h. wenn $f \circ g = g \circ f$ gilt.

13.10 Sei $V$ ein endlichdimensionaler unitärer Vektorraum und $f \in \mathcal{L}(V, V)$. Zeigen Sie, dass $f$ genau dann selbstadjungiert ist, wenn $\langle f(v), v \rangle \in \mathbb{R}$ für alle $v \in V$ gilt.

13.11 Sei $V$ ein endlichdimensionaler euklidischer oder unitärer Vektorraum und sei $f \in \mathcal{L}(V, V)$ eine *Projektion*, d.h. es gilt $f^2 = f$. Zeigen Sie folgende Aussagen:

(a) Für $v \in \text{Bild}(f)$ gilt $f(v) = v$.

(b) Es gilt $V = \text{Kern}(f) \oplus \text{Bild}(f)$.

(c) $f$ ist genau dann selbstadjungiert, wenn $\text{Kern}(f) \perp \text{Bild}(f)$ gilt, d.h. für alle $v \in \text{Kern}(f)$ und $w \in \text{Bild}(f)$ gilt $\langle v, w \rangle = 0$.
(Eine selbstadjungierte Projektion heißt daher *Orthogonalprojektion*.)

(d) Ist $u \in V$ mit $\|u\| = 1$, wobei $\| \cdot \|$ die vom Skalarprodukt induzierte Norm ist, dann ist $f \in \mathcal{L}(V, V)$, $v \mapsto \langle v, u \rangle u$, eine Orthogonalprojektion. Bestimmen Sie $\text{Kern}(f)$ und $\text{Bild}(f)$.

13.12 Sei $V$ ein endlichdimensionaler euklidischer oder unitärer Vektorraum und seien $f, g \in \mathcal{L}(V, V)$. Zeigen Sie: $g^{ad} \circ f = 0 \in \mathcal{L}(V, V)$ gilt genau dann, wenn $\langle v, w \rangle = 0$ für alle $v \in \text{Bild}(f)$ und $w \in \text{Bild}(g)$.

13.13 Beweisen Sie Lemma 13.15.

13.14 Beweisen Sie Lemma 13.16.

13.15 Sei $V$ ein endlichdimensionaler euklidischer Vektorraum. Zeigen Sie folgende Aussagen:

(a) Für $v \in V$ ist die Abbildung $f_v : V \to \mathbb{R}$, $w \mapsto \langle w, v \rangle$, linear, d.h. $f_v \in V^*$.

(b) Die Abbildung $\Phi : V \to V^*$, $v \mapsto f_v$, ist ein Isomorphismus. (Diese Abbildung heißt *Fréchet-Riesz-Isomorphismus*[1].)

(c) Ist $\mathcal{U} \subseteq V$ ein Unterraum, so gilt $\Phi(\mathcal{U}^\perp) = \mathcal{U}^0$ (vgl. Aufgabe 11.6).

(d) Für $f \in \mathcal{L}(V, V)$ gilt $f^{ad} = \Phi^{-1} \circ f^* \circ \Phi$.

13.16 Für zwei Polynome $p, q \in \mathbb{R}[t]_{\leq n}$ sei

$$\langle p, q \rangle := \int_{-1}^{1} p(t)q(t)\, dt.$$

(a) Zeigen Sie, dass $\langle \cdot, \cdot \rangle$ ein Skalarprodukt auf $\mathbb{R}[t]_{\leq n}$ definiert.

(b) Betrachten Sie die Abbildung

$$f : \mathbb{R}[t]_{\leq n} \to \mathbb{R}[t]_{\leq n}, \quad p = \sum_{i=0}^{n} \alpha_i t^i \mapsto \sum_{i=1}^{n} i\alpha_i t^{i-1},$$

und bestimmen Sie $f^{ad}$, $\text{Kern}(f^{ad})$, $\text{Bild}(f)$, $\text{Kern}(f^{ad})^\perp$ und $\text{Bild}(f)^\perp$.

---

[1]Maurice René Fréchet (1878–1973) und Frigyes Riesz (1880–1956).

# Eigenwerte von Endomorphismen

# 14

In vorherigen Kapiteln haben wir uns bereits mit Eigenwerten und Eigenvektoren von Matrizen beschäftigt. Diese Begriffe verallgemeinern wir in diesem Kapitel auf Endomorphismen und wir untersuchen, wann Endomorphismen auf endlichdimensionalen Vektorräumen durch Diagonalmatrizen oder durch (obere) Dreiecksmatrizen dargestellt werden können. Von einer solchen Darstellung können wichtige Informationen über den Endomorphismus und insbesondere seine Eigenwerte einfach abgelesen werden.

## 14.1    Grundlegende Definitionen und Eigenschaften

Wir gehen zunächst von einem beliebigen Vektorraum aus, werden uns aber später auf den endlichdimensionalen Fall konzentrieren.

**Definition 14.1.** Sei $\mathcal{V}$ ein $K$-Vektorraum und sei $f \in \mathcal{L}(\mathcal{V}, \mathcal{V})$. Falls für ein $v \in \mathcal{V} \setminus \{0\}$ und ein $\lambda \in K$ die Gleichung

$$f(v) = \lambda v$$

gilt, so nennen wir $\lambda$ einen *Eigenwert* von $f$ und $v$ einen zum Eigenwert $\lambda$ gehörenden *Eigenvektor* von $f$.

Per Definition kann $v = 0$ kein Eigenvektor von $f \in \mathcal{L}(\mathcal{V}, \mathcal{V})$ sein. Ein Eigenwert $\lambda = 0 \in K$ kann jedoch vorkommen.

Die Gleichung $f(v) = \lambda v$ ist äquivalent mit

$$0 = \lambda v - f(v) = (\lambda \, \mathrm{Id}_{\mathcal{V}} - f)(v).$$

© Springer-Verlag GmbH Deutschland, ein Teil von Springer Nature 2021
J. Liesen, V. Mehrmann, *Lineare Algebra*, Springer Studium Mathematik (Bachelor),
https://doi.org/10.1007/978-3-662-62742-6_14

Somit ist $\lambda \in K$ genau dann ein Eigenwert von $f$, wenn

$$\mathrm{Kern}(\lambda\,\mathrm{Id}_\mathcal{V} - f) \neq \{0\}$$

ist. Wir wissen bereits, dass der Kern eines Endomorphismus auf $\mathcal{V}$ einen Unterraum von $\mathcal{V}$ bildet (vgl. Lemma 10.7). Dies gilt insbesondere für den Raum $\mathrm{Kern}(\lambda\,\mathrm{Id}_\mathcal{V} - f)$.

**Definition 14.2.** Sind $\mathcal{V}$ ein $K$-Vektorraum und $\lambda \in K$ ein Eigenwert von $f \in \mathcal{L}(\mathcal{V}, \mathcal{V})$, so heißt der Unterraum

$$\mathcal{V}_f(\lambda) := \mathrm{Kern}(\lambda\,\mathrm{Id}_\mathcal{V} - f)$$

der *Eigenraum* von $f$ zum Eigenwert $\lambda$ und

$$g(\lambda, f) := \dim(\mathcal{V}_f(\lambda))$$

heißt die *geometrische Vielfachheit* des Eigenwertes $\lambda$ von $f$.

Per Definition wird der Eigenraum $\mathcal{V}_f(\lambda)$ von allen Eigenvektoren von $f$ zum Eigenwert $\lambda$ aufgespannt. Ist $\dim(\mathcal{V}_f(\lambda)) \in \mathbb{N}$, so ist diese Dimension, also die geometrische Vielfachheit des Eigenwertes $\lambda$ von $f$, gleich der maximalen Anzahl linear unabhängiger Eigenvektoren von $f$ zum Eigenwert $\lambda$.

Eigenräume von Endomorphismen werden wir mit Hilfe des Konzepts der $f$-Invarianz besonders untersuchen.

**Definition 14.3.** Sei $\mathcal{V}$ ein $K$-Vektorraum, $f \in \mathcal{L}(\mathcal{V}, \mathcal{V})$ und $\mathcal{U} \subseteq \mathcal{V}$ ein Unterraum. Gilt $f(\mathcal{U}) \subseteq \mathcal{U}$, also $f(u) \in \mathcal{U}$ für alle $u \in \mathcal{U}$, so heißt $\mathcal{U}$ ein *$f$-invarianter Unterraum* von $\mathcal{V}$.

**Lemma 14.4.** *Sind $\mathcal{V}$ ein $K$-Vektorraum und $\lambda \in K$ ein Eigenwert von $f \in \mathcal{L}(\mathcal{V}, \mathcal{V})$, so ist $\mathcal{V}_f(\lambda)$ ein $f$-invarianter Unterraum von $\mathcal{V}$.*

**Beweis.** Für jedes $v \in \mathcal{V}_f(\lambda)$ gilt $f(v) = \lambda v \in \mathcal{V}_f(\lambda)$.                                  $\square$

Wir stellen nun für den Fall eines endlichdimensionalen Vektorraums $\mathcal{V}$ einen Zusammenhang zwischen den Eigenwerten eines Endomorphismus $f$ und den Eigenwerten der Matrixdarstellung von $f$ her.

**Lemma 14.5.** *Sind $\mathcal{V}$ ein endlichdimensionaler $K$-Vektorraum und $f \in \mathcal{L}(\mathcal{V}, \mathcal{V})$, dann sind folgende Aussagen äquivalent:*

(1) *$\lambda \in K$ ist ein Eigenwert von $f$.*
(2) *$\lambda \in K$ ist ein Eigenwert der Matrix $[f]_{B,B}$ für jede Basis $B$ von $\mathcal{V}$.*

**Beweis.** Sei $\lambda \in K$ ein Eigenwert von $f$ und $B = \{v_1, \ldots, v_n\}$ eine beliebige Basis von $V$. Ist $v \in V$ ein Eigenvektor von $f$ zum Eigenwert $\lambda$, dann gilt $f(v) = \lambda v$ und es gibt eindeutig bestimmte Koordinaten $\mu_1, \ldots, \mu_n \in K$, die nicht alle gleich Null sind, mit $v = \sum_{j=1}^{n} \mu_j v_j$. Mit Hilfe von (10.4) folgt dann

$$[f]_{B,B} \begin{bmatrix} \mu_1 \\ \vdots \\ \mu_n \end{bmatrix} = \Phi_B(f(v)) = \Phi_B(\lambda v) = \lambda \Phi_B(v) = \lambda \begin{bmatrix} \mu_1 \\ \vdots \\ \mu_n \end{bmatrix},$$

also ist $\lambda$ ein Eigenwert von $[f]_{B,B}$.

Gilt andererseits $[f]_{B,B}[\mu_1, \ldots, \mu_n]^T = \lambda[\mu_1, \ldots, \mu_n]^T$ mit $[\mu_1, \ldots, \mu_n]^T \neq 0$ für eine gegebene (beliebige) Basis $B = \{v_1, \ldots, v_n\}$ von $V$, so setzen wir $v := \sum_{j=1}^{n} \mu_j v_j$. Dann ist $v \neq 0$ und es gilt

$$f(v) = f\left(\sum_{j=1}^{n} \mu_j v_j\right) = \sum_{j=1}^{n} \mu_j f(v_j) = (v_1, \ldots, v_n)\left([f]_{B,B} \begin{bmatrix} \mu_1 \\ \vdots \\ \mu_n \end{bmatrix}\right)$$

$$= (v_1, \ldots, v_n)\left(\lambda \begin{bmatrix} \mu_1 \\ \vdots \\ \mu_n \end{bmatrix}\right)$$

$$= \lambda v,$$

also ist $\lambda$ ein Eigenwert von $f$. □

Ist $v \in V \setminus \{0\}$ ein Eigenvektor zum Eigenwert $\lambda$ von $f$, dann zeigt der Beweis von Lemma 14.5, dass $\Phi_B(v)$ ein Eigenvektor zum Eigenwert $\lambda$ von $[f]_{B,B}$ ist (für jede beliebige Basis $B$ von $V$).

Aus Lemma 14.5 folgt, dass die Eigenwerte von $f$ die Nullstellen des charakteristischen Polynoms der Matrix $[f]_{B,B}$ sind (vgl. Satz 8.8). Diese Aussage gilt jedoch im Allgemeinen *nicht* für eine Matrixdarstellung der Form $[f]_{B,\widetilde{B}}$, wobei $B$ und $\widetilde{B}$ zwei *verschiedene* Basen von $V$ sind. Man überzeugt sich leicht davon, dass die Matrizen

$$[f]_{B,\widetilde{B}} = [\mathrm{Id}_V]_{B,\widetilde{B}} \, [f]_{B,B} \quad \text{und} \quad [f]_{B,B}$$

im Allgemeinen nicht die gleichen Eigenwerte haben.

Für zwei verschiedene Basen $B$ und $\widetilde{B}$ von $V$ sind die Matrizen $[f]_{B,B}$ und $[f]_{\widetilde{B},\widetilde{B}}$ ähnlich (vgl. die Diskussion nach Korollar 10.21). In Satz 8.11 haben wir gezeigt, dass ähnliche Matrizen das gleiche charakteristische Polynom haben. Dies erlaubt die folgende Definition.

**Definition 14.6.** Sind $n \in \mathbb{N}$, $\mathcal{V}$ ein $n$-dimensionaler $K$-Vektorraum mit Basis $B$ und $f \in \mathcal{L}(\mathcal{V}, \mathcal{V})$, dann nennen wir

$$P_f := \det(t I_n - [f]_{B,B}) \in K[t]$$

das *charakteristische Polynom* von $f$.

**Beispiel 14.7.** Wir betrachten den euklidischen Vektorraum $\mathbb{R}^{2,1}$ mit den Basen

$$B = \left\{ \begin{bmatrix} 1 \\ 0 \end{bmatrix}, \begin{bmatrix} 0 \\ 1 \end{bmatrix} \right\}, \quad \widetilde{B} = \left\{ \begin{bmatrix} 1 \\ -1 \end{bmatrix}, \begin{bmatrix} 1 \\ 1 \end{bmatrix} \right\}.$$

Dann hat der Endomorphismus

$$f : \mathbb{R}^{2,1} \to \mathbb{R}^{2,1}, \quad v \mapsto Fv, \quad \text{mit} \quad F = \begin{bmatrix} 0 & 1 \\ 1 & 0 \end{bmatrix}$$

die Matrixdarstellungen

$$[f]_{B,B} = \begin{bmatrix} 0 & 1 \\ 1 & 0 \end{bmatrix} \quad \text{und} \quad [f]_{B,\widetilde{B}} = \frac{1}{2} \begin{bmatrix} -1 & 1 \\ 1 & 1 \end{bmatrix}.$$

Es gilt $P_f = \det(t I_2 - [f]_{B,B}) = t^2 - 1$ und somit hat $f$ die Eigenwerte $-1$ und $1$. Andererseits ist das charakteristische Polynom von $[f]_{B,\widetilde{B}}$ gleich $t^2 - \frac{1}{2}$, d. h. diese Matrix hat die Eigenwerte $-1/\sqrt{2}$ und $1/\sqrt{2}$.

Das charakteristische Polynom $P_f$ ist stets ein monisches Polynom mit

$$\mathrm{Grad}(P_f) = n = \dim(\mathcal{V}).$$

Wie wir oben erläutert haben, ist $P_f$ unabhängig von der Wahl der Basis von $\mathcal{V}$. Ein Skalar $\lambda \in K$ ist genau dann ein Eigenwert von $f$, wenn $\lambda$ eine Nullstelle von $P_f$ ist, d. h. wenn $P_f(\lambda) = 0$ gilt. Wie die Diskussion nach Satz 8.8 zeigt, gibt es auf reellen Vektorräumen (mit Dimension mindestens 2) Endomorphismen, die keine Eigenwerte besitzen.

Ist $\lambda \in K$ ein Eigenwert von $f$, so ist $P_f = (t - \lambda) \cdot q$ für ein monisches Polynom $q \in K[t]$, d. h. der *Linearfaktor* $t - \lambda$ teilt das Polynom $P_f$. Dies werden wir im folgenden Kap. 15 formal beweisen (vgl. Korollar 15.5). Ist auch $q(\lambda) = 0$, so gilt $q = (t - \lambda) \cdot \widetilde{q}$ für ein monisches Polynom $\widetilde{q} \in K[t]$ und somit $P_f = (t - \lambda)^2 \cdot \widetilde{q}$. Diese Konstruktion führen wir fort, bis $P_f = (t - \lambda)^d \cdot g$ für ein monisches Polynom $g \in K[t]$ mit $g(\lambda) \neq 0$ gilt, was auf die folgende Definition führt.

**Definition 14.8.** Sei $V$ ein endlichdimensionaler $K$-Vektorraum, $f \in \mathcal{L}(V, V)$ und sei $\lambda \in K$ ein Eigenwert von $f$. Hat das charakteristische Polynom die Form

$$P_f = (t - \lambda)^d \cdot g$$

für ein monisches Polynom $g \in K[t]$ mit $g(\lambda) \neq 0$, so nennen wir $d$ die *algebraische Vielfachheit* des Eigenwerts $\lambda$ von $f$. Wir bezeichnen diese mit $a(\lambda, f)$.

Sind $\lambda_1, \ldots, \lambda_k$ die *paarweise verschiedenen* Eigenwerte von $f$ mit ihren jeweiligen *algebraischen* Vielfachheiten $a(\lambda_1, f), \ldots, a(\lambda_k, f)$, so gilt

$$a(\lambda_1, f) + \ldots + a(\lambda_k, f) \leq \mathrm{Grad}(P_f) = \dim(V)$$

(vgl. Korollar 15.7).

**Beispiel 14.9.** Die Abbildung $f : \mathbb{R}^{4,1} \to \mathbb{R}^{4,1}$, $v \mapsto Fv$, mit der Matrix

$$F = \begin{bmatrix} 1 & 2 & 3 & 4 \\ 0 & 1 & 2 & 3 \\ 0 & 0 & 0 & 1 \\ 0 & 0 & -1 & 0 \end{bmatrix}$$

hat das charakteristische Polynom $P_f = (t - 1)^2(t^2 + 1)$. Die einzige (reelle) Nullstelle von $P_f$ ist $\lambda_1 = 1$ und es gilt $a(\lambda_1, f) = 2 < 4 = \dim(\mathbb{R}^{4,1})$.

Für die geometrische Vielfachheit $g(\lambda_1, f)$ berechnen wir

$$\dim(\mathrm{Bild}(\lambda_1 \, \mathrm{Id}_{\mathbb{R}^{4,1}} - f)) = \mathrm{Rang}(1 \cdot I_4 - F) = \mathrm{Rang}\left( \begin{bmatrix} 0 & -2 & -3 & -4 \\ 0 & 0 & -2 & -3 \\ 0 & 0 & 1 & -1 \\ 0 & 0 & 1 & -1 \end{bmatrix} \right) = 3.$$

Mit der Dimensionsformel für lineare Abbildungen (Satz 10.9) erhalten wir dann

$$4 = \dim(\mathrm{Bild}(\lambda_1 \, \mathrm{Id}_{\mathbb{R}^{4,1}} - f)) + \dim(\mathrm{Kern}(\lambda_1 \, \mathrm{Id}_{\mathbb{R}^{4,1}} - f)) = 3 + g(\lambda_1, f),$$

woraus $g(\lambda_1, f) = 1$ folgt.

**Lemma 14.10.** *Sind $V$ ein endlichdimensionaler $K$-Vektorraum und $f \in \mathcal{L}(V, V)$, so gilt*

$$g(\lambda, f) \leq a(\lambda, f)$$

*für jeden Eigenwert $\lambda$ von $f$.*

**Beweis.** Sei $\lambda \in K$ ein Eigenwert von $f$ mit geometrischer Vielfachheit $m = g(\lambda, f)$. Dann gibt es $m$ linear unabhängige Eigenvektoren $v_1, \ldots, v_m \in V$ von $f$ zum Eigenwert $\lambda$. Ist $m = \dim(V)$, so bilden diese $m$ Eigenvektoren eine Basis $B$ von $V$. Ist $m < \dim(V) = n$, so können wir die $m$ Eigenvektoren zu einer Basis $B = \{v_1, \ldots, v_m, v_{m+1}, \ldots, v_n\}$ von $V$ ergänzen.

Es gilt $f(v_j) = \lambda v_j$ für $j = 1, \ldots, m$ und daher ist

$$[f]_{B,B} = \begin{bmatrix} \lambda I_m & Z_1 \\ 0 & Z_2 \end{bmatrix}$$

für zwei Matrizen $Z_1 \in K^{m,n-m}$ und $Z_2 \in K^{n-m,n-m}$. Mit Hilfe von (1) in Lemma 7.10 folgt

$$P_f = \det(t I_n - [f]_{B,B}) = (t - \lambda)^m \cdot \det(t I_{n-m} - Z_2).$$

Da der Eigenwert $\lambda$ eine mindestens $m$-fache Nullstelle des charakteristischen Polynoms von $f$ ist, gilt $g(\lambda, f) \leq a(\lambda, f)$.                                         $\square$

Unser Ziel im Folgenden ist, eine Basis $B$ von $V$ zu finden, so dass wir die Nullstellen des charakteristischen Polynoms $P_f$ möglichst leicht bestimmen können. Wir suchen also eine Matrixdarstellung $[f]_{B,B}$, deren Determinante man leicht berechen kann, z. B. eine Dreiecks- oder Diagonalmatrix.

## 14.2   Diagonalisierung

In diesem Abschnitt untersuchen wir, wann für einen gegebenen Endomorphismus $f \in \mathcal{L}(V, V)$ eine Basis $B$ des endlichdimensionalen $K$-Vektorraums $V$ existiert, so dass die Matrixdarstellung $[f]_{B,B}$ eine Diagonalmatrix ist. Diese Eigenschaft definieren wir formal wie folgt.

**Definition 14.11.** Sei $V$ ein endlichdimensionaler $K$-Vektorraum. Ein Endomorphismus $f \in \mathcal{L}(V, V)$ heißt *diagonalisierbar*, wenn es eine Basis $B$ von $V$ gibt, so dass $[f]_{B,B}$ eine Diagonalmatrix ist.

Entsprechend nennen wir eine Matrix $A \in K^{n,n}$ *diagonalisierbar*, wenn es eine Matrix $S \in GL_n(K)$ und eine Diagonalmatrix $D$ gibt mit $A = SDS^{-1}$.

Wir beginnen die Untersuchung der Diagonalisierbarkeit mit einem hinreichenden Kriterium dafür, dass Eigenvektoren von $f$ linear unabhängig sind. Dieses Kriterium gilt auch, wenn $V$ unendlichdimensional ist.

**Lemma 14.12.** *Sei $V$ ein $K$-Vektorraum und $f \in \mathcal{L}(V, V)$. Sind $\lambda_1, \dots, \lambda_k \in K$, $k \geq 2$, paarweise verschiedene Eigenwerte von $f$ mit zugehörigen Eigenvektoren $v_1, \dots, v_k \in V$, dann sind $v_1, \dots, v_k$ linear unabhängig.*

**Beweis.** Wir beweisen die Aussage per Induktion über $k$. Für $k = 2$ betrachten wir zwei Eigenvektoren $v_1, v_2$ von $f$ zu den verschiedenen Eigenwerten $\lambda_1, \lambda_2$. Seien $\mu_1, \mu_2 \in K$ mit $\mu_1 v_1 + \mu_2 v_2 = 0$. Wenden wir einerseits $f$ auf beide Seiten dieser Gleichung an und multiplizieren andererseits diese Gleichung mit $\lambda_2$, so erhalten wir die beiden Gleichungen

$$\mu_1 \lambda_1 v_1 + \mu_2 \lambda_2 v_2 = 0,$$

$$\mu_1 \lambda_2 v_1 + \mu_2 \lambda_2 v_2 = 0.$$

Subtrahieren wir die zweite Gleichung von der ersten, so erhalten wir $\mu_1(\lambda_1 - \lambda_2)v_1 = 0$. Da $\lambda_1 \neq \lambda_2$ und $v_1 \neq 0$ gilt, ist $\mu_1 = 0$. Dann folgt aus $\mu_1 v_1 + \mu_2 v_2 = 0$ auch $\mu_2 = 0$, denn es gilt $v_2 \neq 0$. Somit sind $v_1, v_2$ linear unabhängig.

Der Beweis des Induktionsschrittes verläuft analog. Wir nehmen an, dass die Aussage für ein $k \geq 2$ gilt. Seien $\lambda_1, \dots, \lambda_{k+1}$ paarweise verschiedene Eigenwerte von $f$ mit zugehörigen Eigenvektoren $v_1, \dots, v_{k+1} \in V$. Seien $\mu_1, \dots, \mu_{k+1} \in K$ mit

$$\mu_1 v_1 + \dots + \mu_k v_k + \mu_{k+1} v_{k+1} = 0. \tag{14.1}$$

Nach Anwendung von $f$ auf diese Gleichung folgt

$$\mu_1 \lambda_1 v_1 + \dots + \mu_k \lambda_k v_k + \mu_{k+1} \lambda_{k+1} v_{k+1} = 0.$$

Andererseits liefert eine Multiplikation von (14.1) mit $\lambda_{k+1}$ die Gleichung

$$\mu_1 \lambda_{k+1} v_1 + \dots + \mu_k \lambda_{k+1} v_k + \mu_{k+1} \lambda_{k+1} v_{k+1} = 0.$$

Subtrahieren wir die beiden letzten Gleichungen voneinander, so erhalten wir

$$\mu_1(\lambda_1 - \lambda_{k+1})v_1 + \dots + \mu_k(\lambda_k - \lambda_{k+1})v_k = 0.$$

Da $\lambda_1, \dots, \lambda_{k+1}$ paarweise verschieden und $v_1, \dots, v_k$ nach der Induktionsvoraussetzung linear unabhängig sind, folgt $\mu_1 = \dots = \mu_k = 0$. Aus (14.1) folgt dann auch $\mu_{k+1} = 0$ und somit sind $v_1, \dots, v_{k+1}$ linear unabhängig. $\square$

Wir können nun zeigen, dass die Summe von Eigenräumen zu paarweise verschiedenen Eigenwerten direkt ist (vgl. Satz 9.36).

**Lemma 14.13.** *Sei $V$ ein $K$-Vektorraum und $f \in \mathcal{L}(V, V)$. Sind $\lambda_1, \ldots, \lambda_k \in K$, $k \geq 2$, paarweise verschiedene Eigenwerte von $f$, dann gilt für die zugehörigen Eigenräume*

$$\mathcal{V}_f(\lambda_i) \cap \sum_{\substack{j=1 \\ j \neq i}}^{k} \mathcal{V}_f(\lambda_j) = \{0\}$$

*für alle $i = 1, \ldots, k$.*

**Beweis.** Sei $i$ fest und sei

$$v \in \mathcal{V}_f(\lambda_i) \cap \sum_{\substack{j=1 \\ j \neq i}}^{k} \mathcal{V}_f(\lambda_j).$$

Insbesondere gilt also $v = \sum_{j \neq i} v_j$ für gewisse $v_j \in \mathcal{V}_f(\lambda_j)$, $j \neq i$. Es folgt $-v + \sum_{j \neq i} v_j = 0$. Aus der linearen Unabhängigkeit von Eigenvektoren zu paarweise verschiedenen Eigenwerten (vgl. Lemma 14.12) folgt $v = 0$, was zu zeigen war. $\square$

Der folgende Satz gibt notwendige und hinreichende Kriterien für die Diagonalisierbarkeit eines Endomorphismus auf einem endlichdimensionalen Vektorraum.

**Satz 14.14.** *Sind $V$ ein endlichdimensionaler $K$-Vektorraum und $f \in \mathcal{L}(V, V)$, dann sind folgende Aussagen äquivalent:*

(1) *$f$ ist diagonalisierbar.*
(2) *Es gibt eine Basis von $V$ bestehend aus Eigenvektoren von $f$.*
(3) *Das charakteristische Polynom $P_f$ zerfällt in $n = \dim(V)$ Linearfaktoren über $K$, d. h.*

$$P_f = (t - \lambda_1) \cdot \ldots \cdot (t - \lambda_n)$$

*mit den Eigenwerten $\lambda_1, \ldots, \lambda_n \in K$ von $f$, und für jeden Eigenwert $\lambda_j$ gilt $g(\lambda_j, f) = a(\lambda_j, f)$, $j = 1, \ldots, n$.*

**Beweis.**

(1) $\Leftrightarrow$ (2): Ist $f \in \mathcal{L}(V, V)$ diagonalisierbar, so gibt es eine Basis $B = \{v_1, \ldots, v_n\}$ von $V$ und Skalare $\lambda_1, \ldots, \lambda_n \in K$ mit

$$[f]_{B,B} = \begin{bmatrix} \lambda_1 & & \\ & \ddots & \\ & & \lambda_n \end{bmatrix}. \qquad (14.2)$$

Es folgt $f(v_j) = \lambda_j v_j$, $j = 1, \ldots, n$. Die Skalare $\lambda_1, \ldots, \lambda_n$ sind somit Eigenwerte von $f$ und die zugehörigen Eigenvektoren sind die Vektoren $v_1, \ldots, v_n$ der Basis $B$.

Gibt es andererseits eine Basis $B = \{v_1, \ldots, v_n\}$ von $\mathcal{V}$ bestehend aus Eigenvektoren von $f$, so gilt $f(v_j) = \lambda_j v_j$, $j = 1, \ldots, n$, für gewisse Skalare $\lambda_1, \ldots, \lambda_n \in K$ (die zugehörigen Eigenwerte) und es folgt, dass $[f]_{B,B}$ die Form (14.2) hat.

(2) $\Rightarrow$ (3): Sei $B = \{v_1, \ldots, v_n\}$ eine Basis von $\mathcal{V}$ bestehend aus Eigenvektoren von $f$ und seien $\lambda_1, \ldots, \lambda_n \in K$ die zugehörigen Eigenwerte. Dann hat $[f]_{B,B}$ die Form (14.2) und es gilt

$$P_f = \det\left(\begin{bmatrix} t - \lambda_1 & & \\ & \ddots & \\ & & t - \lambda_n \end{bmatrix}\right) = (t - \lambda_1) \cdot \ldots \cdot (t - \lambda_n),$$

d. h. $P_f$ zerfällt in Linearfaktoren über $K$.

Wir haben noch zu zeigen, dass $g(\lambda_j, f) = a(\lambda_j, f)$ für jeden Eigenwert $\lambda_j$, $j = 1, \ldots, n$, gilt. Der Eigenwert $\lambda_j$ hat die algebraische Vielfachheit $m_j := a(\lambda_j, f)$ genau dann, wenn er $m_j$-mal auf der Diagonalen der Diagonalmatrix $[f]_{B,B}$ steht. Dies gilt genau dann, wenn (genau) $m_j$ Vektoren der Basis $B$ Eigenvektoren von $f$ zum Eigenwert $\lambda_j$ sind. Jeder dieser $m_j$ linear unabhängigen Vektoren ist ein Element des Eigenraumes $\mathcal{V}_f(\lambda_j)$ und somit ist

$$\dim(\mathcal{V}_f(\lambda_j)) = g(\lambda_j, f) \geq m_j = a(\lambda_j, f).$$

Nach Lemma 14.10 gilt $g(\lambda_j, f) \leq a(\lambda_j, f)$ und somit folgt $g(\lambda_j, f) = a(\lambda_j, f)$.

(3) $\Rightarrow$ (2): Seien $\widetilde{\lambda}_1, \ldots, \widetilde{\lambda}_k$ die paarweise verschiedenen Eigenwerte von $f$ mit ihren jeweiligen geometrischen und algebraischen Vielfachheiten $g(\widetilde{\lambda}_j, f)$ und $a(\widetilde{\lambda}_j, f)$, $j = 1, \ldots, k$. Da $P_f$ in Linearfaktoren zerfällt, gilt

$$\sum_{j=1}^{k} a(\widetilde{\lambda}_j, f) = n = \dim(\mathcal{V}).$$

Aus $g(\widetilde{\lambda}_j, f) = a(\widetilde{\lambda}_j, f)$, $j = 1, \ldots, k$, folgt dann

$$\sum_{j=1}^{k} g(\widetilde{\lambda}_j, f) = n = \dim(\mathcal{V}).$$

Aus Lemma 14.13 folgt nun (vgl. auch Satz 9.36)

$$\mathcal{V}_f(\widetilde{\lambda}_1) \oplus \cdots \oplus \mathcal{V}_f(\widetilde{\lambda}_k) = \mathcal{V}.$$

Wählen wir Basen der jeweiligen Eigenräume $V_f(\tilde{\lambda}_j)$, $j = 1, \ldots, k$, so erhalten wir eine Basis von $V$, die aus Eigenvektoren von $f$ besteht.                                                    □

Aus Satz 14.14 und Lemma 14.12 folgt ein wichtiges hinreichendes Kriterium für die Diagonalisierbarkeit.

**Korollar 14.15.** *Sind $V$ ein $n$-dimensionaler $K$-Vektorraum und $f \in \mathcal{L}(V, V)$ mit $n$ paarweise verschiedenen Eigenwerten, dann ist $f$ diagonalisierbar.*

Dieses Korollar zeigt auch, dass jede Matrix $A \in K^{n,n}$ mit $n$ paarweise verschiedenen Eigenwerten diagonalisierbar ist.

Das Kriterium der $n$ paarweise verschiedenen Eigenwerte ist nicht notwendig für die Diagonalisierbarkeit. Zum Beispiel gilt $[\text{Id}_V]_{B,B} = I_n$ für jede Basis $B$ von $V$. Die Identität $\text{Id}_V$ hat also den $n$-fachen Eigenwert 1 und ist diagonalisierbar. Andererseits gibt es Endomorphismen mit mehrfachen Eigenwerten, die nicht diagonalisierbar sind. Die genaue Analyse dieses Falls wird uns noch intensiv beschäftigen.

**Beispiel 14.16.** Der Endomorphismus

$$f : \mathbb{R}^{2,1} \to \mathbb{R}^{2,1}, \quad v \mapsto Fv \quad \text{mit} \quad F = \begin{bmatrix} 1 & 1 \\ 0 & 1 \end{bmatrix}$$

hat das charakteristische Polynom $(t - 1)^2$ und hat somit nur den Eigenwert 1. Es gilt $V_f(1) = \text{Span}\{[1, 0]^T\}$ und damit $g(1, f) = 1 < a(1, f) = 2$. Nach Satz 14.14 ist $f$ nicht diagonalisierbar.

**Beispiel 14.17.** Wir betrachten nun noch eine interessante Anwendung der Diagonalisierung von Matrizen. Die Folge der *Fibonacci-Zahlen*[1] ist definiert durch

$$f_0 = f_1 = 1 \quad \text{und} \quad f_{k+1} = f_k + f_{k-1}, \quad k = 1, 2, \ldots .$$

Hinzufügen der trivialen Gleichung $f_k = f_k$, $k = 1, 2, \ldots$, und Formulierung der beiden Gleichungen in Matrix-Form ergibt die Iterationsvorschrift

$$\begin{bmatrix} f_{k+1} \\ f_k \end{bmatrix} = \begin{bmatrix} 1 & 1 \\ 1 & 0 \end{bmatrix} \begin{bmatrix} f_k \\ f_{k-1} \end{bmatrix} = \begin{bmatrix} 1 & 1 \\ 1 & 0 \end{bmatrix}^2 \begin{bmatrix} f_{k-1} \\ f_{k-2} \end{bmatrix} = \cdots = \begin{bmatrix} 1 & 1 \\ 1 & 0 \end{bmatrix}^k \begin{bmatrix} f_1 \\ f_0 \end{bmatrix}, \quad k = 1, 2, \ldots .$$

---

[1]Leonardo di Pisa, genannt Fibonacci (ca. 1170–1240).

Für die (symmetrische) Matrix $A = \begin{bmatrix} 1 & 1 \\ 1 & 0 \end{bmatrix} \in \mathbb{R}^{2,2}$ gilt $P_A = t^2 - t - 1$, so dass die Eigenwerte von $A$ gegeben sind durch

$$\lambda_1 := \frac{1 + \sqrt{5}}{2} \quad \text{und} \quad \lambda_2 := \frac{1 - \sqrt{5}}{2}.$$

Der Wert $(1 + \sqrt{5})/2 \approx 1618$ von $\lambda_1$ ist gleich dem sogenannten *Goldenen Schnitt*.

Die Matrix $A$ hat zwei verschiedene Eigenwerte und ist somit diagonalisierbar. Um $A$ zu diagonalisieren, benötigen wir zu den Eigenwerten $\lambda_1$ und $\lambda_2$ jeweils einen Eigenvektor. Diese können durch Lösung der homogenen linearen Gleichungssysteme $(\lambda_j I_2 - A)s_j = 0$, $j = 1, 2$, bestimmt werden. Eine genaue Beobachtung (oder Berechnung) zeigt

$$(\lambda_j I_2 - A)\begin{bmatrix} \lambda_j \\ 1 \end{bmatrix} = \begin{bmatrix} \lambda_j - 1 & -1 \\ -1 & \lambda_j \end{bmatrix}\begin{bmatrix} \lambda_j \\ 1 \end{bmatrix} = \begin{bmatrix} \lambda_j^2 - \lambda_j - 1 \\ -\lambda_j + \lambda_j \end{bmatrix} = \begin{bmatrix} 0 \\ 0 \end{bmatrix},$$

woraus die Diagonalisierung $A = SDS^{-1}$ mit $S = [s_1, s_2] \in GL_2(\mathbb{R})$, $s_j = [\lambda_j, 1]^T$ für $j = 1, 2$ und $D = \text{diag}(\lambda_1, \lambda_2)$ folgt. Die Inverse von $S$ ist gegeben durch

$$S^{-1} = \frac{1}{\lambda_1 - \lambda_2}\begin{bmatrix} 1 & -\lambda_2 \\ -1 & \lambda_1 \end{bmatrix}.$$

Mit der Diagonalisierung von $A$ erhalten wir $A^2 = (SDS^{-1})(SDS^{-1}) = SD^2S^{-1}$ und induktiv $A^k = SD^kS^{-1}$ für alle $k \geq 1$. (Dies gilt auch für $k = 0$, denn $I_2 = A^0 = SD^0S^{-1}$.) Für die Fibonacci-Zahlen erhalten wir

$$\begin{bmatrix} f_{k+1} \\ f_k \end{bmatrix} = A^k \begin{bmatrix} f_1 \\ f_0 \end{bmatrix} = SD^kS^{-1}\begin{bmatrix} 1 \\ 0 \end{bmatrix} = \frac{1}{\lambda_1 - \lambda_2}\begin{bmatrix} \lambda_1 & \lambda_2 \\ 1 & 1 \end{bmatrix}\begin{bmatrix} \lambda_1^k & 0 \\ 0 & \lambda_2^k \end{bmatrix}\begin{bmatrix} 1 \\ -1 \end{bmatrix}$$

$$= \frac{1}{\lambda_1 - \lambda_2}\begin{bmatrix} \lambda_1^{k+1} - \lambda_2^{k+1} \\ \lambda_1^k - \lambda_2^k \end{bmatrix}, \quad k = 1, 2, \ldots,$$

also insbesondere

$$f_k = \frac{\lambda_1^k - \lambda_2^k}{\lambda_1 - \lambda_2} = \frac{1}{\sqrt{5}}\left(\left(\frac{1 + \sqrt{5}}{2}\right)^k - \left(\frac{1 - \sqrt{5}}{2}\right)^k\right), \quad k = 1, 2, \ldots.$$

Diese explizite Darstellung der Fibonacci-Zahlen wird auch als *Formel von Moivre-Binet*[2] bezeichnet. Eine entsprechende Formel kann nicht nur für $[1, 0]^T$, sondern für jeden

---

[2]Abraham de Moivre (1667–1754) und Jacques Philippe Marie Binet (1786–1856).

beliebigen Startvektor $[f_1, f_0]^T$ der Iteration hergeleitet werden. Im Allgemeinen ist das Vorgehen anwendbar auf jede rekursive Folge der Form $f_n = c_1 f_{n-1} + \ldots + c_k f_{n-k}$, solange die entsprechende Matrix diagonalisierbar ist.

## 14.3   Triangulierung und der Satz von Schur

Falls das charakteristische Polynom $P_f$ in Linearfaktoren zerfällt, aber die Eigenschaft $g(\lambda_j, f) = a(\lambda_j, f)$ nicht für alle Eigenwerte $\lambda_j$ von $f$ gilt, so ist $f$ nach Satz 14.14 nicht diagonalisierbar. Trotzdem kann in diesem Fall durch Wahl einer speziellen Basis $B$ von $V$ eine besondere Matrixdarstellung $[f]_{B,B}$ erreicht werden.

**Satz 14.18.** *Ist $V$ ein endlichdimensionaler $K$-Vektorraum und $f \in \mathcal{L}(V, V)$, dann sind folgende Aussagen äquivalent:*

(1) *Das charakteristische Polynom $P_f$ zerfällt in Linearfaktoren über $K$.*
(2) *Es gibt eine Basis $B$ von $V$, so dass $[f]_{B,B}$ eine obere Dreiecksmatrix ist, d. h. $f$ ist triangulierbar.*

**Beweis.**
(2) $\Rightarrow$ (1): Ist $[f]_{B,B} = [r_{ij}] \in K^{n,n}$ mit $n = \dim(V)$ eine obere Dreiecksmatrix, so gilt $P_f = (t - r_{11}) \cdot \ldots \cdot (t - r_{nn})$ und somit zerfällt $P_f$ in Linearfaktoren.
(1) $\Rightarrow$ (2): Wir beweisen diese Aussage durch Induktion über $n = \dim(V)$. Der Fall $n = 1$ ist klar, denn dann ist $[f]_{B,B} \in K^{1,1}$.

Die Aussage gelte nun für ein $n \geq 1$. Sei $\dim(V) = n + 1$. Nach unserer Annahme ist

$$P_f = (t - \lambda_1) \cdot \ldots \cdot (t - \lambda_{n+1}),$$

wobei $\lambda_1, \ldots, \lambda_{n+1} \in K$ die Eigenwerte von $f$ sind. Es gibt einen Eigenvektor $v_1 \in V$ zum Eigenwert $\lambda_1 \in K$. Wir ergänzen diesen Vektor zu einer Basis $B = \{v_1, w_2, \ldots, w_{n+1}\}$ von $V$. Mit $B_{\mathcal{W}} := \{w_2, \ldots, w_{n+1}\}$ und $\mathcal{W} := \operatorname{Span} B_{\mathcal{W}}$ folgt $V = \operatorname{Span}\{v_1\} \oplus \mathcal{W}$ und

$$[f]_{B,B} = \left[ \begin{array}{c|cccc} \lambda_1 & a_{12} & \cdots & a_{1,n+1} \\ \hline 0 & a_{22} & \cdots & a_{2,n+1} \\ \vdots & \vdots & \ddots & \vdots \\ 0 & a_{n+1,2} & \cdots & a_{n+1,n+1} \end{array} \right].$$

Definieren wir $h \in \mathcal{L}(\mathcal{W}, \operatorname{Span}\{v_1\})$ und $g \in \mathcal{L}(\mathcal{W}, \mathcal{W})$ durch

$$h(w_j) := a_{1j} v_1 \quad \text{und} \quad g(w_j) := \sum_{k=2}^{n+1} a_{kj} w_k, \quad j = 2, \ldots, n+1,$$

so gilt $f(w) = h(w) + g(w)$ für alle $w \in \mathcal{W}$ und

$$[f]_{B,B} = \begin{bmatrix} \lambda_1 & [h]_{B_{\mathcal{W}},\{v_1\}} \\ 0 & [g]_{B_{\mathcal{W}},B_{\mathcal{W}}} \end{bmatrix}.$$

Es folgt

$$(t - \lambda_1)P_g = P_f = (t - \lambda_1) \cdot \ldots \cdot (t - \lambda_{n+1})$$

und damit $P_g = (t - \lambda_2) \cdot \ldots \cdot (t - \lambda_{n+1})$. Nun ist $\dim(\mathcal{W}) = n$ und das charakteristische Polynom von $g \in \mathcal{L}(\mathcal{W}, \mathcal{W})$ zerfällt in Linearfaktoren. Nach der Induktionsvoraussetzung gibt es eine Basis $\widehat{B}_{\mathcal{W}} = \{\widehat{w}_2, \ldots, \widehat{w}_{n+1}\}$ von $\mathcal{W}$, so dass $[g]_{\widehat{B}_{\mathcal{W}}, \widehat{B}_{\mathcal{W}}}$ eine obere Dreiecksmatrix ist. Für die Basis $B_1 := \{v_1, \widehat{w}_2, \ldots, \widehat{w}_{n+1}\}$ ist dann $[f]_{B_1, B_1}$ eine obere Dreiecksmatrix. $\qquad\square$

Die „Matrix-Version" dieses Satzes für $A \in K^{n,n}$ ist: Das charakteristische Polynom $P_A$ zerfällt genau dann in Linearfaktoren, wenn $A$ *triangulierbar* ist, d. h. wenn es eine Matrix $S \in GL_n(K)$ und eine obere Dreiecksmatrix $R \in K^{n,n}$ mit $A = SRS^{-1}$ gibt.

**Korollar 14.19.** *Sei $V$ ein endlichdimensionaler euklidischer oder unitärer Vektorraum und $f \in \mathcal{L}(V, V)$. Zerfällt $P_f$ über $\mathbb{R}$ (im euklidischen Fall) oder $\mathbb{C}$ (im unitären Fall) in Linearfaktoren, so gibt es eine Orthonormalbasis $B$ von $V$, so dass $[f]_{B,B}$ eine obere Dreiecksmatrix ist.*

**Beweis.** Zerfällt $P_f$ in Linearfaktoren, so gibt es nach Satz 14.18 eine Basis $B_1$ von $V$, so dass $[f]_{B_1, B_1}$ eine obere Dreiecksmatrix ist. Wenden wir das Gram-Schmidt-Verfahren auf die Basis $B_1$ an, so erhalten wir eine Orthonormalbasis $B_2$ von $V$, so dass $[\mathrm{Id}_V]_{B_1, B_2}$ eine obere Dreiecksmatrix ist (vgl. Satz 12.10). Es gilt dann

$$[f]_{B_2, B_2} = [\mathrm{Id}_V]_{B_1, B_2} [f]_{B_1, B_1} [\mathrm{Id}_V]_{B_2, B_1} = [\mathrm{Id}_V]_{B_2, B_1}^{-1} [f]_{B_1, B_1} [\mathrm{Id}_V]_{B_2, B_1}.$$

Die invertierbaren oberen Dreiecksmatrizen bilden eine Gruppe bezüglich der Matrizenmultiplikation (vgl. Satz 4.13). Auf der rechten Seite steht daher ein Produkt oberer Dreiecksmatrizen und somit ist auch $[f]_{B_2, B_2}$ eine obere Dreiecksmatrix. $\qquad\square$

**Beispiel 14.20.** Wir betrachten den euklidischen Vektorraum $\mathbb{R}[t]_{\leq 1}$ mit dem Skalarprodukt $\langle p, q \rangle = \int_0^1 p(t)q(t)\, dt$ (vgl. (4) in Beispiel 12.2), sowie die lineare Abbildung

$$f : \mathbb{R}[t]_{\leq 1} \to \mathbb{R}[t]_{\leq 1}, \quad \alpha_1 t + \alpha_0 \mapsto 2\alpha_1 t + \alpha_0.$$

Es gilt $f(1) = 1$ und $f(t) = 2t$, d. h. die Polynome $1$ und $t$ sind Eigenvektoren von $f$ zu den (verschiedenen) Eigenwerten $1$ und $2$. Folglich ist $\widehat{B} = \{1, t\}$ eine Basis von $\mathbb{R}[t]_{\leq 1}$, für die $[f]_{\widehat{B}, \widehat{B}}$ eine Diagonalmatrix ist. Allerdings ist $\widehat{B}$ keine Orthonormalbasis, denn insbesondere gilt $\langle 1, t \rangle \neq 0$. Da $P_f$ in Linearfaktoren zerfällt, ist die Existenz einer Orthonormalbasis $B$, für die $[f]_{B,B}$ eine obere Dreiecksmatrix ist, durch Korollar 14.19 gesichert.

Im Beweis der Implikation (1) $\Rightarrow$ (2) von Satz 14.18 wird zunächst ein Eigenvektor von $f$ gewählt und die Triangulierung von $f$ wird dann induktiv fortgesetzt. In diesem Beispiel setzen wir $q_1 = 1$. Dieser Vektor ist ein Eigenvektor von $f$ mit Norm 1 zum Eigenwert 1 und er ist der erste Vektor unserer Orthonormalbasis. Ist $q_2 \in \mathbb{R}[t]_{\leq 1}$ ein Vektor mit Norm 1 und $\langle q_1, q_2 \rangle = 0$, dann ist $B = \{q_1, q_2\}$ eine Orthonormalbasis, für die $[f]_{B,B}$ eine obere Dreiecksmatrix ist. Den Vektor $q_2$ konstruieren wir durch Orthogonalisierung von $t$ gegen $q_1$ (per Gram-Schmidt-Verfahren), also

$$\widehat{q_2} = t - \langle t, q_1 \rangle q_1 = t - \frac{1}{2},$$

$$\|\widehat{q_2}\| = \left\langle t - \frac{1}{2},\, t - \frac{1}{2} \right\rangle^{1/2} = \frac{1}{\sqrt{12}},$$

$$q_2 = \|\widehat{q_2}\|^{-1} \widehat{q_2} = \sqrt{12}\,t - \sqrt{3},$$

woraus sich die Triangulierung

$$[f]_{B,B} = \begin{bmatrix} 1 & \sqrt{3} \\ 0 & 2 \end{bmatrix} \in \mathbb{R}^{2,2}$$

ergibt.

Wählen wir $q_1 = \sqrt{3}t$, so ist dies ein Eigenvektor von $f$ mit Norm 1 zum Eigenwert 2. Orthogonalisieren wir den Vektor 1 gegen $q_1$, so führt eine analoge Rechnung wie oben auf den zweiten Basisvektor $q_2 = -3t + 2$. Mit der entsprechenden Basis $B_1$ erhalten wir die Triangulierung

$$[f]_{B_1,B_1} = \begin{bmatrix} 2 & -\sqrt{3} \\ 0 & 1 \end{bmatrix} \in \mathbb{R}^{2,2}.$$

Dieses Beispiel zeigt, dass in der Triangulierung von $f$ die Elemente oberhalb der Diagonalen für verschiedene Orthonormalbasen verschieden sein können. Lediglich die Diagonalelemente sind (bis auf ihre Reihenfolge) eindeutig bestimmt, denn dieses sind die Eigenwerte von $f$. Eine genauere Aussage zur Eindeutigkeit machen wir in Lemma 14.23.

Wir werden im nächsten Kapitel den *Fundamentalsatz der Algebra* beweisen, der aussagt, dass jedes nicht-konstante Polynom über $\mathbb{C}$ in Linearfaktoren zerfällt. Mit diesem Fundamentalsatz ergibt sich das folgende Korollar, welches als der *Satz von Schur*[3] bekannt ist.

---

[3]Issai Schur (1875–1941).

**Korollar 14.21.** *Ist $V$ ein endlichdimensionaler unitärer Vektorraum, so ist jeder Endomorphismus auf $V$ unitär triangulierbar,   d. h. für jedes $f \in \mathcal{L}(V, V)$ gibt es eine Orthonormalbasis $B$ von $V$, so dass $[f]_{B,B}$ eine obere Dreiecksmatrix ist.*

Eine unitäre Triangulierung eines Endomorphismus nennen wir eine *Schur-Form* des Endomorphismus.

Betrachten wir den unitären Vektorraum $\mathbb{C}^{n,1}$ mit dem Standardskalarprodukt, so erhalten wir die folgende „Matrix-Version" von Korollar 14.21.

**Korollar 14.22.** *Ist $A \in \mathbb{C}^{n,n}$, so gibt es eine unitäre Matrix $Q \in \mathbb{C}^{n,n}$ und eine obere Dreiecksmatrix $R \in \mathbb{C}^{n,n}$ mit $A = QRQ^H$. Die Matrix $R$ nennen wir eine* Schur-Form *von $A$.*

Das folgende Resultat zeigt, dass eine Schur-Form einer Matrix $A \in \mathbb{C}^{n,n}$ mit $n$ paarweise verschiedenen Eigenwerten „nahezu eindeutig" ist.

**Lemma 14.23.** *Sei $A \in \mathbb{C}^{n,n}$ mit $n$ paarweise verschiedenen Eigenwerten und seien $R_1, R_2 \in \mathbb{C}^{n,n}$ zwei Schur-Formen von $A$. Sind die Diagonalen von $R_1$ und $R_2$ gleich, dann gilt $R_1 = QR_2Q^H$ für eine unitäre Diagonalmatrix $Q$.*

**Beweis.** Übungsaufgabe.                                                       □

Eine ausführliche Zusammenfassung von Resultaten über die unitäre Ähnlichkeit von Matrizen findet man im Artikel [Sha91].

**Die MATLAB-Minute.**
Betrachten Sie für $n \geq 2$ die Matrix

$$A = \begin{bmatrix} 1 & 2 & 3 & \cdots & n \\ 1 & 3 & 4 & \cdots & n+1 \\ 1 & 4 & 5 & \cdots & n+2 \\ \vdots & \vdots & \vdots & & \vdots \\ 1 & n+1 & n+2 & \ldots & 2n-1 \end{bmatrix} \in \mathbb{C}^{n,n}.$$

Berechnen Sie eine Schur-Form von $A$ durch das Kommando [Q,R]=schur(A) für $n = 2, 3, 4, \ldots 10$. Wie sehen die Eigenwerte von $A$ aus? Stellen Sie eine Vermutung für den Rang von $A$ für allgemeines $n$ auf. (Können Sie Ihre Vermutung beweisen?)

## Aufgaben

(In den folgenden Aufgaben ist $K$ stets ein beliebiger Körper.)

14.1 Sei $V$ ein $K$-Vektorraum, $f \in \mathcal{L}(V, V)$ und $\lambda \in K$. Zeigen Sie, dass Bild$(\lambda \operatorname{Id}_V - f)$ ein $f$-invarianter Unterraum ist.

14.2 Sei $V$ ein $K$-Vektorraum, $f \in \mathcal{L}(V, V)$ und $\lambda \in K$. Zeigen oder widerlegen Sie: Ein Unterraum $\mathcal{U} \subseteq V$ ist genau dann $f$-invariant, wenn er $(f - \lambda \operatorname{Id}_V)$-invariant ist.

14.3 Sei $V$ ein $K$-Vektorraum und $f \in \mathcal{L}(V, V)$ bijektiv. Zeigen Sie, dass $f$ und $f^{-1}$ die gleichen invarianten Unterräume besitzen.

14.4 Sei $V$ ein $K$-Vektorraum, $f \in \mathcal{L}(V, V)$ bijektiv und $\lambda \in K$ ein Eigenwert von $f$. Zeigen Sie folgende Aussagen:
(a) Es gilt $\lambda \neq 0$.
(b) $\lambda^{-1}$ ist ein Eigenwert von $f^{-1}$.
(c) Es gilt $V_f(\lambda) = V_{f^{-1}}(\lambda^{-1})$.

14.5 Sei $V$ ein $n$-dimensionaler $K$-Vektorraum, $f \in \mathcal{L}(V, V)$ und $\mathcal{U}$ ein $m$-dimensionaler $f$-invarianter Unterraum von $V$. Zeigen Sie, dass eine Basis $B$ von $V$ existiert, so dass

$$[f]_{B,B} = \begin{bmatrix} A_1 & A_2 \\ 0 & A_3 \end{bmatrix}$$

für gewisse Matrizen $A_1 \in K^{m,m}$, $A_2 \in K^{m,n-m}$ und $A_3 \in K^{n-m,n-m}$ gilt.

14.6 Sei $K \in \{\mathbb{R}, \mathbb{C}\}$ und $f : K^{4,1} \to K^{4,1}$, $v \mapsto Fv$, mit der Matrix

$$F = \begin{bmatrix} 2 & 1 & 3 & 4 \\ -1 & 0 & 2 & 3 \\ 0 & 0 & 1 & 1 \\ 0 & 0 & -1 & 0 \end{bmatrix}.$$

Berechnen Sie $P_f$ und bestimmen Sie für $K = \mathbb{R}$ und $K = \mathbb{C}$ die Eigenwerte von $f$ mit ihren algebraischen und geometrischen Vielfachheiten sowie die Eigenräume.

14.7 Sei $V$ ein endlichdimensionaler $K$-Vektorraum, $f \in \mathcal{L}(V, V)$ und $V = \mathcal{U}_1 \oplus \mathcal{U}_2$, wobei $\mathcal{U}_1, \mathcal{U}_2$ $f$-invariante Unterräume von $V$ sind. Sei zudem $f_j := f|_{\mathcal{U}_j} \in \mathcal{L}(\mathcal{U}_j, \mathcal{U}_j)$, $j = 1, 2$.
(a) Für jedes $v \in V$ existieren eindeutige $u_1 \in \mathcal{U}_1$ und $u_2 \in \mathcal{U}_2$ mit $v = u_1 + u_2$. Zeigen Sie, dass dann auch $f(v) = f(u_1) + f(u_2) = f_1(u_1) + f_2(u_2)$ gilt. (Wir schreiben dann $f = f_1 \oplus f_2$ und nennen $f$ die *direkte Summe* von $f_1$ und $f_2$ bezüglich der Zerlegung $V = \mathcal{U}_1 \oplus \mathcal{U}_2$; vgl. Satz 9.36.)
(b) Zeigen Sie: Es gelten Rang$(f) = $ Rang$(f_1) + $ Rang$(f_2)$ und $P_f = P_{f_1} \cdot P_{f_2}$.

(c) Zeigen Sie, dass $a(\lambda, f) = a(\lambda, f_1) + a(\lambda, f_2)$ für alle $\lambda \in K$ gilt.
   (Dabei sei $a(\lambda, h) = 0$, wenn $\lambda$ kein Eigenwert von $h \in \mathcal{L}(V, V)$ ist.)

(d) Zeigen Sie, dass $g(\lambda, f) = g(\lambda, f_1) + g(\lambda, f_2)$ für alle $\lambda \in K$ gilt.
   (Dabei sei $g(\lambda, h) = \dim(\operatorname{Kern}(\lambda \operatorname{Id}_V - h))$, auch wenn $\lambda$ kein Eigenwert von $h \in \mathcal{L}(V, V)$ ist.)

(e) Zeigen Sie, dass $p(f) = p(f_1) \oplus p(f_2)$ für alle $p \in K[t]$ gilt.

14.8 Betrachten Sie den Vektorraum $\mathbb{R}[t]_{\leq n}$ mit der Standardbasis $\{1, t, \ldots, t^n\}$ und die lineare Abbildung

$$f : \mathbb{R}[t]_{\leq n} \to \mathbb{R}[t]_{\leq n}, \quad \sum_{i=0}^{n} \alpha_i t^i \mapsto \sum_{i=2}^{n} i(i-1)\alpha_i t^{i-2} = \frac{d^2}{dt^2} p.$$

Berechnen Sie $P_f$, die Eigenwerte von $f$ mit ihren algebraischen und geometrischen Vielfachheiten und untersuchen Sie, ob $f$ diagonalisierbar ist. Was ändert sich, wenn man als Abbildung die $k$-te Ableitung (für $k = 3, 4, \ldots, n$) betrachtet?

14.9 Untersuchen Sie, ob folgende Matrizen

$$A = \begin{bmatrix} 0 & 1 \\ -1 & 0 \end{bmatrix} \in \mathbb{Q}^{2,2}, \quad B = \begin{bmatrix} 1 & 0 & 0 \\ -1 & 2 & 0 \\ -1 & 1 & 1 \end{bmatrix} \in \mathbb{Q}^{3,3}, \quad C = \begin{bmatrix} 3 & 1 & 0 & -2 \\ 0 & 2 & 0 & 0 \\ 2 & 2 & 2 & -4 \\ 0 & 0 & 0 & 2 \end{bmatrix} \in \mathbb{Q}^{4,4}$$

diagonalisierbar sind.

14.10 Zeigen Sie, dass die Matrix

$$A = \begin{bmatrix} \alpha & -1 \\ 0 & \beta \end{bmatrix} \in K^{2,2}$$

genau dann diagonalisierbar ist, wenn $\alpha \neq \beta$ gilt.

14.11 Ist die Menge aller diagonalisierbaren und invertierbaren Matrizen eine Untergruppe von $GL_n(K)$?

14.12 Zeigen Sie, dass der Endomorphismus $f \in \mathcal{L}(\mathbb{R}^{n,n}, \mathbb{R}^{n,n})$, $A \mapsto A^T$, diagonalisierbar ist.

14.13 Sei $n \in \mathbb{N}_0$. Betrachten Sie den $\mathbb{R}$-Vektorraum $\mathbb{R}[t]_{\leq n}$ und die Abbildung

$$f : \mathbb{R}[t]_{\leq n} \to \mathbb{R}[t]_{\leq n}, \quad p(t) \mapsto p(t+1) - p(t).$$

Zeigen Sie, dass $f$ linear ist. Für welche $n$ ist $f$ diagonalisierbar, für welche $n$ nicht?

14.14 Sei $V$ ein $\mathbb{R}$-Vektorraum mit der Basis $\{v_1, \ldots, v_n\}$. Untersuchen Sie die folgenden Endomorphismen auf Diagonalisierbarkeit:

(a) $f(v_j) = v_j + v_{j+1}, j = 1, \ldots, n-1$, und $f(v_n) = v_n$,

(b) $f(v_j) = j v_j + v_{j+1}, j = 1, \ldots, n-1$, und $f(v_n) = n v_n$.

14.15 Seien $V$ ein endlichdimensionaler euklidischer Vektorraum und $f \in \mathcal{L}(V, V)$ mit $f + f^{ad} = 0 \in \mathcal{L}(V, V)$. Zeigen Sie, dass $f \neq 0$ genau dann gilt, wenn $f$ nicht diagonalisierbar ist.

14.16 Sei $V$ ein $\mathbb{C}$-Vektorraum und $f \in \mathcal{L}(V, V)$ mit $f^2 = -\mathrm{Id}_V$. Bestimmen Sie alle möglichen Eigenwerte von $f$.

14.17 Sei $V$ ein endlichdimensionaler $K$-Vektorraum und $f \in \mathcal{L}(V, V)$. Zeigen Sie, dass $P_f(f) = 0 \in \mathcal{L}(V, V)$ gilt.

14.18 Seien $V$ ein endlichdimensionaler $K$-Vektorraum, $f \in \mathcal{L}(V, V)$ und

$$p = (t - \mu_1) \cdot \ldots \cdot (t - \mu_m) \in K[t]_{\leq m}.$$

Zeigen Sie, dass $p(f)$ genau dann bijektiv ist, wenn $\mu_1, \ldots, \mu_m$ keine Eigenwerte von $f$ sind.

14.19 Sei $V$ ein endlichdimensionaler unitärer Vektorraum. Sei $f \in \mathcal{L}(V, V)$ *normal*, d. h. es gilt $f \circ f^{ad} = f^{ad} \circ f$.

(a) Zeigen Sie: Ist $\lambda \in \mathbb{C}$ ein Eigenwert von $f$, so ist $V_f(\lambda)^\perp$ ein $f$-invarianter Unterraum.

(b) Zeigen Sie mit (a), dass $f$ diagonalisierbar ist. (*Hinweis:* Sie können per Induktion über $\dim(V)$ zeigen, dass $V$ die direkte Summe der Eigenräume von $f$ ist.)

(c) Zeigen Sie mit (a) oder (b), dass $f$ sogar *unitär diagonalisierbar* ist, d. h. es gibt eine Orthonormalbasis $B$ von $V$, so dass $[f]_{B,B}$ eine Diagonalmatrix ist.

(d) Sei $g \in \mathcal{L}(V, V)$ unitär diagonalisierbar. Zeigen Sie, dass $g$ normal ist.

(Damit ist gezeigt, dass ein Endomorphismus auf einem endlichdimensionalen unitären Vektorraum genau dann normal ist, wenn er unitär diagonalisierbar ist. Einen anderen Beweis dieser Aussage geben wir in Satz 18.2; vgl. auch Aufgabe 15.18.)

14.20 Geben Sie Bedingungen an die Einträge von

$$A = \begin{bmatrix} \alpha & \beta \\ \gamma & \delta \end{bmatrix} \in \mathbb{R}^{2,2}$$

an, so dass $A$ triangulierbar ist.

14.21 Geben Sie einen nicht diagonalisierbaren und einen nicht triangulierbaren Endomorphismus auf $\mathbb{R}[t]_{\leq 3}$ an.

14.22 Sei $V$ ein $K$-Vektorraum mit $\dim(V) = n \in \mathbb{N}$. Zeigen Sie, dass $f \in \mathcal{L}(V, V)$ genau dann triangulierbar ist, wenn es Unterräume $V_0, V_1, \ldots, V_n$ von $V$ gibt mit

(a) $V_j \subset V_{j+1}$ für $j = 0, 1, \ldots, n-1$,

(b) $\dim(V_j) = j$ für $j = 0, 1, \ldots, n$ und

(c) $V_j$ ist $f$-invariant für $j = 0, 1, \ldots, n$.

14.23 Beweisen Sie Lemma 14.23.

# Polynome und der Fundamentalsatz der Algebra

Aus der Untersuchung der Eigenwerte von Matrizen und Endomorphismen wissen wir, dass diese die Nullstellen der charakteristischen Polynome sind. Da nicht jedes Polynom über jedem Körper in Linearfaktoren zerfällt, stellt sich die Frage, wann eine Matrix oder ein Endomorphismus Eigenwerte besitzt. Um diese Frage zu beantworten, beschäftigen wir uns in diesem Kapitel im Detail mit Polynomen. Wir beweisen den Fundamentalsatz der Algebra: Jedes nicht-konstante Polynom über $\mathbb{C}$ hat mindestens eine Nullstelle in $\mathbb{C}$. Somit haben jede Matrix über $\mathbb{C}$ und jeder Endomporphismus auf einem $\mathbb{C}$-Vektorraum (ungleich Null) mindestens einen Eigenwert.

## 15.1   Polynome

Wir beginnen mit einer kurzen Wiederholung der wichtigsten Begriffe im Zusammenhang mit dem Ring der Polynome. Ist $K$ ein Körper, so ist

$$p = \alpha_0 + \alpha_1 t + \ldots + \alpha_n t^n \ \text{ mit } n \in \mathbb{N}_0 \text{ und } \alpha_0, \alpha_1, \ldots \alpha_n \in K$$

ein Polynom über $K$ in der Unbekannten $t$. Die Menge aller dieser Polynome, bezeichnet mit $K[t]$, bildet einen kommutativen Ring mit Eins (vgl. Beispiel 3.15). Ist $\alpha_n \neq 0$, so heißt $n$ der Grad von $p$ und wir schreiben $\mathrm{Grad}(p) = n$. Ist $\alpha_n = 1$, so nennen wir $p$ ein monisches Polynom. Ist $p = 0$, so setzen wir $\mathrm{Grad}(p) := -\infty$. Ist $\mathrm{Grad}(p) < 1$, also $p = \alpha_0$ für ein $\alpha_0 \in K$, so nennen wir $p$ ein *konstantes* Polynom.

**Lemma 15.1.** *Für zwei Polynome* $p, q \in K[t]$ *gilt:*

(1) $\mathrm{Grad}(p + q) \leq \max\{\mathrm{Grad}(p), \mathrm{Grad}(q)\}$.
(2) $\mathrm{Grad}(p \cdot q) = \mathrm{Grad}(p) + \mathrm{Grad}(q)$.

© Springer-Verlag GmbH Deutschland, ein Teil von Springer Nature 2021
J. Liesen, V. Mehrmann, *Lineare Algebra*, Springer Studium Mathematik (Bachelor),
https://doi.org/10.1007/978-3-662-62742-6_15

**Beweis.** Übungsaufgabe.                                                              □

Ist $V \neq \{0\}$ ein endlichdimensionaler $K$-Vektorraum und $f \in \mathcal{L}(V, V)$, so ist das charakteristische Polynom $P_f$ ein monisches Polynom mit $\mathrm{Grad}(P_f) = \dim(V)$. Um Aussagen über die Existenz und Vielfachheit von Eigenwerten zu machen, werden wir zunächst einige wichtige Begriffe zur *Teilbarkeit* von Polynomen definieren.

**Definition 15.2.** Sei $K$ ein Körper und $K[t]$ der Ring der Polynome über $K$.

(1) Wenn es für zwei Polynome $p, s \in K[t]$ ein Polynom $q \in K[t]$ mit $p = s \cdot q$ gibt, dann heißt $s$ ein *Teiler* von $p$ und wir schreiben $s | p$ (gelesen: „$s$ teilt $p$").
(2) Zwei Polynome $p, s \in K[t]$ heißen *teilerfremd*, wenn aus $q | p$ und $q | s$ für ein $q \in K[t]$ stets folgt, dass $q$ ein konstantes Polynom ist.
(3) Ein nicht-konstantes Polynom $p \in K[t]$ heißt *irreduzibel* (über $K$), wenn aus $p = s \cdot q$ für zwei Polynome $s, q \in K[t]$ folgt, dass $s$ oder $q$ ein konstantes Polynom ist. Falls es zwei nicht-konstante Polynome $s, q \in K[t]$ mit $p = s \cdot q$ gibt, so heißt $p$ *reduzibel* (über $K$).

Man beachte, dass die Eigenschaft der Irreduzibilität nur für Polynome vom Grad mindestens 1 definiert ist. Ein Polynom vom Grad 1 ist stets irreduzibel. Ob ein Polynom vom Grad mindestens 2 irreduzibel ist, kann vom Körper abhängen, über dem es betrachtet wird.

**Beispiel 15.3.** Das Polynom $2 - t^2 \in \mathbb{Q}[t]$ ist irreduzibel, aber aus

$$2 - t^2 = \left(\sqrt{2} - t\right) \cdot \left(\sqrt{2} + t\right)$$

folgt, dass $2 - t^2 \in \mathbb{R}[t]$ reduzibel ist. Das Polynom $1 + t^2 \in \mathbb{R}[t]$ ist irreduzibel, aber mit Hilfe der imaginären Einheit $\mathbf{i}$ folgt die Gleichung

$$1 + t^2 = (-\mathbf{i} + t) \cdot (\mathbf{i} + t),$$

so dass $1 + t^2 \in \mathbb{C}[t]$ reduzibel ist.

Wir kommen nun zur *Division mit Rest* von Polynomen.

**Satz 15.4.** *Sind* $p \in K[t]$ *und* $s \in K[t] \setminus \{0\}$, *so gibt es eindeutig bestimmte Polynome* $q, r \in K[t]$ *mit*

$$p = s \cdot q + r \quad \textit{und} \quad \mathrm{Grad}(r) < \mathrm{Grad}(s). \tag{15.1}$$

**Beweis.** Wir zeigen zunächst die Existenz von Polynomen $q, r \in K[t]$, so dass (15.1) gilt.

Im Fall $\text{Grad}(s) = 0$ gilt $s = s_0$ für ein $s_0 \in K \setminus \{0\}$ und (15.1) folgt mit $q := s_0^{-1} \cdot p$ und $r := 0$, wobei $\text{Grad}(r) < \text{Grad}(s)$ ist. Wir nehmen nun $\text{Grad}(s) \geq 1$ an.

Ist $\text{Grad}(p) < \text{Grad}(s)$ so setzen wir $q := 0$ und $r := p$. Dann gilt $p = s \cdot q + r$ mit $\text{Grad}(r) < \text{Grad}(s)$.

Sei $n := \text{Grad}(p) \geq m := \text{Grad}(s) \geq 1$. Wir zeigen (15.1) durch Induktion über $n$. Ist $n = 1$, dann gilt $m = 1$, also $p = p_1 \cdot t + p_0$ mit $p_1 \neq 0$ und $s = s_1 \cdot t + s_0$ mit $s_1 \neq 0$. Es folgt

$$p = s \cdot q + r \quad \text{für} \quad q := p_1 s_1^{-1}, \quad r := p_0 - p_1 s_1^{-1} s_0,$$

wobei $\text{Grad}(r) < \text{Grad}(s)$ ist.

Die Behauptung gelte nun für ein $n \geq 1$. Seien zwei Polynome $p$ und $s$ mit $n + 1 = \text{Grad}(p) \geq \text{Grad}(s) = m$ gegeben und seien $p_{n+1}(\neq 0)$ und $s_m(\neq 0)$ die höchsten Koeffizienten von $p$ und $s$. Ist

$$h := p - p_{n+1} s_m^{-1} s \cdot t^{n+1-m} \in K[t],$$

so gilt $\text{Grad}(h) < \text{Grad}(p) = n + 1$. Nach der Induktionsvoraussetzung gibt es Polynome $\tilde{q}, r \in K[t]$ mit

$$h = s \cdot \tilde{q} + r \quad \text{und} \quad \text{Grad}(r) < \text{Grad}(s).$$

Es folgt

$$p = s \cdot q + r \quad \text{mit} \quad q := \tilde{q} + p_{n+1} s_m^{-1} t^{n+1-m},$$

wobei $\text{Grad}(r) < \text{Grad}(s)$ ist.

Wir zeigen nun noch die Eindeutigkeit. Angenommen es gilt (15.1) und es gibt zudem Polynome $\hat{q}, \hat{r} \in K[t]$ mit $p = s \cdot \hat{q} + \hat{r}$ und $\text{Grad}(\hat{r}) < \text{Grad}(s)$. Dann folgt

$$r - \hat{r} = s \cdot (\hat{q} - q).$$

Ist $\hat{r} - r \neq 0$, dann ist $\hat{q} - q \neq 0$ und somit

$$\text{Grad}(r - \hat{r}) = \text{Grad}(s \cdot (\hat{q} - q)) = \text{Grad}(s) + \text{Grad}(\hat{q} - q) \geq \text{Grad}(s).$$

Allerdings gilt auch

$$\text{Grad}(r - \hat{r}) \leq \max\{\text{Grad}(r), \text{Grad}(\hat{r})\} < \text{Grad}(s).$$

Dies ist ein Widerspruch. Es folgt $r = \hat{r}$ und somit auch $q = \hat{q}$. $\qquad\square$

Aus diesem Satz erhalten wir einige wichtige Folgerungen über die Nullstellen von Polynomen. Die erste dieser Folgerungen wird in der Literatur oft als *Satz von Ruffini*[1] bezeichnet.

**Korollar 15.5.** *Ist $\lambda \in K$ eine Nullstelle von $p \in K[t]$, d. h. gilt $p(\lambda) = 0$, dann gibt es ein eindeutig bestimmtes Polynom $q \in K[t]$ mit $p = (t - \lambda) \cdot q$.*

**Beweis.** Wenden wir Satz 15.4 auf die Polynome $p$ und $s = t - \lambda \neq 0$ an, so erhalten wir eindeutig bestimmte Polynome $q$ und $r$ mit $\mathrm{Grad}(r) < \mathrm{Grad}(s) = 1$ und

$$p = (t - \lambda) \cdot q + r.$$

Das Polynom $r$ ist konstant und Einsetzen von $\lambda$ ergibt

$$0 = p(\lambda) = (\lambda - \lambda) \cdot q(\lambda) + r(\lambda) = r(\lambda),$$

woraus $r = 0$ und $p = (t - \lambda) \cdot q$ folgt. □

Falls ein Polynom $p \in K[t]$ mindestens den Grad 2 und eine Nullstelle $\lambda \in K$ hat, so ist der Linearfaktor $t - \lambda$ ein Teiler von $p$ und insbesondere ist $p$ reduzibel. Die Umkehrung dieser Aussage gilt *nicht*. Zum Beispiel ist das Polynom $4 - 4t^2 + t^4 = (2 - t^2) \cdot (2 - t^2) \in \mathbb{Q}[t]$ reduzibel, es hat jedoch keine Nullstelle in $\mathbb{Q}$.

Korollar 15.5 motiviert die folgende Definition (vgl. Definition 14.8).

**Definition 15.6.** Seien $p \in K[t] \setminus \{0\}$ und $\lambda \in K$ eine Nullstelle von $p$. Dann ist die *Vielfachheit* der Nullstelle $\lambda$ die eindeutig bestimmte natürliche Zahl $m$, so dass $p = (t - \lambda)^m \cdot q$ für ein Polynom $q \in K[t]$ mit $q(\lambda) \neq 0$ ist.

Das Polynom $p = 0$ wird in dieser Definition ausgeschlossen, denn für dieses Polynom erhalten wir $q = 0$ in Korollar 15.5, so dass für kein $\lambda \in K$ eine Faktorisierung der Form $p = (t - \lambda)^m \cdot q$ mit $q(\lambda) \neq 0$ existiert.

Aus der wiederholten Anwendung von Korollar 15.5 auf ein gegebenes Polynom $p \in K[t] \setminus \{0\}$ folgt dann sofort die folgende Aussage.

**Korollar 15.7.** *Sind $\lambda_1 \ldots, \lambda_k \in K$ paarweise verschiedene Nullstellen von $p \in K[t] \setminus \{0\}$ mit jeweiligen Vielfachheiten $m_1, \ldots, m_k$, so gibt es ein eindeutig bestimmtes Polynom $q \in K[t]$ mit*

$$p = (t - \lambda_1)^{m_1} \cdot \ldots \cdot (t - \lambda_k)^{m_k} \cdot q$$

---

[1]Paolo Ruffini (1765–1822).

und $q(\lambda_j) \neq 0$ für $j = 1, \ldots, k$. *Insbesondere ist die Summe der Vielfachheiten aller paarweise verschiedener Nullstellen eines Polynoms $p \in K[t] \setminus \{0\}$ kleiner oder gleich* Grad($p$).

Die nächste Aussage wird oft als das *Lemma von Bézout*[2] bezeichnet.

**Lemma 15.8.** *Sind $p, s \in K[t] \setminus \{0\}$ teilerfremd, so gibt es Polynome $q_1, q_2 \in K[t]$ mit*

$$p \cdot q_1 + s \cdot q_2 = 1.$$

**Beweis.** Wir können ohne Beschränkung der Allgemeinheit annehmen, dass Grad($p$) $\geq$ Grad($s$) ($\geq 0$) ist. Wir beweisen die Aussage per Induktion über Grad($s$).

Ist Grad($s$) $= 0$, also $s = s_0$ für ein $s_0 \in K \setminus \{0\}$, so folgt

$$p \cdot q_1 + s \cdot q_2 = 1 \quad \text{mit} \quad q_1 := 0, \quad q_2 := s_0^{-1}.$$

Sei nun die Aussage bewiesen für alle Polynome $p, s \in K[t] \setminus \{0\}$ mit Grad($s$) $= n$ für ein $n \geq 0$. Seien $p, s \in K[t] \setminus \{0\}$ mit Grad($p$) $\geq$ Grad($s$) $= n + 1$ gegeben. Nach Satz 15.4 (Division mit Rest) gibt es dann Polynome $q$ und $r$ mit

$$p = s \cdot q + r \quad \text{und} \quad \text{Grad}(r) < \text{Grad}(s).$$

Hier muss $r \neq 0$ sein, denn $p$ und $s$ sind nach Voraussetzung teilerfremd.

Angenommen es gibt ein nicht-konstantes Polynom $h \in K[t]$, das sowohl $s$ als auch $r$ teilt. Dann würde $h$ auch $p$ teilen, im Widerspruch zur Voraussetzung, dass $p$ und $s$ teilerfremd sind. Die Polynome $s$ und $r$ sind somit teilerfremd. Es gilt Grad($r$) $<$ Grad($s$) und somit können wir die Induktionsvoraussetzung auf die Polynome $s, r \in K[t] \setminus \{0\}$ anwenden. Es gibt daher Polynome $\widetilde{q}_1, \widetilde{q}_2 \in K[t]$ mit

$$s \cdot \widetilde{q}_1 + r \cdot \widetilde{q}_2 = 1.$$

Aus $r = p - s \cdot q$ folgt dann

$$1 = s \cdot \widetilde{q}_1 + (p - s \cdot q) \cdot \widetilde{q}_2 = p \cdot \widetilde{q}_2 + s \cdot (\widetilde{q}_1 - q \cdot \widetilde{q}_2),$$

was zu beweisen war. $\qquad\square$

Mit dem Lemma von Bézout beweisen wir nun leicht das folgende Resultat.

---

[2]Étienne Bézout (1730–1783).

**Lemma 15.9.** *Ist $p \in K[t]$ irreduzibel und ein Teiler des Produkts $s \cdot h$ zweier Polynome $s, h \in K[t]$, so teilt $p$ mindestens einen der Faktoren, d. h. es gilt $p|s$ oder $p|h$.*

**Beweis.** Ist $s = 0$, so gilt $p|s$, denn jedes Polynom ist Teiler des Polynoms 0.

Sei nun $s \neq 0$. Ist $p$ kein Teiler von $s$, so sind $p$ und $s$ teilerfremd, denn $p$ ist irreduzibel. Nach dem Lemma von Bézout gibt es somit Polynome $q_1, q_2 \in K[t]$ mit $p \cdot q_1 + s \cdot q_2 = 1$. Es folgt

$$h = h \cdot 1 = (q_1 \cdot h) \cdot p + q_2 \cdot (s \cdot h).$$

Das Polynom $p$ teilt beide Summanden auf der rechten Seite und somit $p|h$.            □

Durch mehrfache Anwendung von Lemma 15.9 erhalten wir den *euklidischen Hauptsatz*, der eine „Primfaktorzerlegung" im Ring der Polynome darstellt.

**Satz 15.10.** *Jedes Polynom $p = \alpha_0 + \alpha_1 t + \ldots + \alpha_n t^n \in K[t] \setminus \{0\}$ besitzt eine bis auf die Reihenfolge eindeutige Zerlegung*

$$p = \mu \cdot p_1 \cdot \ldots \cdot p_k$$

*mit $\mu \in K$ und monischen irreduziblen Polynomen $p_1, \ldots, p_k \in K[t]$.*

**Beweis.** Ist $\mathrm{Grad}(p) = 0$, also $p = \alpha_0$, so gilt die Aussage mit $k = 0$ und $\mu = \alpha_0$.

Sei nun $\mathrm{Grad}(p) \geq 1$, d. h. $p$ ist nicht konstant. Ist $p$ irreduzibel, so gilt die Aussage mit $p_1 = \mu^{-1} p$ und $\mu = \alpha_n$ ist der höchste Koeffizient von $p$. Ist $p$ jedoch reduzibel, so gilt $p = p_1 \cdot p_2$ für zwei nicht-konstante Polynome $p_1$ und $p_2$. Diese sind entweder irreduzibel oder wir können sie weiter zerlegen. Jede so erhaltene multiplikative Zerlegung von $p$ hat höchstens $\mathrm{Grad}(p) = n$ nicht-konstante Faktoren. Angenommen es gilt

$$p = \mu \cdot p_1 \cdot \ldots \cdot p_k = \beta \cdot q_1 \cdot \ldots \cdot q_\ell \tag{15.2}$$

mit gewissen $k, \ell$, wobei $1 \leq \ell \leq k \leq n$, $\mu, \beta \in K$, sowie monischen irreduziblen Polynomen $p_1, \ldots, p_k, q_1, \ldots, q_\ell \in K[t]$. Dann gilt $p_1|p$ und somit $p_1|q_j$ für ein $j$. Die Polynome $p_1$ und $q_j$ sind irreduzibel und es gilt $p_1 = q_j$.

Wir können ohne Beschränkung der Allgemeinheit $j = 1$ annehmen und das Polynom $p_1 = q_1$ aus der Identität (15.2) „kürzen", woraus sich

$$\mu \cdot p_2 \cdot \ldots \cdot p_k = \beta \cdot q_2 \cdot \ldots \cdot q_\ell$$

ergibt. Verfahren wir analog für die Polynome $p_2, \ldots, p_k$, so erhalten wir schließlich $k = \ell$, $\mu = \beta$ und $p_j = q_j$ für $j = 1, \ldots, k$.            □

## 15.2 Der Fundamentalsatz der Algebra

Wir haben bereits gesehen, dass die Frage der Existenz und Vielfachheit der Nullstellen eines Polynoms vom Körper abhängen kann, über dem es betrachtet wird. Eine Besonderheit stellt dabei der Körper $\mathbb{C}$ dar, denn es gilt der Fundamentalsatz der Algebra. Die „klassische" Formulierung[3] dieses Satzes ist: *Jedes nicht-konstante Polynom über $\mathbb{C}$ hat eine Nullstelle in $\mathbb{C}$.* Um diesen Satz in unserem Kontext zu behandeln, geben wir zunächst eine äquivalente Formulierung in der Sprache der Linearen Algebra.

**Satz 15.11.** *Die folgenden Aussagen sind äquivalent:*

(1) *Jedes nicht-konstante Polynom $p \in \mathbb{C}[t]$ hat eine Nullstelle in $\mathbb{C}$.*
(2) *Ist $V \neq \{0\}$ ein endlichdimensionaler $\mathbb{C}$-Vektorraum, so hat jeder Endomorphismus $f \in \mathcal{L}(V, V)$ einen Eigenvektor.*

**Beweis.**

(1) $\Rightarrow$ (2): Ist $V \neq \{0\}$ und $f \in \mathcal{L}(V, V)$, so ist das charakteristische Polynom $P_f$ nicht konstant, denn es gilt $\mathrm{Grad}(P_f) = \dim(V) > 0$. Gilt nun die Aussage (1), so hat $P_f \in \mathbb{C}[t]$ eine Nullstelle in $\mathbb{C}$ und somit hat $f$ einen Eigenvektor.

(2) $\Rightarrow$ (1): Sei $p = \alpha_0 + \alpha_1 t + \ldots + \alpha_n t^n \in \mathbb{C}[t]$ ein nicht-konstantes Polynom, d. h. $n \geq 1$ und $\alpha_n \neq 0$. Die Nullstellen von $p$ sind identisch mit den Nullstellen des monischen Polynoms $\widehat{p} := \alpha_n^{-1} p$. Zu diesem Polynom $\widehat{p}$ gibt es eine Matrix $A \in \mathbb{C}^{n,n}$ deren charakteristisches Polynom $P_A$ gleich $\widehat{p}$ ist (eine solche Matrix ist die *Begleitmatrix* des Polynoms $\widehat{p}$; vgl. Lemma 8.4). Ist $V$ ein $n$-dimensionaler $\mathbb{C}$-Vektorraum und ist $B$ eine beliebige Basis von $V$, so gibt es einen eindeutig bestimmten Endomorphismus $f \in \mathcal{L}(V, V)$ mit $[f]_{B,B} = A$ (vgl. Satz 10.17). Gilt nun (2), so hat $f$ einen Eigenvektor, also auch einen Eigenwert, und somit hat $\widehat{p} = P_A$ eine Nullstelle. $\square$

Den Fundamentalsatz der Algebra kann nicht ohne Hilfsmittel der Analysis bewiesen werden. Insbesondere benötigt man den Begriff der *Stetigkeit* von Polynomen, den wir im Beweis des folgenden Standardresultats aus der Analysis benutzen.

**Lemma 15.12.** *Jedes Polynom $p \in \mathbb{R}[t]$ mit ungeradem Grad hat eine (reelle) Nullstelle.*

**Beweis.** Sei der höchste Koeffizient von $p$ positiv. Dann gilt

$$\lim_{t \to \infty} p(t) = +\infty, \quad \lim_{t \to -\infty} p(t) = -\infty.$$

---

[3]Den ersten vollständigen Beweis des Fundamentalsatzes der Algebra gab Carl Friedrich Gauß (1777–1855) in seiner Dissertation von 1799. Die Geschichte dieses Resultats wird in dem sehr lesenswerten Buch [Ebb08] ausführlich dargestellt.

Da die reelle Funktion $p(t)$ stetig ist, folgt aus dem *Zwischenwertsatz* der reellen Analysis die Existenz einer Nullstelle des Polynoms $p$. Der Beweis im Fall eines negativen höchsten Koeffizienten ist analog.                                                                    □

Unser Beweis des Fundamentalsatzes der Algebra (siehe Satz 15.14 unten) orientiert sich an der Darstellung im Artikel [Der03]. Der Beweis ist per Induktion über die Dimension von $\mathcal{V}$. Dabei verfahren wir aber nicht wie gewöhnlich in fortlaufender Reihenfolge, d. h. $\dim(\mathcal{V}) = 1, 2, 3, \ldots$, sondern in einer Reihenfolge, die auf den Mengen

$$M_j := \{2^m \cdot \ell \mid 0 \leq m \leq j - 1 \text{ und } \ell \text{ ungerade}\} \subset \mathbb{N}, \quad \text{für } j \in \mathbb{N}$$

basiert. Zum Beispiel sind

$$M_1 = \{\ell \mid \ell \text{ ungerade}\} = \{1, 3, 5, 7, \ldots\}, \quad M_2 = M_1 \cup \{2, 6, 10, 14, \ldots\}.$$

Wir beweisen zunächst ein Lemma, dessen Aussagen wir im Beweis des Fundamentalsatzes benötigen.

**Lemma 15.13.**

(1) *Ist $\mathcal{V}$ ein $\mathbb{R}$-Vektorraum und ist $\dim(\mathcal{V})$ ungerade, gilt also $\dim(\mathcal{V}) \in M_1$, so hat jeder Endomorphismus $f \in \mathcal{L}(\mathcal{V}, \mathcal{V})$ einen Eigenvektor.*

(2) *Sei $K$ ein Körper und $j \in \mathbb{N}$. Falls für jeden $K$-Vektorraum $\mathcal{V}$ mit $\dim(\mathcal{V}) \in M_j$ jeder Endomorphismus $f \in \mathcal{L}(\mathcal{V}, \mathcal{V})$ einen Eigenvektor hat, so haben zwei kommutierende Endomorphismen $f_1, f_2 \in \mathcal{L}(\mathcal{V}, \mathcal{V})$ einen gemeinsamen Eigenvektor, d. h. falls $f_1 \circ f_2 = f_2 \circ f_1$ gilt, so gibt es einen Vektor $v \in \mathcal{V} \setminus \{0\}$ und zwei Skalare $\lambda_1, \lambda_2 \in K$ mit $f_1(v) = \lambda_1 v$ und $f_2(v) = \lambda_2 v$.*

(3) *Ist $\mathcal{V}$ ein $\mathbb{R}$-Vektorraum und ist $\dim(\mathcal{V})$ ungerade, so haben zwei kommutierende Endomorphismen $f_1, f_2 \in \mathcal{L}(\mathcal{V}, \mathcal{V})$ einen gemeinsamen Eigenvektor.*

**Beweis.**

(1) Für jedes $f \in \mathcal{L}(\mathcal{V}, \mathcal{V})$ ist der Grad von $P_f \in \mathbb{R}[t]$ ungerade. Somit hat $P_f$ mit Lemma 15.12 eine Nullstelle und $f$ hat damit einen Eigenvektor.

(2) Wir führen den Beweis per Induktion über $\dim(\mathcal{V})$, wobei $\dim(\mathcal{V})$ die Elemente aus $M_j$ in aufsteigender Reihenfolge durchläuft. Die Menge $M_j$ ist eine (echte) Teilmenge von $\mathbb{N}$, die aus allen natürlichen Zahlen besteht, welche nicht durch $2^j$ teilbar sind. Insbesondere ist 1 das kleinste Element von $M_j$.

Ist $\dim(\mathcal{V}) = 1 \in M_j$, so haben nach Voraussetzung zwei (beliebige) Endomorphismen $f_1, f_2 \in \mathcal{L}(\mathcal{V}, \mathcal{V})$ jeweils einen Eigenvektor,

$$f_1(v_1) = \lambda_1 v_1, \quad f_2(v_2) = \lambda_2 v_2.$$

Da $\dim(V) = 1$ ist, folgt $v_1 = \alpha v_2$ für ein $\alpha \in K \setminus \{0\}$. Somit gilt

$$f_2(v_1) = f_2(\alpha v_2) = \alpha f_2(v_2) = \lambda_2(\alpha v_2) = \lambda_2 v_1,$$

d. h. $v_1$ ist ein gemeinsamer Eigenvektor von $f_1$ und $f_2$.

Sei nun $\dim(V) \in M_j$ und sei die Behauptung bewiesen für alle $K$-Vektorräume, deren Dimension ein Element von $M_j$ ist, welches kleiner als $\dim(V)$ ist. Seien $f_1, f_2 \in \mathcal{L}(V, V)$ mit $f_1 \circ f_2 = f_2 \circ f_1$. Nach unserer Annahme hat $f_1$ einen Eigenvektor $v_1$ mit zugehörigem Eigenwert $\lambda_1$. Seien

$$\mathcal{U} := \mathrm{Bild}(\lambda_1 \, \mathrm{Id}_V - f_1), \qquad \mathcal{W} := V_{f_1}(\lambda_1) = \mathrm{Kern}(\lambda_1 \, \mathrm{Id}_V - f_1).$$

Die Unterräume $\mathcal{U}$ und $\mathcal{W}$ von $V$ sind $f_1$-invariant, d. h. es gilt $f_1(\mathcal{U}) \subseteq \mathcal{U}$ und $f_1(\mathcal{W}) \subseteq \mathcal{W}$. Für den Raum $\mathcal{W}$ haben wir dies bereits in Lemma 14.4 festgestellt und für den Raum $\mathcal{U}$ sieht man die Aussage leicht ein (vgl. Aufgabe 14.1). Wir zeigen nun, dass $\mathcal{U}$ und $\mathcal{W}$ auch $f_2$-invariant sind:

Ist $u \in \mathcal{U}$, so gilt $u = (\lambda_1 \, \mathrm{Id}_V - f_1)(v)$ für ein $v \in V$. Da $f_1$ und $f_2$ kommutieren folgt

$$f_2(u) = (f_2 \circ (\lambda_1 \, \mathrm{Id}_V - f_1))(v) = ((\lambda_1 \, \mathrm{Id}_V - f_1) \circ f_2)(v)$$

$$= (\lambda_1 \, \mathrm{Id}_V - f_1)(f_2(v)) \in \mathcal{U}.$$

Ist $w \in \mathcal{W}$, dann gilt

$$(\lambda_1 \, \mathrm{Id}_V - f_1)(f_2(w)) = ((\lambda_1 \, \mathrm{Id}_V - f_1) \circ f_2)(w) = (f_2 \circ (\lambda_1 \, \mathrm{Id}_V - f_1))(w)$$

$$= f_2((\lambda_1 \, \mathrm{Id}_V - f_1)(w)) = f_2(0) = 0,$$

also $f_2(w) \in \mathcal{W}$.

Es gilt $\dim(V) = \dim(\mathcal{U}) + \dim(\mathcal{W})$ und da $\dim(V)$ nicht durch $2^j$ teilbar ist, können $\dim(\mathcal{U})$ und $\dim(\mathcal{W})$ nicht beide durch $2^j$ teilbar sein. Also gilt entweder $\dim(\mathcal{U}) \in M_j$ oder $\dim(\mathcal{W}) \in M_j$.

Falls der entsprechende Unterraum ein echter Unterraum von $V$ ist, so ist dessen Dimension ein Element von $M_j$, das kleiner als $\dim(V)$ ist. Nach der Induktionsvoraussetzung haben dann $f_1$ und $f_2$ einen gemeinsamen Eigenvektor in diesem Unterraum. Somit haben $f_1$ und $f_2$ einen gemeinsamen Eigenvektor in $V$.

Falls der entsprechende Unterraum gleich $V$ ist, so muss dies der Unterraum $\mathcal{W}$ sein, denn es gilt $\dim(\mathcal{W}) \geq 1$ ($\lambda_1$ ist Eigenwert von $f_1$). Gilt jedoch $V = \mathcal{W}$, so ist jeder Vektor in $V \setminus \{0\}$ ein Eigenvektor von $f_1$. Nach unserer Annahme hat aber auch $f_2$ einen Eigenvektor, so dass mindestens ein gemeinsamer Eigenvektor von $f_1$ und $f_2$ existiert.

(3) Aus (1) folgt, dass die Annahme von (2) für $K = \mathbb{R}$ und $j = 1$ erfüllt ist. Somit
folgt (3).                                                                                          □

Wir beweisen nun den Fundamentalsatz der Algebra in der Formulierung (2) des
Satzes 15.11.

**Satz 15.14.** *Ist $V \neq \{0\}$ ein endlichdimensionaler $\mathbb{C}$-Vektorraum, so hat jeder Endomorphismus $f \in \mathcal{L}(V, V)$ einen Eigenvektor.*

**Beweis.** Wir beweisen die Aussage per Induktion über $j = 1, 2, 3, \ldots$ und $\dim(V) \in M_j$.

Wir beginnen mit $j = 1$, d. h., wir zeigen die Behauptung für alle $\mathbb{C}$-Vektorräume mit
ungerader Dimension. Sei dazu $V$ ein beliebiger $\mathbb{C}$-Vektorraum mit $n := \dim(V) \in M_1$.
Sei $f \in \mathcal{L}(V, V)$ und sei ein beliebiges Skalarprodukt auf $V$ gegeben (ein solches existiert;
vgl. Aufgabe 12.1). Wir betrachten die Menge der selbstadjungierten Abbildungen bezüglich dieses Skalarprodukts,

$$\mathcal{H} := \{g \in \mathcal{L}(V, V) \mid g = g^{ad}\}.$$

Aus Lemma 13.15 wissen wir, dass die Menge $\mathcal{H}$ einen $\mathbb{R}$-Vektorraum der Dimension $n^2$
bildet. Wir definieren $h_1, h_2 \in \mathcal{L}(\mathcal{H}, \mathcal{H})$ durch

$$h_1(g) := \frac{1}{2}(f \circ g + g \circ f^{ad}), \quad h_2(g) := \frac{1}{2\mathbf{i}}(f \circ g - g \circ f^{ad})$$

für alle $g \in \mathcal{H}$. Dann gilt $h_1 \circ h_2 = h_2 \circ h_1$ (vgl. Aufgabe 15.9). Da $n$ ungerade ist, ist
$n^2$ ungerade und somit haben $h_1$ und $h_2$ nach (3) in Lemma 15.13 einen gemeinsamen
Eigenvektor. Es existiert also ein $\widetilde{g} \in \mathcal{H} \setminus \{0\}$ mit

$$h_1(\widetilde{g}) = \lambda_1 \widetilde{g}, \quad h_2(\widetilde{g}) = \lambda_2 \widetilde{g} \quad \text{für gewisse} \quad \lambda_1, \lambda_2 \in \mathbb{R}.$$

Es gilt $(h_1 + \mathbf{i}h_2)(g) = f \circ g$ für alle $g \in \mathcal{H}$ und somit insbesondere

$$f \circ \widetilde{g} = (h_1 + \mathbf{i}h_2)(\widetilde{g}) = (\lambda_1 + \mathbf{i}\lambda_2)\widetilde{g}.$$

Wegen $\widetilde{g} \neq 0$ gibt es einen Vektor $v \in V$ mit $\widetilde{g}(v) \neq 0$. Dann folgt

$$f(\widetilde{g}(v)) = (\lambda_1 + \mathbf{i}\lambda_2)\,\widetilde{g}(v),$$

also ist $\widetilde{g}(v) \in V$ ein Eigenvektor von $f$, was den Beweis für $j = 1$ beendet.

Wir nehmen nun an, dass für ein $j \geq 1$ und jeden $\mathbb{C}$-Vektorraum $V$ mit $\dim(V) \in M_j$
jeder Endomorphismus auf $V$ einen Eigenvektor hat. Unter dieser Annahme hat nach (2)
in Lemma 15.13 jedes Paar kommutierender Endomorphismen $f_1, f_2 \in \mathcal{L}(V, V)$ einen
gemeinsamen Eigenvektor.

Wir haben zu zeigen, dass für jeden $\mathbb{C}$-Vektorraum $\mathcal{V}$ mit $\dim(\mathcal{V}) \in M_{j+1}$ jeder Endomorphismus auf $\mathcal{V}$ einen Eigenvektor hat. Es gilt

$$M_{j+1} = M_j \cup \{2^j q \mid q \text{ ungerade}\}.$$

Die Behauptung ist somit nur für $\mathbb{C}$-Vektorräume $\mathcal{V}$ mit $n := \dim(\mathcal{V}) = 2^j q$ für eine ungerade natürliche Zahl $q$ zu zeigen. Sei $\mathcal{V}$ ein solcher Vektorraum und sei $f \in \mathcal{L}(\mathcal{V}, \mathcal{V})$ gegeben. Wir wählen eine beliebige Basis von $\mathcal{V}$ und bezeichnen die Matrixdarstellung von $f$ bezüglich dieser Basis mit $A \in \mathbb{C}^{n,n}$. Sei

$$\mathcal{S} := \{B \in \mathbb{C}^{n,n} \mid B = B^T\}$$

die Menge der komplex-symmetrischen $(n \times n)$-Matrizen. Wir definieren $h_1, h_2 \in \mathcal{L}(\mathcal{S}, \mathcal{S})$ durch

$$h_1(B) := AB + BA^T, \quad h_2(B) := ABA^T$$

für alle $B \in \mathcal{S}$. Dann gilt $h_1 \circ h_2 = h_2 \circ h_1$ (vgl. Aufgabe 15.10). Die Menge $\mathcal{S}$ bildet einen $\mathbb{C}$-Vektorraum der Dimension $n(n+1)/2$ (vgl. Lemma 13.16). Es gilt $n = 2^j q$ für eine ungerade natürliche Zahl $q$ und daher

$$\frac{n(n+1)}{2} = \frac{2^j q \, (2^j q + 1)}{2} = 2^{j-1} q \cdot (2^j q + 1) \in M_j.$$

Aus der Induktionsvoraussetzung folgt, dass die kommutierenden Endomorphismen $h_1$ und $h_2$ einen gemeinsamen Eigenvektor haben, d. h. es existiert ein $\widetilde{B} \in \mathcal{S} \setminus \{0\}$ mit

$$h_1(\widetilde{B}) = \lambda_1 \widetilde{B}, \quad h_2(\widetilde{B}) = \lambda_2 \widetilde{B} \quad \text{für gewisse} \quad \lambda_1, \lambda_2 \in \mathbb{C}.$$

Es gilt somit insbesondere $\lambda_1 \widetilde{B} = A\widetilde{B} + \widetilde{B}A^T$. Multiplizieren wir diese Gleichung von links mit $A$, so erhalten wir

$$\lambda_1 A\widetilde{B} = A^2\widetilde{B} + A\widetilde{B}A^T = A^2\widetilde{B} + h_2(\widetilde{B}) = A^2\widetilde{B} + \lambda_2\widetilde{B}$$

und somit

$$\left(A^2 - \lambda_1 A + \lambda_2 I_n\right)\widetilde{B} = 0.$$

Wir faktorisieren $t^2 - \lambda_1 t + \lambda_2 = (t - \alpha)(t - \beta)$ mit

$$\alpha = \frac{\lambda_1 + \sqrt{\lambda_1^2 - 4\lambda_2}}{2}, \quad \beta = \frac{\lambda_1 - \sqrt{\lambda_1^2 - 4\lambda_2}}{2}.$$

Für diese Faktorisierung benutzen wir, dass jede komplexe Zahl eine Quadratwurzel besitzt. Dann ergibt sich

$$(A - \alpha I_n)(A - \beta I_n)\, \widetilde{B} = 0.$$

Wegen $\widetilde{B} \neq 0$ existiert ein Vektor $v \in \mathbb{C}^{n,1}$ mit $\widetilde{B}v \neq 0$. Falls nun $(A - \beta I_n)\widetilde{B}v = 0$ ist, so ist $\widetilde{B}v$ ein Eigenvektor von $A$ zum Eigenwert $\beta$. Ist $(A - \beta I_n)\widetilde{B}v \neq 0$, so ist $(A - \beta I_n)\widetilde{B}v$ ein Eigenvektor on $A$ zum Eigenwert $\alpha$. Da $A$ einen Eigenvektor hat, hat auch $f$ einen Eigenvektor. □

**Die MATLAB-Minute.**

Berechnen Sie die Eigenwerte der Matrix

$$A = \begin{bmatrix} 1 & 2 & 3 & 4 & 5 \\ 1 & 2 & 4 & 3 & 5 \\ 2 & 3 & 4 & 1 & 5 \\ 5 & 1 & 4 & 2 & 3 \\ 4 & 2 & 3 & 1 & 5 \end{bmatrix} \in \mathbb{R}^{5,5}$$

durch das Kommando eig(A).

Das berechnete Ergebnis stimmt nicht mit der Theorie überein, denn als reelle Matrix darf $A$ nur reelle Eigenwerte haben. Der Grund für das Auftreten komplexer Eigenwerte ist, dass MATLAB *jede* Matrix als komplexe Matrix interpretiert. Insbesondere ist für MATLAB *jede* Matrix unitär triangulierbar, denn jedes komplexe Polynom (vom Grad mindestens 1) zerfällt in Linearfaktoren.

Aus dem Fundamentalsatz der Algebra und (2) in Lemma 15.13 folgt unmittelbar das nächste Resultat.

**Korollar 15.15.** *Ist $V \neq \{0\}$ ein endlichdimensionaler $\mathbb{C}$-Vektorraum, so haben zwei kommutierende Endomorphismen $f_1, f_2 \in \mathcal{L}(V, V)$ einen gemeinsamen Eigenvektor.*

**Beispiel 15.16.** Man rechnet leicht nach, dass die beiden reellen Matrizen

$$A = \begin{bmatrix} 3 & 1 \\ 1 & 3 \end{bmatrix} \quad \text{und} \quad B = \begin{bmatrix} 5 & 1 \\ 1 & 5 \end{bmatrix}$$

kommutieren. Ein gemeinsamer Eigenvektor zum Eigenwert 4 von $A$ und 6 von $B$ ist der Vektor $[1, 1]^T$.

Zwei kommutierende Endomorphismen haben jedoch nicht immer einen gemeinsamen Eigenwert, was am Beispiel der beiden kommutierenden Endomorphismen $\mathrm{Id}_\mathcal{V}$ und $0 \in \mathcal{L}(\mathcal{V}, \mathcal{V})$ gezeigt wird.

Mit Hilfe von Korollar 15.15 kann der Satz von Schur (vgl. Korollar 14.21) wie folgt verallgemeinert werden.

**Satz 15.17.** *Sei $\mathcal{V}$ ein endlichdimensionaler unitärer Vektorraum und seien $f_1, f_2 \in \mathcal{L}(\mathcal{V}, \mathcal{V})$ zwei kommutierende Endomorphismen. Dann sind $f_1$ und $f_2$ gleichzeitig unitär triangulierbar, d. h. es gibt eine Orthonormalbasis $B$ von $\mathcal{V}$, so dass $[f_1]_{B,B}$ und $[f_2]_{B,B}$ obere Dreiecksmatrizen sind.*

**Beweis.** Übungsaufgabe. □

Da jeder Endomorphismus (trivialerweise) mit sich selbst kommutiert, erhält man aus diesem Satz mit der Wahl $f_1 = f_2 = f$ die Aussage des Satzes von Schur. Andererseits folgt aus der Aussage, dass jeder Endomorphismus auf einem endlichdimensionalen unitären Vektorraum unitär triangulierbar ist, also dem Satz von Schur, nicht unmittelbar, dass zwei kommutierende Endomorphismen auch gleichzeitig unitär triangulierbar sind. Der Satz 15.17 ist daher allgemeiner als der Satz von Schur.

Die „Matrix-Version" von Satz 15.17 ist: Sind $A_1, A_2 \in \mathbb{C}^{n,n}$ mit $A_1 A_2 = A_2 A_1$, dann existiert eine unitäre Matrix $Q \in \mathbb{C}^{n,n}$, so dass $Q^H A_1 Q = R_1$ und $Q^H A_2 Q = R_2$ obere Dreiecksmatrizen sind.

Die Eigenwerte der beiden kommutierenden Matrizen $A_1$ und $A_2$ stehen auf den Diagonalen der oberen Dreiecksmatrizen $R_1$ bzw. $R_2$. Wie man leicht sieht, gilt $A_1 A_2 = Q R_1 R_2 Q^H$. Die Matrizen $A_1 A_2$ und $R_1 R_2$ sind (unitär) ähnlich und haben daher die gleichen Eigenwerte. Das Produkt $R_1 R_2$ ist eine obere Dreiecksmatrix und auf der Diagonalen stehen die Produkte der Diagonaleinträge von $R_1$ und $R_2$, d. h. der Eigenwerte von $A_1$ und $A_2$. Dies zeigt, dass für kommutierende Matrizen $A_1$ und $A_2$ die Eigenwerte des Produkts $A_1 A_2$ gegeben sind durch Produkte der Eigenwerte von $A_1$ und $A_2$.

Induktiv kann man zeigen, dass die Eigenwerte von $p(A_1, A_2) = \sum_{i,j=0}^n \alpha_{ij} A_1^i A_2^j$, wobei $p \in K[t_1, t_2]$ ein bivariates Polynom ist (vgl. Aufgabe 9.15), gegeben sind durch $p(\lambda_j^{(1)}, \lambda_j^{(2)})$, wobei die $\lambda_j^{(i)}$, $j = 1, \ldots, n$, die Eigenwerte von $A_i$, $i = 1, 2$, in einer gewissen Reihenfolge sind. Für nicht-kommutierende Matrizen (oder Endomorphismen) gilt diese Aussage im Allgemeinen nicht.

**Beispiel 15.18.** Für die Matrizen

$$A_1 = \begin{bmatrix} 1 & 1 \\ 0 & 1 \end{bmatrix} \quad \text{und} \quad A_2 = \begin{bmatrix} 0 & 0 \\ 1 & 0 \end{bmatrix}$$

gilt $A_1 A_2 \neq A_2 A_1$. Die Matrix $A_1$ hat nur den Eigenwert 1 mit $a(1, A_1) = 2$ und $g(1, A_1) = 1$. Die Matrix $A_2$ hat nur den Eigenwert 0 mit $a(0, A_2) = 2$ und $g(0, A_2) = 1$.

Jedes Produkt von Eigenwerten von $A_1$ und $A_2$ ist daher gleich 0, während die beiden Produkte

$$A_1 A_2 = \begin{bmatrix} 1 & 0 \\ 1 & 0 \end{bmatrix} \quad \text{und} \quad A_2 A_1 = \begin{bmatrix} 0 & 0 \\ 1 & 1 \end{bmatrix}$$

die Eigenwerte 1 und 0 haben (jeweils mit algebraischen und geometrischen Vielfachheiten gleich 1).

## Aufgaben

(In den folgenden Aufgaben ist $K$ stets ein beliebiger Körper.)

15.1 Beweisen Sie Lemma 15.1.

15.2 Zeigen Sie folgende Teilbarkeitsaussagen für $p_1, p_2, p_3 \in K[t]$:
  (a) $p_1|(p_1 p_2)$.
  (b) Aus $p_1|p_2$ und $p_2|p_3$ folgt $p_1|p_3$.
  (c) Aus $p_1|p_2$ und $p_1|p_3$ folgt $p_1|(p_2 + p_3)$.
  (d) Gilt $p_1|p_2$ und $p_2|p_1$, so existiert ein $c \in K \setminus \{0\}$ mit $p_1 = cp_2$.

15.3 Untersuchen Sie die folgenden Polynome auf Irreduzibilität:

$$p_1 = t^3 - t^2 + t - 1 \in \mathbb{Q}[t], \qquad p_4 = 4t^3 - 4t^2 - t + 1 \in \mathbb{Q}[t],$$

$$p_2 = t^3 - t^2 + t - 1 \in \mathbb{R}[t], \qquad p_5 = 4t^3 - 4t^2 - t + 1 \in \mathbb{R}[t],$$

$$p_3 = t^3 - t^2 + t - 1 \in \mathbb{C}[t], \qquad p_6 = t^3 - 2t^2 + t - 2 \in \mathbb{C}[t].$$

Bestimmen Sie zudem die Zerlegung in irreduzible Faktoren.

15.4 Zerlegen Sie die monischen Polynome $p_1 = t^2 - 2$, $p_2 = t^2 + 2$, $p_3 = t^4 - 1$, $p_4 = t^2 + t + 1$ und $p_5 = t^4 - t^2 - 2$ jeweils in monische irreduzible Polynome über den Körpern $K = \mathbb{Q}$, $K = \mathbb{R}$ und $K = \mathbb{C}$.

15.5 Zeigen Sie folgende Aussagen für $p \in K[t]$:
  (a) Ist $\text{Grad}(p) = 1$, so ist $p$ irreduzibel.
  (b) Ist $\text{Grad}(p) \geq 2$ und hat $p$ eine Nullstelle, so ist $p$ nicht irreduzibel.
  (c) Sei $\text{Grad}(p) \in \{2, 3\}$, dann gilt: $p$ ist genau dann irreduzibel, wenn $p$ keine Nullstelle hat.

15.6 Geben Sie einen Körper $K$ und ein Polynom $p \in K[t]$ mit $\text{Grad}(p) = 4$ an, das nicht irreduzibel ist und keine Nullstelle besitzt.

15.7 Sei $A \in GL_n(\mathbb{C})$, $n \geq 2$, und sei adj($A$) $\in \mathbb{C}^{n,n}$ die Adjunkte von $A$. Zeigen Sie, dass es $n - 1$ Matrizen $A_j \in \mathbb{C}^{n,n}$ mit $\det(-A_j) = \det(A)$, $j = 1, \ldots, n - 1$, und

$$\text{adj}(A) = \prod_{j=1}^{n-1} A_j$$

gibt.

(*Hinweis:* Konstruieren Sie mit Hilfe von $P_A$ ein Polynom $p \in \mathbb{C}[t]_{\leq n-1}$ mit adj($A$) = $p(A)$ und schreiben Sie $p$ als Produkt von Linearfaktoren.)

15.8 Zeigen Sie, dass zwei Polynome $p, q \in \mathbb{C}[t] \setminus \{0\}$ genau dann eine gemeinsame Nullstelle haben, wenn es Polynome $r_1, r_2 \in \mathbb{C}[t]$ mit $0 \leq \text{Grad}(r_1) < \text{Grad}(p)$, $0 \leq \text{Grad}(r_2) < \text{Grad}(q)$ und $p \cdot r_2 + q \cdot r_1 = 0$ gibt.

15.9 Sei $V$ ein endlichdimensionaler unitärer Vektorraum, $f \in \mathcal{L}(V, V)$, $\mathcal{H} = \{g \in \mathcal{L}(V, V) \mid g = g^{ad}\}$ und seien

$$h_1 : \mathcal{H} \to \mathcal{L}(V, V), \quad g \mapsto \frac{1}{2}(f \circ g + g \circ f^{ad}),$$

$$h_2 : \mathcal{H} \to \mathcal{L}(V, V), \quad g \mapsto \frac{1}{2\mathbf{i}}(f \circ g - g \circ f^{ad}).$$

Zeigen Sie, dass $h_1, h_2 \in \mathcal{L}(\mathcal{H}, \mathcal{H})$ und $h_1 \circ h_2 = h_2 \circ h_1$ gilt.

15.10 Sei $A \in \mathbb{C}^{n,n}$, $\mathcal{S} = \{B \in \mathbb{C}^{n,n} \mid B = B^T\}$ und seien

$$h_1 : \mathcal{S} \to \mathbb{C}^{n,n}, \quad B \mapsto AB + BA^T,$$

$$h_2 : \mathcal{S} \to \mathbb{C}^{n,n}, \quad B \mapsto ABA^T.$$

Zeigen Sie, dass $h_1, h_2 \in \mathcal{L}(\mathcal{S}, \mathcal{S})$ und $h_1 \circ h_2 = h_2 \circ h_1$ gilt.

15.11 Sei $V$ ein $\mathbb{C}$-Vektorraum, $f \in \mathcal{L}(V, V)$ und $\mathcal{U} \neq \{0\}$ ein endlichdimensionaler $f$-invarianter Unterraum von $V$. Zeigen Sie, dass $\mathcal{U}$ mindestens einen Eigenvektor von $f$ enthält.

15.12 Sei $V \neq \{0\}$ ein endlichdimensionaler $K$-Vektorraum und $f \in \mathcal{L}(V, V)$. Zeigen Sie folgende Aussagen:

(a) Ist $K = \mathbb{C}$, so gibt es einen $f$-invarianten Unterraum $\mathcal{U}$ von $V$ mit $\dim(\mathcal{U}) = 1$.

(b) Ist $K = \mathbb{R}$, so gibt es einen $f$-invarianten Unterraum $\mathcal{U}$ von $V$ mit $\dim(\mathcal{U}) \in \{1, 2\}$.

15.13 Beweisen Sie Satz 15.17.

15.14 Zeigen Sie durch Angabe eines Beispiels, dass die Bedingung $f \circ g = g \circ f$ in Satz 15.17 hinreichend aber nicht notwendig für die gleichzeitige unitäre Triangulierbarkeit von $f$ und $g$ ist.

15.15 Sei $A \in K^{n,n}$ eine Diagonalmatrix mit paarweise verschiedenen Diagonaleinträgen und $B \in K^{n,n}$ mit $AB = BA$. Zeigen Sie, dass dann $B$ eine Diagonalmatrix ist.

Wie sieht $B$ aus, wenn die Diagonaleinträge von $A$ nicht alle paarweise verschieden sind?

15.16 Zeigen Sie, dass die Matrizen

$$A = \begin{bmatrix} -1 & 1 \\ 1 & -1 \end{bmatrix}, \quad B = \begin{bmatrix} 0 & 1 \\ 1 & 0 \end{bmatrix}$$

kommutieren und bestimmen Sie eine unitäre Matrix $Q$, so dass $Q^H A Q$ und $Q^H B Q$ in oberer Dreiecksform sind.

15.17 Zeigen Sie folgende Aussagen für $p \in K[t]$:

(a) Für alle $A \in K^{n,n}$ und $S \in GL_n(K)$ gilt $p(SAS^{-1}) = Sp(A)S^{-1}$.

(b) Für alle $A, B, C \in K^{n,n}$ mit $AB = CA$ gilt $Ap(B) = p(C)A$.

(c) Ist $K = \mathbb{C}$ und $A \in \mathbb{C}^{n,n}$, so gibt es eine unitäre Matrix $Q$ so dass $Q^H A Q$ und $Q^H p(A) Q$ obere Dreiecksmatrizen sind.

15.18 Sei $\mathcal{V}$ ein endlichdimensionaler unitärer Vektorraum und sei $f \in \mathcal{L}(\mathcal{V}, \mathcal{V})$ *normal*, d. h. es gilt $f \circ f^{ad} = f^{ad} \circ f$. Zeigen Sie mit Hilfe von Satz 15.17 und Satz 13.12, dass $f$ unitär diagonalisierbar ist. (Normale Endomorphismen werden in Kap. 18 genauer studiert.)

# Zyklische Unterräume, Dualität und die Jordan-Normalform

**16**

In diesem Kapitel benutzen wir die Theorie der Dualität, um die Eigenschaften eines Endomorphismus $f$ auf einem endlichdimensionalen Vektorraum $V$ genauer zu untersuchen. Hierbei geht es uns insbesondere um die algebraische und geometrische Vielfachheit aller Eigenwerte von $f$ und die Charakterisierung der entsprechenden Eigenräume. Unsere Strategie in dieser Untersuchung ist, den Vektorraum $V$ so in eine direkte Summe $f$-invarianter Unterräume zu zerlegen, dass bei einer geeigneten Wahl von Basen in den jeweiligen Unterräumen die Eigenschaften von $f$ anhand der entsprechenden Matrixdarstellung offensichtlich werden. Diese Idee führt uns auf die Jordan-Normalform von Endomorphismen. Wegen ihrer großen Bedeutung hat es seit ihrer Entdeckung im 19. Jahrhundert durch Marie Ennemond Camille Jordan (1838–1922) zahlreiche weitere Herleitungen dieser Normalform mit den unterschiedlichsten mathematischen Hilfsmitteln gegeben. Unser Zugang mit der Dualitätstheorie basiert auf der Arbeit [Pta56] von Vlastimil Pták (1925–1999).

## 16.1 Zyklische $f$-invariante Unterräume und Dualität

Sei $V$ ein endlichdimensionaler $K$-Vektorraum. Ist $f \in \mathcal{L}(V, V)$ und $v_0 \in V \setminus \{0\}$, dann gibt es ein eindeutig definiertes kleinstes $m = m(f, v_0) \in \mathbb{N}$, so dass die Vektoren

$$v_0, \, f(v_0), \, \ldots, \, f^{m-1}(v_0)$$

linear unabhängig und die Vektoren

$$v_0, \, f(v_0), \, \ldots, \, f^{m-1}(v_0), \, f^m(v_0)$$

J. Liesen, V. Mehrmann, *Lineare Algebra*, Springer Studium Mathematik (Bachelor), https://doi.org/10.1007/978-3-662-62742-6_16

linear abhängig sind. Offensichtlich gilt $m \leq \dim(V)$, denn es können maximal $\dim(V)$ Vektoren des Vektorraums $V$ linear unabhängig sein. Wir nennen die natürliche Zahl $m(f, v_0)$ den *Grad von $v_0$ bezüglich $f$*. Der Vektor $v_0 = 0$ ist linear abhängig und daher sagen wir, dass $v_0 = 0$ den Grad 0 bezüglich $f$ hat.

Der Grad von $v_0 \neq 0$ ist genau dann gleich 1, wenn die Vektoren $v_0$, $f(v_0)$ linear abhängig sind. Dies gilt genau dann, wenn $v_0$ ein Eigenvektor von $f$ ist. Ist $v_0 \neq 0$ kein Eigenvektor von $f$, so hat $v_0$ mindestens den Grad 2 bezüglich $f$.

Für jedes $j \in \mathbb{N}$ definieren wir den Unterraum

$$\mathcal{K}_j(f, v_0) := \text{Span}\{v_0, f(v_0), \ldots, f^{j-1}(v_0)\} \subseteq V.$$

Der Raum $\mathcal{K}_j(f, v_0)$ heißt der $j$-te *Krylov-Raum*[1] von $f$ und $v_0$.

**Lemma 16.1.** *Sind $V$ ein endlichdimensionaler $K$-Vektorraum und $f \in \mathcal{L}(V, V)$, dann gelten:*

(1) *Hat $v_0 \in V \setminus \{0\}$ den Grad $m$ bezüglich $f$, so ist $\mathcal{K}_m(f, v_0)$ ein $f$-invarianter Unterraum und es gilt*

$$\text{Span}\{v_0\} = \mathcal{K}_1(f, v_0) \subset \mathcal{K}_2(f, v_0) \subset \cdots \subset \mathcal{K}_m(f, v_0) = \mathcal{K}_{m+j}(f, v_0)$$

*für alle $j \in \mathbb{N}$.*

(2) *Hat $v_0 \in V \setminus \{0\}$ den Grad $m$ bezüglich $f$ und ist $\mathcal{U} \subseteq V$ ein $f$-invarianter Unterraum, der den Vektor $v_0$ enthält, so gilt $\mathcal{K}_m(f, v_0) \subseteq \mathcal{U}$. Unter allen $f$-invarianten Unterräumen von $V$, die den Vektor $v_0$ enthalten, ist somit $\mathcal{K}_m(f, v_0)$ derjenige mit der kleinsten Dimension.*

(3) *Ist $v_0 \in V$ mit $f^{m-1}(v_0) \neq 0$ und $f^m(v_0) = 0$ für ein $m \in \mathbb{N}$, so gilt $\dim(\mathcal{K}_j(f, v_0)) = j$ für $j = 1, \ldots, m$.*

**Beweis.**

(1) Übungsaufgabe.

(2) Sei $\mathcal{U} \subseteq V$ ein $f$-invarianter Unterraum, der den Vektor $v_0$ enthält. Dann enthält $\mathcal{U}$ auch die linear unabhängigen Vektoren $f(v_0), \ldots, f^{m-1}(v_0)$, also gilt $\mathcal{K}_m(f, v_0) \subseteq \mathcal{U}$. Somit ist $\dim(\mathcal{U}) \geq m = \dim(\mathcal{K}_m(f, v_0))$.

(3) Seien $\gamma_0, \ldots, \gamma_{m-1} \in K$ mit

$$0 = \gamma_0 v_0 + \ldots + \gamma_{m-1} f^{m-1}(v_0).$$

Wenden wir $f^{m-1}$ auf beiden Seiten an, so folgt $0 = \gamma_0 f^{m-1}(v_0)$ und somit $\gamma_0 = 0$, da $f^{m-1}(v_0) \neq 0$ ist. Gilt $m > 1$, so wenden wir induktiv $f^{m-k}$ für $k = 2, \ldots, m$ an

---

[1] Alexei Nikolajewitsch Krylov (1863–1945).

und erhalten $\gamma_1 = \cdots = \gamma_{m-1} = 0$. Somit sind die Vektoren $v_0, \ldots, f^{m-1}(v_0)$ linear unabhängig, woraus $\dim(\mathcal{K}_j(f, v_0)) = j$ für $j = 1, \ldots, m$ folgt.                        □

Hat $v_0$ den Grad $m \geq 1$ bezüglich $f$ und ist $j < m$, so ist $\mathcal{K}_j(f, v_0)$ kein $f$-invarianter Unterraum von $V$, denn es gilt $0 \neq f(f^{j-1}(v_0)) = f^j(v_0) \notin \mathcal{K}_j(f, v_0)$.

Die Vektoren $v_0$, $f(v_0)$, $\ldots$, $f^{m-1}(v_0)$ bilden per Konstruktion eine Basis des Raums $\mathcal{K}_m(f, v_0)$. Die Anwendung von $f$ auf einen Vektor $f^k(v_0)$ dieser Basis liefert somit den nächsten Vektor $f^{k+1}(v_0)$, $k = 0, 1, \ldots, m - 2$. Die Anwendung von $f$ auf den letzten Vektor $f^{m-1}(v_0)$ liefert eine Linearkombination aller Basisvektoren, denn es gilt $f^m(v_0) \in \mathcal{K}_m(f, v_0)$. Aufgrund dieser speziellen Struktur wird der Raum $\mathcal{K}_m(f, v_0)$ auch *zyklischer $f$-invarianter Unterraum* zu $v_0$ bzgl. $f$ genannt.

Wir führen nun eine wichtige Klasse von Endomorphismen ein.

**Definition 16.2.** Sei $V \neq \{0\}$ ein $K$-Vektorraum. Ein Endomorphismus $f \in \mathcal{L}(V, V)$ heißt *nilpotent*, wenn $f^m = 0$ für ein $m \in \mathbb{N}$ gilt. Gilt gleichzeitig $f^{m-1} \neq 0$, so heißt $f$ *nilpotent vom Grad $m$* und $m$ heißt der *Nilpotenzindex* von $f$.

Die Nullabbildung $f = 0$ ist der einzige nilpotente Endomorphismus mit Nilpotenzindex $m = 1$. Ist $V = \{0\}$, so ist die Nullabbildung der einzige Endomorphismus auf $V$. Diese ist nilpotent vom Grad $m = 1$, wobei wir in diesem Fall auf die Bedingung $f^{m-1} = f^0 \neq 0$ verzichten.

**Lemma 16.3.** *Ist $V \neq \{0\}$ ein $K$-Vektorraum und ist $f \in \mathcal{L}(V, V)$ nilpotent vom Grad $m$, dann gilt $m \leq \dim(V)$.*

**Beweis.** Ist $f \in \mathcal{L}(V, V)$ nilpotent vom Grad $m$, so existiert ein $v_0 \in V$ mit $f^{m-1}(v_0) \neq 0$ und $f^m(v_0) = 0$. Nach (3) in Lemma 16.1 sind dann die $m$ Vektoren $v_0, \ldots, f^{m-1}(v_0)$ linear unabhängig, woraus $m \leq \dim(V)$ folgt.                        □

**Beispiel 16.4.** Auf dem Vektorraum $K^{3,1}$ ist

$$f : K^{3,1} \to K^{3,1}, \qquad \begin{bmatrix} v_1 \\ v_2 \\ v_3 \end{bmatrix} \mapsto \begin{bmatrix} 0 \\ v_1 \\ v_2 \end{bmatrix},$$

ein nilpotenter Endomorphismus vom Grad 3, denn es gilt $f \neq 0$, $f^2 \neq 0$ und $f^3 = 0$.

Ist $\mathcal{U}$ ein $f$-invarianter Unterraum von $V$, so ist $f|_{\mathcal{U}} \in \mathcal{L}(\mathcal{U}, \mathcal{U})$ mit

$$f|_{\mathcal{U}} : \mathcal{U} \to \mathcal{U}, \quad u \mapsto f(u),$$

die Einschränkung von $f$ auf den Unterraum $\mathcal{U}$ (vgl. Definition 2.13).

**Satz 16.5.** *Sei $V$ ein endlichdimensionaler $K$-Vektorraum und $f \in \mathcal{L}(V, V)$. Dann existieren $f$-invariante Unterräume $\mathcal{U}_1 \subseteq V$ und $\mathcal{U}_2 \subseteq V$ mit $V = \mathcal{U}_1 \oplus \mathcal{U}_2$, so dass $f|_{\mathcal{U}_1} \in \mathcal{L}(\mathcal{U}_1, \mathcal{U}_1)$ bijektiv und $f|_{\mathcal{U}_2} \in \mathcal{L}(\mathcal{U}_2, \mathcal{U}_2)$ nilpotent ist.*

**Beweis.** Ist $v \in \text{Kern}(f)$, so gilt $f^2(v) = f(f(v)) = f(0) = 0$. Somit ist $v \in \text{Kern}(f^2)$ und daher gilt $\text{Kern}(f) \subseteq \text{Kern}(f^2)$. Induktiv folgt

$$\{0\} \subseteq \text{Kern}(f) \subseteq \text{Kern}(f^2) \subseteq \text{Kern}(f^3) \subseteq \cdots .$$

Da $V$ endlichdimensional ist, gibt es in dieser Folge von Räumen eine kleinste Zahl $m \in \mathbb{N}_0$ mit $\text{Kern}(f^m) = \text{Kern}(f^{m+j})$ für alle $j \in \mathbb{N}$. Für diese Zahl $m$ seien

$$\mathcal{U}_1 := \text{Bild}(f^m), \quad \mathcal{U}_2 := \text{Kern}(f^m).$$

(Ist $f$ bijektiv, so sind $m = 0$, $\mathcal{U}_1 = V$ und $\mathcal{U}_2 = \{0\}$.) Wir zeigen nun, dass für die so konstruierten Räume $\mathcal{U}_1$ und $\mathcal{U}_2$ die Behauptung gilt.

Man sieht leicht, dass $\mathcal{U}_1$ und $\mathcal{U}_2$ beide $f$-invariant sind, denn ist $v \in \mathcal{U}_1$, so ist $v = f^m(w)$ für ein $w \in V$ und somit folgt $f(v) = f(f^m(w)) = f^m(f(w)) \in \mathcal{U}_1$. Ist $v \in \mathcal{U}_2$, so gilt $f^m(f(v)) = f(f^m(v)) = f(0) = 0$ und somit ist $f(v) \in \mathcal{U}_2$.

Es gilt $\mathcal{U}_1 + \mathcal{U}_2 \subseteq V$. Wenden wir die Dimensionsformel für lineare Abbildungen (vgl. Satz 10.9) auf die Abbildung $f^m$ an, so erhalten wir $\dim(V) = \dim(\mathcal{U}_1) + \dim(\mathcal{U}_2)$. Ist $v \in \mathcal{U}_1 \cap \mathcal{U}_2$, so gilt $v = f^m(w)$ für ein $w \in V$ (da $v \in \mathcal{U}_1$ ist) und es folgt

$$0 = f^m(v) = f^m(f^m(w)) = f^{2m}(w).$$

Die erste Gleichung gilt, da $v \in \mathcal{U}_2$ ist. Nach der Definition von $m$ gilt $\text{Kern}(f^m) = \text{Kern}(f^{2m})$, woraus $f^m(w) = 0$ und damit $v = f^m(w) = 0$ folgt. Aus $\mathcal{U}_1 \cap \mathcal{U}_2 = \{0\}$ erhalten wir $V = \mathcal{U}_1 \oplus \mathcal{U}_2$.

Sei nun $v \in \text{Kern}(f|_{\mathcal{U}_1}) \subseteq \mathcal{U}_1$ gegeben. Da $v \in \mathcal{U}_1$ ist, gibt es einen Vektor $w \in V$ mit $v = f^m(w)$, woraus $0 = f(v) = f(f^m(w)) = f^{m+1}(w)$ folgt. Nach der Definition von $m$ ist $\text{Kern}(f^m) = \text{Kern}(f^{m+1})$, also ist $w \in \text{Kern}(f^m)$ und daher gilt $v = f^m(w) = 0$. Damit folgt $\text{Kern}(f|_{\mathcal{U}_1}) = \{0\}$, d. h. $f|_{\mathcal{U}_1}$ ist injektiv und somit auch bijektiv (vgl. Korollar 10.11).

Ist andererseits $v \in \mathcal{U}_2$, so gilt per Definition $0 = f^m(v) = (f|_{\mathcal{U}_2})^m(v)$, also ist $(f|_{\mathcal{U}_2})^m$ die Nullabbildung in $\mathcal{L}(\mathcal{U}_2, \mathcal{U}_2)$, d. h. $f|_{\mathcal{U}_2}$ ist nilpotent. $\qquad \square$

Für die weitere Entwicklung wiederholen wir zunächst einige Begriffe aus Kap. 11. Sei $V$ weiterhin ein endlichdimensionaler $K$-Vektorraum und sei $V^*$ der Dualraum von $V$. Sind $\mathcal{U} \subseteq V$ und $\mathcal{W} \subseteq V^*$ zwei Unterräume und ist die Bilinearform

$$\beta : \mathcal{U} \times \mathcal{W} \to K, \quad (v, h) \mapsto h(v), \tag{16.1}$$

nicht ausgeartet, so bilden $\mathcal{U}, \mathcal{W}$ ein duales Raumpaar bezüglich $\beta$. Notwendig hierfür ist, dass $\dim(\mathcal{U}) = \dim(\mathcal{W})$ gilt.

Für $f \in \mathcal{L}(\mathcal{U}, \mathcal{U})$ ist die duale Abbildung $f^* \in \mathcal{L}(\mathcal{U}^*, \mathcal{U}^*)$ definiert durch

$$f^* : \mathcal{U}^* \to \mathcal{U}^*, \quad h \mapsto h \circ f.$$

Für alle $v \in \mathcal{U}$ und $h \in \mathcal{U}^*$ gilt also $(f^*(h))(v) = h(f(v))$. Zudem ist $(f^k)^* = (f^*)^k$ für alle $k \in \mathbb{N}_0$. Die Menge

$$\mathcal{U}^0 := \{h \in V^* \mid h(u) = 0 \text{ für alle } u \in \mathcal{U}\}$$

heißt der *Annihilator* von $\mathcal{U}$. Diese Menge bildet einen Unterraum von $V^*$ (vgl. Aufgabe 11.6). Analog heißt

$$\mathcal{W}^0 := \{v \in V \mid h(v) = 0 \text{ für alle } h \in \mathcal{W}\}$$

der *Annihilator* von $\mathcal{W}$. Diese Menge bildet einen Unterraum von $V$.

**Lemma 16.6.** *Sei $V$ ein endlichdimensionaler $K$-Vektorraum, $f \in \mathcal{L}(V, V)$, $V^*$ der Dualraum von $V$, $f^* \in \mathcal{L}(V^*, V^*)$ die duale Abbildung zu $f$, sowie $\mathcal{U} \subseteq V$ und $\mathcal{W} \subseteq V^*$ zwei Unterräume. Dann gelten die folgenden Aussagen:*

(1) $\dim(V) = \dim(\mathcal{W}) + \dim(\mathcal{W}^0) = \dim(\mathcal{U}) + \dim(\mathcal{U}^0)$.
(2) *Ist $f$ nilpotent vom Grad $m$, so ist auch die duale Abbildung $f^*$ nilpotent vom Grad $m$.*
(3) *Ist $\mathcal{W} \subseteq V^*$ ein $f^*$-invarianter Unterraum, so ist $\mathcal{W}^0 \subseteq V$ ein $f$-invarianter Unterraum.*
(4) *Bilden $\mathcal{U}, \mathcal{W}$ ein duales Raumpaar bezüglich der in (16.1) definierten Bilinearform, so gilt $V = \mathcal{U} \oplus \mathcal{W}^0$.*

**Beweis.**
(1) Übungsaufgabe.
(2) Für alle $v \in V$ gilt $f^m(v) = 0$. Somit folgt

$$0 = h(f^m(v)) = ((f^m)^*(h))(v) = ((f^*)^m(h))(v)$$

für jedes $h \in V^*$ und $v \in V$, d.h. $f^*$ ist nilpotent vom Grad höchstens $m$. Ist $(f^*)^{m-1} = 0$, so folgt $(f^*)^{m-1}(h) = 0$ für alle $h \in V^*$ und somit $0 = ((f^*)^{m-1}(h))(v) = h(f^{m-1}(v))$ für alle $v \in V$. Hieraus folgt $f^{m-1} = 0$ im Widerspruch zur Annahme, dass $f$ nilpotent vom Grad $m$ ist. Also ist $f^*$ nilpotent vom Grad $m$.
(3) Sei $w \in \mathcal{W}^0$. Für jedes $h \in \mathcal{W}$ gilt $f^*(h) \in \mathcal{W}$, also $0 = f^*(h)(w) = h(f(w))$. Somit ist $f(w) \in \mathcal{W}^0$.

(4) Ist $u \in \mathcal{U} \cap \mathcal{W}^0$, so ist $h(u) = 0$ für alle $h \in \mathcal{W}$, denn es gilt $u \in \mathcal{W}^0$. Da $\mathcal{U}, \mathcal{W}$ ein duales Raumpaar bezüglich der in (16.1) definierten Bilinearform bilden, folgt $u = 0$. Zudem gilt $\dim(\mathcal{U}) = \dim(\mathcal{W})$ und mit Hilfe von (1) folgt

$$\dim(\mathcal{V}) = \dim(\mathcal{W}) + \dim(\mathcal{W}^0) = \dim(\mathcal{U}) + \dim(\mathcal{W}^0).$$

Aus $\mathcal{U} \cap \mathcal{W}^0 = \{0\}$ ergibt sich schließlich $\mathcal{V} = \mathcal{U} \oplus \mathcal{W}^0$.         □

**Beispiel 16.7.** Wir betrachten den Vektorraum $\mathcal{V} = \mathbb{R}^{2,1}$ mit der Standardbasis $B = \{e_1, e_2\}$. Für die Unterräume

$$\mathcal{U} = \mathrm{Span}\left\{ \begin{bmatrix} 0 \\ 1 \end{bmatrix} \right\} \subset \mathcal{V},$$

$$\mathcal{W} = \left\{ h \in \mathcal{V}^* \mid [h]_{B,\{1\}} = [\alpha, \alpha] \text{ für ein } \alpha \in \mathbb{R} \right\} \subset \mathcal{V}^*,$$

erhalten wir

$$\mathcal{U}^0 = \left\{ h \in \mathcal{V}^* \mid [h]_{B,\{1\}} = [\alpha, 0] \text{ für ein } \alpha \in \mathbb{R} \right\} \subset \mathcal{V}^*,$$

$$\mathcal{W}^0 = \mathrm{Span}\left\{ \begin{bmatrix} 1 \\ -1 \end{bmatrix} \right\} \subset \mathcal{V}.$$

In diesem Beispiel sehen wir leicht, dass $\dim(\mathcal{V}) = \dim(\mathcal{W}) + \dim(\mathcal{W}^0) = \dim(\mathcal{U}) + \dim(\mathcal{U}^0)$ gilt. Zudem bilden $\mathcal{U}, \mathcal{W}$ ein duales Raumpaar bezüglich der in (16.1) definierten Bilinearform (mit $K = \mathbb{R}$) und es gilt $\mathcal{V} = \mathcal{U} \oplus \mathcal{W}^0$.

Im folgenden Satz, der für nilpotentes $f$ eine Zerlegung von $\mathcal{V}$ in $f$-invariante Unterräume angibt, führen wir die Konzepte der zyklischen $f$-invarianten Unterräume und der Dualräume zusammen. Die Idee der Zerlegung ist, ein duales Paar $\mathcal{U} \subseteq \mathcal{V}$ und $\mathcal{W} \subseteq \mathcal{V}^*$ von Unterräumen zu finden, wobei $\mathcal{U}$ $f$-invariant und $\mathcal{W}$ $f^*$-invariant ist. Nach (3) in Lemma 16.6 ist dann $\mathcal{W}^0$ $f$-invariant und mit (4) in Lemma 16.6 folgt $\mathcal{V} = \mathcal{U} \oplus \mathcal{W}^0$.

**Satz 16.8.** *Sei $\mathcal{V}$ ein endlichdimensionaler $K$-Vektorraum und sei $f \in \mathcal{L}(\mathcal{V}, \mathcal{V})$ nilpotent vom Grad $m$. Sei $v_0 \in \mathcal{V}$ ein beliebiger Vektor mit $f^{m-1}(v_0) \neq 0$ und sei $h_0 \in \mathcal{V}^*$ ein beliebiger Vektor mit $h_0(f^{m-1}(v_0)) \neq 0$. Dann sind $v_0$ und $h_0$ vom Grad $m$ bezüglich $f$ bzw. $f^*$ und die beiden Räume $\mathcal{K}_m(f, v_0)$ und $\mathcal{K}_m(f^*, h_0)$ sind zyklische $f$- bzw. $f^*$-invariante Unterräume von $\mathcal{V}$ bzw. $\mathcal{V}^*$. Diese beiden Räume bilden ein duales Raumpaar bezüglich der in (16.1) definierten Bilinearform und es gilt*

$$\mathcal{V} = \mathcal{K}_m(f, v_0) \oplus (\mathcal{K}_m(f^*, h_0))^0,$$

*wobei $(\mathcal{K}_m(f^*, h_0))^0$ ein $f$-invarianter Unterraum von $\mathcal{V}$ ist.*

**Beweis.** Sei $v_0 \in V$ ein Vektor mit $f^{m-1}(v_0) \neq 0$. Da $f^m(v_0) = 0$ ist, ist der Raum $K_m(f, v_0)$ ein $m$-dimensionaler zyklischer $f$-invarianter Unterraum von $V$ (vgl. (3) in Lemma 16.1). Sei $h_0 \in V^*$ ein Vektor mit

$$0 \neq h_0(f^{m-1}(v_0)) = ((f^*)^{m-1}(h_0))(v_0).$$

Insbesondere ist also $0 \neq (f^*)^{m-1}(h_0) \in \mathcal{L}(V^*, V^*)$. Da $f$ nilpotent vom Grad $m$ ist, ist auch $f^*$ nilpotent vom Grad $m$ (vgl. (2) in Lemma 16.6), d. h. es gilt

$$(f^*)^m(h_0) = 0 \in \mathcal{L}(V^*, V^*).$$

Somit ist $K_m(f^*, h_0)$ ein $m$-dimensionaler zyklischer $f^*$-invarianter Unterraum von $V^*$ (vgl. (3) in Lemma 16.1).

Wir haben noch zu zeigen, dass $K_m(f, v_0), K_m(f^*, h_0)$ ein duales Raumpaar bilden. Sei

$$v_1 = \sum_{j=0}^{m-1} \gamma_j f^j(v_0) \in K_m(f, v_0)$$

ein Vektor mit $h(v_1) = \beta(v_1, h) = 0$ für alle $h \in K_m(f^*, h_0)$. Wir zeigen nun induktiv, dass dann $\gamma_0 = \gamma_1 = \cdots = \gamma_{m-1} = 0$ gilt, dass also $v_1 = 0$ ist.

Aus $(f^*)^{m-1}(h_0) \in K_m(f^*, h_0)$ folgt nach unserer Annahme über den Vektor $v_1$,

$$0 = ((f^*)^{m-1}(h_0))(v_1) = h_0(f^{m-1}(v_1)) = \sum_{j=0}^{m-1} \gamma_j h_0(f^{m-1+j}(v_0))$$

$$= \gamma_0 h_0(f^{m-1}(v_0)).$$

Die letzte Gleichung gilt, da $f^{m-1+j}(v_0) = 0$ für $j = 1, \ldots, m-1$ ist (denn $f^m = 0$). Aus $h_0(f^{m-1}(v_0)) \neq 0$ ergibt sich $\gamma_0 = 0$.

Seien nun $\gamma_0 = \cdots = \gamma_{k-1} = 0$ für ein $k$, $1 \leq k \leq m-2$. Aus $(f^*)^{m-1-k}(h_0) \in K_m(f^*, h_0)$ folgt nach unserer Annahme über den Vektor $v_1$,

$$0 = ((f^*)^{m-1-k}(h_0))(v_1) = h_0(f^{m-1-k}(v_1)) = \sum_{j=0}^{m-1} \gamma_j h_0(f^{m-1+j-k}(v_0))$$

$$= \gamma_k h_0(f^{m-1}(v_0)).$$

Die letzte Gleichung gilt, da $\gamma_j = 0$ für $j = 0, \ldots, k-1$ und $f^{m-1+j-k}(v_0) = 0$ für $j = k+1, \ldots, m-1$ sind.

Es gilt $v_1 = 0$ wie oben behauptet und somit ist die in (16.1) definierte Bilinearform für die Räume $\mathcal{K}_m(f, v_0), \mathcal{K}_m(f^*, h_0)$ nicht ausgeartet in der ersten Variablen. Analog zeigt man, dass diese Bilinearform nicht ausgeartet in der zweiten Variablen ist, so dass $\mathcal{K}_m(f, v_0), \mathcal{K}_m(f^*, h_0)$ ein duales Raumpaar bilden.

Mit Hilfe von (4) in Lemma 16.6 folgt $V = \mathcal{K}_m(f, v_0) \oplus (\mathcal{K}_m(f^*, h_0))^0$, wobei der Raum $(\mathcal{K}_m(f^*, h_0))^0$ nach (3) in Lemma 16.6 ein $f$-invarianter Unterraum von $V$ ist.   □

## 16.2   Die Jordan-Normalform

Seien $V$ ein endlichdimensionaler $K$-Vektorraum und $f \in \mathcal{L}(V, V)$. Falls es eine Basis $B$ von $V$ bestehend aus Eigenvektoren von $f$ gibt, so ist $[f]_{B,B}$ eine Diagonalmatrix, d. h. $f$ ist *diagonalisierbar*. Notwendig und hinreichend hierfür ist, dass das charakteristische Polynom $P_f$ in Linearfaktoren zerfällt und dass zusätzlich $g(f, \lambda_j) = a(f, \lambda_j)$ für jeden Eigenwert $\lambda_j$ gilt (vgl. Satz 14.14).

Zerfällt $P_f$ in Linearfaktoren und ist $g(f, \lambda_j) < a(f, \lambda_j)$ für mindestens einen Eigenwert $\lambda_j$, so ist $f$ nicht diagonalisierbar, kann aber *trianguliert* werden. Das heißt, es gibt eine Basis $B$ von $V$, so dass $[f]_{B,B}$ eine obere Dreiecksmatrix ist (vgl. Satz 14.18). An dieser Form können wir zwar die algebraischen, im Allgemeinen jedoch nicht die geometrischen Vielfachheiten der Eigenwerte ablesen. Ziel der unten folgenden Konstruktion ist die Bestimmung einer Basis $B$ von $V$, so dass $[f]_{B,B}$ eine obere Dreiecksform hat, die möglichst nahe an einer Diagonalmatrix ist und von der die geometrischen Vielfachheiten der Eigenwerte abgelesen werden können. Unter der Annahme, dass $P_f$ in Linearfaktoren zerfällt, werden wir eine Basis $B$ von $V$ konstruieren, für die $[f]_{B,B}$ eine *Block-Diagonalmatrix* der Form

$$[f]_{B,B} = \begin{bmatrix} J_{d_1}(\lambda_1) & & \\ & \ddots & \\ & & J_{d_m}(\lambda_m) \end{bmatrix}$$

ist, wobei jeder Diagonalblock die Form

$$J_{d_j}(\lambda_j) := \begin{bmatrix} \lambda_j & 1 & & \\ & \ddots & \ddots & \\ & & \ddots & 1 \\ & & & \lambda_j \end{bmatrix} \in K^{d_j, d_j} \qquad (16.2)$$

für ein $\lambda_j \in K$ und ein $d_j \in \mathbb{N}$ hat, $j = 1, \ldots, m$. Eine Matrix der Form (16.2) nennen wir einen *Jordan-Block* der Größe $d_j$ zum Eigenwert $\lambda_j$.

Um mit der Konstruktion zu beginnen, nehmen wir zunächst *nicht* an, dass $P_f$ in Linearfaktoren zerfällt, sondern wir setzen lediglich die Existenz eines Eigenwertes $\lambda_1 \in K$ von $f$ voraus. Mit diesem definieren wir den Endomorphismus

$$g := f - \lambda_1 \operatorname{Id}_V \in \mathcal{L}(V, V).$$

Nach Satz 16.5 existieren $g$-invariante Unterräume $\mathcal{U} \subseteq V$ und $\mathcal{W} \subseteq V$ mit

$$V = \mathcal{U} \oplus \mathcal{W},$$

so dass

$$g_1 := g|_{\mathcal{U}}$$

nilpotent und $g|_{\mathcal{W}}$ bijektiv ist. Es gilt $\mathcal{U} \neq \{0\}$, denn andernfalls wäre $\mathcal{W} = V$ und $g|_{\mathcal{W}} = g|_V = g$ wäre bijektiv, was der Annahme widerspricht, dass $\lambda_1$ ein Eigenwert von $f$ ist.

Sei $g_1$ nilpotent vom Grad $d_1$. Dann gilt per Konstruktion $1 \leq d_1 \leq \dim(\mathcal{U})$. Sei $w_1 \in \mathcal{U}$ ein Vektor mit $g_1^{d_1-1}(w_1) \neq 0$. Aus $g_1^{d_1}(w_1) = 0$ folgt, dass der Vektor $g_1^{d_1-1}(w_1)$ ein Eigenvektor von $g_1$ (zum einzigen Eigenwert 0) ist. Nach (3) in Lemma 16.1 sind die $d_1$ Vektoren

$$w_1, g_1(w_1), \ldots, g_1^{d_1-1}(w_1)$$

linear unabhängig und $\mathcal{U}_1 := \mathcal{K}_{d_1}(g_1, w_1)$ ist ein $d_1$-dimensionaler zyklischer $g_1$-invarianter Unterraum von $\mathcal{U}$.

Wir betrachten die Basis

$$B_1 := \left\{ g_1^{d_1-1}(w_1), \ldots, g_1(w_1), w_1 \right\}$$

von $\mathcal{U}_1$. Dann ist die Matrixdarstellung von $g_1|_{\mathcal{U}_1}$ bezüglich der Basis $B_1$ gegeben durch

$$[g_1|_{\mathcal{U}_1}]_{B_1,B_1} = \begin{bmatrix} 0 & 1 & & \\ \vdots & \ddots & \ddots & \\ \vdots & & \ddots & 1 \\ 0 & \cdots & \cdots & 0 \end{bmatrix} = J_{d_1}(0) \in K^{d_1,d_1}$$

und per Konstruktion gilt $[g_1|_{\mathcal{U}_1}]_{B_1,B_1} = [g|_{\mathcal{U}_1}]_{B_1,B_1}$.

Ist $d_1 = \dim(\mathcal{U})$, so ist unsere Konstruktion vorerst abgeschlossen. Ist andererseits $d_1 < \dim(\mathcal{U})$, so zeigt die Anwendung von Satz 16.8 auf $g_1 \in \mathcal{L}(\mathcal{U}, \mathcal{U})$, dass es einen $g_1$-invarianten Unterraum $\widetilde{\mathcal{U}} \neq \{0\}$ mit $\mathcal{U} = \mathcal{U}_1 \oplus \widetilde{\mathcal{U}}$ gibt und wir betrachten

$$g_2 := g_1|_{\widetilde{\mathcal{U}}}.$$

Diese Abbildung hat den Nilpotenzindex $d_2$, wobei $1 \leq d_2 \leq d_1$ gilt. Wir führen nun die gleiche Konstruktion wie oben durch:

Wir bestimmen einen Vektor $w_2 \in \widetilde{\mathcal{U}}$ mit $g_2^{d_2-1}(w_2) \neq 0$. Dann ist $g_2^{d_2-1}(w_2)$ ein Eigenvektor von $g_2$, $\mathcal{U}_2 := \mathcal{K}_{d_2}(g_2, w_2)$ ist ein $d_2$-dimensionaler zyklischer $g_2$-invarianter Unterraum von $\widetilde{\mathcal{U}} \subset \mathcal{U}$ und für die Basis

$$B_2 := \left\{ g_2^{d_2-1}(w_2), \ldots, g_2(w_2), w_2 \right\}$$

von $\mathcal{U}_2$ folgt

$$[g_2|\mathcal{U}_2]_{B_2, B_2} = \begin{bmatrix} 0 & 1 & & \\ \vdots & \ddots & \ddots & \\ & & \ddots & 1 \\ 0 & \ldots & \ldots & 0 \end{bmatrix} = J_{d_2}(0) \in K^{d_2, d_2}$$

und per Konstruktion gilt $[g_2|\mathcal{U}_2]_{B_2, B_2} = [g|\mathcal{U}_2]_{B_2, B_2}$.

Nach $k \leq \dim(\mathcal{U})$ Schritten bricht dieses Verfahren ab. Wir haben dann eine Zerlegung von $\mathcal{U}$ der Form

$$\mathcal{U} = \mathcal{K}_{d_1}(g_1, w_1) \oplus \ldots \oplus \mathcal{K}_{d_k}(g_k, w_k) = \mathcal{K}_{d_1}(g, w_1) \oplus \ldots \oplus \mathcal{K}_{d_k}(g, w_k).$$

In der zweiten Gleichung haben wir benutzt, dass $\mathcal{K}_{d_j}(g_j, w_j) = \mathcal{K}_{d_j}(g, w_j)$ für $j = 1, \ldots, k$ ist. Fassen wir die konstruierten Basen $B_1, \ldots, B_k$ in einer Basis $B$ von $\mathcal{U}$ zusammen, so folgt

$$[g|\mathcal{U}]_{B, B} = \begin{bmatrix} [g|\mathcal{U}_1]_{B_1, B_1} & & \\ & \ddots & \\ & & [g|\mathcal{U}_k]_{B_k, B_k} \end{bmatrix} = \begin{bmatrix} J_{d_1}(0) & & \\ & \ddots & \\ & & J_{d_k}(0) \end{bmatrix}.$$

Wir übertragen nun diese Ergebnisse auf

$$f = g + \lambda_1 \, \mathrm{Id}_V.$$

Jeder $g$-invariante Unterraum ist $f$-invariant. Man sieht zudem leicht, dass

$$\mathcal{K}_{d_j}(f, w_j) = \mathcal{K}_{d_j}(g, w_j), \quad j = 1, \ldots, k,$$

gilt. Damit folgt

$$\mathcal{U} = \mathcal{K}_{d_1}(f, w_1) \oplus \ldots \oplus \mathcal{K}_{d_k}(f, w_k).$$

Für jedes gegebene $j = 1, \ldots, k$ und $0 \leq \ell \leq d_j - 1$ ist

$$f\left(g^\ell(w_j)\right) = g\left(g^\ell(w_j)\right) + \lambda_1 g^\ell(w_j) = \lambda_1 g^\ell(w_j) + g^{\ell+1}(w_j), \qquad (16.3)$$

wobei $g^{d_j}(w_j) = 0$ gilt. Die Matrixdarstellung von $f|_{\mathcal{U}}$ bezüglich der Basis $B$ von $\mathcal{U}$ ist daher gegeben durch

$$[f|_{\mathcal{U}}]_{B,B} = \begin{bmatrix} [f|_{\mathcal{U}_1}]_{B_1,B_1} & & \\ & \ddots & \\ & & [f|_{\mathcal{U}_k}]_{B_k,B_k} \end{bmatrix} = \begin{bmatrix} J_{d_1}(\lambda_1) & & \\ & \ddots & \\ & & J_{d_k}(\lambda_1) \end{bmatrix}. \qquad (16.4)$$

Die Abbildung $g|_{\mathcal{W}} = f|_{\mathcal{W}} - \lambda_1 \operatorname{Id}_{\mathcal{W}}$ ist per Konstruktion bijektiv, d. h. $\lambda_1$ ist kein Eigenwert von $f|_{\mathcal{W}}$. Daher gilt $a(f, \lambda_1) = \dim(\mathcal{U}) = d_1 + \ldots + d_k$. Um $g(f, \lambda_1)$ zu bestimmen, sei $v \in \mathcal{U}$ ein beliebiger Vektor. Dann gibt es Skalare $\alpha_{j,\ell} \in K$ mit

$$v = \sum_{j=1}^{k} \sum_{\ell=0}^{d_j-1} \alpha_{j,\ell} g^\ell(w_j).$$

Mit Hilfe von (16.3) folgt

$$f(v) = \sum_{j=1}^{k} \sum_{\ell=0}^{d_j-1} \alpha_{j,\ell} f\left(g^\ell(w_j)\right) = \sum_{j=1}^{k} \sum_{\ell=0}^{d_j-1} \alpha_{j,\ell} \lambda_1 g^\ell(w_j) + \sum_{j=1}^{k} \sum_{\ell=0}^{d_j-1} \alpha_{j,\ell} g^{\ell+1}(w_j)$$

$$= \lambda_1 v + \sum_{j=1}^{k} \sum_{\ell=0}^{d_j-2} \alpha_{j,\ell} g^{\ell+1}(w_j).$$

Die Vektoren in der letzten Summe sind linear unabhängig. Daher gilt $f(v) = \lambda_1 v$ genau dann, wenn $\alpha_{j,\ell} = 0$ für $j = 1, \ldots, k$ und $\ell = 0, 1, \ldots, d_j - 2$ ist. Dies zeigt, dass jeder Eigenvektor von $f$ zum Eigenwert $\lambda_1$ die Form

$$v = \sum_{j=1}^{k} \alpha_j g^{d_j-1}(w_j)$$

hat (mindestens ein $\alpha_j$ muss hierbei ungleich Null sein), d. h. es gilt

$$\mathcal{V}_f(\lambda_1) = \operatorname{Span}\left\{g^{d_1-1}(w_1), \ldots, g^{d_k-1}(w_k)\right\}.$$

Da $g^{d_1-1}(w_1), \ldots, g^{d_k-1}(w_k)$ linear unabhängig sind, folgt $g(f, \lambda_1) = k$. Die geometrische Vielfachheit des Eigenwertes $\lambda_1$ ist somit gleich der Anzahl der Jordan-Blöcke zum Eigenwert $\lambda_1$ in der Matrixdarstellung (16.4). Außerdem stellen wir fest, dass $f$ in jedem Unterraum $\mathcal{K}_{d_j}(f, w_j)$ genau einen (linear unabhängigen) Eigenvektor zum Eigenwert $\lambda_1$ besitzt.

Wir fassen diese Ergebnisse im folgenden Satz zusammen.

**Satz 16.9.** *Sei $V$ ein endlichdimensionaler $K$-Vektorraum und sei $f \in \mathcal{L}(V, V)$. Ist $\lambda_1 \in K$ ein Eigenwert von $f$, dann gelten:*

(1) *Es gibt $f$-invariante Unterräume $\{0\} \neq \mathcal{U} \subseteq V$ und $\mathcal{W} \subset V$ mit $V = \mathcal{U} \oplus \mathcal{W}$. Die Abbildung $f|_{\mathcal{U}} - \lambda_1 \operatorname{Id}_{\mathcal{U}}$ ist nilpotent und die Abbildung $f|_{\mathcal{W}} - \lambda_1 \operatorname{Id}_{\mathcal{W}}$ ist bijektiv. Insbesondere ist $\lambda_1$ kein Eigenwert der Abbildung $f|_{\mathcal{W}}$.*

(2) *Der Unterraum $\mathcal{U}$ aus (1) kann geschrieben werden als*

$$\mathcal{U} = \mathcal{K}_{d_1}(f, w_1) \oplus \ldots \oplus \mathcal{K}_{d_k}(f, w_k)$$

*für gewisse Vektoren $w_1, \ldots, w_k \in \mathcal{U}$, wobei $\mathcal{K}_{d_j}(f, w_j)$ ein $d_j$-dimensionaler zyklischer $f$-invarianter Unterraum von $V$ ist, $j = 1, \ldots, k$.*

(3) *Es gibt eine Basis $B$ von $\mathcal{U}$ mit*

$$[f|_{\mathcal{U}}]_{B,B} = \begin{bmatrix} J_{d_1}(\lambda_1) & & \\ & \ddots & \\ & & J_{d_k}(\lambda_1) \end{bmatrix}.$$

(4) *Es gelten $a(\lambda_1, f) = d_1 + \ldots + d_k$ und $g(\lambda_1, f) = k$.*

Hat $f$ einen weiteren Eigenwert $\lambda_2 \neq \lambda_1$, so ist dieser ein Eigenwert der Einschränkung $f|_{\mathcal{W}} \in \mathcal{L}(\mathcal{W}, \mathcal{W})$ und wir können Satz 16.9 auf $f|_{\mathcal{W}}$ anwenden. Der Vektorraum $\mathcal{W}$ ist dann eine direkte Summe der Form $\mathcal{W} = \mathcal{X} \oplus \mathcal{Y}$, wobei $f|_{\mathcal{X}} - \lambda_2 \operatorname{Id}_{\mathcal{X}}$ nilpotent und $f|_{\mathcal{Y}} - \lambda_2 \operatorname{Id}_{\mathcal{Y}}$ bijektiv ist. Der Raum $\mathcal{X}$ ist eine direkte Summe von Krylov-Räumen analog zu (2) in Satz 16.9 und es gibt eine Matrixdarstellung von $f|_{\mathcal{X}}$ analog zu (3).

Dies lässt sich für alle Eigenwerte von $f$ durchführen. Zerfällt das charakteristische Polynom $P_f$ in Linearfaktoren, so erhalten wir schließlich eine Zerlegung des gesamten Raums $V$ in eine direkte Summe von Krylov-Räumen, und damit den folgenden Satz.

**Satz 16.10.** *Sei $V$ ein endlichdimensionaler $K$-Vektorraum und sei $f \in \mathcal{L}(V, V)$. Zerfällt das charakteristische Polynom $P_f$ in Linearfaktoren, so gibt es eine Basis $B$ von $V$, so dass*

$$[f]_{B,B} = \begin{bmatrix} J_{d_1}(\lambda_1) & & \\ & \ddots & \\ & & J_{d_m}(\lambda_m) \end{bmatrix} \tag{16.5}$$

ist, wobei $\lambda_1, \ldots, \lambda_m \in K$ die (nicht unbedingt paarweise verschiedenen) Eigenwerte von $f$ sind. Für jeden Eigenwert $\lambda_j$ von $f$ ist $a(\lambda_j, f)$ gleich der Summe der Größen aller Jordan-Blöcke zu $\lambda_j$ in (16.5) und $g(\lambda_j, f)$ ist gleich der Anzahl aller Jordan-Blöcke zu $\lambda_j$ in (16.5). Eine Matrixdarstellung der Form (16.5) nennen wir eine Jordan-Normalform[2] von $f$.

Aus Satz 14.14 wissen wir, dass $f \in \mathcal{L}(V, V)$ genau dann diagonalisierbar ist, wenn $P_f$ in Linearfaktoren zerfällt und $g(\lambda_j, f) = a(\lambda_j, f)$ für jeden Eigenwert $\lambda_j$ von $f$ gilt. Zerfällt $P_f$ in Linearfaktoren, so zeigt die Jordan-Normalform (16.5), dass $g(\lambda_j, f) = a(\lambda_j, f)$ genau dann gilt, wenn jeder Jordan-Block zu $\lambda_j$ die Größe 1 hat.

Mit Hilfe des Fundamentalsatzes der Algebra erhalten wir das folgende Korollar aus Satz 16.10.

**Korollar 16.11.** *Ist $V$ ein endlichdimensionaler $\mathbb{C}$-Vektorraum, so besitzt jedes $f \in \mathcal{L}(V, V)$ eine Jordan-Normalform.*

Die Eindeutigkeitsaussage des folgenden Satzes rechtfertigt den Namen *Normalform*.

**Satz 16.12.** *Sei $V$ ein endlichdimensionaler $K$-Vektorraum. Hat $f \in \mathcal{L}(V, V)$ eine Jordan-Normalform, so ist diese bis auf die Reihenfolge der Jordan-Blöcke auf ihrer Diagonalen eindeutig.*

**Beweis.** Sei $\dim(V) = n$ und seien $B_1, B_2$ zwei Basen von $V$ mit

$$A_1 := [f]_{B_1, B_1} = \begin{bmatrix} J_{d_1}(\lambda_1) & & \\ & \ddots & \\ & & J_{d_m}(\lambda_m) \end{bmatrix} \in K^{n,n}$$

sowie

---

[2]Marie Ennemond Camille Jordan (1838–1922) fand diese Form 1870. Zwei Jahre vor Jordan bewies Karl Weierstraß (1815–1897) ein Resultat, aus dem sich die Jordan-Normalform ergibt.

$$A_2 := [f]_{B_2, B_2} = \begin{bmatrix} J_{c_1}(\mu_1) & & \\ & \ddots & \\ & & J_{c_k}(\mu_k) \end{bmatrix} \in K^{n,n}.$$

Für einen gegebenen Eigenwert $\lambda_j$, $1 \le j \le m$, definieren wir

$$r_s^{(1)}(\lambda_j) := \operatorname{Rang}\left((A_1 - \lambda_j I_n)^s\right), \quad s = 0, 1, 2, \dots.$$

Dann ist

$$d_s^{(1)}(\lambda_j) := r_{s-1}^{(1)}(\lambda_j) - r_s^{(1)}(\lambda_j), \quad s = 1, 2, \dots,$$

gleich der Anzahl der Jordan-Blöcke $J_\ell(\lambda_j) \in K^{\ell,\ell}$ auf der Diagonalen von $A_1$ mit $\ell \ge s$. Die Anzahl der Jordan-Blöcke zum Eigenwert $\lambda_j$ mit *exakter* Größe $s$ ist somit

$$d_s^{(1)}(\lambda_j) - d_{s+1}^{(1)}(\lambda_j) = r_{s-1}^{(1)}(\lambda_j) - 2r_s^{(1)}(\lambda_j) + r_{s+1}^{(1)}(\lambda_j) \qquad (16.6)$$

(vgl. Beispiel 16.13).

Die Matrizen $A_1$ und $A_2$ sind ähnlich und haben daher die gleichen Eigenwerte, d. h. es gilt

$$\{\lambda_1, \dots, \lambda_m\} = \{\mu_1, \dots, \mu_k\}.$$

Zudem gilt

$$\operatorname{Rang}\left((A_1 - \alpha I_n)^m\right) = \operatorname{Rang}\left((A_2 - \alpha I_n)^m\right)$$

für alle $\alpha \in K$ und $m \in \mathbb{N}_0$.

Insbesondere gibt es für jedes gegebene $\lambda_j$ ein $\mu_i \in \{\mu_1, \dots, \mu_k\}$ mit $\mu_i = \lambda_j$ und für dieses $\mu_i$ und die Matrix $A_2$ ergibt sich

$$r_s^{(2)}(\mu_i) := \operatorname{Rang}\left((A_2 - \mu_i I_n)^s\right) = r_s^{(1)}(\lambda_j), \quad s = 0, 1, 2, \dots.$$

Mit (16.6) folgt, dass die Matrix $A_2$ auf ihrer Diagonalen bis auf die Reihenfolge die gleichen Jordan-Blöcke wie die Matrix $A_1$ enthält. $\qquad\square$

**Beispiel 16.13.** Dieses Beispiel verdeutlicht die Konstruktion im Beweis von Satz 16.12. Ist

$$A = \begin{bmatrix} J_2(1) & & \\ & J_1(1) & \\ & & J_2(0) \end{bmatrix} = \left[ \begin{array}{cc|c|cc} 1 & 1 & & & \\ & 1 & & & \\ \hline & & 1 & & \\ \hline & & & 0 & 1 \\ & & & & 0 \end{array} \right] \in \mathbb{R}^{5,5}, \tag{16.7}$$

dann ist $(A - 1 \cdot I_5)^0 = I_5$,

$$A - 1 \cdot I_5 = \left[ \begin{array}{cc|c|cc} 0 & 1 & & & \\ & 0 & & & \\ \hline & & 0 & & \\ \hline & & & -1 & 1 \\ & & & & -1 \end{array} \right], \quad (A - 1 \cdot I_5)^2 = \left[ \begin{array}{cc|c|cc} 0 & 0 & & & \\ & 0 & & & \\ \hline & & 0 & & \\ \hline & & & 1 & -2 \\ & & & & 1 \end{array} \right]$$

und wir erhalten

$$r_0(1) = 5, \quad r_1(1) = 3, \quad r_s(1) = 2, \quad s \geq 2,$$

$$d_1(1) = 2, \quad d_2(1) = 1, \quad d_s(1) = 0, \quad s \geq 3,$$

$$d_1(1) - d_2(1) = 1, \quad d_2(1) - d_3(1) = 1, \quad d_s(1) - d_{s+1}(1) = 0, \quad s \geq 3.$$

Seien $V$ ein endlichdimensionaler $K$-Vektorraum und $f \in \mathcal{L}(V, V)$, wobei wir nicht voraussetzen, dass $P_f$ in Linearfaktoren zerfällt. Aus dem Satz von Cayley-Hamilton (vgl. Satz 8.6) wissen wir, dass $P_f(f) = 0 \in \mathcal{L}(V, V)$ ist, d. h. es gibt ein monisches Polynom vom Grad höchstens $\dim(V)$, welches den Endomorphismus $f$ annuliert. Seien $p_1, p_2 \in K[t]$ zwei monische Polynome *kleinsten Grades*, für die $p_1(f) = p_2(f) = 0$ gilt. Es folgt $(p_1 - p_2)(f) = 0$ und da $p_1$ und $p_2$ monisch sind, ist $p_1 - p_2 \in K[t]$ ein Polynom mit $\mathrm{Grad}(p_1 - p_2) < \mathrm{Grad}(p_1) = \mathrm{Grad}(p_2)$. Aus der Minimalitätsannahme an $\mathrm{Grad}(p_1)$ und $\mathrm{Grad}(p_2)$ folgt $p_1 - p_2 = 0 \in K[t]$, d. h. $p_1 = p_2$. Daher existiert für jedes $f \in \mathcal{L}(V, V)$ ein *eindeutig bestimmtes* monisches Polynom kleinsten Grades, welches $f$ annuliert. Dies ermöglicht die folgende Definition.

**Definition 16.14.** Ist $V$ ein endlichdimensionaler $K$-Vektorraum und $f \in \mathcal{L}(V, V)$, so nennen wir das eindeutig bestimmte monische Polynom kleinsten Grades, das $f$ annuliert, das *Minimalpolynom von* $f$. Wir bezeichnen dieses Polynom mit $M_f$.

Per Konstruktion gilt stets $\mathrm{Grad}(M_f) \leq \mathrm{Grad}(P_f) = \dim(V)$.

**Lemma 16.15.** *Sind $V$ ein endlichdimensionaler $K$-Vektorraum und $f \in \mathcal{L}(V, V)$, so ist das Minimalpolynom $M_f$ ein Teiler jedes Polynoms, das $f$ annuliert, und somit insbesondere ein Teiler des charakteristischen Polynoms $P_f$.*

**Beweis.** Für $p = 0$ gilt $p(f) = 0$ und $M_f$ teilt $p$. Ist $p \in K[t] \setminus \{0\}$ ein Polynom mit $p(f) = 0$, dann gilt $\operatorname{Grad}(M_f) \leq \operatorname{Grad}(p)$. Nach der Division mit Rest (vgl. Satz 15.4) gibt es eindeutig bestimmte Polynome $q, r \in K[t]$ mit $p = q \cdot M_f + r$ und $\operatorname{Grad}(r) < \operatorname{Grad}(M_f)$. Es folgt

$$0 = p(f) = q(f) \circ M_f(f) + r(f) = r(f).$$

Aus der Minimalitätsannahme an $\operatorname{Grad}(M_f)$ folgt $r = 0$, d. h. $M_f$ teilt $p$. $\qquad\square$

Definition 16.14 lässt sich unmittelbar auf Matrizen $A \in K^{n,n}$ übertragen und für diese gilt dann analog die Aussage von Lemma 16.15, also insbesondere $M_A \mid P_A$.

Im Folgenden wollen wir das Minimalpolynom eines Endomorphismus $f$ auf einem endlichdimensionalen reellen oder komplexen Vektorraum mit Hilfe der Jordan-Normalform von $f$ bestimmen.

Wir betrachten dazu zunächst die Potenzen eines Jordan-Blocks $J_d(\lambda) \in K^{d,d}$, mit $K = \mathbb{R}$ oder $K = \mathbb{C}$. Da $I_d$ und $J_d(0)$ kommutieren, gilt für jedes $k \in \mathbb{N}_0$ die Gleichung

$$J_d(\lambda)^k = (\lambda I_d + J_d(0))^k = \sum_{j=0}^{k} \binom{k}{j} \lambda^{k-j} J_d(0)^j = \sum_{j=0}^{k} \frac{p^{(j)}(\lambda)}{j!} J_d(0)^j,$$

wobei $p^{(j)}$ die $j$-te Ableitung des Polynoms $p = t^k$ nach $t$ ist. Mit Hilfe dieses Ergebnisses für die Monome $t^k$ können wir das folgende Resultat zeigen.

**Lemma 16.16.** *Ist $J_d(\lambda) \in K^{d,d}$ und $p \in K[t]$ ein Polynom vom Grad $k \geq 0$ mit $K = \mathbb{R}$ oder $K = \mathbb{C}$, so gilt*

$$p(J_d(\lambda)) = \sum_{j=0}^{k} \frac{p^{(j)}(\lambda)}{j!} J_d(0)^j. \tag{16.8}$$

**Beweis.** Übungsaufgabe. $\qquad\square$

Aufgefasst als lineare Abbildung von $K^{d,1}$ nach $K^{d,1}$ repräsentiert die Matrix $J_d(0)$ eine „Verschiebung nach oben", denn es gilt

$$J_d(0) \begin{bmatrix} \alpha_1 \\ \alpha_2 \\ \vdots \\ \alpha_d \end{bmatrix} = \begin{bmatrix} \alpha_2 \\ \vdots \\ \alpha_d \\ 0 \end{bmatrix} \quad \text{für alle} \quad \begin{bmatrix} \alpha_1 \\ \alpha_2 \\ \vdots \\ \alpha_d \end{bmatrix} \in K^{d,1}.$$

Wie man sich leicht überlegt, ist daher

$$J_d(0)^\ell \neq 0 \in K^{d,d}, \quad \ell = 0, 1, \dots, d-1, \quad J_d(0)^d = 0 \in K^{d,d}.$$

Insbesondere ist die lineare Abbildung $J_d(0)$ nilpotent vom Grad $d$. Die Summe auf der rechten Seite von (16.8) hat also höchstens $d$ Terme, selbst wenn Grad$(p) > d$ ist.

Die rechte Seite von (16.8) zeigt zudem, dass $p(J_d(\lambda))$ eine obere Dreiecksmatrix mit konstanten Einträgen auf ihren Diagonalen ist. (Eine Matrix mit konstanten Diagonalen wird auch *Toeplitz-Matrix*[3] genannt.) Insbesondere steht auf der Hauptdiagonalen der Eintrag $p(\lambda)$. An (16.8) sehen wir, dass $p(J_d(\lambda)) = 0$ genau dann gilt, wenn

$$p(\lambda) = p'(\lambda) = \dots = p^{(d-1)}(\lambda) = 0$$

ist. Wir haben damit das folgende Resultat bewiesen.

**Lemma 16.17.** *Seien $J_d(\lambda) \in K^{d,d}$ und $p \in K[t]$ mit $K = \mathbb{R}$ oder $K = \mathbb{C}$.*

(1) *Die Matrix $p(J_d(\lambda))$ ist genau dann invertierbar, wenn $\lambda$ keine Nullstelle von $p$ ist.*
(2) *Es gilt $p(J_d(\lambda)) = 0 \in K^{d,d}$ genau dann, wenn $\lambda$ eine $d$-fache Nullstelle von $p$ ist, d. h. wenn das Polynom $(t - \lambda)^d$ ein Teiler von $p$ ist.*

Wir können nun das Minimalpolynom $M_f$ mit Hilfe der Jordan-Normalform von $f$ explizit konstruieren.

**Lemma 16.18.** *Sei $V$ ein endlichdimensionaler $K$-Vektorraum mit $K = \mathbb{R}$ oder $K = \mathbb{C}$. Hat $f \in \mathcal{L}(V, V)$ eine Jordan-Normalform mit paarweise verschiedenen Eigenwerten $\widetilde{\lambda}_1, \dots, \widetilde{\lambda}_k$ und sind $\widetilde{d}_1, \dots, \widetilde{d}_k$ die jeweils maximalen Größen eines zugehörigen Jordan-Blocks, so ist*

$$M_f = \prod_{j=1}^{k} (t - \widetilde{\lambda}_j)^{\widetilde{d}_j}.$$

---

[3]Otto Toeplitz (1881–1940).

**Beweis.** Wir wissen aus Lemma 16.15, dass $M_f$ ein Teiler von $P_f$ ist. Daher gilt

$$M_f = \prod_{j=1}^{k} (t - \widetilde{\lambda}_j)^{\ell_j}$$

für gewisse Exponenten $\ell_1, \dots, \ell_k$. Ist

$$A = \begin{bmatrix} J_{d_1}(\lambda_1) & & \\ & \ddots & \\ & & J_{d_m}(\lambda_m) \end{bmatrix}$$

eine Jordan-Normalform von $f$, so ist $M_f(f) = 0 \in \mathcal{L}(\mathcal{V}, \mathcal{V})$ äquivalent mit $M_f(A) = 0 \in K^{n,n}$, wobei $n = \dim(\mathcal{V})$ ist. Es gilt $M_f(A) = 0$ genau dann, wenn $M_f(J_{d_j}(\lambda_j)) = 0$ für $j = 1, \dots, m$ ist. Notwendig und hinreichend hierfür ist $M_f(J_{\widetilde{d}_j}(\widetilde{\lambda}_j)) = 0$ für $j = 1, \dots, k$. Aus Lemma 16.17 folgt, dass dies genau dann gilt, wenn jedes der Polynome $(t - \widetilde{\lambda}_j)^{\widetilde{d}_j}$, $j = 1, \dots, k$, ein Teiler von $M_f$ ist. Somit hat $M_f$ die behauptete Form. $\qquad\square$

**Beispiel 16.19.** Ist $f$ ein Endomorphismus mit der Jordan-Normalform $A$ in (16.7), so gilt

$$P_f = (t - 1)^3\, t^2, \quad M_f = (t - 1)^2\, t^2$$

und

$$M_f(A) = (A - 1 \cdot I_5)^2 A^2 = \left[\begin{array}{cc|c|cc} 0 & 0 & & & \\ & 0 & & & \\ \hline & & 0 & & \\ \hline & & & 1 & -2 \\ & & & & 1 \end{array}\right] \left[\begin{array}{cc|c|cc} 1 & 2 & & & \\ & 1 & & & \\ \hline & & 1 & & \\ \hline & & & 0 & 0 \\ & & & & 0 \end{array}\right],$$

woraus $M_f(A) = 0 \in \mathbb{R}^{5,5}$ und $M_f(f) = 0 \in \mathcal{L}(\mathcal{V}, \mathcal{V})$ unmittelbar ersichtlich sind.

Die Jordan-Normalform hat eine überragende Bedeutung in der Theorie der Linearen Algebra. Ihre Bedeutung in praktischen Anwendungen, in denen oft Matrizen über $K = \mathbb{R}$ oder $K = \mathbb{C}$ betrachtet werden, ist jedoch begrenzt, denn es gibt kein adäquates numerisches Verfahren für ihre Berechnung im Fall einer allgemeinen quadratischen Matrix. Der Grund hierfür ist, dass die Einträge der Jordan-Normalform nicht stetig von den Einträgen der Matrix abhängen.

**Beispiel 16.20.** Wir betrachten die Matrix

$$A(\varepsilon) = \begin{bmatrix} \varepsilon & 1 \\ 0 & 0 \end{bmatrix}, \quad \varepsilon \in \mathbb{R}.$$

Für jedes gegebene $\varepsilon \neq 0$ hat $A(\varepsilon)$ zwei verschiedene Eigenwerte, $\varepsilon$ und 0. Für jedes $\varepsilon \neq 0$ ist daher die Diagonalmatrix

$$J(\varepsilon) = \begin{bmatrix} \varepsilon & 0 \\ 0 & 0 \end{bmatrix}$$

eine Jordan-Normalform von $A(\varepsilon)$. Für $\varepsilon \to 0$ ergibt sich jedoch

$$A(\varepsilon) \to \begin{bmatrix} 0 & 1 \\ 0 & 0 \end{bmatrix}, \quad J(\varepsilon) \to \begin{bmatrix} 0 & 0 \\ 0 & 0 \end{bmatrix}.$$

Also konvergiert $J(\varepsilon)$ für $\varepsilon \to 0$ *nicht* gegen die Jordan-Normalform von $A(0)$.

Ein ähnliches Beispiel liefern die Matrizen in Aufgabe 8.5. Während $A(0)$ ein Jordan-Block der Größe $n$ zum Eigenwert 1 ist, ergibt sich für jedes $\varepsilon \neq 0$ eine diagonalisierbare Matrix $A(\varepsilon) \in \mathbb{C}^{n,n}$ mit $n$ paarweise verschiedenen Eigenwerten.

**Die MATLAB-Minute.**
Sei

$$A = T^{-1} \begin{bmatrix} 1 & 0 \\ 1 & 1 \end{bmatrix} T \in \mathbb{C}^{2,2},$$

wobei $T \in \mathbb{C}^{2,2}$ eine mit dem Kommando T=rand(2) erzeugte (Pseudo-)Zufalls-matrix ist. Erzeugen Sie mehrfach solche Matrizen und berechnen Sie jeweils die Eigenwerte durch das Kommando eig(A). Geben Sie die Eigenwerte im format long aus.

Man beobachtet, dass die Eigenwerte reell oder komplex sind und stets einen Fehler ab der 8. Nachkommastelle aufweisen. Dies ist kein Zufall, sondern eine Folge des Störungsverhaltens von Eigenwerten, welches durch die Rundungsfehler im Rechner entsteht.

## 16.3    Berechnung der Jordan-Normalform

Wir leiten nun ein Verfahren zur Berechnung der Jordan-Normalform eines Endomorphismus $f$ auf einem endlichdimensionalen $K$-Vektorraum $V$ her. Dabei setzen wir voraus, dass $P_f$ in Linearfaktoren zerfällt und dass die Nullstellen von $P_f$ (also die Eigenwerte von $f$) exakt bekannt sind. Die Herleitung orientiert sich an den wichtigsten Schritten im Beweis der Existenz der Jordan-Normalform in Abschn. 16.2.

Wir nehmen zunächst an, dass $\lambda \in K$ ein Eigenwert von $f$ ist und dass $f$ einen dazugehörigen Jordan-Block der Größe $s$ hat. Dann existieren linear unabhängige Vektoren $t_1, \ldots, t_s$ mit $[f]_{\widehat{B},\widehat{B}} = J_s(\lambda)$ für $\widehat{B} = \{t_1, \ldots, t_s\}$. Es gilt somit

$$(f - \lambda \operatorname{Id})(t_1) = 0,$$

$$(f - \lambda \operatorname{Id})(t_2) = t_1,$$

$$\vdots$$

$$(f - \lambda \operatorname{Id})(t_s) = t_{s-1},$$

d. h. $t_{s-j} = (f - \lambda \operatorname{Id})^j (t_s)$ für $j = 0, 1, \ldots, s$ und $t_0 := 0$. (Wir schreiben hier und im Rest dieses Abschnitts zur Vereinfachung der Notation Id anstatt $\operatorname{Id}_V$.)

Die Vektoren $t_s, t_{s-1}, \ldots, t_1$ bilden somit eine Folge, wie wir sie bei den Krylov-Räumen kennengelernt haben und es gilt

$$\operatorname{Span}\{t_s, t_{s-1}, \ldots, t_1\} = \mathcal{K}_s(f - \lambda \operatorname{Id}, t_s).$$

Wir nennen die umgekehrte Folge, d. h. die Vektoren

$$t_1, t_2, \ldots, t_s$$

eine *Jordan-Kette* von $f$ zum Eigenwert $\lambda$. Der Vektor $t_1$ ist ein Eigenvektor von $f$ zum Eigenwert $\lambda$. Für den Vektor $t_2$ gilt $(f - \lambda \operatorname{Id})(t_2) \neq 0$ und

$$(f - \lambda \operatorname{Id})^2(t_2) = (f - \lambda \operatorname{Id})(t_1) = 0,$$

also $t_2 \in \operatorname{Kern}((f - \lambda \operatorname{Id})^2) \setminus \operatorname{Kern}(f - \lambda \operatorname{Id})$ und allgemein

$$t_j \in \operatorname{Kern}((f - \lambda \operatorname{Id})^j) \setminus \operatorname{Kern}((f - \lambda \operatorname{Id})^{j-1}), \quad j = 1, \ldots, s.$$

Dies motiviert die folgende Definition.

**Definition 16.21.** Seien $V$ ein endlichdimensionaler $K$-Vektorraum, $f \in \mathcal{L}(V, V), \lambda \in K$ ein Eigenwert von $f$ und $k \in \mathbb{N}$. Ein Vektor $v \in V$ mit

$$v \in \operatorname{Kern}((f - \lambda \operatorname{Id})^k) \setminus \operatorname{Kern}((f - \lambda \operatorname{Id})^{k-1})$$

heißt *Hauptvektor k-ter Stufe* von $f$ zum Eigenwert $\lambda$.

Hauptvektoren erster Stufe sind Eigenvektoren. Hauptvektoren höherer Stufe können als Verallgemeinerungen von Eigenvektoren betrachtet werden und sie werden daher manchmal als *verallgemeinerte Eigenvektoren* bezeichnet.

Zur Berechnung der Jordan-Normalform von $f$ benötigen wir somit die Anzahl und Länge der Jordan-Ketten zu den verschiedenen Eigenwerten von $f$. Diese entsprechen der Anzahl und Größe der Jordan-Blöcke von $f$. Ist $F$ eine Matrixdarstellung von $f$ bezüglich einer beliebigen Basis, so ist (vgl. den Beweis von Satz 16.12)

$$d_s(\lambda) := \operatorname{Rang}((F - \lambda I)^{s-1}) - \operatorname{Rang}((F - \lambda I)^s)$$

$$= \dim(\operatorname{Bild}((f - \lambda \operatorname{Id})^{s-1})) - \dim(\operatorname{Bild}((f - \lambda \operatorname{Id})^s))$$

$$= \dim(\mathcal{V}) - \dim(\operatorname{Kern}((f - \lambda \operatorname{Id})^{s-1})) - (\dim(\mathcal{V}) - \dim(\operatorname{Kern}((f - \lambda \operatorname{Id})^s)))$$

$$= \dim(\operatorname{Kern}((f - \lambda \operatorname{Id})^s)) - \dim(\operatorname{Kern}((f - \lambda \operatorname{Id})^{s-1}))$$

die Anzahl der Jordan-Blöcke zum Eigenwert $\lambda$ der Größe mindestens $s$. Damit folgt insbesondere

$$d_s(\lambda) \geq d_{s+1}(\lambda) \geq 0, \quad s = 1, 2, \ldots,$$

und $d_s(\lambda) - d_{s+1}(\lambda)$ ist die Anzahl der Jordan-Blöcke der exakten Größe $s$ zum Eigenwert $\lambda$. Es existiert eine kleinste natürliche Zahl $m$ mit

$$\{0\} = \operatorname{Kern}((f - \lambda \operatorname{Id})^0) \subset \operatorname{Kern}((f - \lambda \operatorname{Id})^1) \subset \cdots \subset \operatorname{Kern}((f - \lambda \operatorname{Id})^m)$$

$$= \operatorname{Kern}((f - \lambda \operatorname{Id})^{m+1}),$$

d. h. $m$ ist die kleinste Zahl, für die $\operatorname{Kern}((f - \lambda \operatorname{Id})^m) = \operatorname{Kern}((f - \lambda \operatorname{Id})^{m+1})$ gilt. Es folgt $d_s(\lambda) = 0$ für alle $s \geq m + 1$. Es gibt somit keinen Jordan-Block zum Eigenwert $\lambda$ mit Größe $m + 1$ oder größer.

Zur Berechnung der Jordan-Normalform gehen wir wie folgt vor:

(1) Bestimme die Eigenwerte von $f$ als Nullstellen von $P_f$.
(2) Für jeden Eigenwert $\lambda$ von $f$ führe folgende Schritte durch:
    (a) Bestimme

$$\operatorname{Kern}((f - \lambda \operatorname{Id})^0) \subset \operatorname{Kern}((f - \lambda \operatorname{Id})^1) \subset \cdots \subset \operatorname{Kern}((f - \lambda \operatorname{Id})^m),$$

wobei $m$ die kleinste natürliche Zahl mit

$$\text{Kern}((f - \lambda \,\text{Id})^m) = \text{Kern}((f - \lambda \,\text{Id})^{m+1})$$

ist. Dann gilt $\dim(\text{Kern}((f - \lambda \,\text{Id})^m)) = a(\lambda, f)$.

(b) Für $s = 1, \ldots, m$ bestimme

$$d_s(\lambda) = \dim(\text{Kern}((f - \lambda \,\text{Id})^s)) - \dim(\text{Kern}((f - \lambda \,\text{Id})^{s-1})) > 0.$$

Für $s \geq m + 1$ ist $d_s(\lambda) = 0$ und

$$d_1(\lambda) = \dim(\text{Kern}(f - \lambda \,\text{Id})) = g(\lambda, f)$$

ist die Anzahl der Jordan-Blöcke zum Eigenwert $\lambda$.

(c) Wir schreiben nun zur Vereinfachung $d_s := d_s(\lambda)$ und bestimmen die Jordan-Ketten wie folgt:

(i) Wegen $d_m - d_{m+1} = d_m$ gibt es $d_m$ Jordan-Blöcke der Größe $m$. Für jeden dieser Blöcke bestimmen wir eine Jordan-Kette aus $d_m$ Hauptvektoren $m$-ter Stufe, d. h. Vektoren

$$t_{1,m}, t_{2,m}, \ldots, t_{d_m,m} \in \text{Kern}((f - \lambda \,\text{Id})^m) \setminus \text{Kern}((f - \lambda \,\text{Id})^{m-1})$$

mit folgender Eigenschaft:

Sind $\alpha_1, \ldots, \alpha_{d_m} \in K$ mit $\sum_{i=1}^{d_m} \alpha_i t_{i,m} \in \text{Kern}((f - \lambda \,\text{Id})^{m-1})$, so folgt $\alpha_1 = \cdots = \alpha_{d_m} = 0$. Dabei steht der erste Index bei den $t_{i,j}$ für die Nummer der Kette und der zweite Index für die Stufe des Hauptvektors (aus $\text{Kern}((f - \lambda \,\text{Id})^j)$ aber nicht aus $\text{Kern}((f - \lambda \,\text{Id})^{j-1})$).

(ii) Für $j = m, m - 1, \ldots, 2$ fahren wir wie folgt fort:
Wenn wir $d_j$ Hauptvektoren $j$-ter Stufe $t_{1,j}, t_{2,j}, \ldots, t_{d_j,j}$ gefunden haben, wenden wir auf jeden dieser Vektoren $f - \lambda \,\text{Id}$ an, also

$$t_{i,j-1} := (f - \lambda \,\text{Id})(t_{i,j}), \quad 1 \leq i \leq d_j,$$

um Hauptvektoren $(j - 1)$-ter Stufe zu erhalten.

Seien $\alpha_1, \ldots, \alpha_{d_j} \in K$ mit $\sum_{i=1}^{d_j} \alpha_i t_{i,j-1} \in \text{Kern}((f - \lambda \,\text{Id})^{j-2})$, so folgt

$$0 = (f - \lambda \,\text{Id})^{j-2}\left(\sum_{i=1}^{d_j} \alpha_i t_{i,j-1}\right) = (f - \lambda \,\text{Id})^{j-1}\left(\sum_{i=1}^{d_j} \alpha_i t_{i,j}\right),$$

also $\sum_{i=1}^{d_j} \alpha_i t_{i,j} \in \mathrm{Kern}((f - \lambda \,\mathrm{Id})^{j-1})$ und damit $\alpha_1 = \cdots = \alpha_{d_j} = 0$.

Falls $d_{j-1} > d_j$ ist, so gibt es $d_{j-1} - d_j$ Jordan-Blöcke der Größe $j - 1$. Für diese benötigen wir Jordan-Ketten der Länge $j - 1$. Daher ergänzen wir die bereits erhaltenen

$$t_{1,j-1}, t_{2,j-1}, \ldots, t_{d_j,j-1} \in \mathrm{Kern}((f - \lambda \,\mathrm{Id})^{j-1}) \setminus \mathrm{Kern}((f - \lambda \,\mathrm{Id})^{j-2})$$

zu $d_{j-1}$ Hauptvektoren $(j - 1)$-ter Stufe (nur wenn $d_{j-1} > d_j$) durch

$$t_{1,j-1}, t_{2,j-1}, \ldots, t_{d_{j-1},j-1} \in \mathrm{Kern}((f - \lambda \,\mathrm{Id})^{j-1}) \setminus \mathrm{Kern}((f - \lambda \,\mathrm{Id})^{j-2})$$

so, dass gilt:

Sind $\alpha_1, \ldots, \alpha_{d_{j-1}} \in K$ mit $\sum_{i=1}^{d_{j-1}} \alpha_i t_{i,j-1} \in \mathrm{Kern}((f - \lambda \,\mathrm{Id})^{j-2})$, so folgt $\alpha_1 = \cdots = \alpha_{d_{j-1}} = 0$.

Nach dem Schritt für $j = 2$ haben wir (linear unabhängige) Vektoren $t_{1,1}, t_{2,1}, \ldots, t_{d_1,1} \in \mathrm{Kern}(f - \lambda \,\mathrm{Id})$ gefunden. Da $\dim(\mathrm{Kern}(f - \lambda \,\mathrm{Id})) = d_1$ ist, haben wir eine Basis von $\mathrm{Kern}(f - \lambda \,\mathrm{Id})$ gefunden. Wir haben damit $d_1$ verschiedene Jordan-Ketten gefunden, die wir wie folgt zusammenfassen:

$$T_\lambda := \left\{ t_{1,1}, t_{1,2}, \ldots, t_{1,m}; \ t_{2,1}, t_{2,2}, \ldots, t_{2,*}; \ldots; t_{d_1,1}, \ldots, t_{d_1,*} \right\}.$$

Jede Kette beginnt mit dem Eigenvektor, dann kommt der Hauptvektor 2-ter Stufe, dann der Hauptvektor 3-ter Stufe, usw. Dabei verwenden wir die Konvention, dass die Ketten der Länge nach geordnet werden, also zuerst die längste Kette, dann die zweitlängste Kette, usw.

(3) Jordan-Ketten sind linear unabhängig, wenn ihre jeweils ersten Vektoren (also die Eigenvektoren) linear unabhängig sind. (Weisen Sie dies zur Übung nach.) Sind daher $\lambda_1, \ldots, \lambda_\ell$ die paarweise verschiedenen Eigenwerte von $f$, dann ist

$$T = \left\{ T_{\lambda_1}, \ldots, T_{\lambda_\ell} \right\}$$

eine Basis, für die $[f]_{T,T}$ in Jordan-Normalform ist.

**Beispiel 16.22.** Wir fassen die Matrix

$$F = \begin{bmatrix} 5 & 0 & 1 & 0 & 0 \\ 0 & 1 & 0 & 0 & 0 \\ -1 & 0 & 3 & 0 & 0 \\ 0 & 0 & 0 & 1 & 0 \\ 0 & 0 & 0 & 0 & 4 \end{bmatrix} \in \mathbb{R}^{5,5}$$

als Endomorphismus auf $\mathbb{R}^{5,1}$ auf.

(1) Die Eigenwerte von $F$ sind die Nullstellen von $P_F = (t - 1)^2(t - 4)^3$. Insbesondere zerfällt $P_F$ in Linearfaktoren und $F$ hat eine Jordan-Normalform.
(2) Wir gehen nun die verschiedenen Eigenwerte von $F$ durch:
    (a) Für den Eigenwert $\lambda_1 = 1$ erhalten wir

$$\mathrm{Kern}(F - I) = \mathrm{Kern}\left(\begin{bmatrix} 4 & 0 & 1 & 0 & 0 \\ 0 & 0 & 0 & 0 & 0 \\ -1 & 0 & 2 & 0 & 0 \\ 0 & 0 & 0 & 0 & 0 \\ 0 & 0 & 0 & 0 & 3 \end{bmatrix}\right) = \mathrm{Span}\{e_2, e_4\}.$$

Es gilt $\dim(\mathrm{Kern}(F - I)) = 2 = a(1, F)$.
Für den Eigenwert $\lambda_2 = 4$ erhalten wir

$$\mathrm{Kern}(F - 4I) = \mathrm{Kern}\left(\begin{bmatrix} 1 & 0 & 1 & 0 & 0 \\ 0 & -3 & 0 & 0 & 0 \\ -1 & 0 & -1 & 0 & 0 \\ 0 & 0 & 0 & -3 & 0 \\ 0 & 0 & 0 & 0 & 0 \end{bmatrix}\right) = \mathrm{Span}\{e_1 - e_3, e_5\},$$

$$\mathrm{Kern}((F - 4I)^2) = \mathrm{Kern}\left(\begin{bmatrix} 0 & 0 & 0 & 0 & 0 \\ 0 & 9 & 0 & 0 & 0 \\ 0 & 0 & 0 & 0 & 0 \\ 0 & 0 & 0 & 9 & 0 \\ 0 & 0 & 0 & 0 & 0 \end{bmatrix}\right) = \mathrm{Span}\{e_1, e_3, e_5\}.$$

Es gilt $\dim(\mathrm{Kern}((F - 4I)^2)) = 3 = a(4, F)$.
    (b) Für $\lambda_1 = 1$ ist $d_1(1) = \dim(\mathrm{Kern}(F - I)) = 2$.
    Für $\lambda_2 = 4$ ist $d_1(4) = \dim(\mathrm{Kern}(F - 4I)) = 2$ und $d_2(4) = \dim(\mathrm{Kern}((F - 4I)^2)) - \dim(\mathrm{Kern}(F - 4I)) = 3 - 2 = 1$.

(c) Bestimmung der Jordan-Ketten:

- Für $\lambda_1 = 1$ ist $m = 1$. Wir wählen als Hauptvektoren erster Stufe $t_{1,1} = e_2$ und $t_{2,1} = e_4$. Diese bilden eine Basis von $\mathrm{Kern}(F - I)$: Sind $\alpha_1, \alpha_2 \in \mathbb{R}$ mit $\alpha_1 e_2 + \alpha_2 e_4 = 0$, so sind $\alpha_1 = \alpha_2 = 0$. Für $\lambda_1 = 1$ sind wir fertig.
- Für $\lambda_2 = 4$ ist $m = 2$. Wir wählen einen Hauptvektor zweiter Stufe, z. B. $t_{1,2} = e_1$. Für diesen gilt: Ist $\alpha_1 \in \mathbb{R}$ mit $\alpha_1 e_1 \in \mathrm{Span}\{e_1 - e_3, e_5\}$, so folgt $\alpha_1 = 0$. Wir berechnen

$$t_{1,1} := (F - 4\,I)t_{1,2} = e_1 - e_3.$$

Nun ist $d_1(4) = 2 > 1 = d_2(4)$, also müssen wir zu $t_{1,1}$ einen weiteren Hauptvektor erster Stufe hinzufügen. Wir wählen $t_{2,1} = e_5$. Da beide Vektoren linear unabhängig sind, gilt: Sind $\alpha_1 t_{1,1} + \alpha_2 t_{2,1} \in \mathrm{Kern}((F - 4\,I)^0) = \{0\}$, so folgt $\alpha_1 = \alpha_2 = 0$.

Damit ergeben sich

$$T_{\lambda_1} = \begin{bmatrix} 0 & 0 \\ 1 & 0 \\ 0 & 0 \\ 0 & 1 \\ 0 & 0 \end{bmatrix} \quad \text{und} \quad T_{\lambda_2} = \begin{bmatrix} 1 & 1 & 0 \\ 0 & 0 & 0 \\ -1 & 0 & 0 \\ 0 & 0 & 0 \\ 0 & 0 & 1 \end{bmatrix}.$$

(3) Als Basisübergangsmatrix erhalten wir $T = [T_{\lambda_1}, T_{\lambda_2}]$ und die Jordan-Normalform von $F$ ist

$$\begin{bmatrix} 1 & & & & \\ & 1 & & & \\ & & 4 & 1 & \\ & & & 4 & \\ & & & & 4 \end{bmatrix} = T^{-1}FT \quad \text{mit} \quad T^{-1} = \begin{bmatrix} 0 & 1 & 0 & 0 & 0 \\ 0 & 0 & 0 & 1 & 0 \\ 0 & 0 & -1 & 0 & 0 \\ 1 & 0 & 1 & 0 & 0 \\ 0 & 0 & 0 & 0 & 1 \end{bmatrix}.$$

# Aufgaben

(In den folgenden Aufgaben ist $K$ stets ein beliebiger Körper.)

16.1 Beweisen Sie Lemma 16.1 (1).
16.2 Beweisen Sie Lemma 16.6 (1).

16.3  Seien

$$A = \begin{bmatrix} 0 & 1 & 1 \\ 1 & 0 & 1 \\ 1 & 1 & 0 \end{bmatrix} \in \mathbb{R}^{3,3}, \quad v_1 = \begin{bmatrix} 1 \\ 1 \\ 1 \end{bmatrix} \in \mathbb{R}^{3,1}, \quad v_2 = \begin{bmatrix} 0 \\ 1 \\ 1 \end{bmatrix} \in \mathbb{R}^{3,1}.$$

Bestimmen Sie die Krylov-Räume $\mathcal{K}_j(A, v_i)$, $i = 1, 2$, für alle $j \in \mathbb{N}$.

16.4  Sei $\mathcal{V}$ ein endlichdimensionaler $K$-Vektorraum, $f \in \mathcal{L}(\mathcal{V}, \mathcal{V})$, $v \in \mathcal{V}$ und $\lambda \in K$. Zeigen Sie, dass $\mathcal{K}_j(f, v) = \mathcal{K}_j(f - \lambda \operatorname{Id}_{\mathcal{V}}, v)$ für alle $j \in \mathbb{N}$ gilt. Folgern Sie, dass der Grad von $v$ bezüglich $f$ gleich dem Grad von $v$ bezüglich $f - \lambda \operatorname{Id}_{\mathcal{V}}$ ist.

16.5  Sei $f \in \mathcal{L}(\mathbb{R}^{3,1}, \mathbb{R}^{3,1})$ mit $f(e_1) = -e_1$, $f(e_2) = e_2 + e_3$, $f(e_3) = -e_3$ gegeben.

(a) Bestimmen Sie das charakteristische Polynom $P_f$ und eine Basis des Eigenraums $\mathcal{V}_f(-1)$.

(b) Zeigen Sie, dass $\dim(\mathcal{K}_3(f, v)) \leq 2$ für jedes $v \in \mathbb{R}^{3,1}$ gilt.

16.6  Beweisen Sie Lemma 16.16.

16.7  Sei $\mathcal{V}$ ein endlichdimensionaler euklidischer oder unitärer Vektorraum und sei $f \in \mathcal{L}(\mathcal{V}, \mathcal{V})$ selbstadjungiert und nilpotent. Zeigen Sie, dass dann $f = 0$ ist.

16.8  Sei $\mathcal{V} \neq \{0\}$ ein endlichdimensionaler $K$-Vektorraum, sei $f \in \mathcal{L}(\mathcal{V}, \mathcal{V})$ nilpotent vom Grad $m$ und $P_f$ zerfalle in Linearfaktoren. Zeigen Sie folgende Aussagen:

(a) Es gilt $P_f = t^n$ mit $n = \dim(\mathcal{V})$.

(b) Es gilt $M_f = t^m$.

(c) Es existiert ein Vektor $v \in \mathcal{V}$ vom Grad $m$ bezüglich $f$.

(d) Für jedes $\lambda \in K$ gilt $M_{f - \lambda \operatorname{Id}_{\mathcal{V}}} = (t + \lambda)^m$.

16.9  Sei $\mathcal{V}$ ein endlichdimensionaler $\mathbb{C}$-Vektorraum und seien $f, g \in \mathcal{L}(\mathcal{V}, \mathcal{V})$ zwei kommutierende nilpotente Endomorphismen. Zeigen Sie, dass dann $f + g$ auch nilpotent ist.

16.10  Sei $\mathcal{V}$ ein endlichdimensionaler $K$-Vektorraum und $f \in \mathcal{L}(\mathcal{V}, \mathcal{V})$. Zeigen Sie folgende Aussagen:

(a) Es gilt $\operatorname{Kern}(f^j) \subseteq \operatorname{Kern}(f^{j+1})$ für alle $j \geq 0$ und es existiert ein $m \geq 0$ mit $\operatorname{Kern}(f^m) = \operatorname{Kern}(f^{m+1})$. Für dieses $m$ gilt $\operatorname{Kern}(f^m) = \operatorname{Kern}(f^{m+j})$ für alle $j \geq 1$.

(b) Es gilt $\operatorname{Bild}(f^j) \supseteq \operatorname{Bild}(f^{j+1})$ für alle $j \geq 0$ und es existiert ein $\ell \geq 0$ mit $\operatorname{Bild}(f^\ell) = \operatorname{Bild}(f^{\ell+1})$. Für dieses $\ell$ gilt $\operatorname{Bild}(f^\ell) = \operatorname{Bild}(f^{\ell+j})$ für alle $j \geq 1$.

(c) Sind $m, \ell \geq 0$ minimal mit $\operatorname{Kern}(f^m) = \operatorname{Kern}(f^{m+1})$ und $\operatorname{Bild}(f^\ell) = \operatorname{Bild}(f^{\ell+1})$, dann gilt $m = \ell$.

(Nach Satz 16.5 ist dann $\mathcal{V} = \operatorname{Kern}(f^m) \oplus \operatorname{Bild}(f^m)$ eine Zerlegung von $\mathcal{V}$ in $f$-invariante Unterräume.)

16.11  Seien $\mathcal{V}$ ein endlichdimensionaler $K$-Vektorraum und $f \in \mathcal{L}(\mathcal{V}, \mathcal{V})$ eine Projektion (vgl. Aufgabe 13.11). Zeigen Sie folgende Aussagen:

(a) Es gibt eine Basis $B$ von $\mathcal{V}$ mit

$$[f]_{B,B} = \begin{bmatrix} I_k & \\ & 0_{n-k} \end{bmatrix},$$

wobei $k = \dim(\mathrm{Bild}(f))$ und $n = \dim(\mathcal{V})$ ist. Insbesondere folgt $P_f = (t-1)^k$ $t^{n-k}$ und $\lambda \in \{0,1\}$ für jeden Eigenwert $\lambda$ von $f$.

(b) Die Abbildung $g = \mathrm{Id}_{\mathcal{V}} - f$ ist eine Projektion mit $\mathrm{Kern}(g) = \mathrm{Bild}(f)$ und $\mathrm{Bild}(g) = \mathrm{Kern}(f)$.

16.12 Sei $\mathcal{V}$ ein endlichdimensionaler $K$-Vektorraum und seien $\mathcal{U}, \mathcal{W} \subseteq \mathcal{V}$ zwei Unterräume mit $\mathcal{V} = \mathcal{U} \oplus \mathcal{W}$. Zeigen Sie, dass es eine eindeutig bestimmte Projektion $f \in \mathcal{L}(\mathcal{V}, \mathcal{V})$ mit $\mathrm{Bild}(f) = \mathcal{U}$ und $\mathrm{Kern}(f) = \mathcal{W}$ gibt.

16.13 Bestimmen Sie die Jordan-Normalform der Matrizen

$$A = \begin{bmatrix} 1 & -1 & 0 & 0 \\ 1 & -1 & 0 & 0 \\ 3 & 0 & 3 & -3 \\ 4 & -1 & 3 & -3 \end{bmatrix} \in \mathbb{R}^{4,4}, \quad B = \begin{bmatrix} 2 & 1 & 0 & 0 & 0 \\ -1 & 1 & 1 & 0 & 0 \\ -1 & 0 & 3 & 0 & 0 \\ -1 & -1 & 0 & 1 & 1 \\ -2 & -1 & 1 & -1 & 3 \end{bmatrix} \in \mathbb{R}^{5,5}$$

mit Hilfe des im letzten Abschnitt dieses Kapitels angegebenen Verfahrens. Bestimmen Sie jeweils auch die Minimalpolynome.

16.14 Bestimmen Sie die Jordan-Normalform und das Minimalpolynom der linearen Abbildung

$$f : \mathbb{C}[t]_{\leq 3} \to \mathbb{C}[t]_{\leq 3}, \quad \alpha_0 + \alpha_1 t + \alpha_2 t^2 + \alpha_3 t^3 \mapsto \alpha_1 + \alpha_2 t + \alpha_3 t^3.$$

16.15 Bestimmen Sie (bis auf die Reihenfolge der Blöcke) alle Matrizen $J$ in Jordan-Normalform mit $P_J = (t+1)^3 (t-1)^3$ und $M_J = (t+1)^2 (t-1)^2$.

16.16 Sei $A \in \mathbb{C}^{3,3}$ mit $A^2 = 2A - I_3$. Bestimmen Sie alle (bis auf die Reihenfolge der Jordan-Blöcke) verschiedenen möglichen Jordan-Normalformen von $A$.

16.17 Seien $\mathcal{V} \neq \{0\}$ ein endlichdimensionaler $K$-Vektorraum und $f$ ein Endomorphismus auf $\mathcal{V}$, dessen charakteristisches Polynom in Linearfaktoren zerfällt. Zeigen Sie folgende Aussagen:

(a) $P_f = M_f$ gilt genau dann, wenn $g(\lambda, f) = 1$ für alle Eigenwerte $\lambda$ von $f$ ist.

(b) $f$ ist genau dann diagonalisierbar, wenn $M_f$ nur einfache Nullstellen besitzt.

(c) Eine Nullstelle $\lambda \in K$ von $M_f$ ist genau dann einfach, wenn $\mathrm{Kern}(f - \lambda \, \mathrm{Id}_{\mathcal{V}}) = \mathrm{Kern}((f - \lambda \, \mathrm{Id}_{\mathcal{V}})^2)$ ist.

16.18 Sei $\mathcal{V}$ ein $K$-Vektorraum der Dimension 2 oder 3 und sei $f \in \mathcal{L}(\mathcal{V}, \mathcal{V})$, so dass $P_f$ in Linearfaktoren zerfällt. Zeigen Sie, dass die Jordan-Normalform von $f$ eindeutig durch die Angabe von $P_f$ und $M_f$ bestimmt ist. Warum gilt dies nicht mehr, wenn $\dim(\mathcal{V}) \geq 4$ ist?

16.19 Sei $A \in K^{n,n}$ eine Matrix, deren charakteristisches Polynom in Linearfaktoren zerfällt. Zeigen Sie, dass eine diagonalisierbare Matrix $D$ und eine nilpotente Matrix $N$ existieren mit $A = D + N$ und $DN = ND$.

16.20 Sei

$$A = \begin{bmatrix} \alpha & \beta & 0 \\ \beta & 0 & 0 \\ 0 & 0 & \alpha \end{bmatrix} \in \mathbb{R}^{3,3}.$$

(a) Bestimmen Sie die Eigenwerte von $A$ in Abhängigkeit von $\alpha, \beta \in \mathbb{R}$.
(b) Bestimmen Sie alle $\alpha, \beta \in \mathbb{R}$ mit $A \notin GL_3(\mathbb{R})$.
(c) Bestimmen Sie das Minimalpolynom $M_A$ in Abhängigkeit von $\alpha, \beta \in \mathbb{R}$.

16.21 Sei $A \in K^{n,n}$ eine Matrix, die eine Jordan-Normalform hat. Wir definieren

$$I_n^R := [\delta_{i,n+1-j}] = \begin{bmatrix} & & 1 \\ & \cdot^{\cdot^{\cdot}} & \\ 1 & & \end{bmatrix}, \quad J_n^R(\lambda) := \begin{bmatrix} & & & \lambda \\ & & \cdot^{\cdot^{\cdot}} & 1 \\ & \cdot^{\cdot^{\cdot}} & \cdot^{\cdot^{\cdot}} & \\ \lambda & 1 & & \end{bmatrix} \in K^{n,n}.$$

Zeigen Sie folgende Aussagen:
(a) $I_n^R J_n(\lambda) I_n^R = J_n(\lambda)^T$.
(b) $A$ und $A^T$ sind ähnlich.
(c) $J_n(\lambda) = I_n^R J_n^R(\lambda)$.
(d) $A$ kann als Produkt zweier symmetrischer Matrizen geschrieben werden.

16.22 Berechnen Sie für die Matrix

$$A = \begin{bmatrix} 5 & 1 & 1 \\ 0 & 5 & 1 \\ 0 & 0 & 4 \end{bmatrix} \in \mathbb{R}^{3,3}$$

zwei symmetrische Matrizen $S_1, S_2 \in \mathbb{R}^{3,3}$ mit $A = S_1 S_2$.

# Matrix-Funktionen und Differenzialgleichungssysteme

**17**

In diesem Kapitel geben wir eine Einführung in das Thema der Matrix-Funktionen. Diese treten zum Beispiel bei der Lösung von Differenzialgleichungen, in der Stochastik, der Kontrolltheorie, der Optimierung und vielen weiteren Gebieten der Mathematik und ihren Anwendungen auf. Nach der Definition von primären Matrix-Funktionen und der Herleitung ihrer wichtigsten Eigenschaften betrachten wir die Matrix-Exponentialfunktion. Mit Hilfe dieser Funktion studieren wir die Lösung von Systemen linearer gewöhnlicher Differenzialgleichungen.

## 17.1 Matrix-Funktionen und die Matrix-Exponentialfunktion

Im Folgenden werden wir uns mit Matrix-Funktionen beschäftigen, die für eine gegebene $(n \times n)$-Matrix wieder eine $(n \times n)$-Matrix liefern. Eine mögliche Definition solcher Matrix-Funktionen ist gegeben durch die eintragsweise Anwendung skalarer Funktionen auf Matrizen. So könnte für $A = [a_{ij}] \in \mathbb{C}^{n,n}$ zum Beispiel $\sin(A)$ durch $\sin(A) :=$ $[\sin(a_{ij})]$ definiert werden. Eine solche Definition von Matrix-Funktionen ist jedoch nicht verträglich mit der Matrizenmultiplikation, da im Allgemeinen schon $A^2 \neq \left[a_{ij}^2\right]$ ist.

Die folgende Definition der primären Matrix-Funktion (vgl. [Hig08, Definition 1.1–1.2]) wird sich hingegen als konsistent mit der Matrizenmultiplikation herausstellen. Da diese Definition auf der Jordan-Normalform beruht, nehmen wir $A \in \mathbb{C}^{n,n}$ an. Unsere Betrachtungen gelten jedoch auch für quadratische Matrizen über $\mathbb{R}$, solange sie eine Jordan-Normalform besitzen.

**Definition 17.1.** Sei $A \in \mathbb{C}^{n,n}$ mit der Jordan-Normalform

$$J = \mathrm{diag}(J_{d_1}(\lambda_1), \ldots, J_{d_m}(\lambda_m)) = S^{-1}AS$$

© Springer-Verlag GmbH Deutschland, ein Teil von Springer Nature 2021
J. Liesen, V. Mehrmann, *Lineare Algebra*, Springer Studium Mathematik (Bachelor),
https://doi.org/10.1007/978-3-662-62742-6_17

gegeben und sei $\Omega \subset \mathbb{C}$, so dass $\{\lambda_1, \ldots, \lambda_m\} \subseteq \Omega$. Eine Funktion $f : \Omega \to \mathbb{C}$ heißt *definiert auf dem Spektrum von* $A$, wenn die Werte

$$f^{(j)}(\lambda_i) \quad \text{für} \quad i = 1, \ldots, m \quad \text{und} \quad j = 0, 1 \ldots, d_i - 1 \qquad (17.1)$$

existieren. Bei $f^{(j)}(\lambda_i)$, $j = 1, \ldots, d_i - 1$, in (17.1) handelt es sich um die $j$-te Ableitung der Funktion $f$ nach $\lambda$ an der Stelle $\lambda_i$. Gilt $\lambda_i \in \mathbb{R}$, so ist hier die reelle Ableitung gemeint; für $\lambda_i \in \mathbb{C} \setminus \mathbb{R}$ ist es die komplexe Ableitung.

Ist $f$ auf dem Spektrum von $A$ definiert, so definieren wir die *primäre Matrix-Funktion* $f(A)$ durch

$$f(A) := S f(J) S^{-1} \quad \text{mit} \quad f(J) := \operatorname{diag}(f(J_{d_1}(\lambda_1)), \ldots, f(J_{d_m}(\lambda_m))) \qquad (17.2)$$

und

$$f\left(J_{d_i}(\lambda_i)\right) := \begin{bmatrix} f(\lambda_i) & f'(\lambda_i) & \frac{f''(\lambda_i)}{2!} & \cdots & \frac{f^{(d_i-1)}(\lambda_i)}{(d_i-1)!} \\ & f(\lambda_i) & f'(\lambda_i) & \ddots & \vdots \\ & & \ddots & \ddots & \frac{f''(\lambda_i)}{2!} \\ & & & \ddots & f'(\lambda_i) \\ & & & & f(\lambda_i) \end{bmatrix} \qquad (17.3)$$

für $i = 1, \ldots, m$.

Man beachte, dass für die Definition von $f(A)$ in (17.2)–(17.3) lediglich die Existenz der Werte in (17.1) benötigt wird. Per Definition sind $f(A)$ und $f(J)$ ähnlich. Insbesondere sind die Eigenwerte von $f(A)$ gegeben durch $f(\lambda_1), \ldots, f(\lambda_m)$, wobei $\lambda_1, \ldots, \lambda_m$ die Eigenwerte von $A$ sind. Bezeichnen wir mit $\Lambda(M)$ die Menge der Eigenwerte einer Matrix $M \in \mathbb{C}^{n,n}$, dann können wir diese Beobachtung auch kompakt schreiben als $\Lambda(f(A)) = f(\Lambda(A))$. Dieses Ergebnis wird auch als *Spektralabbildungssatz* bezeichnet.

**Beispiel 17.2.** Ist $A = I_2 \in \mathbb{C}^{2,2}$, $f(z) = \sqrt{z}$ die Quadratwurzel-Funktion und setzen wir $f(1) = \sqrt{1} = +1$, so gilt $f(A) = \sqrt{A} = I_2$ nach Definition 17.1. Wählen wir den anderen Zweig der Quadratwurzel-Funktion, also $f(1) = \sqrt{1} = -1$, so erhalten wir $f(A) = \sqrt{A} = -I_2$. Die Matrizen $I_2$ und $-I_2$ sind *primäre Quadratwurzeln* von $A = I_2$. Unverträglich mit Definition 17.1 ist eine nicht-eindeutige Festlegung der Werte (17.1). Zum Beispiel fallen die Matrizen

$$X_1 = \begin{bmatrix} 1 & 0 \\ 0 & -1 \end{bmatrix} \quad \text{und} \quad X_2 = \begin{bmatrix} -1 & 0 \\ 0 & 1 \end{bmatrix}$$

nicht unter die Definition 17.1, obwohl für sie $X_1^2 = I_2$ und $X_2^2 = I_2$ gilt.

Man bezeichnet alle Lösungen $X \in \mathbb{C}^{n,n}$ der Gleichung $X^2 = A$ als Quadratwurzeln der Matrix $A \in \mathbb{C}^{n,n}$. Wie Beispiel 17.2 zeigt, müssen nicht alle dieser Lösungen primäre Quadratwurzeln nach Definition 17.1 sein. Im Folgenden werden wir unter $f(A)$ stets eine primäre Matrix-Funktion nach Definition 17.1 verstehen und den Zusatz „primär" meist weglassen.

In (16.8) haben wir gezeigt, dass

$$p(J_{d_i}(\lambda_i)) = \sum_{j=0}^{k} \frac{p^{(j)}(\lambda_i)}{j!} J_{d_i}(0)^j \tag{17.4}$$

für ein Polynom $p \in \mathbb{C}[t]$ vom Grad $k \geq 0$ gilt. Ein einfacher Vergleich zeigt, dass diese Formel mit (17.3) für $f = p$ übereinstimmt. Das heißt, die *Berechnung* von $p(J_{d_i}(\lambda_i))$ mit (17.4) führt auf das gleiche Ergebnis wie die *Definition* von $p(J_{d_i}(\lambda_i))$ durch (17.3). Allgemeiner gilt das folgende Resultat.

**Lemma 17.3.** *Seien $A \in \mathbb{C}^{n,n}$ und $p = \alpha_k t^k + \ldots + \alpha_1 t + \alpha_0 \in \mathbb{C}[t]$. Für $f = p$ in (17.2)–(17.3) gilt dann $f(A) = \alpha_k A^k + \ldots + \alpha_1 A + \alpha_0 I_n$.*

**Beweis.** Übungsaufgabe. $\qquad\qquad\qquad\qquad\qquad\qquad\qquad\qquad\qquad\qquad\qquad\quad$ □

Betrachten wir insbesondere das Polynom $f = t^2$ in (17.2)–(17.3), so gilt $f(A) = A * A$. Dies zeigt, dass die Definition der primären Matrix-Funktion $f(A)$ konsistent mit der Matrizenmultiplikation ist.

Der folgende Satz ist von großer praktischer und theoretischer Bedeutung, denn er zeigt, dass die Matrix $f(A)$ stets als ein Polynom in $A$ geschrieben werden kann.

**Satz 17.4.** *Sei $A \in \mathbb{C}^{n,n}$, $M_A$ das Minimalpolynom von $A$ und $f(A)$ wie in Definition 17.1. Dann gibt es ein eindeutig bestimmtes Polynom $p \in \mathbb{C}[t]$ vom Grad höchstens $\mathrm{Grad}(M_A)-1$ mit $f(A) = p(A)$. Insbesondere folgen $Af(A) = f(A)A$, $f(A^T) = f(A)^T$ sowie $f(VAV^{-1}) = Vf(A)V^{-1}$ für alle $V \in GL_n(\mathbb{C})$.*

**Beweis.** Wir werden den Beweis hier nicht führen, da dieser weiterführende Ergebnisse aus der Interpolationstheorie benötigt. Details findet man im Buch [Hig08]. $\qquad\quad$ □

Mit Hilfe dieses Satzes können wir zeigen, dass die primäre Matrix-Funktion $f(A)$ in Definition 17.1 unabhängig von der Wahl der Jordan-Normalform von $A$ ist. In Satz 16.12 haben wir bereits gezeigt, dass die Jordan-Normalform von $A$ bis auf die Reihenfolge der Jordan-Blöcke eindeutig bestimmt ist. Sind

$$J = \mathrm{diag}(J_{d_1}(\lambda_1), \ldots, J_{d_m}(\lambda_m)) = S^{-1}AS,$$

$$\widetilde{J} = \mathrm{diag}(J_{\widetilde{d}_1}(\widetilde{\lambda}_1), \ldots, J_{\widetilde{d}_m}(\widetilde{\lambda}_m)) = \widetilde{S}^{-1}A\widetilde{S}$$

zwei Jordan-Normalformen von $A$, so gilt $\widetilde{J} = P^T J P$ für eine Permutationsmatrix $P \in \mathbb{R}^{n,n}$, wobei die Matrizen $J$ und $\widetilde{J}$ bis auf die Reihenfolge ihrer Diagonalblöcke übereinstimmen. Es folgt

$$f(J) = \mathrm{diag}(f(J_{d_1}(\lambda_1)), \ldots, f(J_{d_m}(\lambda_m)))$$

$$= P \left( P^T \, \mathrm{diag}(f(J_{d_1}(\lambda_1)), \ldots, f(J_{d_m}(\lambda_m))) \, P \right) P^T$$

$$= P \left( \mathrm{diag}(f(J_{\widetilde{d}_1}(\widetilde{\lambda}_1)), \ldots, f(J_{\widetilde{d}_m}(\widetilde{\lambda}_m))) \right) P^T$$

$$= P f(\widetilde{J}) P^T.$$

Angewandt auf die Matrix $J$ zeigt Satz 17.4, dass es ein Polynom $p$ mit $f(J) = p(J)$ gibt. Somit erhalten wir

$$f(A) = S f(J) S^{-1} = S p(J) S^{-1} = p(A) = p(\widetilde{S} \widetilde{J} \widetilde{S}^{-1})$$

$$= \widetilde{S} P^T p(J) P \widetilde{S}^{-1} = \widetilde{S} P^T f(J) P \widetilde{S}^{-1}$$

$$= \widetilde{S} f(\widetilde{J}) \widetilde{S}^{-1}.$$

Wir betrachten nun die Exponentialfunktion $f(z) = e^z$, die in ganz $\mathbb{C}$ unendlich oft komplex differenzierbar ist. Insbesondere ist $e^z$ im Sinne von Definition 17.1 auf dem Spektrum jeder gegebenen Matrix

$$A = S \, \mathrm{diag}(J_{d_1}(\lambda_1), \ldots, J_{d_m}(\lambda_m)) \, S^{-1} \in \mathbb{C}^{n,n}$$

definiert. Ist $t \in \mathbb{C}$ beliebig (aber fest) gewählt, dann gelten für die Ableitungen der Funktion $e^{tz}$ nach der Variablen $z$ die Gleichungen

$$\frac{d^j}{dz^j} e^{tz} = t^j e^{tz}, \quad j = 0, 1, 2, \ldots .$$

Zur Definition der Exponentialfunktion einer Matrix $M$ benutzen wir die Bezeichnung $\exp(M)$ anstatt $e^M$. Für jeden Jordan-Block $J_d(\lambda)$ der Matrix $A$ gilt dann nach (17.3) mit $f(z) = e^{tz}$ die Gleichung

$$\exp(t\,J_d(\lambda)) = e^{t\lambda} \begin{bmatrix} 1 & t & \frac{t^2}{2!} & \cdots & \frac{t^{d-1}}{(d-1)!} \\ & 1 & t & \ddots & \vdots \\ & & \ddots & \ddots & \frac{t^2}{2!} \\ & & & \ddots & t \\ & & & & 1 \end{bmatrix}$$

$$= e^{t\lambda} \sum_{k=0}^{d-1} \frac{1}{k!} \, (t\,J_d(0))^k \tag{17.5}$$

und die Matrix-Exponentialfunktion $\exp(t\,A)$ ist gegeben durch

$$\exp(t\,A) = S \, \text{diag}(\exp(t\,J_{d_1}(\lambda_1)), \dots, \exp(t\,J_{d_m}(\lambda_m))) \, S^{-1}. \tag{17.6}$$

Den zusätzlich eingeführten Parameter $t$ werden wir im nächsten Abschnitt im Zusammenhang mit der Lösung gewöhnlicher Differenzialgleichungen benutzen.

In der Analysis wird gezeigt, dass $e^z$ für jedes $z \in \mathbb{C}$ durch die absolut konvergente Reihe

$$e^z = \sum_{j=0}^{\infty} \frac{z^j}{j!}$$

gegeben ist. Mit Hilfe dieser Reihe und der Gleichung $(J_d(0))^\ell = 0$ für alle $\ell \geq d$ erhalten wir

$$\exp(t\,J_d(\lambda)) = e^{t\lambda} \sum_{\ell=0}^{d-1} \frac{1}{\ell!} \, (t\,J_d(0))^\ell = \left( \sum_{j=0}^{\infty} \frac{(t\lambda)^j}{j!} \right) \cdot \left( \sum_{\ell=0}^{\infty} \frac{1}{\ell!} \, (t\,J_d(0))^\ell \right)$$

$$= \sum_{j=0}^{\infty} \left( \sum_{\ell=0}^{j} \frac{(t\lambda)^{j-\ell}}{(j-\ell)!} \cdot \frac{1}{\ell!} \, (t\,J_d(0))^\ell \right)$$

$$= \sum_{j=0}^{\infty} \frac{t^j}{j!} \left( \sum_{\ell=0}^{j} \binom{j}{\ell} \lambda^{j-\ell} J_d(0)^\ell \right)$$

$$= \sum_{j=0}^{\infty} \frac{t^j}{j!} \, (\lambda I_d + J_d(0))^j$$

$$= \sum_{j=0}^{\infty} \frac{1}{j!} \, (t\,J_d(\lambda))^j \,. \tag{17.7}$$

In dieser Herleitung haben wir die absolute Konvergenz der Exponentialreihe und die Endlichkeit der Reihe mit der Matrix $J_d(0)$ benutzt. Dies erlaubt die Anwendung der Produktformel von Cauchy[1] für absolut konvergente Reihen, deren Gültigkeit in der Analysis bewiesen wird. Wir fassen die bisherigen Resultate über die Matrix-Exponentialfunktion zusammen.

**Lemma 17.5.** *Sind $A \in \mathbb{C}^{n,n}$, $t \in \mathbb{C}$ und $\exp(tA)$ die Matrix-Exponentialfunktion in* (17.5)–(17.6), *so gilt*

$$\exp(tA) = \sum_{j=0}^{\infty} \frac{1}{j!}(tA)^j.$$

**Beweis.** In (17.7) haben wir die zu beweisende Identität bereits für Jordan-Blöcke gezeigt. Das Resultat folgt nun aus

$$\sum_{j=0}^{\infty} \frac{1}{j!}(tSJS^{-1})^j = S\left(\sum_{j=0}^{\infty} \frac{1}{j!}(tJ)^j\right)S^{-1}$$

und aus der Darstellung (17.6) der Matrix-Exponentialfunktion.                    □

Wir sehen aus Lemma 17.5 sofort, dass für eine Matrix $A \in \mathbb{R}^{n,n}$ und jedes reelle $t$ die Matrix-Exponentialfunktion $\exp(tA)$ eine reelle Matrix ist.

Das folgende Resultat zeigt weitere wichtige Eigenschaften der Matrix-Exponentialfunktion.

**Lemma 17.6.** *Kommutieren die beiden Matrizen $A, B \in \mathbb{C}^{n,n}$, so gilt $\exp(A + B) = \exp(A)\exp(B)$. Für jede Matrix $A \in \mathbb{C}^{n,n}$ ist $\exp(A) \in GL_n(\mathbb{C})$ mit $(\exp(A))^{-1} = \exp(-A)$.*

**Beweis.** Wenn $A$ und $B$ kommutieren, so folgt mit Hilfe der Produktformel von Cauchy, dass

$$\exp(A)\exp(B) = \left(\sum_{j=0}^{\infty} \frac{1}{j!}A^j\right)\left(\sum_{\ell=0}^{\infty} \frac{1}{\ell!}B^\ell\right) = \sum_{j=0}^{\infty}\left(\sum_{\ell=0}^{j} \frac{1}{\ell!}A^\ell \frac{1}{(j-\ell)!}B^{j-\ell}\right)$$

$$= \sum_{j=0}^{\infty}\left(\frac{1}{j!}\sum_{\ell=0}^{j}\binom{j}{\ell}A^\ell B^{j-\ell}\right) = \sum_{j=0}^{\infty} \frac{1}{j!}(A+B)^j$$

$$= \exp(A + B).$$

---

[1] Augustin Louis Cauchy (1789–1857).

Hier haben wir den Binomischen Lehrsatz für kommutierende Matrizen verwendet (vgl. Aufgabe 4.12).

Da $A$ und $-A$ kommutieren gilt

$$\exp(A)\exp(-A) = \exp(A - A) = \exp(0) = \sum_{j=0}^{\infty} \frac{1}{j!} 0^j = I_n,$$

also ist $\exp(A) \in GL_n(\mathbb{C})$ mit $(\exp(A))^{-1} = \exp(-A)$. □

Für nicht kommutierende Matrizen gelten die Aussagen in Lemma 17.6 im Allgemeinen nicht (vgl. Aufgabe 17.10).

**Die MATLAB-Minute.**

Berechnen Sie die Matrix-Exponentialfunktion $\exp(A)$ für die Matrix

$$A = \begin{bmatrix} 1 & -1 & 3 & 4 & 5 \\ -1 & -2 & 4 & 3 & 5 \\ 2 & 0 & -3 & 1 & 5 \\ 3 & 0 & 0 & -2 & -3 \\ 4 & 0 & 0 & -3 & -5 \end{bmatrix} \in \mathbb{R}^{5,5}$$

durch das Kommando E1=expm(A). (Sehen Sie sich help expm an.)
Berechnen Sie auch eine Diagonalisierung von $A$ mit dem Kommando [S,D]= eig(A) und mit diesen Daten die Matrix-Exponentialfunktion $\exp(A)$ durch E2=S*expm(D)/S.
Vergleichen Sie die Matrizen E1 und E2 und berechnen Sie den relativen Fehler norm(E1-E2)/norm(E2). (Sehen Sie sich help norm an.)

**Beispiel 17.7.** Sei $A = [a_{ij}] \in \mathbb{R}^{n,n}$ eine symmetrische Matrix mit $a_{ii} = 0$ und $a_{ij} \in \{0, 1\}$ für alle $i, j = 1, \dots, n$. Wir identifizieren die Matrix $A$ mit einem *Graphen* $G_A = (V_A, E_A)$, bestehend aus einer Menge von $n$ *Knoten* $V_A = \{1, \dots, n\}$ und einer Menge von *Kanten* $E_A \subseteq V_A \times V_A$. Hierbei identifizieren wir für $i = 1, \dots, n$ die Zeile $i$ von $A$ mit dem Knoten $i \in V_A$ und wir identifizieren jeden Eintrag $a_{ij} = 1$ in der Matrix $A$ mit einer Kante $(i, j) \in E_A$. Aufgrund der Symmetrie von $A$ gilt $a_{ij} = 1$ genau dann, wenn $a_{ji} = 1$ ist. Wir fassen daher die Elemente von $E_A$ als *ungeordnete Paare* auf, d. h. es gilt $(i, j) = (j, i)$. Das folgende Beispiel verdeutlicht diese Identifikation:

$$A = \begin{bmatrix} 0 & 1 & 1 & 1 & 0 \\ 1 & 0 & 0 & 1 & 1 \\ 1 & 0 & 0 & 0 & 1 \\ 1 & 1 & 0 & 0 & 0 \\ 0 & 1 & 1 & 0 & 0 \end{bmatrix}$$

wird identifiziert mit $G_A = (V_A, E_A)$, wobei

$$V_A = \{1, 2, 3, 4, 5\}, \quad E_A = \{(1,2), (1,3), (1,4), (2,4), (2,5), (3,5)\}.$$

Den Graphen $G_A$ können wir wie folgt darstellen:

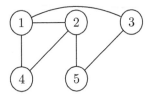

Ein *Weg* der Länge $m$ vom Knoten $k_1$ zum Knoten $k_{m+1}$ ist eine geordnete Liste von Knoten $k_1, k_2, \ldots, k_{m+1}$, wobei $(k_i, k_{i+1}) \in E_A$ für $i = 1, \ldots, m$ gelten soll. Ist $k_1 = k_{m+1}$, so handelt es sich um einen geschlossenen Weg der Länge $m$. Im obigen Beispiel sind $1, 2, 4$ und $1, 2, 5, 3, 1, 2, 4$ zwei Wege von 1 nach 4 mit den Längen 2 und 6. Im mathematischen Teilgebiet der Graphentheorie wird bei der Definition eines Weges oft angenommen, dass die Knoten des Weges paarweise verschieden sind. Unsere Abweichung von dieser Konvention ist veranlasst durch die folgende Interpretation der Matrix $A$ und ihrer Potenzen.

Ein Eintrag $a_{ij} = 1$ in der Matrix $A$ bedeutet, dass es einen Weg der Länge 1 vom Knoten $i$ zum Knoten $j$ gibt, d. h. die Knoten $i$ und $j$ sind benachbart. Ist $a_{ij} = 0$, so gibt es keinen solchen Weg. Die Matrix $A$ heißt daher die *Nachbarschaftsmatrix* oder *Adjazenzmatrix* des Graphen $G_A$. Quadrieren wir die Nachbarschaftsmatrix, so ergibt sich der Eintrag an der Stelle $(i, j)$ als

$$(A^2)_{ij} = \sum_{\ell=1}^{n} a_{i\ell} a_{\ell j}.$$

In der Summe auf der rechten Seite erhalten wir für gegebenes $\ell$ eine 1 genau dann, wenn $(i, \ell) \in E_A$ und $(\ell, j) \in E_A$ gilt. Die Summe auf der rechten Seite gibt somit die Anzahl der Knoten an, die gleichzeitig mit $i$ und mit $j$ verbunden sind. Der Eintrag $(A^2)_{ij}$ ist daher gleich der Anzahl der paarweise verschiedenen Wege von $i$ nach $j$ $(i \neq j)$ oder der paarweise verschiedenen geschlossenen Wege von $i$ nach $i$ der Länge 2 in $G_A$. Allgemeiner gilt das folgende Resultat.

**Satz 17.8.** *Sei $A = [a_{ij}] \in \mathbb{R}^{n,n}$ eine symmetrische Nachbarschaftsmatrix, d. h. es gilt $A = A^T$ mit $a_{ii} = 0$ und $a_{ij} \in \{0, 1\}$ für alle $i, j = 1, \ldots, n$, und sei $G_A$ der mit $A$ identifizierte Graph. Dann ist für $m \in \mathbb{N}$ der Eintrag $(A^m)_{ij}$ gleich der Anzahl der paarweise verschiedenen Wege von $i$ nach $j$ ($i \neq j$) oder der paarweise verschiedenen geschlossenen Wege von $i$ nach $i$ der Länge $m$ in $G_A$.*

**Beweis.** Übungsaufgabe. $\qquad\qquad\qquad\qquad\qquad\qquad\qquad\qquad\qquad\qquad\qquad\quad$ $\square$

Für die obige Matrix $A$ erhalten wir zum Beispiel

$$
A^2 = \begin{bmatrix} 3 & 1 & 0 & 1 & 2 \\ 1 & 3 & 2 & 1 & 0 \\ 0 & 2 & 2 & 1 & 0 \\ 1 & 1 & 1 & 2 & 1 \\ 2 & 0 & 0 & 1 & 2 \end{bmatrix} \quad \text{und} \quad A^3 = \begin{bmatrix} 2 & 6 & 5 & 4 & 1 \\ 6 & 2 & 1 & 4 & 5 \\ 5 & 1 & 0 & 2 & 4 \\ 4 & 4 & 2 & 2 & 2 \\ 1 & 5 & 4 & 2 & 0 \end{bmatrix}.
$$

Die 3 paarweise verschiedenen geschlossenen Wege der Länge 2 von 1 nach 1 sind

$$1, 2, 1, \quad 1, 3, 1, \quad 1, 4, 1$$

und die 4 paarweise verschiedenen Wege der Länge 3 von 1 nach 4 sind

$$1, 2, 1, 4, \quad 1, 3, 1, 4, \quad 1, 4, 1, 4, \quad 1, 4, 2, 4.$$

In vielen Situationen des Alltags treten Netzwerke auf, die durch Graphen mathematisch modelliert werden können. Beispiele sind Freundschaftsbeziehungen in sozialen Netzwerken, Routing-Wege im Internet oder Streckennetze von Fluggesellschaften. „Zentrale Knoten" in diesen Netzwerken sorgen für eine schnelle Kommunikation von Informationen oder für effiziente Flugverbindungen zu vielen Zielen mit wenigen Zwischenstopps. Fallen solche Knoten aus, so kann die Funktionsfähigkeit des gesamten Netzwerks gefährdet sein. Ein Knoten gilt als „zentral", wenn er mit einem großen Teil des Graphen über viele kurze geschlossene Wege verbunden ist. Lange Verbindungen sind in der Regel weniger wichtig als kurze und somit sollten die Wege anhand ihrer Länge skaliert werden. Wählen wir den Skalierungsfaktor $1/m!$ für einen Weg der Länge $m$, so erhalten wir für den Knoten $i$ im Graphen $G_A$ mit der Nachbarschaftsmatrix $A$ ein Zentralitätsmaß der Form

$$
\left( \frac{1}{1!}A + \frac{1}{2!}A^2 + \frac{1}{3!}A^3 + \ldots \right)_{ii}.
$$

An der relativen Ordnung der Knoten nach dieser Formel ändert sich nichts, wenn wir die Konstante 1 addieren. Wir erhalten dann die *Zentralität* des Knotens $i$ als

$$\left( I + A + \frac{1}{2}A^2 + \frac{1}{3!}A^3 + \dots \right)_{ii} = (\exp(A))_{ii}.$$

Eine weitere wichtige Kennzahl ist die *Kommunikabilität* zwischen den Knoten $i$ und $j$ für $i \neq j$. Diese ist gegeben als eine gewichtete Summe der paarweise verschiedenen Wege von $i$ nach $j$, d. h. als

$$\left( I + A + \frac{1}{2}A^2 + \frac{1}{3!}A^3 + \dots \right)_{ij} = (\exp(A))_{ij}.$$

Für die obige Matrix $A$ erhalten wir mit Hilfe der Funktion $\texttt{expm}$ in MATLAB

$$\exp(A) = \begin{bmatrix} 3.7630 & 3.1953 & 2.2500 & 2.7927 & 1.8176 \\ 3.1953 & 3.7630 & 1.8176 & 2.7927 & 2.2500 \\ 2.2500 & 1.8176 & 2.4881 & 1.2749 & 1.9204 \\ 2.7927 & 2.7927 & 1.2749 & 2.8907 & 1.2749 \\ 1.8176 & 2.2500 & 1.9204 & 1.2749 & 2.4881 \end{bmatrix},$$

wobei die Einträge auf die vierte Nachkommastelle gerundet sind. Die Knoten 1 und 2 haben die größte Zentralität, gefolgt von 4 sowie von 3 und 5. Würde die Zentralität lediglich anhand der Anzahl von Nachbarn eines Knoten berechnet, so könnte in diesem Beispiel nicht zwischen den Knoten 3, 4 und 5 unterschieden werden. Die größte Kommunikabilität in unserem Beispiel besteht zwischen den Knoten 1 und 2.

Weitere Informationen zur Analyse von Netzwerken mit Hilfe von Nachbarschaftsmatrizen und Matrix-Funktionen findet man in [EstH10].

## 17.2  Systeme linearer gewöhnlicher Differenzialgleichungen

Eine Differenzialgleichung beschreibt einen Zusammenhang zwischen einer gesuchten Funktion und ihren Ableitungen. Diese Gleichungen werden in fast allen Gebieten der Natur- und Ingenieurwissenschaften zur Modellierung realer physikalischer Vorgänge verwendet. In gewöhnlichen Differenzialgleichungen treten eine Funktion einer Variablen und Ableitungen dieser Funktion auf. Partielle Differenzialgleichungen hingegen stellen einen Zusammenhang zwischen Funktionen mehrerer Variablen und ihren partiellen Ableitungen her.

Hier werden wir uns auf den gewöhnlichen Fall und die reelle Differenziation konzentrieren. Zudem werden wir uns für die Lösungstheorie auf Differenzialgleichungen erster Ordnung beschränken. Das heißt, in den von uns betrachteten Gleichungen tritt lediglich die gesuchte Funktion und ihre erste Ableitung auf.

Ein einfaches Beispiel für die Modellierung mit Hilfe einer gewöhnlichen Differenzialgleichung erster Ordnung ist die Beschreibung des Wachstums oder der Schrumpfung einer biologischen Population, etwa Bakterien in einer Petrischale. Sei $y = y(t)$ die Größe der Population zum Zeitpunkt $t$. Ist genügend Nahrung vorhanden und sind die äußeren Bedingungen (z. B. die Temperatur) konstant, so wächst die Population mit einer (reellen) Rate $k > 0$, die proportional zur Zahl der gegenwärtig vorhandenen Individuen ist. Dies wird beschrieben durch die Gleichung

$$\dot{y} := \frac{d}{dt} y = k\, y. \tag{17.8}$$

Natürlich kann auch $k < 0$ gewählt werden, dann schrumpft die Population.

Gesucht ist dann eine Funktion $y : D \subset \mathbb{R} \to \mathbb{R}$, die (17.8) erfüllt. Die allgemeine Lösung von (17.8) ist gegeben durch die Exponentialfunktion

$$y(t) = c e^{tk},$$

wobei $c \in \mathbb{R}$ eine beliebige Konstante ist. Zur eindeutigen Lösung von (17.8) wird die Größe der Population $y_0$ zu einem Anfangszeitpunkt $t_0$ benötigt. Man erhält so das *Anfangswertproblem*

$$\dot{y} = ky, \quad y(t_0) = y_0, \tag{17.9}$$

das (wie wir später zeigen werden) durch die Funktion

$$y(t) = e^{(t-t_0)k} y_0$$

eindeutig gelöst wird.

**Beispiel 17.9.** Ein Anfangswertproblem der Form (17.9) tritt z. B. in der *chemischen Kinetik*, die sich mit dem zeitlichen Ablauf chemischer Reaktionen beschäftigt, auf. Bei einer Reaktion werden gegebene Ausgangsstoffe (Edukte) in andere Stoffe (Produkte) umgewandelt. Reaktionen können hinsichtlich ihrer Ordnung unterschieden werden. In einer Reaktion *erster Ordnung* wird die Reaktionsrate von nur einem Edukt bestimmt. Wird zum Beispiel aus dem Edukt $A_1$ das Produkt $A_2$ mit einer Rate $-k_1 < 0$, so schreiben wir diese Reaktion symbolisch als

$$A_1 \xrightarrow{k_1} A_2$$

und wir beschreiben diese Reaktion mathematisch durch die gewöhnliche Differenzialgleichung

$$\dot{y}_1 = -k_1 y_1.$$

Hier ist der Wert $y_1(t)$ die Konzentration des Stoffes $A_1$ zum Zeitpunkt $t$. Da aus $A_1$ lediglich der Stoff $A_2$ entsteht, gilt für die Konzentration von $A_2$ die Gleichung $\dot{y}_2 = k_1 y_1$.

Bei Reaktionen zweiter und höherer Ordnung treten im Allgemeinen *nichtlineare* Differenzialgleichungen auf. Wir wollen hier jedoch nur lineare gewöhnliche Differenzialgleichungen und daher Reaktionen erster Ordnung betrachten.

Viele Reaktionen erster Ordnung können in beide Richtungen ablaufen. Entsteht zum Beispiel aus dem Stoff $A_1$ mit der Rate $-k_1$ der Stoff $A_2$ und aus diesem mit der Rate $-k_2$ wieder $A_1$, also symbolisch

$$A_1 \; \underset{k_2}{\overset{k_1}{\rightleftarrows}} \; A_2,$$

so lässt sich diese Reaktion mathematisch modellieren durch das *lineare Differenzialgleichungssystem*

$$\dot{y}_1 = -k_1 y_1 + k_2 y_2,$$
$$\dot{y}_2 = k_1 y_1 - k_2 y_2.$$

Fassen wir die Funktionen $y_1$ und $y_2$ formal in einer vektorwertigen Funktion $y = [y_1, y_2]^T$ zusammen, so können wir dieses System schreiben als

$$\dot{y} = Ay \quad \text{mit} \quad A = \begin{bmatrix} -k_1 & k_2 \\ k_1 & -k_2 \end{bmatrix}.$$

Die Ableitung der Funktion $y$ versteht sich eintragsweise, also

$$\dot{y} = \begin{bmatrix} \dot{y}_1 \\ \dot{y}_2 \end{bmatrix}.$$

Reaktionen können auch mehrere Schritte haben. Zum Beispiel führt eine Reaktion der Form

$$A_1 \; \overset{k_1}{\longrightarrow} \; A_2 \; \underset{k_3}{\overset{k_2}{\rightleftarrows}} \; A_3 \; \overset{k_4}{\longrightarrow} \; A_4$$

auf die Differenzialgleichungen

$$\dot{y}_1 = -k_1 y_1,$$

$$\dot{y}_2 = k_1 y_1 - k_2 y_2 + k_3 y_3,$$

$$\dot{y}_3 = k_2 y_2 - (k_3 + k_4) y_3,$$

$$\dot{y}_4 = k_4 y_3,$$

also auf das System

$$\dot{y} = Ay \quad \text{mit} \quad A = \begin{bmatrix} -k_1 & 0 & 0 & 0 \\ k_1 & -k_2 & k_3 & 0 \\ 0 & k_2 & -(k_3 + k_4) & 0 \\ 0 & 0 & k_4 & 0 \end{bmatrix}.$$

Die Summe der Einträge in jeder Spalte von $A$ ist gleich Null, denn für jeden Abbau eines Stoffes $y_j$ mit einer gewissen Rate bauen sich andere Stoffe mit der gleichen Rate auf.

Zusammenfassend stellen wir fest, dass eine Reaktion erster Ordnung stets auf ein System linearer gewöhnlicher Differenzialgleichungen erster Ordnung führt, das in der Form $\dot{y} = Ay$ mit einer quadratischen und reellen Matrix $A$ geschrieben werden kann.

Nach diesem Beispiel kommen wir zur allgemeinen Theorie für Systeme linearer (reeller oder komplexer) gewöhnlicher Differenzialgleichungen erster Ordnung der Form

$$\dot{y} = Ay + g, \quad t \in [0, a]. \tag{17.10}$$

Hier ist $A \in K^{n,n}$ eine gegebene Matrix, $a$ eine gegebene positive reelle Zahl, $g : [0, a] \rightarrow K^{n,1}$ eine gegebene (stückweise) stetige Funktion und $y : [0, a] \rightarrow K^{n,1}$ die gesuchte Lösung. Dabei ist entweder $K = \mathbb{R}$ oder $K = \mathbb{C}$. Ist $g(t) = 0 \in K^{n,1}$ für alle $t \in [0, a]$, so heißt das System (17.10) *homogen*, andernfalls heißt es *inhomogen*. Für ein gegebenes System der Form (17.10) heißt

$$\dot{y} = Ay, \quad t \in [0, a], \tag{17.11}$$

das *zugeordnete homogene System.*

**Lemma 17.10.** *Die Lösungen des homogenen Systems* (17.11) *bilden einen Unterraum des (unendlichdimensionalen) $K$-Vektorraums der stetig differenzierbaren Funktionen vom Intervall* $[0, a]$ *nach* $K^{n,1}$.

**Beweis.** Da die Funktion $w = 0$ auf $[0, a]$ stetig differenzierbar ist und das homogene System (17.11) löst, ist die Lösungsmenge dieses Systems nichtleer. Sind

$$w_1, w_2 : [0, a] \rightarrow K^{n,1}$$

stetig differenzierbare Lösungen und sind $\alpha_1, \alpha_2 \in K$, so ist $w = \alpha_1 w_1 + \alpha_2 w_2$ auf $[0, a]$ stetig differenzierbar und es gilt

$$\dot{w} = \alpha_1 \dot{w}_1 + \alpha_2 \dot{w}_2 = \alpha_1 A w_1 + \alpha_2 A w_2 = A w.$$

Die Funktion $w$ ist eine Lösung des homogenen Systems und die Behauptung folgt nun aus Lemma 9.5.                                                                                □

Die folgende Charakterisierung der Lösungen des inhomogenen Systems (17.10) ist vergleichbar mit der Charakterisierung der Lösungsmenge eines inhomogenen linearen Gleichungssystems in Lemma 6.2.

**Lemma 17.11.** *Ist $w_1 : [0, a] \rightarrow K^{n,1}$ eine Lösung des inhomogenen Systems* (17.10), *dann kann jede weitere Lösung $y$ geschrieben werden als $y = w_1 + w_2$, wobei $w_2$ eine Lösung des zugeordneten homogenen Systems* (17.11) *ist.*

**Beweis.** Sind $w_1$ und $y$ Lösungen von (17.10), dann gilt $\dot{y} - \dot{w}_1 = (Ay + g) - (Aw_1 + g) = A(y - w_1)$. Die Differenz $w_2 := y - w_1$ ist somit eine Lösung des zugeordneten homogenen Systems und es gilt $y = w_1 + w_2$.                                    □

Um die Lösungen von Differenzialgleichungssystemen zu beschreiben, betrachten wir für die gegebene Matrix $A \in K^{n,n}$ die Matrix-Exponentialfunktion $\exp(tA)$ aus Lemma 17.5 bzw. (17.5)–(17.6), wobei wir $t \in [0, a]$ als *reelle Variable* auffassen. Die Potenzreihe der Matrix-Exponentialfunktion in Lemma 17.5 konvergiert und kann gliedweise nach der Variablen $t$ differenziert werden, wobei die Ableitung einer Matrix nach der Variablen $t$ jeweils eintragsweise erfolgt. Dies liefert

$$\frac{d}{dt} \exp(tA) = \frac{d}{dt} \left( I + (tA) + \frac{1}{2}(tA)^2 + \frac{1}{6}(tA)^3 + \ldots \right)$$

$$= A + tA^2 + \frac{1}{2}t^2 A^3 + \ldots$$

$$= A \exp(tA).$$

Das gleiche Ergebnis liefert die eintragsweise Differenzierung der Matrix $\exp(tA)$ in (17.5)–(17.6) nach $t$. Mit

$$M(t) := \begin{bmatrix} 1 & t & \frac{t^2}{2!} & \cdots & \frac{t^{d-1}}{(d-1)!} \\ & 1 & t & \ddots & \vdots \\ & & \ddots & \ddots & \frac{t^2}{2!} \\ & & & \ddots & t \\ & & & & 1 \end{bmatrix}$$

gilt

$$\frac{d}{dt}\exp(t\,J_d(\lambda)) = \frac{d}{dt}\left(e^{t\lambda}M(t)\right)$$

$$= \lambda e^{t\lambda}M(t) + e^{t\lambda}\dot{M}(t)$$

$$= \lambda e^{t\lambda}M(t) + e^{t\lambda}J_d(0)M(t)$$

$$= (\lambda I_d + J_d(0))\,e^{t\lambda}M(t)$$

$$= J_d(\lambda)\exp(t\,J_d(\lambda)),$$

woraus sich ebenfalls $\frac{d}{dt}\exp(tA) = A\exp(tA)$ ergibt.

**Satz 17.12.**

(1) *Die eindeutige Lösung des homogenen Differenzialgleichungssystems* (17.11) *für eine gegebene Anfangsbedingung* $y(0) = y_0 \in K^{n,1}$ *ist gegeben durch die Funktion* $y = \exp(tA)y_0$.
(2) *Die Gesamtheit aller Lösungen des homogenen Differenzialgleichungssystems* (17.11) *bildet einen n-dimensionalen K-Vektorraum mit Basis* $\{\exp(tA)e_1, \ldots, \exp(tA)e_n\}$.

**Beweis.**

(1) Ist $y(t) = \exp(tA)y_0$, so gilt

$$\dot{y} = \frac{d}{dt}(\exp(tA)y_0) = \left(\frac{d}{dt}\exp(tA)\right)y_0 = (A\exp(tA))\,y_0$$

$$= A\,(\exp(tA)y_0) = Ay$$

und $y(0) = \exp(0)y_0 = I_n y_0 = y_0$, d.h. $y$ ist eine Lösung von (17.11), die die Anfangsbedingung erfüllt. Ist $w$ eine weitere solche Lösung und $u := \exp(-tA)w$, dann folgt

$$\dot{u} = \frac{d}{dt}(\exp(-tA)w) = -A\exp(-tA)w + \exp(-tA)\dot{w}$$

$$= \exp(-tA)\,(\dot{w} - Aw) = 0 \in K^{n,1}.$$

Die Funktion $u$ hat also konstante Einträge. Insbesondere folgen nun $u = u(0) = w(0) = y_0 = y(0)$ und $w = \exp(tA)y_0$, wobei wir die Identität $\exp(-tA) = (\exp(tA))^{-1}$ benutzt haben (vgl. Lemma 17.6).
(2) Jede der Funktionen $\exp(tA)e_j : [0,a] \to K^{n,1}$, $j = 1, \ldots, n$, löst das homogene System $\dot{y} = Ay$. Da die Matrix $\exp(tA) \in K^{n,n}$ für jedes $t \in [0,a]$ invertierbar ist (vgl. Lemma 17.6), sind diese Funktionen linear unabhängig.

Ist $\tilde{y}$ eine beliebige Lösung von $\dot{y} = Ay$, so gilt $\tilde{y}(0) = y_0$ für ein $y_0 \in K^{n,1}$. Nach (1) ist $\tilde{y}$ dann die eindeutige Lösung des Anfangswertproblems mit $y(0) = y_0$, so dass $\tilde{y}(t) = \exp(tA)y_0$ gilt. Folglich ist $\tilde{y}$ eine Linearkombination der Funktionen $\exp(tA)e_1, \ldots, \exp(tA)e_n$. $\hspace{2cm}$ $\square$

Um die Lösung des inhomogenen Systems (17.10) zu beschreiben, benötigen wir das Integral von Funktionen der Form

$$
w = \begin{bmatrix} w_1 \\ \vdots \\ w_n \end{bmatrix} : [0, a] \to K^{n,1}.
$$

Für jedes feste $t \in [0, a]$ definieren wir

$$
\int_0^t w(s)ds := \begin{bmatrix} \int_0^t w_1(s)ds \\ \vdots \\ \int_0^t w_n(s)ds \end{bmatrix} \in K^{n,1},
$$

d. h. wir wenden das Integral eintragsweise auf die Funktion $w$ an, wobei wir davon ausgehen, dass die Funktionen $w_j$, $j = 1, \ldots, n$, integrierbar sind. Aus dieser Definition folgt

$$
\frac{d}{dt}\left( \int_0^t w(s)ds \right) = w(t)
$$

für alle $t \in [0, a]$. Damit können wir eine explizite Lösungsformel für Systeme linearer Differenzialgleichungen mit Hilfe des sogenannten *Duhamel-Integrals*[2] angeben.

**Satz 17.13.** *Die eindeutige Lösung des inhomogenen Differenzialgleichungssystems* (17.10) *mit der Anfangsbedingung* $y(0) = y_0 \in K^{n,1}$ *ist gegeben durch*

$$
y(t) = \exp(tA)y_0 + \exp(tA) \int_0^t \exp(-sA)g(s)ds. \tag{17.12}
$$

---

[2]Jean-Marie Constant Duhamel (1797–1872).

**Beweis.** Die Ableitung der in (17.12) definierten Funktion $y$ liefert

$$\dot{y} = \frac{d}{dt}\left(\exp(tA)y_0\right) + \frac{d}{dt}\left(\exp(tA)\int_0^t \exp(-sA)g(s)ds\right)$$

$$= A\exp(tA)y_0 + A\exp(tA)\int_0^t \exp(-sA)g(s)ds + \exp(tA)\exp(-tA)g$$

$$= A\exp(tA)y_0 + A\exp(tA)\int_0^t \exp(-sA)g(s)ds + g$$

$$= Ay + g.$$

Außerdem gilt

$$y(0) = \exp(0)y_0 + \exp(0)\int_0^0 \exp(-sA)g(s)ds = y_0,$$

so dass $y$ auch die Anfangsbedingung erfüllt.

Sei $\tilde{y}$ eine weitere Lösung von (17.10), die die Anfangsbedingung erfüllt. Nach Lemma 17.11 gilt dann $\tilde{y} = y + w$, wobei $w$ das homogene System (17.11) löst. Somit ist $w(t) = \exp(tA)c$ für ein $c \in K^{n,1}$ (vgl. (2) in Satz 17.12). Für $t = 0$ erhalten wir $y_0 = y_0 + c$, woraus $c = 0$ und $\tilde{y} = y$ folgt. $\qquad\square$

Wir haben in den vorherigen Sätzen gezeigt, dass zur expliziten Lösung von Systemen linearer gewöhnlicher Differenzialgleichungen erster Ordnung die Matrix-Exponentialfunktion $\exp(tA)$ zu berechnen ist. Während wir $\exp(tA)$ mit Hilfe der Jordan-Normalform von $A$ (sofern diese existiert) eingeführt haben, ist die numerische Berechnung von $\exp(tA)$ mit Hilfe der Jordan-Normalform nicht zu empfehlen (vgl. Abschn. 16.3). Es gibt eine Vielzahl von Algorithmen zur Berechnung von $\exp(tA)$, jedoch ist keiner von diesen uneingeschränkt empfehlenswert. Eine Übersicht von Algorithmen für die Matrix-Exponentialfunktion mit ihren Vor- und Nachteilen findet man in [Hig08].

**Beispiel 17.14.** Das in Kap. 1 beschriebene Beispiel aus der Schaltkreissimulation führte auf das lineare Differenzialgleichungssystem

$$\frac{d}{dt}I = -\frac{R}{L}I - \frac{1}{L}V_C + \frac{1}{L}V_S,$$
$$\frac{d}{dt}V_C = \frac{1}{C}I.$$

Mit den Anfangswerten $I(0) = I^0$ und $V_C(0) = V_C^0$ erhalten wir aus (17.12) die Lösung

$$\begin{bmatrix} I \\ V_C \end{bmatrix} = \exp\left(t \begin{bmatrix} -R/L & -1/L \\ 1/C & 0 \end{bmatrix}\right) \begin{bmatrix} I^0 \\ V_C^0 \end{bmatrix}$$
$$+ \int_0^t \exp\left((t-s) \begin{bmatrix} -R/L & -1/L \\ 1/C & 0 \end{bmatrix}\right) \begin{bmatrix} V_S(s)/L \\ 0 \end{bmatrix} ds.$$

Wir betrachten noch ein Beispiel aus der Mechanik.

**Beispiel 17.15.** Ein Gewicht mit Masse $m > 0$ sei an einer Schraubenfeder mit der Federkonstante $\mu > 0$ aufgehängt. Das Gewicht sei um die Strecke $x_0 > 0$ „nach unten" ausgelenkt (d. h. der Abstand des Gewichts von seiner Ruhelage beträgt $x_0$; siehe Abb. 17.1). Gesucht ist die Auslenkung $x(t)$ des Gewichts zum Zeitpunkt $t \geq 0$, wobei $x(0) = x_0$ ist.

Die Auslenkung wird beschrieben durch das *Hooksche Gesetz*[3]. Die entsprechende gewöhnliche Differenzialgleichung zweiter Ordnung lautet

$$\ddot{x} = \frac{d^2}{dt^2}x = -\frac{\mu}{m}x,$$

mit Anfangsbedingungen $x(0) = x_0$ und $\dot{x}(0) = v_0$, wobei $v_0 > 0$ die Anfangsgeschwindigkeit des Gewichtes ist.

Wir können diese Differenzialgleichung zweiter Ordnung für $x$ in ein System erster Ordnung umschreiben. Dazu führen wir die Geschwindigkeit $v$ als eine neue Variable ein.

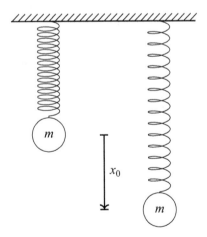

**Abb. 17.1** Ein Gewicht mit Masse $m$ ist an einer Schraubenfeder aufgehängt und wird um die Strecke $x_0$ ausgelenkt.

---

[3] Sir Robert Hooke (1635–1703).

Die Geschwindigkeit ergibt sich aus der Ableitung der Auslenkung nach der Zeit, also $v = \dot{x}$ und somit $\dot{v} = \ddot{x}$, woraus wir das System

$$\dot{y} = Ay \quad \text{mit} \quad A = \begin{bmatrix} 0 & 1 \\ -\frac{\mu}{m} & 0 \end{bmatrix} \quad \text{und} \quad y = \begin{bmatrix} x \\ v \end{bmatrix}$$

erhalten. Die Anfangsbedingung ist nun $y(0) = y_0 = [x_0, \, v_0]^T$.

Nach Satz 17.12 ist die eindeutige Lösung dieses homogenen Anfangswertproblems gegeben durch die Funktion $y(t) = \exp(tA)y_0$. Wir fassen $A$ als Element von $\mathbb{C}^{2,2}$ auf. Die Eigenwerte von $A$ sind die beiden komplexen (nicht-rellen) Zahlen $\lambda_1 = \mathbf{i}\rho$ und $\lambda_2 = -\mathbf{i}\rho = \overline{\lambda}_1$, wobei $\rho := \sqrt{\frac{\mu}{m}}$ ist. Zugehörige Eigenvektoren sind

$$s_1 = \begin{bmatrix} 1 \\ \mathbf{i}\rho \end{bmatrix} \in \mathbb{C}^{2,1}, \quad s_2 = \begin{bmatrix} 1 \\ -\mathbf{i}\rho \end{bmatrix} \in \mathbb{C}^{2,1}$$

und somit ist

$$\exp(tA)y_0 = S \begin{bmatrix} e^{\mathbf{i}t\rho} & 0 \\ 0 & e^{-\mathbf{i}t\rho} \end{bmatrix} S^{-1}y_0, \quad S = \begin{bmatrix} 1 & 1 \\ \mathbf{i}\rho & -\mathbf{i}\rho \end{bmatrix} \in \mathbb{C}^{2,2}.$$

## Aufgaben

17.1 Konstruieren Sie eine Matrix $A = [a_{ij}] \in \mathbb{C}^{2,2}$ mit $A^3 \neq [(a_{ij})^3]$.

17.2 Bestimmen Sie alle Lösungen $X \in \mathbb{C}^{2,2}$ der Matrix-Gleichung $X^2 = I_2$ und geben Sie an, welche dieser Lösungen primäre Quadratwurzeln von $I_2$ sind.

17.3 Bestimmen Sie eine Matrix $X \in \mathbb{C}^{2,2}$ mit reellen Einträgen und $X^2 = -I_2$.

17.4 Bestimmen Sie $A^{2020}$ für die Matrix $A = \begin{bmatrix} 1 & 1 & 0 \\ 0 & 1 & 0 \\ 0 & 0 & -1 \end{bmatrix}$.

17.5 Beweisen Sie Lemma 17.3.

17.6 Zeigen Sie folgende Aussagen für $A \in \mathbb{C}^{n,n}$:
  (a) Es gilt $\det(\exp(A)) = \exp(\text{Spur}(A))$.
  (b) Ist $A^H = -A$, so ist $\exp(A)$ unitär.
  (c) Ist $A^2 = I$, so ist $\exp(A) = \frac{1}{2}(e + \frac{1}{e})I + \frac{1}{2}(e - \frac{1}{e})A$.

17.7 Sei $A = S \, \text{diag}(J_{d_1}(\lambda_1), \ldots, J_{d_m}(\lambda_m)) \, S^{-1} \in \mathbb{C}^{n,n}$ mit $\text{Rang}(A) = n$. Berechnen Sie die primäre Matrix-Funktion $f(A)$ für $f(z) = z^{-1}$. Gibt es diese Funktion auch, wenn $\text{Rang}(A) < n$ ist?

17.8 Sei $\log : \{z = re^{i\varphi} \,|\, r > 0, -\pi < \varphi < \pi\} \to \mathbb{C}, \; re^{i\varphi} \mapsto \ln(r) + i\varphi$, der Hauptzweig des komplexen Logarithmus (dabei bezeichnet $\ln$ den reellen

Logarithmus). Zeigen Sie, dass diese Funktion auf dem Spektrum von

$$A = \begin{bmatrix} 0 & 1 \\ -1 & 0 \end{bmatrix} \in \mathbb{C}^{2,2}$$

definiert ist und berechnen Sie $\log(A)$ sowie $\exp(\log(A))$.

17.9 Berechnen Sie

$$\exp\left(\begin{bmatrix} 0 & 1 \\ -1 & 0 \end{bmatrix}\right), \quad \exp\left(\begin{bmatrix} -1 & 1 \\ -1 & -3 \end{bmatrix}\right), \quad \sin\left(\begin{bmatrix} \pi & 1 & 1 \\ 0 & \pi & 1 \\ 0 & 0 & \pi \end{bmatrix}\right).$$

17.10 Geben Sie zwei Matrizen $A, B \in \mathbb{C}^{2,2}$ mit $\exp(A + B) \neq \exp(A)\exp(B)$ an.

17.11 Beweisen Sie Satz 17.8.

17.12 Sei

$$A = \begin{bmatrix} 5 & 1 & 1 \\ 0 & 5 & 1 \\ 0 & 0 & 4 \end{bmatrix} \in \mathbb{R}^{3,3}.$$

Berechnen Sie $\exp(tA)$ für $t \in \mathbb{R}$ und lösen Sie das homogene Differenzialgleichungssystem $\dot{y} = Ay$ mit der Anfangsbedingung $y(0) = [1, 1, 1]^T$.

17.13 Berechnen Sie die Matrix $\exp(tA)$ aus Beispiel 17.15 explizit und weisen Sie somit nach, dass $\exp(tA) \in \mathbb{R}^{2,2}$ (für $t \in \mathbb{R}$) gilt, obwohl die Eigenwerte und Eigenvektoren von $A$ nicht reell sind.

# Spezielle Klassen von Endomorphismen

# 18

In diesem Kapitel beschäftigen wir uns mit speziellen Klassen von Endomorphismen und Matrizen, für die starke Aussagen über ihre Eigenwerte und Eigenvektoren gemacht werden können. Solche Aussagen sind nur unter zusätzlichen Annahmen möglich. Hier betrachten wir insbesondere Endomorphismen von euklidischen oder unitären Vektorräumen, die eine besondere Beziehung zu dem jeweils adjungierten Endomorphismus haben. Dies führt uns auf die Klassen der normalen, der unitären bzw. orthogonalen und der selbstadjungierten Endomorphismen. Jede dieser Klassen hat eine natürliche Entsprechung in der Menge der quadratischen (reellen oder komplexen) Matrizen.

## 18.1 Normale Endomorphismen

Der folgende Begriff wurde von Toeplitz[1] im Zusammenhang mit Bilinearformen eingeführt.

**Definition 18.1.** Sei $V$ ein endlichdimensionaler euklidischer oder unitärer Vektorraum. Ein Endomorphismus $f \in \mathcal{L}(V, V)$ heißt *normal*, wenn $f \circ f^{ad} = f^{ad} \circ f$ gilt. Eine Matrix $A \in \mathbb{R}^{n,n}$ oder $A \in \mathbb{C}^{n,n}$ heißt *normal*, wenn $A^T A = A A^T$ bzw. $A^H A = A A^H$ gilt.

Offensichtlich ist jede Matrix $A \in \mathbb{C}^{1,1}$ normal, denn für alle $z \in \mathbb{C}$ gilt $\bar{z}z = |z|^2 = z\bar{z}$. Die Normalität von Endomorphismen oder Matrizen kann somit als eine Verallgemeinerung dieser Eigenschaft der komplexen Zahlen interpretiert werden.

---

[1] Otto Toeplitz (1881–1940) definierte in einem Artikel 1918: „Eine Bilinearform $C(x, y)$ heiße normal, wenn sie mit ihrer begleitenden Form $\overline{C}'$ vertauschbar ist."

© Springer-Verlag GmbH Deutschland, ein Teil von Springer Nature 2021
J. Liesen, V. Mehrmann, *Lineare Algebra*, Springer Studium Mathematik (Bachelor),
https://doi.org/10.1007/978-3-662-62742-6_18

Wir untersuchen zunächst die Eigenschaften von normalen Endomorphismen auf einem endlichdimensionalen *unitären* Vektorraum $V$. Dazu erinnern wir an die folgenden Resultate:

(1) Ist $B$ eine Orthonormalbasis von $V$ und ist $f \in \mathcal{L}(V, V)$, so gilt $([f]_{B,B})^H = [f^{ad}]_{B,B}$ (vgl. Satz 13.12).
(2) Für jedes $f \in \mathcal{L}(V, V)$ gibt es eine Orthonormalbasis $B$ von $V$, so dass $[f]_{B,B}$ eine obere Dreiecksmatrix ist, d. h. jedes $f \in \mathcal{L}(V, V)$ ist unitär triangulierbar (vgl. Korollar 14.21, Satz von Schur). Diese Aussage gilt *nicht* im euklidischen Fall, denn nicht jedes reelle Polynom zerfällt in Linearfaktoren über $\mathbb{R}$.

Mit Hilfe dieser Resultate können wir die folgende Charakterisierung von normalen Endomorphismen auf unitären Vektorräumen zeigen.

**Satz 18.2.** *Ist $V$ ein endlichdimensionaler unitärer Vektorraum, so ist $f \in \mathcal{L}(V, V)$ genau dann normal, wenn es eine Orthonormalbasis $B$ von $V$ gibt, so dass $[f]_{B,B}$ eine Diagonalmatrix ist, d. h. $f$ ist* unitär diagonalisierbar.

**Beweis.** Sei $f \in \mathcal{L}(V, V)$ normal und sei $B$ eine Orthonormalbasis von $V$, so dass $R := [f]_{B,B}$ eine obere Dreiecksmatrix ist. Es gilt $R^H = [f^{ad}]_{B,B}$ und aus $f \circ f^{ad} = f^{ad} \circ f$ folgt

$$RR^H = [f \circ f^{ad}]_{B,B} = [f^{ad} \circ f]_{B,B} = R^H R,$$

d. h. $R$ ist normal.

Wir zeigen per Induktion über $n$, dass eine normale obere Dreiecksmatrix $R \in \mathbb{C}^{n,n}$ eine Diagonalmatrix ist. Die Aussage ist klar für $n = 1$.

Die Aussage gelte für ein $n \geq 1$. Sei $R \in \mathbb{C}^{n+1,n+1}$ eine normale obere Dreiecksmatrix. Wir schreiben $R$ als

$$R = \begin{bmatrix} R_1 & r_1 \\ 0 & \alpha_1 \end{bmatrix},$$

wobei $R_1 \in \mathbb{C}^{n,n}$ eine obere Dreiecksmatrix, $r_1 \in \mathbb{C}^{n,1}$ und $\alpha_1 \in \mathbb{C}$ sind. Dann gilt

$$\begin{bmatrix} R_1 R_1^H + r_1 r_1^H & \overline{\alpha}_1 r_1 \\ \alpha_1 r_1^H & |\alpha_1|^2 \end{bmatrix} = RR^H = R^H R = \begin{bmatrix} R_1^H R_1 & R_1^H r_1 \\ r_1^H R_1 & r_1^H r_1 + |\alpha_1|^2 \end{bmatrix}.$$

Aus $|\alpha_1|^2 = r_1^H r_1 + |\alpha_1|^2$ folgt $r_1^H r_1 = 0$, daher $r_1 = 0$ und $R_1 R_1^H = R_1^H R_1$. Nach Induktionsvoraussetzung ist $R_1 \in \mathbb{C}^{n,n}$ eine Diagonalmatrix, also ist

$$R = \begin{bmatrix} R_1 & 0 \\ 0 & \alpha_1 \end{bmatrix}$$

eine Diagonalmatrix, was zu beweisen war.

Andererseits existiere nun eine Orthonormalbasis $B$ von $\mathcal{V}$, so dass $[f]_{B,B}$ eine Diagonalmatrix ist. Dann ist $[f^{ad}]_{B,B} = ([f]_{B,B})^H$ eine Diagonalmatrix und da zwei Diagonalmatrizen kommutieren folgt

$$[f \circ f^{ad}]_{B,B} = [f]_{B,B}[f^{ad}]_{B,B} = [f^{ad}]_{B,B}[f]_{B,B} = [f^{ad} \circ f]_{B,B},$$

woraus sich $f \circ f^{ad} = f^{ad} \circ f$ ergibt. Also ist $f$ normal. $\qquad\square$

Die Anwendung dieses Satzes auf den unitären Vektorraum $\mathcal{V} = \mathbb{C}^{n,1}$ mit dem Standardskalarprodukt und eine Matrix $A \in \mathbb{C}^{n,n}$ aufgefasst als Element von $\mathcal{L}(\mathcal{V}, \mathcal{V})$ liefert die folgende „Matrix-Version".

**Korollar 18.3.** *Eine Matrix $A \in \mathbb{C}^{n,n}$ ist genau dann normal, wenn es eine unitäre Matrix $Q \in \mathbb{C}^{n,n}$ und eine Diagonalmatrix $D \in \mathbb{C}^{n,n}$ mit $A = QDQ^H$ gibt, d. h. $A$ ist* unitär diagonalisierbar.

Die Spalten der Matrix $Q$ in Korollar 18.3 bilden eine Orthonormalbasis von $\mathbb{C}^{n,1}$ bestehend aus Eigenvektoren von $A$ und die Diagonaleinträge von $D$ sind die zugehörigen Eigenwerte.

Der folgende Satz gibt eine weitere Charakterisierung von normalen Endomorphismen auf unitären Vektorräumen.

**Satz 18.4.** *Ist $\mathcal{V}$ ein endlichdimensionaler unitärer Vektorraum, so ist $f \in \mathcal{L}(\mathcal{V}, \mathcal{V})$ normal genau dann, wenn es ein Polynom $p \in \mathbb{C}[t]$ mit $p(f) = f^{ad}$ gibt.*

**Beweis.** Ist $p(f) = f^{ad}$ für ein Polynom $p \in \mathbb{C}[t]$, so gilt

$$f \circ f^{ad} = f \circ p(f) = p(f) \circ f = f^{ad} \circ f,$$

also ist $f$ normal.

Ist andererseits $f$ normal, dann gibt es eine Orthonormalbasis $B$ von $\mathcal{V}$, so dass $[f]_{B,B} = \operatorname{diag}(\lambda_1, \dots, \lambda_n)$ ist. Außerdem gilt

$$[f^{ad}]_{B,B} = ([f]_{B,B})^H = \operatorname{diag}(\overline{\lambda}_1, \dots, \overline{\lambda}_n).$$

Sei nun $p \in \mathbb{C}[t]$ ein Polynom mit $p(\lambda_j) = \overline{\lambda}_j$ für $j = 1, \dots, n$. Ein solches Polynom können wir mit Hilfe der Lagrange-Basis von $\mathbb{C}[t]_{\leq n-1}$ explizit hinschreiben (vgl. Aufgabe 10.16). Dann folgt

$$[f^{ad}]_{B,B} = \operatorname{diag}(\overline{\lambda}_1, \dots, \overline{\lambda}_n) = \operatorname{diag}(p(\lambda_1), \dots, p(\lambda_n)) = p(\operatorname{diag}(\lambda_1, \dots, \lambda_n))$$
$$= p([f]_{B,B}) = [p(f)]_{B,B}$$

und somit gilt auch $f^{ad} = p(f)$. $\qquad\square$

Viele weitere Charakterisierungen von normalen Endomorphismen auf endlichdimensionalen unitären Vektorräumen und von normalen Matrizen $A \in \mathbb{C}^{n,n}$ findet man in [HorJ12] (siehe auch Aufgabe 18.10).

Wir betrachten nun den euklidischen Fall, wobei wir uns auf die reellen (quadratischen) Matrizen konzentrieren. Die Resultate können jeweils analog für normale Endomorphismen auf endlichdimensionalen euklidischen Vektorräumen formuliert werden.

Sei $A \in \mathbb{R}^{n,n}$ normal, d. h. es gilt $A^T A = A A^T$. Dann ist $A$ aufgefasst als Element von $\mathbb{C}^{n,n}$ ebenfalls normal und damit unitär diagonalisierbar. Es gilt also $A = Q D Q^H$ für eine unitäre Matrix $Q \in \mathbb{C}^{n,n}$ und eine Diagonalmatrix $D \in \mathbb{C}^{n,n}$. Obwohl $A$ reelle Einträge hat, müssen weder $Q$ noch $D$ reell sein, denn als Element von $\mathbb{R}^{n,n}$ muss $A$ nicht diagonalisierbar sein. Zum Beispiel ist $A = \begin{bmatrix} 1 & 2 \\ -2 & 1 \end{bmatrix} \in \mathbb{R}^{2,2}$ eine normale Matrix, die über $\mathbb{R}$ nicht diagonalisierbar ist. Aufgefasst als Element von $\mathbb{C}^{2,2}$ hat $A$ die Eigenwerte $1 + 2\mathbf{i}$ und $1 - 2\mathbf{i}$ und ist unitär diagonalisierbar.

Um den Fall einer reellen normalen Matrix genauer zu untersuchen, beweisen wir eine „reelle Version" des Satzes von Schur.

**Satz 18.5.** *Für jede Matrix $A \in \mathbb{R}^{n,n}$ gibt es eine orthogonale Matrix $U \in \mathbb{R}^{n,n}$ mit*

$$
U^T A U = R = \begin{bmatrix} R_{11} & \dots & R_{1m} \\ & \ddots & \vdots \\ & & R_{mm} \end{bmatrix} \in \mathbb{R}^{n,n}.
$$

*Hierbei ist für jedes $j = 1, \dots, m$ entweder $R_{jj} \in \mathbb{R}^{1,1}$ oder*

$$
R_{jj} = \begin{bmatrix} r_1^{(j)} & r_2^{(j)} \\ r_3^{(j)} & r_4^{(j)} \end{bmatrix} \in \mathbb{R}^{2,2} \quad mit \quad r_3^{(j)} \neq 0.
$$

*Im zweiten Fall hat $R_{jj}$, aufgefasst als komplexe Matrix, ein Paar komplex konjugierter Eigenwerte der Form $\alpha_j \pm \mathbf{i}\beta_j$ mit $\alpha_j \in \mathbb{R}$ und $\beta_j \in \mathbb{R} \setminus \{0\}$. Die Matrix $R$ nennen wir eine* reelle Schur-Form *von $A$.*

**Beweis.** Wir führen den Beweis per Induktion über $n$. Für $n = 1$ gilt $A = [a_{11}] = R$ und $U = [1]$.

Die Aussage gelte nun für ein $n \geq 1$. Sei $A \in \mathbb{R}^{n+1,n+1}$ gegeben. Wir fassen $A$ als Element von $\mathbb{C}^{n+1,n+1}$ auf. Dann hat $A$ einen Eigenwert $\lambda = \alpha + \mathbf{i}\beta \in \mathbb{C}$, $\alpha, \beta \in \mathbb{R}$, zum Eigenvektor $v = x + \mathbf{i}y \in \mathbb{C}^{n+1,1}$, $x, y \in \mathbb{R}^{n+1,1}$, und es gilt $Av = \lambda v$. Teilen wir diese Gleichung in Real- und Imaginärteile auf, so erhalten wir die beiden Gleichungen

$$
Ax = \alpha x - \beta y \quad und \quad Ay = \beta x + \alpha y. \tag{18.1}
$$

Nun können zwei Fälle auftreten:

*Fall 1:* $\beta = 0$. Die beiden Gleichungen in (18.1) sind dann $Ax = \alpha x$ und $Ay = \alpha y$. Somit ist mindestens einer der reellen Vektoren $x$ und $y$ ein Eigenvektor zum reellen Eigenwert $\alpha$ von $A$. Ohne Beschränkung der Allgemeinheit nehmen wir an, dass dies der Vektor $x$ ist und dass $\|x\|_2 = 1$ gilt. Wir ergänzen $x$ durch die Vektoren $w_2, \ldots, w_{n+1}$ zu einer Orthonormalbasis von $\mathbb{R}^{n+1,1}$ bezüglich des Standardskalarprodukts. Die Matrix $U_1 := [x, w_2, \ldots, w_{n+1}] \in \mathbb{R}^{n+1,n+1}$ ist dann orthogonal und es gilt

$$U_1^T A U_1 = \begin{bmatrix} \alpha & \star \\ 0 & A_1 \end{bmatrix}$$

für eine Matrix $A_1 \in \mathbb{R}^{n,n}$. Nach der Induktionsvoraussetzung gibt es eine orthogonale Matrix $U_2 \in \mathbb{R}^{n,n}$, so dass $R_1 := U_2^T A_1 U_2$ die gewünschte Form hat. Die Matrix

$$U := U_1 \begin{bmatrix} 1 & 0 \\ 0 & U_2 \end{bmatrix}$$

ist orthogonal und es gilt

$$U^T A U = \begin{bmatrix} 1 & 0 \\ 0 & U_2^T \end{bmatrix} U_1^T A U_1 \begin{bmatrix} 1 & 0 \\ 0 & U_2 \end{bmatrix} = \begin{bmatrix} \alpha & \star \\ 0 & R_1 \end{bmatrix} =: R,$$

wobei $R$ die gewünschte Form hat.

*Fall 2:* $\beta \neq 0$. Wir zeigen zunächst (durch Widerspruch), dass $x, y$ linear unabhängig sind. Ist $x = 0$, so folgt wegen $\beta \neq 0$ aus der ersten der beiden Gleichungen in (18.1) auch $y = 0$. Dies ist nicht möglich, denn $v = x + \mathbf{i}y$ ist ein Eigenvektor und ist somit ungleich Null. Es gilt daher $x \neq 0$. Aus der zweiten Gleichung in (18.1) und $\beta \neq 0$ folgt nun auch $y \neq 0$. Sind $x, y \in \mathbb{R}^{n,1} \setminus \{0\}$ linear abhängig, so gibt es ein $\mu \in \mathbb{R} \setminus \{0\}$ mit $y = \mu x$. Die beiden Gleichungen in (18.1) lassen sich dann schreiben als

$$Ax = (\alpha - \beta\mu)x \quad \text{und} \quad Ax = \frac{1}{\mu}(\beta + \alpha\mu)x,$$

woraus wir $\beta(1 + \mu^2) = 0$ erhalten. Da $1 + \mu^2 \neq 0$ für alle $\mu \in \mathbb{R}$ gilt, muss hier $\beta = 0$ sein, was der Annahme $\beta \neq 0$ widerspricht. Somit sind $x, y$ linear unabhängig. Die beiden Gleichungen in (18.1) können wir zu dem System

$$A[x, y] = [x, y] \begin{bmatrix} \alpha & \beta \\ -\beta & \alpha \end{bmatrix}$$

zusammenfassen, wobei $\text{Rang}([x, y]) = 2$ gilt. Die Anwendung des Gram-Schmidt-Verfahrens bezüglich des Standardskalarprodukts des $\mathbb{R}^{n+1,1}$ auf die Matrix $[x, y] \in \mathbb{R}^{n+1,2}$ liefert

$$[x, y] = [q_1, q_2] \begin{bmatrix} r_{11} & r_{12} \\ 0 & r_{22} \end{bmatrix} =: QR_1,$$

mit $Q^T Q = I_2$ und $R_1 \in GL_2(\mathbb{R})$. Es folgt

$$AQ = A[x, y]R_1^{-1} = [x, y] \begin{bmatrix} \alpha & \beta \\ -\beta & \alpha \end{bmatrix} R_1^{-1} = QR_1 \begin{bmatrix} \alpha & \beta \\ -\beta & \alpha \end{bmatrix} R_1^{-1}.$$

Die (reelle) Matrix

$$R_2 := R_1 \begin{bmatrix} \alpha & \beta \\ -\beta & \alpha \end{bmatrix} R_1^{-1}$$

hat, aufgefasst als Element von $\mathbb{C}^{2,2}$, das Paar konjugiert komplexer Eigenwerte $\alpha \pm i\beta$ mit $\beta \neq 0$. Insbesondere ist der $(2,1)$-Eintrag von $R_2$ ungleich Null, denn sonst hätte $R_2$ zwei reelle Eigenwerte.

Wir ergänzen nun $q_1, q_2$ durch die Vektoren $w_3, \ldots, w_{n+1}$ zu einer Orthonormalbasis des $\mathbb{R}^{n+1,1}$ bezüglich des Standardskalarprodukts. (Für $n = 1$ ist die Liste $w_3, \ldots, w_{n+1}$ leer.) Dann ist $U_1 := [Q, w_3, \ldots, w_{n+1}] \in \mathbb{R}^{n+1,n+1}$ orthogonal und es gilt

$$U_1^T A U_1 = U_1^T [AQ, A[w_3, \ldots, w_{n+1}]] = U_1^T [QR_2, A[w_3, \ldots, w_{n+1}]] = \begin{bmatrix} R_2 & \star \\ 0 & A_1 \end{bmatrix}$$

für eine Matrix $A_1 \in \mathbb{R}^{n-1,n-1}$. Für diese Matrix können wir analog zur Konstruktion im Fall 1 die Induktionsvoraussetzung benutzen, was den Beweis beendet.          □

Aus Satz 18.5 ergibt sich das folgende Resultat für reelle normale Matrizen.

**Korollar 18.6.** *Eine Matrix $A \in \mathbb{R}^{n,n}$ ist genau dann normal, wenn es eine orthogonale Matrix $U \in \mathbb{R}^{n,n}$ gibt mit*

$$U^T A U = \text{diag}(R_1, \ldots, R_m).$$

*Hierbei ist für jedes $j = 1, \ldots, m$ entweder $R_j \in \mathbb{R}^{1,1}$ oder*

$$R_j = \begin{bmatrix} \alpha_j & \beta_j \\ -\beta_j & \alpha_j \end{bmatrix} \in \mathbb{R}^{2,2} \quad mit \quad \beta_j \neq 0.$$

*Im zweiten Fall hat $R_j$, aufgefasst als komplexe Matrix, das Paar komplex konjugierter Eigenwerte $\alpha_j \pm i\beta_j$.*

**Beweis.** Übungsaufgabe. □

**Beispiel 18.7.** Die Matrix

$$A = \frac{1}{2} \begin{bmatrix} 0 & \sqrt{2} & -\sqrt{2} \\ -\sqrt{2} & 1 & 1 \\ \sqrt{2} & 1 & 1 \end{bmatrix} \in \mathbb{R}^{3,3}$$

hat (aufgefasst als komplexe Matrix) die Eigenwerte $1, i, -i$ und ist damit weder reell diagonalisierbar noch reell triangulierbar. Für die orthogonale Matrix

$$U = \frac{1}{2} \begin{bmatrix} 0 & 2 & 0 \\ -\sqrt{2} & 0 & \sqrt{2} \\ \sqrt{2} & 0 & \sqrt{2} \end{bmatrix} \in \mathbb{R}^{3,3}$$

ist

$$U^T A U = \begin{bmatrix} 0 & 1 & 0 \\ -1 & 0 & 0 \\ 0 & 0 & 1 \end{bmatrix}$$

in reeller Schur-Form.

## 18.2 Orthogonale und unitäre Endomorphismen

Wir haben bereits die orthogonalen und die unitären Matrizen kennengelernt. Die Definition dieser Matrizen wollen wir nun auf Endomorphismen verallgemeinern.

**Definition 18.8.** Sei $V$ ein endlichdimensionaler euklidischer oder unitärer Vektorraum. Ein Endomorphismus $f \in \mathcal{L}(V, V)$ heißt *orthogonal* bzw. *unitär*, wenn $f^{ad} \circ f = \mathrm{Id}_V$ gilt.

Gilt $f^{ad} \circ f = \mathrm{Id}_V$, so ist $f^{ad} \circ f$ bijektiv und somit ist insbesondere $f$ injektiv (vgl. (3) in Satz 2.20). Aus Korollar 10.11 folgt nun, dass $f$ bijektiv ist. Somit ist $f^{ad}$ die eindeutig bestimmte Inverse von $f$ und es gilt auch $f \circ f^{ad} = \mathrm{Id}_V$ (vgl. unsere Bemerkungen nach Definition 2.22).

Ein orthogonaler oder unitärer Endomorphismus $f$ ist normal und somit gelten für $f$ die Aussagen aus dem vorherigen Abschnitt.

**Lemma 18.9.** *Sei $V$ ein endlichdimensionaler euklidischer oder unitärer Vektorraum und sei $f \in \mathcal{L}(V, V)$ orthogonal bzw. unitär. Für jede Orthonormalbasis $B$ von $V$ ist dann $[f]_{B,B}$ eine orthogonale bzw. unitäre Matrix.*

**Beweis.** Sei $\dim(V) = n$. Für jede Orthonormalbasis $B$ von $V$ gilt

$$I_n = [\mathrm{Id}_V]_{B,B} = [f^{ad} \circ f]_{B,B} = [f^{ad}]_{B,B}[f]_{B,B} = ([f]_{B,B})^H [f]_{B,B},$$

also ist $[f]_{B,B}$ orthogonal bzw. unitär. (Im euklidischen Fall kann hierbei „H" durch „T" ersetzt werden.) $\qquad\qquad\square$

Wie wir im folgenden Lemma zeigen, ist ein orthogonaler oder unitärer Endomorphismus dadurch charakterisiert, dass er das Skalarprodukt beliebiger Vektoren nicht verändert.

**Lemma 18.10.** *Sei $V$ ein endlichdimensionaler euklidischer oder unitärer Vektorraum mit Skalarprodukt $\langle \cdot, \cdot \rangle$. Ein Endomorphismus $f \in \mathcal{L}(V, V)$ ist genau dann orthogonal bzw. unitär, wenn $\langle f(v), f(w) \rangle = \langle v, w \rangle$ für alle $v, w \in V$ gilt.*

**Beweis.** Ist $f$ orthogonal oder unitär und sind $v, w \in V$, dann gilt

$$\langle v, w \rangle = \langle \mathrm{Id}_V(v), w \rangle = \langle (f^{ad} \circ f)(v), w \rangle = \langle f(v), f(w) \rangle.$$

Sei nun $\langle v, w \rangle = \langle f(v), f(w) \rangle$ für alle $v, w \in V$. Dann gilt

$$0 = \langle v, w \rangle - \langle f(v), f(w) \rangle = \langle v, w \rangle - \langle v, (f^{ad} \circ f)(w) \rangle$$
$$= \langle v, (\mathrm{Id}_V - f^{ad} \circ f)(w) \rangle.$$

Da das Skalarprodukt nicht ausgeartet ist und $v$ beliebig gewählt werden kann, folgt $(\mathrm{Id}_V - f^{ad} \circ f)(w) = 0$ für alle $w \in V$, also $\mathrm{Id}_V = f^{ad} \circ f$. $\qquad\square$

Das folgende Resultat ergibt sich direkt aus dem vorherigen Lemma.

**Korollar 18.11.** *Ist $V$ ein endlichdimensionaler euklidischer oder unitärer Vektorraum mit Skalarprodukt $\langle \cdot, \cdot \rangle$, $f \in \mathcal{L}(V, V)$ orthogonal bzw. unitär und $\| \cdot \| = \langle \cdot, \cdot \rangle^{1/2}$ die vom Skalarprodukt induzierte Norm, so gilt $\| f(v) \| = \| v \|$ für alle $v \in V$.*

Für den Vektorraum $V = \mathbb{C}^{n,1}$ mit dem Standardskalarprodukt und induzierter Norm $\| v \|_2 = (v^H v)^{1/2}$ sowie eine unitäre Matrix $A \in \mathbb{C}^{n,n}$ gilt nach diesem Korollar $\| Av \|_2 = \| v \|_2$ für alle $v \in \mathbb{C}^{n,1}$. Es folgt (vgl. (6) in Beispiel 12.4)

$$\|A\|_2 = \sup_{v \in \mathbb{C}^{n,1} \setminus \{0\}} \frac{\|Av\|_2}{\|v\|_2} = 1.$$

Dies zeigt man analog auch für orthogonale Matrizen.

Wir studieren nun die Eigenwerte und Eigenvektoren von orthogonalen und unitären Endomorphismen.

**Lemma 18.12.** *Sei $V$ ein endlichdimensionaler euklidischer oder unitärer Vektorraum und sei $f \in \mathcal{L}(V, V)$ orthogonal bzw. unitär. Ist $\lambda$ ein Eigenwert von $f$, so gilt $|\lambda| = 1$.*

**Beweis.** Sei $\langle \cdot, \cdot \rangle$ das Skalarprodukt auf $V$. Ist $f(v) = \lambda v$ mit $v \neq 0$, dann gilt

$$\langle v, v \rangle = \langle f(v), f(v) \rangle = \langle \lambda v, \lambda v \rangle = |\lambda|^2 \langle v, v \rangle.$$

Aus $\langle v, v \rangle \neq 0$ folgt dann $|\lambda| = 1$. $\qquad\square$

Die Aussage von Lemma 18.12 gilt insbesondere auch für unitäre und orthogonale Matrizen. Man beachte jedoch, dass ein orthogonaler Endomorphismus bzw. eine orthogonale Matrix nicht unbedingt Eigenwerte hat. Zum Beispiel ist die Matrix

$$A = \begin{bmatrix} 0 & -1 \\ 1 & 0 \end{bmatrix} \in \mathbb{R}^{2,2}$$

orthogonal. Allerdings hat das charakteristische Polynom $P_A = t^2 + 1$ keine (reellen) Nullstellen und daher hat $A$ keine Eigenwerte. Aufgefasst als Element von $\mathbb{C}^{2,2}$ hat $A$ die Eigenwerte $\mathbf{i}$ und $-\mathbf{i}$.

**Satz 18.13.**

(1) *Ist $A \in \mathbb{C}^{n,n}$ unitär, dann gibt es eine unitäre Matrix $Q \in \mathbb{C}^{n,n}$ mit*

$$Q^H A Q = \text{diag}(\lambda_1, \ldots, \lambda_n)$$

*und $|\lambda_j| = 1$ für $j = 1, \ldots, n$.*

(2) *Ist $A \in \mathbb{R}^{n,n}$ orthogonal, dann gibt es eine orthogonale Matrix $U \in \mathbb{R}^{n,n}$ mit*

$$U^T A U = \text{diag}(R_1, \ldots, R_m).$$

*Hierbei ist für jedes $j = 1, \ldots, m$ entweder $R_j = [\lambda_j] \in \mathbb{R}^{1,1}$ mit $\lambda_j = \pm 1$ oder*

$$R_j = \begin{bmatrix} c_j & s_j \\ -s_j & c_j \end{bmatrix} \in \mathbb{R}^{2,2} \quad \text{mit} \quad s_j \neq 0 \quad \text{und} \quad c_j^2 + s_j^2 = 1.$$

**Beweis.**

(1) Eine unitäre Matrix $A \in \mathbb{C}^{n,n}$ ist normal und somit unitär diagonalisierbar (vgl. Korollar 18.3). Nach Lemma 18.12 haben alle Eigenwerte von $A$ den Betrag 1.

(2) Eine orthogonale Matrix $A$ ist normal und somit gibt es nach Korollar 18.6 eine orthogonale Matrix $U \in \mathbb{R}^{n,n}$ mit $U^T AU = \mathrm{diag}(R_1, \ldots, R_m)$. Hierbei gilt entweder $R_j \in \mathbb{R}^{1,1}$ oder

$$R_j = \begin{bmatrix} \alpha_j & \beta_j \\ -\beta_j & \alpha_j \end{bmatrix} \in \mathbb{R}^{2,2}$$

mit $\beta_j \neq 0$. Im ersten Fall folgt $R_j = [\lambda_j]$ mit $|\lambda_j| = 1$ aus Lemma 18.12. Da $A$ und $U$ orthogonal sind, ist auch $U^T AU$ orthogonal, also muss jeder Diagonalblock $R_j$ ebenfalls orthogonal sein. Aus $R_j^T R_j = I_2$ folgt sofort $\alpha_j^2 + \beta_j^2 = 1$, so dass $R_j$ die geforderte Form hat. $\qquad\qquad\qquad\qquad\qquad\qquad\qquad\qquad\qquad\qquad \square$

Die orthogonalen Matrizen in $\mathbb{R}^{n,n}$ und die unitären Matrizen in $\mathbb{C}^{n,n}$ bilden jeweils Untergruppen von $GL_n(\mathbb{R})$ bzw. $GL_n(\mathbb{C})$ (vgl. Lemma 12.14). Die folgenden Beispiele orthogonaler Matrizen sind in vielen Anwendungen wichtig.

**Beispiel 18.14.** Seien $i, j, n \in \mathbb{N}$ mit $1 \leq i < j \leq n$ und sei $\alpha \in \mathbb{R}$. Wir definieren

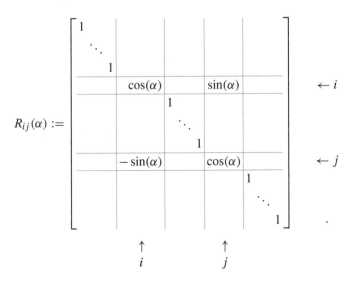

Die Matrix $R_{ij}(\alpha) = [r_{ij}] \in \mathbb{R}^{n,n}$ ist somit bis auf die Einträge

$$r_{ii} = \cos\alpha, \quad r_{ij} = \sin\alpha, \quad r_{ji} = -\sin\alpha, \quad r_{jj} = \cos\alpha$$

gleich der Einheitsmatrix $I_n$. Insbesondere erhalten wir für $n = 2$ die Matrix

$$R_{12}(\alpha) = \begin{bmatrix} \cos(\alpha) & \sin(\alpha) \\ -\sin(\alpha) & \cos(\alpha) \end{bmatrix}.$$

Es gilt

$$R_{12}(\alpha)^T R_{12}(\alpha) = \begin{bmatrix} \cos(\alpha) & -\sin(\alpha) \\ \sin(\alpha) & \cos(\alpha) \end{bmatrix} \begin{bmatrix} \cos(\alpha) & \sin(\alpha) \\ -\sin(\alpha) & \cos(\alpha) \end{bmatrix}$$

$$= \begin{bmatrix} \cos^2(\alpha) + \sin^2(\alpha) & 0 \\ 0 & \cos^2(\alpha) + \sin^2(\alpha) \end{bmatrix}$$

$$= I_2 = R_{12}(\alpha) R_{12}(\alpha)^T.$$

Die Matrix $R_{12}(\alpha)$ ist somit orthogonal. Man sieht daraus leicht, dass jede der Matrizen $R_{ij}(\alpha) \in \mathbb{R}^{n,n}$ orthogonal ist.

Die Multiplikation eines Vektors $v \in \mathbb{R}^{n,1}$ mit der Matrix $R_{ij}(\alpha)$ beschreibt eine Drehung oder Rotation von $v$ um den Winkel $\alpha$ im mathematisch negativen Sinn, d. h. im „Uhrzeigersinn", in der $(i, j)$-Koordinatenebene. Die Multiplikation mit $R_{ij}(\alpha)^T = R_{ij}(-\alpha)$ beschreibt eine Drehung von $v$ um den Winkel $\alpha$ in der $(i, j)$-Koordinatenebene im mathematisch positiven Sinn. Die Matrizen $R_{ij}(\alpha)$ werden in der Numerischen Mathematik als *Givens-Rotationen*[2] bezeichnet.

In der Abbildung wird dies illustriert für den Vektor $v = [1.0,\ 0.75]^T \in \mathbb{R}^{2,1}$ und die Matrizen $R_{12}(\frac{\pi}{2})^T$ und $R_{12}(\frac{2\pi}{3})^T$, die Drehungen um 90 bzw. 120 Grad beschreiben:

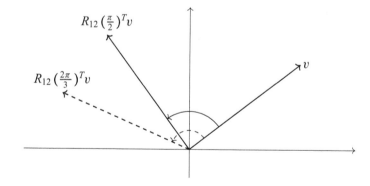

$R_{12}\left(\frac{\pi}{2}\right)^T v$

$R_{12}\left(\frac{2\pi}{3}\right)^T v$

$v$

---

[2]Wallace Givens (1910–1993), Pionier der Numerischen Linearen Algebra.

**Beispiel 18.15.** Für $u \in \mathbb{R}^{n,1} \setminus \{0\}$ definieren wir die *Householder-Matrix*

$$H(u) := I_n - \frac{2}{u^T u} u u^T \in \mathbb{R}^{n,n}. \tag{18.2}$$

Für $u = 0$ setzen wir $H(0) := I_n$. Für jedes $u \in \mathbb{R}^{n,1}$ ist $H(u)$ eine orthogonale Matrix (vgl. Aufgabe 12.20). Die Multiplikation eines Vektors $v \in \mathbb{R}^{n,1}$ mit der Matrix $H(u)$ bewirkt eine Spiegelung von $v$ an

$$(\mathrm{Span}\{u\})^\perp = \{y \in \mathbb{R}^{n,1} \mid u^T y = 0\},$$

d. h. an der durch $u$ beschriebenen „Hyperebene" aller Vektoren, die bezüglich des Standardskalarprodukts des $\mathbb{R}^{n,1}$ orthogonal zu $u$ sind. In der folgenden Abbildung wird dies illustriert für den Vektor $v = [1{,}75,\, 0{,}5]^T \in \mathbb{R}^{2,1}$ und die Householder-Matrix

$$H(u) = \begin{bmatrix} 0 & 1 \\ 1 & 0 \end{bmatrix},$$

welche zum Vektor $u = [-1, 1]^T \in \mathbb{R}^{2,1}$ gehört. Aufgrund ihrer geometrischen Interpretation werden die Householder-Matrizen auch *Spiegelungsmatrizen* genannt.

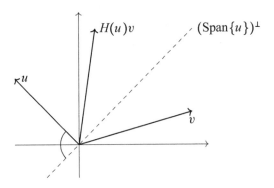

## 18.3 Selbstadjungierte Endomorphismen

Wir haben bereits die selbstadjungierten Endomorphismen $f$ auf einem endlichdimensionalen euklidischen oder unitären Vektorraum $V$ kennengelernt. Die definierende Eigenschaft für diese Klasse von Endomorphismen ist $f = f^{ad}$ (vgl. Definition 13.13).

Offensichtlich sind selbstadjungierte Endomorphismen normal und somit gelten für sie die Aussagen aus Abschn. 18.1. Im Folgenden werden wir diese Aussagen noch wesentlich verstärken.

**Lemma 18.16.** *Für einen endlichdimensionalen euklidischen oder unitären Vektorraum $V$ und $f \in \mathcal{L}(V, V)$ sind folgende Aussagen äquivalent:*

(1) *$f$ ist selbstadjungiert.*
(2) *Für jede Orthonormalbasis $B$ von $V$ gilt $[f]_{B,B} = ([f]_{B,B})^H$.*
(3) *Es gibt eine Orthonormalbasis $B$ von $V$ mit $[f]_{B,B} = ([f]_{B,B})^H$.*

*(Im euklidischen Fall kann „H" durch „T" ersetzt werden.)*

**Beweis.** In Korollar 13.14 haben wir bereits gezeigt, dass (2) aus (1) folgt. Offensichtlich folgt (3) aus (2). Gilt nun (3), d. h. gilt $[f]_{B,B} = ([f]_{B,B})^H$ für eine Orthonormalbasis $B$ von $V$, so folgt $[f]_{B,B} = [f^{ad}]_{B,B}$ aus Satz 13.12. Somit ist $f = f^{ad}$. $\qquad\square$

Zur Diagonalisierbarkeit von selbstadjungierten Endomorphismen im euklidischen und unitären Fall können wir die folgende starke Aussage machen.

**Satz 18.17.** *Ist $V$ ein endlichdimensionaler euklidischer oder unitärer Vektorraum. Ein Endomorphismus $f \in \mathcal{L}(V, V)$ ist genau dann selbstadjungiert, wenn es eine Orthonormalbasis $B$ von $V$ gibt, so dass $[f]_{B,B}$ eine reelle Diagonalmatrix ist.*

**Beweis.** Wir betrachten zunächst den unitären Fall. Ist $f$ selbstadjungiert, so ist $f$ normal und damit unitär diagonalisierbar (vgl. Satz 18.2). Sei $B$ eine Orthonormalbasis von $V$, so dass $[f]_{B,B}$ eine Diagonalmatrix ist. Aus $[f]_{B,B} = ([f]_{B,B})^H$ folgt dann, dass alle Diagonaleinträge von $[f]_{B,B}$ reell sind. Ist andererseits $B$ eine Orthonormalbasis von $V$, so dass $[f]_{B,B}$ eine reelle Diagonalmatrix ist, dann gilt $[f]_{B,B} = ([f]_{B,B})^H = [f^{ad}]_{B,B}$ und somit $f = f^{ad}$.

Sei $V$ nun ein $n$-dimensionaler euklidischer Vektorraum und $f$ selbstadjungiert. Ist $\widetilde{B} = \{v_1, \ldots, v_n\}$ eine Orthonormalbasis von $V$, dann ist $[f]_{\widetilde{B},\widetilde{B}}$ symmetrisch und insbesondere normal. Nach Korollar 18.6 gibt es eine orthogonale Matrix $U = [u_{ij}] \in \mathbb{R}^{n,n}$ mit

$$U^T[f]_{\widetilde{B},\widetilde{B}}U = \text{diag}(R_1, \ldots, R_m),$$

wobei für $j = 1, \ldots, m$ entweder $R_j \in \mathbb{R}^{1,1}$ oder

$$R_j = \begin{bmatrix} \alpha_j & \beta_j \\ -\beta_j & \alpha_j \end{bmatrix} \in \mathbb{R}^{2,2} \quad \text{mit} \quad \beta_j \neq 0$$

ist. Da $U^T[f]_{\widetilde{B},\widetilde{B}}U$ symmetrisch ist, kann kein $(2 \times 2)$-Block $R_j$ mit $\beta_j \neq 0$ auftreten. Also ist $U^T[f]_{\widetilde{B},\widetilde{B}}U$ eine reelle Diagonalmatrix.

Wir definieren die Basis $B = \{w_1, \ldots, w_n\}$ von $\mathcal{V}$ durch

$$(w_1, \ldots, w_n) = (v_1, \ldots, v_n)U.$$

Per Konstruktion ist $U = [\mathrm{Id}_\mathcal{V}]_{B,\widetilde{B}}$ und es gilt $U^T = U^{-1} = [\mathrm{Id}_\mathcal{V}]_{\widetilde{B},B}$ und damit $U^T[f]_{\widetilde{B},\widetilde{B}}U = [f]_{B,B}$. Ist $\langle \cdot, \cdot \rangle$ das Skalarprodukt auf $\mathcal{V}$, so gilt $\langle v_i, v_j \rangle = \delta_{ij}$, $i, j = 1, \ldots, n$. Mit $U^TU = I_n$ folgt

$$\langle w_i, w_j \rangle = \left\langle \sum_{k=1}^{n} u_{ki}v_k, \sum_{\ell=1}^{n} u_{\ell j}v_\ell \right\rangle = \sum_{k=1}^{n}\sum_{\ell=1}^{n} u_{ki}u_{\ell j}\langle v_k, v_\ell \rangle = \sum_{k=1}^{n} u_{ki}u_{kj} = \delta_{ij}.$$

Die Basis $B$ ist somit eine Orthonormalbasis von $\mathcal{V}$.

Ist andererseits $B$ eine Orthonormalbasis von $\mathcal{V}$, so dass $[f]_{B,B}$ eine reelle Diagonalmatrix ist, dann gilt $[f]_{B,B} = ([f]_{B,B})^T = [f^{ad}]_{B,B}$ und somit $f = f^{ad}$.  $\square$

Wir können diesen Satz direkt auf symmetrische und hermitesche Matrizen übertragen.

### Korollar 18.18.

(1) *Eine Matrix $A \in \mathbb{R}^{n,n}$ ist genau dann symmetrisch, wenn es eine orthogonale Matrix $U \in \mathbb{R}^{n,n}$ und eine Diagonalmatrix $D \in \mathbb{R}^{n,n}$ mit $A = UDU^T$ gibt.*
(2) *Eine Matrix $A \in \mathbb{C}^{n,n}$ ist genau dann hermitesch, wenn es eine unitäre Matrix $Q \in \mathbb{C}^{n,n}$ und eine Diagonalmatrix $D \in \mathbb{R}^{n,n}$ mit $A = QDQ^H$ gibt.*

Die Aussage (1) in diesem Korollar wird oft als *Satz über die Hauptachsentransformation* bezeichnet. Wir wollen kurz auf den Hintergrund dieser Bezeichnung, die aus der Theorie der Bilinearformen und ihren Anwendungen in der Geometrie stammt, eingehen. Für eine gegebene symmetrische Matrix $A = [a_{ij}] \in \mathbb{R}^{n,n}$ ist

$$\beta_A : \mathbb{R}^{n,1} \times \mathbb{R}^{n,1} \to \mathbb{R}, \quad (x, y) \mapsto y^T A x = \sum_{i=1}^{n}\sum_{j=1}^{n} a_{ij}x_i y_j,$$

eine symmetrische Bilinearform auf $\mathbb{R}^{n,1}$. Die Abbildung

$$q_A : \mathbb{R}^{n,1} \to \mathbb{R}, \quad x \mapsto \beta_A(x, x) = x^T A x,$$

heißt die zu dieser symmetrischen Bilinearform gehörige *quadratische Form*.

Da $A$ symmetrisch ist, gibt es eine orthogonale Matrix $U = [u_1, \ldots, u_n]$, so dass $U^T A U = D = \operatorname{diag}(\lambda_1, \ldots, \lambda_n)$ eine reelle Diagonalmatrix ist. Ist $B_1 = \{e_1, \ldots, e_n\}$, dann gilt $[\beta_A]_{B_1 \times B_1} = A$. Die Menge $B_2 = \{u_1, \ldots, u_n\}$ bildet eine Orthonormalbasis von $\mathbb{R}^{n,1}$ bezüglich des Standardskalarprodukts und es gilt $(u_1, \ldots, u_n) = (e_1, \ldots, e_n)U$, also $U = [\operatorname{Id}_{\mathbb{R}^{n,1}}]_{B_2, B_1}$. Für den Basiswechsel von $B_1$ zu $B_2$ folgt

$$[\beta_A]_{B_2 \times B_2} = \left([\operatorname{Id}_{\mathbb{R}^{n,1}}]_{B_2, B_1}\right)^T [\beta_A]_{B_1 \times B_1} [\operatorname{Id}_{\mathbb{R}^{n,1}}]_{B_2, B_1} = U^T A U = D$$

(vgl. Satz 11.16). Das heißt, die reelle Diagonalmatrix $D$ stellt die durch $A$ definierte Bilinearform $\beta_A$ bezüglich der Basis $B_2$ dar.

Die zu $\beta_A$ gehörige quadratische Form $q_A$ wird durch den Basiswechsel ebenfalls in eine einfachere Gestalt transformiert, denn es gilt analog

$$q_A(x) = x^T A x = x^T U D U^T x = y^T D y = \sum_{i=1}^{n} \lambda_i y_i^2 = q_D(y), \quad y = \begin{bmatrix} y_1 \\ \vdots \\ y_n \end{bmatrix} := U^T x.$$

Durch den Wechsel der Basis von $B_1$ zu $B_2$ wird die quadratische Form $q_A$ somit in eine „Summe von Quadraten" transformiert, die durch die quadratische Form $q_D$ gegeben ist.

Die *Hauptachsentransformation* ist gegeben durch den Übergang von der Standardbasis des $\mathbb{R}^{n,1}$ zu der durch die paarweise orthonormalen Eigenvektoren von $A$ gegebenen Basis des $\mathbb{R}^{n,1}$. Die $n$ paarweise orthogonalen Räume $\operatorname{Span}\{u_j\}$, $j = 1, \ldots, n$, bilden die $n$ *Hauptachsen*. Die geometrische Bedeutung dieses Begriffs erklären wir am folgenden Beispiel.

**Beispiel 18.19.** Für die symmetrische Matrix

$$A = \begin{bmatrix} 4 & 1 \\ 1 & 2 \end{bmatrix} \in \mathbb{R}^{2,2}$$

gilt

$$U^T A U = \begin{bmatrix} 3 + \sqrt{2} & 0 \\ 0 & 3 - \sqrt{2} \end{bmatrix} = D$$

mit der orthogonalen Matrix $U = [u_1, u_2] \in \mathbb{R}^{2,2}$ und

$$u_1 = \begin{bmatrix} c \\ s \end{bmatrix}, \quad u_2 = \begin{bmatrix} -s \\ c \end{bmatrix}, \quad c = \frac{1 + \sqrt{2}}{\sqrt{(1 + \sqrt{2})^2 + 1}} \approx 0.9239,$$

$$s = \frac{1}{\sqrt{(1 + \sqrt{2})^2 + 1}} \approx 0.3827.$$

Mit der zugehörigen quadratischen Form $q_A(x) = 4x_1^2 + 2x_1x_2 + 2x_2^2$ definieren wir

$$E_A = \{x \in \mathbb{R}^{2,1} \mid q_A(x) - 1 = 0\}.$$

Wie oben erwähnt, besteht die Hauptachsentransformation aus dem Übergang vom kanonischen Koordinatensystem des gegebenen Raums zu einem Koordinatensystem, das durch eine Orthonormalbasis bestehend aus Eigenvektoren von $A$ gebildet wird. Führen wir diese durch und ersetzen $q_A$ durch die quadratische Form $q_D$, so erhalten wir die Menge

$$E_D = \left\{y \in \mathbb{R}^{2,1} \mid q_D(y) - 1 = 0\right\} = \left\{[y_1, y_2]^T \in \mathbb{R}^{2,1} \,\middle|\, \frac{y_1^2}{\beta_1^2} + \frac{y_2^2}{\beta_2^2} - 1 = 0\right\}$$

$$\text{mit} \quad \beta_1 = \sqrt{\frac{1}{3 + \sqrt{2}}} \approx 0.4760, \quad \beta_2 = \sqrt{\frac{1}{3 - \sqrt{2}}} \approx 0.7941.$$

Die Menge $E_D$ bildet eine Ellipse mit dem Mittelpunkt im Ursprung des kartesischen Koordinatensystems, das von den Einheitsvektoren $e_1$ und $e_2$ aufgespannt wird, und Halbachsen mit den Längen $\beta_1$ und $\beta_2$. Die Elemente $x \in E_A$ sind gegeben durch $x = Uy$ mit $y \in E_D$. Die orthogonale Matrix

$$U = \begin{bmatrix} c & -s \\ s & c \end{bmatrix} = \begin{bmatrix} \cos(\alpha) & -\sin(\alpha) \\ \sin(\alpha) & \cos(\alpha) \end{bmatrix} = R_{12}(\alpha)^T$$

ist eine Givens-Rotation, die die Ellipse $E_D$ um den Winkel $\alpha = \cos^{-1}(c) \approx 0.3927$ (etwa 22.5 Grad) dreht. Somit ist $E_A$ eine „rotierte Version" von $E_D$. Der rechte Teil der folgenden Abbildung zeigt die Ellipse $E_A$ im kartesischen Koordinatensystem. Die gestrichelten Linien zeigen die von den Eigenvektoren $u_1$ und $u_2$ von $A$ aufgespannten Unterräume an, welche die Hauptachsen der Ellipse $E_A$ bilden.

Sei wieder $A \in \mathbb{R}^{n,n}$ symmetrisch. Für einen gegebenen Vektor $v \in \mathbb{R}^{n,1}$ und einen Skalar $\gamma \in \mathbb{R}$ ist

$$Q(x) = x^T A x + v^T x + \gamma, \quad x \in \mathbb{R}^{n,1},$$

eine quadratische Funktion in $n$ Variablen (den Einträgen des Vektors $x$). Die Menge der Nullstellen dieser Funktion, d. h. die Menge $\{x \in \mathbb{R}^{n,1} \mid Q(x) = 0\}$, heißt *Hyperfläche vom Grad 2* oder eine *Quadrik*. In Beispiel 18.19 haben wir bereits Quadriken im Fall $n = 2$ und mit $v = 0$ betrachtet. Wir geben einige weitere Beispiele an.

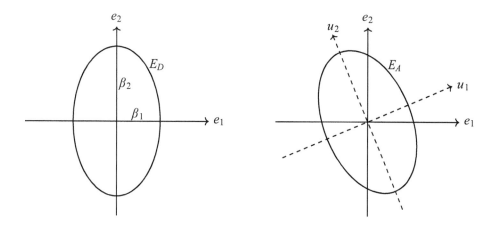

**Beispiel 18.20.**

(1) Seien $n = 3$, $A = I_3$, $v = [0, 0, 0]^T$ und $\gamma = -1$. Die entsprechende Quadrik

$$\left\{ [x_1, x_2, x_3]^T \in \mathbb{R}^{3,1} \mid x_1^2 + x_2^2 + x_3^2 - 1 = 0 \right\}$$

ist die Oberfläche einer Kugel mit Radius 1 um den Nullpunkt:

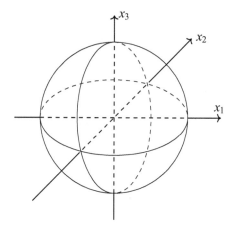

(2) Seien $n = 2$, $A = \begin{bmatrix} 1 & 0 \\ 0 & 0 \end{bmatrix}$, $v = [0, 2]^T$ und $\gamma = 0$. Die entsprechende Quadrik

$$\left\{ [x_1, x_2]^T \in \mathbb{R}^{2,1} \mid x_1^2 + 2x_2 = 0 \right\}$$

ist eine Parabel:

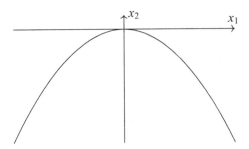

(3) Seien $n = 3$, $A = \begin{bmatrix} 1 & 0 & 0 \\ 0 & 0 & 0 \\ 0 & 0 & 0 \end{bmatrix}$, $v = [0, 2, 0]^T$ und $\gamma = 0$. Die entsprechende Quadrik

$$\left\{ [x_1, x_2, x_3]^T \in \mathbb{R}^{3,1} \mid x_1^2 + 2x_2 = 0 \right\}$$

ist ein Parabelzylinder:

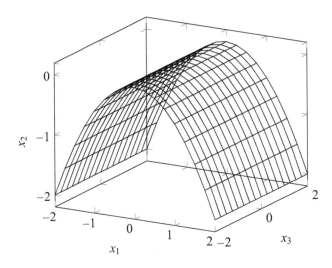

Korollar 18.18 motiviert die folgende Definition.

**Definition 18.21.** Ist $A \in \mathbb{R}^{n,n}$ symmetrisch oder $A \in \mathbb{C}^{n,n}$ hermitesch mit $n_+$ positiven, $n_-$ negativen und $n_0$ Null Eigenwerten (gezählt mit ihren jeweiligen Vielfachheiten), dann heißt der Tripel $(n_+, n_-, n_0)$ der *Trägheitsindex* von $A$.

Zur Vereinfachung der Darstellung betrachten wir im Folgenden zunächst nur reelle symmetrische Matrizen.

**Lemma 18.22.** *Ist $A \in \mathbb{R}^{n,n}$ symmetrisch mit dem Trägheitsindex $(n_+, n_-, n_0)$, dann sind $A$ und $S_A = \mathrm{diag}(I_{n_+}, -I_{n_-}, 0_{n_0})$ kongruent.*

**Beweis.** Sei $A \in \mathbb{R}^{n,n}$ symmetrisch und sei $A = U\Lambda U^T$ mit einer orthogonalen Matrix $U \in \mathbb{R}^{n,n}$ und $\Lambda = \mathrm{diag}(\lambda_1, \ldots, \lambda_n) \in \mathbb{R}^{n,n}$. Hat $A$ den Tägheitsindex $(n_+, n_-, n_0)$, so können wir ohne Beschränkung der Allgemeinheit annehmen, dass

$$\Lambda = \begin{bmatrix} \Lambda_{n_+} & & \\ & \Lambda_{n_-} & \\ & & 0_{n_0} \end{bmatrix} = \mathrm{diag}(\Lambda_{n_+}, \Lambda_{n_-}, 0_{n_0})$$

gilt, wobei in den Diagonalmatrizen $\Lambda_{n_+}$ und $\Lambda_{n_-}$ die positiven bzw. negativen Eigenwerte von $A$ stehen und $0_{n_0} \in \mathbb{R}^{n_0, n_0}$ ist. Es gilt $\Lambda = \Delta S_A \Delta$ mit

$$S_A := \mathrm{diag}(I_{n_+}, -I_{n_-}, 0_{n_0}) \in \mathbb{R}^{n,n},$$

$$\Delta := \mathrm{diag}((\Lambda_{n_+})^{1/2}, (-\Lambda_{n_-})^{1/2}, I_{n_0}) \in GL_n(\mathbb{R}).$$

Hierbei ist $(\mathrm{diag}(\mu_1, \ldots, \mu_m))^{1/2} = \mathrm{diag}(\sqrt{\mu_1}, \ldots, \sqrt{\mu_m})$ und es folgt

$$A = U\Lambda U^T = U\Delta S_A \Delta U^T = (U\Delta)S_A(U\Delta)^T. \qquad \square$$

Lemma 18.22 benutzen wir, um den folgenden *Trägheitssatz von Sylvester*[3] zu beweisen.

**Satz 18.23.** *Der Trägheitsindex einer symmetrischen Matrix $A \in \mathbb{R}^{n,n}$ ist invariant unter Kongruenz, d. h. für jede Matrix $G \in GL_n(\mathbb{R})$ haben $A$ und $G^T A G$ den gleichen Trägheitsindex.*

**Beweis.** Die Aussage ist trivial für $A = 0$. Sei $A \neq 0$ mit dem Trägheitsindex $(n_+, n_-, n_0)$ gegeben. Da $A \neq 0$ ist, können $n_+$ und $n_-$ nicht beide gleich 0 sein. Wir nehmen ohne Beschränkung der Allgemeinheit $n_+ > 0$ an. (Wäre $n_+ = 0$, so können wir das folgende Argument mit $n_- > 0$ durchführen.)

Nach Lemma 18.22 existieren $G_1 \in GL_n(\mathbb{R})$ und $S_A = \mathrm{diag}(I_{n_+}, -I_{n_-}, 0_{n_0})$ mit $A = G_1^T S_A G_1$. Seien nun $G_2 \in GL_n(\mathbb{R})$ beliebig und $B := G_2^T A G_2$. Dann ist $B$

---

[3]James Joseph Sylvester (1814–1897) bewies dieses Resultat für quadratische Formen in einem Artikel von 1852. Er selbst vergab den Namen *Trägheitsgesetz* (engl. *law of inertia*), wobei er sich durch die Physik motivieren ließ.

symmetrisch und hat einen Trägheitsindex $(\tilde{n}_+, \tilde{n}_-, \tilde{n}_0)$. Es gilt daher $B = G_3^T S_B G_3$ für $S_B = \mathrm{diag}(I_{\tilde{n}_+}, -I_{\tilde{n}_-}, 0_{\tilde{n}_0})$ und eine Matrix $G_3 \in GL_n(\mathbb{R})$. Zu zeigen sind $n_+ = \tilde{n}_+$ und $n_0 = \tilde{n}_0$, dann gilt auch $n_- = \tilde{n}_-$.

Es gilt

$$A = \left(G_2^{-1}\right)^T B G_2^{-1} = \left(G_2^{-1}\right)^T G_3^T S_B G_3 G_2^{-1} = G_4^T S_B G_4, \quad G_4 := G_3 G_2^{-1}.$$

Aus $G_4 \in GL_n(\mathbb{R})$ folgt $\mathrm{Rang}(A) = \mathrm{Rang}(S_B) = \mathrm{Rang}(B)$ und somit $n_0 = \tilde{n}_0$.

Wir setzen

$$G_1^{-1} = [u_1, \ldots, u_{n_+}, v_1, \ldots, v_{n_-}, w_1, \ldots, w_{n_0}] \quad \text{und}$$

$$G_4^{-1} = [\tilde{u}_1, \ldots, \tilde{u}_{\tilde{n}_+}, \tilde{v}_1, \ldots, \tilde{v}_{\tilde{n}_-}, \tilde{w}_1, \ldots, \tilde{w}_{n_0}].$$

Seien $\mathcal{V}_1 := \mathrm{Span}\{u_1, \ldots, u_{n_+}\}$ und $\mathcal{V}_2 := \mathrm{Span}\{\tilde{v}_1, \ldots, \tilde{v}_{\tilde{n}_-}, \tilde{w}_1, \ldots, \tilde{w}_{n_0}\}$. Wegen $n_+ > 0$ ist $\dim(\mathcal{V}_1) \geq 1$. Ist $x \in \mathcal{V}_1 \setminus \{0\}$, dann gilt

$$x = \sum_{j=1}^{n_+} \alpha_j u_j = G_1^{-1} [\alpha_1, \ldots, \alpha_{n_+}, 0, \ldots, 0]^T$$

für gewisse $\alpha_1, \ldots, \alpha_{n_+} \in \mathbb{R}$, die nicht alle gleich 0 sind. Daraus folgt

$$x^T A x = \sum_{j=1}^{n_+} \alpha_j^2 > 0.$$

Ist andererseits $x \in \mathcal{V}_2$, dann zeigt ein analoges Argument, dass $x^T A x \leq 0$ ist. Somit folgt $\mathcal{V}_1 \cap \mathcal{V}_2 = \{0\}$ und mit der Dimensionsformel für Unterräume (vgl. Satz 9.34) ergibt sich

$$\underbrace{\dim(\mathcal{V}_1)}_{= n_+} + \underbrace{\dim(\mathcal{V}_2)}_{= n - \tilde{n}_+} - \underbrace{\dim(\mathcal{V}_1 \cap \mathcal{V}_2)}_{= 0} = \dim(\mathcal{V}_1 + \mathcal{V}_2) \leq \dim(\mathbb{R}^{n,1}) = n,$$

also $n_+ \leq \tilde{n}_+$. Wiederholen wir die gleiche Konstruktion mit vertauschten Rollen von $n_+$ und $\tilde{n}_+$, so ergibt sich $\tilde{n}_+ \leq n_+$. Damit folgt $n_+ = \tilde{n}_+$. $\qquad \square$

Im folgenden Resultat übertragen wir Lemma 18.22 und Satz 18.23 auf komplexe hermitesche Matrizen.

**Satz 18.24.** *Sei $A \in \mathbb{C}^{n,n}$ hermitesch mit dem Trägheitsindex $(n_+, n_-, n_0)$. Dann gibt es eine Matrix $G \in GL_n(\mathbb{C})$ mit*

$$A = G^H \operatorname{diag}(I_{n_+}, -I_{n_-}, 0_{n_0})\, G.$$

*Zudem haben $A$ und $G^H A G$ für jedes $G \in GL_n(\mathbb{C})$ den gleichen Trägheitsindex.*

**Beweis.** Übungsaufgabe.                                               □

Wir betrachten noch eine spezielle Klasse symmetrischer und hermitescher Matrizen.

**Definition 18.25.** Eine reelle symmetrische oder komplexe hermitesche $(n \times n)$-Matrix $A$ heißt

(1) *positiv semidefinit*, wenn $v^H A v \geq 0$ für alle $v \in \mathbb{R}^{n,1}$ bzw. $v \in \mathbb{C}^{n,1}$ gilt,
(2) *positiv definit*, wenn $v^H A v > 0$ für alle $v \in \mathbb{R}^{n,1} \setminus \{0\}$ bzw. $v \in \mathbb{C}^{n,1} \setminus \{0\}$ gilt.

(Im reellen Fall kann hierbei „H" durch „T" ersetzt werden.)

Gelten in (1) und (2) jeweils die umgekehrten Ungleichungen, so heißen die entsprechenden Matrizen *negativ semidefinit* und *negativ definit*.

Für selbstadjungierte Endomorphismen definieren wir analog: Ist $\mathcal{V}$ ein endlich-dimensionaler euklidischer oder unitärer Vektorraum mit Skalarprodukt $\langle \cdot, \cdot \rangle$ und ist $f \in \mathcal{L}(\mathcal{V}, \mathcal{V})$ selbstadjungiert, so heißt $f$ *positiv semidefinit* oder *positiv definit*, wenn $\langle f(v), v \rangle \geq 0$ für alle $v \in \mathcal{V}$ bzw. $\langle f(v), v \rangle > 0$ für alle $v \in \mathcal{V} \setminus \{0\}$ gilt.

Der folgende Satz charakterisiert die symmetrisch positiv definiten Matrizen; siehe Aufgabe 18.24 und Aufgabe 18.26 für Übertragungen auf positiv semidefinite Matrizen bzw. positiv definite Endomorphismen.

**Satz 18.26.** *Ist $A \in \mathbb{R}^{n,n}$ symmetrisch oder $A \in \mathbb{C}^{n,n}$ hermitesch, dann sind folgende Aussagen äquivalent:*

(1) *$A$ ist positiv definit.*
(2) *Alle Eigenwerte von $A$ sind reell und positiv.*
(3) *Es gibt eine invertierbare untere Dreiecksmatrix $L$ mit $A = LL^H$. (Im reellen Fall kann hierbei „H" durch „T" ersetzt werden.)*

**Beweis.**

(1) $\Rightarrow$ (2): Die Matrix $A$ ist diagonalisierbar mit reellen Eigenwerten (vgl. Korollar 18.18). Ist $\lambda$ ein Eigenwert mit zugehörigem Eigenvektor $v$, d. h. $Av = \lambda v$, dann folgt $\lambda v^H v = v^H A v > 0$ und mit $v^H v > 0$ ergibt sich $\lambda > 0$.

(2) $\Rightarrow$ (1): Sei $A = U \operatorname{diag}(\lambda_1, \dots, \lambda_n) U^H$ eine Diagonalisierung von $A$ mit einer orthogonalen bzw. unitären Matrix $U$ (vgl. Korollar 18.18) und $\lambda_j > 0$, $j = 1, \dots, n$. Sei $v \in \mathbb{R}^{n,1} \setminus \{0\}$ bzw. $v \in \mathbb{C}^{n,1} \setminus \{0\}$ beliebig und sei $w := U^H v$. Dann ist $w \neq 0$ sowie $v = Qw$ und es folgt

$$v^H A v = (Uw)^H U \text{diag}(\lambda_1, \ldots, \lambda_n) U^H (Uw) = w^H \text{diag}(\lambda_1, \ldots, \lambda_n) w$$

$$= \sum_{j=1}^{n} \lambda_j |w_j|^2 > 0.$$

(3) $\Rightarrow$ (1): Ist $A = LL^H$, so gilt

$$v^H A v = v^H L L^H v = \|L^H v\|_2^2 > 0$$

für jeden Vektor $v \in \mathbb{R}^{n,1} \setminus \{0\}$ bzw. $v \in \mathbb{C}^{n,1} \setminus \{0\}$, denn $L^H$ ist invertierbar.

(1) $\Rightarrow$ (3): Sei $A = U\text{diag}(\lambda_1, \ldots, \lambda_n)U^H$ eine Diagonalisierung von $A$ mit einer orthogonalen bzw. unitären Matrix $U$ (vgl. Korollar 18.18). Da $A$ positiv definit ist, folgt $\lambda_j > 0$, $j = 1, \ldots, n$, aus (2). Wir setzen

$$\Lambda^{1/2} := \text{diag}(\sqrt{\lambda_1}, \ldots, \sqrt{\lambda_n}),$$

dann gilt $A = (U \Lambda^{1/2})(\Lambda^{1/2} U^H) =: B^H B$. Sei $B = QR$ eine $QR$-Zerlegung der invertierbaren Matrix $B$, wobei $Q \in \mathbb{R}^{n,n}$ orthogonal bzw. $Q \in \mathbb{C}^{n,n}$ unitär und $R \in \mathbb{C}^{n,n}$ eine invertierbare obere Dreiecksmatrix ist (vgl. Korollar 12.11). Dann folgt $A = B^H B = (QR)^H (QR) = LL^T$, wobei $L := R^H$ eine invertierbare untere Dreiecksmatrix ist.                                                                 $\square$

Die Faktorisierung $A = LL^H$ in (3) heißt die *Cholesky-Zerlegung*[4] von $A$. Aufgrund der Invertierbarkeit von $L = [l_{ij}]$ ist auch $D := \text{diag}(l_{11}, \ldots, l_{nn})$ invertierbar und wir erhalten aus der Cholesky-Zerlegung die $LU$-Zerlegung $A = (LD^{-1})(DL^H) = \widetilde{L}\widetilde{U}$, wobei $\widetilde{L} := LD^{-1}$ eine untere Dreiecksmatrix mit 1-Diagonale und $\widetilde{U} := DL^H$ eine invertierbare obere Dreiecksmatrix ist (vgl. Satz 5.5). Somit kann die $LU$-Zerlegung einer symmetrisch oder hermitesch positiv definiten Matrix ohne Zeilenvertauschungen berechnet werden.

Um die Cholesky-Zerlegung einer symmetrisch positiv definiten Matrix $A = [a_{ij}] \in \mathbb{R}^{n,n}$ zu berechnen, betrachten wir die Gleichung

$$A = LL^T = \begin{bmatrix} l_{11} & & \\ \vdots & \ddots & \\ l_{n1} & \cdots & l_{nn} \end{bmatrix} \begin{bmatrix} l_{11} & \cdots & l_{n1} \\ & \ddots & \vdots \\ & & l_{nn} \end{bmatrix}$$

und berechnen die Einträge von $L$ spaltenweise:

---

[4] André-Louis Cholesky (1875–1918).

Für die erste Zeile von $A$ gilt

$$a_{11} = l_{11}^2 \quad \Rightarrow \quad l_{11} = a_{11}^{1/2},$$

$$a_{1j} = l_{11}l_{j1} \quad \Rightarrow \quad l_{j1} = \frac{a_{1j}}{l_{11}}, \quad j = 2, \ldots, n. \tag{18.3}$$

Analog gilt für die Zeilen $i = 2, \ldots, n$ von $A$:

$$a_{ii} = \sum_{j=1}^{i} l_{ij}l_{ij} \quad \Rightarrow \quad l_{ii} = \left( a_{ii} - \sum_{j=1}^{i-1} l_{ij}^2 \right)^{1/2},$$

$$a_{ij} = \sum_{k=1}^{i} l_{ik}l_{jk} \quad \Rightarrow \quad l_{ji} = \frac{1}{l_{ii}}\left( a_{ij} - \sum_{k=1}^{i-1} l_{ik}l_{jk} \right), \quad j = i+1, \ldots, n. \tag{18.4}$$

Diesen Algorithmus kann man leicht für den Fall einer hermitesch positive definiten Matrix $A \in \mathbb{C}^{n,n}$ anpassen.

Die symmetrisch oder hermitesch positiv definiten Matrizen sind eng verwandt mit den positiv definiten Bilinearformen auf euklidischen bzw. unitären Vektorräumen.

**Satz 18.27.** *Ist $V$ ein endlichdimensionaler euklidischer oder unitärer Vektorraum und ist $\beta$ eine symmetrische Bilinearform bzw. hermitesche Sesquilinearform auf $V$, dann sind folgende Aussagen äquivalent:*

(1) *$\beta$ ist positiv definit, d. h. es gilt $\beta(v, v) > 0$ für alle $v \in V \setminus \{0\}$.*
(2) *Für jede Basis $B$ von $V$ ist $[\beta]_{B \times B}$ eine (symmetrisch bzw. hermitesch) positiv definite Matrix.*
(3) *Es gibt eine Basis $B$ von $V$, so dass $[\beta]_{B \times B}$ eine (symmetrisch bzw. hermitesch) positiv definite Matrix ist.*

**Beweis.** Übungsaufgabe. $\qquad\qquad\qquad\qquad\qquad\qquad\qquad\qquad\qquad\qquad\qquad\qquad$ □

## Aufgaben

18.1 Sei $A \in \mathbb{R}^{n,n}$ normal. Zeigen Sie, dass $\alpha A$ für jedes $\alpha \in \mathbb{R}$, $A^k$ für jedes $k \in \mathbb{N}_0$ und $p(A)$ für jedes $p \in \mathbb{R}[t]$ normal sind.

18.2 Seien $A, B \in \mathbb{R}^{n,n}$ normal. Sind dann $A + B$ und $AB$ normal?

18.3 Sei $A \in \mathbb{R}^{2,2}$ normal aber nicht symmetrisch. Zeigen Sie, dass dann

$$A = \begin{bmatrix} \alpha & \beta \\ -\beta & \alpha \end{bmatrix}$$

für gewisse $\alpha \in \mathbb{R}$ und $\beta \in \mathbb{R} \setminus \{0\}$ gilt.

18.4 Beweisen Sie Korollar 18.6 mit Hilfe von Satz 18.5.

18.5 Formulieren Sie Satz 18.5 und Korollar 18.6 für normale Endomorphismen auf einem endlichdimensionalen euklidischen Vektorraum.

18.6 Zeigen Sie, dass reelle schiefsymmetrische Matrizen (d. h. Matrizen mit $A = -A^T \in \mathbb{R}^{n,n}$) und komplexe schiefhermitesche Matrizen (d. h. Matrizen mit $A = -A^H \in \mathbb{C}^{n,n}$) normal sind.

18.7 Sei $\mathcal{V}$ ein endlichdimensionaler euklidischer oder unitärer Vektorraum und $f \in \mathcal{L}(\mathcal{V}, \mathcal{V})$ *schiefadjungiert*, d. h. es gilt $f = -f^{ad}$. Zeigen Sie folgende Aussagen:

(a) Ist $\mathcal{V}$ unitär, dann existiert eine Orthonormalbasis $B$ von $\mathcal{V}$ mit $[f]_{B,B} = \mathbf{i}D$, wobei $D$ eine reelle Diagonalmatrix ist.

(b) Ist $\mathcal{V}$ euklidisch, dann existiert eine Orthonormalbasis $B$ von $\mathcal{V}$ mit

$$[f]_{B,B} = \mathrm{diag}(0, \ldots, 0, R_1, \ldots, R_m) \quad \text{und}$$

$$R_j = \begin{bmatrix} 0 & \beta_j \\ -\beta_j & 0 \end{bmatrix} \in \mathbb{R}^{2,2}, \; \beta_j \neq 0, \; j = 1, \ldots, m.$$

18.8 Sei $\mathcal{V}$ ein endlichdimensionaler unitärer Vektorraum und sei $f \in \mathcal{L}(\mathcal{V}, \mathcal{V})$ normal. Zeigen Sie folgende Aussagen:

(a) Gilt $f = f^2$, so ist $f$ selbstadjungiert.

(b) Gilt $f^2 = f^3$, so gilt auch $f = f^2$.

(c) Ist $f$ nilpotent, so ist $f = 0$.

18.9 Sei $\mathcal{V}$ ein endlichdimensionaler reeller oder komplexer Vektorraum und sei $f \in \mathcal{L}(\mathcal{V}, \mathcal{V})$ diagonalisierbar. Zeigen Sie, dass es ein Skalarprodukt auf $\mathcal{V}$ gibt, so dass $f$ normal bezüglich dieses Skalarprodukts ist.

18.10 Sei $A \in \mathbb{C}^{n,n}$. Zeigen Sie folgende Aussagen:

(a) $A$ ist genau dann normal, wenn es eine normale Matrix $B$ mit paarweise verschiedenen Eigenwerten gibt, die mit $A$ kommutiert.

(b) $A$ ist genau dann normal, wenn $A + aI$ für jedes $a \in \mathbb{C}$ normal ist.

(c) Seien $H(A) := \frac{1}{2}(A + A^H)$ der hermitesche und $S(A) := \frac{1}{2}(A - A^H)$ der schiefhermitesche Teil von $A$. Zeigen Sie, dass $A = H(A) + S(A)$, $H(A)^H = H(A)$ und $S(A)^H = -S(A)$ gelten. Zeigen Sie weiter, dass $A$ genau dann normal ist, wenn $H(A)$ und $S(A)$ kommutieren.

18.11 Zeigen Sie: Ist $A \in \mathbb{C}^{n,n}$ normal und $f(z) = \frac{az+b}{cz+d}$ mit $ad - bc \neq 0$ auf dem Spektrum von $A$ definiert, so gilt $f(A) = (aA + bI)(cA + dI)^{-1}$.

(Bei $f(z)$ handelt es sich um eine *Möbius-Transformation*[5], die eine wichtige Rolle in der Funktionentheorie und in vielen anderen Bereichen der Mathematik spielt.)

---

[5] August Ferdinand Möbius (1790–1868).

18.12 Sei $V$ ein endlichdimensionaler euklidischer oder unitärer Vektorraum und sei $f \in \mathcal{L}(V, V)$ orthogonal bzw. unitär. Zeigen Sie, dass $f^{-1}$ existiert und ebenfalls orthogonal bzw. unitär ist.

18.13 Sei $A \in \mathbb{C}^{n,n}$ eine normale Matrix mit $|\lambda| = 1$ für jeden Eigenwert von $A$. Zeigen Sie, dass $A$ unitär ist.

18.14 Sei $u \in \mathbb{R}^{n,1}$ und die Householder-Matrix $H(u)$ wie in (18.2) definiert. Zeigen Sie folgende Aussagen:

(a) Für $u \neq 0$ sind $H(u)$ und $[-e_1, e_2, \ldots, e_n]$ orthogonal ähnlich, d. h. es existiert eine orthogonale Matrix $U \in \mathbb{R}^{n,n}$ mit

$$U^T H(u) U = [-e_1, e_2, \ldots, e_n].$$

(Hieraus folgt, dass $H(u)$ nur die Eigenwerte $1$ und $-1$ mit den jeweiligen algebraischen Vielfachheiten $n - 1$ und $1$ hat.)

(b) Jede orthogonale Matrix $U \in \mathbb{R}^{n,n}$ kann als Produkt von $n$ Householder-Matrizen geschrieben werden, d. h. es existieren $u_1, \ldots, u_n \in \mathbb{R}^{n,1}$ mit $U = H(u_1) \cdots H(u_n)$.

18.15 Sei $v \in \mathbb{R}^{n,1}$ mit $v^T v = 1$. Zeigen Sie, dass es eine orthogonale Matrix $U \in \mathbb{R}^{n,n}$ mit $Uv = e_1$ gibt.

18.16 Sei $Q \in \mathbb{C}^{n,n}$ eine unitäre Matrix. Zeigen Sie, dass die Funktion $f(z) = \bar{z}$ auf dem Spektrum von $Q$ definiert ist (vgl. Definition 17.1) und berechnen Sie die Matrix $Q f(Q)$.

18.17 Beweisen Sie Satz 18.24.

18.18 Wir betrachten den euklidischen Vektorraum $V = \mathbb{R}^{n,n}$ mit dem Skalarprodukt $\langle A, B \rangle = \text{Spur}(B^T A)$ (vgl. Beispiel 12.2 (3)). Zeigen Sie, dass $f \in \mathcal{L}(V, V)$, $A \mapsto A^T$, orthogonal und selbstadjungiert ist.

18.19 Berechnen Sie für die symmetrische Matrix

$$A = \begin{bmatrix} 10 & 6 \\ 6 & 10 \end{bmatrix} \in \mathbb{R}^{2,2}$$

eine orthogonale Matrix $U \in \mathbb{R}^{2,2}$, so dass $U^T A U$ diagonal ist. Ist $A$ positiv (semi-)definit?

18.20 Sei $K \in \{\mathbb{R}, \mathbb{C}\}$ und sei $\{v_1, \ldots, v_n\}$ eine Basis von $K^{n,1}$. Zeigen oder widerlegen Sie: Eine Matrix $A = A^H \in K^{n,n}$ ist genau dann positiv definit, wenn $v_j^H A v_j > 0$ für alle $j = 1, \ldots, n$ gilt.

18.21 Testen Sie mit Hilfe von Definition 18.25, ob die folgenden symmetrischen Matrizen

$$\begin{bmatrix} 1 & 1 \\ 1 & 1 \end{bmatrix}, \quad \begin{bmatrix} 1 & 2 \\ 2 & 1 \end{bmatrix}, \quad \begin{bmatrix} 2 & 1 \\ 1 & 2 \end{bmatrix} \in \mathbb{R}^{2,2}$$

positiv definit oder positiv semidefinit sind. Bestimmen Sie jeweils den Trägheitsindex.

18.22 Sei

$$A = \begin{bmatrix} A_{11} & A_{12} \\ A_{12}^T & A_{22} \end{bmatrix} \in \mathbb{R}^{n,n}$$

mit $A_{11} = A_{11}^T \in GL_m(\mathbb{R})$, $A_{12} \in \mathbb{R}^{m,n-m}$ und $A_{22} = A_{22}^T \in \mathbb{R}^{n-m,n-m}$. Die Matrix $S := A_{22} - A_{12}^T A_{11}^{-1} A_{12} \in \mathbb{R}^{m,m}$ heißt das *Schur-Komplement*[6] von $A_{11}$ in $A$. Zeigen Sie die folgende *Trägheitsindex-Formel von Haynsworth*[7]:

$$(n_+(A), n_-(A), n_0(A)) = (n_+(A_{11}), n_-(A_{11}), n_0(A_{11})) + (n_+(S), n_-(S), n_0(S)).$$

Insbesondere ist somit $A$ genau dann positiv definit, wenn $A_{11}$ und $S$ positiv definit sind. (Zum Schur-Komplement siehe auch Aufgabe 4.20)

18.23 Zeigen Sie, dass $A \in \mathbb{C}^{n,n}$ genau dann hermitesch positiv definit ist, wenn durch $\langle x, y \rangle = y^H A x$ ein Skalarprodukt auf $\mathbb{C}^{n,1}$ gegeben ist.

18.24 Beweisen Sie die folgende Übertragung von Satz 18.26 auf positiv semidefinite Matrizen.

*Ist $A \in \mathbb{R}^{n,n}$ symmetrisch, dann sind folgende Aussagen äquivalent:*

(1) *$A$ ist positiv semidefinit.*

(2) *Alle Eigenwerte von $A$ sind reell und nicht-negativ.*

(3) *Es gibt eine untere Dreiecksmatrix $L \in \mathbb{R}^{n,n}$ mit $A = LL^T$.*

18.25 Sei $A \in \mathbb{C}^{n,n}$. Zeigen Sie, dass $A$ genau dann normal ist, wenn $A^H A - A A^H$ hermitesch positiv semidefinit ist.

18.26 Sei $V$ ein endlichdimensionaler euklidischer oder unitärer Vektorraum und sei $f \in \mathcal{L}(V, V)$ selbstadjungiert. Zeigen Sie, dass $f$ genau dann positiv definit ist, wenn alle Eigenwerte von $f$ reell und positiv sind.

18.27 Sei $A \in \mathbb{R}^{n,n}$. Eine Matrix $X \in \mathbb{R}^{n,n}$ mit $X^2 = A$ wird eine Quadratwurzel von $A$ genannt (vgl. Abschn. 17.1).

(a) Zeigen Sie, dass eine symmetrisch positiv definite Matrix $A \in \mathbb{R}^{n,n}$ eine symmetrisch positiv definite Quadratwurzel besitzt.

---

[6] Issai Schur (1875–1941).

[7] Emilie Virginia Haynsworth (1916–1985).

(b) Zeigen Sie, dass die Matrix

$$A = \begin{bmatrix} 33 & 6 & 6 \\ 6 & 24 & -12 \\ 6 & -12 & 24 \end{bmatrix} \in \mathbb{R}^{3,3}$$

symmetrisch positiv definit ist und berechnen Sie eine symmetrisch positiv definite Quadratwurzel von $A$.

(c) Zeigen Sie, dass die Matrix $A = J_n(0)$, $n \geq 2$, keine Quadratwurzel besitzt.

18.28 Zeigen Sie, dass die Matrix

$$A = \begin{bmatrix} 2 & 1 & 0 \\ 1 & 2 & 1 \\ 0 & 1 & 2 \end{bmatrix} \in \mathbb{R}^{3,3}$$

positiv definit ist und berechnen Sie die Cholesky-Zerlegung von $A$ mit Hilfe von (18.3)–(18.4).

18.29 Seien $A, B \in \mathbb{C}^{n,n}$ hermitesch und sei $B$ zusätzlich positiv definit. Zeigen Sie, dass das Polynom $\det(t B - A) \in \mathbb{C}[t]_{\leq n}$ genau $n$ reelle Nullstellen hat.

18.30 Beweisen Sie Satz 18.27.

# Die Singulärwertzerlegung

**19**

In diesem Kapitel beschäftigen wir uns mit einer weiteren Matrix-Zerlegung, der sogenannten *Singulärwertzerlegung* (oft abgekürzt als *SVD*, was vom englischen Begriff *singular value decomposition* stammt). Diese Zerlegung spielt in vielen Anwendungen von der Bildkompression bis hin zur Modellreduktion und Statistik eine zentrale Rolle. Der wesentliche Grund dafür ist, dass die Singulärwertzerlegung die beste Approximation durch Matrizen von kleinem Rang ermöglicht.

Im folgenden Satz beweisen wir zunächst die Existenz der Zerlegung.

**Satz 19.1.** *Sei $A \in \mathbb{C}^{n,m}$ mit $n \geq m$ gegeben. Dann gibt es unitäre Matrizen $V \in \mathbb{C}^{n,n}$ und $W \in \mathbb{C}^{m,m}$, so dass*

$$A = V \Sigma W^H \quad mit \quad \Sigma = \begin{bmatrix} \Sigma_r & 0_{r,m-r} \\ 0_{n-r,r} & 0_{n-r,m-r} \end{bmatrix} \in \mathbb{R}^{n,m}, \quad \Sigma_r = \mathrm{diag}(\sigma_1, \ldots, \sigma_r)$$

(19.1)

*gilt, wobei $\sigma_1 \geq \sigma_2 \geq \cdots \geq \sigma_r > 0$ und $r = \mathrm{Rang}(A)$ sind.*

**Beweis.** Ist $A = 0$, so setzen wir $V = I_n$, $\Sigma = 0 \in \mathbb{C}^{n,m}$, $\Sigma_r = [\ ]$, $W = I_m$ und sind fertig.

Sei nun $A \neq 0$ und sei $r := \mathrm{Rang}(A)$. Aus $n \geq m$ folgt $1 \leq r \leq m$. Da $A^H A \in \mathbb{C}^{m,m}$ hermitesch ist, existiert eine unitäre Matrix $W = [w_1, \ldots, w_m] \in \mathbb{C}^{m,m}$ mit

$$W^H(A^H A)W = \mathrm{diag}(\lambda_1, \ldots, \lambda_m) \in \mathbb{R}^{m,m}$$

(vgl. (2) in Korollar 18.18). Ohne Beschränkung der Allgemeinheit nehmen wir $\lambda_1 \geq \lambda_2 \geq \cdots \geq \lambda_m$ an. Für jedes $j = 1, \ldots, m$ gilt $A^H A w_j = \lambda_j w_j$. Es folgt

© Springer-Verlag GmbH Deutschland, ein Teil von Springer Nature 2021
J. Liesen, V. Mehrmann, *Lineare Algebra*, Springer Studium Mathematik (Bachelor),
https://doi.org/10.1007/978-3-662-62742-6_19

$$\lambda_j w_j^H w_j = w_j^H A^H A w_j = \|A w_j\|_2^2 \geq 0,$$

also $\lambda_j \geq 0$ für $j = 1, \ldots, m$. Es gilt $\text{Rang}(A^H A) = \text{Rang}(A) = r$ (man modifiziere dafür den Beweis von Lemma 10.25 für den komplexen Fall). Somit hat die Matrix $A^H A$ genau $r$ positive Eigenwerte $\lambda_1, \ldots, \lambda_r$ und $(m - r)$-mal den Eigenwert 0. Wir definieren $\sigma_j := \lambda_j^{1/2}$, $j = 1, \ldots, r$, dann gilt $\sigma_1 \geq \sigma_2 \geq \cdots \geq \sigma_r$. Sei $\Sigma_r$ wie in (19.1),

$$D := \begin{bmatrix} \Sigma_r & 0 \\ 0 & I_{m-r} \end{bmatrix} \in GL_m(\mathbb{R}), \quad X = [x_1, \ldots, x_m] := AWD^{-1},$$

$V_r := [x_1, \ldots, x_r]$ und $Z := [x_{r+1}, \ldots, x_m]$. Dann gilt

$$\begin{bmatrix} V_r^H V_r & V_r^H Z \\ Z^H V_r & Z^H Z \end{bmatrix} = \begin{bmatrix} V_r^H \\ Z^H \end{bmatrix} [V_r, Z] = X^H X = D^{-1} W^H A^H A W D^{-1} = \begin{bmatrix} I_r & 0 \\ 0 & 0 \end{bmatrix},$$

woraus insbesondere $Z = 0$ und $V_r^H V_r = I_r$ folgen. Wir ergänzen die Vektoren $x_1, \ldots, x_r$ zu einer Orthonormalbasis $\{x_1, \ldots, x_r, \widetilde{x}_{r+1}, \ldots, \widetilde{x}_n\}$ von $\mathbb{C}^{n,1}$ bezüglich des Standardskalarprodukts. Dann ist die Matrix

$$V := [V_r, \widetilde{x}_{r+1}, \ldots, \widetilde{x}_n] \in \mathbb{C}^{n,n}$$

unitär. Aus $X = AWD^{-1}$ und $X = [V_r, Z] = [V_r, 0]$ erhalten wir $A = [V_r, 0]DW^H$ und schließlich $A = V\Sigma W^H$ mit $\Sigma$ wie in (19.1). $\qquad\square$

Wie man leicht am Beweis sieht, kann Satz 19.1 analog für reelle Matrizen $A \in \mathbb{R}^{n,m}$ mit $n \geq m$ formuliert werden. In diesem Fall sind die beiden Matrizen $V$ und $W$ orthogonal. Ist $n < m$, so kann man den Satz auf $A^H$ (bzw. $A^T$ im reellen Fall) anwenden.

**Definition 19.2.** Eine Zerlegung der Form (19.1) heißt *Singulärwertzerlegung*[1] der Matrix $A$. Die Diagonaleinträge der Matrix $\Sigma_r$ heißen die *Singulärwerte* und die Spalten von $V$ bzw. $W$ heißen *linke* bzw. *rechte Singulärvektoren* von $A$.

Aus (19.1) erhalten wir unmittelbar die unitären Diagonalisierungen der Matrizen $A^H A$ und $AA^H$,

---

[1] An der Entwicklung dieser Zerlegung von bereits Mitte des 19. Jahrhunderts bekannten Spezialfällen bis zu ihrer heutigen allgemeinen Form waren viele der Hauptpersonen der Linearen Algebra beteiligt. In den historischen Bemerkungen zur Singulärwertzerlegung in [HorJ91] findet man unter anderem Beiträge von Jordan (1873), Sylvester (1889/1890) und Schmidt (1907). Die heutige Form wurde 1939 von Carl Henry Eckart (1902–1973) und Gale J. Young (1912–1990) bewiesen.

$$A^H A = W \begin{bmatrix} \Sigma_r^2 & 0 \\ 0 & 0 \end{bmatrix} W^H \quad \text{und} \quad A A^H = V \begin{bmatrix} \Sigma_r^2 & 0 \\ 0 & 0 \end{bmatrix} V^H.$$

Die Singulärwerte von $A$ sind eindeutig bestimmt als die positiven Quadratwurzeln der positiven Eigenwerte von $A^H A$ (oder $A A^H$). Die unitären Matrizen $V$ und $W$ in der Singulärwertzerlegung sind jedoch (wie Eigenvektoren im Allgemeinen) nicht eindeutig bestimmt.

Schreiben wir die Singulärwertzerlegung von $A$ in der Form

$$A = V \Sigma W^H = \left( V \begin{bmatrix} I_m \\ 0 \end{bmatrix} W^H \right) \left( W \begin{bmatrix} \Sigma_r & 0 \\ 0 & 0 \end{bmatrix} W^H \right) =: U P,$$

so hat $U \in \mathbb{C}^{n,m}$ orthonormale Spalten (d. h. $U^H U = I_m$) und $P = P^H \in \mathbb{C}^{m,m}$ ist positiv semidefinit mit dem Trägheitsindex $(r, 0, m - r)$. Die Faktorisierung $A = UP$ heißt *Porlarzerlegung* von $A$. Sie kann als Verallgemeinerung der Polardarstellung von komplexen Zahlen ($z = e^{i\varphi} |z|$) betrachtet werden.

**Lemma 19.3.** *Die Matrix $A \in \mathbb{C}^{n,m}$ mit $\mathrm{Rang}(A) = r$ habe eine Singulärwertzerlegung der Form (19.1) mit $V = [v_1, \ldots, v_n]$ und $W = [w_1, \ldots, w_m]$. Dann gelten $\mathrm{Bild}(A) = \mathrm{Span}\{v_1, \ldots, v_r\}$ und $\mathrm{Kern}(A) = \mathrm{Span}\{w_{r+1}, \ldots, w_m\}$.*

**Beweis.** Für $j = 1, \ldots, r$ gilt $A w_j = V \Sigma W^H w_j = V \Sigma e_j = \sigma_j v_j \neq 0$, da $\sigma_j \neq 0$. Somit sind die $r$ linear unabhängigen Vektoren $v_1, \ldots, v_r \in \mathrm{Bild}(A)$. Aus $r = \mathrm{Rang}(A) = \dim(\mathrm{Bild}(A))$ folgt $\mathrm{Bild}(A) = \mathrm{Span}\{v_1, \ldots, v_r\}$.

Für $j = r + 1, \ldots, m$ gilt $A w_j = 0$. Somit sind die $m - r$ linear unabhängigen Vektoren $w_{r+1}, \ldots, w_m \in \mathrm{Kern}(A)$. Aus $\dim(\mathrm{Kern}(A)) = m - \dim(\mathrm{Bild}(A)) = m - r$ folgt $\mathrm{Kern}(A) = \mathrm{Span}\{w_{r+1}, \ldots, w_m\}$. $\qquad \square$

Eine Singulärwertzerlegung der Form (19.1) kann geschrieben werden als

$$A = \sum_{j=1}^{r} \sigma_j v_j w_j^H.$$

Die Matrix $A$ wird hierbei als eine Summe von $r$ Matrizen der Form $\sigma_j v_j w_j^H$ dargestellt, wobei $\mathrm{Rang}\left( \sigma_j v_j w_j^H \right) = 1$ gilt. Sei

$$A_k := \sum_{j=1}^{k} \sigma_j v_j w_j^H \quad \text{für ein } k, \quad 1 \leq k \leq r. \tag{19.2}$$

Dann gilt $\text{Rang}(A_k) = k$ und mit Hilfe der unitären Invarianz der 2-Norm von Matrizen (vgl. Aufgabe 19.1) folgt

$$\|A - A_k\|_2 = \|\text{diag}(\sigma_{k+1}, \ldots, \sigma_r)\|_2 = \sigma_{k+1}. \tag{19.3}$$

Mit Hilfe der Singulärwertzerlegung kann somit die Matrix $A$ durch $A_k$ approximiert werden, wobei der Rang der approximierenden Matrix und der Approximationsfehler in der Matrix 2-Norm explizit bekannt sind. Die Singulärwertzerlegung liefert dabei sogar die *bestmögliche* Approximation von $A$ durch eine Matrix vom Rang $k$ bezüglich der Matrix 2-Norm.

**Satz 19.4.** *Mit der Notation in* (19.2) *gilt* $\|A - A_k\|_2 \leq \|A - B\|_2$ *für jede Matrix* $B \in \mathbb{C}^{n,m}$ *mit* $\text{Rang}(B) = k$.

**Beweis.** Die Aussage ist klar für $k = \text{Rang}(A)$, denn dann ist $A_k = A$ und $\|A - A_k\|_2 = 0$. Sei daher $k < \text{Rang}(A) \leq m$. Ist $B \in \mathbb{C}^{n,m}$ mit $\text{Rang}(B) = k$ gegeben, dann gilt $\dim(\text{Kern}(B)) = m - k$, wobei wir $B$ als Element von $\mathcal{L}(\mathbb{C}^{m,1}, \mathbb{C}^{n,1})$ auffassen. Sind $w_1, \ldots, w_m$ die rechten Singulärvektoren von $A$ aus (19.1), dann hat der Unterraum $\mathcal{U} := \text{Span}\{w_1, \ldots, w_{k+1}\}$ die Dimension $k + 1$. Da $\text{Kern}(B)$ und $\mathcal{U}$ zwei Unterräume von $\mathbb{C}^{m,1}$ mit $\dim(\text{Kern}(B)) + \dim(\mathcal{U}) = m + 1$ sind, gilt $\text{Kern}(B) \cap \mathcal{U} \neq \{0\}$.

Sei $v \in \text{Kern}(B) \cap \mathcal{U}$ mit $\|v\|_2 = 1$ gegeben. Dann gibt es $\alpha_1, \ldots, \alpha_{k+1} \in \mathbb{C}$ mit $v = \sum_{j=1}^{k+1} \alpha_j w_j$ und $\sum_{j=1}^{k+1} |\alpha_j|^2 = \|v\|_2^2 = 1$. Es folgt

$$(A - B)v = Av - \underbrace{Bv}_{= 0} = \sum_{j=1}^{k+1} \alpha_j A w_j = \sum_{j=1}^{k+1} \alpha_j \sigma_j v_j$$

und somit

$$\|A - B\|_2 = \max_{\|y\|_2=1} \|(A - B)y\|_2 \geq \|(A - B)v\|_2 = \Big\| \sum_{j=1}^{k+1} \alpha_j \sigma_j v_j \Big\|_2$$

$$= \Big( \sum_{j=1}^{k+1} |\alpha_j \sigma_j|^2 \Big)^{1/2} \quad (\text{denn } v_1, \ldots, v_{k+1} \text{ sind paarweise orthonormal})$$

$$\geq \sigma_{k+1} \Big( \sum_{j=1}^{k+1} |\alpha_j|^2 \Big)^{1/2} \quad (\text{es gilt } \sigma_1 \geq \cdots \geq \sigma_{k+1})$$

$$= \sigma_{k+1} = \|A - A_k\|_2,$$

was zu zeigen war.                                                                                    $\square$

**Die MATLAB-Minute.**

Das Kommando A=magic(n) generiert für $n \geq 3$ eine $(n \times n)$-Matrix A mit Einträgen von 1 bis $n^2$, so dass alle Zeilen-, Spalten- und Diagonalsummen von A gleich sind. Die Einträge von A bilden also ein „magisches Quadrat".
Berechnen Sie die Singulärwertzerlegung von A=magic(10) durch das Kommando [V,S,W]=svd(A). Wie sehen die Singulärwerte von A aus und was ist Rang(A)? Bilden Sie $A_k$ für $k = 1, 2, \ldots, \text{Rang}(A)$ wie in (19.2) und verifizieren Sie numerisch die Gleichung (19.3).

Diese Approximationseigenschaft der Singulärwertzerlegung macht Sie zu einem der wichtigsten mathematischen Werkzeuge in fast allen Bereichen der Natur- und Ingenieurwissenschaften, Wirtschaftswissenschaften, in der Medizin und selbst in der Psychologie. Seit einigen Jahren wird die Singulärwertzerlegung auch in großem Maße zur Textanalyse und zum Vergleich der Ähnlichkeit von Texten eingesetzt. Ihre große Bedeutung beruht darauf, dass sie es oft ermöglicht, „wichtige" Informationen eines Datensatzes von „unwichtigen" zu trennen. Zu den Letzteren gehören zum Beispiel Meßungenauigkeiten, Rauschen in der Übertragung von Daten, oder auch feine Details in einem Signal oder Bild, die nur ein geringe Rolle spielen. Oft korrespondieren die „wichtigen" Informationen in einer Anwendung zu den großen Singulärwerten, die „unwichtigen" zu den kleinen.

In vielen Anwendungen beobachtet man zudem, dass die Singulärwerte der gegebenen Matrizen schnell abfallen, dass es also nur wenige große und viele sehr kleine Singulärwerte gibt. Gilt dies, so kann eine Matrix bezüglich der 2-Norm gut durch eine Matrix mit kleinem Rang approximiert werden, denn bereits für ein kleines $k$ ist $\|A - A_k\|_2 = \sigma_{k+1}$ klein. Eine solche „Niedrig-Rang-Approximation" $A_k$ benötigt wenig Speicherplatz im Computer (lediglich $k$ Skalare und $2k$ Vektoren sind zu speichern). Dies macht die Singulärwertzerlegung zu einem mächtigen Werkzeug in allen Anwendungen, bei denen Datenkompression von Interesse ist.

**Beispiel 19.5.** Wir illustrieren den Einsatz der Singulärwertzerlegung in der Bildkompression an einem Foto, das uns das DFG Forschungszentrum „MATHEON: Mathematik für Schlüsseltechnologien" zur Verfügung gestellt hat[2]. Das Schwarzweiß-Foto zeigt ein Modell des „MATHEON-Bären", dessen Original vor dem Mathematik-Gebäude der TU Berlin aufgestellt ist. Es besteht aus $286 \times 152$ Bildpunkten; siehe das linke Bild in Abb. 19.1.

Jeder der Bildpunkte liegt als „Grauwert" zwischen 0 und 64 vor. Diese sind in einer txt-Datei gespeichert, die mit dem Befehl load in MATLAB geladen werden kann. Von der resultierenden $(286 \times 152)$-Matrix A, die den (vollen) Rang 152 hat, berechnen wir die

---

[2]Wir danken Falk Ebert für seine Unterstützung bei diesem Beispiel.

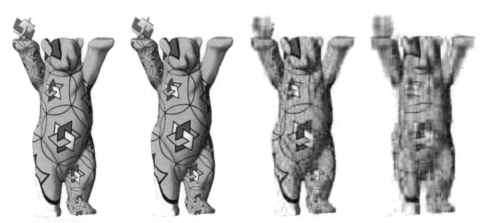

**Abb. 19.1** Foto des „MATHEON-Bären" (links) und Approximationen mit Hilfe der Singulärwertzerlegung durch Matrizen mit Rang 100, 20 und 10

Singulärwertzerlegung mit dem Kommando [V,S,W]=svd(A). Die Diagonaleinträge der Matrix S, also die Singulärwerte von A, werden von MATLAB absteigend sortiert (wie in Satz 19.1).

Für k=100,20,10 berechnen wir nun Matrizen mit Rang k wie in (19.2) durch das Kommando A_k=V(:,1:k)*S(1:k,1:k)*W(:,1:k)'. Diese Matrizen stellen Approximationen des ursprünglichen Bildes mit Hilfe der k größten Singulärwerte und den entsprechenden Singulärvektoren dar. Die drei Approximationen sind in Abb. 19.1 neben dem ursprünglichen Foto dargestellt. Die Abbildung zeigt, dass selbst bei kleinem Rang k noch wesentliche Details des MATHEON-Bären zu erkennen sind.

Wir betrachten nun die Anwendung der Singulärwertzerlegung auf die Lösung linearer Gleichungssysteme. Hat $A \in \mathbb{C}^{n,m}$ eine Singulärwertzerlegung der Form (19.1), so definieren wir die Matrix

$$A^{\dagger} := W \Sigma^{\dagger} V^H \in \mathbb{C}^{m,n} \quad \text{mit} \quad \Sigma^{\dagger} := \begin{bmatrix} \Sigma_r^{-1} & 0 \\ 0 & 0 \end{bmatrix} \in \mathbb{R}^{m,n}. \tag{19.4}$$

Man sieht leicht, dass dann

$$A^{\dagger} A = W \begin{bmatrix} I_r & 0 \\ 0 & 0 \end{bmatrix} W^H \in \mathbb{R}^{m,m}$$

gilt. Ist $r = m = n$, so ist $A$ invertierbar und auf der rechten Seite dieser Gleichung steht die Einheitsmatrix $I_n$. In diesem Fall gilt also $A^{\dagger} = A^{-1}$. Die Matrix $A^{\dagger}$ kann daher als eine *verallgemeinerte Inverse* aufgefasst werden, die im Fall einer invertierbaren Matrix $A$ gleich der Inversen von $A$ ist.

**Definition 19.6.** Die Matrix $A^\dagger$ in (19.4) heißt *Moore-Penrose-Inverse*[3] oder *Pseudoinverse* von $A$.

Sei $b \in \mathbb{C}^{n,1}$ gegeben. Ist $b \in \text{Bild}(A)$, so gibt es eine Lösung $\widehat{x}$ des linearen Gleichungssystems $Ax = b$. Ist jedoch $b \notin \text{Bild}(A)$, so können wir $b$ lediglich durch Vektoren aus dem Raum $\text{Bild}(A)$, d. h. durch Vektoren der Form $A\widehat{x}$ mit $\widehat{x} \in \mathbb{C}^{m,1}$, approximieren. Die Approximation von $b$ durch Vektoren aus dem Bildraum einer Matrix ist ein *lineares Ausgleichsproblem*. Die Singulärwertzerlegung und die Moore-Penrose-Inverse liefern eine spezielle und in Anwendungen wichtige Lösung dieses Problems.

**Satz 19.7.** *Seien $A \in \mathbb{C}^{n,m}$ mit $n \geq m$ und $b \in \mathbb{C}^{n,1}$ gegeben. Sind $A = V\Sigma W^H$ eine Singulärwertzerlegung wie in (19.1), $A^\dagger$ die Pseudoinverse von $A$ und $\widehat{x} = A^\dagger b$, so gilt*

$$\|b - A\widehat{x}\|_2 \leq \|b - Ay\|_2 \quad \text{für alle} \quad y \in \mathbb{C}^{m,1}.$$

*Zudem gilt*

$$\|y\|_2 \geq \|\widehat{x}\|_2 = \left( \sum_{j=1}^{r} \left| \frac{v_j^H b}{\sigma_j} \right|^2 \right)^{1/2}$$

*für jedes $y \in \mathbb{C}^{m,1}$ mit $\|b - A\widehat{x}\|_2 = \|b - Ay\|_2$.*

**Beweis.** Sei $y \in \mathbb{C}^{m,1}$ gegeben und sei $z = [\xi_1, \ldots, \xi_m]^T := W^H y$. Dann gilt

$$\|b - Ay\|_2^2 = \|b - V\Sigma W^H y\|_2^2 = \|V(V^H b - \Sigma z)\|_2^2 = \|V^H b - \Sigma z\|_2^2$$

$$= \sum_{j=1}^{r} \left| v_j^H b - \sigma_j \xi_j \right|^2 + \sum_{j=r+1}^{n} \left| v_j^H b \right|^2$$

$$\geq \sum_{j=r+1}^{n} \left| v_j^H b \right|^2. \tag{19.5}$$

Gleichheit gilt genau dann, wenn $\xi_j = \left( v_j^H b \right) / \sigma_j$ für alle $j = 1, \ldots, r$ ist. Dies ist erfüllt, wenn $z = W^H y = \Sigma^\dagger V^H b$ ist. Die letzte Gleichung gilt genau dann, wenn

$$y = W\Sigma^\dagger V^H b = A^\dagger b = \widehat{x}$$

---

[3]Eliakim Hastings Moore (1862–1932) und Sir Roger Penrose (geb. 1931), Gewinner des Nobelpreises für Physik 2020.

ist. Für den Vektor $\widehat{x}$ ist somit die untere Schranke (19.5) erreicht.

Die Gleichung

$$\|\widehat{x}\|_2 = \left( \sum_{j=1}^r \left| \frac{v_j^H b}{\sigma_j} \right|^2 \right)^{1/2}$$

rechnet man leicht nach. Jeder Vektor $y \in \mathbb{C}^{m,1}$, der die untere Schranke (19.5) erreicht, muss die Form

$$y = W \left[ \frac{v_1^H b}{\sigma_1}, \ldots, \frac{v_r^H b}{\sigma_r}, y_{r+1}, \ldots, y_m \right]^T$$

für gewisse $y_{r+1}, \ldots, y_m \in \mathbb{C}$ haben, woraus $\|y\|_2 \geq \|\widehat{x}\|_2$ folgt.                □

Die Aussage dieses Satzes kann auch so formuliert werden: Der Vektor $A\widehat{x}$ ist bezüglich der euklidischen Norm eine bestmögliche Approximation des Vektors $b$ unter allen Vektoren aus dem Raum Bild($A$) und der Vektor $\widehat{x}$ hat unter allen Vektoren, die diese beste Approximation erreichen, die kleinste euklidische Norm.

Das Minimierungsproblem für den Vektor $\widehat{x}$ können wir schreiben als

$$\|b - A\widehat{x}\|_2 = \min_{y \in \mathbb{C}^{m,1}} \|b - Ay\|_2.$$

Ist

$$A = \begin{bmatrix} \tau_1 & 1 \\ \vdots & \vdots \\ \tau_m & 1 \end{bmatrix} \in \mathbb{R}^{m,2}$$

für (paarweise verschiedene) $\tau_1, \ldots, \tau_m \in \mathbb{R}$, so entspricht dieses Minimierungsproblem dem Problem der linearen Regression bzw. dem Kleinste-Quadrate-Problem in Beispiel 12.15, das wir mit der $QR$-Zerlegung von $A$ gelöst hatten. Ist $A = QR$ diese Zerlegung, so folgt aus $A^\dagger = (A^H A)^{-1} A^H$ (vgl. Aufgabe 19.5) die Gleichung

$$A^\dagger = (R^H Q^H Q R)^{-1} R^H Q^H = R^{-1} R^{-H} R^H Q^H = R^{-1} Q^H.$$

Somit ist die Kleinste-Quadrate-Approximation in Beispiel 12.15 identisch mit der Lösung des obigen Minimierungsproblems mit Hilfe der Singulärwertzerlegung von $A$.

## Aufgaben

19.1 Zeigen Sie, dass die Frobenius-Norm und die 2-Norm von Matrizen *unitär invariant* sind, dass also $\|PAQ\|_F = \|A\|_F$ und $\|PAQ\|_2 = \|A\|_2$ für alle $A \in \mathbb{C}^{n,m}$ und unitären Matrizen $P \in \mathbb{C}^{n,n}$, $Q \in \mathbb{C}^{m,m}$ gilt. (*Hinweis:* Für die Frobenius-Norm kann man $\|A\|_F^2 = \operatorname{Spur}(A^H A)$ benutzen.)

19.2 Benutzen Sie das Ergebnis von Aufgabe 19.1, um zu zeigen, dass $\|A\|_F = \left(\sigma_1^2 + \ldots + \sigma_r^2\right)^{1/2}$ und $\|A\|_2 = \sigma_1$ gelten, wenn $A \in \mathbb{C}^{n,m}$ die Singulärwerte $\sigma_1 \geq \cdots \geq \sigma_r > 0$ hat.

19.3 Zeigen Sie, dass $\|A\|_2 = \|A^H\|_2$ und $\|A\|_2^2 = \|A^H A\|_2$ für alle $A \in \mathbb{C}^{n,m}$ gilt.

19.4 Zeigen Sie, dass $\|A\|_2^2 \leq \|A\|_1 \|A\|_\infty$ für alle $A \in \mathbb{C}^{n,m}$ gilt.

19.5 Sei $A \in \mathbb{C}^{n,m}$ und sei $A^\dagger$ die Moore-Penrose-Inverse von $A$. Zeigen Sie folgende Aussagen:

(a) Ist $\operatorname{Rang}(A) = m$, so gilt $A^\dagger = (A^H A)^{-1} A^H$.

(b) Die Matrix $X = A^\dagger$ ist die eindeutig bestimmte Matrix, die die folgenden vier Bedingungen erfüllt:

(1) $AXA = A$,

(2) $XAX = X$,

(3) $(AX)^H = AX$,

(4) $(XA)^H = XA$.

19.6 Seien

$$A = \begin{bmatrix} 2 & 1 \\ 0 & 3 \\ 1 & -2 \end{bmatrix} \in \mathbb{R}^{3,2}, \quad b = \begin{bmatrix} 5 \\ 2 \\ -5 \end{bmatrix} \in \mathbb{R}^{3,1}.$$

Berechnen Sie die Moore-Penrose-Inverse von $A$ und geben Sie ein $\widehat{x} \in \mathbb{R}^{2,1}$ an, so dass

- $\|b - A\widehat{x}\|_2 \leq \|b - Ay\|_2$ für alle $y \in \mathbb{R}^{2,1}$ und
- $\|\widehat{x}\|_2 \leq \|y\|_2$ für alle $y \in \mathbb{R}^{2,1}$ mit $\|b - Ay\|_2 = \|b - A\widehat{x}\|_2$

gilt.

19.7 Beweisen Sie den folgenden Satz:

*Seien $A \in \mathbb{C}^{n,m}$ und $B \in \mathbb{C}^{\ell,m}$ mit $m \leq n \leq \ell$. Es gilt $A^H A = B^H B$ genau dann, wenn $B = UA$ für eine Matrix $U \in \mathbb{C}^{\ell,n}$ mit $U^H U = I_n$ ist. Falls $A$ und $B$ reell sind, kann $U$ ebenfalls reell gewählt werden.*

(*Hinweis:* Die eine Richtung ist trivial. Für die andere Richtung betrachten Sie die unitäre Diagonalisierung von $A^H A = B^H B$. Diese liefert Ihnen die Matrix $W$ in der Singulärwertzerlegung von $A$ und in der von $B$. Zeigen Sie nun die Aussage unter Ausnutzung dieser beiden Zerlegungen. Diesen Satz und seine Anwendungen findet man im Artikel [Hor96].)

# Das Kronecker-Produkt und lineare Matrixgleichungen

Viele Anwendungen, insbesondere die Stabilitätsuntersuchung von Differenzialgleichungen, führen auf lineare Matrixgleichungen, wie etwa die *Sylvester-Gleichung*[1] $AX+XB = C$. Hier sind die Matrizen $A$, $B$, $C$ gegeben und eine Matrix $X$, die die Gleichung erfüllt, ist gesucht (wir geben später eine formale Definition). Bei der Beschreibung der Lösung solcher Gleichungen tritt mit dem Kronecker-Produkt[2] ein weiteres Produkt von Matrizen auf. In diesem Kapitel leiten wir die wichtigsten Eigenschaften dieses Produkts her und wir studieren seine Anwendung im Kontext linearer Matrixgleichungen. Viele weitere Resultate zu diesen Themen findet man in [HorJ91] und [LanT85].

**Definition 20.1.** Ist $K$ ein Körper, $A = [a_{ij}] \in K^{m,m}$ und $B \in K^{n,n}$, dann heißt

$$A \otimes B := [a_{ij}B] = \begin{bmatrix} a_{11}B & \cdots & a_{1m}B \\ \vdots & & \vdots \\ a_{m1}B & \cdots & a_{mm}B \end{bmatrix} \in K^{mn,mn}$$

das *Kronecker-Produkt* von $A$ und $B$.

Das Kronecker-Produkt wird manchmal auch als *Tensorprodukt* von Matrizen bezeichnet. Die Definition kann auf nicht-quadratische Matrizen erweitert werden, doch der

---

[1] James Joseph Sylvester (1814–1897).

[2] Leopold Kronecker (1832–1891) soll dieses Produkt in den 1880er-Jahren in seinen Vorlesungen in Berlin benutzt haben. Erstmals formal definiert wurde es jedoch 1858 von Johann Georg Zehfuss (1832–1901).

© Springer-Verlag GmbH Deutschland, ein Teil von Springer Nature 2021
J. Liesen, V. Mehrmann, *Lineare Algebra*, Springer Studium Mathematik (Bachelor),
https://doi.org/10.1007/978-3-662-62742-6_20

Einfachheit halber betrachten wir hier nur den quadratischen Fall. Das folgende Lemma beschreibt die grundlegenden Rechenregeln dieses Produkts.

**Lemma 20.2.** *Für alle quadratischen Matrizen $A$, $B$, $C$ über $K$ gelten:*

(1) $A \otimes (B \otimes C) = (A \otimes B) \otimes C$.
(2) $(\mu A) \otimes B = A \otimes (\mu B) = \mu(A \otimes B)$ *für alle* $\mu \in K$.
(3) $(A + B) \otimes C = (A \otimes C) + (B \otimes C)$, *wenn* $A + B$ *definiert ist.*
(4) $A \otimes (B + C) = (A \otimes B) + (A \otimes C)$, *wenn* $B + C$ *definiert ist.*
(5) $(A \otimes B)^T = A^T \otimes B^T$ *und somit ist das Kronecker-Produkt zweier symmetrischer Matrizen symmetrisch.*

**Beweis.** Übungsaufgabe.                                                          □

Insbesondere bleibt im Gegensatz zur gewöhnlichen Matrizenmultiplikation die Reihenfolge der Faktoren des Kronecker-Produkts beim Transponieren unverändert. Das folgende Resultat beschreibt die Matrizenmultiplikation zweier Kronnecker-Produkte.

**Lemma 20.3.** *Für $A, C \in K^{m,m}$ und $B, D \in K^{n,n}$ gilt*

$$(A \otimes B)(C \otimes D) = (AC) \otimes (BD).$$

*Insbesondere folgen*

(1) $A \otimes B = (A \otimes I_n)(I_m \otimes B) = (I_m \otimes B)(A \otimes I_n)$,
(2) $(A \otimes B)^{-1} = A^{-1} \otimes B^{-1}$, *falls $A$ und $B$ invertierbar sind.*

**Beweis.** Aus $A \otimes B = [a_{ij}B]$ und $C \otimes D = [c_{ij}D]$ folgt, dass der Block $F_{ij} \in K^{n,n}$ in der Blockmatrix $[F_{ij}] = (A \otimes B)(C \otimes D)$ gegeben ist durch

$$F_{ij} = \sum_{k=1}^{m}(a_{ik}B)(c_{kj}D) = \sum_{k=1}^{m} a_{ik}c_{kj}\, BD = \left(\sum_{k=1}^{m} a_{ik}c_{kj}\right)BD.$$

Für die Blockmatrix $[G_{ij}] = (AC) \otimes (BD)$ mit $G_{ij} \in K^{n,n}$ erhalten wir

$$G_{ij} = g_{ij}BD \quad \text{mit} \quad g_{ij} = \sum_{k=1}^{m} a_{ik}c_{kj}.$$

Dies zeigt die Gleichung $(A \otimes B)(C \otimes D) = (AC) \otimes (BD)$.

Mit $B = I_n$ und $C = I_m$ (und der Umbenennung von $D$ in $B$) erhalten wir (1). Setzten wir $C = A^{-1}$ und $D = B^{-1}$, so folgt $(A \otimes B)(A^{-1} \otimes B^{-1}) = (AA^{-1}) \otimes (BB^{-1}) = I_m \otimes I_n = I_{nm}$ und somit gilt auch (2).                                      □

Im Allgemeinen ist das Kronecker-Produkt nicht kommutativ (vgl. Aufgabe 20.2), aber es gilt der folgende Zusammenhang zwischen $A \otimes B$ und $B \otimes A$.

**Lemma 20.4.** *Für $A \in K^{m,m}$ und $B \in K^{n,n}$ gibt es eine Permutationsmatrix $P \in K^{mn,mn}$ mit*

$$P^T (A \otimes B) P = B \otimes A.$$

**Beweis.** Übungsaufgabe.                                                      □

Für die Berechnung von Determinante, Spur und Rang eines Kronecker-Produkts gibt es einfache Formeln.

**Satz 20.5.** *Für $A \in K^{m,m}$ und $B \in K^{n,n}$ gelten:*

(1) $\det(A \otimes B) = (\det A)^n \, (\det B)^m = \det(B \otimes A)$.
(2) $\mathrm{Spur}(A \otimes B) = \mathrm{Spur}(A) \, \mathrm{Spur}(B) = \mathrm{Spur}(B \otimes A)$.
(3) $\mathrm{Rang}(A \otimes B) = \mathrm{Rang}(A) \, \mathrm{Rang}(B) = \mathrm{Rang}(B \otimes A)$.

**Beweis.**

(1) Aus Lemma 20.3 (1) und dem Determinantenmultiplikationssatz (Satz 7.15) folgt

$$\det(A \otimes B) = \det\left((A \otimes I_n)\,(I_m \otimes B)\right) = \det(A \otimes I_n)\,\det(I_m \otimes B).$$

Nach Lemma 20.4 gibt es eine Permutationsmatrix $P$ mit $A \otimes I_n = P(I_n \otimes A)P^T$. Hieraus folgt

$$\det(A \otimes I_n) = \det\left(P(I_n \otimes A)P^T\right) = \det(I_n \otimes A) = (\det A)^n.$$

Aus $\det(I_m \otimes B) = (\det B)^m$ folgt dann $\det(A \otimes B) = (\det A)^n \, (\det B)^m$ und somit gilt auch $\det(A \otimes B) = \det(B \otimes A)$.
(2) Aus $(A \otimes B) = [a_{ij}B]$ folgt

$$\mathrm{Spur}(A \otimes B) = \sum_{i=1}^{m}\sum_{j=1}^{n} a_{ii}b_{jj} = \left(\sum_{i=1}^{m} a_{ii}\right)\left(\sum_{j=1}^{n} b_{jj}\right) = \mathrm{Spur}(A)\,\mathrm{Spur}(B)$$

$$= \mathrm{Spur}(B)\,\mathrm{Spur}(A) = \mathrm{Spur}(B \otimes A).$$

(3) Übungsaufgabe.                                                             □

Für eine Matrix $A = [a_1, \ldots, a_n] \in K^{m,n}$ mit den Spalten $a_j \in K^{m,1}$, $j = 1, \ldots, n$, definieren wir

$$\text{Vec}(A) := \begin{bmatrix} a_1 \\ a_2 \\ \vdots \\ a_n \end{bmatrix} \in K^{mn,1}.$$

Durch die Anwendung von Vec wird aus der Matrix $A$ ein „Spaltenvektor" und somit wird $A$ „vektorisiert".

**Lemma 20.6.** *Die Abbildung* Vec $: K^{m,n} \rightarrow K^{mn,1}$ *ist ein Isomorphismus. Insbesondere sind somit* $A_1, \ldots, A_k \in K^{m,n}$ *genau dann linear unabhängig, wenn* $\text{Vec}(A_1), \ldots, \text{Vec}(A_k) \in K^{mn,1}$ *linear unabhängig sind.*

**Beweis.** Übungsaufgabe.                                                                 □

Wir betrachten nun den Zusammenhang zwischen dem Kronecker-Produkt und der Vec-Abbildung.

**Satz 20.7.** *Für* $A \in K^{m,m}$, $B \in K^{n,n}$ *und* $C \in K^{m,n}$ *gilt*

$$\text{Vec}(ACB) = (B^T \otimes A)\text{Vec}(C).$$

*Insbesondere folgen*

(1) $\text{Vec}(AC) = (I_n \otimes A)\text{Vec}(C)$ *und* $\text{Vec}(CB) = (B^T \otimes I_m)\text{Vec}(C)$,
(2) $\text{Vec}(AC + CB) = \left((I_n \otimes A) + (B^T \otimes I_m)\right)\text{Vec}(C)$.

**Beweis.** Für $j = 1, \ldots, n$ ist die $j$-te Spalte von $ACB$ gegeben durch

$$(ACB)e_j = (AC)(Be_j) = \sum_{k=1}^{n} b_{kj}(AC)e_k = \sum_{k=1}^{n} (b_{kj}A)(Ce_k)$$

$$= [\, b_{1j}A, \, b_{2j}A, \, \ldots, \, b_{nj}A\,]\,\text{Vec}(C),$$

woraus $\text{Vec}(ACB) = (B^T \otimes A)\text{Vec}(C)$ folgt. Mit $B = I_n$ bzw. $A = I_m$ erhalten wir (1). Aus (1) und der Linearität von Vec folgt (2).                                    □

Um den Zusammenhang zwischen den Eigenwerten der Matrizen $A$, $B$ und denen ihres Kronecker-Produkts $A \otimes B$ zu studieren, benutzten wir *bivariate Polynome*, d. h. Polynome in zwei Unbekannten (vgl. Aufgabe 9.15). Ist

$$p(t_1, t_2) = \sum_{i,j=0}^{l} \alpha_{ij} t_1^i t_2^j \in K[t_1, t_2]$$

ein solches Polynom, so definieren wir für $A \in K^{m,m}$ und $B \in K^{n,n}$ die Matrix

$$p(A, B) := \sum_{i,j=0}^{l} \alpha_{ij} A^i \otimes B^j. \tag{20.1}$$

Hier ist auf die Reihenfolge der Faktoren zu achten, denn im Allgemeinen gilt $A^i \otimes B^j \neq B^j \otimes A^i$ (vgl. Aufgabe 20.2).

**Beispiel 20.8.** Für $A \in \mathbb{R}^{m,m}$, $B \in \mathbb{R}^{n,n}$ und $p(t_1, t_2) = 2t_1 + 3t_1 t_2^2 = 2t_1^1 t_2^0 + 3t_1^1 t_2^2 \in \mathbb{R}[t_1, t_2]$ erhalten wir die Matrix $p(A, B) = 2A \otimes I_n + 3A \otimes B^2$.

Das folgende Resultat ist als der *Satz von Stephanos*[3] bekannt.

**Satz 20.9.** *Seien $A \in K^{m,m}$ und $B \in K^{n,n}$ zwei Matrizen, die Jordan-Normalformen und die Eigenwerte $\lambda_1, \ldots, \lambda_m \in K$ bzw. $\mu_1, \ldots, \mu_n \in K$ besitzen. Ist $p(A, B)$ wie in (20.1) definiert, dann gelten:*

(1) *Die Eigenwerte von $p(A, B)$ sind $p(\lambda_k, \mu_\ell)$ für $k = 1, \ldots, m$ und $\ell = 1, \ldots, n$.*
(2) *Die Eigenwerte von $A \otimes B$ sind $\lambda_k \cdot \mu_\ell$ für $k = 1, \ldots, m$ und $\ell = 1, \ldots, n$.*
(3) *Die Eigenwerte von $A \otimes I_n + I_m \otimes B$ sind $\lambda_k + \mu_\ell$ für $k = 1, \ldots, m$ und $\ell = 1, \ldots, n$.*

**Beweis.** Seien $S \in GL_m(K)$ und $T \in GL_n(K)$, so dass $S^{-1}AS = J_A$ und $T^{-1}BT = J_B$ in Jordan-Normalform sind. Die Matrizen $J_A$ und $J_B$ sind obere Dreiecksmatrizen. Somit sind für alle $i, j \in \mathbb{N}_0$ die Matrizen $J_A^i$, $J_B^j$ und $J_A^i \otimes J_B^j$ obere Dreiecksmatrizen. Die Eigenwerte von $J_A^i$ und $J_B^j$ sind $\lambda_1^i, \ldots, \lambda_m^i$ bzw. $\mu_1^j, \ldots, \mu_n^j$. Somit sind $p(\lambda_k, \mu_\ell)$, $k = 1, \ldots, m$, $\ell = 1, \ldots, n$ die Diagonaleinträge der Matrix $p(J_A, J_B)$. Mit Hilfe von Lemma 20.3 folgt

---

[3]Benannt nach Cyparissos Stephanos (1857–1917), der in einem Artikel des Jahres 1900 neben diesem Satz auch vermutlich als erster die Aussage von Lemma 20.3 bewies.

$$p(A, B) = \sum_{i,j=0}^{l} \alpha_{ij} \left( SJ_A S^{-1} \right)^i \otimes \left( TJ_B T^{-1} \right)^j = \sum_{i,j=0}^{l} \alpha_{ij} \left( SJ_A^i S^{-1} \right) \otimes \left( TJ_B^j T^{-1} \right)$$

$$= \sum_{i,j=0}^{l} \alpha_{ij} \left( \left( SJ_A^i \right) \otimes \left( TJ_B^j \right) \right) (S^{-1} \otimes T^{-1})$$

$$= \sum_{i,j=0}^{l} \alpha_{ij} (S \otimes T) \left( J_A^i \otimes J_B^j \right) (S \otimes T)^{-1}$$

$$= (S \otimes T) \left( \sum_{i,j=0}^{l} \alpha_{ij} \left( J_A^i \otimes J_B^j \right) \right) (S \otimes T)^{-1}$$

$$= (S \otimes T) p(J_A, J_B)(S \otimes T)^{-1},$$

woraus sich (1) ergibt.

Die Aussagen (2) und (3) folgen aus (1) mit $p(t_1, t_2) = t_1 t_2$ bzw. $p(t_1, t_2) = t_1 + t_2$. $\square$

Das folgende Resultat über die Matrix-Exponentialfunktion eines Kronecker-Produkts ist hilfreich in vielen Anwendungen, in denen (lineare) Differenzialgleichungssysteme auftreten.

**Lemma 20.10.** *Für $A \in \mathbb{C}^{m,m}$, $B \in \mathbb{C}^{n,n}$ und $C := (A \otimes I_n) + (I_m \otimes B)$ gilt*

$$\exp(C) = \exp(A) \otimes \exp(B).$$

**Beweis.** Aus Lemma 20.3 wissen wir, dass die Matrizen $A \otimes I_n$ und $I_m \otimes B$ kommutieren. Mit Hilfe von Lemma 17.6 folgt

$$\exp(C) = \exp(A \otimes I_n + I_m \otimes B) = \exp(A \otimes I_n) \exp(I_m \otimes B)$$

$$= \left( \sum_{j=0}^{\infty} \frac{1}{j!} (A \otimes I_n)^j \right) \left( \sum_{i=0}^{\infty} \frac{1}{i!} (I_m \otimes B)^i \right)$$

$$= \sum_{j=0}^{\infty} \frac{1}{j!} \sum_{i=0}^{\infty} \frac{1}{i!} (A \otimes I_n)^j (I_m \otimes B)^i$$

$$= \sum_{j=0}^{\infty} \frac{1}{j!} \sum_{i=0}^{\infty} \frac{1}{i!} (A^j \otimes B^i)$$

$$= \exp(A) \otimes \exp(B).$$

Hierbei haben wir die Eigenschaften der Matrix-Exponentialreihe ausgenutzt (vgl. Kap. 17). $\square$

Für gegebene Matrizen $A_j \in K^{m,m}$, $B_j \in K^{n,n}$, $j = 1, \ldots, q$, und $C \in K^{m,n}$ heißt eine Gleichung der Form

$$A_1 X B_1 + A_2 X B_2 + \ldots + A_q X B_q = C \tag{20.2}$$

eine *lineare Matrixgleichung* für die (gesuchte) Matrix $X \in K^{m,n}$.

**Satz 20.11.** *Eine Matrix $\widehat{X} \in K^{m,n}$ löst (20.2) genau dann, wenn $\widehat{x} := \mathrm{Vec}(\widehat{X}) \in K^{mn,1}$ das lineare Gleichungssystem*

$$Gx = \mathrm{Vec}(C) \quad mit \quad G := \sum_{j=1}^{q} B_j^T \otimes A_j$$

*löst.*

**Beweis.** Übungsaufgabe.                                    □

Wir betrachten nun zwei Spezialfälle von (20.2).

**Satz 20.12.** *Für $A \in \mathbb{C}^{m,m}$, $B \in \mathbb{C}^{n,n}$ und $C \in \mathbb{C}^{m,n}$ hat die* Sylvester-Gleichung

$$AX + XB = C \tag{20.3}$$

*genau dann eine eindeutige Lösung, wenn $A$ und $-B$ keine gemeinsamen Eigenwerte besitzen. Haben alle Eigenwerte von $A$ und $B$ einen negativen Realteil, so ist die eindeutige Lösung von (20.3) gegeben durch*

$$\widehat{X} = -\int_0^\infty \exp(tA)C \exp(tB)dt. \tag{20.4}$$

*(Wie in Abschn. 17.2 ist das Integral hier eintragsweise definiert.)*

**Beweis.** Analog zur Darstellung in Satz 20.11 können wir die Sylvester-Gleichung (20.3) schreiben als

$$(I_n \otimes A + B^T \otimes I_m)x = \mathrm{Vec}(C).$$

Haben $A$ und $B$ die Eigenwerte $\lambda_1, \ldots, \lambda_m$ bzw. $\mu_1, \ldots, \mu_n$, so hat $G := I_n \otimes A + B^T \otimes I_m$ nach Satz 20.9 (3) die Eigenwerte $\lambda_k + \mu_\ell$, $k = 1, \ldots, m$, $\ell = 1, \ldots, n$. Somit ist $G$ genau dann invertierbar (und die Sylvester-Gleichung eindeutig lösbar), wenn $\lambda_k + \mu_\ell \neq 0$ für alle $k = 1, \ldots, m$ und $\ell = 1, \ldots, n$ gilt.

Seien nun $A$ und $B$ Matrizen, deren Eigenwerte negative Realteile haben. Dann haben $A$ und $-B$ keine gemeinsamen Eigenwerte und (20.3) hat eine eindeutige Lösung. Seien $J_A = S^{-1}AS$ und $J_B = T^{-1}BT$ Jordan-Normalformen von $A$ und $B$. Wir betrachten die lineare Differenzialgleichung

$$\frac{dZ}{dt} = AZ + ZB, \quad Z(0) = C, \tag{20.5}$$

die durch die Funktion

$$Z : [0, \infty) \to \mathbb{C}^{m,n}, \quad Z(t) := \exp(tA)C\exp(tB),$$

gelöst wird (vgl. Aufgabe 20.11). Für diese Funktion gilt

$$\lim_{t \to \infty} Z(t) = \lim_{t \to \infty} \exp(tA)C\exp(tB)$$

$$= \lim_{t \to \infty} \underbrace{S\exp(tJ_A)}_{\to 0} \underbrace{S^{-1}CT}_{\text{konstant}} \underbrace{\exp(tJ_B)}_{\to 0} T^{-1} = 0.$$

Integration der Gleichung (20.5) von $t = 0$ bis $t = \infty$ ergibt

$$-C = -Z(0) = \lim_{t \to \infty} (Z(t) - Z(0)) = A\int_0^\infty Z(t)dt + \left(\int_0^\infty Z(t)dt\right)B. \tag{20.6}$$

(Wir benutzen hier ohne Beweis die Existenz der uneigentlichen Integrale.) Hieraus folgt, dass

$$\widehat{X} := -\int_0^\infty Z(t)dt = -\int_0^\infty \exp(tA)C\exp(tB)dt$$

die eindeutige Lösung von (20.3) ist.                                                □

Satz 20.12 liefert die Lösung einer weiteren wichtigen Matrixgleichung.

**Korollar 20.13.** *Für $A, C \in \mathbb{C}^{n,n}$ hat die* Lyapunov-Gleichung[4]

$$AX + XA^H = -C \tag{20.7}$$

*eine eindeutige Lösung $\widehat{X} \in \mathbb{C}^{n,n}$, wenn die Eigenwerte von $A$ negative Realteile haben. Ist zusätzlich $C$ hermitesch positiv definit, dann ist auch $\widehat{X}$ hermitesch positiv definit.*

---

[4]Alexander Michailowitsch Lyapunov (auch Ljapunow oder Liapunov; 1857–1918).

**Beweis.** Da nach Voraussetzung $A$ und $-A^H$ keine gemeinsamen Eigenwerte haben, folgt die eindeutige Lösbarkeit von (20.7) aus Satz 20.12, wobei die Lösung durch die Matrix

$$\widehat{X} = - \int_0^\infty \exp(tA)(-C)\exp\left(tA^H\right)dt = \int_0^\infty \exp(tA)C\exp\left(tA^H\right)dt$$

gegeben ist.

Ist nun $C$ hermitesch positiv definit, so ist $\widehat{X}$ hermitesch und für $x \in \mathbb{C}^{n,1} \setminus \{0\}$ gilt

$$x^H\widehat{X}x = x^H\left(\int_0^\infty \exp(tA)C\exp\left(tA^H\right)dt\right)x = \int_0^\infty \underbrace{x^H\exp(tA)C\exp\left(tA^H\right)x}_{>0}\, dt > 0.$$

Dabei folgt die letzte Ungleichung aus der Monotonie des Integrals und der Tatsache, dass für $x \neq 0$ auch $\exp(tA^H)x \neq 0$ ist, denn für jedes reelle $t$ ist $\exp\left(tA^H\right)$ invertierbar. □

## Aufgaben

20.1 Beweisen Sie Lemma 20.2.

20.2 Finden Sie zwei quadratische Matrizen $A$, $B$ mit $A \otimes B \neq B \otimes A$.

20.3 Beweisen Sie Lemma 20.4.

20.4 Beweisen Sie Satz 20.5 (3).

20.5 Beweisen Sie Lemma 20.6.

20.6 Sei $A \in \mathbb{C}^{n,n}$. Zeigen Sie, dass $(I \otimes A)^k = I \otimes A^k$ und $(A \otimes I)^k = A^k \otimes I$ für alle $k \in \mathbb{N}_0$ gilt.

20.7 Zeigen Sie, dass $A \otimes B$ normal ist, wenn $A \in \mathbb{C}^{m,m}$ und $B \in \mathbb{C}^{n,n}$ normal sind. Ist $A \otimes B$ unitär, wenn $A$ und $B$ unitär sind?

20.8 Leiten Sie mit den Singulärwertzerlegungen $A = V_A \Sigma_A W_A^H \in \mathbb{C}^{m,m}$ und $B = V_B \Sigma_B W_B^H \in \mathbb{C}^{n,n}$ eine Singulärwertzerlegung von $A \otimes B$ her.

20.9 Zeigen Sie, dass für $A \in \mathbb{C}^{m,m}$ und $B \in \mathbb{C}^{n,n}$ und die 2-Norm von Matrizen die Gleichung $\|A \otimes B\|_2 = \|A\|_2 \|B\|_2$ gilt.

20.10 Beweisen Sie Satz 20.11.

20.11 Seien $A \in \mathbb{C}^{m,m}$, $B \in \mathbb{C}^{n,n}$ und $C \in \mathbb{C}^{m,n}$. Zeigen Sie, dass $Z(t) = \exp(tA)C\exp(tB)$ eine Lösung der Matrix-Differenzialgleichung $\frac{dZ}{dt} = AZ + ZB$ mit der Anfangsbedingung $Z(0) = C$ ist.

# Anhang A: MATLAB Kurzeinführung

MATLAB[1] ist ein interaktives Software-System für numerische Berechnungen, Simulationen und Visualisierungen. Es enthält eine Vielzahl von vordefinierten Funktionen und ermöglicht zudem die Erstellung eigener Programme (sogenannter *m-files*). In diesem Buch benutzen wir ausschließlich vordefinierte Funktionen.

Der Name MATLAB stammt vom Englischen *MATrix LABoratory* ab, was die Matrix-Orientierung der Software andeutet. In der Tat sind Matrizen die wesentlichen Objekte, mit denen MATLAB operiert. Aufgrund der einfachen Bedienung und dem intuitiven Umgang mit Matrizen halten wir MATLAB für besonders geeignet für den Einsatz in der Lehre im Bereich der Linearen Algebra.

In dieser Kurzeinführung erläutern wir die wichtigsten Möglichkeiten zur Eingabe von und zum Zugriff auf Matrizen in MATLAB. Die wesentlichen Matrixoperationen sowie viele wichtige Algorithmen und Konzepte im Zusammenhang mit Matrizen (und der Linearen Algebra im Allgemeinen) lernt man durch aktive Nutzung der *MATLAB-Minuten* in diesem Buch kennen.

Eine Matrix kann in MATLAB in Form einer von eckigen Klammern umschlossenen Liste der Einträge eingegeben werden. In der Liste werden die Einträge zeilenweise und in der natürlichen Reihenfolge der Indizes (d. h. „von oben nach unten" und „von links nach rechts") angeordnet. Nach jedem Semikolon innerhalb der Liste beginnt eine neue Zeile der Matrix. Zum Beispiel wird die Matrix

$$A = \begin{bmatrix} 1 & 2 & 3 \\ 4 & 5 & 6 \\ 7 & 8 & 9 \end{bmatrix} \quad \text{erzeugt durch die Eingabe} \quad \text{A} = [1 \quad 2 \quad 3; 4 \quad 5 \quad 6; 7 \quad 8 \quad 9];$$

Das Semikolon hinter der Matrix A unterdrückt die Ausgabe von MATLAB. Wird es weggelassen, so gibt MATLAB sämtliche eingegebene (oder berechnete) Größen aus. Zum Beispiel folgt auf die Eingabe

---

[1]MATLAB® ist ein eingetragenes Warenzeichen von The MathWorks Inc.

© Springer-Verlag GmbH Deutschland, ein Teil von Springer Nature 2021                    369
J. Liesen, V. Mehrmann, *Lineare Algebra*, Springer Studium Mathematik (Bachelor),
https://doi.org/10.1007/978-3-662-62742-6

$$A = [1 \quad 2 \quad 3; 4 \quad 5 \quad 6; 7 \quad 8 \quad 9]$$

die Ausgabe

$$A \;=$$
$$\begin{matrix} 1 & 2 & 3 \\ 4 & 5 & 6 \\ 7 & 8 & 9 \end{matrix}$$

Auf Teile von Matrizen wird durch Angabe der entsprechenden Indizes zugegriffen. Die Liste der Indizes von $k$ bis $m$ kürzt man dabei durch

$$k : m$$

ab. Alle Zeilen zu angegebenen Spaltenindizes bzw. alle Zeilen zu angegebenen Spaltenindizes erhält man durch Angabe eines Doppelpunktes. Ist A wie oben, so sind zum Beispiel

$$A(2, 1) \qquad \text{die Matrix} \qquad [4],$$
$$A(3, 1 : 2) \qquad \text{die Matrix} \qquad [7 \ 8],$$
$$A(:, 2 : 3) \qquad \text{die Matrix} \qquad \begin{bmatrix} 2 & 3 \\ 5 & 6 \\ 8 & 9 \end{bmatrix}.$$

Es gibt eine Reihe von vordefinierten Funktionen, mit denen Matrizen erzeugt werden können. Insbesondere sind für gegebene natürliche Zahlen n und m

$$\texttt{eye(n)} \qquad \text{die Einheitsmatrix} \, I_n,$$
$$\texttt{zeros(n, m)} \qquad \text{eine } (n \times m)\text{-Matrix mit lauter Nullen,}$$
$$\texttt{ones(n, m)} \qquad \text{eine } (n \times m)\text{-Matrix mit lauter Einsen,}$$
$$\texttt{rand(n, m)} \qquad \text{eine } (n \times m)\text{-,,Zufallsmatrix``.}$$

Mehrere Matrizen können bei passenden Größen zu einer neuen Matrix zusammengesetzt werden (*concatenation*). Zum Beispiel erzeugt

$$A = \texttt{eye(2)}; \quad B = [4; 3]; \quad C = [2 \ -1]; \quad D = [-5]; \quad E = [A \, B; C \, D]$$

die Ausgabe

$$
E =
\begin{matrix}
1 & 0 & 4 \\
0 & 1 & 3 \\
2 & -1 & -5
\end{matrix}
$$

Die MATLAB-Hilfe wird durch Eingabe des Befehls `help` gestartet. Um Informationen über konkrete Funktionen oder Operationen zu erhalten, sind deren Namen mit anzugeben. Zum Beispiel:

| Eingabe: | Informationen über : |
|---|---|
| `help ops` | Operationen und Operatoren in MATLAB |
|  | (insbesondere Addition, Multiplikation, Transposition) |
| `help matfun` | MATLAB-Funktionen, die mit Matrizen operieren |
| `help gallery` | Sammlung von Beispiel-Matrizen |
| `help det` | Determinante |
| `help expm` | Matrix-Exponentialfuntion |

# Anhang B: Matrix-Zerlegungen

Die matrizenorientierte Darstellung der Linearen Algebra in diesem Buch hat uns auf eine ganze Reihe von Matrix-Zerlegungen geführt, die wir in der folgenden Übersicht zusammenfassen:

| Name/Satz | Form | Voraussetzungen an $A$ und Faktoren |
|---|---|---|
| Treppennormalform (Satz 5.2) | $A = SC$ | $A \in K^{n,m}$, <br> $S \in GL_n(K)$ und $C \in K^{n,m}$ in Treppennormalform |
| LU-Zerlegung (Satz 5.5) | $A = PLU$ | $A \in K^{n,n}$, <br> Permutationsmatrix $P \in K^{n,n}$, <br> untere Dreiecksmatrix $L \in K^{n,n}$ mit 1-Diagonale, <br> obere Dreiecksmatrix $U \in K^{n,n}$ |
| Äquivalenznormalform (Satz 5.12) | $A = Q \begin{bmatrix} I_r & 0 \\ 0 & 0 \end{bmatrix} Z$ | $A \in K^{n,m}$ mit $\mathrm{Rang}(A) = r$, <br> $Q \in GL_n(K)$, $Z \in GL_m(K)$ |
| QR-Zerlegung (Korollar 12.11) | $A = QR$ | $A \in K^{n,m}$ mit $K = \mathbb{R}$ oder $K = \mathbb{C}$ und $\mathrm{Rang}(A) = m$, <br> $Q \in K^{n,m}$ mit $Q^T Q = I_m$ bzw. $Q^H Q = I_m$, <br> obere Dreiecksmatrix $R \in GL_m(K)$ |
| Diagonalisierung (Satz 14.14) | $A = SDS^{-1}$ | $A \in K^{n,n}$ mit $P_A = (t - \lambda_1) \cdot \ldots \cdot (t - \lambda_n)$ und $a(\lambda_j, A) = g(\lambda_j, A)$ für $j = 1, \ldots, n$, <br> $S \in GL_n(K)$, $D = \mathrm{diag}(\lambda_1, \ldots, \lambda_n)$ |
| Triangulierung (Satz 14.18) | $A = SRS^{-1}$ | $A \in K^{n,n}$ mit $P_A = (t - \lambda_1) \cdot \ldots \cdot (t - \lambda_n)$, <br> $S \in GL_n(K)$, obere Dreiecksmatrix $R \in K^{n,n}$ |

(Fortsetzung)

© Springer-Verlag GmbH Deutschland, ein Teil von Springer Nature 2021
J. Liesen, V. Mehrmann, *Lineare Algebra*, Springer Studium Mathematik (Bachelor),
https://doi.org/10.1007/978-3-662-62742-6

| Name/Satz | Form | Voraussetzungen an $A$ und Faktoren |
|---|---|---|
| Unitäre Triangulierung (Korollar 14.22) | $A = QRQ^H$ | $A \in \mathbb{C}^{n,n}$, $Q \in \mathcal{U}(n)$, obere Dreiecksmatrix $R \in \mathbb{C}^{n,n}$ |
| Jordan-Normalform (Satz 16.10) | $A = SJS^{-1}$ | $A \in K^{n,n}$ mit $P_A = (t - \lambda_1) \cdot \ldots \cdot (t - \lambda_n)$, $S \in GL_n(K)$, $J \in K^{n,n}$ in Jordan-Normalform |
| Unitäre Diagonalisierung (Korollar 18.3) | $A = QDQ^H$ | $A \in \mathbb{C}^{n,n}$ normal, $Q \in \mathcal{U}(n)$, Diagonalmatrix $D \in \mathbb{C}^{n,n}$ |
| Reelle Schur-Form (Satz 18.5) | $A = URU^T$ | $A \in \mathbb{R}^{n,n}$, $U \in \mathcal{O}(n)$, obere Block-Dreiecksmatrix $R$ mit $1 \times 1$ oder $2 \times 2$ Diagonalblöcken |
| Hauptachsentransformation (Korollar 18.18) | $A = UDU^T$ | $A = A^T \in \mathbb{R}^{n,n}$, $U \in \mathcal{O}(n)$, Diagonalmatrix $D \in \mathbb{R}^{n,n}$ |
| Lemma 18.22 | $A = S \begin{bmatrix} I_{n_+} & & \\ & -I_{n_-} & \\ & & I_{n_0} \end{bmatrix} S^T$ | $A = A^T \in \mathbb{R}^{n,n}$ mit Trägheitsindex $(n_+, n_-, n_0)$, $S \in GL_n(\mathbb{R})$ |
| Cholesky-Zerlegung (Satz 18.26) | $A = LL^H$ | $A \in K^{n,n}$ mit $K = \mathbb{R}$ oder $K = \mathbb{C}$ symmetrisch bzw. hermitesch positiv definit, untere Dreiecksmatrix $L \in GL_n(K)$ |
| Singulärwertzerlegung (Satz 19.1) | $A = V\Sigma W^H$ | $A \in \mathbb{C}^{n,m}$, $n \geq m$, mit $\text{Rang}(A) = r$, $V \in \mathcal{U}(n)$, $W \in \mathcal{U}(m)$, $\Sigma = \begin{bmatrix} \Sigma_r & 0 \\ 0 & 0 \end{bmatrix}$ mit $\Sigma_r = \text{diag}(\sigma_1, \ldots, \sigma_r)$ und $\sigma_1 \geq \cdots \geq \sigma_r > 0$ |
| Polarzerlegung (folgt aus Satz 19.1) | $A = UP$ | $A \in \mathbb{C}^{n,m}$, $n \geq m$, $U \in \mathbb{C}^{n,m}$ mit $U^H U = I_m$, $P \in \mathbb{C}^{m,m}$ hermitesch pos. semidef. |

# Anhang C: Das griechische Alphabet

|  | Kleinbuchstabe | Großbuchstabe |
|---|---|---|
| Alpha | $\alpha$ | $A$ |
| Beta | $\beta$ | $B$ |
| Gamma | $\gamma$ | $\Gamma$ |
| Delta | $\delta$ | $\Delta$ |
| Epsilon | $\epsilon$ oder $\varepsilon$ | $E$ |
| Zeta | $\zeta$ | $Z$ |
| Eta | $\eta$ | $H$ |
| Theta | $\theta$ oder $\vartheta$ | $\Theta$ |
| Iota | $\iota$ | $I$ |
| Kappa | $\kappa$ | $K$ |
| Lambda | $\lambda$ | $\Lambda$ |
| My | $\mu$ | $M$ |
| Ny | $\nu$ | $N$ |
| Xi | $\xi$ | $\Xi$ |
| Omikron | $o$ | $O$ |
| Pi | $\pi$ oder $\varpi$ | $\Pi$ |
| Rho | $\rho$ oder $\varrho$ | $P$ |
| Sigma | $\sigma$ oder $\varsigma$ | $\Sigma$ |
| Tau | $\tau$ | $T$ |
| Ypsilon | $\upsilon$ | $\Upsilon$ |
| Phi | $\phi$ oder $\varphi$ | $\Phi$ |
| Chi | $\chi$ | $X$ |
| Psi | $\psi$ | $\Psi$ |
| Omega | $\omega$ | $\Omega$ |

© Springer-Verlag GmbH Deutschland, ein Teil von Springer Nature 2021
J. Liesen, V. Mehrmann, *Lineare Algebra*, Springer Studium Mathematik (Bachelor),
https://doi.org/10.1007/978-3-662-62742-6

# Anhang D: Literatur

## Lehrbücher zur Linearen Algebra (Auswahl)

- A. BEUTELSPACHER, *Lineare Algebra. Eine Einführung in die Wissenschaft der Vektoren, Abbildungen und Matrizen*, 8. Auflage, Springer Spektrum, Wiesbaden, 2014.
- S. BOSCH, *Lineare Algebra*, 5. Auflage, Springer, Berlin, 2014.
- G. FISCHER, *Lineare Algebra. Eine Einführung für Studienanfänger*, 18. Auflage, Springer Spektrum, Wiesbaden, 2014.
- B. HUPPERT UND W. WILLEMS, *Lineare Algebra. Mit zahlreichen Anwendungen in Kryptographie, Codierungstheorie, Mathematischer Physik und Stochastischen Prozessen*, 2. Auflage, Vieweg+Teubner, Wiesbaden, 2010.
- K. JÄNICH, *Lineare Algebra. Mit 110 Testfragen*, 11. Auflage, Springer, Berlin, 2008.
- H.-J. KOWALSKY UND G. O. MICHLER, *Lineare Algebra*, 12. Auflage, W. de Gruyter, Berlin, 2003.
- F. LORENZ, *Lineare Algebra*, 2 Bände, 4. Auflage bzw. 3. Auflage, Spektrum Akademischer Verlag, Heidelberg, 2003 bzw. 1996.
- H. J. MUTHSAM, *Lineare Algebra und ihre Anwendungen*, Spektrum Akademischer Verlag, Heidelberg, 2006.
- G. STRANG, *Lineare Algebra*, Springer, Berlin, 2003.

## Ausgewählte historische Arbeiten zur Linearen Algebra

(In den Kommentaren verwenden wir moderne Begriffe, um den Inhalt der jeweiligen Arbeiten zu beschreiben.)

- A. L. CAUCHY, *Sur l'équation à l'aide de laquelle on détermine les inégalités séculaires des mouvements des planètes*, Exercises de Mathématiques, 4 (1829).
  Erster Beweis, dass reelle symmetrische Matrizen reelle Eigenwerte haben.
- H. GRASSMANN, *Die lineale Ausdehnungslehre, ein neuer Zweig der Mathematik*, Otto Wiegand, Leipzig, 1844.
  Entwickelt u. a. erstmals die abstrakten Konzepte des Vektorraums und der linearen Unabhängigkeit inklusive Austauschsatz und Dimensionsformel für Unterräume.
- J. J. SYLVESTER, *Additions to the articles in the September Number of this Journal, „On a new Class of Theorems,“ and on Pascal's Theorem*, Philosophical Magazine, 37 (1850), pp. 363–370.
  Erstmalige Definition der Begriffe Matrix und Minor.

© Springer-Verlag GmbH Deutschland, ein Teil von Springer Nature 2021
J. Liesen, V. Mehrmann, *Lineare Algebra*, Springer Studium Mathematik (Bachelor),
https://doi.org/10.1007/978-3-662-62742-6

- J. J. SYLVESTER, *A demonstration of the theorem that every homogeneous quadratic polynomial is reducible by real orthogonal substitutions to the form of a sum of positive and negative squares*, Philosophical Magazine, 4 (1852), pp. 138–142.
  Enthält den Trägheitssatz.
- A. CAYLEY, *A memoir on the theory of matrices*, Proc. Royal Soc. of London, 148 (1858), pp. 17–37.
  Erstmalige Darstellung von Matrizen als selbständige algebraische Objekte. Enthält u. a. die Definition der Matrixoperationen, den Satz von Cayley-Hamilton (Beweis nur für ($2 \times 2$)- und ($3 \times 3$)-Matrizen) und das Konzept der Quadratwurzel von Matrizen.
- K. WEIERSTRASS, *Zur Theorie der bilinearen und quadratischen Formen*, Monatsber. Königl. Preußischen Akad. Wiss. Berlin, (1868), pp. 311–338.
  Beweis der Weierstraß-Normalform, aus der die Jordan-Normalform folgt.
- C. JORDAN, *Traité des substitutions et des équations algébriques*, Paris, 1870.
  Enthält u. a. den Beweis der Jordan-Normalform (unabhängig von Weierstraß' Arbeit).
- G. FROBENIUS, *Ueber lineare Substitutionen und bilineare Formen*, J. reine angew. Math., 84 (1878), pp. 1–63.
  Enthält u. a. das Konzept des Minimalpolynoms, den (wahrscheinlich) ersten vollständigen Beweis des Satzes von Cayley-Hamilton sowie Ergebnisse zur Äquivalenz, Ähnlichkeit und Kongruenz von Matrizen bzw. Bilinearformen.
- G. PEANO, *Calcolo Geometrico secondo l'Ausdehnungslehre di H. Grassmann preceduto dalle operazioni della logica deduttiva*, Fratelli Bocca, Torino, 1888.
  Enthält die erste axiomatische Definition des Vektorraumbegriffs, von Peano „sistemi lineari" genannt.
- I. SCHUR, *Über die charakteristischen Wurzeln einer linearen Substitution mit einer Anwendung auf die Theorie der Integralgleichungen*, Math. Annalen, 66 (1909), pp. 488–510.
  Enthält den Satz von Schur.
- O. TOEPLITZ, *Das algebraische Analogon zu einem Satze von Fejér*, Math. Zeitschrift, 2 (1918), pp. 187–197.
  Führt den Begriff der normalen Bilinearform ein und beweist die Äquivalenz von Normalität und unitärer Diagonalisierbarkeit.
- F. D. MURNAGHAN UND A. WINTNER, *A canonical form for real matrices under orthogonal transformations*, Proc. Natl. Acad. Sci. U.S.A., 17 (1931), pp. 417–420.
  Erster Beweis der reellen Schur-Form.
- C. ECKART UND G. YOUNG, *A principal axis transformation for non-hermitian matrices*, Bull. Amer. Math. Soc., 45 (1939), pp. 118–121.
  Enthält die heutige Form der Singulärwertzerlegung einer allgemeinen komplexen Matrix.

# Weiterführende Literatur

[BryL06] K. BRYAN AND T. LEISE, *The $25,000,000,000 eigenvector: The Linear Algebra behind Google*, SIAM Rev., 48 (2006), pp. 569–581.

[Der03] H. DERKSEN, *The fundamental theorem of algebra and linear algebra*, Amer. Math. Monthly, 110 (2003), pp. 620–623.

[Ebb08] H.-D. EBBINGHAUS ET AL., *Zahlen*, 3., verbesserte Auflage, Springer, Berlin, 2008.

[EstH10] E. ESTRADA UND D. J. HIGHAM, *Network properties revealed through matrix functions*, SIAM Rev., 52 (2010), pp. 696–714.

[Gab96] P. GABRIEL, *Matrizen, Geometrie, Lineare Algebra*, Birkhäuser, Basel, 1996.

[Gan00] F. R. GANTMACHER, *The Theory of Matrices*, Vol. 1+2, AMS Chelsea Publishing, Providence, RI, 2000.

[GolV13] G. H. GOLUB UND C. F. VAN LOAN, *Matrix Computations*, 4th ed., Johns Hopkins University Press, Baltimore, MD, 2013.

[Hig08] N. J. HIGHAM, *Functions of Matrices: Theory and Computation*, SIAM, Philadelphia, PA, 2008.

[HorJ12] R. A. HORN UND C. R. JOHNSON, *Matrix Analysis*, 2nd ed., Cambridge University Press, Cambridge, 2012.

[HorJ91] R. A. HORN UND C. R. JOHNSON, *Topics in Matrix Analysis*, Cambridge University Press, Cambridge, 1991.

[HorO96] R. A. HORN UND I. OLKIN, *When does $A^*A = B^*B$ and why does one want to know?*, Amer. Math. Monthly 103 (1996), pp. 470–482.

[LanT85] P. LANCASTER UND M. TISMENETSKY, *The Theory of Matrices: With Applications*, 2nd ed., Academic Press, San Diego, CA, 1985.

[Pta56] V. PTÁK, *Eine Bemerkung zur Jordanschen Normalform von Matrizen*, Acta Sci. Math. Szeged, 17 (1956), pp. 190–194.

[Sha91] H. SHAPIRO, *A survey of canonical forms and invariants for unitary similarity*, Linear Algebra. Appl., 147 (1991), pp. 101–167.

© Springer-Verlag GmbH Deutschland, ein Teil von Springer Nature 2021
J. Liesen, V. Mehrmann, *Lineare Algebra*, Springer Studium Mathematik (Bachelor),
https://doi.org/10.1007/978-3-662-62742-6

# Stichwortverzeichnis

© Springer-Verlag GmbH Deutschland, ein Teil von Springer Nature 2021
J. Liesen, V. Mehrmann, *Lineare Algebra*, Springer Studium Mathematik (Bachelor),
https://doi.org/10.1007/978-3-662-62742-6